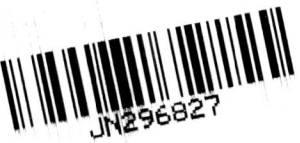

医歯薬系のための
生物学

コアカリキュラムを基礎から学ぶ

小林 賢 編著

五十鈴川 和人
高橋 裕
藤澤 敬一
松村 秋芳
著

講談社

執筆者一覧

五十鈴川　和人　　横浜薬科大学漢方薬学科　教授（1、2.3、6）

小林　賢*　　日本薬科大学　特任教授（2.2、3.2、5.3.4、8、9、10）

髙橋　裕　　元 帝京平成大学健康メディカル学部健康栄養学科　教授（3.1、5.1.1 ～ 5.3.3、5.4、12）

藤澤　敬一　　元 青山学院大学生物学科　教授（7）

松村　秋芳　　神奈川大学，文京学院大学ほか　非常勤講師（2.1、4、11）

（五十音順、* 印は編著者、（　　）内は担当章・節・項）

はじめに

今日、私たちは日常をとりまく食料・病気・健康・子育て・環境などといった問題に対処するためにさまざまな知識が要求される。そのなかでも生物学を学ぶことは人として生きていくためにとても重要なことである。また、医学・歯学・薬学における解剖生理学（機能形態学）、微生物学、生化学、分子生物学、免疫学といった基礎専門科目を学ぶうえで、生物学の基礎を理解していることでスムーズに導入ができるようになる。このような観点から生物学は医歯薬系の大学において非常に重要な科目として位置づけられる。しかしながら、高等学校での理科選択は、大学受験を考慮して行われているため、高等学校での生物履修率は生物Ⅰで約70％、医歯薬系大学においてもっとも履修をしておいて欲しい生物Ⅱが約40％というのが現状である。当然ながら、医歯薬系の大学に入学した学生でも大学受験において生物を選択しない学生がほとんどを占めている。よって、このような生物を履修してこなかった学生のために、大学一年次に高校との接続教育や補講などさまざまな対策をとりくみがなされている。このことは、大学の教員負担を増大させ、本来の生物学教育をできなくしている。けれども、医学部・歯学部・薬学部に入学する学生は、人の命にかかわるような重要な職種に将来就くことになるであろう。そのためにも今後、大学の生物学に入学時からスムーズに導入できるような高等学校教育になることが望まれる。

本書は、このような生物履修状況のなかで、高等学校における生物の学習内容・レベルを満たしつつ、医歯薬系の学生に必要な生物学の内容・レベルまでをカバーし、やさしく丁寧に説明するように心がけた。一方において、医学部・歯学部における教育カリキュラムとして「医学教育モデル・コアカリキュラム」、「歯学教育モデル・コアカリキュラム」および「準備教育モデル・コアカリキュラム」が公表された。また、薬学部においても同様に「薬学教育モデル・コアカリキュラム」および「薬学準備教育ガイドライン（例示）」が提示された。これにより、コアカリキュラムに準拠したかたちで医学・歯学・薬学教育が実施されるようになってきている。

このように大学で習うべき事柄がしっかりと明示されるようになったことを踏まえ、本書では、準備教育のためのコアカリキュラムをすべてカバーし、基礎的なところから修得できるようにした。また、医学・歯学・薬学のための教育コアカリキュラムに含まれる基礎専門科目の基本的な項目についてもカバーし、基礎専門科目へスムーズに移行できるよう工夫した。さらには、医歯薬系の生物学らしさを出すために、各章においてヒトについてとり上げ、病気との関連性や治療薬などについても基本的な説明を加え、生物学を学ぶ意義を理解してもらえるようにした。

本書は医学・歯学・薬学のみならず、看護系を含めた医療系の大学で学ぶ学生たちにも焦点を当てているが、理工系の分野を専攻する学生たちにとっても生物学を基礎から学ぶうえでふさわしい内容・レベルとなっている。そのため、多くの学生たちにこの本を活用していただきたいと願っている。

本書の発刊にあたり企画・出版に尽力された講談社サイエンティフィクの小笠原弘高氏に深謝する。

平成22年3月吉日

小林　賢

医歯薬系のための生物学 コアカリキュラムを基礎から学ぶ——目次

※　各章の章頭に、その章の内容と対応する「準備教育モデル・コアカリキュラム」「薬学準備教育ガイドライン」「医学教育モデル・コアカリキュラム」「歯学教育モデル・コアカリキュラム」「薬学教育モデル・コアカリキュラム」の項目を示しています。

第 1 章　生体を構成する物質

準備教育モデル・コアカリキュラム

2　生命現象の科学	到達目標	SBOコード
(1) 生命現象の物質的基礎		
【生体内の低分子物質】	アミノ酸の種類と性質を説明できる。	2(1)-4-1
	塩基、ヌクレオシド、ヌクレオチドの種類と性質を説明できる。	2(1)-4-2
	単糖類、二糖類、グリセロールと脂肪酸の種類と性質を説明できる。	2(1)-4-3
【生体高分子の構造と機能】	炭水化物の基本的な構造と機能を説明できる。	2(1)-5-1
	脂質の基本的な構造と機能を説明できる。	2(1)-5-2
	タンパク質の基本的な構造と機能を説明できる。	2(1)-5-3
	核酸の構造と機能を説明できる。	2(1)-5-4

薬学準備教育ガイドライン

(5)　薬学の基礎としての生物	到達目標	SBOコード
【生体の基本的な構造と機能】	多細胞生物である高等動物の成り立ちを、生体高分子、細胞、組織、器官、個体に関係づけて概説できる。	F(5)-1-1

歯学教育モデル・コアカリキュラム

D　生命科学	到達目標	SBOコード
D-1　生命の分子的基盤		
D-1-1　生命を構成する基本物質	タンパク質の構造、機能および代謝を説明できる。	D-1-1-1
	糖質の構造、機能および代謝を説明できる。	D-1-1-2
	脂質の構造、機能および代謝を説明できる。	D-1-1-3

薬学教育モデル・コアカリキュラム

C　薬学専門教育	到達目標	SBOコード
C9　生命をミクロに理解する		
(1) 細胞を構成する分子		
【脂質】	脂質を分類し、構造の特徴と役割を説明できる。	C9(1)-1-1
	脂肪酸の種類と役割を説明できる。	C9(1)-1-2
【糖質】	グルコースの構造、性質、役割を説明できる。	C9(1)-2-1
	グルコース以外の代表的な単糖、および二糖の種類、構造、性質、役割を説明できる。	C9(1)-2-2
	代表的な多糖の構造と役割を説明できる。	C9(1)-2-3
【アミノ酸】	アミノ酸を列挙し、その構造に基づいて性質を説明できる。	C9(1)-3-1
(2) 生命情報を担う遺伝子		
【ヌクレオチドと核酸】	DNA の構造について説明できる。	C9(2)-1-2
	RNA の構造について説明できる。	C9(2)-1-3
(3) 生命活動を担うタンパク質		
【タンパク質の構造と機能】	タンパク質の主要な機能を列挙できる。	C9(3)-1-1
	タンパク質の一次、二次、三次、四次構造を説明できる。	C9(3)-1-2

1.1　糖質の構造と機能

天然に存在するグルコース、デンプンやセルロースなどの**糖質**は、単糖を構成成分とする有機化合物の総称であり、タンパク質、脂質、核酸とともに重要な生体成分である。また、糖質、脂質、タンパク質を合わせて**三大栄養素**と呼ぶ。糖質は、炭素（C）、水素（H）、酸素（O）という 3 種類の元素からなり、その分子式を $C_m(H_2O)_n$ で一般的に表すことができる**多価アルコール**である。これはちょうど水（H_2O）と炭素原子（C）が特定の比率で結びついているように示せるので、**炭水化物**とも呼ばれる。

1.1.1　糖質の構造

糖類は、アルデヒド基（–CHO）をもつものを**アルドース**、ケトン基（>C=O）をもつものを**ケトース**という。しかし、これら基本単位のヒドロキシ基（–OH）のひとつが還元されて水素原子に置き換わったデオキシ糖やアミノ基（$-NH_2$）に置換されたアミノ糖をはじめ、膨大な数の誘導体が天然に存在している。これらは前述の一般式 $C_m(H_2O)_n$ と一致しないことから、炭水化物という用語ではなく、**糖質**という用語が用いられている。

単糖は分子中の炭素の数によって、**三炭糖**（**トリオース**）、**四炭糖**（**テトロース**）、**五炭糖**（**ペントース**）、**六炭糖**（**ヘキソース**）と呼んでいる（表 1-1）。また、糖質は結合している単糖の数によって、単糖、**オリゴ糖**（単糖が 2 ～ 10 分子程度結合したもの）、それよりも単糖が多く結合した**多糖**といった種類がある。

1.1.2　糖質の機能

生体における**エネルギー源**となる糖質としては、グルコース（ブドウ糖）、フルクトース（果糖）、ガラクトース、スクロース（ショ糖）、マルトース（麦芽糖）、ラクトース（乳糖）、デンプンが重要である。単糖のグルコース、フルクトース、ガラクトースはいずれも**小腸粘膜上皮細胞**で吸収されるが、**グルコース**は主として能動輸送によって、その他の糖は受動輸送によって吸収される。二糖類は小腸粘膜上皮細胞上の加水分解酵素によって構成単糖に分解された後に、その細胞から吸収される。**デンプン**は、唾液と膵液に含まれる α-アミラーゼで**マルトース**と**デキストリン**に分解されてから、小腸粘膜上皮細胞上の加水分解酵素によってグルコースとなって、その細胞から吸収される（図 1-1）。

糖質は、同じエネルギー源となる脂質やタンパク質と比べると、すばやく使えるという特長があ

図 1-1　グルコースの小腸における吸収

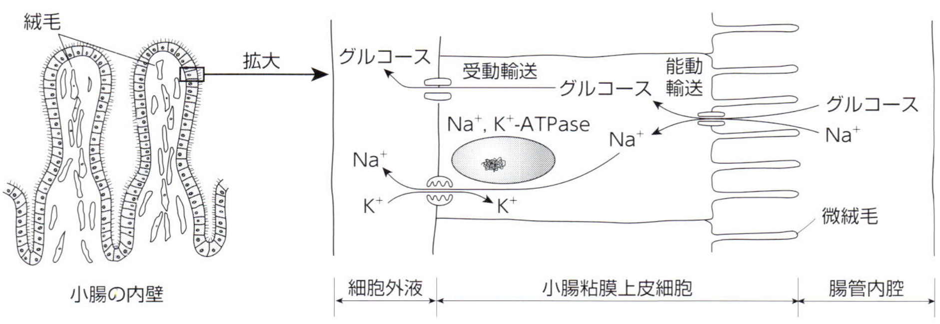

表 1-1　代表的な単糖とその構造

分　類	アルデヒド基（−CHO）をもつ単糖		ケトン基（>C=O）をもつ単糖	
三炭糖（トリオース）	グリセルアルデヒド	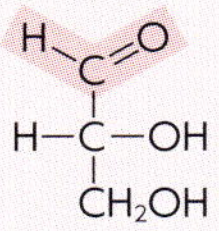	ジヒドロキシアセトン	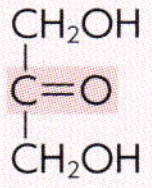
四炭糖（テトロース）	D-エリトロース	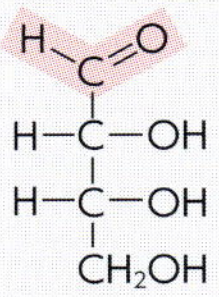	D-エリトルロース	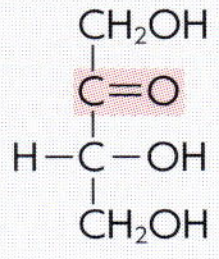
五炭糖（ペントース）	D-リボース	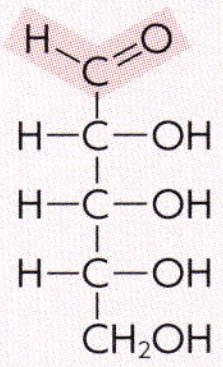	D-リブロース	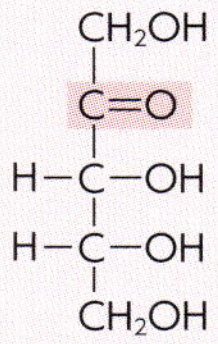
六炭糖（ヘキソース）	D-グルコース	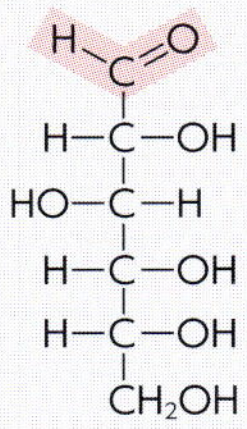	D-フルクトース	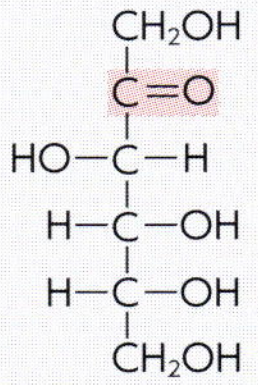
	D-ガラクトース	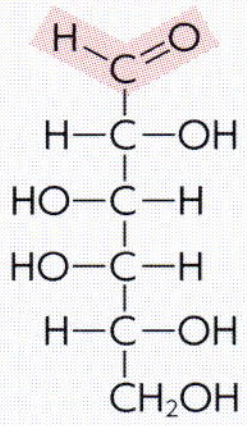		

る。長時間の軽い運動では、主に脂質がエネルギー源として使われるが、短時間の激しい運動では糖質が使われる。特に脳においては、血液中のグルコースだけがエネルギー源となる。糖質を多く含む食品としては、穀類、イモ類、果実類、砂糖やハチミツなどがある。生体内における糖質の含量は少なく、血液中のグルコース（0.7 ～ 1.2%）のほか、グリコーゲンとして肝臓では組織重量の5 ～ 6%、筋肉では約 1%が貯蔵されているだけである。成人における糖質含量は、グルコースに換算して 200 ～ 300 g 程度である。また、余分な糖質は、生体において脂肪として蓄積される。

日本人の**糖質摂取量**は、成人において必要なエネルギー量の 50 %以上 70 %未満とされている。18 ～ 29 歳における生活レベルが普通の男性のエネルギー所要量は、1 日 2,650kcal とされている。糖質は、生体において 1 g あたり 4 kcal のエネルギーになるので、1 日あたり約 400 g の糖質が必要となる。なお、脂質は 1 g あたり 9 kcal、タンパク質は 4 kcal のエネルギーになる。

糖質は、エネルギー源となる以外にも細胞の構成分、細胞の保護や潤滑物質、細胞間接着、抗原抗体反応などとしても重要な役割を担っている。

1.1.3　単糖

単糖（または**単糖類**）は、糖類のうちでそれ以上に加水分解できない糖の総称で、糖質の基本単位である。一般に甘味性をもつ水溶性の無色な結晶である単糖は、**不斉炭素原子**をもつため、D 体と L 体と呼ばれる**光学異性体**が存在する。

天然に存在する単糖は、一般的に D 体として存在する。単糖のほとんどは安定的な**五員環構造**または**六員環構造**をとり、それぞれを**フラノース**、**ピラノース**と呼ぶ。同じ六炭糖であってもグルコースはピラノース型（図 1-2）、フルクトースはフラノース型（図 1-3）をとることが多い。環状構造をとる場合、閉環する位置の炭素原子が不斉炭素となるため、**αアノマー**と**βアノマー**と呼ばれる 2 種類の異性体が存在する。2 つ以上の不斉炭素原子が存在する異性体のうち、1 つのみの立体配置が異なる立体異性体を**エピマー**という。グルコースの狭義のエピマーはマンノースだけであるが、広義には 7 種類のエピマーが存在する。

1.1.4　オリゴ糖

2～10 分子程度の単糖がグリコシド結合によって脱水縮合して 1 分子となった高分子化合物を**オリゴ糖**という。2 分子の単糖が結合した場合を二糖、3 分子であれば三糖ということもある。動植物中に含まれるオリゴ糖としては、**スクロース**、**ラクトース**、**マルトース**、**トレハロース**といった二糖（表 1-2）がほとんどであり、三糖以上のオリゴ糖の存在はわずかである。マルトースとトレハロースはグルコース 2 分子が結合した二糖であるが、結合様式が異なっている。一方、ラクトースはグルコースとガラクトース、スクロースはグルコースとフルクトースが結合した二糖である。

アノマー性ヒドロキシ基をもつ単糖とアノマー性以外のヒドロキシ基をもつ単糖どうしがグリコシド結合してできた二糖は、還元性を示すため**還元糖**と呼ばれる。一方、アノマー性ヒドロキシ基どうしがグリコシド結合してできた二糖は、還元性を示さないことから**非還元糖**と呼ばれる。還元糖は変旋光を示すが、非還元糖は示さない。還元糖の存在は、糖とフェーリング試薬を加熱すると第一酸化銅（Cu_2O）の赤色沈殿を生じる**フェーリング反応**によって調べることができる。スク

図 1-2　D-グルコースの鎖状構造と環状構造

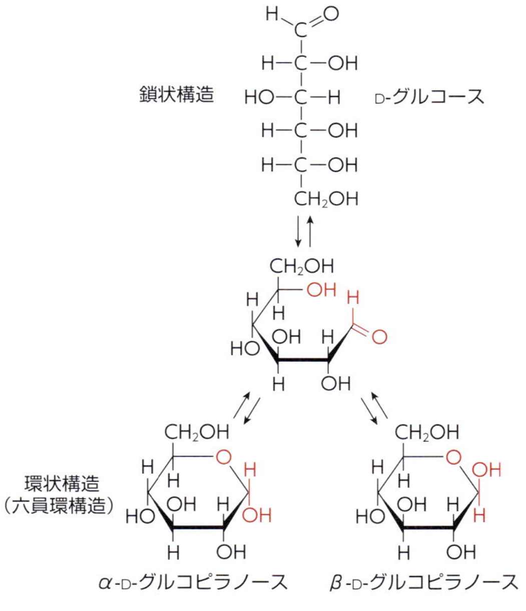

図 1-3　D-フルクトースの鎖状構造と環状構造

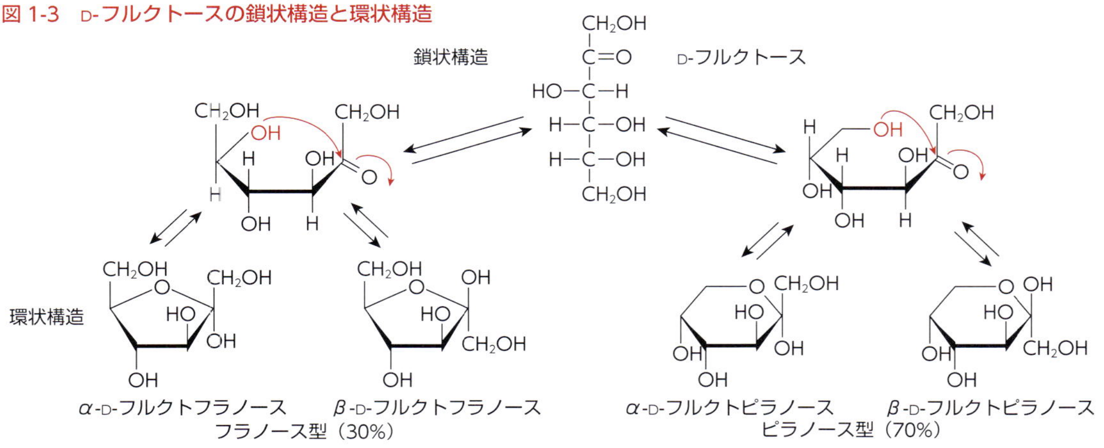

表 1-2　代表的な二糖とその構造

分類	還元性	特徴	構造式
スクロース（ショ糖）	なし	砂糖の主成分。 D-グルコースと D-フルクトースが α(1)→β(2) グリコシド結合した二糖である。 小腸に存在するスクラーゼ（インベルターゼともいう）によってグルコースとフルクトースに分解される。	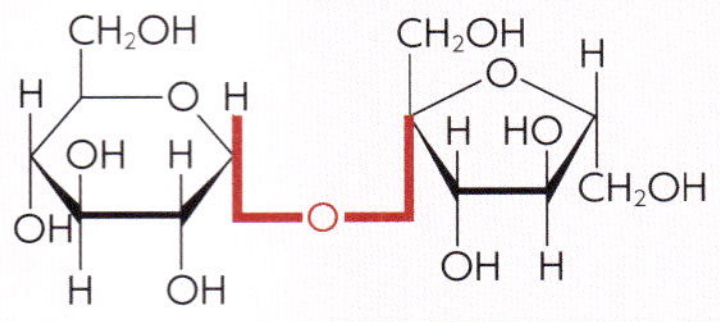
マルトース（麦芽糖）	あり	水飴の主成分。 D-グルコース 2 分子が α (1→4) グリコシド結合した二糖である。 マルトースは、デンプンから β-アミラーゼの作用により分解され生成する。αグルコシダーゼによってグルコースに分解される。 αグルコシダーゼによる二糖類からブドウ糖への変換を阻害することによって食後高血糖を防ぐ、糖尿病治療薬がある。	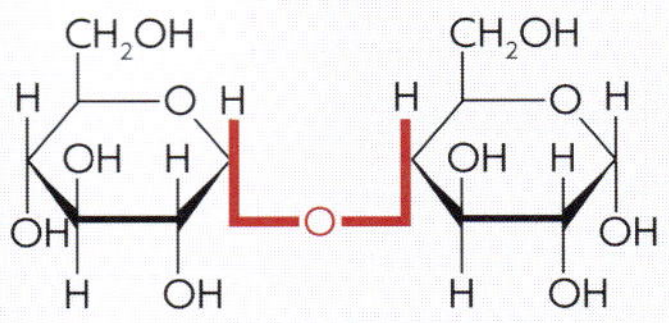
ラクトース（乳糖）	あり	乳汁や牛乳に含まれる。 D-ガラクトースと D-グルコースが β(1→4) ガラクシド結合した二糖である。 乳酸菌はラクトースを分解して乳酸にする。 β-ガラクトシダーゼによってガラクトースとグルコースに分解される。	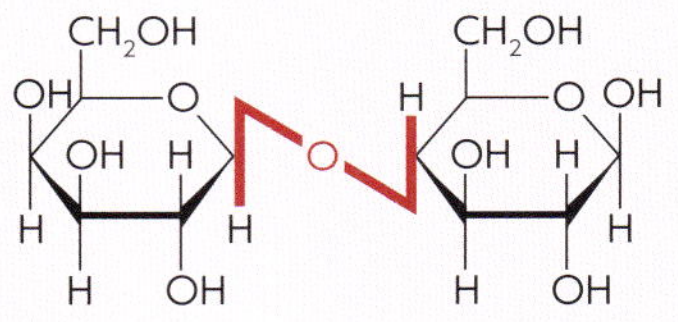
トレハロース	なし	グルコース 2 分子が α(1)→α(1) グリコシド結合した二糖である。 トレハラーゼによって分解される。 トレハロースは水に代わって細胞を守る働きをする。 スクロースの約半分の甘さである。 高い保水力をもち、食品や化粧品に使われている。	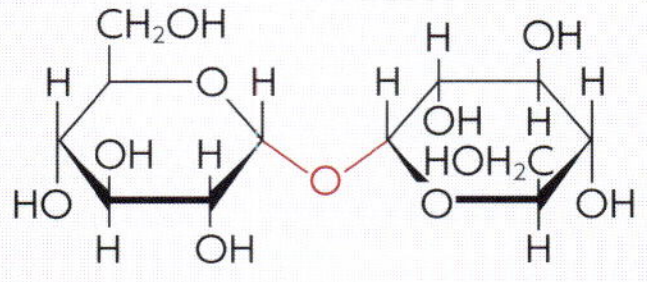

（構造式は α 型のみを示している）

ロースとトレハロースは還元性を示さないが、それ以外のマルトースやラクトースなどの二糖は還元性を示す。

1.1.5　多糖

多数の単糖がグリコシド結合によって脱水縮合して 1 分子となった高分子化合物を**多糖**（または**多糖類**）という。1 種類の単糖分子から構成されている多糖を**単純多糖**（**ホモ多糖**ともいう）、種々の単糖あるいはその誘導体（アミノ糖やウロン酸など）から構成される多糖を**複合多糖**（**ヘテロ多糖**ともいう）といい、多彩な化学構造を呈する。多糖は、細胞壁、外骨格やエネルギー貯蔵物質として利用されている。

多糖は、一般的に親水性であり、水を吸着しやすいという性質がある。水に不溶性のもの（セルロース、キチンなど）と可溶性のもの（デンプン、グリコーゲン、アガロース、ペクチンなど）とさまざまであるが、甘味性と還元性がないという共通の性質をもっている。

グルコースだけで構成されている単純多糖としては、**デンプン**、**グリコーゲン**、**セルロース**が知られている。**デンプン**は、多くの高等植物における貯蔵多糖であり、α(1→4) 結合したグルコースからなる**アミロース**（含量 20 ～ 25％）と、これに α(1→6) 結合の側鎖が加わったアミロペクチン（含量 80 ～ 75％）で構成される（図 1-4）。デンプンをヒトが食べると、まず唾液中の **α-アミラーゼ**（**プチアリン**）によって、**デキストリン**（デンプンをアミラーゼや酸などで分解して得られる種々の中間生成物の総称）と二糖の**マルトース**に分解される。胃の内容物が十二指腸に送られると、膵臓から分泌された α-アミラーゼ（**アミロプシン**）によりデキストリンはマルトースに分解される。マルトースはさらに小腸粘膜上皮細胞上の **α-グルコシダーゼ**（マルターゼ）によって最終的に

図 1-4　アミロースとアミロペクチン

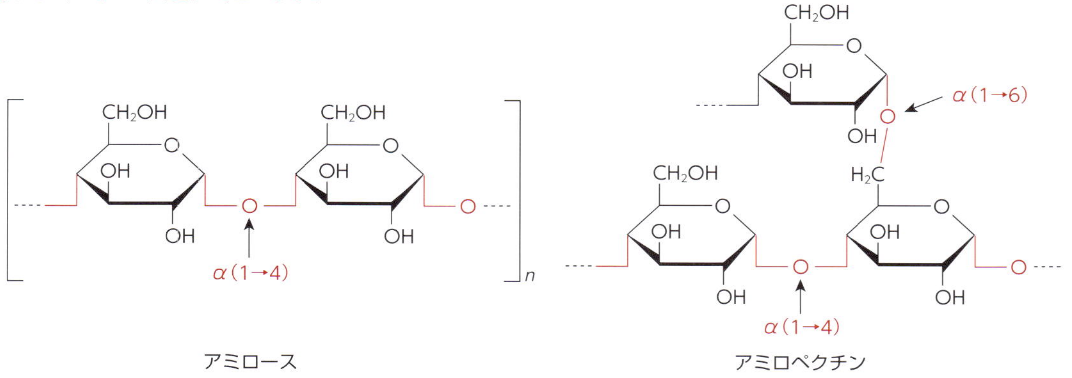

グルコースにまで分解され、小腸粘膜上皮細胞から吸収される。

それに対して、**グリコーゲン**は動物における貯蔵多糖であり、デンプンと同様に α(1→4) 結合したグルコースからなる主鎖に α(1→6) 結合の側鎖が加わった、全体として著しく分枝した巨大分子を構成している。余剰となったグルコースは、肝臓や骨格筋においてグリコーゲンとして一時的に貯蔵し、必要に応じて分解されてグルコース-6-リン酸となり、解糖系に放出してエネルギーとなったり、グルコースに戻して血液中に放出したりしている。

セルロース（図 1-5）もグルコースからできた単純多糖で、植物の細胞壁を構成する主成分であるが、これを分解する酵素をヒトはもっていないため、エネルギー源として利用できないとされていた。しかし、腸内細菌によってわずかながら分解されてエネルギー源として利用されていることがわかっている。

図 1-5　セルロースの構造

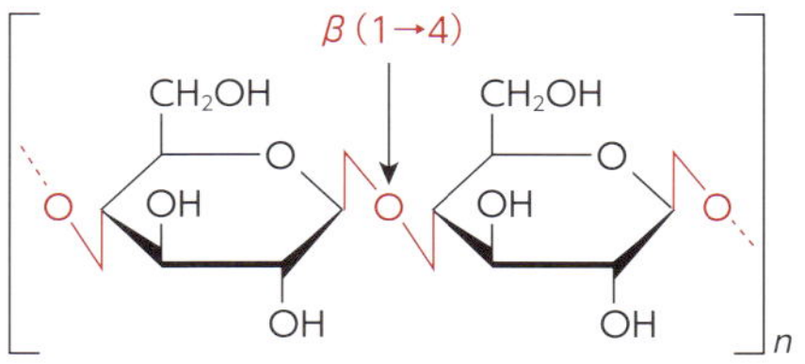

1.2　脂質の構造と機能

脂質は、からだを動かすためのエネルギー源として使われるほか、神経組織、細胞膜やホルモンなどを生体内で合成するのに欠かすことのできない生体成分で、一般的に水に不溶で、エーテルやクロロホルムなどの有機溶媒に溶け、加水分解によって脂肪酸を遊離し、生物によって利用される物質である。しかし、例外の存在が明らかになったことから、現在では、分子中に**長鎖脂肪酸**あるいは類似した**炭化水素鎖**をもち、生物体に存在するか、または生物に由来する分子を脂質と定義している。脂質は、三大栄養素のうちでもっとも高いエネルギーが得られる成分で、体内で 1 g あたり 9 kcal を発生する。身体活動レベルが普通の成人男子で 1 日に必要なエネルギーの 20 ～ 30％ を**脂質摂取量**とすることがよいとされている。これは 1 日 2,650 kcal 必要な成人男子で、およそ 70 g となる。

1.2.1　脂質の種類

脂質は、**単純脂質**、**複合脂質**、**誘導脂質**に大別される（表 1-3）。**単純脂質**は、**アルコール**と**脂肪酸**の**エステル**をいい、アシルグリセロール、蝋、コレステロールエステルがある。単純脂質は、生体において貯蔵型エネルギー源となったり、組織を保護したりする働きがある。アルコールのひとつである**グリセロール**（**グリセリン**ともいう）と脂肪酸のエステルを特に**油脂**と呼んでいる。油脂は、融点が低く常温で液体の**脂肪油**、融点が高くて常温で固体の**脂肪**に分けられる。生物においてもっとも多くみられる単純脂質は、**アシルグリセロール**（**中性脂肪**ともいう）である。グリセロールには3か所にヒドロキシ基（–OH）があるため、エステル結合した脂肪酸の数によって**モノアシルグリセロール**、**ジアシルグリセロール**、**トリアシルグリセロール**（図1-6）の3種類に分けられている。

一般にトリアシルグリセロールは天然油脂の主成分である。動物では動物油脂と呼び、皮下組織、肝臓、筋肉、内臓の周辺、骨などに蓄積され、皮下組織や筋肉などに蓄積されている脂質は、生体を衝撃から守るクッションとしての役目も担っている。植物では植物油脂と呼び、種子、果実、穀類の胚芽に蓄積され、蓄積脂肪と呼ばれる。

高級脂肪酸と高級アルコールのエステルを**蝋**といい、植物や昆虫の表面などに見出され、生体の表面を保護する働きがある。また、蝋は結核菌やライ菌の莢膜にも存在する。

複合脂質は、脂肪酸とアルコールのほかに、リン酸、糖、シアル酸、窒素塩基、硫黄などを含んだ脂質をいう。複合脂質には、**リン脂質**であるグリセロリン脂質、スフィンゴリン脂質や**糖脂質**であるスフィンゴ糖脂質、グリセロ糖脂質がある。複合脂質は、生体膜の主要な構成成分となったり、体内での情報伝達などにかかわったりしている。

誘導脂質は、単純脂質や複合脂質を加水分解することによって誘導される分子で、脂肪酸、テルペノイド、ステロイド、カロテノイドなどがある。誘導脂質は、細胞膜、血液、ホルモンなどの構成成分になったり、脂溶性ビタミン（A、D、E、K）の吸収を促したりする。

1.2.2 脂肪酸

脂肪酸は、脂質の基本的な構成成分であり、鎖式の炭化水素基にカルボキシ基（–COOH）が結合したモノカルボン酸である。生体内における脂肪酸は、炭素数が16個ないし18個のものが多い。脂肪酸は、炭化水素基に二重結合を1つ以上もつ**不飽和脂肪酸**と二重結合をもたない**飽和脂肪酸**に分類される。また、その鎖の長さ（炭素の数）が8～12個のものを**中鎖脂肪酸**といい、それより長いものを**長鎖脂肪酸**、短いものを**短鎖脂肪酸**という。不飽和脂肪酸は、二重結合の炭素に結びつく水素が同じ向きのものをシス型、反対のものをトランス型といい、天然の不飽和脂肪酸のほとんどはシス型として存在する。二重結合が1つのものを**一価不飽和脂肪酸**、2つ以上のものを

図1-6　トリアシルグリセロールの構造

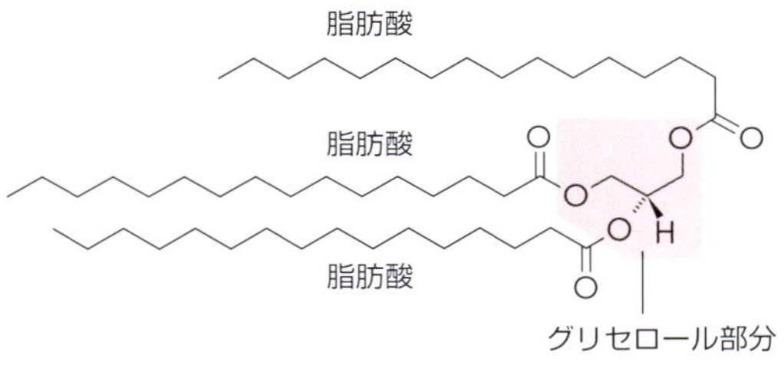

表1-3　脂質の種類と特徴

分類	特徴	種類
単純脂質	脂肪酸とアルコールのエステル（R–CO–O–R′）。 アルコール部分には直鎖アルコールのほか、グリセロール、ステロールなどがある。	中性脂肪（モノアシルグリセロール、ジアシルグリセロール、トリアシルグリセロール） 蝋 コレステロールエステル
複合脂質	単純脂質にリン酸、糖、シアル酸、窒素塩基が結合したもの。 一般にスフィンゴシンまたはグリセロールが骨格となる。	リン脂質（スフィンゴリン脂質、グリセロリン脂質） 糖脂質（スフィンゴ糖脂質）
誘導脂質	単純脂質と複合脂質の加水分解産物によって誘導される化合物。	長鎖脂肪酸（炭素数が13以上のもの） コレステロール テルペノイド（イソプレノイド） ステロイド カロテノイド

多価不飽和脂肪酸という。

飽和脂肪酸は、不飽和脂肪酸より融点が高く、常温で固体であることが多い。一方、不飽和脂肪酸は、常温で液体であることが多い。また、炭素数が同じであれば、二重結合が多いほど融点が低くなる（表 1-4）。

動物が体内で合成できないため食物から摂取しなければならない脂肪酸を**必須脂肪酸**といい、一般的に多価不飽和脂肪酸の**リノール酸**、**α-リノレン酸**、および**アラキドン酸**とされている。これらに、エイコサペンタエン酸（EPA）とドコサヘキサエン酸（DHA）を加えて必須脂肪酸とする場合がある。必須脂肪酸は、生体膜を構成するリン脂質に組み込まれたり、プロスタグランジン、ロイコトリエン、トロンボキサンなどのエイコサノイドに転換されたりしている。

飽和脂肪酸は、牛脂、豚脂やバターなどの動物性脂肪に多く含まれ、悪玉コレステロールと呼ばれる **LDL**（低比重リポタンパク質）**コレステロール**や**中性脂肪**を増やす原因となる。一方、**一価不飽和脂肪酸**はオリーブオイルや菜種油などの植物油脂に多く含まれ、善玉コレステロールと呼ばれる **HDL**（高比重リポタンパク質）**コレステロール**を増やす作用がある。なお、**多価不飽和脂肪酸**の EPA や DHA は、コレステロールや中性脂肪を減らす作用がある。また、脳の情報伝達をスムーズにし、記憶・学習能力を向上させるとともに、脳の老化を防ぐ効果もあるといわれている。

しかし、不飽和脂肪酸であってもマーガリンなどのトランス型不飽和脂肪酸は、LDL コレステロールを増加させ、HDL コレステロールを減少させる。このことから、多量に摂取を続けると、動脈硬化などによる虚血性心疾患のリスクを増加させるといわれている。

長鎖脂肪酸の吸収はリンパ管、静脈を経由して肝臓や筋肉に運ばれ、必要に応じて分解される。それに対して、中鎖脂肪酸はリンパ管を通らずに肝門脈を経由して肝臓に運ばれ、すばやく分解される。そのため、長鎖脂肪酸は体内に蓄積されやすいが、中鎖脂肪酸は蓄積されにくいとされている。

表 1-4　脂肪酸の種類と特徴

分類	炭素数	二重結合数	主な脂肪酸	融点（℃）	主な食品	特　徴
飽和脂肪酸	4		酪酸	−5.3	バター	主にエネルギー源となる。
	12		ラウリン酸	44.2	バター、ヤシ油、母乳	
	14		ミリスチン酸	53.9	ヤシ油、パーム油	
	16		パルミチン酸	63.1	牛脂、豚脂	
	18		ステアリン酸	69.6	牛脂、豚脂	
不飽和脂肪酸	18	1	オレイン酸	13.4	オリーブ油、菜種油	酸化されにくい。血中コレステロール値を低下させる。
	18	2	リノール酸	−5.1	紅花油、ヒマワリ油	必須脂肪酸、血中コレステロール値を低下させる。血圧を下げる。
	18	3	γ-リノレン酸		母乳	血中コレステロール値を低下させる。血圧を下げる。血糖値を低下させる。
	18	3	α-リノレン酸	−11.3	シソ油、エゴマ油	必須脂肪酸、生体内でエネルギーになりやすい。
	20	4	アラキドン酸	−49.5	肝油、卵黄	必須脂肪酸、乳児・幼児の発育に必須である。
	20	5	エイコサペンタエン酸（EPA）	−54.1	サンマ、イワシ、マグロ	抗血栓作用がある。血中の中性脂肪を低下させる。脳の機能を高める。酸化されやすい。
	22	6	ドコサヘキサエン酸（DHA）	−44.3	サンマ、イワシ、マグロ	抗血栓作用がある。血中の中性脂肪を低下させる。脳の機能を高める。酸化されやすい。

1.2.3 リン脂質

リン脂質は、リン酸基を含む脂質で、グリセリンと脂肪酸がエステルを形成しているものを**グリセロリン脂質**、スフィンゴシンと脂肪酸がエステルを形成しているものを**スフィンゴリン脂質**という（図 1-7）。リン脂質や糖脂質は水になじむ**親水性**の部分となじまない**疎水性**の部分の両方もつので、**両親媒性脂質**と呼ばれる。この性質によって、生体膜の二重層を自然に形成することを可能にしている。両親媒性物質を水に溶かすと、親水性基を外側に、疎水性基を内側に向けて会合する。この構造を**ミセル**という。生体膜の構成成分であるリン脂質は、親水性基を水側に向けて疎水性基を内に向けたミセルを形成して**脂質二重層**をつくり出している（図 1-8）。

図 1-7 リン脂質の構造

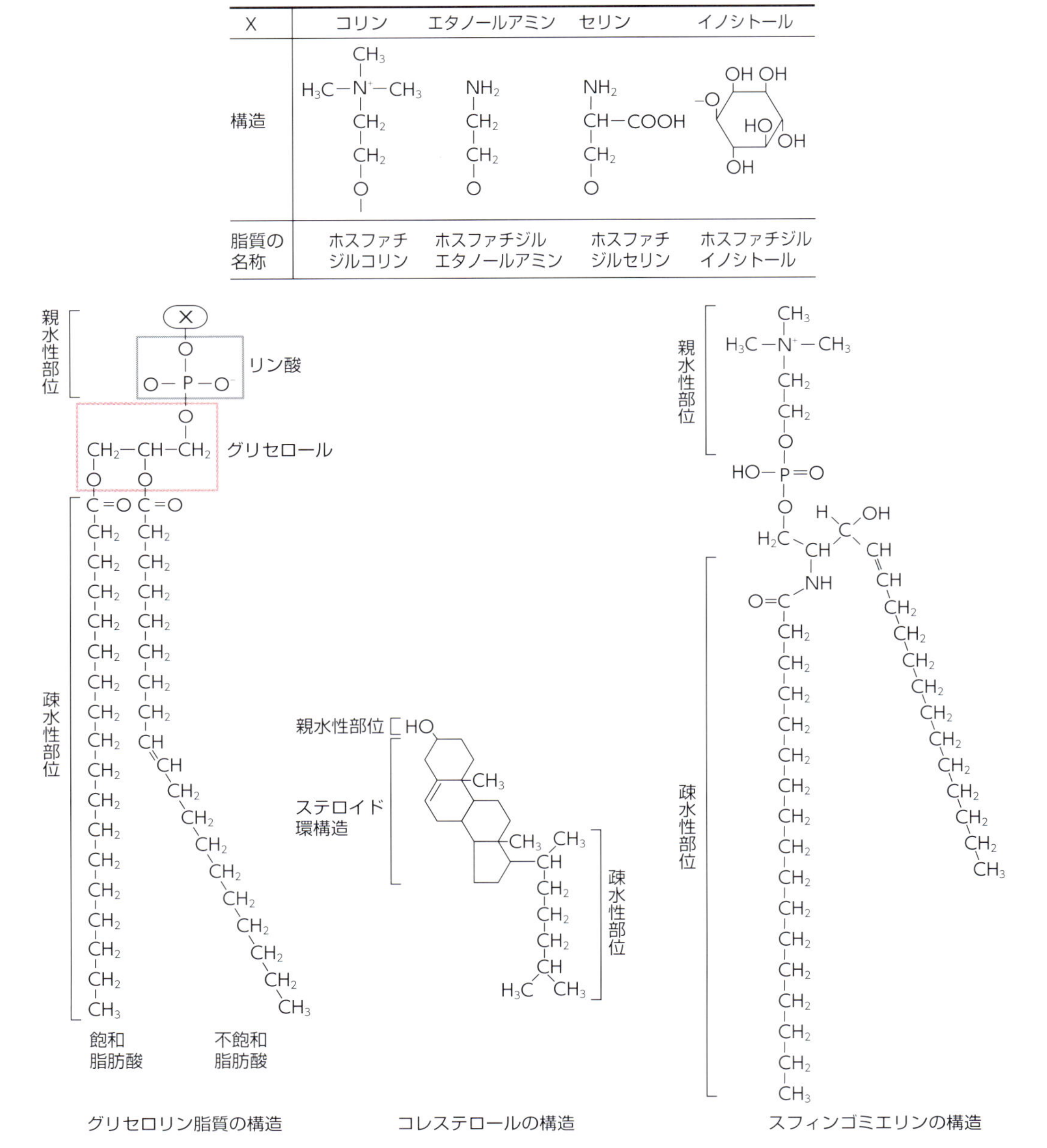

図 1-8　ミセルと脂質二重層の構造

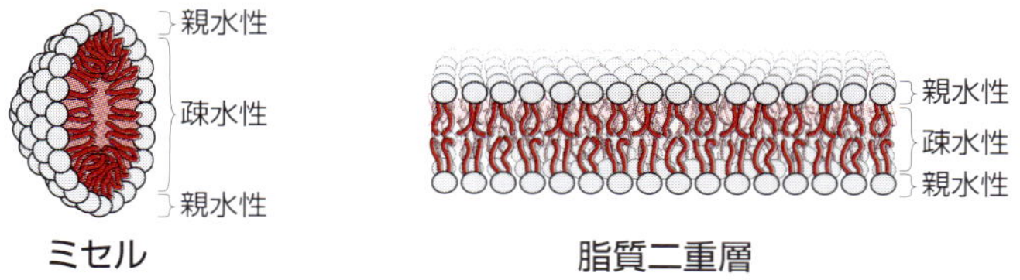

二重に配列した分子の疎水性基どうしが会合し、水と接する部分には親水性基が現れるような構造を形成することで脂質二重層を形成している。両親媒性物質を水に溶かすと、親水性基を外側に、疎水性基を内側に向けて会合し、ミセルを形成する。

リン脂質は、脂質二重層を形成して糖脂質やコレステロールとともに細胞膜の主要な構成成分となるほか、生体内でホルモンなどのシグナル伝達にもかかわっている。また、スフィンゴリン脂質である**スフィンゴミエリン**は神経細胞の軸索をとり囲んで管状をなすミエリン鞘（髄鞘ともいう）に多く存在する。そのため、脳神経組織に特に多く存在する。

1.2.4　糖脂質

糖脂質には、**スフィンゴ糖脂質**と**グリセロ糖脂質**とがある。スフィンゴ糖脂質は主として動物に、グリセロ糖脂質は主に細菌と植物に、それぞれ分布している。糖脂質もリン脂質と同様に、**親水性**の部分と**疎水性**の部分をもつため、その性質はよく似ている。糖脂質は、真核生物の脂質二重膜内部から膜表面へ突き出すように存在し、特定の化合物の認識機構に関与している。この働きによって細胞膜が安定し、別の細胞と結合して組織を形成するのに役立っている。脳神経組織に特に多く存在している。

1.2.5　コレステロール

脂質の一種であるコレステロールの1日の目標摂取量は、成人男子で750 mg未満、女子で600 mg未満と定められている。コレステロールは、食事によって摂取されるものと、肝臓や皮膚で合成されるものがある。食事からのコレステロール摂取量は200～400 mg/日程度であるのに対して、生体内におけるコレステロールの合成量は1,000～1,500 mg/日と、食事からの摂取量の5倍ほど高い。

コレステロール（図 1-9）は、生体膜の構成成分、肝臓における胆汁酸、ビタミンD、副腎皮質ホルモン、性ホルモンの生成材料になる大切な栄養成分であるが、とりすぎなどによって体内に増えすぎると、動脈硬化を招くおそれがある。コレステロールは消化管から直接吸収され、排泄もそのままの形で行われる。

1.2.6　リポタンパク質

脂質を多く含む食事をした後、しばらくして採血した血液の血清（血漿）部分が乳び（白濁した状態）になっていることがある。これは脂質が消化・吸収されてからトリアシルグリセロールに合成され、タンパク質と複合体を形成して**キロミクロン**という大きな粒子の**リポタンパク質**となって血液中に出現するために起こる現象である。なお、血液中に遊離した形で存在する**遊離脂肪酸**は、アルブミンと結合して血液中を輸送される。食後かなりの時間が経ってから採血した血液の血清は澄明になっている。これは、キロミクロンの大部分を占めるトリアシルグリセロールが加水分解されて、そのサイズが次第に小さくなるためである。

リポタンパク質は、その比重によって**キロミクロン、超低比重リポタンパク質（VLDL）、低比重リポタンパク質（LDL）、高比重リポタンパク質（HDL）**に大別される（図 1-10）。比重が小さいほどリポタンパク質の直径が大きく、脂質の割合が高く、そしてアポリポタンパク質の割合が低い。

キロミクロンは、小腸粘膜上皮細胞で合成され、リンパ管を経由して血液中に入る。VLDLは肝臓で合成され、肝臓で合成されたトリアシルグリセロールとコレステロールを血液中に運ぶ働き

図 1-9　コレステロールとその代表的な生成物

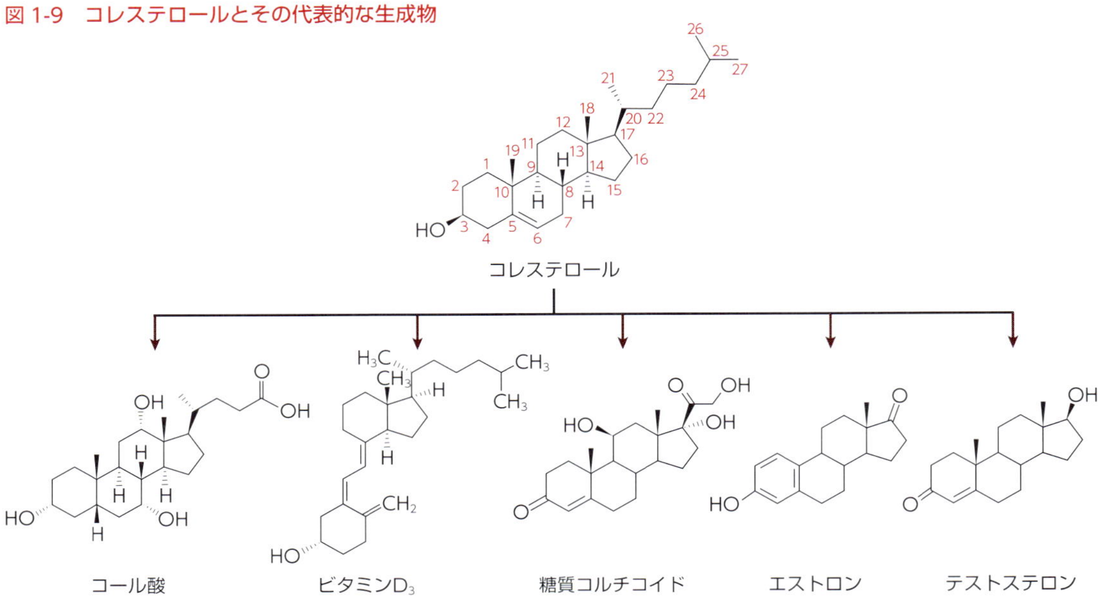

図 1-10　リポタンパク質の構造と組成

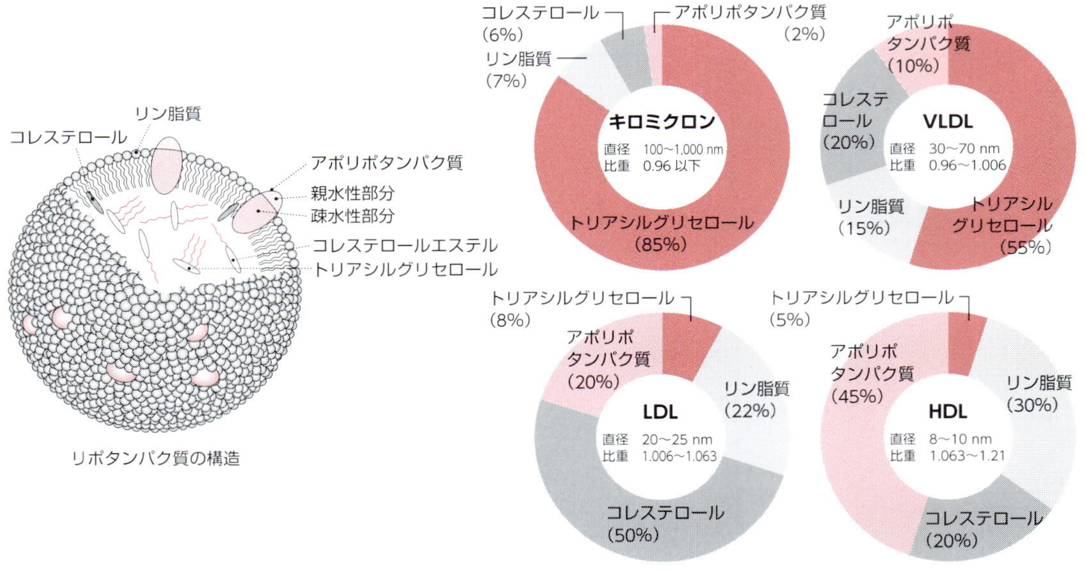

をしている。LDL は VLDL がリパーゼの作用によってトリアシルグリセロールの含量が減ることでできたものである。HDL は肝臓と小腸粘膜上皮細胞で合成された後、血液中に放出され、末梢組織で余剰になったコレステロールを肝臓に運ぶ働きを担っている。そのため、HDL の減少および VLDL（LDL）の増加は、虚血性心疾患や脳血管疾患のリスクファクターのひとつとされている。

1.3　タンパク質の構造と機能

タンパク質は、**20 種類**の**アミノ酸**と呼ばれる基本構造がたくさん重合してできた高分子化合物である。生体を構成する成分でもっとも多いのが水で 51 ～ 61％を占めるが、その次に多いのがタンパク質で 14 ～ 17％を占めている（表 1-5）。このことからも生体において非常に重要な生体構成成分であることがわかる。

ヒトの遺伝子は、おおよそ 2 万 2 千種類で、そこから合成されるタンパク質はおおよそ 10 万種類といわれている。これらのタンパク質は生体において酵素、情報伝達物質、受容体、生体防御、細胞骨格など多様な働きを担っている。生体を構成する高分子有機化合物はいずれもタンパク質によって合成や分解が行われている。すなわち、生体の生命活動は、このタンパク質のもつさまざまな働きによって維持されているということになる。

表 1-5　生体を構成する分子

分子	男性	女性
水	61.0%	51.0%
タンパク質	17.0%	14.0%
脂質	16.0%	30.0%
糖質	0.5%	0.5%
核酸	少量	少量
無機質	5.5%	4.5%

タンパク質は、それを構成する成分の違いによって、**単純タンパク質**と**複合タンパク質**に大別することができる。単純タンパク質は、アミノ酸だけでできているもので、複合タンパク質は、アミノ酸以外の有機物質や無機物質も構成成分となっているものをいう。複合タンパク質には、糖鎖を結合した**糖タンパク質**、金属を結合した**金属タンパク質**、ヘムを含む**ヘムタンパク質**、FAD や FMN が結合した**フラビンタンパク質**、核酸と結合した**核タンパク質**、リン酸が結合した**リンタンパク質**、脂質が結合した**リポタンパク質**などがある。

1.3.1　アミノ酸

分子内の同一炭素原子に**アミノ基**（$-NH_2$）と**カルボキシ基**（$-COOH$）とを結合している化合物を総称して**アミノ酸**という（図 1-11）。ただし、アミノ基でなくイミノ基（>NH）をもつイミノ酸のプロリンも例外的にアミノ酸に含める。カルボキシ基から 1 つ目の炭素を**α炭素**といい、その炭素にアミノ基が結合したものを**α-アミノ酸**と呼ぶ。天然に得られるアミノ酸のほとんどが α-アミノ酸である。グリシンを除く α-アミノ酸は**不斉炭素原子**をもつため、L 体と D 体という**光学異性体**が存在する。生体に含まれるほとんどのアミノ酸が L 体の α-アミノ酸であることから、これをアミノ酸と呼ぶことが多い。しかし、D 体のアミノ酸も生体内にわずかながら存在し、生体のさまざまな調節に関与しているといわれている。

図 1-11　アミノ酸の一般式

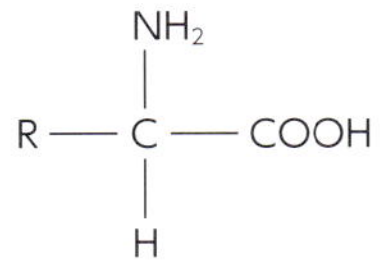

R（側鎖部分）はアミノ酸の種類によってそれぞれ異なっている。

アミノ酸は、分子内に正に荷電しうるアミノ基と負に荷電しうるカルボキシ基があることから**両性電解質**の性質をもっている（図 1-12）。そのため、それぞれのアミノ酸に固有の等電点がある。

図 1-11 に示したアミノ酸の一般構造式の R の部分を**側鎖**といい、これによってそれぞれのアミノ酸の固有な性質が決定する。アミノ酸は化学的に中性の pH 7 において荷電をもたない**中性アミノ酸**、R に負の荷電があり全体に負に荷電する**酸性アミノ酸**、R に正の荷電があり全体に正に荷

図 1-12　水溶液中での pH によるアミノ酸の荷電状態の変化

電する**塩基性アミノ酸**に分けることができる（表 1-6）。また、側鎖の水との親和性によって**親水性アミノ酸**と**疎水性アミノ酸**に分けられる。酸性アミノ酸と塩基性アミノ酸はすべて親水性アミノ酸である。中性アミノ酸のうち、芳香環をもつ芳香族アミノ酸（フェニルアラニン、トリプトファン、チロシン）とアルキル基をもつもの（アラニン、バリン、ロイシン、イソロイシン）、硫黄を含む含硫アミノ酸（メチオニン、システイン）、イミノ基をもつプロリンは疎水性アミノ酸で、カルボキシアミド基をもつもの（アスパラギン、グルタミン）とアルコール性ヒドロキシ基をもつもの（セリン、トレオニン）は親水性アミノ酸である。

体内で合成できないか、あるいはきわめて合成しにくいため、食事などからとり入れなければならないアミノ酸を**必須アミノ酸**といい、バリン、ロイシン、イソロイシン、トレオニン、フェニルアラニン、トリプトファン、メチオニン、リシン、ヒスチジンの 9 種類がある。

1.3.2　タンパク質の構造

タンパク質は、隣り合うアミノ酸のアミノ基とカルボキシ基の間で脱水縮合して生じる**ペプチド結合**（-CO-NH-）によって重合した鎖状の高分子化合物である（図 1-13）。タンパク質の構成成分となっているアミノ酸を**アミノ酸残基**と呼ぶ。ペプチド結合によって合成された化合物を**ペプチド**といい、アミノ酸が 2 個以上数十個以内のものを**オリゴペプチド**、それ以上に長いものを**ポリペプチド**と呼ぶ。アミノ酸の配列は、約束として N 末端側を左側に、C 末端側を右側になるように記載することになっている。

ペプチド鎖がらせん構造を形成したり、折れ曲がったりして安定的な立体的な形が築かれ、それぞれに固有の立体構造を形成する。それによってタンパク質としての生理的機能を発揮している。

A　一次構造

タンパク質におけるアミノ酸の配列順序を表したのが**一次構造**である。ペプチド結合に関係しないアミノ基をもつ側を **N 末端**（アミノ末端ともいう）、カルボキシ基をもつ側を **C 末端**（カルボキシ末端ともいう）という（図 1-14）。アミノ酸の配列を記述する場合、それぞれのアミノ酸を表 1-6 のような 1 文字で表すことが多い。

B　二次構造

タンパク質中の規則的な構造部分を**二次構造**といい、ペプチド鎖が右巻きにらせん状になっている **α ヘリックス**とポリペプチド鎖が折れ曲がったときに 2 本以上のポリペプチド鎖が横並びになっている **β 構造**（**β シート構造**ともいう）がある（図 1-15）。二次構造は近接したポリペプチドの主鎖上のカルボキシ基とアミノ基との間に水素結合を形成して安定化している。β 構造には 2 種類があり、並行型ではペプチド結合の方向が並行であり、逆並行型ではペプチド結合の方向が互いに逆方向である。一般には逆並行型が多いとされてい

図 1-13　ペプチド結合

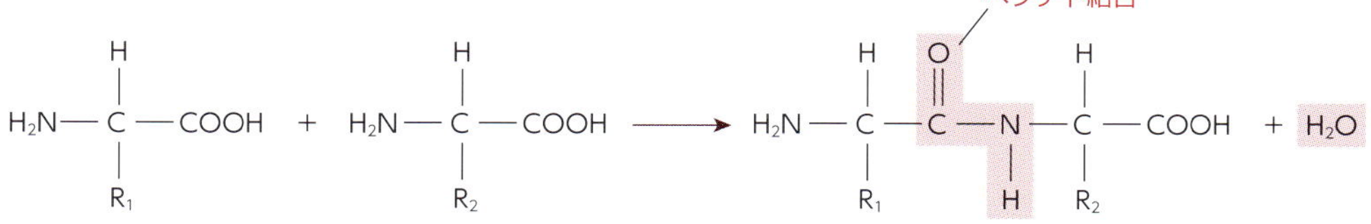

表 1-6　タンパク質を構成するアミノ酸

分類	疎水性 親水性	アミノ酸	3 文字表記	1 文字表記	側鎖の官能基	特徴	構造式
中性アミノ酸	疎水性	アラニン	Ala	A	アルキル基		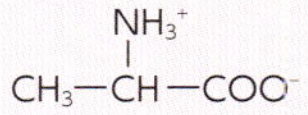
		バリン	Val	V	アルキル基	必須アミノ酸、分枝アミノ酸	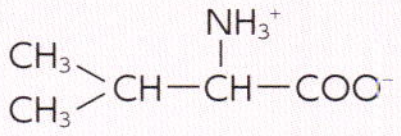
		ロイシン	Leu	L	アルキル基	必須アミノ酸、分枝アミノ酸	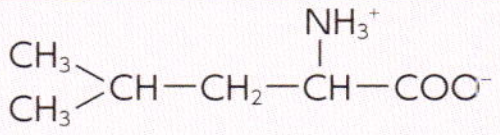
		イソロイシン	Ile	I	アルキル基	必須アミノ酸、分枝アミノ酸	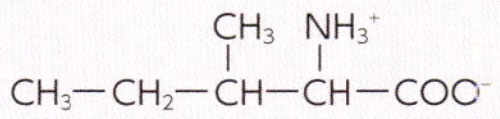
		トリプトファン	Trp	W	芳香族	必須アミノ酸、芳香族アミノ酸	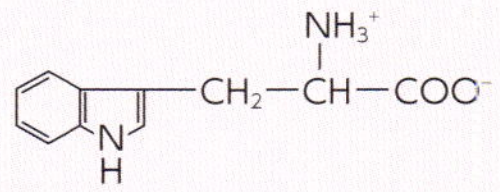
		フェニルアラニン	Phe	F	芳香族	必須アミノ酸、芳香族アミノ酸	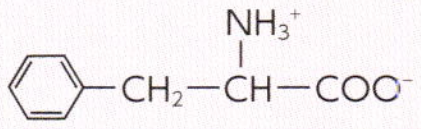
		チロシン	Tyr	Y	芳香族	芳香族アミノ酸、OH 基をもつ	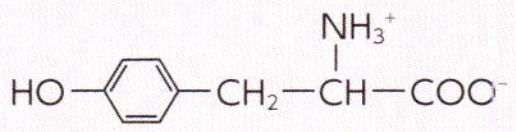
		メチオニン	Met	M		必須アミノ酸、含硫アミノ酸	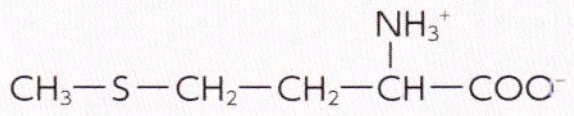
		プロリン	Pro	P	イミノ基	イミノ酸	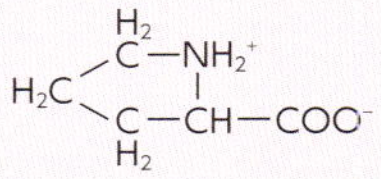
	親水性	アスパラギン	Asn	N	カルボキシアミド基	酸アミド	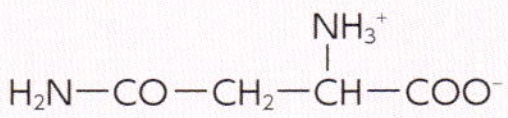
		グルタミン	Gln	Q	カルボキシアミド基	酸アミド	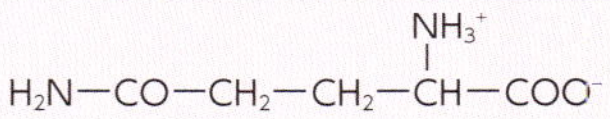
		セリン	Ser	S	アルコール性水酸基	OH 基をもつ	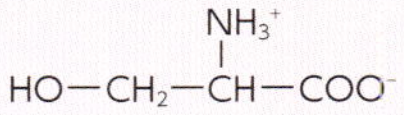
		トレオニン	Thr	T	アルコール性水酸基	必須アミノ酸、OH 基をもつ	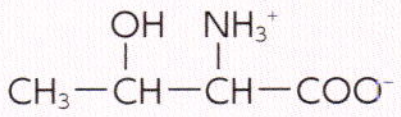
		システイン	Cys	C	SH 基	含硫アミノ酸	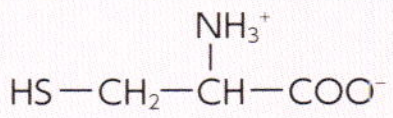
		グリシン	Gly	G		光学異性体なし	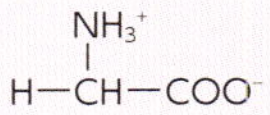
酸性アミノ酸		アスパラギン酸	Asp	D	電荷をもつ	2 つのカルボキシ基をもつ	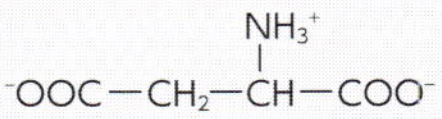
		グルタミン酸	Glu	E	電荷をもつ	2 つのカルボキシ基をもつ	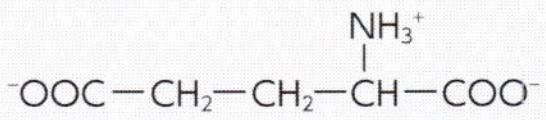
塩基性アミノ酸		アルギニン	Arg	R	電荷をもつ	もっとも塩基性が強い	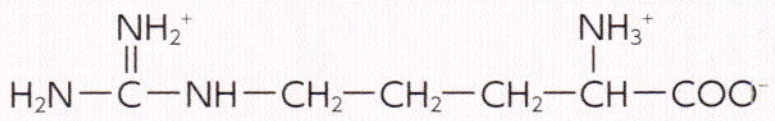
		リシン	Lys	K	電荷をもつ	必須アミノ酸	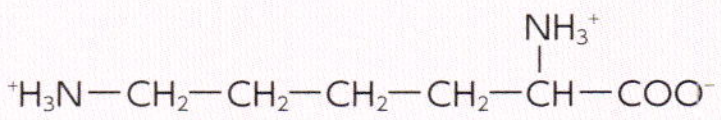
		ヒスチジン	His	H	電荷をもつ	必須アミノ酸	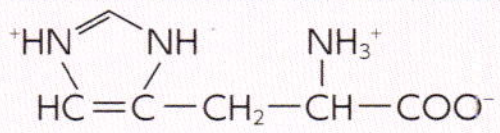

図 1-14　ポリペプチド

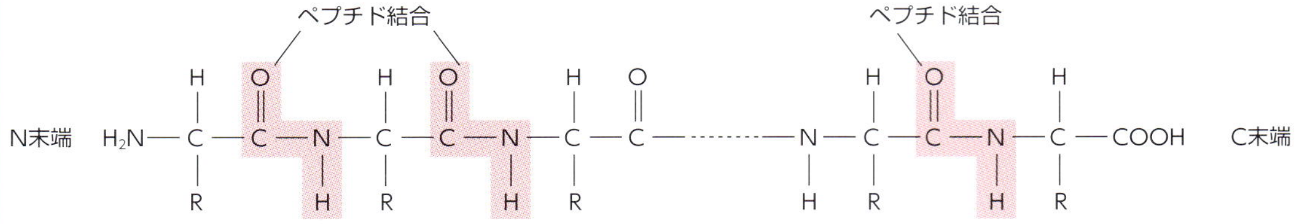

図 1-15　タンパク質の二次構造（αヘリックスとβシート）

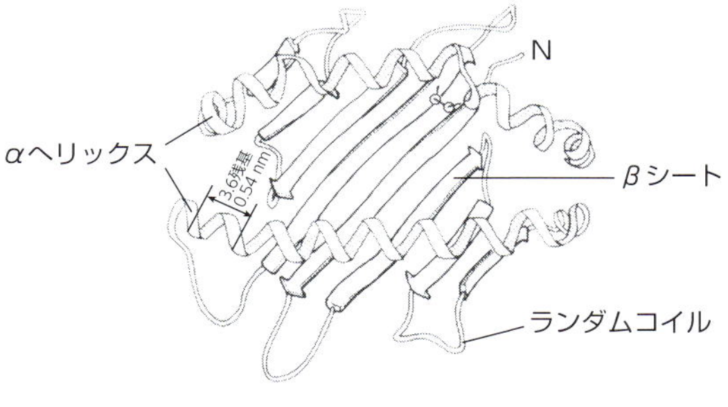

図 1-16　ヘモグロビン A の四次構造

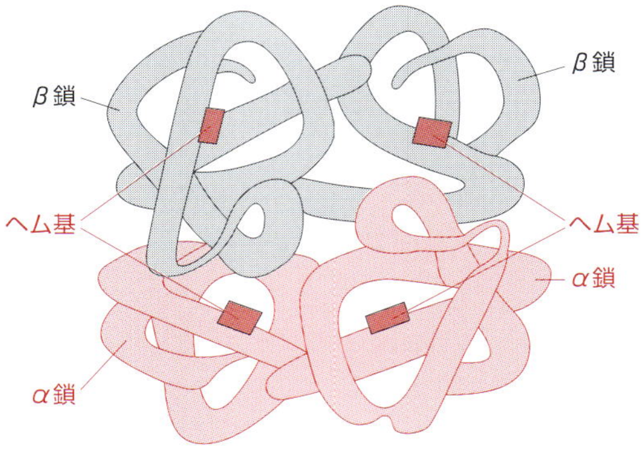

る。生体膜を貫通するタンパク質の生体膜貫通領域は、αヘリックスをとることが多いとされている。

C　三次構造

ポリペプチド鎖が複雑に折りたたまれてできた立体構造を**三次構造**という。この折りたたみ構造には、非共有結合の**水素結合**、**イオン結合**、**疎水結合**、**ファンデルワールス力**とシステイン間に起こる共有結合の**ジスルフィド結合**（S-S 結合）が関与している。

タンパク質は、加熱、界面活性剤、有機溶媒、酸、塩基、尿素などによって二次構造以上の高次構造が壊れてしまう。このことを**タンパク質の変性**といい、タンパク質としての活性が失われてしまう。この現象は一般的に不可逆性である。また、このように活性を失うことを**失活**という。

D　四次構造

2 本以上のポリペプチド鎖がそれぞれ三次構造を形成し、それらが集合して 1 つのタンパク質を組み立てている構造を**四次構造**という。このとき、それぞれのポリペプチド鎖を**サブユニット**という。四次構造を組み立てる際、それぞれのサブユニットは非共有結合で結ばれている。一般的に四次構造を形成しているタンパク質の例として成人の**ヘモグロビン A**（A は adult の意味）がとりあげられる。ヘモグロビン A は 2 本の α サブユニットと 2 本の β サブユニットの 4 つのサブユニットからなる四量体のタンパク質である（図 1-16）。

1.3.3　タンパク質の機能

生体内でのタンパク質は糖鎖、脂質、金属などの物質と結合し、複合タンパク質として存在するものが多くみかけられる。タンパク質は、生体内のありとあらゆる場所で多彩な機能を発揮している。そのタンパク質の機能を十分に発揮するためには、その高次構造と密接な関係がある。

機能からタンパク質を分類すると 10 グループに分けることができる（表 1-7）。それは、生体内で起こる代謝を触媒する**酵素タンパク質**、生体の構造や形態を形成したり保持したりする**構造タンパク質**、筋肉の収縮に関与する**収縮性タンパク質**、生体を防御する**防御タンパク質**、生体機能を調節する**調節タンパク質**、情報伝達物質を受け取る受容体となる**受容体タンパク質**、物質の輸送を行う

表 1-7　タンパク質の機能による分類と代表的なタンパク質

機能的分類	代表的なタンパク質
酵素タンパク質	ペプシン、アミラーゼ、リパーゼなど
構造タンパク質	コラーゲン、エラスチン、ケラチンなど
収縮性タンパク質	アクチン、ミオシン
防御タンパク質	免疫グロブリン、インターフェロンなど
調節タンパク質	転写因子、ポリペプチドホルモン、トロポニンなど
受容体タンパク質	ホルモン受容体、神経伝達物質受容体、サイトカイン受容体など
輸送タンパク質	ヘモグロビン、リポタンパク質、トランスフェリンなど
滋養タンパク質	カゼイン、卵白アルブミンなど
細胞骨格タンパク質	微小管、中間径フィラメント、ミクロフィラメント
接着タンパク質	セレクチン、インテグリン、フィブロネクチンなど

輸送タンパク質、新生児や胚の成長のための栄養源となる**滋養タンパク質**、細胞構造の維持、小胞の輸送や細胞小器官の位置を決定するなどの働きをもった線維状の**細胞骨格タンパク質**、細胞間の接着に関与する**接着タンパク質**である。

1.4　核酸の構造と機能

核酸は、**リン酸**、**五炭糖**（**リボース**または**デオキシリボース**）、および**塩基**からなる**ヌクレオチド**が長い鎖状に**エステル結合**した高分子化合物で、あらゆる生物の遺伝情報を担う重要な物質である（図 1-17）。核酸はヌクレオチドの重合体（ポリマー）であるから、**ポリヌクレオチド**ともいう。また、ヌクレオチドが 2 ～数十個重合したものを**オリゴヌクレオチド**という。核酸は、核内に多く存在する酸性物質という意味で名付けられた。その核酸には、構造と機能の違いから **DNA**（**デオキシリボ核酸**）と **RNA**（**リボ核酸**）の 2 種類がある。

DNA は、遺伝子の本体であり、タンパク質のアミノ酸配列情報が書き込まれている物質である。一方、RNA は DNA に書き込まれた情報に基づいてタンパク質を合成する過程において働く物質であり、それには **mRNA**（**メッセンジャー RNA**）、**rRNA**（**リボソーム RNA**）、**tRNA**（**トランスファー RNA**）の 3 種類がある。

図 1-17　核酸の基本構造

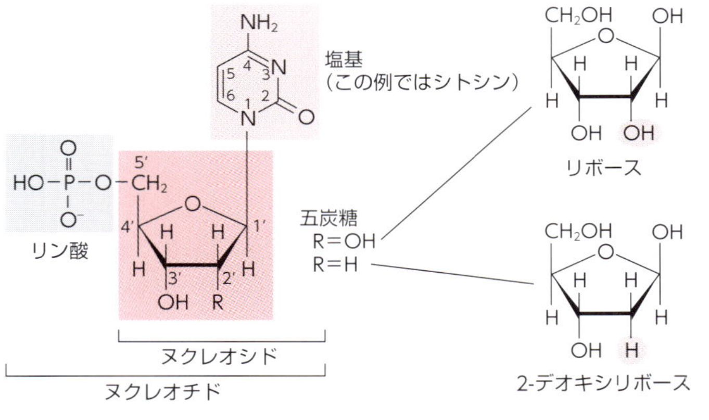

1.4.1　DNA と RNA の構造

DNA 中の五炭糖には **2-デオキシリボース**が、RNA には**リボース**がそれぞれ利用されている（図 1-17）。この五炭糖の違いによって DNA と RNA の構造的相違が決定される。

核酸に利用される塩基は、**プリン骨格**をもつ**アデニン**、**グアニン**と**ピリミジン骨格**をもつ**シトシン**、**チミン**、**ウラシル**に分けられる（図 1-18）。アデニン、グアニン、シトシンは DNA と RNA

図 1-18　核酸塩基の分類と構造

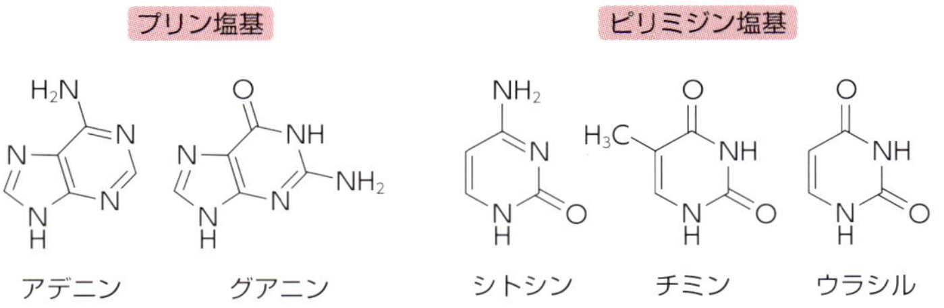

に共通して存在するが、チミンは DNA のみに、ウラシルは RNA のみにそれぞれ存在する。

モーリス・ヒュー・フレデリック・ウィルキンス（M. H. F. Wilkins）とロザリンド・エルシー・フランクリン（R. E. Franklin）によって進められていた **X 線結晶構造解析**の画像やエルヴィン・シャルガフ（E. Chargaff）によって示されていた DNA **塩基存在比の法則**などの DNA に関する情報をすべて満足させるように配慮しながら分子模型を構築するという手法を用いることでジェームズ・ワトソン（J. D. Watson）とフランシス・クリック（F. H. C. Crick）は 1953 年に **DNA 二重らせん構造**を提唱した（図 1-19）。1962 年に DNA 二重らせん構造に関する研究により、ワトソン、クリック、ウィルキンスはノーベル生理学・医学賞を受賞している。残念ながら、フランクリンは 1958 年に 37 歳の若さで肺炎により死亡したため、ノーベル賞の栄誉に輝くことはなかった。

二重らせん構造には、(1) 2 本のポリヌクレオチド鎖はそれぞれが逆方向である、(2) 糖－リン酸の骨格はらせんの外側にあり、塩基は内部に位置している、(3) 相補的な関係にある塩基は水素結合によって結ばれている、(4) らせんは 10 塩基対で 1 回転する、(5) 二重らせんには主溝と副溝の 2 種類の溝がある、(6) 二重らせんは右巻きである、という特徴がある。

二本鎖 DNA の塩基間は**水素結合**によって結ばれているが、この結合は弱く、熱やアルカリによって簡単に外すことができる（図 1-19）。このように水素結合が壊されて二本鎖 DNA が一本鎖になることを **DNA の変性**という。熱で変性した一本鎖 DNA を徐々に冷やすと、一本鎖 DNA のそれぞれの部分がもう一方の DNA 鎖の相補的な塩基を見つけ、再び水素結合をつくり、もとと同じ二本鎖 DNA に戻ることができる。この現象を**アニーリング**と呼ぶ。

RNA は、二本鎖 DNA における特定領域の一方の鎖を鋳型としてコピーしてできた分子で、基本的に一本鎖である。RNA は主に遺伝情報の運搬、アミノ酸の運搬、タンパク質合成の場所として働いている。しかし、それ以外にも DNA 合成の際のプライマー、スプライシングをはじめ酵素としての働きもある。酵素としての働きをもつ RNA を**リボザイム**（RNA 酵素）という。また、RNA はある種のウイルスにおいては遺伝子として働いている。

図 1-19　DNA の二重らせん構造

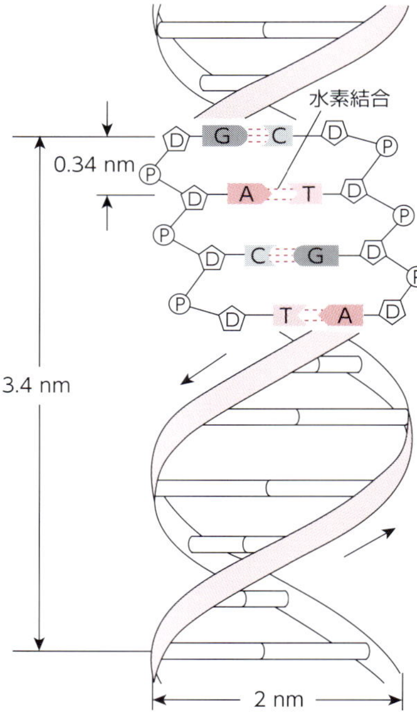

塩基どうしは核酸の塩基は、アデニン（A）とチミン（T）、グアニン（G）とシトシン（C）の間で、水素結合により相補的に結ばれている。水素結合の数は A：T 対で 2 個、G：C 対で 3 個なので、G：C 対のほうが安定している。

1.5 水と無機質

生体を構成する物質のなかでもっとも多くを占めるのが水である。細胞中の約70%が水で、細胞内における生体物質の媒体として利用されているのみならず、生体内の反応に直接かかわっている。また、水は有機質や無機質を溶解して、体内で貯蔵したり、運搬したりする役割を担っている。

1.5.1 水の構造と性質

水は無色透明、無味、無臭の液体である。その分子式は H_2O であり、水素原子2個と酸素原子1個が**共有結合**している。水分子は、結合角が曲がっていることから極性をもっている。また、水分子どうしは**水素結合**によって会合している(図1-20)。

水の融点は0℃、沸点は100℃で、密度は約1 g/cm^3 で4℃において最大となる。水は比熱が大きいため、温度変化の影響を受けにくいという性質をもっている。そのため、生物は大きく**外部環境**が変化したとしても、細胞内の反応で熱が生じたとしても、体内に存在する多量の水によって温度変化が小さくてすむという特徴をもっている。また、**気化熱**(**蒸発熱**ともいう)が大きいため、汗などによる水の蒸発によって体温調節が行える。

図1-20 水分子の構造と水分子間の結合

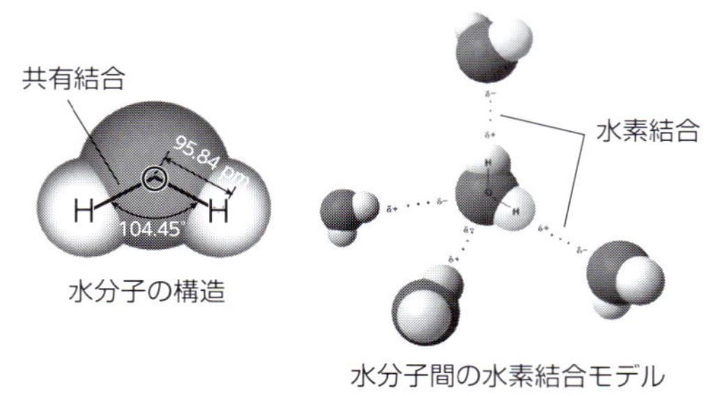

1.5.2 無機質

無機質とは、炭素(C)、水素(H)、窒素(N)、酸素(O)以外で、生体維持に不可欠な元素およびそれらでつくる塩のことをいい、**ミネラル**とも呼ばれる。無機質は糖質、脂質、タンパク質、ビタミンとならび**五大栄養素**のひとつである。生体中の主な無機質は、図1-21に示したとおりである。カルシウムは骨や歯の構成成分として存在し、もっとも多い無機質である。

ナトリウム、カリウム、カルシウム、塩素は浸透圧の維持や水分平衡に、カルシウムは筋収縮や血液凝固に関与している。鉄は主として酸素の運搬に関与するヘモグロビン中のヘムの構成成分となっている。亜鉛は酵素の補助因子として働く。ヨウ素は甲状腺ホルモンの構成成分として不可欠である。このように無機質は生体内において物質の構成成分となったり、恒常性の維持に関与したり、筋肉の収縮や神経の興奮を調節したり、酵素を活性化したりと多様な働きを担っている。

図1-21 ヒトの体内に存在する主な無機質の量(体重に対する%)

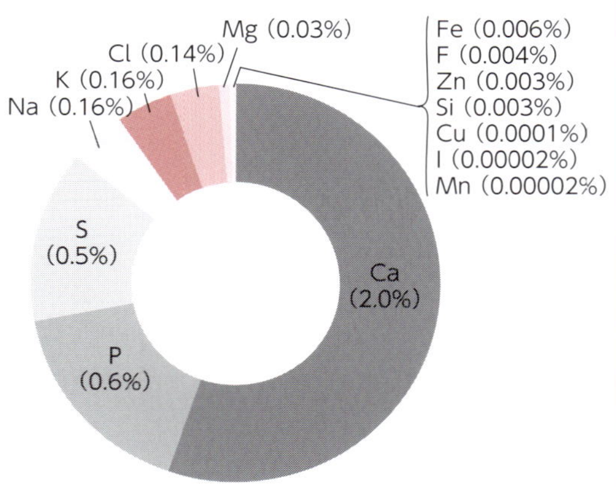

第２章　生体の基本的な構造と機能

準備教育モデル・コアカリキュラム

2　生命現象の科学	到達目標	SBOコード
(2) 生命の最小単位－細胞		
【細胞の構造と機能】	細胞の全体像を図示できる。	2(2)-1-2
	核とリボソームの構造と機能を説明できる。	2(2)-1-3
	小胞体、ゴルジ体、リソソームなどの細胞内膜系の構造と機能を説明できる。	2(2)-1-4
	ミトコンドリア、葉緑体の構造と機能を説明できる。	2(2)-1-5
	細胞骨格の種類とその構造と機能を概説できる。	2(2)-1-6
	細胞膜の構造と機能、細胞どうしの接着と結合様式を説明できる。	2(2)-1-7
	原核細胞と真核細胞の特徴を説明できる。	2(2)-1-8

薬学準備教育ガイドライン

(5)　薬学の基礎としての生物	到達目標	SBOコード
【生体の基本的な構造と機能】	多細胞生物である高等動物の成り立ちを、生体高分子、細胞、組織、器官、個体に関係づけて概説できる。	F(5)-1-1
	動物、植物、微生物の細胞について、それらの構造の違いを説明できる。	F(5)-1-2
	細胞内小器官の構造と働きについて概説できる。	F(5)-1-3
	細胞膜の構造と性質について概説できる。	F(5)-1-4

医学教育モデル・コアカリキュラム

B　医学一般	到達目標	SBOコード
1　個体の構成と機能		
(1) 細胞の基本構造と機能		
【細胞の構造】	(準備教育モデル・コアカリキュラム参照)	B1(1)-1-1
【細胞膜】	細胞膜の構造と機能を説明できる。	B1(1)-2-1
	細胞内液・外液のイオン組成、浸透圧と静止（膜）電位を説明できる。	B1(1)-2-2
	膜のイオンチャネル、ポンプ、受容体と酵素の機能を概説できる。	B1(1)-2-3
	細胞膜を介する物質の能動・受動輸送過程を説明できる。	B1(1)-2-4
	細胞膜を介する分泌と吸収の過程を説明できる。	B1(1)-2-5
【細胞骨格と細胞運動】	細胞骨格を構成するタンパク質とその機能を概説できる。	B1(1)-3-1
	アクチンフィラメント系による細胞運動を説明できる。	B1(1)-3-2
	細胞内輸送システムを説明できる。	B1(1)-3-3
	微小管の役割や機能を説明できる。	B1(1)-3-4

歯学教育モデル・コアカリキュラム

D　生命科学	到達目標	SBOコード
D-1　生命の分子的基盤		
D-1-3　細胞の構造と機能	細胞膜、核および細胞内小器官の構造と機能を説明できる。	D-1-3-①

	細胞骨格を説明できる。	D-1-3-②
	細胞の分泌と吸収機構を説明できる。	D-1-3-③

薬学教育モデル・コアカリキュラム

C　薬学専門教育	到達目標	SBOコード
C8　生命体の成り立ち		
(2) 生命体の基本単位としての細胞		
【細胞膜】	細胞膜の構造と性質について説明できる。	C8(2)-2-1
	細胞膜を構成する代表的な生体分子を列挙し、その機能を説明できる。	C8(2)-2-2
	細胞膜を介した物質移動について説明できる。	C8(2)-2-3
【細胞内小器官】	細胞内小器官（核、ミトコンドリア、小胞体、リソソーム、ゴルジ体、ペルオキシソームなど）の構造と機能を説明できる。	C8(2-)4-1
(4) 小さな生き物たち		
【総論】	原核生物と真核生物の違いを説明できる。	C8(4)-1-2

2.1　細胞の構造と機能

我々がすむ地球上には、150 万種以上の生物が生活を営んでいる。その生物には、ヒトをはじめとして、サル、イヌ、キリンなどの動物やシダ、スギ、キクなどの植物があるが、いずれの生物も細胞からつくられている。この細胞という概念は、イギリスの物理学者**ロバート・フック**（Robert Hooke）が 1665 年にコルクの薄片を顕微鏡でみて（図 2-1)、多数の小部屋からできていることを発見し、これを細胞と呼んだことが始まりである。その後、1839 年**テオドール・シュワン**（Theodor Schwann）と**マティアス・ヤコブ・シュライデン**（Matthias Jakob Schleiden）は、動物も植物も生物の構造および機能の単位は細胞であるとする**細胞説**を提唱した。すなわち、地球上にすむすべての生物において細胞が生体の構造的かつ機能的な基本単位になっているという考え方である。

図 2-1　フックが自作した顕微鏡とコルクのスケッチ

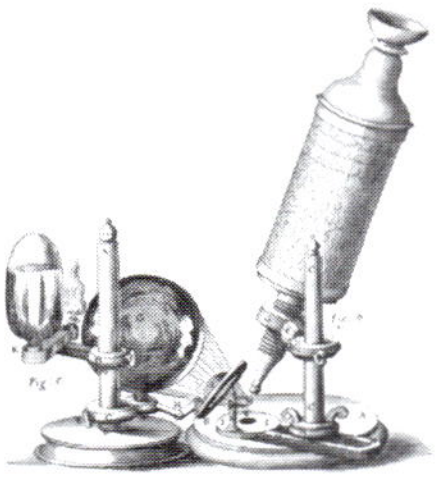

フックが自作した顕微鏡

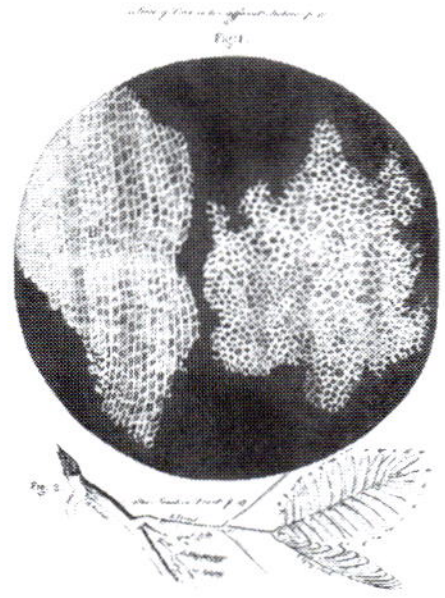

顕微鏡図譜中に描かれたコルクのスケッチ

細胞は、**細胞膜**と呼ばれる膜によって包まれて外界と隔てられている。その内部は、原則的に 1 つの**核**と**細胞質**から構成されている。細胞質は、コロイド状の**細胞質基質**（サイトゾルともいう）といろいろな**細胞小器官**と呼ばれる構造体からできている。細胞は生物の基本単位であるから、生物の定義をすべて満足していることになる。すなわち、すべての細胞は DNA に書き込まれた遺伝情報をもとにタンパク質を合成し、それによって活動のエネルギーを得たり、恒常性を維持したり、自己複製をしたりしている。また、細胞核に存在する DNA によって次の世代への遺伝を行っている。これらの営みには、核や細胞小器官が深くかかわっている。

このような細胞は形態的、機能的に**原核細胞**（図 2-2）と**真核細胞**（図 2-3）という 2 つに大別される。原核細胞は、細菌や藍藻にみられる膜系細胞で、核膜がなく、**核様体**を構成する染色体を 1 つもち、有糸分裂を行わず、ミトコンドリアなどの細胞小器官の分化がない、などの特徴がある。これに対して、真核細胞はヒトをはじめとする動物や植物にみられる細胞で、染色体が核膜で囲まれた核に存在し、有糸分裂を行い、ミトコンドリアなどの膜系細胞小器官が発達している、などの特徴をもっている。原核細胞で構成されている生物を**原核生物**といい、真核細胞で構成されている生物を**真核生物**という。一個体が1個の細胞でできている生物を**単細胞生物**という。一方、多数の細胞でできている生物を**多細胞生物**という。

生物の分類は、一般的にアメリカの生物学者ホイタッカー(R. H. Whittaker)が提唱した「五界説」に基づいて行われている。この界よりも上の、もっとも高いランクの分類群をドメインという。現在、一般的には3ドメイン説が採用されている。3ドメインには、**真核生物ドメイン**(植物、動物、真菌)、**真正細菌ドメイン**(大腸菌や藍藻などの普通の細菌)、および**古細菌ドメイン**がある。

図 2-2　細菌の構造

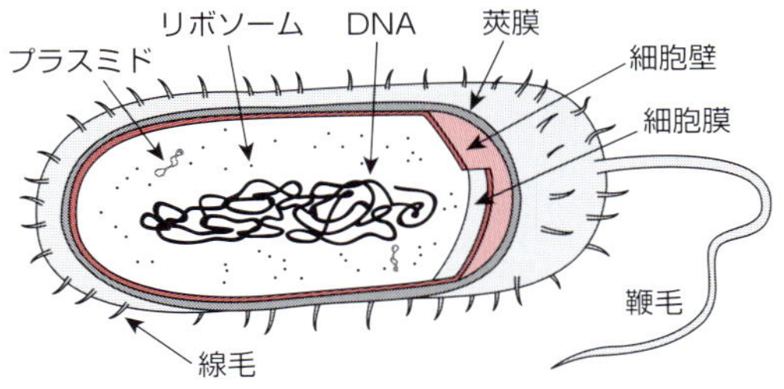

棒状の細胞の例。核は核膜で囲まれていない。細胞質にはリボソームと複数のプラスミド(核外DNA)が存在する。原核細胞は多様な生態的地位のなかで生きている。

図 2-3　動物細胞(左)と植物細胞(右)

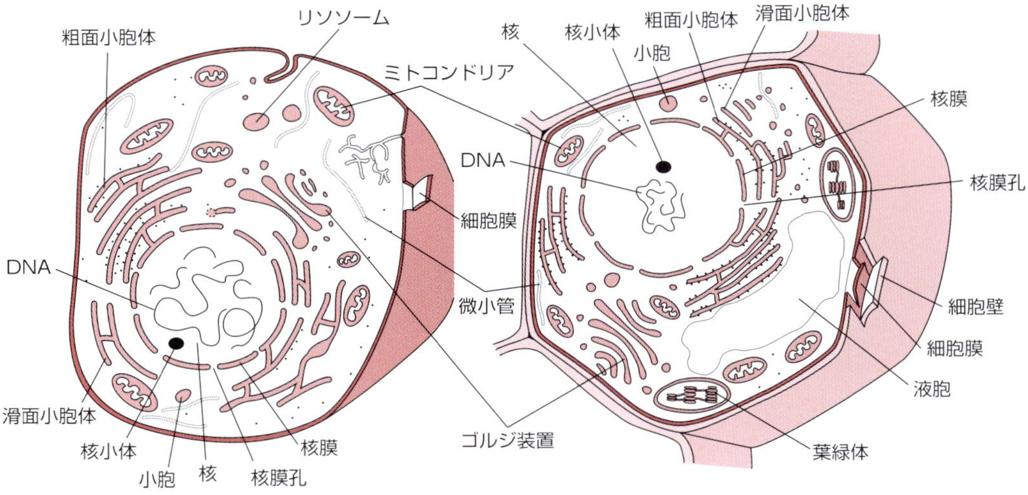

真核生物の核は核膜で囲まれている。動物細胞では、植物細胞にある葉緑体や液胞がない。
植物細胞では細胞膜の外側が細胞壁で囲まれている。

2.1.1　原核細胞と真核細胞の特徴

地球上に生物が誕生したのは今からおよそ40億年前と考えられている。そのときに出現したのが原核生物である。この原核生物を構成する原核細胞が進化して約21億年前に真核細胞でできた真核生物が誕生したと考えられている(表 2-1)。原核生物には、細菌と藍藻類がある。細菌は真正細菌と古細菌に分類される。真正細菌は、いわゆる細菌やバクテリアのことで、大腸菌、枯草菌、シアノバクテリアなどを含む生物群である。これに対して古細菌は、メタン生成細菌、高度好塩菌、硫酸還元古細菌、硫黄代謝好熱古細菌などが知られ、きわめて過酷な環境に分布している。これに対して、真核細胞でできた真核生物には、藍藻類以外の藻類、菌類、原生動物、動物、植物が知られている。

A　原核細胞

原核細胞は、形態が球状、桿状、あるいはらせん状が一般的で、通常1〜10 μmほどの微小な生物で、核膜によって囲まれた核をもたず、膜系が発達する種もあるが、内部構造は一般に単純である（図 2-2）。これは、ミトコンドリアやゴルジ装置といった膜で囲まれた細胞小器官や細胞骨格をほとんどもたないためである。微小管がないので、有糸分裂を行わず、DNA は細胞膜に付着して移動する。また、細胞質流動やエンドサイトーシスを行うことができない。細胞内にはタンパク質を合成する粒上のリボソームが散在する。

原核細胞のほとんどは**細胞壁**をもっている。**真正細菌**の細胞壁は、主に**ペプチドグリカン**から構成され、外界の環境変化から細胞を守る強い構造になっている。細菌の細胞内は、能動輸送によって浸透圧が 5 ～ 20 気圧に保たれている。そのため、細胞壁は浸透圧が低い低張の条件下において細胞の破裂を防止する役割も担っている。これに対して、**古細菌**の細胞壁を構成する物質は多様であるが、主として **S-レイヤー**（S 層）、**シュードムレイン**から構成されている。もっとも一般的なのは S-レイヤーであるが、浸透圧の変化に対して十分に対応できるような強固さはもたない。

真正細菌の細胞膜は、**リン脂質**とタンパク質で構成されており、呼吸、エネルギー合成、栄養物などをとり込む能動輸送、外界からの信号を受容体で受けとりその信号を細胞のなかに伝える機構などが備わっている。一方、古細菌の細胞膜は、脂肪酸がグリセロールにエステル結合した**エーテル型脂質**により構成されている。この細胞膜を構成する脂質は、古細菌のみがもつ。古細菌も真正細菌と同様に、ATP 合成酵素や電子伝達系が細胞膜の内側に付着して存在する。真正細菌と古細菌の類似点と相違点を表 2-2 にまとめて示す。

原核細胞のゲノム DNA は環状である。また、ゲノム DNA とは別に**プラスミド**と呼ばれる小型の環状 DNA（3,000 ～ 5,000 塩基対）を複数もつことがある。古細菌では、ゲノム DNA が真核細胞のクロマチンに似た構造をとっている。古細菌

表 2-1　生物の歴史

年代	歴史
137 億年前	宇宙の誕生
46 億年前	地球、太陽系の誕生
40 億年前	最初の生物の出現
38 億年前	最後の共通祖先：古細菌と真正細菌の出現
35 億年前	最古の化石：35 億年前、西部ノースポール
30 億年前	光合成生物の出現
21 億年前	真核生物の出現
12 億年前	多細胞生物の出現
6 億年前	カンブリア紀の大爆発
5 億年前	魚類出現、植物と節足動物の上陸
4 億年前	両生類の上陸
3 億年前	恐竜時代の始まり
2 億年前	哺乳類、鳥類の出現
6500 万年前	恐竜絶滅
30 万年前	ホモ・サピエンスの分化

表 2-2　真正細菌と古細菌の特徴

	原核細胞	
	真正細菌	古細菌
細胞壁	ペプチドグリカン	多様な物質 タンパク質性が多い
細胞膜	エステル脂質	エーテル脂質
DNA	環状	
ヒストン類似タンパク質	なし	あり
イントロン	なし	あり
細胞小器官	なし	
リボソーム	30S + 50S	
mRNA のキャップ構造・ポリ A 付加	なし	あり
ジフテリア毒素の感受性	なし	あり
光合成色素	バクテリオクロロフィル （クロロフィル a）	バクテリオロドプシン
翻訳開始 tRNA	fMet-tRNA	Met-tRNA

はこのような真正細菌との違いに加え、DNA の複製やタンパク質の合成系といった生命の根幹をなす機構が真核細胞に類似していることから、進化系統的に真核細胞と近縁と考えられる。

一部の原核細胞は、**フラジェリン**などの細いタンパク質から構成される鞭毛線維をもち、能動的に移動する能力がある。フラジェリンは、直径約 20 nm、長さ十数 μm の細長いらせん状のチューブ構造をした線維で、プロトン（H^+）ポンプを利用して駆動し、毎秒 100 回転以上する（図 2-4）。一方、古細菌の鞭毛は真正細菌と似るが、やや細く、ねじれの方向が逆になっている。鞭毛は ATP の加水分解によって駆動する。

原核細胞は、地球上のあらゆる環境に適応拡散して生活している。真正細菌の一部には、ヒトに感染症を引き起こすものもあるが、古細菌には病原性がない。

B 真核細胞

真核細胞は、形態が球状、アメーバ状、あるいは多角形などさまざまで、その大きさは原核細胞より大きく 10 〜 30 μm 程度である（図 2-3）。核膜によって囲まれた核があり、その内部は**核質**と

図 2-4　原核細胞の鞭毛構造と駆動形式

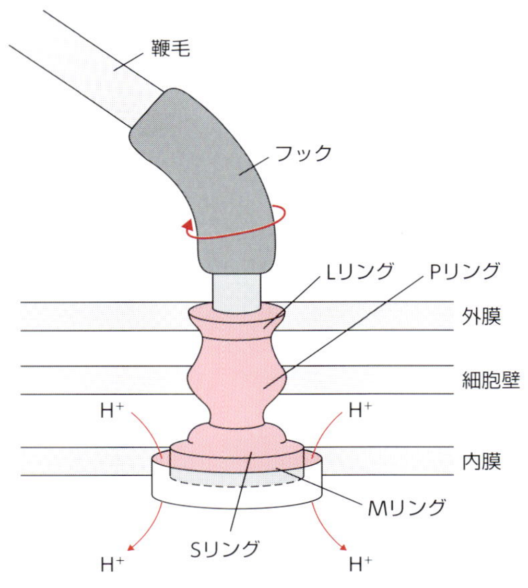

鞭毛線維は、直径 20 nm、長さ十数 μm の細長い線維で、11 本の素線維が円筒状に束になってできたチューブ構造である。素線維はフラジェリンが一列に長く並んだものである。

呼ばれる。細胞内には、さまざまな細胞小器官が存在する。たとえば、核の周囲を小胞体と呼ばれる膜系の細胞小器官がとりまいている。リボソーム内で合成されたタンパク質は小胞体に渡された後、小胞にくるまれ細胞全体に分配される。真核細胞の細胞質には異化と同化に関係するミトコンドリアがある。高等植物や藻類の細胞内には、光合成を行う葉緑体が含まれている。真核細胞には鞭毛や繊毛をもつものがあり、移動に使用したり、受容器官の働きをしたりする。細胞質にはこれ以外にも、ゴルジ装置、リソソーム、ペルオキシソーム、液胞、中心体、プロテアソームなどの細胞小器官が散在する。また、微小管、中間径フィラメント、ミクロフィラメントといった細胞骨格をもつことで、細胞の形を変化させたり、有糸分裂を行ったりすることができる。

2.1.2　膜系細胞小器官の構造と機能

A 核

核は、核膜と呼ばれる二重の生体膜によって包まれた球状をした構造体で、原則として細胞に 1 つだけ存在する。この核膜によって核は、細胞質と隔てられている。また、核内は核液で満たされており、そこには 1 つ以上の**核小体**と**クロマチン**がある（図 2-5）。核膜には多数の穴が開いており、ここを介して核と細胞質間で物質や情報の輸送が行われる。この核膜に開いた穴を**核膜孔**（核孔ともいう）という（図 2-21 参照）。

図 2-5　小胞体の電子顕微鏡写真

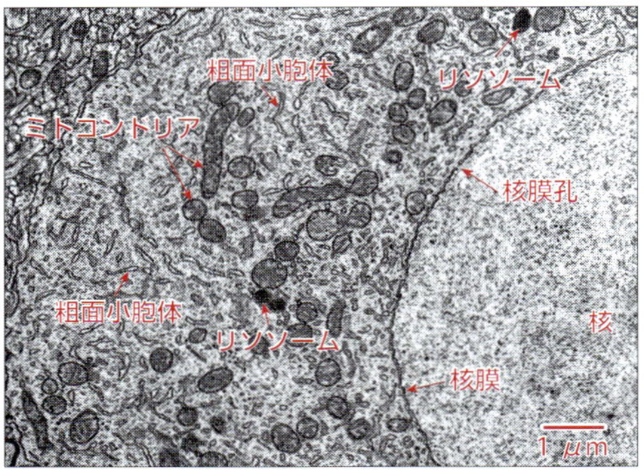

a　核小体

核小体は、核質中にあるほぼ球状の小体で、分子密度の高い網目構造の**線維部**と顆粒から構成される**顆粒部**、および**リボソームRNA**（rRNA）をコードするゲノムDNAを含む**核小体形成体**から構成される。核小体は一般的に1～数個みられるが、その数、大きさは、細胞の種類や活動状態によって異なる。核小体では、rRNAの転写とリボソームの構築が行われる。つくられたリボソームは、核膜孔を介して細胞質に移動してタンパク質合成の場となる。

b　クロマチン

クロマチン（染色質ともいう）とは、真核細胞の核内に存在するDNAとタンパク質の複合体をいう。クロマチンは、遺伝子発現や複製など、DNAがかかわるあらゆる機能を制御するうえで重要な役割を演じている。クロマチンは塩基性色素で強く染色される。このもととなる塩基性タンパク質としては、5種類の**ヒストンタンパク質**（H1、H2A、H2B、H3、H4）が知られている。DNAがヒストン八量体に巻きついて約200塩基対間隔で**ヌクレオソーム**構造をとり、それがさらに折りたたまれ、クロマチンを形成する。細胞分裂期に入ると、このクロマチン構造がさらに組織的に折りたたまれて凝縮し、よりコンパクトな染色体になる（図2-6）。クロマチンはその凝縮の度合いにより、**ヘテロクロマチン**（異質染色質ともいう）と**ユークロマチン**（真正染色質ともいう）に分類される。ヘテロクロマチンは、反復配列をもつDNAからなり、転写活性を示さない遺伝的に不活性な部分に相当する。これに対して、ユークロマチンは遺伝情報が発現している部分に相当する。

B　小胞体

小胞体は一重の生体膜に囲まれた、網目状に広がる管状または袋状の形をした細胞小器官で（図2-5）、タンパク質を組み立てて輸送するネットワークの役割を演じている。この**小胞体**は、ほとんどの細胞質内に存在し、表面に**リボソーム**の小さい粒子がたくさん付着している粗面小胞体とリ

図2-6　クロマチンの構造

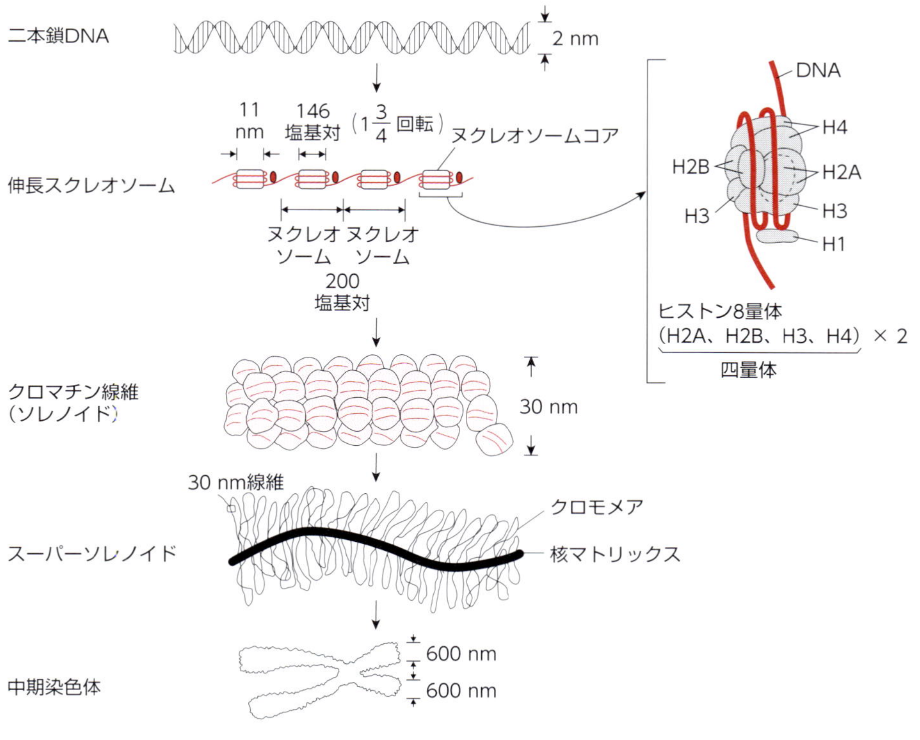

ボソームをもたず、細胞の種類によって異なる機能を示す滑面小胞体の2種類に分けられる。

粗面小胞体は主に分泌タンパク質や膜タンパク質を組み立てる場で、分泌機能をもつ細胞に多く含まれる。粗面小胞体で組み立てられたタンパク質は、小胞に入れられてゴルジ装置に送られ、そこでさらに加工や修飾を受ける。

一方、**滑面小胞体**は、細胞膜やミトコンドリアの生体膜の主成分である脂質を合成したり、脂質の代謝や薬物の解毒を行ったりしている。また、筋細胞では**筋小胞体**と呼ばれる滑面小胞体からカルシウムイオンが放出されることによって骨格筋や平滑筋が収縮する。小胞体はこれ以外にも、卵巣や精巣におけるエストロゲン、プロゲステロン、テストステロンといった性ホルモンや副腎における副腎皮質ホルモンなどのコレステロールを原料としたステロイドホルモンの合成場所となっている。そのため小胞体は、肝細胞をはじめとするステロイド産生細胞、精巣上体、胃底腺壁細胞の上皮細胞、骨格筋、心筋で特に発達している。

哺乳類細胞の細胞質では、**分泌タンパク質**の合成を開始してから、しばらくすると合成を一時中止し、リボソームが小胞体に付着する。その後、合成を再開し、完成したポリペプチド鎖を小胞体の内腔に放出する。これにより、小胞体内でのタンパク質の組み立てが開始される。ポリペプチド鎖は、ジスルフィド結合などにより、それらの機能に必要な高次構造を獲得（**フォールディング**）する。また、複数のポリペプチド鎖で構成されるタンパク質については、ポリペプチド鎖の複合体を形成してタンパク質を完成する。できあがったタンパク質は、ゴルジ装置を経由して、リソソーム、小胞体、細胞膜上あるいは細胞外に輸送される（図 2-6）。

粗面小胞体内で合成されたポリペプチド鎖が誤った高次構造を形成（**ミスフォールディング**）したり、複合体を形成しないで単量体で存在した場合、細胞質に放出され、**ユビキチン化**された後に、細胞質に存在する**プロテアソーム**によってペプチドに分解され、再利用される。

C　ゴルジ装置

ゴルジ装置（ゴルジ体、ゴルジ複合体、ゴルジ網状体ともいう）は、直径0.5 μm程度の偏平な袋状の膜構造をした**ゴルジ偏平嚢**が20～30 nm程度の一定の間隔で3～7層（6層前後が多い）重なり合って形成されている（図 2-7）。ゴルジ装置は、全体的に多様な形態をとるが、それには方向性がある。粗面小胞体側を**シス面**、反対側を**トランス面**といい、そのなかはシス面側から**シス嚢**、**中間嚢**、および**トランス嚢**に区分される。

タンパク質は小胞体を経てゴルジ装置に輸送され、糖鎖の付加、硫酸化、およびリン酸化などの**翻訳後修飾**を受ける。糖鎖の付加は小胞体、ゴルジ層を移動しながら行われる。また、プロ型タンパク質はポリペプチド鎖の切断により、活性型タンパク質へ転換する。

ゴルジ装置から細胞質基質へ送り出された**輸送小胞**（分泌顆粒）は、必要に応じて細胞膜へ移動して細胞膜と融合し、内部の糖タンパク質を細胞外へ放出する。また、膜タンパク質は輸送小胞の膜に埋め込まれたまま細胞膜と融合し、小胞膜内側が細胞膜外側となることによって細胞膜上に発現される。

D　リソソーム

リソソーム（リソゾーム、水解小体ともいう）は、厚さが6～8 nmの一重の膜で囲まれた直径が0.05～0.5 μmの球形構造をとる細胞小器官で

図 2-7　真核細胞のゴルジ装置

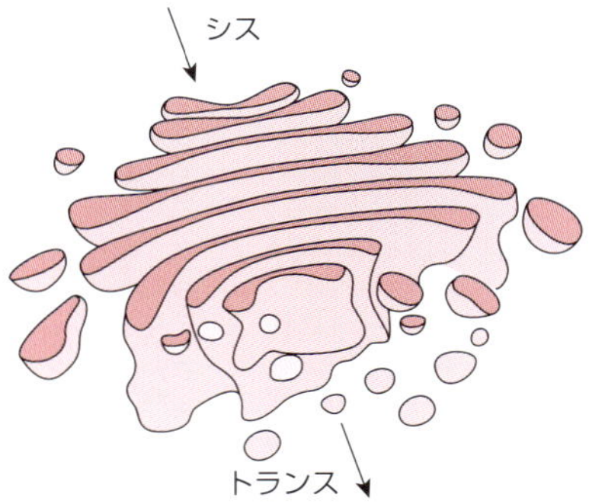

平たい膜様の袋がいく重にも重なる。小胞体で生産されたタンパク質と脂質は小胞によって運ばれる。物質はシスからトランス方向へ輸送される。

ある。内部は酸性で、その pH は 4.8 である。これは、細胞質基質からプロトンポンプを介してプロトンをとり入れることで一定に保たれている。リソソームには、この水素イオン濃度の条件下で最適な活性を示す炭水化物分解酵素、脂質分解酵素、タンパク質分解酵素、核酸分解酵素などの**加水分解酵素**を 100 種類以上含んでいる。これらの加水分解酵素は仮に細胞質基質に放出されたとしても、細胞質基質の pH が 7.2 であるため、ほとんど活性を示さない。

リソソームはエンドサイトーシスやオートファジーによってとり込んだ異物や細胞小器官を構成する高分子化合物を加水分解する。分解された物質のうち有用なものについては、細胞質で再利用される。一方、不用な物質についてはエキソサイトーシスによって細胞外に放出されるか、残余小体として細胞内にとどまる（図 2-8）。

オートファジー（自食作用ともいう）とは、細胞が自身の一部をリソソームで分解する系の総称である。細胞内にはこのほかにもプロテアソームというタンパク質を分解する系が備わっている。リソソームとプロテアソームの相違は、リソソームが膜に囲まれて細胞内に存在する物質や細胞内にとり込まれた物質を分解するのに対して、プロテアソームは細胞基質に分散しているタンパク質を分解するところである。分解されるべきタンパク質は、ユビキチン（76 個のアミノ酸からなるタンパク質）の付加によって特異的に識別され、分解される。そのため、この系は選択的なタンパク質分解系である。一方、オートファジーは主として非選択的な大規模な分解系である。

細胞膜成分や細胞外成分あるいは病原性微生物などは、**エンドサイトーシス**によって細胞内にとり込まれてエンドソームとなり、これとリソソームが融合した後、リソソーム内の加水分解酵素によって分解される。

細胞質成分をリソソームで分解するためには、生体膜で隔てられたリソソームの内腔に分解すべき成分をとり込む必要がある。そのシステムとしてオートファジーが用意されている。オートファジーには、**マクロオートファジー**、**シャペロン介在性オートファジー**、**ミクロオートファジー**、**細菌オートファジー**（ゼノファジー）などが知られている（図 2-9）。これらのなかでもっとも分解活性の高いのはマクロオートファジーであると考えられている。マクロオートファジーでは、最初に分解しようとする細胞質成分をとり囲んで隔離膜と呼ばれる膜によって包んで隔離し、直径が約 1 μm の**オートファゴソーム**が形成される。次いで、オートファゴソームはリソソームと融合し、リソソームに含まれる加水分解酵素によって隔離された細胞質成分が分解される。一般的にオートファジーというと、このマクロオートファジーをさすことが多い。

リソソームには、消化作用を行ったことがない均質な基質をもつ顆粒状の**一次リソソーム**と消化作用を行っている**二次リソソーム**に大別される。二次リソソームは一次リソソームが食作用により摂取した物質を含むエンドソームなどのファゴゾーム（食胞）と融合したものである（図 2-8）。

図 2-8　リソソーム

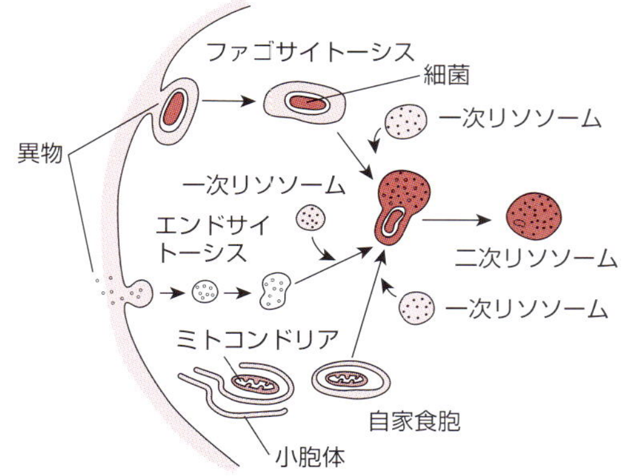

リソソームは自家食胞や細胞外からとり込んだ異物を含む食胞と融合し、分解酵素を送り込んで、アミノ酸や単糖レベルまで分解する。一次リソソームは休止状態、二次リソソームは活動状態にある。

E　ミトコンドリア

ミトコンドリアは、ほとんどの真核細胞に含まれる細胞小器官で、その大きさは長さ 2 ～ 10 μm、幅 0.2 ～ 1 μm で球状または円筒状を呈し、二重の生体膜によって囲まれている。細胞によっ

図 2-9　オートファジーの模式図

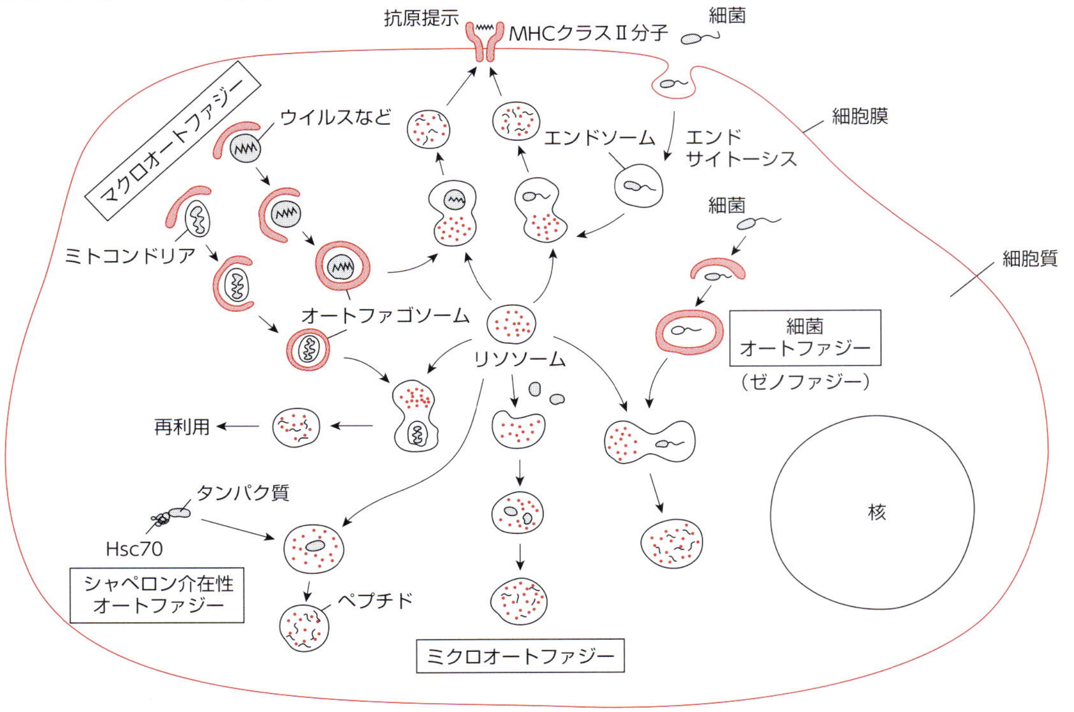

細胞質成分をリソソームで分解するためのさまざまな種類のオートファジー。図にはマクロオートファジー、シャペロン介在性オートファジー、ミクロオートファジー、サイトゾルに侵入した細菌のオートファジー（ゼノファジーという語が Levine らによって提唱されている）の模式図を示す。これらは細胞膜や細胞外成分を分解するエンドサイトーシスとは、終着点がリソソームという以外はまったく異なる経路である。マクロオートファジーは細胞内タンパク質の MHC クラスⅡ分子への提示にも関与している。

て異なるが、1 つの細胞には 1,000 ～ 2,000 個ほど存在する。内膜が内側へ向かって陥入してひだ状の隆起がくしの歯のように突き出ている。これを**クリステ**という。また、内膜で囲まれた内腔を**マトリックス**という（図 2-10）。マトリックスには核ゲノム DNA と異なる独自の小型環状 DNA が存在する。これをミトコンドリア DNA（mtDNA）という。マトリックスには、**クエン酸回路**（TCA 回路ともいう）に関与する酵素群が存在する。これらの酵素反応によって発生した水素は、内膜に存在する**電子伝達系**の ATP 合成酵素によって生命活動に必要なエネルギー源としての ATP を生産している。ミトコンドリアはエネルギー産生機能をもつきわめて重要な細胞小器官である。

ミトコンドリアは、原核細胞から進化した原始真核細胞にとり込まれた 1 つあるいは複数の好気

図 2-10　ミトコンドリア

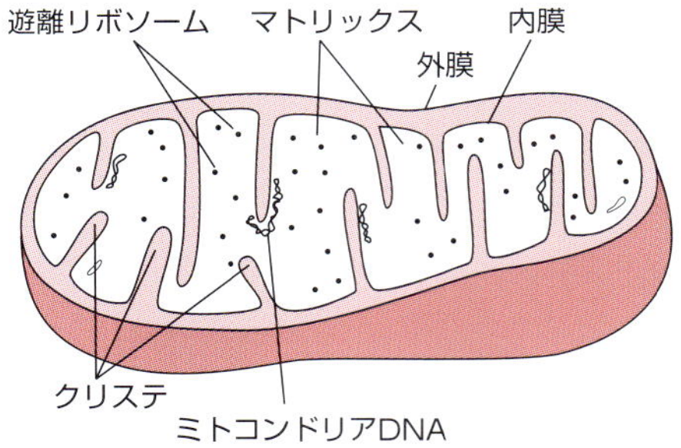

ミトコンドリアは細胞呼吸の場である。大きさは、長さ 1.0 μm、幅 0.2 μm 程度で、内膜と外膜で囲まれる。内膜はひだ状のクリステを形成する。基質には遊離リボソームが散在する。クレブス回路（クエン酸回路）にかかわる酵素群などがこの基質に含まれている。内膜上には電子伝達系や ATP 合成にかかわる酵素群などが一定の配置で並ぶ。ミトコンドリアゲノム（DNA）は環状をなし、ミトコンドリア内膜に結合している。

性細菌の**αプロテオバクテリア**が宿主の細胞室内に共生することにより誕生したと考えられている（**細胞内共生説**）。したがって、進化の過程でミトコンドリアが共生する以前に分岐した真核生物のディプロモナス、ネグレリア、カリオブラステア、微胞子虫類はミトコンドリアをもたない。

F　葉緑体

葉緑体は、緑色植物や藻類などにみられる直径 5 ～ 10 μm、幅 2 ～ 3 μm の円盤状をした光合成を担う細胞小器官で、1 つの細胞に 40 ～ 50 個存在する。内膜で囲まれた内腔を**ストロマ**といい、そこには**チラコイド**と呼ばれる円盤状の構造が何層か積み重なって**グラナ**を形成している（図 2-11）。

ストロマには、核ゲノム DNA と異なる独自の葉緑体 DNA（cpDNA）が含まれている。**チラコイド膜**には、**光合成色素**（表 2-3）や、光合成の光化学反応に関与する酵素が配置している。光合成は、光化学反応によって光エネルギーから NADPH と ATP を合成し、これらを利用してカルビン回路で**二酸化炭素**と**水**から**グルコース**を合成し、酸素を放出する過程である。

原始真核細胞が、第一の共生体であるミトコンドリアを獲得した後、ミトコンドリアをもった真核細胞が真正細菌の**シアノバクテリア**の一種をとり込み、それを持ち続けることで共生し、第二の共生体である葉緑体になったと考えられている（**細胞内共生説**）。

G　ペルオキシソーム

ペルオキシソーム（ミクロボディともいう）は、カタラーゼおよび一群の**酸化酵素**を含む、一重の生体膜で囲まれた直径 0.5 ～ 2 μm の球状の細胞小器官で、1 つの細胞に数百～数千個存在する。植物の種子では**グリオキシソーム**と呼ばれ、発芽の過程などでグリオキシル酸回路の酵素が働き、貯蔵脂肪酸を分解して脂肪を糖に変換する。また、緑葉では**リーフペルオキシソーム**と呼ばれ、葉緑

図 2-11　葉緑体

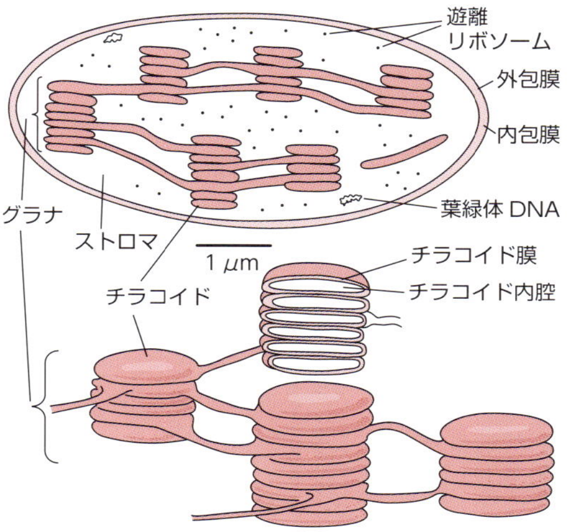

葉緑体は光合成の場である。外包膜と内包膜の 2 枚の膜の間は狭い空間をなす。内包膜はストロマと呼ばれる液相を含む区画を包む。ストロマには遊離リボソームと葉緑体 DNA の複数のコピーが在在する。チラコイドは層状に重なり、グラナを形成する。グラナは個々のチラコイドの間にある細い管状のチラコイドでつながる。

表 2-3　光合成色素

光合成色素の名称		光合成細菌類	藍藻類	紅藻類	珪藻類	褐藻類	緑藻類	コケ・シダ	種子植物
クロロフィル	バクテリオクロロフィル	●							
	クロロフィル *a*		●	●	●	●	●	●	●
	クロロフィル *b*						○	●	●
	クロロフィル *c*				○	○			
カロテノイド	カロテン		○	○	○	○	○	●	●
	キサントフィル類			○	○	○	○	●	●
フィコビリン	フィコシアニン		○	○					
	フィコエリトリン		○	○					

体やミトコンドリアと共同して光依存的な酸素呼吸と二酸化炭素放出現象である光呼吸の代謝に関与し、グリコール酸を酸化する。動物のペルオキシソームは、過酸化水素の分解、脂肪酸代謝、呼吸、極長鎖脂肪酸とフィタン酸の β 酸化、胆汁酸の生成、コレステロールの生成、プラスマロゲンの生成、アミノ基転移・酸化反応、ピペコール酸の代謝など多彩な生理機能を担っている。ペルオキシソームに含まれる酸化酵素はアミノ酸、アルコール、フェノール、ギ酸を酸化し、生じた**過酸化水素**は同様にペルオキシソームに含まれる**カタラーゼ**によって水と酸素に分解される。

H　液胞

液胞は、細胞内で厚さ 7 nm ほどの一重の単位膜（液胞膜）に囲まれた空所で、内部の液体は細胞液と呼ばれる。細胞液は、糖、有機酸、アルカロイド、フェノール、無機塩、各種の色素など、その細胞に特有な成分を含んでいる。動物細胞ではほとんど認められないが、植物細胞では老化とともに大型化する。液胞はその吸水力により、浸透圧の調節を行うとともに膨圧を生じて細胞壁の緊張状態を保っている。この細胞小器官の成因は細胞の老化による老廃物の蓄積にある。

液胞内には各種の加水分解酵素があり、細胞内消化の役割を果たしている。

2.1.3　非膜系小器官の構造と機能

A　リボソーム

リボソーム（リボゾームともいう）はすべての生物の細胞内に必ず存在する直径が 20 ～ 30 nm の細胞内小器官で、大小各 1 個のサブユニットからなる（図 2-12）。タンパク質を合成する場として重要な細胞小器官である。リボソームには、細胞質基質に浮遊している**遊離リボソーム**と小胞体膜に結合している**付着リボソーム**がある。遊離リボソームと付着リボソームでは合成するタンパク質が異なっている。

原核生物では、30S サブユニットと 50S サブユニットからなる 70S サブユニット、真核生物では 40S サブユニットと 60S サブユニットからなる 80S サブユニットの複合体として存在する（S は沈降係数）。また、ミトコンドリアや葉緑体には、原核生物と似た独自のリボソームが存在する。

リボソームの活性を抑える阻害剤はタンパク質の合成を阻止させ、病原細菌の増殖を停止させる作用をもつので、感染症の化学療法薬として利用されている。このような薬剤には、抗生物質であるアミノグリコシド薬、クロラムフェニコール薬、テトラサイクリン薬、マクロライド薬などがある。

B　中心体

中心体（セントロソームともいう）は互いに直角に位置する 1 組の**中心小体**（セントリオール、中心子、中心粒ともいう）と、それをとりまく中心体周辺物質からなる。この顆粒状の構造体は動物と下等植物（コケ、シダ、ソテツなど）の細胞分裂期において、**星状体**と**紡錘体**から構成される分裂装置の微小管形成中心となる（図 2-13）。中心体は紡錘体形成、細胞質分裂にかかわるだけでなく、常に微小管形成中心として細胞小器官の細胞内分布を規定するとともに物質輸送にもかかわっている。

中心小体は、直径約 200 nm、長さ約 400 nm の円筒状を呈する（図 2-13）。その構造は、9 本の三連微小管が筒状に並んだもので、その円筒状構造の先端部と基部にはそれぞれ特殊な構造がみられる。

細胞の分裂期においてそれぞれの娘細胞が 1 つの中心体を受けとる。動物細胞において中心体は DNA の複製と連動して、G_1/S 期移行時に**自己複**

図 2-12　リボソームの模式図

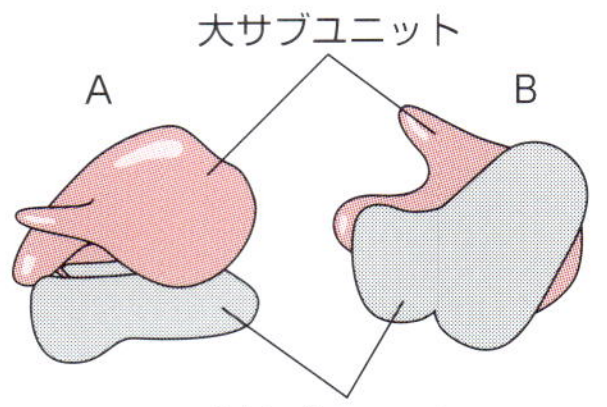

リボソームが 2 つのサブユニットで構成されていることを示している。立体構造が比較的忠実に描かれている。B は A を下側からみたところを示す。

図 2-13　中心体の構造

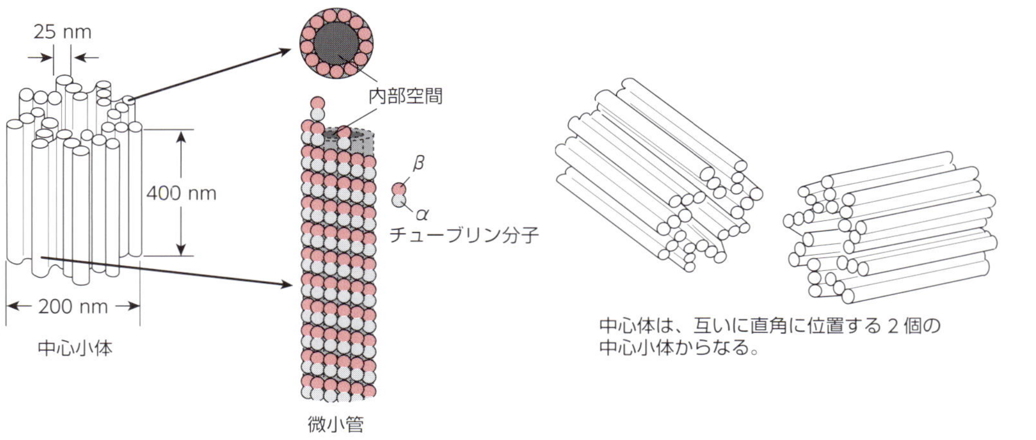

製される。この中心体が 3 つ以上形成される中心体過剰複製が起こると、染色体分配の不均衡が生じることが明らかにされている。

C　プロテアソーム

プロテアソームは、細胞内因性タンパク質を選択的に分解する巨大なタンパク質分解酵素の複合体で、樽状の構造をしている。**ユビキチン化**されたタンパク質をプロテアソームで分解してペプチドにする。

触媒活性をもつ **20S プロテアソーム**は 14 種類のサブユニットからなり、樽状の構造をしている。樽状の構造は 4 つのリングが重なって形成されており、7 つの α サブユニットからなる α リングと 7 つの相同な β サブユニットからなる β リングが $\alpha_7\beta_7\beta_7\alpha_7$ の順に重なっている。タンパク質を分解するためのタンパク質分解酵素活性は、β_1、β_2、β_5 の 3 つの β サブユニットが関与する（図 2-14）。プロテアソームによるタンパク質分解の過程は、まず標的タンパク質がユビキチン化され、そのユビキチン鎖がプロテアソームの 19S 複合体に結合することから始まる。次に、標的タンパク質からユビキチン鎖が切り離され、標的タンパク質の立体構造を解き（アンフォールディング）、これを 20S プロテアソーム内に送り込む。そして、β リング内部のタンパク質分解酵素によって標的タンパク質を分解する（図 2-15）。

脊椎動物では**構成型プロテアソーム**とインターフェロン-γ に応答して誘導される**免疫型プロテアソーム**が存在する。両者とも高いトリプシン様活性を有し、MHC クラス I に高い親和性をもつペプチドを産生する。

図 2-14　プロテアソームの構造

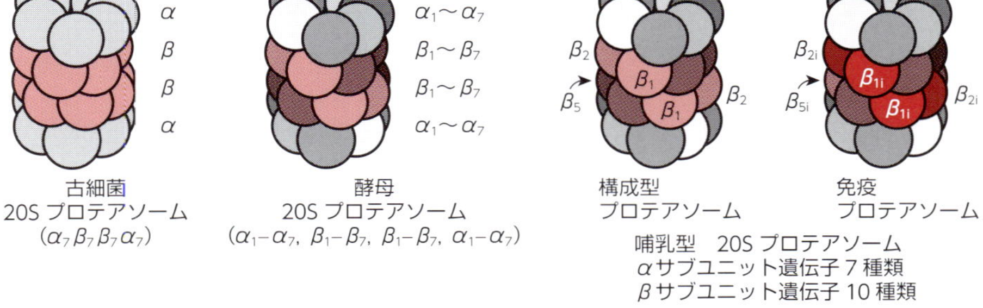

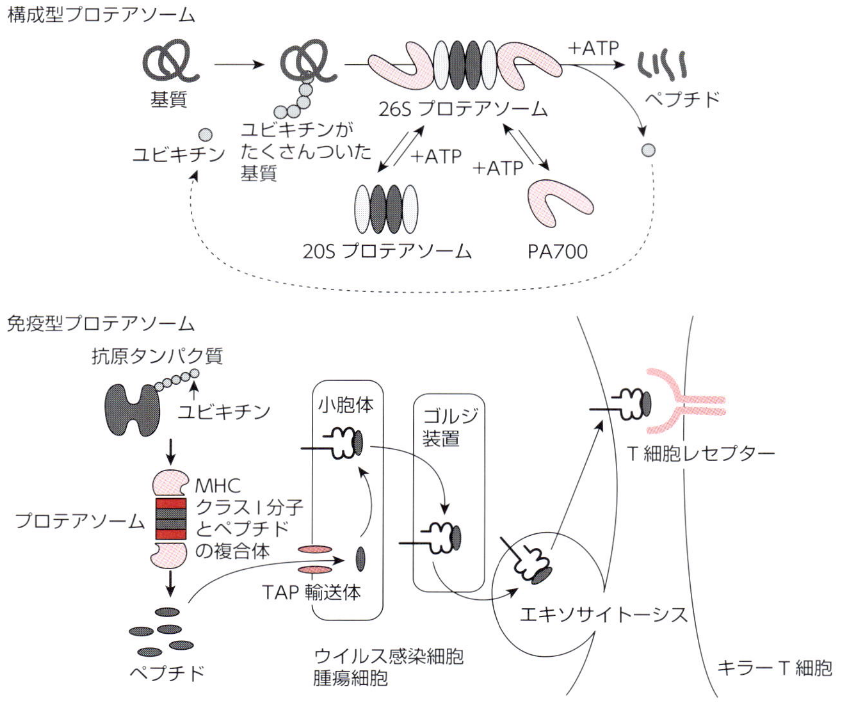

図 2-15　プロテアソームにおけるタンパク質の分解過程

2.1.4　細胞小器官と疾患

細胞は生物の基本単位であり、組織や器官を構成して複雑な生体の生命活動を担っている。病気を起こすメカニズムにはさまざまな要因があるが、そのなかでも細胞内部に分化した細胞小器官の異常によって引き起こされる疾患が知られている。これらのなかで、厚生労働省が難治性疾患と特定疾患に指定している細胞小器官に由来する疾患としては、ミトコンドリア病、リソソーム病、ペルオキシソーム病、天疱瘡《てんほうそう》がある。

A　ミトコンドリア病

ミトコンドリアのマトリックスには固有の環状 DNA が存在し、13 種類のタンパク質、種々の RNA、そして数種類の制御酵素タンパク質をコードしている。一方、ミトコンドリアタンパク質の 90％以上は、核に存在するゲノム DNA によってコードされている。ミトコンドリアの機能が何らかの原因で低下すると、主に心臓、骨格筋、脳などに異常を生じる。このような疾患を**ミトコンドリア病**という。患者によって症状は多種多様であるが、疲れやすい、成長が遅れるといった症状が共通している。ミトコンドリア病は、全身のあちこちにさまざまな障害を引き起こすことが知られているが、特にエネルギーを大量に使う組織に障害が出やすい。ミトコンドリア病は筋力の低下、筋萎縮などの骨格筋の症状だけでなく、知能低下、痙攣、ミオクローヌス、小脳失調、難聴、外眼筋麻痺などの多彩な神経症状を示す。ミトコンドリア病は、**慢性進行性外眼筋麻痺症**（CPEO）、**ミトコンドリア性脳筋症**（MELAS）、**ミオクローヌスてんかん**（MERRF）に大別される（表 2-4）。それ以外にもミトコンドリア DNA の異常を原因とする心筋症、リー脳症、レーベル病などが知られている。

糖尿病の患者のうち、約 1％がミトコンドリアの異常に基づくと考えられている。

ミトコンドリア病の原因となるミトコンドリア DNA の変異は、欠失または挿入によるものと、点突然変異によるものに分類される（図 2-16）。

表 2-4　ミトコンドリア病の三大病型とその特徴

分　類	CPEO	MELAS	MERRF
母系遺伝		＋	＋
発症年齢	小児 ～ 70 歳	2 ～ 15 歳	小児 ～ 40 歳
臨床症状	＋		
低身長	＋	＋	＋
知能低下	∓	＋	＋
筋力低下	＋	＋	＋
感音性難聴	＋	＋	＋
発作性頭痛・嘔吐		＋	
皮質盲		＋	
片麻痺・半盲		＋	
痙攣		＋	＋
ミオクローヌス			＋
小脳失調	＋		＋
外眼筋麻痺	＋		
網膜色素変性	＋		
心伝導ブロック	＋		
mtDNA 変異	欠失	点突然変異 塩基 3243（A → G） 塩基 3271（T → C）	点突然変異塩基 8344（A → G）

図 2-16　ミトコンドリア病と mtDNA の変異位置

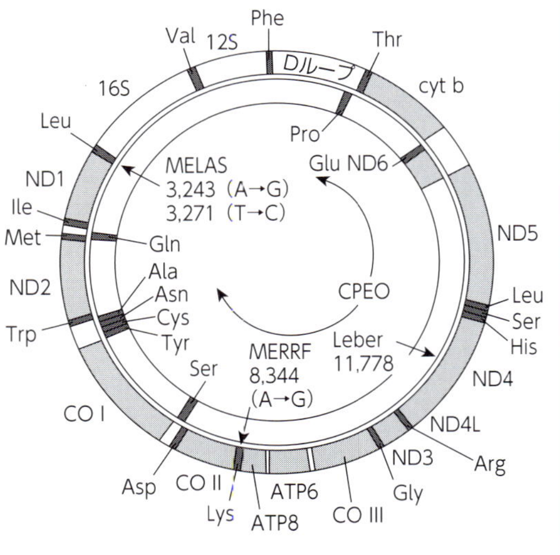

一方、まれではあるがゲノムDNAの変異によって起こるミトコンドリア病も存在する。ゲノムDNAの変異が原因の場合には、ほとんどが常染色体劣性遺伝である。ミトコンドリアDNAの挿入や欠失を原因とするミトコンドリア病は、ほとんど遺伝しない。まれに、ミトコンドリアDNAの多重欠失が家族性に起こり、常染色体優性遺伝を示す例が知られている。ミトコンドリアDNAの点突然変異を原因とするミトコンドリア病は、**母系遺伝**する。

B　リソソーム病

リソソームは、脂質やグリコサミノグリカン（ムコ多糖ともいう）などを分解する機能をもつ細胞小器官である。リソソームに含まれる酵素を生産する遺伝子の1つが先天的に変異していた場合、その酵素の欠損が起こる。すると、リソソームにとり込まれても酵素が欠損しているため分解されない物質が次第に蓄積し、**リソソーム病**（ライソゾーム病ともいう）になる。リソソーム病は、欠損した酵素の種類によってさまざまな症例を示す。その症状は、約40種類が知られている（表2-5）が、ほとんどが**常染色体劣性遺伝**によるものである。リソソーム病の症状として、脂質蓄積症、ムコ多糖症、糖原病、糖蛋白蓄積症などがある。多くは乳幼児期に発症するが、成人になってから発症する病型もある。

C　ペルオキシソーム病

ペルオキシソーム病には、ペルオキシソーム内に存在する酵素を規定する遺伝子の異常症（単独

表 2-5　代表的なリソソーム病における欠損する酵素と蓄積する物質

疾患名	欠損する酵素	蓄積する部位と物質
糖原病		
ポンペ病	α-グリコシダーゼ	骨格筋や心筋にグリコーゲン
脂質蓄積症（リピドーシス）		
GM1-ガングリオシドーシス	β-ガラクトシダーゼ	中枢神経系に GM1 ガングリオシド、骨を含む全身臓器にケラタン硫酸、オリゴ糖の蓄積が起こる。
GM2-ガングリオシドーシス		
テイ・サックス病	β-ヘキソサミダーゼ A	神経細胞に GM2 ガングリオシド
サンドホフ病	β-ヘキソサミダーゼ A、B	神経細胞に GM2 ガングリオシド
AB 型	GM2 活性化タンパク質	神経細胞に GM2 ガングリオシド
ニーマンピック病	酸性スフィンゴミエリナーゼ	肝臓、脾臓、骨髄の網内系細胞と神経細胞にスフィンゴミエリン
ゴーシェ病	β-グルコセレブロシダーゼ	肝臓、脾臓、骨髄の網内系細胞にグルコセレブロシド
ファブリ病	α-ガラクトシダーゼ	セラミドトリヘキソシル
異染性白質ジストロフィー	アリルスルファターゼ A	脳白質、腎臓にスルファチド
マルチプルサルファターゼ欠損症	アリルスルファターゼ A とその他のサルファターゼ	スルファチド、ムコ多糖
クラッベ病	ガラクトセレブロシダーゼ	神経にガラクトセレブロシドとガラクトスフィンゴシン
ファーバー病	セラミダーゼ	関節、喉頭にセラミド
ウォルマン病	酸性リパーゼ	全身臓器にコレステリルエステルとトリアシルグリセロール
ムコ多糖症		
ハーラー - シャイエ症候群	α-イズロニダーゼ	デルマタン硫酸、ヘパラン硫酸
ハンター症候群	イズロン酸スルファターゼ	デルマタン硫酸、ヘパラン硫酸
サンフィリッポ症候群 A 型	硫酸ヘパラン *N*-サルファターゼ	ヘパラン硫酸
サンフィリッポ症候群 B 型	α-*N*-アセチルグルコサミニダーゼ	ヘパラン硫酸
サンフィリッポ症候群 C 型	アセチル-CoA：α-グルコサミニド *N*-アセチルトランスフェラーゼ	ヘパラン硫酸
サンフィリッポ症候群 D 型	*N*-アセチルグルコサミン-6-サルファターゼ	ヘパラン硫酸
モルキオ症候群 A 型	ガラクトース-6-スルファターゼ	ケラタン碇酸、コンドロイチン硫酸
モルキオ症候群 B 型	β-ガラクトシダーゼ	ケラタン硫酸
マロトー - ラミー症候群	*N*-アセチルガラクトサミン-4-サルファターゼ	デルマタン硫酸
Sly 病	β-グルコロニダーゼ	デルマタン硫酸、ヘバラン硫酸、コンドロイチン硫酸
オリゴ糖症		
アスパルチルグルコサミン尿症	アスパルチルグルコサミニダーゼ	アスパルチルグルコサミン
シンドラー / 神崎病	α-*N*-アセチルガラクトサミニダーゼ	α-*N*-アセチルガラクトサミンのついたオリゴ糖と糖タンパク質
α-マンノシドーシス	α-マンノシダーゼ	マンノース含有オリゴ糖
β-マンノシドーシス	β-マンノシダーゼ	マンノース含有オリゴ糖
フコシドーシス	α-フコシダーゼ	糖脂質と糖ペプチド
シアリドーシス	シアリダーゼ	シアリルオリゴ糖
ガラクトシアリドーシス	シアリダーゼとカルボキシペプチダーゼ	シアリルオリゴ糖
I-cell 病 / ムコリピドーシス III 型	ホスホトランスフェラーゼ	ライソゾーム酵素のマンノース 6-リン酸標識が障害され、酵素のライソゾームへの局在が障害される。

表 2-6　ペルオキシソーム病の分類

ペルオキシソーム形成異常症
Zellweger 症候群
新生児型副腎白質ジストロフィー
乳児型 Refsum 病
肢根型点状軟骨異形成症
Zellweger-like 症候群
単独酵素欠損症
副腎白質ジストロフィー
β-酸化系酵素欠損症
アシル-CoA オキシダーゼ欠損症
D-二頭酵素欠損症
高シュウ酸尿症 I 型
無カタラーゼ血症
ジヒドロキシアセトンリン酸アシルトランスフェラーゼ欠損症
Refsum 病

酵素欠損症）と、ペルオキシソームを形成し、機能させる *PEX* 遺伝子の異常症（ペルオキシソーム形成異常症）がある（表 2-6）。単独酵素欠損症である**副腎白質ジストロフィー**は、X 染色体に存在する *ALD* 遺伝子の異常が原因で、極長鎖脂肪酸が体内に蓄積し、神経の変性や副腎不全を生じる。**ペルオキシソーム形成異常症**は、13 種類の *PEX* 遺伝子のひとつに異常が生じ、ペルオキシソームの形成が障害され、機能が低下することによって発病する。

副腎白質ジストロフィーは **X 染色体連鎖劣性遺伝**であるが、これ以外のペルオキシソーム病は**常染色体劣性遺伝**である。そのため、副腎白質ジストロフィーは原則的に男性のみが発症する。ペルオキシソーム形成異常症は乳幼児期に発病するが、副腎白質ジストロフィーの約半数は学童期に、半数は成人期に発病する。

D　天疱瘡

天疱瘡《てんほうそう》は、皮膚や粘膜に病変が認められる**自己免疫性皮膚疾患**である。表皮細胞間はデスモソームによって強力に結合されている。このデスモソームを構成する成分のうち、細胞間における結合はデスモグレイン 1、デスモグレイン 3、デスモコリンといった**カドヘリンスーパーファミリー**と呼ばれる膜貫通型接着分子が重要な役割を担っている。天疱瘡では、デスモグレイン 1 とデスモグレイン 3 に対する自己抗体によって**棘融解**（隣接する細胞間の接着が失われること）が生じる。天疱瘡は、**尋常性天疱瘡**、**落葉状天疱瘡**に大別される。尋常性天疱瘡では、表皮の下層に豊富に分布するデスモグレイン 3 に対する自己抗体により細胞接着機能が障害される結果、表皮基底細胞直上での棘融解と水疱形成をきたす。それに対して、落葉状天疱瘡では表皮のほぼ全層にわたって分布するデスモグレイン 1 に対する自己抗体によって表皮上層での棘融解が生じ、非常に破れやすい水疱や浅いびらんを形成する。

2.2　膜の構造と機能

細胞質のもっとも外側に存在するきわめて薄い膜を**細胞膜**という。細胞膜は、原形質の外表面を直接包む外界との境界を形成し、内部物質の散逸を防ぐと同時に細胞の形態を決めている。また、細胞の内側と外側との間で物質、情報、エネルギーの交換や変換などを行っている。リソソーム膜、ミトコンドリアの内膜と外膜、小胞体膜、ゴルジ装置膜、核膜なども同様な膜をもつことから、これらの膜を総称して**生体膜**という。生体膜は、**リン脂質**を主成分とし、タンパク質、コレステロール（動物細胞にのみ存在する）、糖脂質を含んでいる。コレステロールを含むことで膜が強固なものになっている。生体膜の厚さは、7 ～ 10 nm 程度である。生体膜に局在しているタンパク質としては、物質代謝を行う酵素、情報を受けとる受容体、膜の外側と内側との物質のやりとりを行う輸送体、細胞間接着に関係する連結体などが知られている。生体膜に局在するタンパク質には、膜を自由に動けるものがあるということが知られている。このような現象を**流動モザイクモデル**という。

2.2.1　膜の構造

A　脂質二重層

生体膜を形成するリン脂質は、分子内に疎水性部分と親水性部分をもつ**両親媒性分子**である。リン脂質を水中に分散させると、脂肪酸の疎水性部分を内側に向けて、リン酸基を含む親水性部分を外側に向けて分子が集まって、**ミセル**を形成する。このような構造を**脂質二重層**という（図 2-17、図 1-8）。

リン脂質とは、リン酸基を分子内にもつ脂質のことをいう。これには、**グリセロリン脂質**と**スフィンゴリン脂質**がある（図 1-7）。生体膜でもっとも多くみられるのは、ホスファチジルコリン（レシチンともいう）というリン脂質で、コリンという物質がリン酸基と結合した親水性部分と長鎖脂肪酸が 2 本結合した疎水性部分とからなっている。これ以外のグリセロリン脂質は図 1-7 に示した。

一方、スフィンゴリン脂質には、スフィンゴシンと脂肪酸が結合した疎水性部分とリン酸基にコリンが結合した親水性部分からなるスフィンゴミエリンがある。

B　膜タンパク質

細胞膜にはタンパク質が多く存在し、膜機能のほとんどを担っている。タンパク質と脂質の重量比は、一般的には 2：3 ～ 1：3 で、わずかながらタンパク質のほうが多く存在する。しかし数のうえでは、脂質のほうがタンパク質よりも 50 倍ほど多く存在する。

膜タンパク質には、Na^+ を細胞外へ、K^+ を細胞内へ輸送する Na^+ ポンプなどの**イオンチャネル**、細胞内部にあるアクチンフィラメントと呼ばれるタンパク質をコラーゲンなどの細胞外マトリックスのタンパク質とを結ぶインテリグンなどの**細胞接着分子**、小腸粘膜上皮細胞膜上に存在してマルトースをグルコースに分解するマルターゼなどの**酵素**、グルカゴンと呼ばれるホルモンが結合すると細胞内にシグナル伝達が起こって、血糖値を上昇させるグルカゴン受容体のような**受容体**、グルコースを細胞内へとり込むための経路となる**輸送体**がある（図 2-18）。

膜タンパク質の結合形式には、膜を貫通して結合している膜貫通タンパク質をはじめ、両親媒性 α ヘリックスが細胞質側に結合しているも

図 2-17　細胞膜の構造

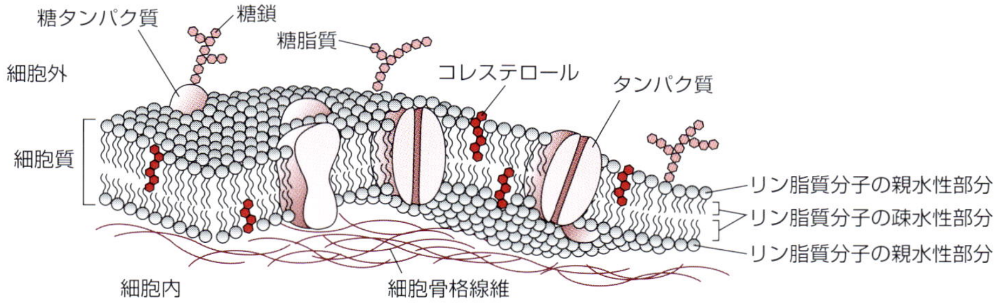

図 2-18　細胞膜にみられるタンパク質

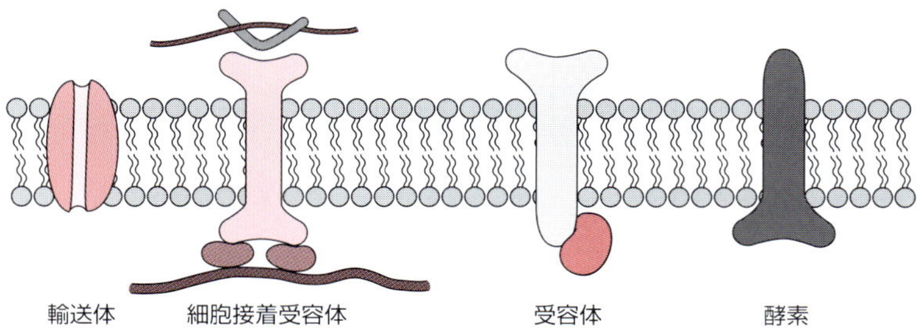

の、脂質分子との間で共有結合しているもの、他の膜タンパク質と非共有結合しているものなどがある。膜貫通タンパク質の貫通領域は、一般的に**αヘリックス**構造をとることが知られている（図2-19）。

細胞膜の外側には細胞の表面を被覆する構造または物質が存在する。多くの動物細胞の表面には、短い糖鎖（オリゴ糖）を結合した糖タンパク質や、糖質の一種であるヒアルロン酸を含む多糖などが存在する。また、膜タンパク質に多糖の一種であるグルコサミノグリカンが結合したプロテオグリカンも存在する。このように、細胞表面を覆う糖タンパク質、糖脂質、プロテオグリカンを**糖衣**と呼ぶ。これらの外被は、細胞の保護や潤滑剤としての役割を果たしているだけでなく、細胞間の接着や識別などにも重要な役割を担っている。また、細胞の透過性などの調節にも関与していると考えられている。

2.2.2 膜輸送

A 膜輸送の原理

細胞は、脂質二重層でできた細胞膜でその内外が隔てられている。この脂質二重層は内部が疎水性で、**溶媒**のような小さな分子は通すが、**溶質**は通さないという**半透膜**の性質をもっている。これによって細胞は、細胞質の溶質濃度や浸透圧を維持することができるが、この性質だけでは必要な物質をとり込んだり放出したりすることができない。膜に存在するタンパク質によって、細胞膜には特定のイオンやグルコースなどの必要な物質を選択的に通すための膜輸送システムが働いている。このように細胞膜は、物質の種類によって異なる透過性をもっている。このような膜の性質を**選択的透過性**という。

細胞が与えられた機能を果たすためには、生体内での物質の輸送や交換は不可欠である。細胞活動のために酸素や栄養素を絶えず細胞内にとり入れなければならないし、細胞内の代謝で生じた二酸化炭素などの代謝産物を細胞外に放出しなければならない。

細胞膜を通って溶質分子および水を移動させる物質輸送には、エネルギーを必要としない**受動輸送**と、エネルギーを必要とする**能動輸送**がある。受動輸送は、拡散、濾過、浸透によって行われる。また、拡散は単純拡散と促進拡散に分けられる。能動輸送には、担体輸送と膜動輸送がある。

B 受動輸送（単純拡散）

液体中で物質濃度に差が生じると、分子は濃度の高いところから低いところへと運動エネルギーによって広がっていく。このように濃度勾配によって行われる物質輸送を**拡散**という。分子はその大きさが細胞膜の細孔を通過できるほどに小さいか、膜の脂質部分に溶け込むことができるとき、拡散によって受動的に細胞膜を通過できる。細胞膜を通して起こる溶質の拡散は**単純拡散**と呼ばれる（図2-20）。単純拡散では、溶質の移動に担体を介さないため、輸送される溶質は**脂溶性分子**（脂肪、脂肪に可溶なビタミン類、酸素、二酸化炭素など）であるか、また膜孔を通過するために十分に小さな物質（たとえば塩素イオンなど）である必要がある。

図2-19　膜タンパク質の細胞膜への結合形成

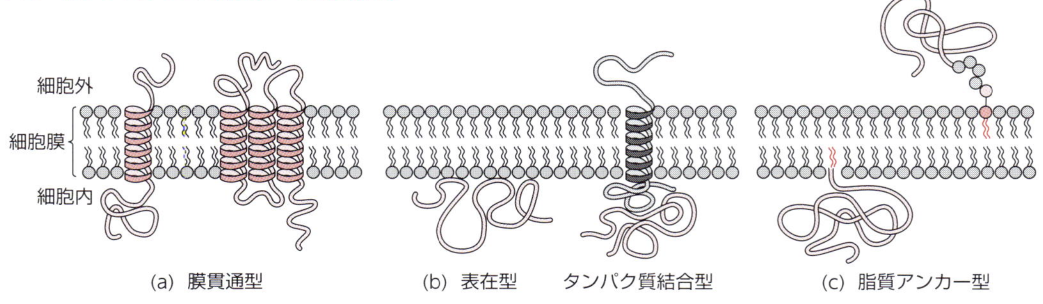

図 2-20　単純拡散によって溶質が細胞膜を通過するしくみ

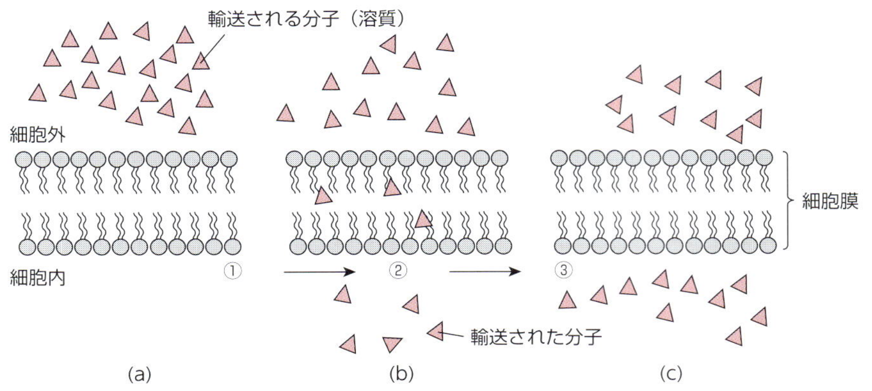

図 2-21　促進拡散によって溶質が細胞膜を通過するしくみ

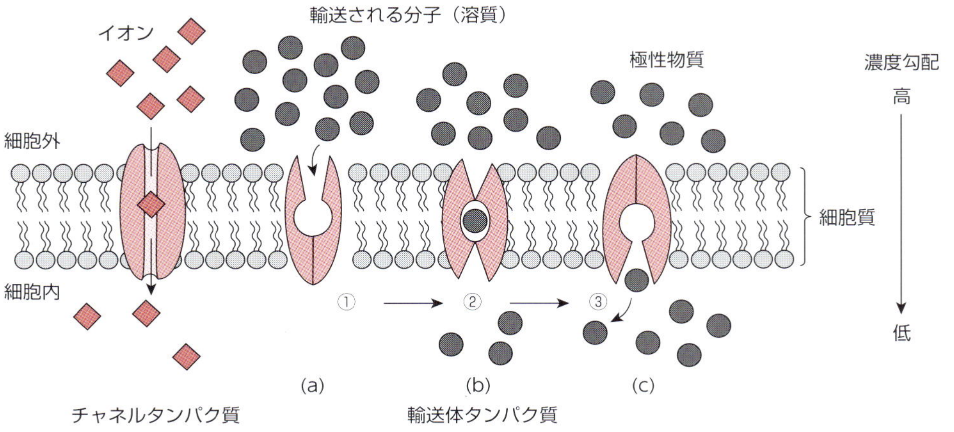

C　受動輸送（促進拡散）

溶質が脂溶性分子の場合は単純拡散によって細胞膜を移動できるが、細胞膜の細孔を透過するには分子サイズが大きい水溶性分子ではそれが困難である。このような場合、細胞膜に存在する輸送体を介した拡散によって細胞膜を移動することができる。このような拡散を**促進拡散**という（図 2-21）。**グルコース**や**アミノ酸**などは促進拡散によって輸送される代表的な物質である。

水、酸素、グルコースは細胞が活動するのにとても重要な物質である。これらの物質が主に受動輸送で行われていることから、促進拡散は生命活動にとって重要な輸送システムである。細胞内では、常に酸素が消費されてグルコースが分解されているため、持続的に酸素とグルコースが細胞内にとり込まれている。一方、細胞内の代謝によって二酸化炭素が常に生成されるため、持続的に細胞から血液へ送り出されている。

D　受動輸送（浸透）

水などの低分子物質は細胞膜を自由に透過できるが、タンパク質などの巨大分子は透過できない。細胞内外の溶質の濃度差によって水が拡散することを特に**浸透**という（図 2-22）。浸透は、濃度勾配に逆って溶質濃度の低いほうから高いほうへ、濃度が平衡に達するまで溶媒（水）が拡散する。水は強い極性分子であるため、細胞膜の脂質層（非極性）によって弾かれてしまう。しかし、膜に存在するタンパク質によってできた細孔を介して移動することができる。溶液が水を引き込む力を**浸透圧**という。水の浸透により細胞内外の浸

図 2-22　拡散（上）と浸透（下）

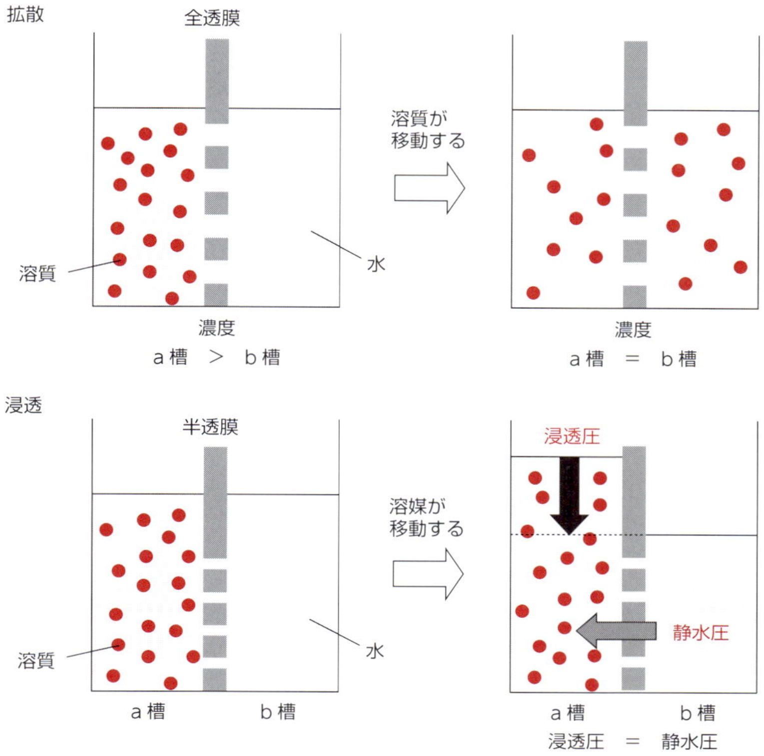

透圧は一定に保たれている。しかし、何らかの要因によって溶質の濃度に変化が生じて浸透圧が変動すると、水分子は浸透圧が低いほうから高いほうへと移動する。浸透圧が高い**高張液**中では水分子が細胞外へ移動するため細胞は萎縮する。逆に、浸透圧が低い**低張液**中では水分子が細胞内へ移動するため細胞は膨張する。この度合いが極端だと細胞は破裂（図 2-23）する。赤血球が破裂することを特に**溶血**という。

物質の濃度を表すのにモル濃度（mol/l）が用いられる。浸透圧は浸透力を生み出す溶質の濃度に比例するので、浸透圧を表すのに**オスモル濃度**と呼ばれる単位が用いられる。血漿の測定値は 290 mOsm/l である。血漿と同じ浸透圧の溶液を**等張液**という。もっともよく知られた等張液は**生理食塩液**（0.9％塩化ナトリウム溶液）である。その有効浸透圧は約 300 mOsm/l である。生理食塩液などの等張液中では細胞内外を移動する水の量が等しいため、細胞に見かけ上の変化がみられない。

血漿浸透圧は一定に保たれなければならない。特に補液などを行う場合には、血漿浸透圧が一定に保たれていないと体液の移動が起こり、バランスが崩れる。

血管内のタンパク質によって生じる浸透圧を**膠質浸透圧**という。タンパク質は一般的に分子が大きいため細胞膜を通過できないので浸透圧が生じ、液体成分が間質から血管内に引き込まれる。血漿タンパク質の多くを占めるアルブミン濃度が低下すると、細胞間組織における液体成分の過剰な貯留が起こり、**浮腫**を生じる。

E　受動輸送（濾過）

濾過は、体液の静水圧によって水と溶質が膜（および毛細血管壁）を通過する現象をいう。体内における静水圧は、血液によってもたらされる力である。濾過量は、膜の両側の圧勾配と膜の透過性、膜の表面積によって決まる。どのような溶質が漏出するかは膜の穴のサイズに依存する。

図 2-23　ヒトの赤血球と浸透圧

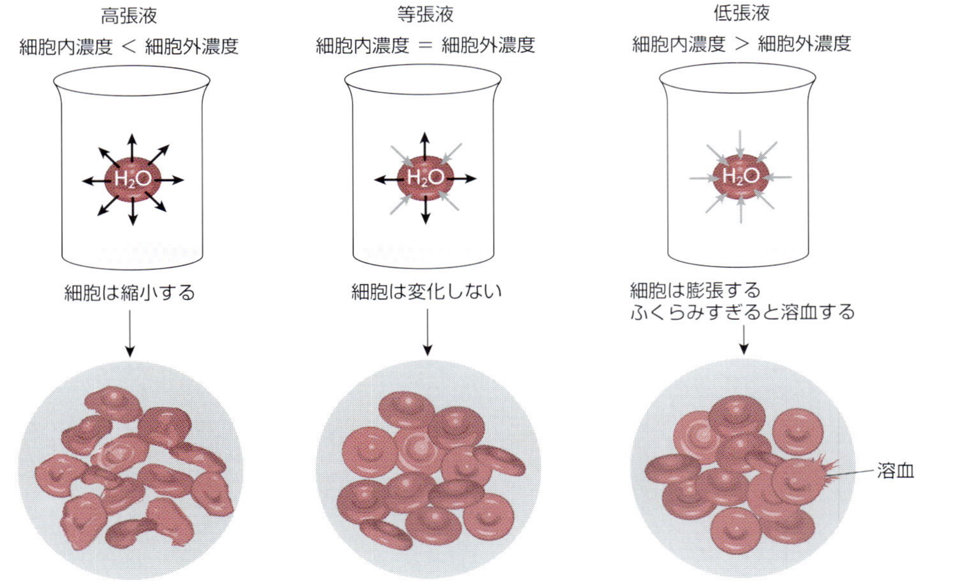

ヒトの器官における濾過は、主に毛細血管で行われている。心臓の拍動によって生じる毛細血管圧によって血漿から間質へ濾過される。腎臓のボーマン嚢では、水と小分子（グルコースや無機質など）の溶質が毛細血管から尿細管へと濾過される。これは、毛細血管圧が尿細管内の液圧よりも高くなっているからである。このようにしてつくられた濾過液の一部が尿となる。

F　能動輸送（担体輸送）

能動輸送は、ATP のエネルギーを利用することによって濃度勾配に逆らって**輸送体**を介した物質の移動を行う。能動輸送では、タンパク質でできた輸送体が関与しており、特定の物質のみが通過する（図 2-24）。この際、これらは物質の化学構造を認識して輸送するため、類似の構造をもった物質よって阻害されることがある。この能動輸送によって、細胞内と細胞外におけるイオン濃度差が維持されている。

能動輸送は、単輸送、対向輸送（逆輸送ともいう）、共輸送に大別される（図 2-25）。単輸送は、他の物質の輸送と共役せず、その物質のみで輸送される能動輸送をいう。Ca^{2+}, Mg^{2+}-ATPase は、筋小胞体で Ca^{2+} をとり込む単輸送に関与する。**対向輸送**は、細胞内と細胞外に存在する分子をお互いに交換する能動輸送をいう。

図 2-24　能動輸送によって溶質が細胞膜を通過するしくみ

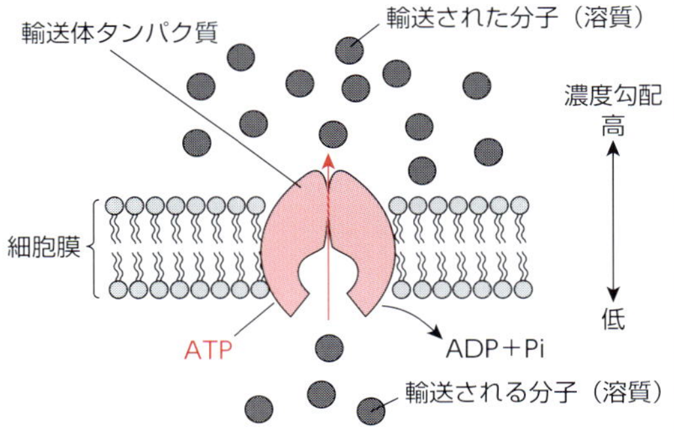

図 2-25　能動輸送にみられる 3 つの輸送方法

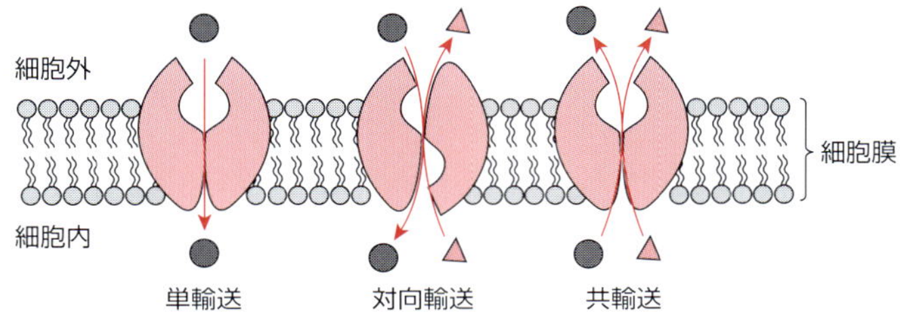

Na^+-Ca^{2+} 交換輸送体は、細胞外の3つの Na^+ と細胞内の1つの Ca^{2+} とを交換して輸送する対向輸送に関与する。**共輸送**は、濃度勾配に沿ったイオンの移動と濃度勾配に逆らった物質のくみ上げを同時に行う能動輸送をいう。結果としてイオンと物質は同じ方向に移動する。グルコース-Na^+ 共輸送体は、細胞外からグルコースと Na^+ がともに1個ずつ細胞内にとり込まれる共輸送に関与する。

ATP のエネルギーを直接利用して輸送を行う形式の能動輸送を**一次性能動輸送**という。これに対して**二次性能動輸送**は、一次性能動輸送により生じたイオンの電気化学ポテンシャル勾配を利用して物質を輸送する形式である。二次性能動輸送に関与する能動輸送としては対向輸送と共輸送がある。一次性能動輸送としては、Na^+, K^+-ATPase や H^+, K^+-ATPase などのイオン輸送体や薬物排泄ポンプとして知られている P-糖タンパク質、二次性能動輸送としてはグルコース-Na^+ 共輸送体や H^+-オリゴペプチド共輸送体などがある。

G 能動輸送（膜動輸送）

能動輸送や受動輸送によって、細胞膜を介して低分子の物質は輸送されるが、タンパク質をはじめとする大きな物質は細胞膜を通過できない。このような粒子を膜の小胞化と融合することによって細胞内外へ輸送する機構を**膜動輸送**という。大きな物質が細胞内にとり込まれる現象を**エンドサイトーシス**という。エネルギーを利用して細胞膜が陥没してそのなかに物質をとり込み、表面の細胞膜が融合し、物質は膜で囲まれた小胞のなかに閉じ込められる（図 2-26）。

生体防御機構で働く食細胞は**食作用**によって細菌やウイルスといった巨大物質を細胞内へとり込むことができる。この食作用はエンドサイトーシスによって行われる。エンドサイトーシスは、タンパク質のような巨大分子が細胞膜上の受容体に結合することによって始まる。**クラスリン**と呼ば

図 2-26　エンドサイトーシスによって巨大分子が細胞内へとり込まれるしくみ

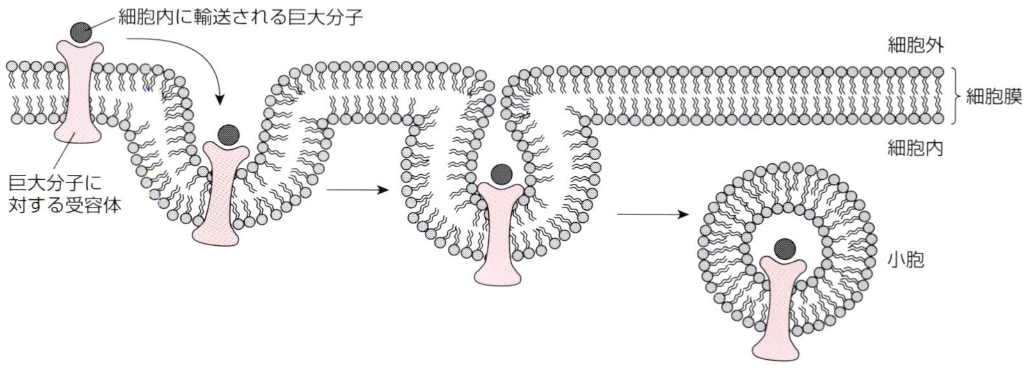

図 2-27　エキソサイトーシスによって巨大分子が細胞外へ分泌されるしくみ

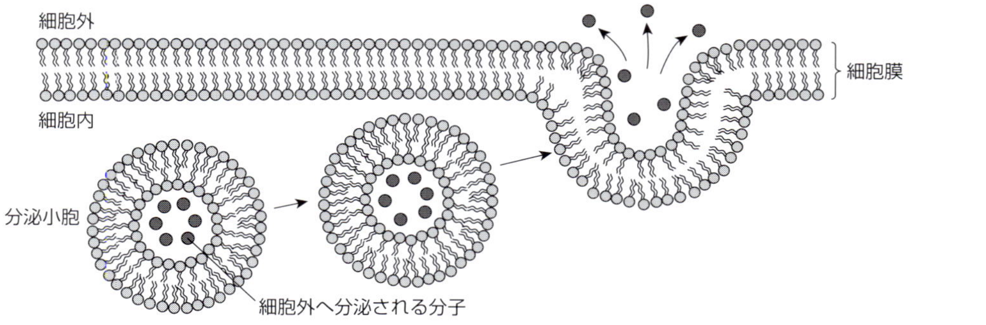

れるタンパク質は、細胞の細胞質側を覆い、くぼみを形づくっている。受容体が巨大分子と結合すると、クラスリンに覆われたくぼみが深くなって細胞質のなかに陥入し、**ダイナミン**と呼ばれるGTP結合タンパク質が陥入の根本を絞めて小胞を切り離す。できた小胞を**クラスリン被覆小胞**という。細胞膜から離れたクラスリン被覆小胞はすぐにクラスリンを脱離させ、初期エンドソームに融合する。

腺上皮細胞やホルモン分泌細胞では、細胞内で生合成されたペプチドホルモンやタンパク質が小胞に包み込まれ、細胞膜と融合して細胞外へ放出される。このような現象を**エキソサイトーシス**という（図2-27）。

2.3 細胞骨格の構造と機能

真核細胞の細胞質基質にあって、細胞に一定の形態維持や細胞内部での移動、細胞の移動などを担っている線維状の構造を**細胞骨格**という。細胞骨格は**アクチンフィラメント**（ミクロフィラメントともいう）、**微小管**、および**中間径フィラメント**の3種類に大別され、これらの線維が複雑なネットワークを形成している。このような細胞骨格は種々の細胞運動、細胞分裂、エンドサイトーシス、細胞小器官の移動、細胞内の物質移動などの役割を果している。これらは骨格構造の重合と脱重合によるもので、微小管結合タンパク質やアクチン結合タンパク質など細胞骨格調節タンパク質によって制御されている。

2.3.1 微小管

微小管は、外径が約25 nmで、約5 nm幅の壁からなる中空の細管で、その管壁は、分子量約54,000の**チューブリン**（αとβと呼ばれる2種類のサブユニットがある）と呼ばれるタンパク質分子が13個配列してできている（図2-28）。チューブリンはGTP結合タンパク質で、GTPの結合・加水分解により微小管の伸長と短縮が調節される。また、微小管には方向性があり、チューブリン二量体が付加しやすい側を＋端、解離しやすい側を－端と呼ぶ。微小管はGTPが結合するとチューブリンの付加が起こり、伸長する。一方、GTPの加水分解が生じるとチューブリンの解離が起こり、微小管が短縮する。大部分の細胞では、微小管が細胞質内に不規則に散在しており、数も少ないが、数本はいつも中心体の周辺に集合してみられる。分裂期には微小管が紡錘体を形成し、染色体に結合して、染色体の移動に関与する。細胞分裂における染色体の移動以外にも、細胞内輸送、細胞の形態維持や変形、細胞小器官の位置決定、線毛による細胞外輸送、線毛と鞭毛による細胞移動などの細胞の基本的な活動に重要な役割を演じている。

図2-28　微小管の構造

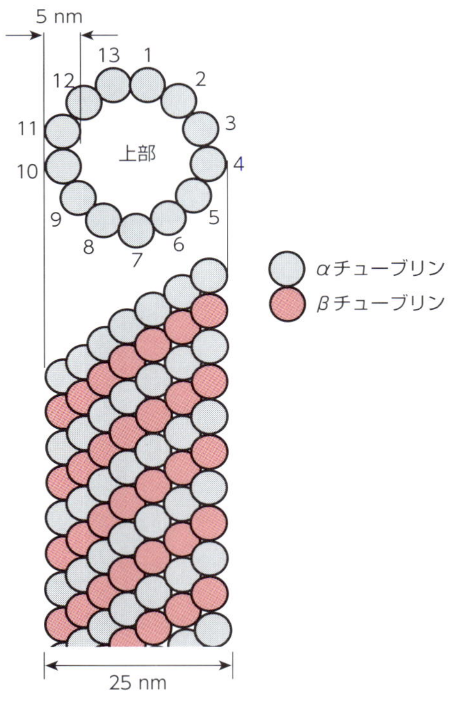

微小管を線路のようにして移動する微小管結合タンパク質が知られている。この微小管結合タンパク質を**モータータンパク質**といい、**ダイニン**や**キネシン**などがある。両者の違いは走行方向にあり、キネシンが＋端に向かって、ダイニンが－端に向かって、それぞれ移動する（図 2-29）。この移動には ATP のエネルギーを必要とする。

微小管は、痛風治療薬の**コルヒチン**と抗悪性腫瘍薬の**ビンクリスチン**により重合が阻害される。また、抗悪性腫瘍薬の**パクリタキセル**によって脱重合が阻害される。これらによって細胞は分裂が阻害される。

2.3.2 中間径フィラメント

中間フィラメントは、直径 8 〜 12 nm の線維状タンパク質をモノマーとする丈夫なロープのような線維で、張力に抵抗することによって細胞の形態を保つ働きがある。

中間径フィラメントの構成タンパク質は多様であるが、いずれも棒状の分子で頭部・桿部・尾部の三領域からなっている。中央の桿部は互いに共通し、この部位で平行配列し、フィラメントを構成している（図 2-30）。中間径フィラメントは、2 本の構成タンパク質分子がよじれて二量体をつくり、これがずれて会合して四量体となる。この四量体が単位となってくり返し結合することで線維状の構造を形成し、これが 8 本集まり、そしてよじれてロープ状の線維になる。中間径フィラメントは、それぞれの組織・細胞に特有である（表 2-7）。**核ラミンフィラメント**は、**核ラミナ**と呼ばれる網状タンパク質を形成し、核膜のすぐ内側にあって格子構造を形づくり、核の形状を保持して

図 2-29　微小管に沿って物質を運ぶモータータンパク質

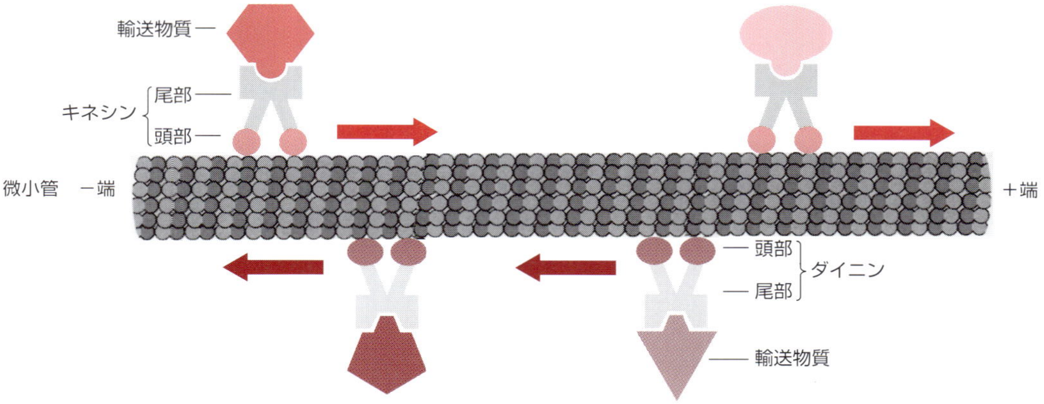

微小管と関係するモータータンパク質には、＋端に向かうキネシンと、－端に向かうダイニンがある。

図 2-30　中間径フィラメントの構造

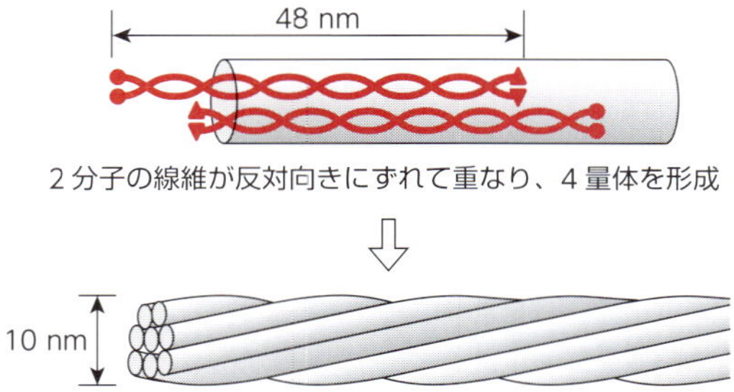

8 個の 4 量体線維がよじれて 1 本の線維を形成

表 2-7　中間径フィラメントの種類

フィラメントの種類	細胞の種類	具体例
ケラチンフィラメント	上皮細胞	角化上皮、非角化上皮
ビメンチンフィラメント	間葉細胞	線維芽細胞、軟骨芽細胞、マクロファージ、内皮細胞、血管平滑筋
デスミンフィラメント	筋細胞	横紋筋、平滑筋（血管平滑筋を除く）
グリアフィラメント	グリア細胞	星状グリア細胞
ニューロフィラメント	神経細胞	神経細胞体、神経突起
核ラミンフィラメント	すべての細胞	核膜

いる（図 2-31）。核ラミナは核ラミンフィラメントの重合体で細胞分裂時にはラミンがリン酸化されて脱重合してラミナは分解し核膜は消失する。

2.3.3 アクチンフィラメント

アクチンフィラメントは直径 5 ～ 9 nm で、2 本の F-アクチン鎖がよじれて形成される。分子量が約 42,000 の球形な **G-アクチン**がらせん状に多数重合した線維状の重合体を **F-アクチン**と呼ぶ（図 2-32）。G-アクチンの重合には、ATP と Ca^{2+} が必要であり、ATP が結合すると G-アクチンの重合が起こり、アクチンフィラメントが伸長する。これに対して結合した ATP が加水分解されると、G-アクチンの脱重合が起こり、アクチンフィラメントが短縮する。アクチンフィラメントの両端には、微小管と同様に＋端と－端が存在する。＋端での重合により、アクチンフィラメントが伸長し、－端での脱重合により短縮する。真菌毒素のサイトカラシン B は、アクチンフィラメントの＋端に特異的に結合し、重合を阻害する。アクチンフィラメントのほとんどは細胞膜の直下に集中しており、張力に抵抗したり、細胞の形を保ったり、細胞質突起を形成したり（仮足や絨毛様突起など）、細胞間や細胞-基質間を接合したりするなどの役割を果たしている。細胞間や細胞-基質間の接合に関しては、アクチンフィラメントはシグナル伝達に必須である。また、アクチンフィラメントは細胞質分裂時の収縮環の形成や筋収縮にも関与している。

図 2-31 核膜と核ラミナ

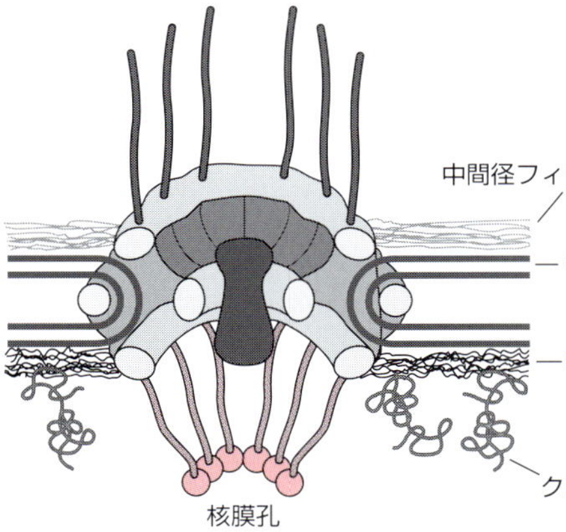

2.3.4 膜骨格

赤血球の膜は、約 7 nm のリン脂質二重層とその直下に裏打ちされた膜骨格から構成されている。膜骨格は網目構造をしており、二重層の直下に六角形構造によりつながっている。この膜二重層と膜骨格により、赤血球膜は自由に変形する性質をもつことができる。

膜骨格は、線維状のスペクトリンを網の一辺とし、アクチン、バンド 4.1（4.1 タンパク質）などが結合して網目構造を形成している。これらがアンキリンやバンド 4.1 などのアンカータンパク質を介してバンド 3 やグリコホリン C と呼ばれる膜貫通性の糖タンパク質に結合し、細胞膜の裏打ち構造を形成している（図 2-33）。

スペクトリンは赤血球膜の細胞質側の内面に存在する表在性タンパク質の一種で、膜の裏打ち構

図 2-33 赤血球膜の裏打ち構造

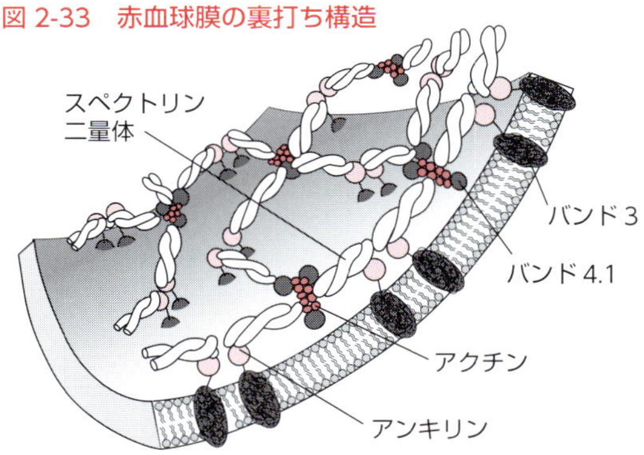

図 2-32 アクチンフィラメント

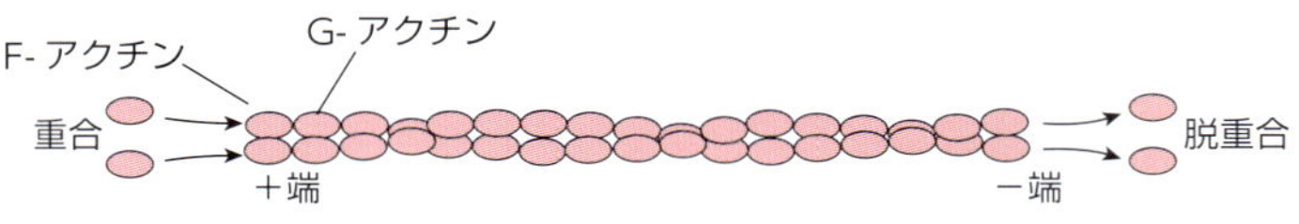

F- アクチンは、G- アクチンがらせん状に重合したもの

造タンパク質のひとつとして脂質二重層を機械的に支持するとともに、赤血球の外形を保持する機能をもつ。アクチンは膜の裏打ち構造や形態の形成・維持に関与している。

2.3.5 骨格筋の収縮

骨格筋は骨格を動かす筋をいい、細長い横紋筋線維が集合した組織と細胞間を埋めて束ねる結合組織からなる1つの器官である（図 2-34）。**筋線維**はそれぞれが1つの細胞で、**筋細胞**と呼ばれる。その大きさは直径が 50 ～ 100 μm で、長さが数 cm ～数十 cm まで筋肉によって異なっている。筋細胞は複数の核をもつ多核細胞である。筋線維の集まりが**筋線維束**を構成し、筋線維束の集まりが骨格筋を構成する。骨格筋は少なくともひとつの関節をまたがって、その関節を構成する両骨に付着し、一方の骨を固定して他方の骨を動かす働きをする。骨格筋は、横紋構造をもつ**横紋筋**である。横紋筋を構成する筋線維のなかには、多くの核やミトコンドリア、筋小胞体などの細胞小器官と直径が約1 μm の円柱状の筋原線維が存在している。筋原線維は収縮方向である長軸方向に並行に多数存在する。**筋原線維**は、**太いフィラメント**と**細いフィラメント**と呼ばれる2種類の線維の集合体である。筋原線維には、**サルコメア**（筋節）と呼ばれる収縮単位が線維の長軸方向にくり返し存在する。サルコメアの基本構造は、細いフィラメントの**アクチンフィラメント**と、ミオシンが重合して形成された太いフィラメントの**ミオシンフィラメント**からなる。アクチンフィラメントはアクチンがトロポミオシンに巻きついたようならせん状をしており、ミオシンフィラメントは6本のアクチンフィラメントで規則正しく囲まれている。

筋原線維の内部には、収縮の基本単位であるサルコメアが規則的に配列している。サルコメアには、暗い部分と明るい部分の縞模様がみられる。横紋筋のI帯中央部に暗線として認められる板状構造の**Z線**は、筋原線維を横方向に区切っており、1つのZ線から隣接するZ線までの部分がサルコメアである。サルコメアの中央部は密度が高く、**A帯**と呼ばれ、その両側に密度の低い**I帯**が存在する。I帯は細いフィラメントのアクチンフィラメントが存在するのに対して、A帯は太いフィラメントのミオシンフィラメントが存在する。A帯の中央部には**H帯**が、I帯の中央部にはZ線が存在する（図 2-35）。

骨格筋が収縮するとき、A帯の長さは変化せず、I帯とH帯の長さがサルコメア長の変化に応じて変わる。A帯は太いフィラメントであり、I帯とH帯は太いフィラメントと細いフィラメントが重なり合っていない部分を示している。このことから骨格筋の収縮というのは、フィラメント自身が収縮するのではなく、サルコメアの太いフィラメントと細いフィラメントが互いに滑り合い、サルコメアの中央に向かって力が発生することによって起こる。これを収縮の**滑り説**という（図 2-36）。

筋線維の収縮は、アクチン分子上に存在するト

図 2-34 骨格筋の構造

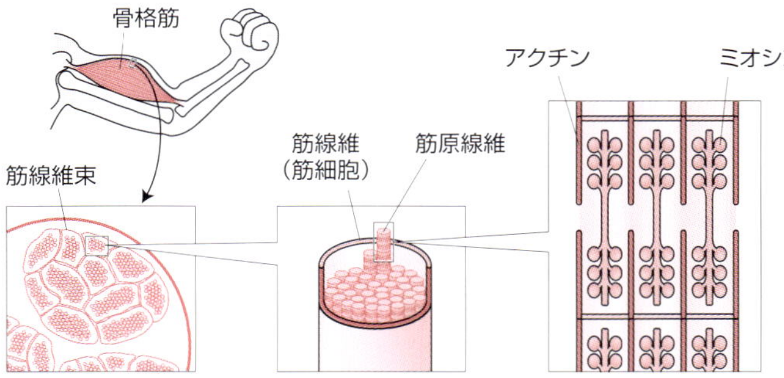

アクチンフィラメントがミオシンフィラメントに滑り込む

ロポニン複合体のトロポニンCにCa^{2+}が結合すると、トロポニン複合体が解離し、トロポミオシンが移動する。その結果、アクチンのミオシン結合部位が露出する。そして、ミオシン頭部がアクチン分子と結合すると、結合したミオシン頭部に存在するATPが加水分解され、ADPとなる。このときに産生されるエネルギーによって、ミオシン頭部が動きZ線が引き寄せられる（図2-37）。

図 2-35　横紋筋の構造

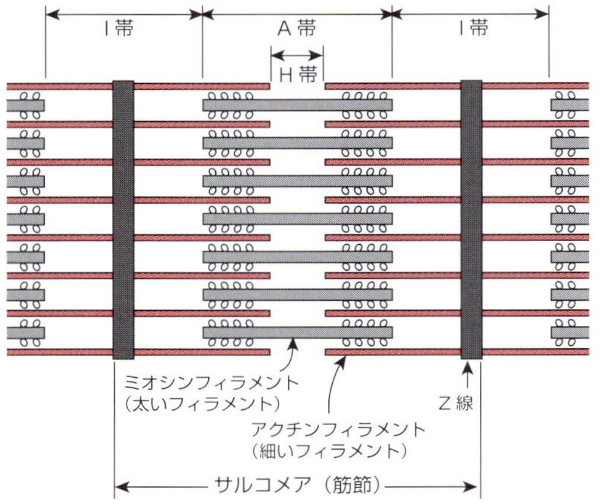

図 2-36　筋収縮の滑り説

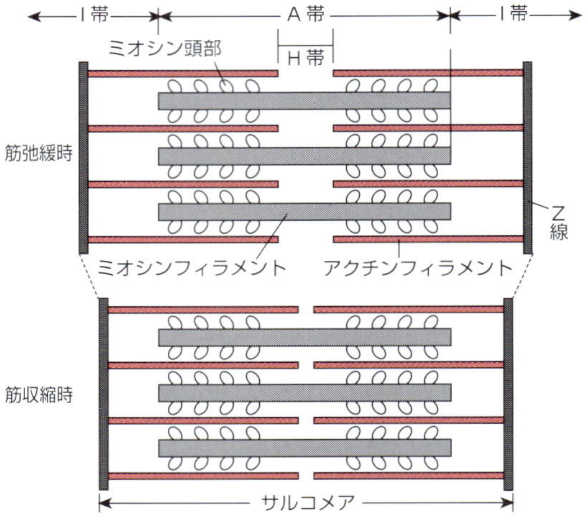

フィラメント自体の長さは筋が収縮しても変化していないが、サルコメアの長さが短くなっている。すなわち、ミオシンフィラメントがアクチンフィラメントの上を滑りながら互いにたぐりよせられてサンドイッチ状に重なる結果、筋肉の長さが縮むとされる。

図 2-37　骨格筋の収縮（滑り説）

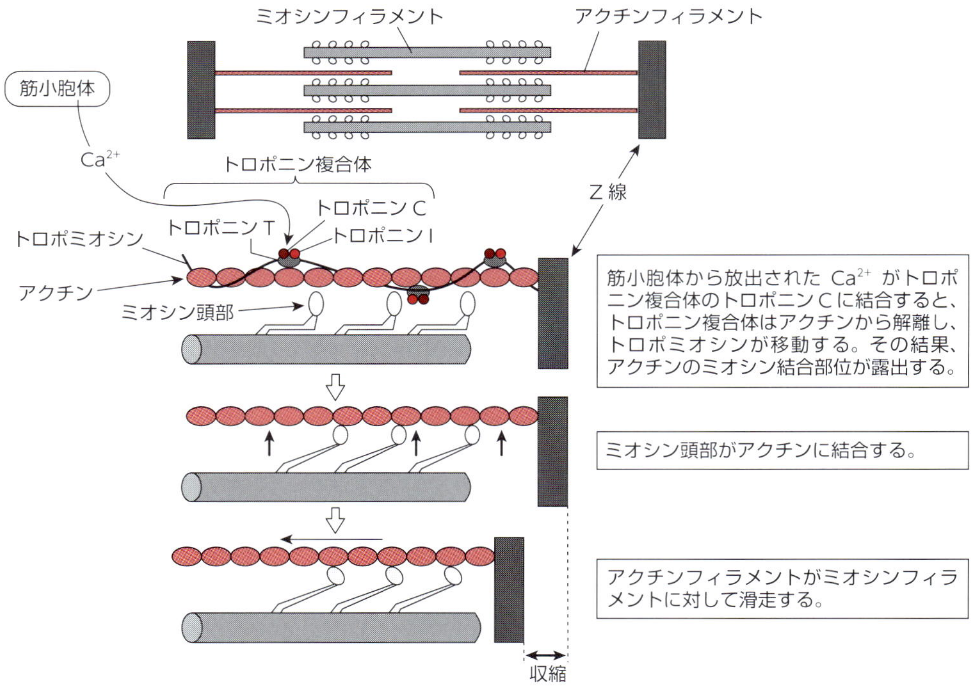

第３章 組織の構造と機能

準備教育モデル・コアカリキュラム

2　生命現象の科学	到達目標	SBOコード
(2) 生命の最小単位－細胞		
【細胞の構造と機能】	細胞膜の構造と機能、細胞どうしの接着と結合様式を説明できる。	2(2)-1-7

薬学準備教育ガイドライン

(5)　薬学の基礎としての生物	到達目標	SBOコード
【生体の基本的な構造と機能】	多細胞生物である高等動物の成り立ちを、生体高分子、細胞、組織、器官、個体に関係づけて概説できる。	F(5)-1-1
【細胞分裂・遺伝・進化】	細胞の増殖、死について概説できる。	F(5)-4-1

医学教育モデル・コアカリキュラム

B　医学一般	到達目標	SBOコード
1　個体の構成と機能		
(1) 細胞の基本構造と機能		
【細胞膜】	細胞接着の仕組みを説明できる。	B1(1)-2-6
(2) 組織・各臓器の構成、機能と位置関係		
【組織・各臓器の構造と機能】	上皮組織と腺の構造と機能を説明できる。	B1(2)-1-1
	支持組織を構成する細胞と細胞間質（線維成分と基質）を説明できる。	B1(2)-1-2
	血管とリンパ管の微細構造と機能を説明できる。	B1(2)-1-3
	神経組織の微細構造を説明できる。	B1(2)-1-4
	筋組織について、骨格筋、心筋、平滑筋の構造と機能を対比して説明できる。	B1(2)1-5
3　病因と病態		
(2) 細胞傷害・変性と細胞死	ネクローシスとアポトーシスの違いを説明できる。	B3(2)-3

歯学教育モデル・コアカリキュラム

D　生命科学	到達目標	SBOコード
D-1　生命の分子的基盤		
D-1-3　細胞の構造と機能	細胞死の基本的機序を説明できる。	D-1-3-5
D-1-4　細胞のコミュニケーション	細胞の接着装置を説明できる。	D-1-4-1
	細胞間と細胞・マトリックス間の接着分子を説明できる。	D-1-4-2
	主な細胞外マトリックス分子の構造と働きを説明できる。	D-1-4-5
D-2　人体の構造と機能		
D-2-3　身体を構成する組織、器官		
D-2-3-(1) 組織（上皮組織、支持組織、筋組織）	上皮を形態的および機能的に分類できる。	D-2-3-(1)-1
	皮膚と粘膜の基本構造と機能を説明できる。	D-2-3-(1)-2
	腺を分泌物の性状、形態および分泌機構にもとづいて分類できる。	D-2-3-(1)-3
	結合組織の線維要素と細胞要素を説明できる。	D-2-3-(1)-4

	硝子軟骨、弾性軟骨および線維軟骨の特徴を説明できる。	D-2-3-(1)-5
	筋組織の構造と機能を説明できる。	D-2-3-(1)-8
D-2-3-(3) 循環器系	心臓の構造と機能を説明できる。	D-2-3-(3)-1
	肺循環と体循環の2系統を説明できる。	D-2-3-(3)-2
	動脈、毛細血管および静脈の構造と血管系の役割を説明できる。	D-2-3-(3)-3
D-2-3-(6) 消化器系	消化管（食道、胃、小腸、大腸）の基本構造と機能を説明できる。	D-2-3-(6)-1
	肝臓の構造と機能および胆汁の分泌を説明できる。	D-2-3-(6)-2
	膵臓の外分泌腺と内分泌腺の特徴を説明できる。	D-2-3-(6)-3
D-2-3-(9) 泌尿器系	腎臓と尿路（尿管、膀胱、尿道）の構造と機能を説明できる。	D-2-3-(9)-1

薬学教育モデル・コアカリキュラム

C　薬学専門教育	到達目標	SBOコード
C8　生命体の成り立ち		
(1) ヒトの成り立ち		
【概論】	ヒトの身体を構成する臓器の名称、形態および体内での位置を説明できる。	C8(1)-1-1
	ヒトの身体を構成する各臓器の役割分担について概説できる。	C8(1)-1-2
(2) 生命体の基本単位としての細胞		
【細胞と組織】	細胞集合による組織構築について説明できる。	C8(2)-1-1
	臓器、組織を構成する代表的な細胞の種類を列挙し、形態的および機能的特徴を説明できる。	C8(2)-1-2
【細胞の分裂と死】	アポトーシスとネクローシスについて説明できる。	C8(2)-4-3
	正常細胞と癌細胞の違いを対比して説明できる。	C8(2)-4-4
【細胞間コミュニケーション】	細胞間の接着構造、主な細胞接着分子の種類と特徴を説明できる。	C8(2)-5-1
	主な細胞外マトリックス分子の種類、分布、性質を説明できる。	C8(2)-5-2

3.1 組織の成り立ち

多細胞生物においては、細胞が形態的、機能的に分化し、共通の構造と機能をもった細胞どうしが集団を形成する。この細胞の集団を**組織**という。動物の組織は、構造と機能から、**上皮組織**、**結合組織**、**筋組織**、**神経組織**の4つに大別される（図3-1、表3-1）。組織では、細胞とほかの細胞の間

図 3-1　動物の組織

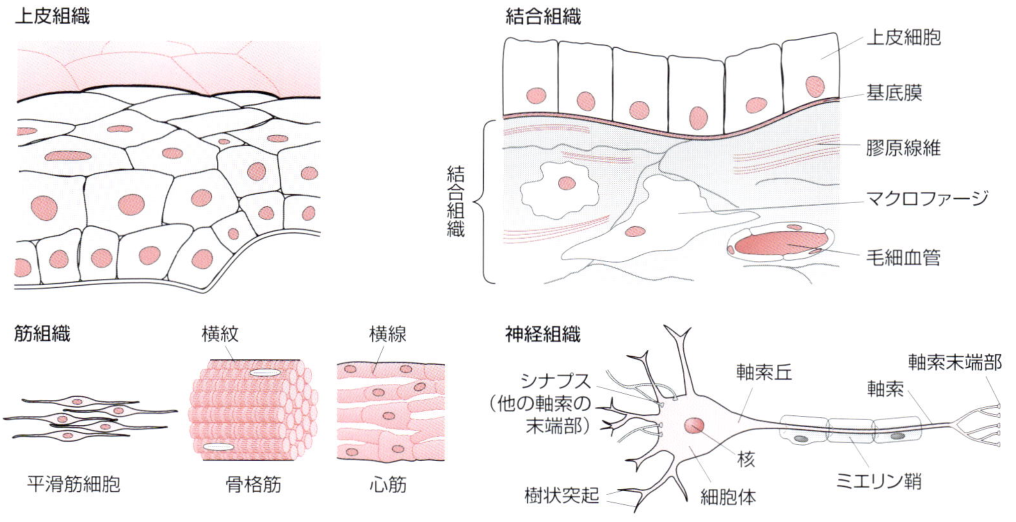

を埋める細胞間質が存在する。すなわち、組織は、細胞と細胞間質から構成されている。個体中において数種類の組織が集まり、一定の機能を営む形態的に独立した構造体を器官という（図 3-2）。器官が集まって一連の働きをする集団を**器官系**と呼ぶ（図 3-3、図 3-4、表 3-2）。

表 3-1　組織の基本的な 4 つの型とその特徴

組織	細胞	細胞間基質	主な機能
上皮組織	多面体の細胞の集合	ごく少量	身体の表面や体腔の内面を覆う、腺の分泌
結合組織	数種類の細胞（遊走性もしくは固定性）	大量	支持と保護
筋組織	細長い収縮性細胞	中程度の量	運動
神経組織	絡み合った長い突起をもつ	なし	興奮の伝達

図 3-2　ヒトの体幹にみられる器官

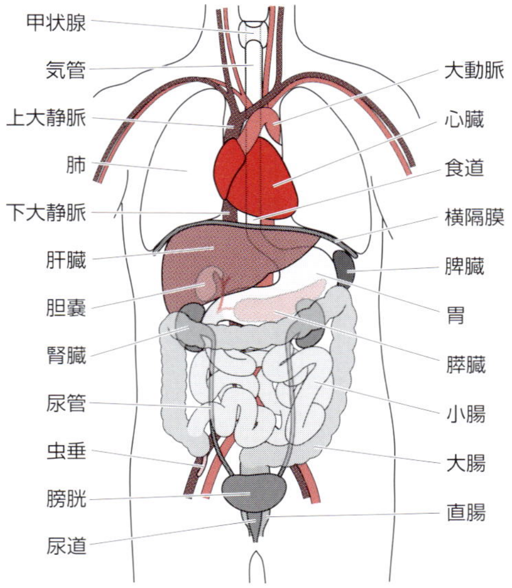

図 3-3　細胞、組織、器官、器官系

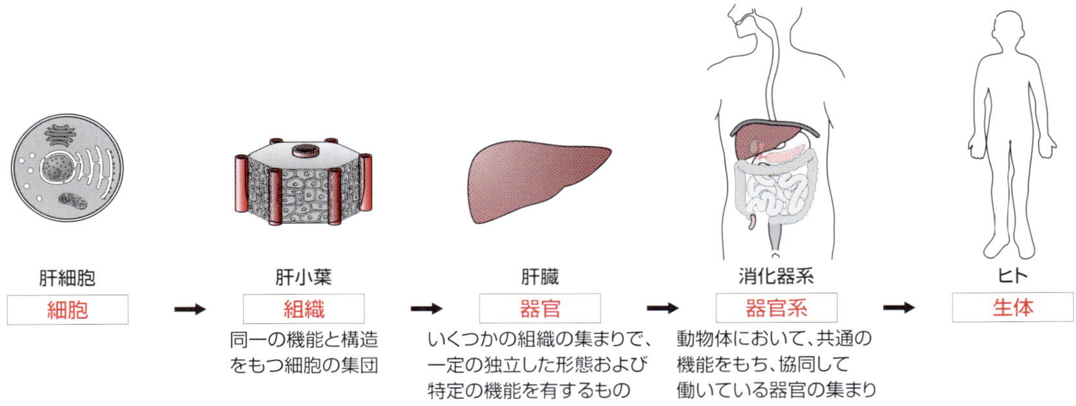

図 3-4　ヒトの器官系

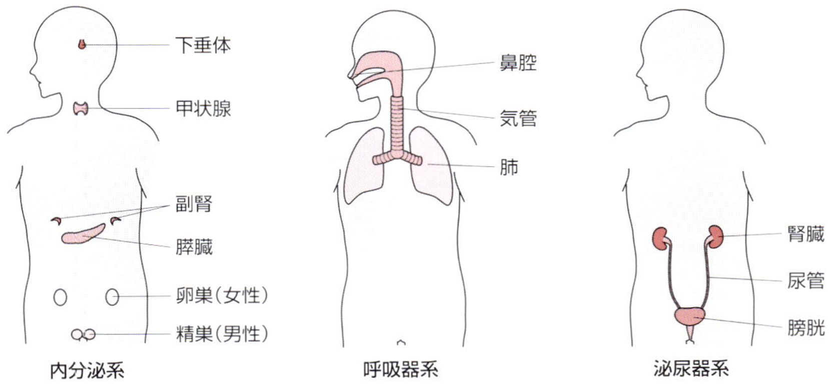

表 3-2　ヒトの器官と器官系

器官系	その系に含まれる器官
心臓血管	心臓、血管
呼吸器　,	鼻、口、咽頭、喉頭、気管、気管支、肺
神経	脳、脊髄、神経
皮膚	皮膚（一般に皮膚と考えられている表皮と、その下に存在する脂肪、腺、血管を含む結合組織）
筋骨格	筋肉、腱、靭帯、骨、関節
血液	血球、血小板、血漿（血液の液体成分）、脾臓、胸腺、リンパ節、骨髄（血球がつくられるところ）
消化器	口、食道、胃、小腸、大腸、直腸、肛門、肝臓、胆嚢、膵臓（消化酵素をつくる部分）、虫垂
内分泌	甲状腺、副甲状腺、副腎、下垂体、卵巣、精巣、松果体、膵臓（ランゲルハンス島）、胃（ガストリンをつくる細胞）
泌尿器	腎臓、尿管、膀胱、尿道
男性生殖器	陰茎、前立腺、精嚢、精管、精巣
女性生殖器	膣、子宮頸管、子宮、卵管、卵巣

3.1.1　上皮組織

上皮組織は、身体の外表面、管腔（消化管、呼吸器、泌尿器、生殖器など）、体腔（心膜腔、胸膜腔、腹膜腔）などの表面を覆う組織である。上皮組織は細胞どうしがお互いに密着して集合しているため、細胞間質はきわめて少量である。上皮組織の特徴は主として細胞が集合してできており、血管を欠いていることである。上皮の直下には、どの上皮組織でも糖タンパク質が豊富な**基底膜**が必ず存在し、その下に結合組織が位置する（図 3-5）。

上皮組織は発生学的にすべての胚葉から生じる。体表面を覆う上皮（皮膚の表皮など）は、外胚葉に由来し、消化管・気管・肺胞上皮やそれらの付属腺の腺上皮は内胚葉に由来する。また、泌尿器系・生殖器系の上皮や体腔・脈管の内面を覆う上皮は中胚葉に由来する。上皮組織は機能の上から**被蓋上皮**（被覆上皮、表面上皮、保護上皮ともいう）、**腺上皮**、**特殊上皮**（吸収上皮、感覚上皮、呼吸上皮）に大別される。

図 3-5　ヒトの皮膚断面の模式図

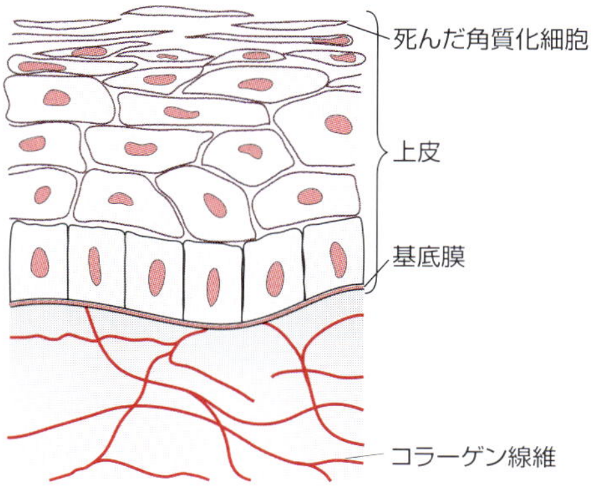

また、上皮組織は、形態的に**扁平上皮**、**円柱上皮**、**立方上皮**に区別されている。これらの配列によって**単層上皮**、**重層上皮**、**偽重層上皮**（多列上皮ともいう）、**移行上皮**に分類されている（表 3-3、図 3-6）。

上皮細胞は身体の外表面および管腔・体腔などの表面を覆い、その露出する面を**自由面**といい、身体内部に向き結合組織と接する面を**基底面**という。また、上皮細胞が互いに接する面を**隣接面**といい、細胞が互いに連結するために特殊な構造を示す。

上皮細胞の自由面には**微絨毛**と呼ばれる細長い指状ないし棒状の微細な細胞質突起がみられることがある。

上皮細胞の自由面にみられる密生した不動性の微絨毛を不動毛という。**不動毛**は、精巣上体管や内耳の感覚細胞などに存在する。また、運動能をもつ細毛が上皮細胞の自由面に密生してみられる。これを**線毛**（動毛ともいう）という。線毛は、気管、卵管、脳室の上皮にみられる。

表 3-3　上皮細胞の分類と主な機能

細胞層の数	細胞の形状	分布部位の例	主な機能
単層（1 層）	扁平上皮	血管の内面を覆う（内皮）、体腔の漿膜性の内面（心膜、胸膜、腹膜）を覆う（中皮）	心臓の動きを容易にする（中皮）、飲作用による能動輸送（中皮と内皮）、生理活性物質の分泌（中皮）
	立方上皮	卵巣や甲状腺の被膜	被覆、分泌
	円柱上皮	腸や胆嚢の内面を覆う	保護、潤滑、吸収、分泌
偽重層（多列）上皮		気管、気管支や鼻腔の内面を覆う	保護、分泌、線毛運動によって粘液に捉えられた異物を気管外に搬出
重層（2 層あるいはそれ以上）	角化重層扁平上皮	表皮	保護、水分の喪失を防ぐ
	非角化重層扁平上皮	口腔、食道、喉頭、腟、肛門管	保護、分泌、水分の喪失を防ぐ
	重層立方上皮	汗腺、発達中の卵胞	保護、分泌
	移行上皮	膀胱、尿管、腎杯	保護、伸展性
	重層円柱上皮	結膜	保護

図 3-6　上皮組織の分類

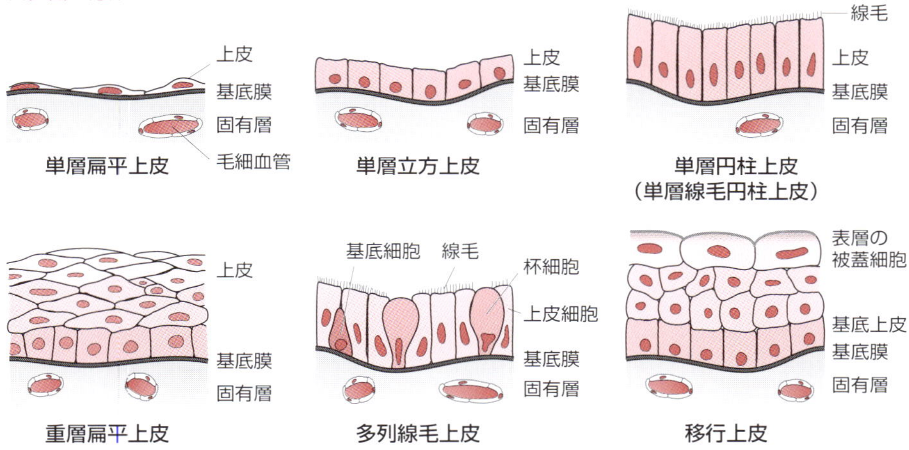

3.1.2　結合組織

結合組織には、身体の各部・各器官をつなぎ合わせて人体の構造を形成し、それを維持する働きがある。結合組織は細胞と細胞間質とで構成されている。また、細胞間質はタンパク質性の線維と無定型の無定形質からなる（図 3-1）。この線維と無定形質とを合わせて**基質**という。結合組織は、体内に広く分布し、器官・組織・細胞の間を埋めて支持・結合するが、それ以外にも栄養や代謝の老廃物を細胞と血管の間でやりとりをする媒体としても機能している。さらに、炎症や免疫応答の場ともなり、生体の内部環境の維持において重要な役割を演じている。結合組織は線維性結合組織、軟骨組織、骨組織、造血組織に大別される。

A　結合組織中の細胞

結合組織内には、線維芽細胞、脂肪細胞、マクロファージ、肥満細胞、形質細胞などが存在する。

a　線維芽細胞

線維芽細胞は、不規則な突起をもつ大きい偏平な形をした細胞で、膠質線維、弾性線維、その他の細胞外基質を産生する。線維芽細胞は全身の結合組織に散在し、組織が損傷を受けると、近くの線維芽細胞は損傷部に移動して大量のコラーゲンをつくり、修復を助ける。

b　脂肪細胞

脂肪細胞は疎性結合組織に散在するが、ときに集まって脂肪組織を形成する。脂肪細胞は中性脂肪を貯蔵したり、エネルギーを産生したりするために特殊化した結合組織である。

c　マクロファージ

マクロファージは、活発な食作用を示す細胞質に大量のリソソームをもつ不規則な形をした細胞である。血液中では**単球**、肺胞中では**肺胞マクロファージ**、肝臓中では**クッパー細胞**、リンパ節や脾臓では**細網細胞**、脳や神経では**ミクログリア細胞**と呼ばれる。

d　肥満細胞

肥満細胞はマスト細胞とも呼ばれ、疎性結合組織、肝臓、脾臓の線維性被膜下や血管に沿って存在する。肥満細胞は IgE を介したⅠ型アレルギー反応の主体である。肥満細胞中には、ヒスタミンをはじめとする各種の化学伝達物質があり、細胞表面の IgE 受容体に結合した IgE に抗原が結合すると、細胞内にある**ヒスタミン**、**ヘパリン**、**セロトニン**などが放出される。ヒスタミンは毛細血管や細静脈壁の透過性を高め、ヘパリンは血液凝固阻害作用を示し、セロトニンは血管平滑筋の収縮を高める働きがある。また、細胞膜酵素の活性化は、アラキドン酸の生成と代謝を亢進させ、代謝物であるロイコトリエン、血小板活性化因子、**プロスタグランジン D**、**トロンボキサン A_2** などを細胞膜から遊離する。

e　形質細胞

形質細胞は、リンパ球の B 細胞に由来する抗体産生細胞であり、結合組織に広く分布するが、血液中には存在しない。形質細胞は一般的に球形ないし楕円体形の細胞である。核は円形で遍在し、その周りには明るい部分の**核周明庭**がみられる。

B　線維性結合組織

結合組織の大部分を占め、体内の至るところに分布する。線維性結合組織は、疎性結合組織、密性結合組織、脂肪組織、細網組織に分けられる。

a　疎性結合組織

膠原線維がまばらに配列し、全体として目の粗い網を形成する。**疎性結合組織**には、線維芽細胞が少なく、細胞間には線維芽細胞によって産生された格子線維、膠原線維、弾性線維やプロテオグリカン、糖タンパク質からなる細胞間基質が存在する。疎性結合組織は、弾力性や伸張強度を示す身体のあらゆる部位にみられる。

b　密性結合組織

密性結合組織は膠原線維が太く、線維束を形成して密に配列する。疎性結合組織に比して膠原線維の成分の多く、細胞および基質が少ない。密性結合組織は、皮膚の真皮、靱帯、腱などに存在し、これらの組織に加わる圧迫・牽引・伸展などの外力に対応できるように配列している。

c　脂肪組織

疎性結合組織の基質中の大きな脂肪粒を含む**脂肪細胞**を主成分とする結合組織で、緩衝材、断熱材、潤滑剤、エネルギー貯蔵の役割を果たす。脂肪組織には、白色脂肪組織と褐色脂肪組織の 2 つのタイプが存在する。

C　軟骨組織

軟骨組織は骨格系の一部をなすもので、軟骨細胞と軟骨細胞間を埋めている多量の細胞間質で構成されている。他の結合組織と異なる点は、軟骨組織の細胞間質内には血管、リンパ管、神経が存在しないことである。軟骨細胞は、線維芽細胞系の軟骨芽細胞から分化し、細胞間質内に存在する膠原線維や弾性線維によって硝子軟骨、弾性軟骨、線維軟骨が区別される。

a　硝子軟骨

硝子軟骨はもっとも広く分布する代表的な軟骨で、関節軟骨、肋軟骨、気管・気管支・咽頭の軟骨にみられる（図 3-7）。硝子軟骨の細胞間質は半

図 3-7　ヒトの長骨

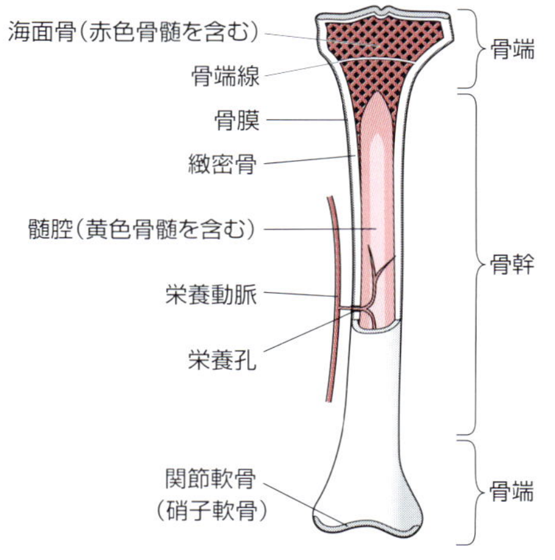

透明で、そこには微細な膠原線維が縦横に走っている。また、間質はコンドロイチン硫酸を豊富に含んでいる。

b 弾性軟骨

弾性軟骨は間質内に多量の弾性線維を含み、著しい弾力性を示す。耳介、外耳道、喉頭蓋の軟骨にみられる。

c 線維軟骨

線維軟骨は間質内を多量の太い膠原線維が縦横に走っている。また、間質はコンドロイチン硫酸や白質のコラーゲンが密生している。この軟骨は頑丈で柔軟性に乏しい組織であり、椎間円板、半月板、股関節や肩関節の関節窩の周辺にみられる。

D 骨組織

骨組織は骨を構成する結合組織で、カルシウム塩などを含む硬い**骨質**と、その内部に点在する**骨細胞**とからなる。骨組織では骨質中に骨小腔が点在し、そのなかに骨細胞が存在する。骨細胞は**骨細管**という多数の細い原形質突起により互いに連なっている。また、骨細胞を骨細管を通じて血管とも連絡している。骨細胞は、骨芽細胞が自らつくった骨質により封じ込められて徐々に骨形成能を失ったものをいう。

骨組織は、新生されるとともに、一方で破壊・吸収され、骨としての形を整えていく（図 3-8）。骨組織の破壊と吸収にかかわる細胞が**破骨細胞**である（図 3-9）。破骨細胞の波状縁下には、コラゲナーゼ、ゼラチナーゼ、水素イオンが分泌され、骨基質を酸性の状況で脱灰するとともに、露出した膠原線維を溶解する。明調帯と呼ばれるアクチンフィラメントを周辺に多くもつ波状縁で、骨基質の分解産物であるハイドロキシアパタイト結晶、分断された膠質線維などを細胞内にとり込み、リソソームで分解する。

図 3-8 骨の吸収と新生

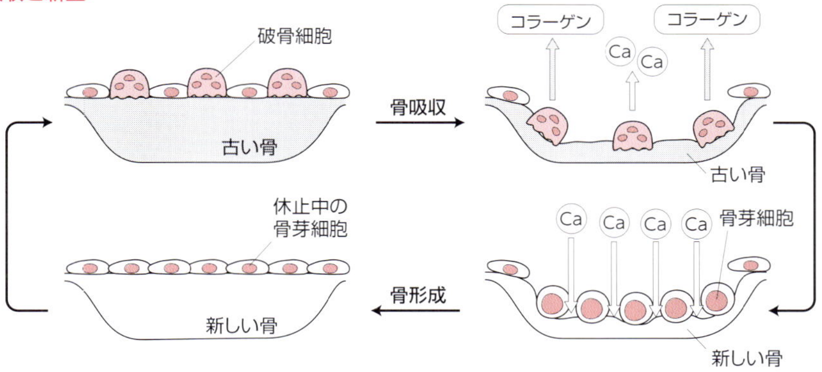

図 3-9 破骨細胞の分化

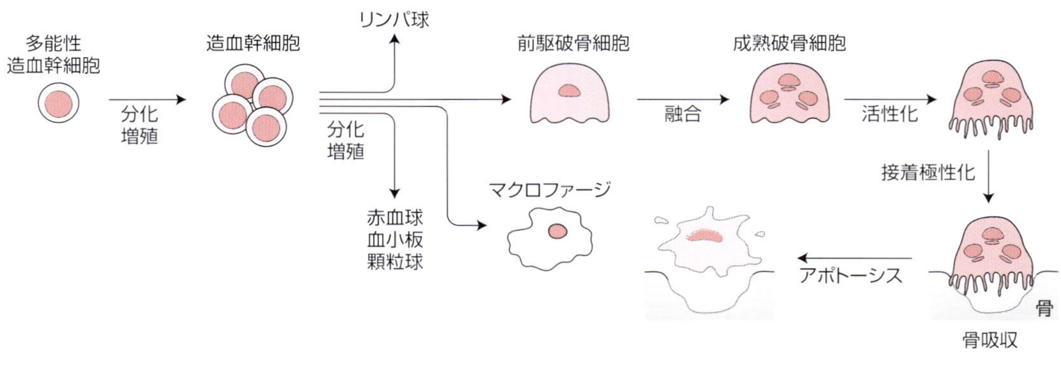

E　造血組織

血球をつくる組織で、**赤色骨髄**およびリンパ組織において血球がつくられる（図 3-7）。造血組織では、胚期に生じた血球原細胞が網状結合組織内に定着し、多能性造血幹細胞（血球芽細胞ともいう）となり、その後、多くの段階を経て赤血球、白血球、血小板に分化する。それぞれの血液細胞の詳細については「8.1.4　血液細胞の働き」参照。

3.1.3　筋組織

筋組織は、収縮性のあるタンパク質（アクチン、ミオシン）を含んだ特殊な細胞から成り立っている。形態的・機能的特徴から、骨格筋、心筋、平滑筋に区別される（図 3-1）。

A　骨格筋

骨格筋は、非常に長い円柱形をした多核細胞である**筋線維**の束からできており、この細胞は横紋をもつため**横紋筋**とも呼ばれる。収縮は急速で、力強く、通常では随意的に調節される。筋線維は、赤筋線維と白筋線維に分けられる。ミオグロビンを多く含む**赤筋線維**は、ミトコンドリアも多く、動きが緩徐であるが、疲労しにくいという特徴がある。それに対して、**白筋線維**は赤筋線維より太く、ミトコンドリアが少なく、すばやい収縮を示すという特徴をもっている。筋線維の細胞質である筋形質は、収縮性タンパク質（**アクチン**、**ミオシン**）のフィラメントからなる**筋原線維**、多数のミトコンドリア、グリコーゲン、ミオグロビンを含んでいる。筋形質に存在する滑面小胞体は**筋小胞体**という。筋原線維の横紋は、単屈折性の明るい**I 帯**と複屈折性の暗い **A 帯**が交互に周期的配列を示すことによるものである（図 3-10、筋収縮については「2.3.5　骨格筋の収縮」参照）。

B　心筋

心筋は、心臓の壁をつくり、心臓の収縮を司っている筋組織である（図 3-1）。構造上は骨格筋に似た**横紋筋**であるが、機能上は平滑筋のように不随意である。また、運動神経がなくても収縮することができる特徴がある。心筋の横紋筋は横紋筋細胞が**介在板**という組織でつながれ、心筋線維と呼ばれる構造体となる。ここにはデスモソームやギャップ結合があり、興奮の伝導に役立っている。心筋は、細長い枝分れした個々の心筋細胞が互いに平行に並んでいる。心筋の横紋筋細胞は骨格筋の横紋筋細胞よりも細く、細胞核が 1 ～ 2 個で、筋細胞内部の構造物である筋原線維が少ない。心筋の収縮は、不随意で力強くリズミカルである。骨格筋線維は再生が可能であるが、心筋線維の再生は不可能とされている。

図 3-10　筋組織

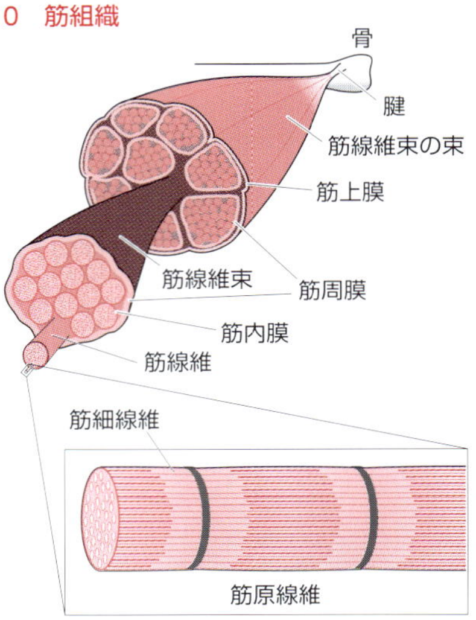

C　平滑筋

平滑筋は、横紋をもたない中央部に 1 つの核をもつ紡錘形の細胞の集団からなる（図 3-1）。収縮の過程はゆっくりであり、不随意である。平滑筋は消化管壁、気管壁、血管壁、泌尿器系・生殖器系の導管などにあり、血管や気管の太さを調節したり、尿管や消化管の内容物を前方に送ったり、膀胱や子宮の内容物を排出したりする働きを担っている。平滑筋は、緩やかな収縮で持続性がある。平滑筋線維の再生は可能である。

3.1.4　神経組織

神経組織は、感覚や運動自律性の制御を行うために発達した外胚葉由来の組織で、脳や脊髄などの中枢神経と末梢神経をまとめて神経系が構成される。構造的には、多くの長い突起を有する**ニューロン**（神経細胞ともいう）と、ニューロンを養い、これを支持したり保護したりする**グリア細胞**（神経膠細胞ともいう）からなる。ニューロンは細胞の膜電位をコントロールすることで、突起に沿って電気的な興奮を伝導できる細胞である（神経組織の詳細については「8.3　神経系」参照）。

3.1.5　細胞間結合

細胞膜に関連した構造には、細胞間の接着と情報交換に関係したものがある。このような構造はすべての組織においてみられるが、特に上皮組織で顕著である。上皮細胞が互いに接する隣接面には、細胞の連結に応ずる細胞間結合が形成されている（図 3-11）。上皮細胞では、上皮細胞どうしが互いに強い接着を行い、密着結合、接着結合、デスモソーム結合、ギャップ結合といった特殊化した接着構造を形成する。一方、上皮細胞は細胞外マトリックスである基底膜に接着して、ヘミデスモソーム結合を形成している。

密着結合は、**オクルジン**と呼ばれる密着結合膜タンパク質によって細胞どうしが互いにぴったりとつなぎ合わさっている。これによって細胞間腔を完全に閉じ、物質が間腔を通過し、拡散、移動するのを妨げている。脳の毛細血管は他の毛細血管と異なり、容易に薬などを透過させない性質がある。よって薬だけでなく、化学物質や細菌、ウイルスなども容易に脳へ到達することができないことになり、一種の脳の防御機構になっている。これは**血液脳関門**と呼ばれ、脳細胞まで通過させるものを選別する関所のような役割を演じている。

図 3-11　小腸上皮細胞の連結装置

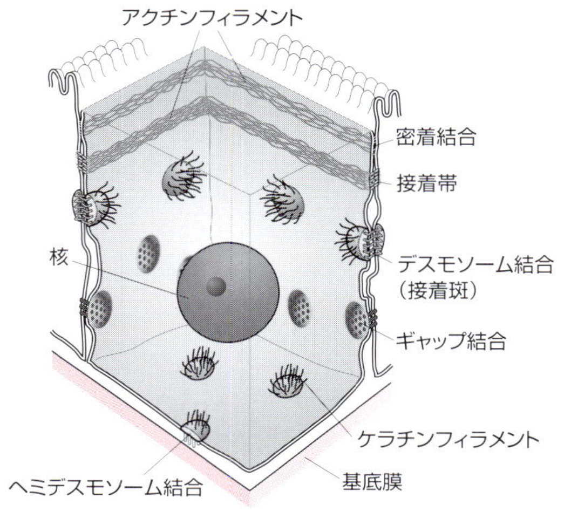

カドヘリンが形成する細胞接着構造である**接着結合**のうち、極性をもつ上皮細胞に特徴的な接着結合を**接着帯**という。接着帯は上皮細胞の頂端部側に存在して細胞周囲をとりまいており、細胞間隙に存在するカドヘリンから細胞内の骨格タンパク質のアクチンフィラメントへとつながる複合体が細胞間接着装置を形成する。

ギャップ結合は、細隙結合とも呼ばれ、隣り合う細胞の細胞膜が約 2 nm の狭い細胞間腔を示す斑状の連結である。相対する細胞膜には**コネクソン**と呼ばれるタンパク複合体が規則正しく並び、互いに相対するように位置し、細胞間腔を横切って接着している。このコネクソンがチャネルとなり、ここを通って無機イオンや小さい水溶性分子が隣接細胞の細胞質から細胞質へと直接移動することができる。また、細胞どうしを電気的に結合するため、平滑筋や心筋組織などの興奮伝播にかかわっている。

デスモソーム結合は接着斑とも呼ばれ、円盤状ないし斑状のタンパク質と細胞の外側に向かって細胞膜を貫通する結合タンパク質から構成されている。この接着物質はカドヘリン族の**デスモコリン**、**デスモグレイン**を含む。**ケラチンフィラメント**が結合した円盤状ないし斑状のタンパク質は細胞膜のすぐ内側にあって、この部位にある結合タンパク質が、隣の細胞のデスモソームの結合タンパク質と結合している。デスモグレインのひとつに対する自己抗体によって細胞間接着が失われ、皮膚にひどい水疱ができる尋常性天疱瘡を起こすことが知られている。

特に重層上皮が下側の結合組織と接する基底面には、上皮細胞の細胞膜にデスモソームと同様な連結構造がある。この場合には、上皮細胞にデスモソームの半分だけが存在し、結合組織側にはみられないため、この構造を**ヘミデスモソーム**（半接着斑ともいう）と呼ぶ。

3.1.6　組織の維持と幹細胞

幹細胞は、複数系統の細胞に分化できる多分化能と、細胞分裂を経ても多分化能を維持できる自己複製能を併せもつ細胞である。上皮細胞の下にある疎性結合組織の間には糖タンパクからなる薄い基底膜が存在している。絨毛の根元近くで新しくできた娘細胞は、絨毛の表面を先端へ基底膜上をエスカレーターのように移動していく。その間に娘細胞は、栄養素をとり込む吸収細胞と粘液を分泌する杯細胞に分化する。絨毛の先端で、古くなった上皮細胞はアポトーシスを起こして剥がれ落ちる（図 3-12）。小腸粘膜上皮細胞は新しくできてから剥離するまでに１か月ほどかかる。

個体発生の過程で臓器が形成されるときはもちろん、完成した成人でも、不足した細胞を補うため、身体の各所に固有の細胞を供給する**体性幹細胞**が存在する。成体組織に存在する幹細胞は組織によって数や分布が限られていて外見的に特徴がないことが多い。血液中にあって酸素を運ぶ赤血球、感染と戦う白血球やリンパ球はいずれも骨髄にある**多能性造血幹細胞**からつくり出されている（血液細胞の分化については「8.1.4　血液細胞の働き」参照）。

図 3-12　小腸上皮細胞の充足方法

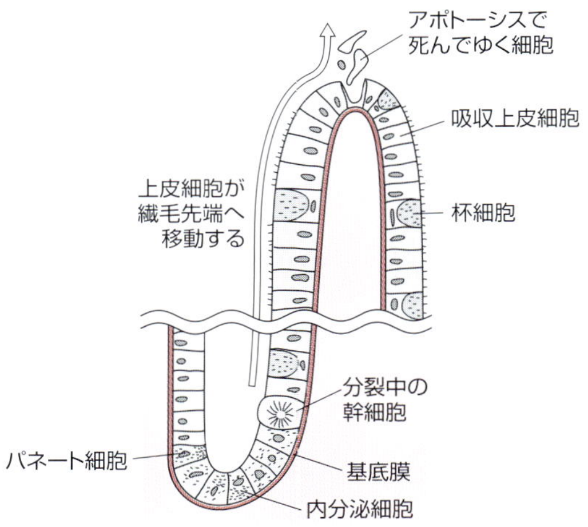

3.2　ヒトの器官の構造と機能

3.2.1 皮膚

皮膚はヒトにおいて体表を覆う器官で、体温の調節、水と電解質のバランス維持、刺激の知覚など、さまざまな機能を担っている。皮膚はさらに病原微生物などの体内への侵入や紫外線などから保護するバリアの役割を果たしている（「8.4.2A　皮膚感覚」参照）。

3.2.2　筋骨格系

筋骨格系によってヒトの体は一定の形をもち、安定して動くことができる。筋骨格系は、骨、筋肉、腱、靭帯、関節、軟骨などから構成されている。

A　骨

骨は骨膜、骨質、骨髄からなり、その大きさや形状は多種多様である。縦に長い形状の長骨、立方体の形状の短骨、平たい形状の扁平骨、上記以外の特殊な形状をもつ不整骨に大別できる（図 3-7）。骨の外側の硬い部分は、主にコラーゲンなどのタンパク質やヒドロキシアパタイトと呼ばれる物質からできている。ヒドロキシアパタイトは、多量のカルシウムを蓄え、骨の強度や骨密度に影響している。また骨形成にはカルシウム、リン、ビタミンＤの摂取が不可欠である。骨の中心部にある骨髄は、他の骨組織と比べて軟らかく密度の低い部分で、血液細胞をつくる造血幹細胞を含んでいる。

骨では絶えず新陳代謝が行われ、さまざまな機能を果たしている。骨は骨格によって身体のさまざまな器官の重量を支えたり、衝撃に脆弱な器官を保護したりする役割を担っている。また、骨は腱によって相互に連結して、支点・力点・作用点を形成することで体を運動させている。

小児期には、一部の骨が成長板と呼ばれる部分で伸長し、そして成人の身長に達した後、成長板は閉じる。成長板が閉じた後も骨はゆっくりと厚さを増していく。

骨では、リモデリング（骨の再構築）と呼ばれる代謝が休みなく行われている。これにより、古い骨組織は徐々に新しい骨組織で置き換えられ、約10年で完全にからだのあらゆる骨が入れ替わる（「3.1.2D　骨組織」参照）。

B　筋肉

筋肉には、骨格筋、平滑筋、心筋の3種類がある。これらの内の骨格筋と平滑筋は、筋骨格系を形成している。

骨格筋は収縮性のある筋線維の束が規則正しく配列し、顕微鏡では横縞模様がみえることから、横紋筋とも呼ばれる（「3.1.3　筋組織」参照）。骨に付着した骨格筋が、拮抗する筋肉群として関節周囲に配置されていることによって、姿勢を保ったり、移動したりすることができる。たとえば、肘を曲げる筋肉の上腕二頭筋は、肘を伸ばす筋肉の上腕三頭筋と拮抗する関係にある。骨格筋は脳によって制御され、本人の意思によって動く随意筋である。

C　靭帯

靭帯は、丈夫な線維性の束で、コラーゲンと弾性線維からなる結合組織であり、関節の周囲をとりまいてその連結を強め、関節の強化と安定性に役立っている。また靭帯の働きによって、各関節は特定の方向のみに動くようになっている。

D　関節

関節はいくつかの骨が集まって形成されている（図3-13）。各関節は、その構造によって動かせる範囲と方向が決まっている。たとえば、肩関節は、球状の部分が受け皿に収まった形をしていて、内外への回転以外にも、前方、後方、横方向に腕を動かすことができる。一方、膝、肘、指、つま先などの蝶番《ちょうつがい》関節は一定の方向にだけ、屈曲したり、伸展したりできる。

関節内の骨の両端を覆っている軟骨は、コラーゲン、水、プロテオグリカンからなる滑らかで丈夫な弾力性のある組織で、関節が動くときの骨どうしの摩擦を軽減することができる。関節は周囲を**滑膜組織**に覆われていて、これが**関節包**を形成している。滑膜組織の細胞が分泌する**滑液**は、軟骨に栄養を供給するとともに、骨どうしの摩擦を軽減して関節を滑らかに動かすのに役立っている。

内側半月板と外側半月板と呼ばれる2つの軟骨は、関節内で骨と骨の間の衝撃を吸収し、膝関節の安定性を高めている。膝関節の周囲の5つの靭帯は、骨を適切な位置に保つ働きをしている。肘の伸側、股関節外側の大転子部、膝関節の前面、足関節の前外側などの皮下には**滑液包**と呼ばれる袋があり、わずかな液を貯留し、衝撃を吸収している。

図3-13　膝関節の構造

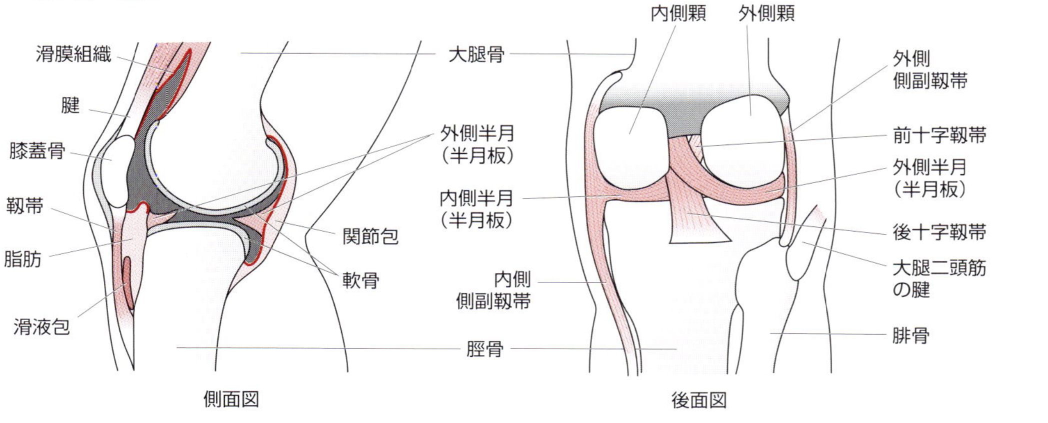

3.2.3　神経系

神経系は、中枢神経系と末梢神経系の 2 つに大別される。この神経系の基本構成単位は、神経細胞（ニューロン）で、細胞体、樹状突起と軸索で構成されている（「8.3　神経系」参照）。

3.2.4　心臓血管系

心臓血管系は**心臓**と**血管系**から構成され、循環器系とも呼ばれる。心臓血管系のなかを血液が循環することによって、酸素や栄養素などが全身の組織に運ばれ、組織からは老廃物などが運び出される。

A　心臓

心臓は、**心筋**と呼ばれる横紋筋でできた中空の器官で、その大きさは成人で長さが約 14 cm、幅が約 8 cm、厚さが約 8 cm、重さは 200 ～ 300 g である。心臓は左右の肺の間に挟まれる縦隔と呼ばれる部位に位置する。心臓の前方下端はやや左側にあって、これを**心尖**といい、その位置は左乳頭線上の第 5 肋間隔の正中線の左約 9 cm に位置する。

心臓の右側と左側にはそれぞれ 2 つの空洞があり、上の空洞を**心房**、下の空洞を**心室**という。心房で血液を集め、心室に送り、心室が血液を血管に送り出す役割を担っている。

血液が確実に一方向のみに流れるよう、それぞれの心室には血液をとり込む弁と、血液を送り出す弁がある。左心室の入口には**僧帽弁**と出口には**大動脈弁**、右心室の入口には**三尖弁**と出口には**肺動脈弁**がそれぞれ存在する（図 3-14）。僧帽弁は 2 枚の弁尖に、三尖弁、大動脈弁、肺動脈弁は 3 枚の弁尖にそれぞれ分かれている。僧帽弁と三尖弁は、心房内部に反転しないように、乳頭筋や組織の腱とつながっている。

心拍音は、心臓が血液を送り出す音で、聴診するとドックンという音が聞こえる。この最初のドッは僧帽弁と三尖弁が閉じる音で、次のクンは大動脈弁と肺動脈弁が閉じる音に由来する。心室の拡張期では、心房が収縮して多くの血液が心室内へ送られ、心室内は血液で満たされ、拡張する。収縮期では、心室が収縮して血液を送り出し、広がった心房内は再び血液で満たされる。左心室の血液は大動脈へ出て、肺を除く全身へ送られる。右心室の血液は、**肺動脈**へ出て、肺に送られる。また、肺を除く全身からの静脈血は**上大静脈**と**下大静脈**から右心房に入る。肺からの動脈血は、**肺静脈**から左心房に入る。

図 3-14　心臓の内部構造

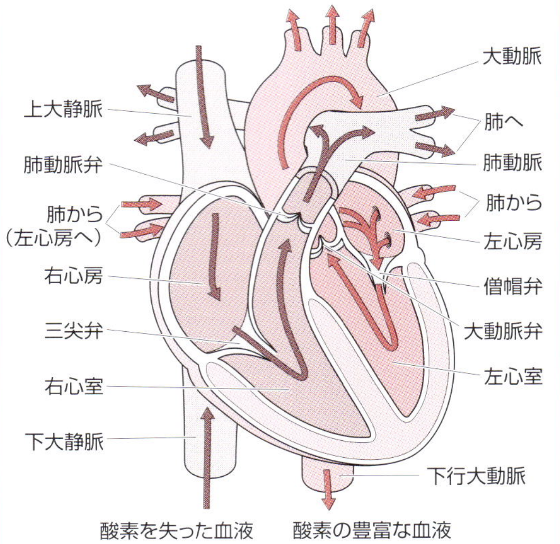

B　血管系

血管系は、動脈、細動脈、毛細血管、細静脈、静脈から構成され、内膜、中膜、外膜の 3 層からなっている。**動脈**は中膜の平滑筋と弾性線維により伸縮性と弾力性がある。そのため、心臓から血液を送り出すときに生じる非常に高い血圧にも耐えることができる。動脈はより細い血管へと枝分かれしていき、最終的には**細動脈**と呼ばれる非常に細い動脈になる。動脈と細動脈は、体の特定の部位に流れる血液の量を調節するため、血管の直径を変化できる筋肉の壁をもっている（図 3-15）。

毛細血管は、心臓から血液を運ぶ動脈と心臓へ血液を戻す静脈の間をつなぐ、非常に細く壁の薄い血管（5 ～ 20 μm）である。毛細血管の薄い壁を通じて、酸素や栄養素などが血液中から組織内へ移動し、老廃物などが組織内から血液中へ運ば

図 3-15 血管の構造

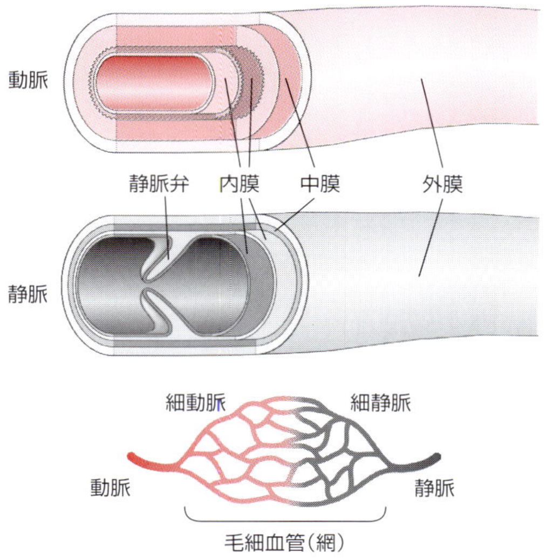

れる。

毛細血管からの血液は、その後、非常に細い**細静脈**から**静脈**へ入り、そして心臓に戻る。静脈内の血圧は非常に低いので、中膜の平滑筋が少なく、弾力性も乏しくなっている。脚などの一部の静脈には、血液の逆流を防ぐための半月状の**静脈弁**がある。

3.2.5 呼吸器系

呼吸器系には、鼻、咽頭、喉頭、気管、気管支とその枝、および肺胞と肺実質が含まれる(図 3-16)。鼻と口から吸い込んだ空気は、咽頭、喉頭隆起(一般的にはのど仏と呼ばれる)を通り、声帯のある喉頭を通過する。喉頭の入口は喉頭蓋で覆われており、ものを飲み込むときには自動的に閉じ、食物などが気道に入るのを防御している。

図 3-16 気管と肺の構造

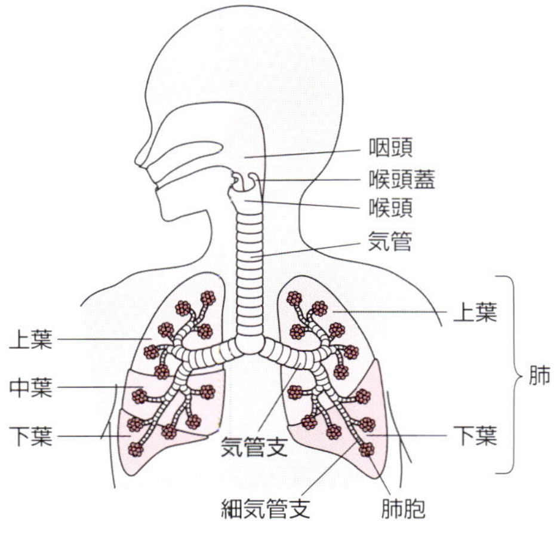

A 気道

いちばん太い気道は**気管**で、気道はさらに左右の**気管支**に枝分かれする。左右の気管支は、それぞれが左右の肺につながっている(図 3-16)。

気管支は、さらに細い**細気管支**へ枝分かれする。気道は弾力性に富んだ、線維性の結合組織である軟骨によって筒状に保たれており、それをとりまく筋肉は、伸縮性があるので、気道内部の広さを変えることができる。

細気管支の先端には 3 億個ほどの**肺胞**があり、その総表面積は、50 ~ 60 m^2 である。空気と毛細血管の間にある壁が非常に薄いため、酸素は肺胞内から血液中へ、また二酸化炭素は血液中から肺胞内へと容易に移動することができる。

B 肺

左肺は、心臓が左の胸部にあるため、右肺より少し小さくなっている。そのため、右肺は 3 葉、左肺は 2 葉から成り立っている(図 3-16)。その容積比は、およそ右 4、左 3(右 600 g、1,200 m*l*、左 500 g、1,000 m*l*)となっている。肺の上端を肺尖、下部を肺底といい、肺底は横隔膜の上にのっている。肺の内側面中央は肺門と呼ばれ、気管支、肺動脈、肺静脈、気管支動静脈、リンパ管、神経などが出入りしている。酸素を含んだ血液は肺から**肺静脈**を通って左心室へ送られ、全身へ押し出されていく。二酸化炭素を多く含んだ血液は、上大静脈と下大静脈を通って右心室へ戻ってくる。その後、この血液は**肺動脈**を通って肺へと送られ、そこで二酸化炭素を放出し、そして酸素を受けとる。酸素をとり込んだ動脈血は肺静脈を通って左心房に送られる。

安静にしているときでも、ガス交換を維持するために、毎分 6 ~ 10 *l* の空気が肺に送られ、そのうちの約 0.3 *l* の酸素が肺胞から血液中に送られる。

外気から肺を流れる血液中に酸素をとり込むに

は、呼吸、拡散、灌流という 3 つの過程が欠かせない。**呼吸**は、空気が肺に出入りする過程をいい、**拡散**は、肺胞と肺の毛細血管との間で自然に行われているガス交換を意味する。また、**灌流**は、心臓血管系が肺全体にわたって血液を送り出す働きをいう。

C 胸腔

肺は胸腔内に位置しており、左右の肺の間には縦隔というスペースが存在する。**縦隔**は、前部を胸骨、背部を脊柱、上部を胸腔への入り口、下部を横隔膜で仕切られた領域である。縦隔は、左右の肺をそれぞれ機能的に独立させる働きもっている。

胸部にある肺やその他の器官は、胸骨、肋骨、脊椎からなる骨によって保護されている。12 対の**肋骨**は、背部から胸部をとり囲むように曲がっており、1 対ずつ**椎骨**とつながっている。体の前部では、肋骨の上部 7 対は軟骨によって**胸骨**とつながっている。8 ～ 10 番目の肋骨は、それぞれ 1 つ上方の肋骨の軟骨と連結しており、もっとも下方にある 2 対の浮動肋骨は他の肋骨より短く、前面ではつながっていない。

3.2.6 消化器系

A 消化管系

消化器系は口から肛門まで続く長い管状の器官で、食物摂取、食塊などの移送、消化、吸収、排泄といった役割を担っている。消化器系は消化管と消化腺からできており、消化管は口、咽頭、食道、胃、小腸、大腸、直腸、肛門、消化腺は膵臓、肝臓、胆嚢で構成されている（図 3-17）。

a 口

口は消化器と呼吸器の入り口であり、その内側は粘膜で覆われている。健康なヒトの口腔粘膜は赤味がかったピンク色をしている。歯肉は薄いピンク色で、歯の周囲をぴったりととりまいている。口の天井部分の**口蓋**は、口蓋突起がある硬い前方部分の**硬口蓋**と、比較的滑らかで軟らかい後方部分の**軟口蓋**に区分される（図 3-18）。唇は湿った部分と乾燥している部分にはっきりと分かれてい

図 3-17 ヒトの消化器系

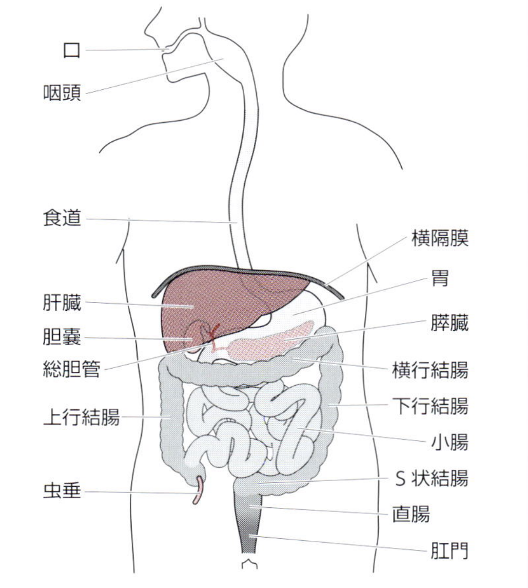

図 3-18 成人の口腔と歯の構造

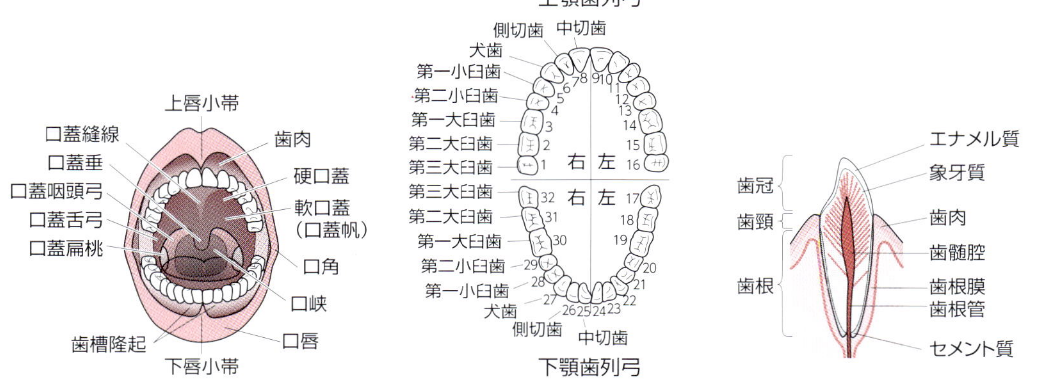

（a）成人の口腔の構造　（b）成人の歯の種類と配列　（c）成人の歯の構造

て、その境界部分は**唇紅部**と呼ばれる。口の内側の唇面は湿っていて、口の外側の唇面は皮膚と同じように乾いている。口の床にあたる口底には、食物の味を感知したり、食べものを混ぜ合わせたりする**舌**がある。正常な舌はざらついている。

歯は、口腔内に露出している硬組織の構造体で、審美性、発音、咀嚼などの機能を営んでいる。ヒトでは、胎生期5～6週頃に外胚葉性の口腔粘膜上皮が厚くなり、堤防のように垂直に間葉組織内に進入し、**歯堤**を形成する。この歯堤からエナメル器を生じ、エナメル器に囲まれた中胚葉性の**歯乳頭**とともに**歯胚**を形成する。胎生期5か月頃になると、エナメル器の内層にあるエナメル芽細胞から**エナメル質**が、歯乳頭の表層にある象牙芽細胞から**象牙質**と**歯髄**が、また歯胚を包む歯小嚢から**セメント質**と**歯根膜**が生ずる。エナメル器は歯冠部を形成した後、ヘルトウィヒ上皮鞘として深部に増殖し、歯根の**象牙質**を形成しながら歯を萌出させる。やがてヘルトウィヒ上皮鞘は退化して、歯根膜中にマラッセ上皮遺残として残る。

ヒトの歯は生涯で一度生え変わることができ、これを**二生歯性**と呼ぶ。乳幼児期にその機能を営むものを**乳歯**といい、乳歯脱落後、新たに生え変わるものを**代生歯**という。6歳頃から、乳歯の生え変わりと同時に、乳歯列の後方に大臼歯が生えてくる。大臼歯は本来乳歯と同種のもので、その延長線上にあるものとも考えられ、**加生歯**とも呼ばれる。したがって、代生歯と加生歯を合わせて**永久歯**という。

乳歯は、上下顎とも、正中より左右へ、乳中切歯、乳側切歯、乳犬歯、第一乳臼歯、第二乳臼歯の合計20本よりなる。乳歯では、通常、下顎乳中切歯が生後約6～8か月に生えはじめる。一方、**永久歯**は32本で、上顎と下顎のそれぞれに1対の中切歯、側切歯、犬歯、第一小臼歯、第二小臼歯、第一大臼歯、第二大臼歯、第三大臼歯が生える（図3-18）。6歳頃に乳歯から永久歯に生え変わりが始まり、第二大臼歯が生えるのは12歳頃である。

b　咽頭

咽頭は口の下後方に位置している。口で咀嚼された食塊は咽頭を通過する。嚥下と呼ばれる飲食物を飲み込む運動は、特に意識しなくても不随意的に行われる。嚥下時には、**喉頭蓋**が閉じて、気道に食塊が入らないように防いでいる。また、口の後方部分の軟口蓋も上にもち上がって、食塊が鼻に入らないように防いでいる。

c　食道

食道は、粘膜上皮に覆われた薄い筋層でできた細い管状の器官で、咽頭と胃をつないでいる。その長さは約25 cmである。食塊は蠕動と呼ばれる律動的な食道筋の収縮運動によって胃に送られる。食道の上方1/3は骨格筋、下方1/3は平滑筋、中央部は両者が混合してできている。食道の上端と下端は括約筋によって閉じられている。上端部の**輪状咽頭括約筋**は吸気時に空気が食道に入るのを防ぎ、一方では食塊が気道へ吸い込まれるのを防いでいる。また、下端部の**噴門括約筋**（下部食道括約筋）は、胃の内容物が食道へ逆流するのを防いでいる。

d　胃

胃は筋肉性の袋状器官で、その大きさは1.5 *l* 以上といわれている。胃の入口の狭くなったところを**噴門**、出口の狭くなったところを**幽門**という。また胃は、**噴門部**、**胃底部**、**胃体部**、**幽門前庭部**に区分されている（図3-19）。胃の短いほうのへこんだ縁を**小彎**、長く突き出ている縁を**大彎**と呼ぶ。食道を通ってきた食塊は、輪状の噴門括約筋を通過して胃に入る。

摂取された食物は胃底部で一時的に残る。食物が入ってくると、噴門部と胃体部が弛緩して容積が大きくなる。一方、幽門部ではリズミカルな収縮が起こり、食物を胃酸や酵素（胃液）と混ぜ合わせる。内面を覆っている胃粘膜の上皮が粘膜固有層に落ち込んで、粘液、塩酸、ペプシンの前駆体などの消化液成分を分泌する胃腺を形成している。この胃腺からは1日約2 *l* の胃液が分泌されている。胃腺は、壁細胞、主細胞、副細胞の3種類の細胞から構成され、**壁細胞**からは塩酸やビタ

図 3-19　胃の構造

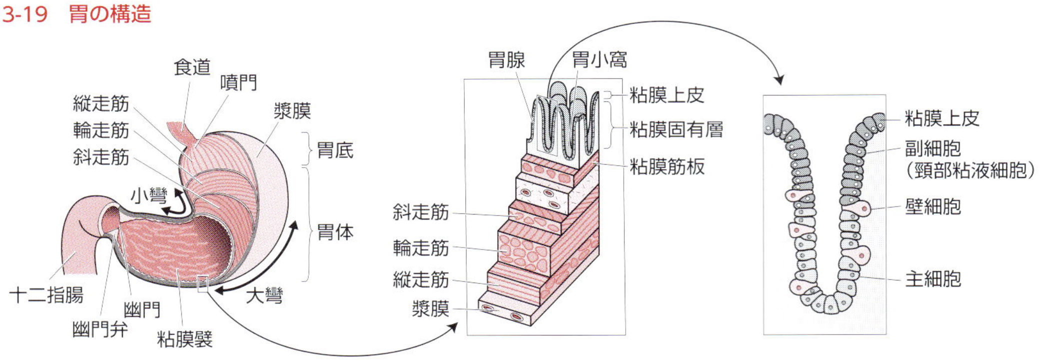

(a) 胃の断面図　(b) 胃壁の構造　(c) 胃小窩の構造

ミン B_{12} の吸収に必要な内因子、**主細胞**からはペプシノーゲン、**副細胞**から粘液が、それぞれ分泌される（図 3-19）。粘液は、胃の細胞が塩酸と酵素で損傷されないように胃の内面を保護する役割を担っている。ヘリコバクター・ピロリの感染やアスピリンの服用などによってこの粘液層が損なわれると、胃が損傷を受けて胃潰瘍の原因となる。

塩酸は、ペプシノーゲンを活性型のペプシンにすると同時に、タンパク質を分解するのに必要な強い酸性状態を形成する。また、胃のなかが強酸性であることは、食物といっしょに侵入してきたさまざまな細菌などを分解して感染を防ぐ効果もある。胃酸の分泌は、胃に送られる神経刺激、ガストリン（幽門前庭や幽門にある G 細胞から分泌されるホルモン）、ヒスタミンに刺激されて起こる。

胃には吸収作用がほとんどないが、水、アルコール、グルコース、アスピリンなどはわずかながら吸収される。

e　小腸

小腸は幽門括約筋を境に胃から続いており、回盲弁を介して大腸に連なる約 5 m の消化管である（図 3-17）。小腸は、**十二指腸**、**空腸**、**回腸**の 3 つの部位から構成されている。胃で消化された食物は十二指腸へ少しずつ送られる。

十二指腸は、その長さが 12 本の指を平行に並べた幅の長さに一致することから名付けられたもので、約 25 ～ 30 cm である。十二指腸は全体としてＣ字形をしていて、もっとも彎曲した部分を十二指腸曲と呼ぶ。この十二指腸曲の後内側壁に胆嚢からの**総胆管**と膵臓からの**膵管**が合流して開口している。膵臓からはトリプシン、キモトリプシン、カルボキシペプチダーゼ、アミラーゼ、リパーゼを含む膵液、肝臓と胆嚢からは胆汁が、それぞれ分泌されてくる。

十二指腸の始まりから約 5 ～ 8 cm の部分は内面が滑らかであるが、それより先の内面には**輪状襞**《ひだ》や**絨毛**と呼ばれ、小さな突起、さらに小さな**微絨毛**が存在する。この絨毛と微絨毛によって内面の表面積が大きくなっているため、十二指腸はより多くの栄養素を吸収することができる。

十二指腸より先の空腸と回腸は、主に脂質やその他の栄養素の吸収を行っている。空腸と回腸にも**輪状襞**、**絨毛**、**微絨毛**がある。そのため、栄養素などの吸収を容易にしている。小腸壁には血管が豊富にあり、門脈を通して吸収した栄養素などを肝臓に運んでいる。小腸壁は、小腸の内容物を滑らかにするための粘液と、消化された食物片を溶解するための水分を分泌する。タンパク質、糖質、脂質を最終的に消化する酵素も存在する。

小腸の内容物の硬さは、小腸を通過するにつれて変化していく。十二指腸では、アルカリ性の膵液と胆汁で薄められて、胃酸が中和される。つづいて小腸下部を通過する際に、水分、粘液、胆汁、膵液と混合されて水っぽい状態になる。最終的には、栄養の大部分と水分が小腸で吸収され、内容物は約 1 l の水分を含んだ状態で大腸へ送られる。

f　大腸

大腸は小腸に続く部分で、**盲腸**、**結腸**、**直腸**、**肛門管**から構成されており、その長さは約 1.5 m で小腸よりも太くて短い消化管である。肛門管は直腸下端から肛門までの括約筋に囲われた部分をいう。盲腸は上行結腸の始まりの部分で、小腸が大腸に移行する部位である。盲腸からは指のような形をした小さな管状の**虫垂**が突き出ている。この虫垂の機能については失われ、なくなったと考えられている。

結腸は盲腸の上端から始まり、右の脇腹に沿って**上行結腸**、肝臓と胃の下付近を行く**横行結腸**、左の脇腹に沿う**下行結腸**、左下腹部を蛇行する**S状結腸**に区分される（図 3-17）。結腸では、縦走筋線維が結腸壁の周辺に一定間隔をおいて縦に並ぶ 3 条の筋束を形成する。これらは**結腸紐《ひも》**と呼ばれる。この結腸紐はＳ状結腸と直腸の移行部で消える。結腸紐は結腸の全長より短いので、結腸に袋状のたるみをつくることになる。

回腸から盲腸に送られる内容物は、小腸においてかなりの水が吸収されているものの、液状のままである。そのため、大腸では、半個体状の糞便になるまで水分の吸収を行う。また同時に、無機塩、ビタミンなどは大腸から吸収されて毛細血管に入る。

大腸にはさまざまな細菌が生息していて、腸の内容物のいくつかの成分をさらに分解している。このような大腸の細菌類は腸内細菌と呼ばれ、ビタミンＢ群やビタミンＫなどを産生しているものがある。

g　直腸

直腸は大腸の終わりのＳ状結腸に続く部分で、最後は肛門へと続いている。糞便は下行結腸に留まっているため、直腸は通常、空になっている。下行結腸においていっぱいになった糞便が**総蠕動**によって直腸に送られてくると便意が起こる。横行結腸からＳ状結腸に急激に強い蠕動が発生するのが特徴である。これを**胃結腸反射**という。この際に起こる強い蠕動運動によりＳ状結腸の内容物は直腸に送られるが、この蠕動を特に総蠕動という。

肛門は消化管の最後に位置する開口部で、体から便を排泄する部位である。肛門は、腸の組織と皮膚などの体表組織とでできていて、肛門を覆っている皮膚は体の外側の皮膚とつながっている。肛門には**肛門括約筋**があり、排便のとき以外は収縮しているため、肛門は閉じている。

B　消化腺系

a　膵臓

膵臓は、重さが約 60 g の淡い灰色をした、長さが 12 ～ 15 cm、厚さが約 2 cm の細長い形をした消化腺である。この臓器は、第一、第二腰椎の前方に横たわるようにして位置するため、腹面のみが腹膜に覆われ、後面は腹腔後壁に接着している（図 3-20）。

膵臓は消化酵素を産生する腺房組織とホルモンを産生する膵島組織の 2 種類の組織で構成されている。膵臓が産生する消化酵素は十二指腸へ、ホルモンは血液中へ、それぞれ分泌される。膵島組織は膵臓実質組織中に島のように散在する内分泌細胞群によって形成され、これをランゲルハンス島（膵島ともいう）という。**ランゲルハンス島**は、**A 細胞**（α 細胞）、**B 細胞**（β 細胞）、**D 細胞**（δ 細胞）の 3 種の細胞に分類される。これらのうち、B 細胞がもっとも多く、ランゲルハンス島細胞の 60 ～ 80％を占めている。このなかには特殊な分泌顆粒があり、**インスリン**が含まれている。A 細胞は大型で、数が少なく、膵島細胞の 15 ～ 20％

図 3-20　膵臓・肝臓の構造と総胆管・膵管の開口部

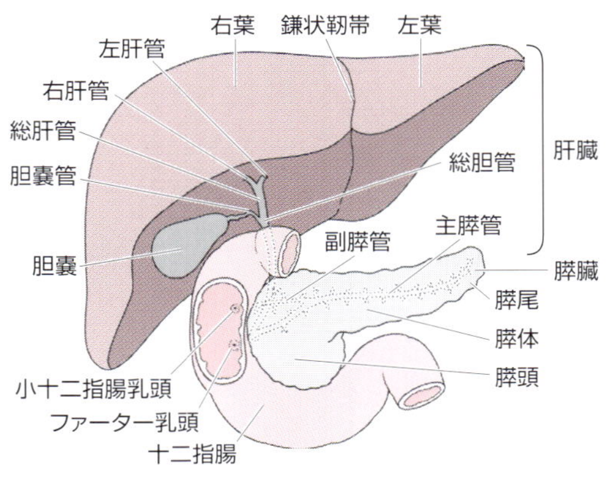

を占める。このなかにも分泌顆粒があり、そこには**グルカゴン**が含まれている。D細胞はもっとも少なく（10～20%）、小型な細胞であり、この細胞の顆粒中には**ソマトスタチン**が含まれている。

アミラーゼ、リパーゼ、トリプシン（各ホルモンの作用については「8.5　ホルモン」参照）などの消化酵素は腺房組織の細胞から分泌され、細い管を通って膵管に流れ込んでいる。膵管は総胆管と合流し、すぐに十二指腸へ開口する。また膵臓は、大量の炭酸水素ナトリウムを分泌して、胃から流れてくる胃酸を中和することで十二指腸粘膜を保護している。

b　肝臓

肝臓は横隔膜下面の横隔膜円蓋にはまり込んでいる。扁平な形をし、横隔面が丸く凸レンズ形で、臓側面は上方にくぼんでいる暗赤褐色をした臓器である。実質は柔らかく、大部分が右寄りに位置し、右後部が厚く、前下方に向かって薄くなる。肝臓の重さは成人男子で1,000～1,300 g、成人女子で900～1,000 gである。

肝臓は、厚くて大きい**右葉**と、薄くて小さい**左葉**に区分されるが、その境界は、上面、下面ともにややへこんでいる。右葉は左葉の4～5倍の大きさである。肝臓は腹腔中で、その大部分が腹膜に覆われており、後部の一部が直接、横隔膜と接触し、下大静脈と食道下端にも接している（図3-20）。

肝臓は多種多様な働きを担っているが、その働きを支えているのは肝臓の特殊な循環系である。胃、腸、脾臓からの静脈血は門脈に集まり、肝臓に入る。この静脈血は、消化管で吸収した栄養物質を肝臓に送り、糖分供給の役割を果たしている。

肝臓は、**肝小葉**と呼ばれる肝細胞の集合体が構造単位となっている。肝小葉は**中心静脈**と呼ばれる細い静脈を中心軸にして、その周囲に肝細胞列（肝細胞索）が放射状に配列し、立体的には多角柱状をなしている。多数の肝小葉は、小葉間結合組織で互いに結合され、肝臓を形成している（図3-3）。

肝臓は、体内のコレステロールのおよそ半量を産生している。残りの半量は食べ物から摂取される。肝臓でつくられるコレステロールの約80%が胆汁の合成に使われる。肝細胞からは胆汁が分泌されているが、空腹時には総胆管につながった胆嚢で一時的に蓄えられる。胆嚢に蓄えられた胆汁は、胆嚢管を通り、総胆管に入り、そして膵臓からの膵管と合流して十二指腸に分泌される。

c　胆嚢

胆嚢は、肝臓の下面のくぼみに収まる小さなナスのような袋状の器官で、その大きさは長さが約7 cm、幅が約4 cm、容積が50～60 mlである（図3-20）。胆嚢は体、底、頸という3つ部位からなり、広い底部は丸く盲端となって前下方に向いている。底縁は第九～第十肋軟骨の下方で肝臓前縁から1～1.5 cm突出して前腹壁に接する。底部の後方は胆嚢中央部の体部で、これから頸部が続き、その上端から起こる胆嚢管（長さ約3 cm）は、肝門で急に屈曲し、肝臓からくる総肝管（長さ7～8 cm）と合流して総胆管となる。食事中以外は、胆汁は胆嚢で一時的に貯蔵されていて、わずかな量しか小腸に流れ込んでいない。食物が十二指腸に入ると、胆嚢の収縮が起こり、胆汁が十二指腸へ流れ込む。1日に600～1,200 mlの**胆汁**が排出している。

胆汁に含まれる**胆汁酸塩**は、コレステロール、脂質、脂溶性ビタミンの溶解性を高め、吸収しやすくする。また胆汁酸塩は、大腸の内容物が通過しやすいように大腸で水分の分泌を促す。破壊された赤血球の代謝産物で、胆汁の主な色素になるビリルビンは、胆汁中へ排泄される。薬などが代謝された後にできる代謝産物は胆汁中へ排出され、その後、体外へ排泄される。

3.2.7　泌尿器系

ヒトには、左右一対の腎臓がある。泌尿器系には腎臓、尿管、膀胱、尿道が含まれる。尿は2つの腎臓で休みなくつくられ、弱い圧力のもとで、尿管を通って膀胱へ流れ込む。そして膀胱から尿道を通り、男性では陰茎、女性では外陰部を経て体外へ排出される。

A　腎臓

ヒトの**腎臓**はソラマメの種子のような形をした赤褐色の臓器で、背柱の両側、横隔膜の下に左右一対ある。身体の右側には肝臓があるため、第十一胸椎から第三腰椎位で肝臓により圧迫されることから右腎のほうが左腎よりやや低い位置にある（図 3-21）。腎臓の重さは約 150 g、その大きさは長さが約 12 cm、幅が約 6 cm、厚さが約 3 cm である。中央内側の部分がくぼんでおり、これを**腎門**という。ここには腎動脈、腎静脈、尿管、神経、リンパ管などが集まっている。腎臓の上部には内分泌腺の副腎が位置する。

組織学的には、**ネフロン**と呼ばれる機能単位からなり、左右の腎臓にそれぞれ約 120 万個のネフロンがある。ネフロンは**糸球体**、**ボーマン嚢**、**尿細管**から構成されている（図 3-21）。それぞれの腎臓には、大動脈から枝分かれした腎動脈を通じて血液が流れ込む。血液は、この腎動脈から徐々に細くなり、もっとも細い細動脈に入り、糸球体へ至る。糸球体は毛細血管網が小さな球状になった構造体で、糸球体に入った血液は別の細動脈を通って出ていき、細静脈に入る。細静脈が集まって最終的に 1 本の太い腎静脈を形成し、血液を腎臓の外へ運び出している

ネフロンは、血液を濾過して尿を生成する組織である。ボーマン嚢から濾過された原尿は、集合管に達するまでに再吸収などが行われ尿になる。尿細管は、**近位尿細管**、**ヘンレ係蹄**、**遠位尿細管**という連続した 3 つの部分で構成されている（図 3-21）。

腎臓は、外側の**皮質**と内側の**髄質**で構成されていて、糸球体全体は皮質のなかにある。それに対して、尿細管は皮質と髄質にまたがっている。尿は集合管から、**腎杯**と呼ばれるコップのような形をした組織に流れ込む。1 つの腎臓に複数の腎杯があり、その全部が**腎盂**と呼ばれる中央の空洞部に尿を排出する。そして腎臓の腎盂を経て、尿は尿管に入る。

腎臓の主な機能は、血液を濾過し、老廃物や過剰な水分および電解質（ナトリウム、カリウム、塩化物、重炭酸などのイオンやグルコース）を排出することであるが、そのほかにさまざまな薬物が腎臓から排出される。

血液中の液体部分の大半は糸球体の小さな孔を通って濾過されるが、タンパク質のような大きい分子と血球などは血液中に残る。濾過された液体は、ボーマン嚢の内腔に入った後、ボーマン嚢につながっている尿細管に入る。近位尿細管で、水分、電解質、グルコースなどの約 70％が再吸収され、最終的に血液中に戻される。ヘンレ係蹄で水分と電解質が細胞膜のポンプ機能で再吸収される（約 15％）。薄くなった液体は遠位尿細管でさらに水分と電解質が血液中に再吸収される（約 10％）。また、集合管においても残りのわずかな水分が再吸収される（約 5％）（水と電解質のバランス維持、血圧の調節、活性型ビタミン D に関しては「8.1.2　体液の恒常性維持」、「6.2.2B　ビタミン D」参照）。

B　尿管

尿管は長さが約 40 cm で、腎盂から始まり腎門を出て膀胱に至るまでの管をいう。長さ約 30

図 3-21　尿路の構造

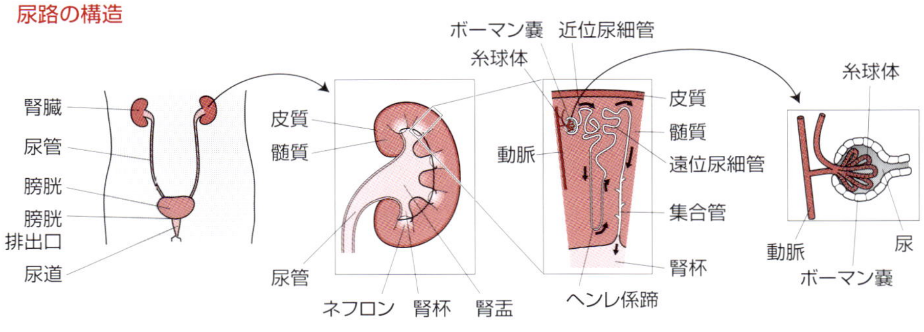

cm、直径 4 ～ 7 mm の平滑筋性の管で狭窄部が3 か所にある。そのため、そこで尿管結石が生じやすい。腎臓でつくられた尿は、尿管のゆるやかな蠕動によって、少しずつ膀胱に送られる（図 3-21）。

C　膀胱

膀胱は尿管を通って流れてきた尿をとどめておく伸縮性のある筋肉でできた袋状の器官である（図 3-21）。その容量は約 500 ml である。膀胱は骨盤腔内で恥骨結合の後ろにあり、男性は直腸、女性は子宮と膣に接している。前上部の**膀胱尖**と後下部の**膀胱底**と中間部の**膀胱体**の 3 つに区分されている。膀胱底部の後方左右には尿管が開き（尿管口）、前方正中部からは尿道が出ている（内尿道口）。膀胱は尿量に応じて徐々に膨張し、いっぱいになると排尿が起こる。膀胱の出口は尿道につながっていて、出口にある括約筋が開くと、尿は膀胱から流れ出ていく。同時に膀胱壁が自動的に収縮し、その圧力によって尿は尿道中を下方へ押し出されていく。

D　尿道

尿道は、尿を膀胱から体の外に排出する管で、その長さは男性で約 20 cm、女性で約 4 cm である（図 3-21）。男性では尿管が陰茎の先端部で終わっている。それに対して女性では外陰部で終わっている。

第4章 細胞増殖と細胞死

準備教育モデル・コアカリキュラム

2 生命現象の科学	到達目標	SBOコード
(2) 生命の最小単位ー細胞		
【細胞周期】	細胞分裂の過程を図示し、説明できる。	2(2)-3-1
	細胞周期の各過程、周期の調節を概説できる。	2(2)-3-2

薬学準備教育ガイドライン

(5) 薬学の基礎としての生物	到達目標	SBOコード
【細胞分裂・遺伝・進化】	細胞の増殖、死について概説できる。	F(5)-4-1

医学教育モデル・コアカリキュラム

B 医学一般	到達目標	SBOコード
1 個体の構成と機能		
(1) 細胞の基本構造と機能		
【細胞の増殖】	細胞分裂について説明できる。	B1(1)-4-1
	細胞周期の各期とその調節を概説できる。	B1(1)-4-2
D 全身におよぶ生理的変化、病態、診断、治療	**到達目標**	**SBOコード**
2 腫瘍		
(1) 病理・病態		
	腫瘍の定義を説明できる。	D2(1)-1
	良性腫瘍と悪性腫瘍の違いを説明できる。	D2(1)-3
	上皮性腫瘍と非上皮性腫瘍の違いを説明できる。	D2(1)-4
	腫瘍と染色体異常の関係を概説できる。	D2(1)-6
(2) 発生病因・疫学・予防		
	腫瘍発生にかかわる遺伝的要因と外的因子を概説できる。	D2(2)-1
	癌に関連する遺伝子（癌遺伝子と癌抑制遺伝子）の変化を概説できる。	D2(2)-2

歯学教育モデル・コアカリキュラム

D 生命科学	到達目標	SBOコード
D-1 生命の分子的基盤		
D-1-3 細胞の構造と機能	細胞周期と細胞分裂を説明できる。	D-1-3-4
	細胞死の基本的機序を説明できる。	D-1-3-5
D-4 病因と病態		
D-4-5 腫瘍	腫瘍の定義を説明できる。	D-4-5-1
	腫瘍の組織発生を説明できる。	D-4-5-2
	良性腫瘍と悪性腫瘍の異同を説明できる。	D-4-5-5

薬学教育モデル・コアカリキュラム

C　薬学専門教育	到達目標	SBOコード
C8　生命体の成り立ち		
(2) 生命体の基本単位としての細胞		
【細胞の分裂と死】	体細胞分裂の機構について説明できる。	C8(2)-4-1
	アポトーシスとネクローシスについて説明できる。	C8(2)-4-3
	正常細胞と癌細胞の違いを対比して説明できる。	C8(2)-4-4
C9　生命をミクロに理解する		
(2) 生命情報を担う遺伝子		
【遺伝情報を担う分子】	染色体の構造を説明できる。	C9(2)-2-4

ヒトは、卵管膨大部で受精した1個の受精卵が子宮に着床して分裂をくり返し、分化・増殖して誕生する。そして、成人に至るまで、からだを形成するためにさまざまな組織・器官の細胞が分化・増殖を続ける。その結果、成人のからだは60兆個におよぶ膨大な細胞をもつこととなる。しかし、成人に至っても皮膚や血液をはじめとするさまざまな細胞・組織を維持するために、幹細胞から細胞分裂した細胞が分化して常に新しい細胞を供給しつづけている。また、子孫を残すために減数分裂によって生殖細胞（卵子や精子）を形成する必要がある。

4.1　染色体

真核生物の細胞核内にあって有糸分裂の際に出現し、塩基性色素によって濃く染まる構造体を**染色体**という。染色体の内部には遺伝物質のDNAが局在している。染色体は核分裂期に凝縮した構造体として光学顕微鏡で観察できるが、それ以外の時期には分散し、**クロマチン**（**染色質**）として存在するので観察できない。

1個の体細胞に含まれる染色体の数と形態を**核型**という。核型は生物の種に固有である（図4-1）。体細胞の染色体数は2の倍数で、同形同大の同じ構造をもつものを2本ずつ含む。このように対になっている染色体は**相同染色体**と呼ばれる。各染色体は雌雄の配偶子に由来する。配偶子の受精によって有性生殖を行う生物の状態を染色体数の構成で表現するとき、核相は**複相**（二倍体、$2n$と表す）であるという。生殖細胞の核相は**単相**（一倍体、nと表す）である。すべての常染色体が二倍体のとき、その個体を**二倍体**と呼ぶ。

図4-1　ヒト染色体の核型

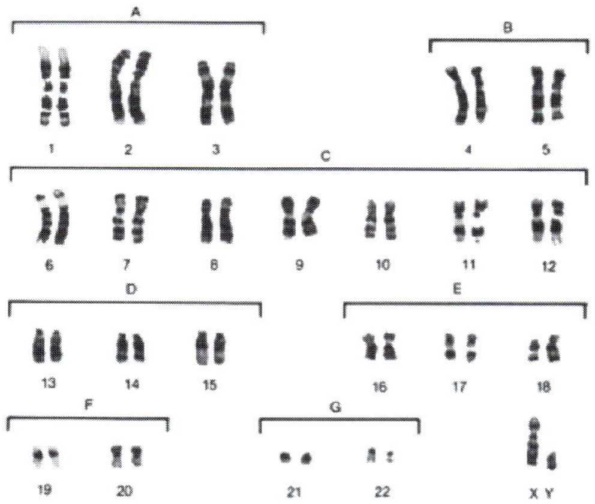

分裂期中期に現れた染色体を写真撮影し、分類したもの。22対の常染色体と2本の性染色体（男性）からなる。染色体はA-Gのグループに分けられる。
DNAstructure analysis: http://focosi.immunesig.org/DNAstructureanalysis.html

ヒトの染色体数は46本であるが、このうち男女で異なる1対の染色体が**性染色体**で、性決定にかかわる。男性と女性の双方に存在する同型の性染色体を**X染色体**、男性にのみ存在する異型の性染色体を**Y染色体**という。女性ではその組み合わせがXX、男性ではXYとなる。性染色体以外の染色体が**常染色体**で、ヒトでは44本（22対）存在する。

細胞分裂の前期から中期にかけて染色体がそれ

らの長軸に沿って縦列する。この2つに分かれたそれぞれを**染色分体**といい、2本の染色分体の各々を**姉妹染色分体**という。姉妹染色分体は中央部で接着しており、この部分を**セントロメア**（**動原体**）といい、染色体の両端の部分を**テロメア**という。また、染色体はセントロメアからテロメアまでの距離が短いほうを**短腕**（p で表す）、長いほうを**長腕**（q で表す）と呼ぶ。染色体を適切な方法で染色すると縞模様が観察される。この縞模様を指標として各染色体の動原体の位置を基点に、染色体の末端に向かって番号をつけ、染色体上の位置を表記する（図 4-2）。たとえば、MHC 遺伝子の染色体での位置は、第六染色体の短腕部の 21.3 にあることから、6p21.3 と表記する。

染色体の基本的な構成要素は DNA と**ヒストンタンパク質**である。この1本の染色体に含まれる DNA は1本で、その長さは染色体ごとに異なっている。いちばん長い第1染色体で約 9.5 cm、いちばん短い第 22 染色体で約 1.5 cm でいずれも核のサイズより長い。核内に格納するためには、折りたたんでコンパクトにする必要がある。そのために DNA はヒストンと呼ばれるタンパク質に巻きついて存在する（「2.1.2 A b　クロマチン」参照）。

図 4-2　染色体の分類と記載方法

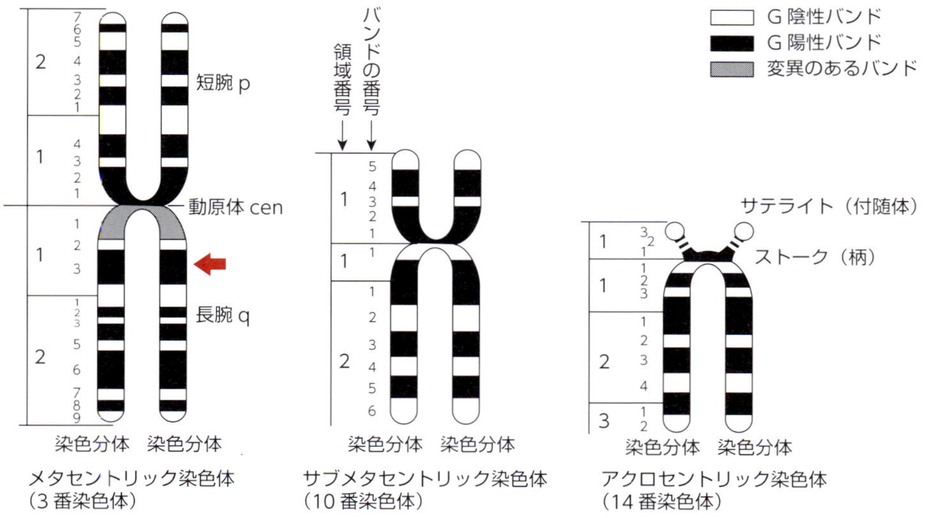

染色分体；染色体を構成する、遺伝的に同等な2本の凝縮したクロマチン。
左：メタセントリック（中部動原体型）染色体：短腕と長腕の長さがほぼ等しい染色体。
中：サブメタセントリック（次中部動原体型）染色体：短腕と長腕の長さが異なる染色体。
右：アクロセントリック（端部動原体型）染色体：短腕が非常に短い染色体。バンドの記載方法：安定して出現するバンドを指標とする。領域番号をつけ、さらに細かくバンド番号を記す。たとえば3番染色体の長腕の第一領域にある3番目のバンド（⬅）は、3q13 と標記する。

4.2　細胞周期とその調節

細胞分裂が完了した細胞は、DNA 合成準備期（G_1 期）、DNA 合成期（**S 期**）、分裂準備期（**G_2 期**）を経て、再び細胞分裂期（**M 期**）に入る。この周期性を**細胞周期**という（図 4-3）。なお、G は gap（ギャップ）、S は synthesis（合成）、M は mitosis（有糸分裂）の頭文字に由来する。これら4つの位相以外に、G_1 期（G_2 期の場合もある）の途中から細胞周期を離脱して増殖を停止した状態を **G_0 期**（**静止期**）という。

細胞周期の分子制御機構は、細胞周期エンジン

図 4-3　細胞周期と制御機構

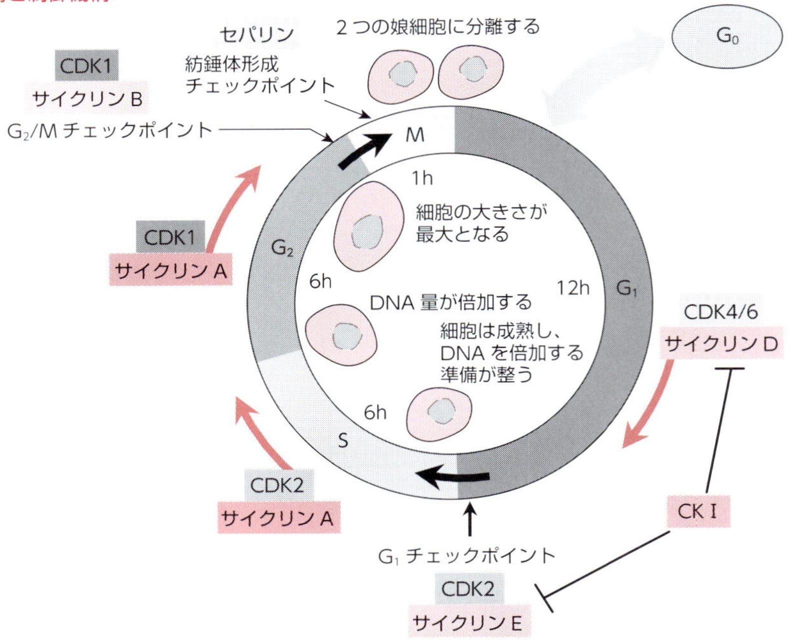

細胞分裂が終わった娘細胞は、再び母細胞となって G_1 期→ S 期→ G_2 期→ M 期の 4 つの位相を進み、新しい娘細胞に分裂する。この周期性を細胞周期という。細胞周期は、CDK、サイクリン、CKI の組み合わせとバランスによって各位相内の進行が制御されている。また、3 か所のチェックポイントによって次の位相への移行が制御されている。

とチェックポイントから構成されている。細胞周期エンジンは細胞周期の進行制御の中核をなし、**サイクリン依存性キナーゼ**（CDK；cyclin-dependent kinase）、**サイクリン**、および **CDK 阻害因子**（CKI、CDK inhibitor）から構成される。これに対して、チェックポイントは、異常事態に対応する負のフィードバック機構であり、ゲノム DNA の複製と染色体の分配の順序と正確さを保証している。

G_1 期の通過は**サイクリン D-CDK4**（あるいは CDK6）複合体、G_1 期から S 期への移行は、**サイクリン E-CDK2** 複合体によって、それぞれ制御されている。一方、S 期の進行は**サイクリン A-CDK2** 複合体、G_2 期の進行は**サイクリン A-CDK1** 複合体、G_2 期から M 期への移行は**サイクリン B-CDK** 複合体によって、それぞれ制御されている。また、CDK を阻害する CDK 阻害因子が存在する。CDK はタンパク質をリン酸化する酵素で細胞周期進行の原動力となり、サイクリンはそれを促進するのに対して、CKI は進行を抑制する。CKI は G_1 期の進行と S 期への移行を抑制している（図 4-3）。

4.2.1　細胞周期の制御

細胞周期の進行は、3 か所のチェックポイントにおいて監視されている。すなわち、栄養や増殖因子が存在するか、DNA 修復が完了しているかを監視する **G_1 チェックポイント**、DNA 複製が完了したか、DNA 損傷の修復が完了しているか、染色体が分配できる状態にあるかを監視する **G_2/M チェックポイント**、紡錘体形成が完了したかを監視する**紡錘体形成チェックポイント**である。これらのチェックポイントにおいても CDK とサイクリンから構成される複合体が重要な役割を演じている（図 4-3）。

A　G_1 チェックポイント

サイクリン D が合成されて CDK4 と結合した複合体は、CDK 活性化キナーゼ（CAK）によっ

図 4-4　G_1 期から S 期への移行を制御するメカニズム

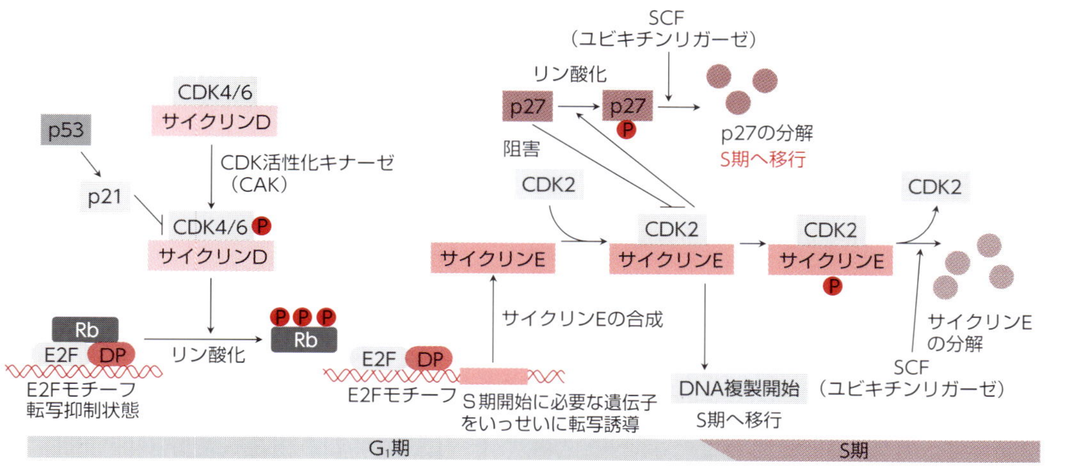

→：活性化、⊣：抑制
SCF：Skp-Cullin-F box タンパク質複合体

てリン酸化を受け活性化する。リン酸化されたサイクリン D-CDK4 複合体は、続いて **Rb** タンパク質をリン酸化し、Rb に結合していた転写因子の E2F を遊離させる。遊離された E2F は、S 期への進行に関与するサイクリン E や DNA ポリメラーゼなどの DNA 複製に関係する遺伝子の発現を誘導する。サイクリン E は CDK2 と結合して CKI の一種である p27 をリン酸化して、その分解を促進する。この **p27** の阻害解除によって細胞周期は S 期へ進行する（図 4-4）。S 期に入ると、サイクリン E はユビキチン化され、プロテアソームで分解される。

DNA 損傷や DNA 複製の阻害がある場合、センサーによって感知され、核に存在する ATR/ATM と呼ばれるタンパク質キナーゼの活性化が誘導される。活性化された ATM や Chk1/Chk2 は p53 をリン酸化する。これにより、p53 が DNA に結合し、p21 の発現を誘導する。この **p21** が**サイクリン E-CDK2** 複合体を阻害して S 期への移行を抑制する（図 4-5）。また、DNA 損傷がひどい場合、p53 は細胞のアポトーシスを誘導する。

B　G_2/M チェックポイント

サイクリン B と CDK1（CDC2）の複合体は **M 期促進因子**（**MPF**；mitosis promoting factor）

図 4-5　G_1、G_2/M チェックポイントにおける制御機構

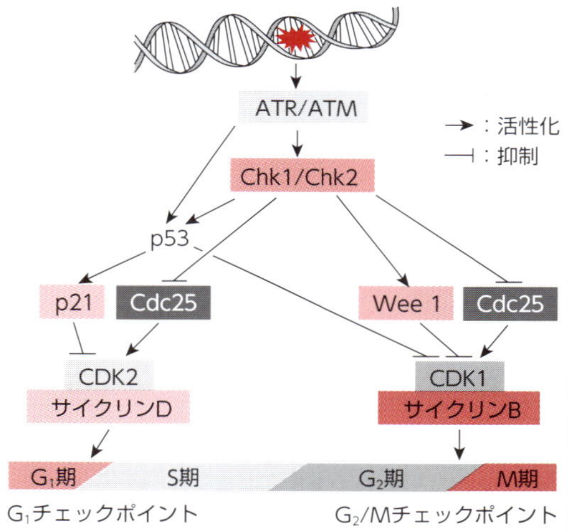

と呼ばれ、S 期の完了と同時に活性化されて、細胞分裂の準備、開始、および進行に重要な役割を果たしている。サイクリン B が S 期で合成され、MPF が形成されるとき、CDK1 は脱リン酸化されているため、MPF は不活性である。G_2 期に入ると、CDK1 は 3 種のキナーゼでリン酸化される。このリン酸化型 CDK1 も不活性である。サイクリン B-CDK1 複合体は G_2 期には主として細胞質に存在し、G_2 期終了時に核に移行する。

次に、**Cdc25**（タンパク質チロシンホスファターゼ）が CDK1 を脱リン酸化すると、MPF は

図 4-6　G_2 期から M 期への移行を制御するメカニズム

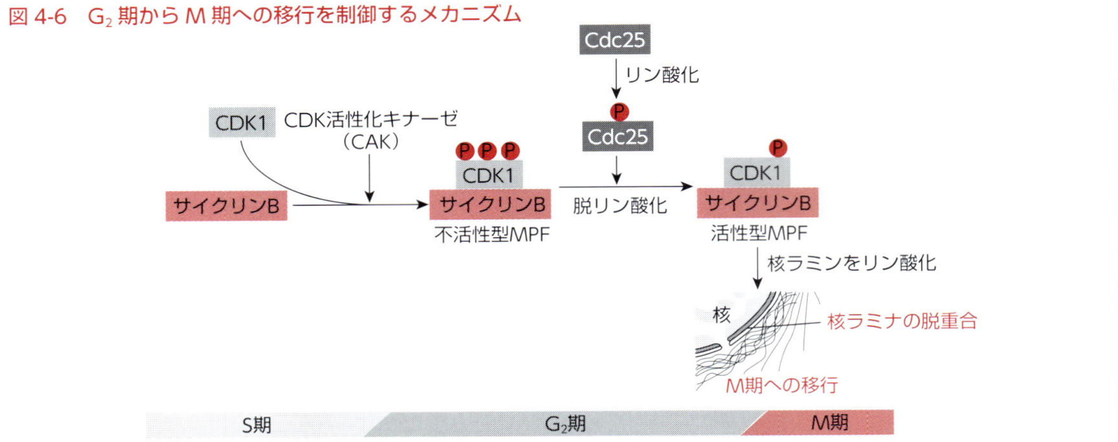

活性型に変換される。MPF は核膜の内側を覆っている**核ラミン**をリン酸化して脱重合させ、核膜の崩壊を導く。これにより、細胞周期は M 期へ移行する（図 4-6）。

DNA に損傷や複製の阻害がある場合、ATR/ATM が Chk1/Chk2 を活性化する。これらが Cdc25 をリン酸化してその脱リン酸化活性を阻害する。あるいは、Cdc25 を核から排除する。結果として、サイクリン B-CDK1 の活性化ができなくなる。一方，Chk1/Chk2 は Wee 1 をリン酸化して活性を亢進し、サイクリン B-CDK1 の活性化が抑制される。また、**p53** は Cdc25 に結合して Cdc25 の核からの排出を誘導し、細胞周期を G_2 期で停止させる（図 4-5）。

C　紡錘体形成チェックポイント

この段階では、細胞の両極から伸びる紡錘糸が、それぞれの染色分体のキネトコア（セントロメアの一部）に結合する。紡錘体形成チェックポイントは、細胞分裂中期において染色体上のキネトコアに両極の紡錘糸が結合できているか否かをチェックする。

キネトコアのキネシン様タンパク質の CENP-E が異常を感知すると、この異常を Bub1-Bub3 複合体が Mad2 に伝達する。すると、Mad2 は、Cdc20 と結合し、ユビキチンリガーゼの **APC/C**（anaphase promoting complex/cyclosome）活性化を抑制する。それによって、**セキュリン**タンパク質の分解と**サイクリン B** の分解の両方を抑制し、

図 4-7　紡錘体形成チェックポイントにおける制御機構

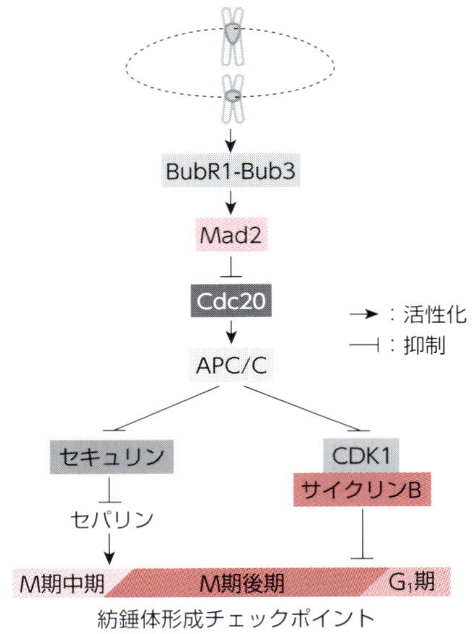

染色体の分離を阻害して、細胞分裂を中期で停止させる。

分裂後期の染色分体の移動に際しては、APC/C が Cdc20 と結合して活性化することが必要となる。紡錘体が正しく形成されると、Cdc20 が阻害タンパク質の Mad2 との結合から外れて APC/C と結合する。これによって APC/C が活性化され、セキュリンをユビキチン化する。その結果、セキュリンはプロテアソームにおいて分解され、遊離した**セパリン**が、**コヒーシン**を分解する。これにより、染色分体は紡錘体極へと移動が可能となる（図 4-7）。

4.3 体細胞分裂

単細胞生物での細胞分裂は個体の増殖を意味する。これに対して、多細胞生物での細胞分裂は個体を形成することと、精子や卵子といった生殖細胞を形成することの2つを意味している。細胞分裂は、1つの母細胞が2つの同じ大きさの娘細胞に分かれる現象をいう。この細胞分裂には体細胞分裂と減数分裂がある。**体細胞分裂**では、**二倍体**（細胞核が父親と母親に由来する染色体をそれぞれ1つずつ、1対もっている状態）の細胞から2つの二倍体の**娘細胞**が生じる。一方、**減数分裂**では二倍体の細胞から**一倍体**（半数体）の細胞が生じる（減数分裂については「5.2.1　減数分裂」参照）。すなわち、体細胞分裂では染色体数が変化しないが、減数分裂では半減する。いずれの分裂も紡錘糸の働きによる**有糸分裂**である。一般的に真核細胞では、細胞分裂に先立って細胞のDNAが複製される。また細胞質も2倍の大きさになる。複製などの準備が整うと核分裂が起こり、**姉妹染色分体**が娘細胞に分配される。これに引き続き、細胞質分裂が起こり、細胞分裂が完了する。体細胞分裂と減数分裂を比較して、その特徴をまとめると表4-1のようになる。

体細胞分裂は、生物体を構成する1つの母細胞から母細胞と同じ染色体（遺伝情報）をもつ2つの娘細胞に分裂する分裂様式をいい、**核分裂**と**細胞質分裂**という2つの過程から構成される。核分裂の過程は、染色質が凝集して染色体となり核膜がみえなくなる**前期**、染色体が細胞の中央部に集まってくる**前中期**、染色体が赤道面に配列する**中期**、染色体が両極に移動する**後期**、それと両極で染色体が休止核に戻る**終期**に分けられる（図4-8）。なお、前期と前中期を分けないで、まとめて前期とする場合がある。

表 4-1　体細胞分裂と減数分裂の比較

	体細胞分裂	減数分裂
目的	体細胞の増殖	生殖細胞（卵子・精子）の形成
分裂回数	1	2
娘細胞の個数	2	4
娘細胞の染色体数	母細胞と同じ（$2n \to 2n$）	母細胞から半減（$2n \to n$）
娘細胞の染色体の構成	母細胞と同じ	生殖細胞ごとに異なる

図 4-8　細胞分裂

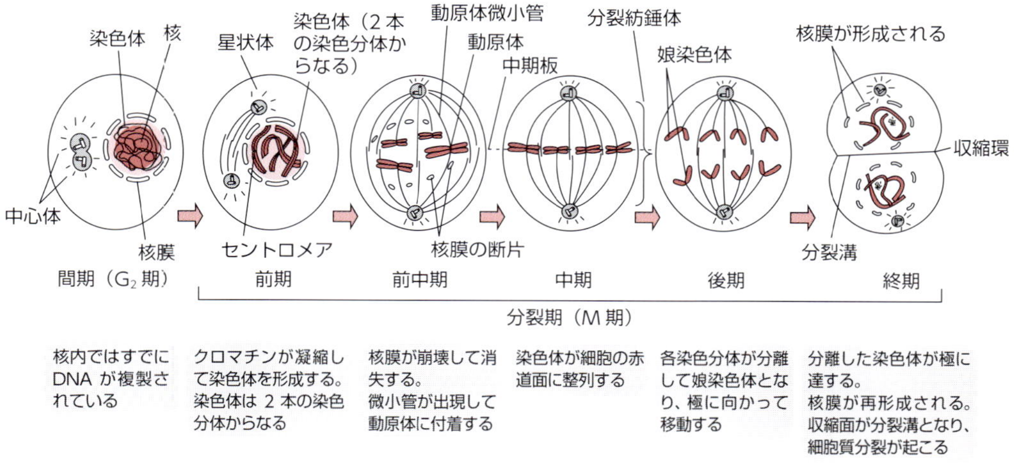

分裂期は時間の経過に沿って前期、前中期、中期、後期、終期の5段階に分類される。体細胞分裂では1個の細胞が2個の娘細胞に分かれる。セントロメアは、紡錘糸が付着する細くくびれた部分で、ここで対をなす染色体が互いに付着する。染色体と動原体微小管とをつなぐ構造体は多種類のタンパク質から構成されている。

A　前期

前期になると、クロマチンの糸が凝縮しはじめ、太くて短いコイル状の染色体になる。それぞれの染色体はS期に複製されていて、姉妹染色分体と呼ばれる同じ遺伝情報をもつ2本の染色分体からなっている。対となった姉妹染色分体は**コヒーシン**と呼ばれるタンパク質複合体によって接着して結びついている。

長く伸びていた微小管が多数の短い微小管になる。また、G_1/S期に自己複製された2つの中心体がモータータンパク質のキネシンによって両極に離れはじめる。そして、ゴルジ装置の構造が崩れはじめる。

B　前中期

核小体は完全にみえなくなり、核小体物質が核内に分散する。また、核膜の二重構造が消失する。中心体が両極に到達し、中心体周囲の微小管からなる放射状の糸状構造をした**星状体**が発達しはじめる。2つの中心体から微小管でできた**紡錘糸**が伸びて染色体のセントロメア上に形成された**キネトコア**に結合し、**紡錘体**が形成される（図4-9）。そして、2つの星状体は両極に向かって移動を開始する。紡錘糸の微小管は星状体が離れるに従って、チューブリンが重合して伸びる。その結果、染色体のセントロメアが赤道面に配列した状態となり、中期に移行する。

C　中期

この時期の染色体は分裂各期を通じてもっとも太くて短く凝縮し、染色分体が明瞭になる。光学顕微鏡による染色体数や形態の分析にもっとも適した時期である。また、この時期に微小管の構造がはっきりしてくる。

D　後期

分裂後期に入ると、姉妹染色分体間を接着していたコヒーシンが分解され、接着が解除される。そして、紡錘糸を構成するチューブリンが脱重合することで次第に短くなり、各染色分体が両極に向けて移動する。

E　終期

両極に到達した染色体は、コイルが解けて脱凝縮し、クロマチンに戻る。前期に消失していた核膜、核小体、およびゴルジ装置が再形成される。細胞の赤道付近で収縮環と呼ばれるくびれが入りはじめる。

図4-9　セントロメアの構造

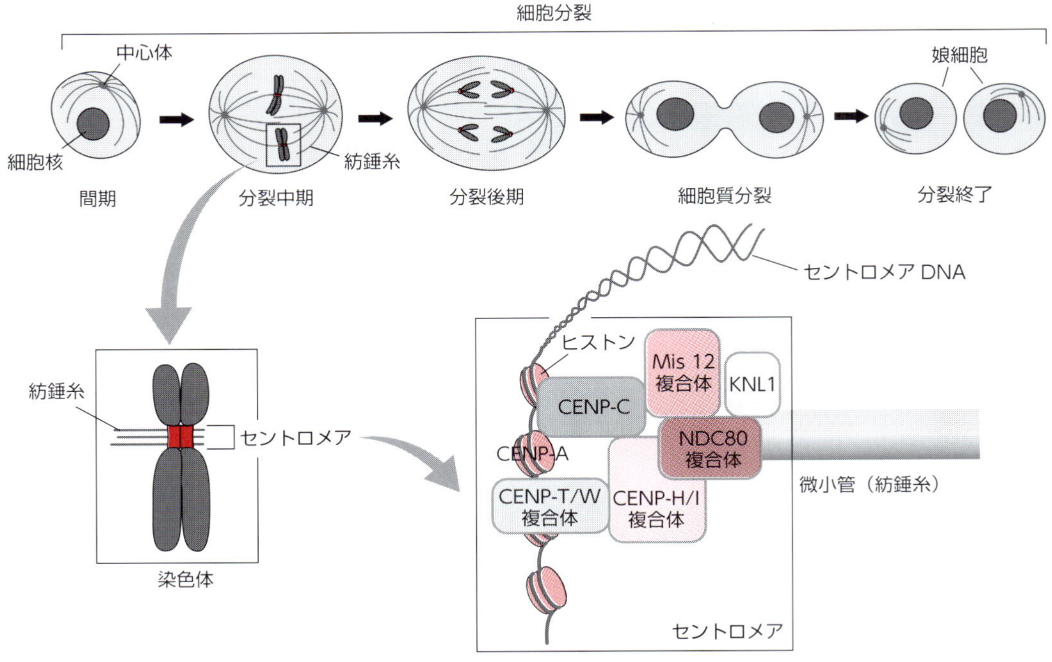

F　細胞質分裂期

収縮環はアクチンやミオシンというタンパク質でできたミクロフィラメントからなる。収縮環が収縮してくびれが深くなり、細胞を 2 つの娘細胞に分ける。

4.4　癌細胞の増殖

4.4.1　癌の定義と分類

腫瘍とは、自律性をもった過剰な新生細胞群とそれを支持する組織とからなる。新生細胞とは、不可逆的に遺伝子変異を生じたことにより発生した異常な細胞をいう。腫瘍は一般的に塊を形成するが、白血病のように血液中で増殖したり、臓器にびまん性に浸潤したりして腫瘍の塊を形成しないこともある。腫瘍は良性腫瘍と悪性腫瘍に大別される（表 4-2）。**良性腫瘍**は一定の大きさになると成長が止まり、ほとんどが浸潤性の増殖をせず、転移もきたさない。そのため、手術により完全に切除されれば再発することがほとんどない。これに対して、**悪性腫瘍**は異型性が強く、周囲組織に浸潤し、転移をきたし、宿主を死に至らしめる（図 4-10）。悪性腫瘍は**上皮性悪性腫瘍**と**非上皮性悪性腫瘍**に大別され、前者を**癌**《がん》（**癌腫**ともいう）、後者を**肉腫**という（表 4-3）。しかし、癌は非上皮性悪性腫瘍（肉腫）も含めた悪性腫瘍全体の意味として用いられることが多い。もし、癌を狭義の上皮性悪性腫瘍に限定して用いている場合には癌腫という用語を使用する。癌には皮膚癌、肺癌、大腸癌、胃癌、乳癌、前立腺癌などがあり、一般に若年者より高齢者に多発する。また癌は組織学

表 4-2　良性腫瘍と悪性腫瘍の相違

	良性腫瘍	悪性腫瘍
発育速度	遅い	速い
増殖態度	膨張性	浸潤性
境界	被膜があり明瞭	不明瞭
再発	少ない	多い
転移	なし	あり
潰瘍形成	なし	あり
放射線感受性	低い	高い
細胞異型の程度	少ない	多い
核分裂像	少ない	多い

図 4-10　良性腫瘍と悪性腫瘍の相違

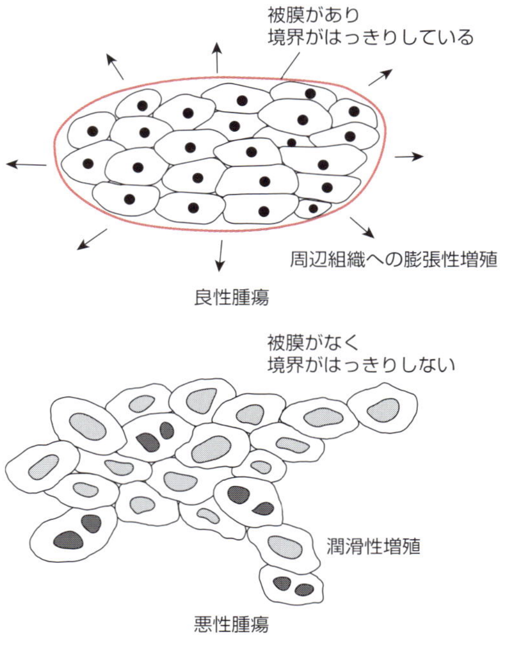

表 4-3　癌腫と肉腫の相違

	癌腫	肉腫
母組織	上皮性	間葉性
発生率	多い	少ない
好発年齢	高年齢に多い	全年齢層（若年者にも発症）
潰瘍形成	多い	比較的少ない
腫瘤の増殖	潰瘍型、分葉状浸潤性	初期膨隆性、血管性に富む
転移	リンパ行性（末期血行性）	通常血行性（全身的で早期に迅速）
悪性度、予後	悪い	より悪い

的に、腺癌、扁平上皮癌、移行上皮癌、未分化癌などに分類される。肉腫は上皮の内側にある**筋組織**や**結合組織**に発生する悪性腫瘍である。肉腫としては、平滑筋肉腫（消化器の壁にみられる平滑筋の癌）、骨肉腫などがあり、一般に高齢者よりも若年者に多発する。

癌は周囲の組織に**浸潤**していくこともあれば、リンパ液や血液の流れにのって離れた組織や器官に**転移**することもある（図 4-11）。リンパ系からの転移は癌腫でよくみられるが、肉腫では血液を経由して転移することが多い。癌組織には、血液や造血組織の病変（白血病やリンパ腫）と、かたまりを形成する固形腫瘍の 2 種類があり、後者のみに癌という言葉が使われることがある。癌腫と肉腫はいずれも固形腫瘍である。これに対して、白血病とリンパ腫は、血液と造血組織の癌で、かたまりをつくらず、ひとつひとつの癌細胞がバラバラのまま存在するのが特徴である。

4.4.2 癌の特徴

癌細胞の性状はその種類によって一様なものではなく、個々の癌によって表現形質が異なっている。しかし、癌にはいくつかの共通した特徴がある。癌は正常細胞が受けている増殖のコントロールから逸脱しており、**自律性増殖**する。正常細胞を癌ウイルスなどで処理すると、細胞は一定の時間経過を経て、**形質転換**を起こし、無限増殖を始めるようになる。このような細胞を**トランスフォーム細胞**といい、動物に腫瘍をつくることができる。これは**造腫瘍性**といわれ、癌細胞の特徴のひとつである。

細胞は、増殖因子がいくら存在したとしても、細胞外基質を足場として接着しなければ増殖ができない。この性質は、細胞増殖の**足場依存性**と呼ばれる。癌細胞がこのような増殖・生存の足場依存性を喪失した形質（**足場非依存性**という）をもつことは、癌細胞の一般的な特徴として古くから

図 4-11　癌細胞の増殖

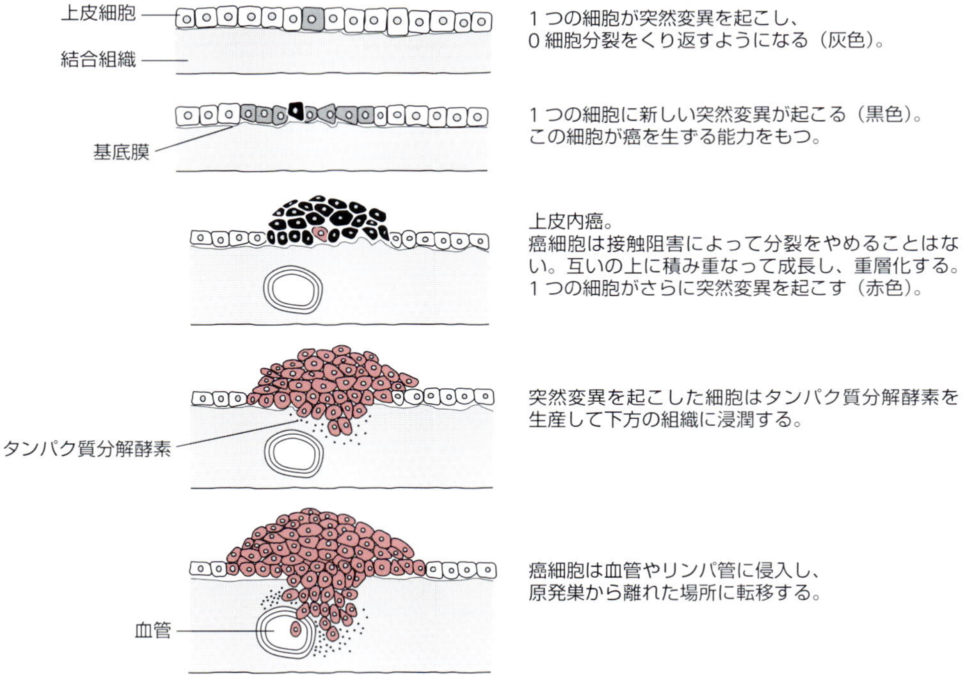

上皮細胞
結合組織
1 つの細胞が突然変異を起こし、
0 細胞分裂をくり返すようになる（灰色）。
基底膜
1 つの細胞に新しい突然変異が起こる（黒色）。
この細胞が癌を生ずる能力をもつ。
上皮内癌。
癌細胞は接触阻害によって分裂をやめることはない。互いの上に積み重なって成長し、重層化する。
1 つの細胞がさらに突然変異を起こす（赤色）。
タンパク質分解酵素
突然変異を起こした細胞はタンパク質分解酵素を生産して下方の組織に浸潤する。
血管
癌細胞は血管やリンパ管に侵入し、
原発巣から離れた場所に転移する。

癌の発生は、細胞の突然変異から始まる。新たな突然変異が起こり、癌が発生する。各段階では、もっとも遺伝的に変化し活動的な細胞が増殖をくり返す。

知られている。

正常細胞では、細胞増殖の**接触阻止**という現象が知られている。正常な細胞は密度が高くなり、隣接する細胞が互いに密着すると増殖が抑制される。それに対して、癌細胞では接触阻止が機能しないため、無秩序な細胞増殖をもたらす。

正常細胞では、特異的な機能をもった細胞形態を示すが、癌細胞では母細胞がもっていた分化した機能が脱落するため、この過程が障害される。このことを**脱分化**という。さらに、母細胞の分化型酵素に代わって、胎児期に一時的に発現する胎児型酵素が出現したり、別の型のアイソザイムが出現したりするなどの分化の乱れがみられる。

正常細胞は、ある一定回数分裂をくり返して、染色体末端のテロメアに存在するくり返し配列が消費されると、死滅するようにプログラムされている。しかし、癌細胞では、**テロメラーゼ**という酵素によって**テロメア**のくり返し配列が修復されるため、染色体構造が保持・安定化されるので細胞が**不死化**させる。

癌細胞は、コラゲナーゼなどのタンパク質分解酵素を分泌することが知られている。これによって癌細胞の浸潤や転移に関与していると考えられる。

免疫監視機構は、腫瘍抗原を異物として認識して、それが発現した癌細胞を破壊する。この破壊を担当している免疫担当細胞は **NK**（ナチュラルキラー）**細胞**と呼ばれ、この細胞よって癌細胞を定着する前に排除している。しかし、免疫監視機構がたとえ正常に働いているとしても、癌細胞が遺伝子の**ヘテロ接合性欠失**をおこすと、NK 細胞の攻撃から回避できるようになる。このため、免疫監視機構による破壊が困難になってしまう。また、エイズ感染者、免疫抑制薬の投与を受けている人、高齢者では、免疫監視機構が低下しているため、癌が進行しやすくなる。

腫瘍抗原には血液検査によって測定可能なものがあり、これらは**腫瘍マーカー**と呼ばれている。腫瘍マーカーは、癌の症状が現れていない段階でのスクリーニング検査に利用されたり、癌の診断や治療効果の評価に用いられたりしている（表 4-4）。

4.4.3　癌の原因

癌関連遺伝子

癌遺伝子と呼ばれている遺伝子は、正常細胞が秩序をもって増殖するためのものである。この遺伝子に点突然変異などが生じると、その秩序が失われるため、無秩序な細胞増殖を促進したり、細胞死を抑制したりする。このような遺伝子として、*sis*、*ras*、*src*、*myc* などがある（図 4-12、表 4-5）。癌抑制遺伝子は、癌遺伝子を抑制的に支配するもので、この遺伝子が変異すると抑制がきかなくなるため、細胞が無限に増殖するようになる。このような遺伝子には、*p53*、*RB*、*APC*、*WT* などが知られている（図 4-13、表 4-5）。*p53* や *RB*（retinoblastoma、網膜芽細胞腫）のような癌抑制遺伝子の産物には、細胞周期を G_1 期で止める働

表 4-4　代表的な腫瘍マーカーと悪性腫瘍

腫瘍マーカー名		上昇する主な悪性腫瘍
AFP	α-フェトプロテイン	肝細胞癌、肝芽腫、慢性肝炎、肝硬変、急性肝炎、胎児性癌、転移性肝癌
CA19-9	carbohydrate antigen 19-9	膵癌、胆道系癌
CEA	癌胎児性抗原	大腸癌、膵癌、胃癌、胆道癌、転移性肝癌、肺癌、その他（喫煙、加齢により上昇することがある）
NSE	神経特異エノラーゼ	肺小細胞癌、神経芽細胞腫
PIVKA-II	protein induced by vitamin K absence-2	肝細胞癌（肝硬変や慢性肝炎で上昇することがある）
PSA	前立腺特異抗原	前立腺癌、前立腺肥大症、前立腺炎
CA125	carbohydrate antigen 125	卵巣癌、膵癌、子宮頸癌
SCC	扁平上皮癌関連抗原	扁平上皮癌（子宮頸癌、肺癌、頭頸部癌、食道癌、皮膚癌）

図 4-12　癌遺伝子産物の機能と細胞局在

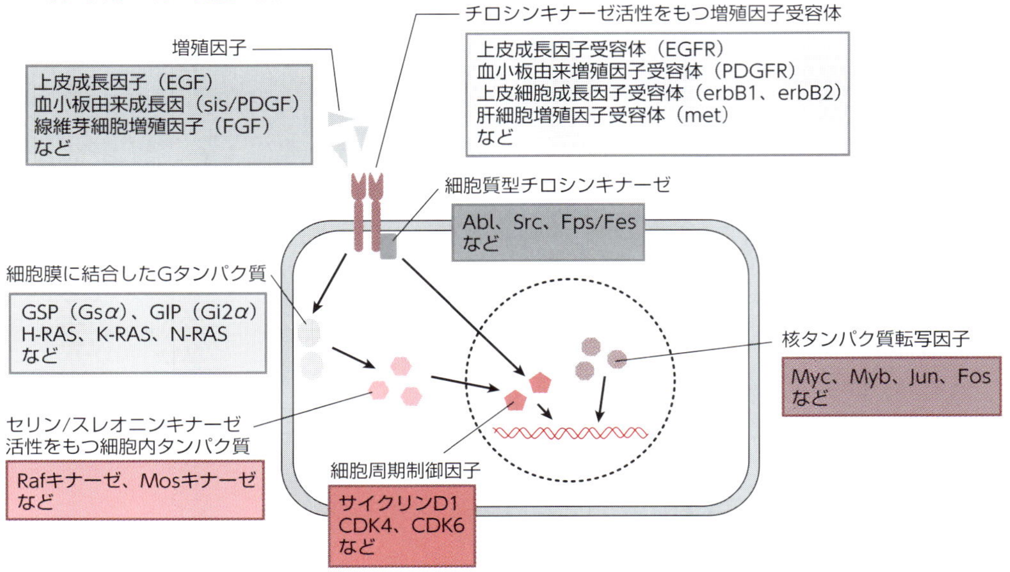

表 4-5　主な癌遺伝子と癌抑制遺伝子

癌遺伝子	主な機能	主に関係する癌	癌抑制遺伝子	主な機能	主に関係する癌
ras	細胞内情報伝達	膵癌、胆道癌	*p53*	転写因子	多くの癌
myc	転写因子	多くの癌	*RB*	細胞周期調節	肝癌、骨肉腫
met	肝細胞増殖因子受容体	胃癌、肝癌、大腸癌	*APC*	β-カテニン結合	大腸癌、膵癌
mdm2	p53 のユビキチンリガーゼ	乳癌	*BRCA-1*	転写因子	乳癌、卵巣癌
abl	チロシンリン酸化酵素	骨髄性白血病	*DPC-4*	転写因子	大腸癌、膵癌
erbB	増殖因子	食道癌、脳腫瘍	*p73*	転写因子	神経芽細

図 4-13　癌抑制遺伝子産物の機能と細胞局在

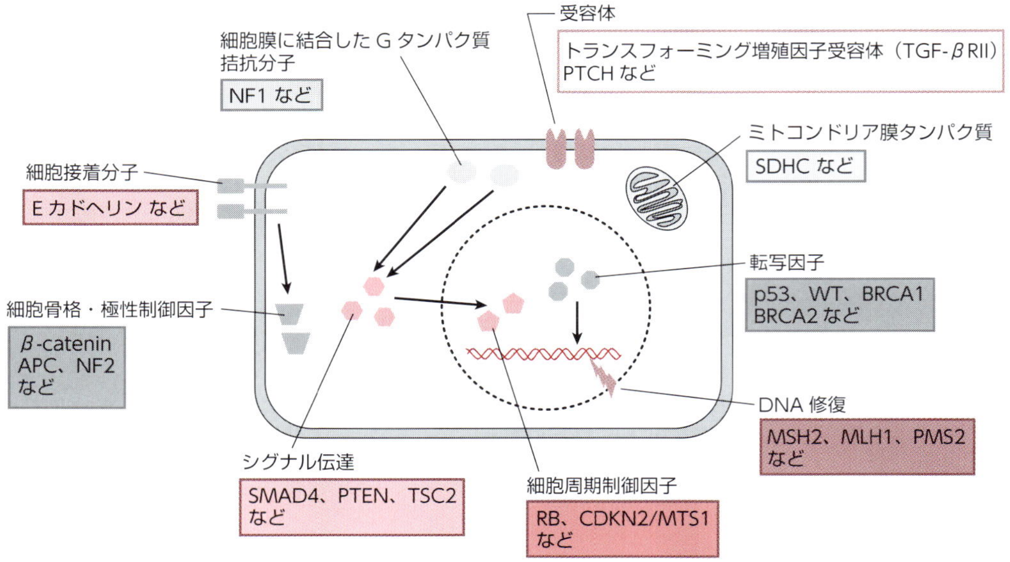

きがある。これらの遺伝子に突然変異が起こると、細胞周期を制止できなくなり、細胞が無限に増殖する不死化が生じる。細胞の生存は、細胞死のひとつであるアポトーシスを促進する因子と抑制する因子により調節されている。これにかかわる**アポトーシス関連遺伝子**が変異すると、傷ついた細胞をアポトーシスによって消滅させることができなくなる。**遺伝子修復遺伝子**は、正常細胞において放射線、紫外線、発癌物質などによる遺伝子損傷を修復してもとに戻す働きを担っている。この遺伝子の機能が障害されれば、癌遺伝子、癌抑制遺伝子、アポトーシス関連遺伝子などの癌関連遺伝子の損傷が修復されず、発癌の危険性が高まる。

癌は癌関連遺伝子の変異などによる機能障害によって発症するものである。この変異などは放射線、紫外線、化学発癌物質などによって誘導される。また、ウイルス感染によりその遺伝子に含まれているウイルス癌遺伝子が発現することにより発癌する場合がある。ヒトの腫瘍でウイルスとの関連性が証明されているものとして、**ヒトT細胞白血病ウイルス**（HTLV-1）と**成人T細胞白血病**、**ヒトパピローマウイルス**（HPV）と**子宮頸癌**、**B型肝炎ウイルス**（HBV）、**C型肝炎ウイルス**（HCV）と**肝細胞癌**などが知られている。

4.4.4　癌の発生過程

癌は多様な個性をもっている。癌遺伝子や癌抑制遺伝子のいずれかの遺伝子が変異を起こすだけで、すぐに転移を起こすような悪性度の高い癌が発生するというわけではない。いくつかの遺伝子が変異するに従ってだんだんと悪性度の高い癌に移行していくことが知られている。これを**多段階発癌説**という（図4-14）。たとえば大腸癌の場合、*APC* や *COX-2* という遺伝子が壊れると小さな良性の大腸ポリープができる。これに癌抑制遺伝子の *p53* や癌遺伝子の *ras* に遺伝子変異が加わるとポリープは癌化する。さらに他の遺伝子変異が加わることによって浸潤したり転移したりするようになると考えられている。変異が起こる遺伝子の組み合わせはたくさんあり、それによって癌の性質も違ってくることになる。したがって、同じ大腸癌と診断されたとしても、発生の母細胞の種類、遺伝子変異の種類、発見までの進行の程度などによって多様な性質をもつようになる。

図4-14　発癌の多段階説

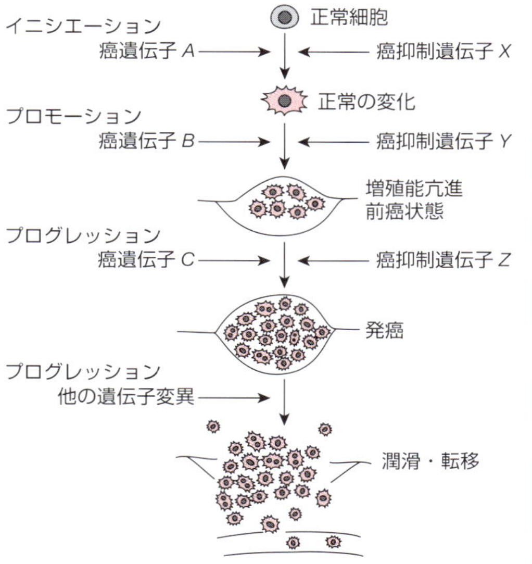

癌遺伝子 *A*、*B*、*C* が突然変異によって活性化、そして癌抑制遺伝子 *X*、*Y*、*Z* が突然変異によって不活性化されるに従い細胞の悪性度が増大する。

癌は1個の健康な細胞から変異と呼ばれる複雑なプロセスを経て発生し、モノクローナルな増殖を示すと考えられている。この1個の細胞が発癌に至る不可逆性の DNA の変異や染色体の構造異常が生じ、癌化が始まることを**イニシエーション**という。この現象は、癌を起こす発癌物質が原因となる場合がある。発癌物質には、化学物質をはじめとしてタバコ、ウイルス、放射線、紫外線などさまざまである。癌発生の第2段階は、**プロモーション**と呼ばれ、これを引き起こす物質を**促進因子**という。促進因子は発癌物質と異なり、単独で癌を発生させる力をもたないが、イニシエーションの変化がすでに起きている細胞は、促進因子の働きで癌化する。一方、この促進因子はイニシエーションの起きていない細胞に対しては影響を及ぼさない。癌は時間の経過とともに、癌を構成する細胞に新たな遺伝子変異が加わり、浸潤性や転移性などのより悪性度の高い性質をもつようになる（図 4-11）。この過程をプログレッションと呼んでいる。したがって、癌の最初の発生はたった 1 個の細胞であったが、プログレッションの過程で細胞によって異なる遺伝子変異が発生し、その結果いろいろな特性をもつ癌細胞が生じることになる。浸潤性や転移性の癌細胞の出現のみならず、抗悪性腫瘍薬に抵抗性の癌細胞の出現もプログレッションにおける現象のひとつである。

4.5 細胞死

細胞の死には、栄養不足、毒物、外傷などの外的環境要因による受動的細胞死で遺伝子に支配されない**ネクローシス**（**壊死**）と、個体の増殖制御機構でプログラムされた能動的細胞死で遺伝子の支配を受ける**アポトーシス**の 2 種類がある。

A　ネクローシス

ネクローシスが起こる過程では、外的環境要因によってミトコンドリアの機能が損なわれ、細胞膜が損傷されるため、細胞外から水が流入して細胞小器官・核・細胞が膨張し、細胞が破壊される。それが誘因となってその部位に好中球が遊走され、発熱や痛み、浮腫といった**炎症**が起こる。

B　アポトーシス

アポトーシスの過程では細胞サイズの急速な縮小に続き、隣接細胞から離れ、核クロマチンの凝縮、ヌクレオソーム単位での DNA の断片化（図 4-15）、細胞の断片化が起こり、細胞膜のバリア機能を保ったまま**アポトーシス小体**が形成される。細胞内の成分が漏れ出す前にマクロファージなどの組織球や周辺の細胞がこのアポトーシス小体を貪食し、細胞の内容物の流出は起こらない（図 4-16）。このため、内容物の流出の起こるネクローシスと異なり、炎症を伴わない。アポトーシスを起こした細胞は、2 ～ 3 時間という非常に短時間

図 4-15　ヌクレオソーム単位での DNA の断片化

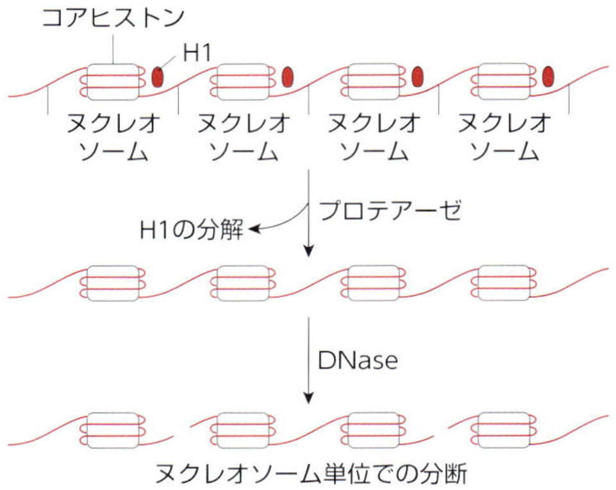

図 4-16　アポトーシスとネクローシス

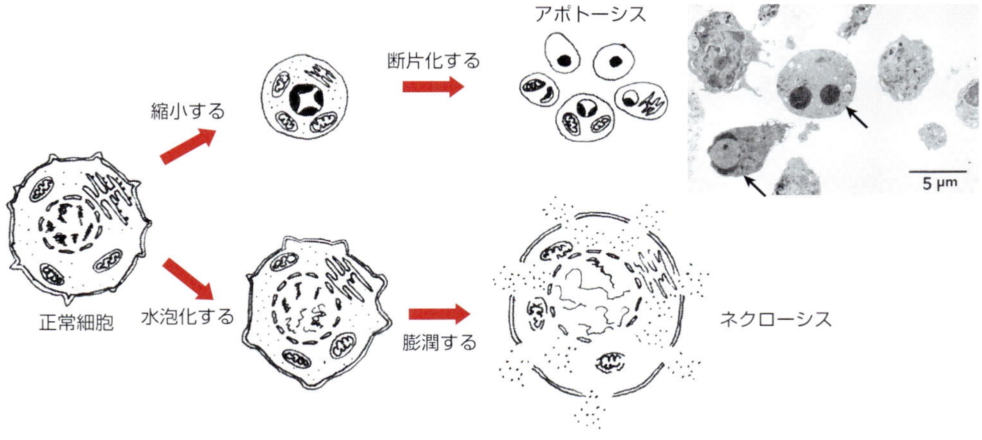

断片化したアポトーシス小体は、マクロファージなどの食細胞に貪食されて消化処理される。
右上の写真は、抗癌剤とカフェインを用いてアポトーシスを誘導したマウス細胞の電子顕微鏡写真。クロマチン（染色質）の濃縮（矢印の細胞）や細胞の断片化など、アポトーシスに特有の微細構造が認められる（四ノ宮・松村、1994 より改変）。

で処理されてしまう。

アポトーシスは生体内において、個体発生の過程でさまざまな器官、組織の余分な細胞の除去（図4-17）、癌細胞や遺伝子異常を起こした細胞の除去、自己反応性細胞の除去など重要な役割を果たす。また、細胞のウイルス感染やステロイド、放射線、TNF-α（腫瘍壊死因子、tumor necrosis factor α）などのサイトカインによる刺激、虚血によってもアポトーシスは誘導される。アポトーシスを引き起こす最終的な共通の経路は、**カスパーゼ**の活性化を介していることである。**TNF-α**や**Fasリガンド**がその受容体に結合することでカスパーゼが活性化し、アポトーシスを誘導する（図4-18）。サイトカインのなかでアポトーシスを誘導できるものを**デス因子**と呼ぶ。

図4-17　アポトーシスによる指の形成

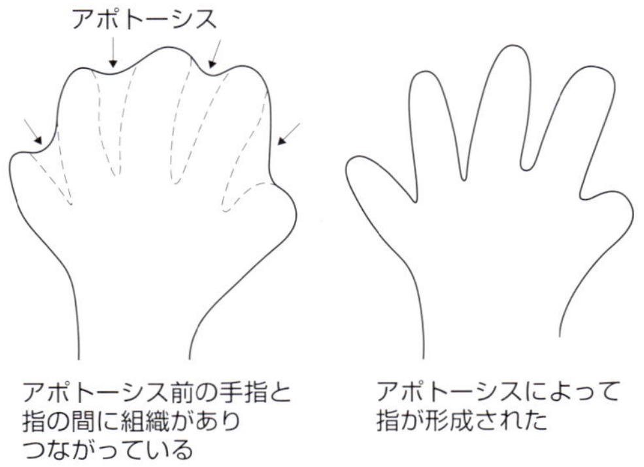

アポトーシス前の手指と
指の間に組織があり
つながっている
アポトーシスによって
指が形成された

図4-18　デス因子によるアポトーシスの経路

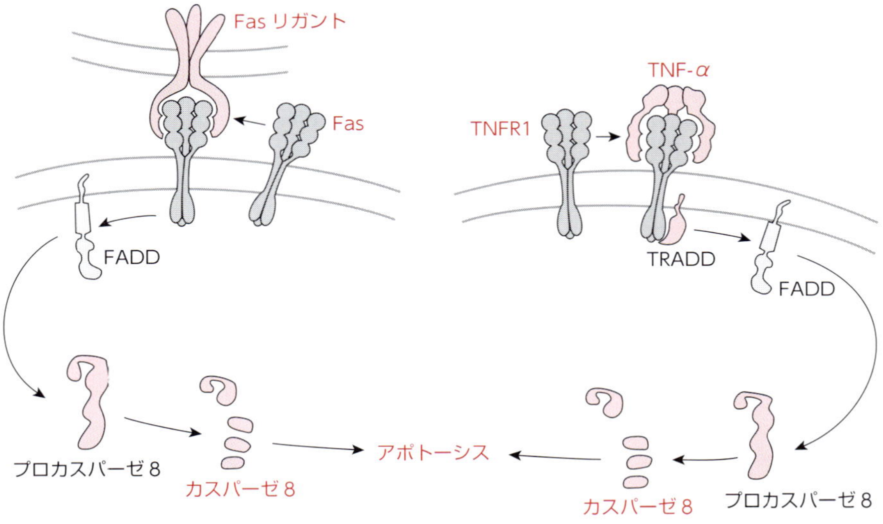

第5章 生殖と発生

準備教育モデル・コアカリキュラム

2 生命現象の科学	到達目標	SBOコード
(2) 生命の最小単位ー細胞		
【減数分裂】	減数分裂を説明できる。	2(2)-4-1
	遺伝的多様性を減数分裂の過程から説明できる。	2(2)-4-2
【遺伝子と染色体】	染色体を概説し、減数分裂における染色体の挙動を説明できる。	2(2)-5-3
(3) 生物の進化と多様性		
【生物の多様性】	消化吸収系の系統発生を概説できる。	2(3)-2-1
	ガス交換と循環系の系統発生を概説できる。	2(3)-2-2
	神経系の系統発生を概説できる。	2(3)-2-3
	内分泌系の系統発生を概説できる。	2(3)-2-4
	生殖系の系統発生と個体発生を概説できる。	2(3)-2-7
	精子形成、卵形成の過程を概説できる。	2(3)-2-8
	代表的な動物の発生過程を概説できる。	2(3)-2-9

薬学準備教育ガイドライン

(5) 薬学の基礎としての生物	到達目標	SBOコード
【細胞分裂・遺伝・進化】	減数分裂について概説できる。	F(5)-4-4
【発生・分化】	個体と器官が形成される発生過程を概説できる。	F(5)-5-1
	細胞の分化の機構について概説できる。	F(5)-5-2
	多細胞生物における、細胞の多様性と幹細胞の性質について概説できる。	F(5)-5-3
【誕生・成長・老化】	生殖の過程（性周期、妊娠、出産など）を概説できる。	F(5)-6-1
	ヒトの成長、老化に関する基本的現象を説明できる。	F(5)-6-2

医学教育モデル・コアカリキュラム

B 医学一般	到達目標	SBOコード
1 個体の構成と機能		
(1) 細胞の基本構造と機能		
【細胞の増殖】	減数分裂の過程とその意義を説明できる。	B1(1)-4-3
(4) 個体の発生		
	配偶子の形成から出生に至る一連の経過と胚形成の全体像を説明できる。	B1(4)-1
	体節の形成と分化を説明できる。	B1(4)-2
	体幹と四肢の骨格と筋の形成過程を概説できる。	B1(4)-3
	消化・呼吸器系各器官の形成過程を概説できる。	B1(4)-4
	心血管系の形成過程を説明できる	B1(4)-5
	胚内体腔の形成過程を概説でｋる	B1(4)-6
	鰓弓・鰓嚢の分化と頭・頸部と顔面・口腔の形成過程を概説できる。	B1(4)-7
	神経管の分化と脳、脊髄、視覚器、平衡感覚器と自立自律神経系の形成過程を概説できる。	B1(4)-8

C　人体各器官の正常構造と機能、病態、診断、治療	到達目標	SBOコード
9　生殖機能		
(1) 構造と機能		
	男性生殖器の形態と機能を説明できる。	C9)1)-3
	精巣の組織構造と精子形成の過程を説明できる。	C9)1)-4
	陰茎の組織構造と勃起・射精の機序を説明できる。	C9)1)-5
	女性生殖器の形態と機能を説明できる。	C9)1)-7
	性周期発現と排卵の機序を説明できる。	C9)1)-8

歯学教育モデル・コアカリキュラム

D　生命科学	到達目標	SBOコード
D-2　人体の構造と機能		
D-2-2) 個体発生、器官発生	個体発生と器官発生を概説できる。	D-2-2-1
D-2-4) 人体諸器官の成長、発育と加齢変化	人体諸器官の形態と機能の成長、発育および加齢に伴う変化を説明できる。	D-2-4-1

薬学教育モデル・コアカリキュラム

C　薬学専門教育	到達目標	SBOコード
C8　生命体の成り立ち		
(1) ヒトの成り立ち		
【生殖器系】	精巣、卵巣、子宮などの生殖器系臓器について機能と構造を関連づけて説明できる。	C8(1)-9-1
(2) 生命体の基本単位としての細胞		
【細胞の分裂と死】	生殖細胞の分裂機構について説明できる。	C8(2)-4-2

5.1　生殖細胞の形成と受精

5.1.1　生殖の形式

生物が種を維持するために同じ特徴をもった子孫をつくる過程を**生殖**といい、無性生殖と有性生殖の２つに区別されている。単一の親の一部が分離して新しい子孫となる生殖の方法を**無性生殖**といい、親と子の遺伝子は同じである。これに対して、**有性生殖**は、２個の配偶子が合体する生殖の方法をいう。有性生殖で生まれる子の遺伝子構成は親の遺伝子構成と異なる。

A　無性生殖

a　単細胞生物の無性生殖

単細胞生物の無性生殖では、体細胞分裂によって１つの個体を２つに増やしている。このとき、分裂した個体の大きさが等しい場合を**分裂**、等しくない場合を**出芽**と呼ぶ。原生生物のアメーバや緑色植物のミカヅキモでは分裂、酵母では出芽によって殖える増殖法がとられている。無性胞子をつくって繁殖する方法を**胞子生殖**といい、シダ植物やコケ植物、菌類の一部でみられる。

b　多細胞生物の無性生殖

刺胞動物のヒドラでは、管状の体壁に１つの芽ができて、これがやがて独立して新しいヒドラになって母体から離れる。カイメン、サンゴ、ゴカイも同様な**出芽**によって殖える。根、茎、葉などの栄養器官を大きくして新しい個体をつくる方法を**栄養生殖**と呼び、イチゴ、ジャガイモなどが知られている。

分裂または出芽によって増殖する単細胞生物でも、接合によって繁殖することがある。ゾウリムシには、生殖細胞核に相当して遺伝情報にかかわる小核と体細胞核に相当して遺伝子の発現にかかわる大核とが存在する。ゾウリムシは、多数の分裂による栄養生殖の間に、ときとして有性生殖を行う。栄養生殖においては、小核、大核とも複製分裂して娘細胞に受け渡される。一方、有性生殖では、大核は崩壊して消失し、小核のみが減数分裂により小核が4個になる。そのうちの3個は消失し、残りの1個が分裂して2個の核（雄核と雌核）になると、2個体は雄核を交換して雌核と核融合を行い、接合部位で離れ、融合核は分裂して大核と小核ができる。このような単細胞体の接合は、菌類や藻類でもみられる。

B　有性生殖

有性生殖を行う生物が、単独の配偶子だけで新個体を発生させる生殖法を**単為生殖**という。これに対し、両性の配偶子の合体によるものを**両性生殖**という。単為生殖は、雌性配偶子（卵子）による場合が多い。ミツバチの女王蜂は結婚飛行で交尾し、生涯使うだけの精子を受けとって精嚢に蓄え、巣に戻って産卵に専念する。受精卵からは雌が生まれ、未受精卵からは雄が生まれる。女王蜂以外の雌蜂は働き蜂になる。女王蜂から受精卵と未受精卵が産み分けられる機構はまだよくわかっていない。

アブラムシでは、夏季には単為生殖によって卵子から雌ができるが、秋になると寒冷と餌の欠乏によって雌と雄が現れて有性生殖を行う。しかし、この卵は寒さに耐え、春になると単為生殖を行って雌ができる。

配偶子

有性生殖は、**卵子**や**精子**といった生殖細胞をつくることで営まれている。これらの生殖細胞を**配偶子**という。この2つの配偶子が合体することを**接合**といい、その結果できた細胞を**接合子**という（図5-1）。クラミドモナスという単細胞生物は、適切な環境下だと分裂によって殖えるが、環境条件などが悪くなると、2つのクラミドモナスが合体して1つの細胞になるという特徴がある。この場合、大きさや形が同じ配偶子が接合するので、**同形配偶子接合**と呼ばれる。同形配偶子接合より、大きさの異なる配偶子が接合するほうが一般的である。ミルやアオサのように、2つの配偶子の間に大きさや形の違いがみられる接合を**異形配偶子**

図5-1　有性生殖における同形配偶子と異形配偶子

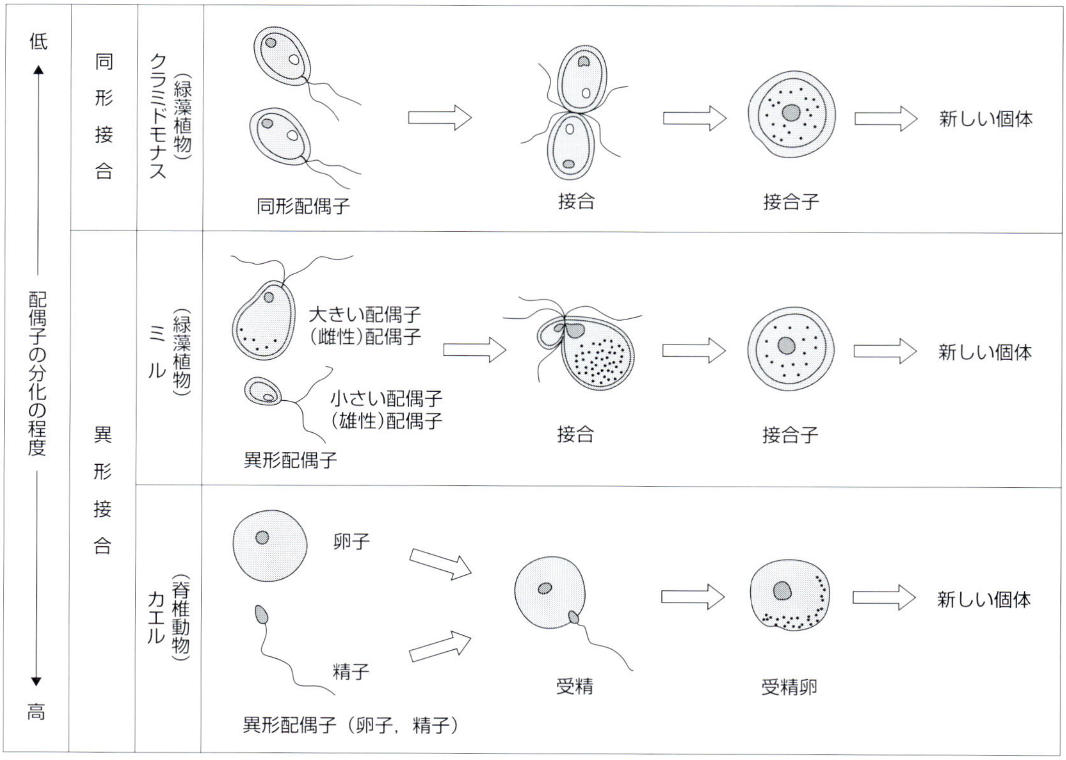

接合といい、大きい配偶子を**雌性配偶子**、小さい配偶子を**雄性配偶子**という。

異形配偶子接合において大きくて泳ぐ能力がない配偶子を**卵子**、小さくて運動能力のある配偶子を**精子**と呼ぶ。卵子は大きい分だけ栄養をたくさん蓄えることができるが、泳ぎ回る能力をもっていない。これに対して、小さい精子は栄養をもたないが泳ぎ回って移動する能力をもっている。精子が泳ぎ回ることで卵子と出合う確率が増え、しかも栄養をたくさん蓄えた接合子をつくることができる。卵子と精子の接合を**受精**、できた接合子を**受精卵**という。

5.1.2 減数分裂

精子や卵子といわれる生殖細胞には、染色体が普通の体細胞（$2n$）の半数（n）しか含まれていない。これは生殖細胞が形成される分裂過程において、染色体数が半減するために起こるものである。このような細胞分裂を**減数分裂**という。減数分裂によって形成された生殖細胞は、精子（n）が卵子（n）と受精することによって、もとの染色体数（$n + n = 2n$）になる。このような減数分裂のしくみによって、生物は種に固有の染色体数が維持され、親から子へ、子から孫へと代々受け継がれていく。

減数分裂は、第一分裂と体細胞分裂に類似する第二分裂の2つの段階からなる。そして、それぞれの分裂は前期、中期、後期、終期の4期に分けられる（図5-2）。減数分裂は、1個の二倍体細胞から4個の一倍体細胞を生み出すが、その大きな特徴は、相同染色体が両極に分配される第一分裂にある。第二分裂における姉妹染色体の分配

図 5-2　減数分裂

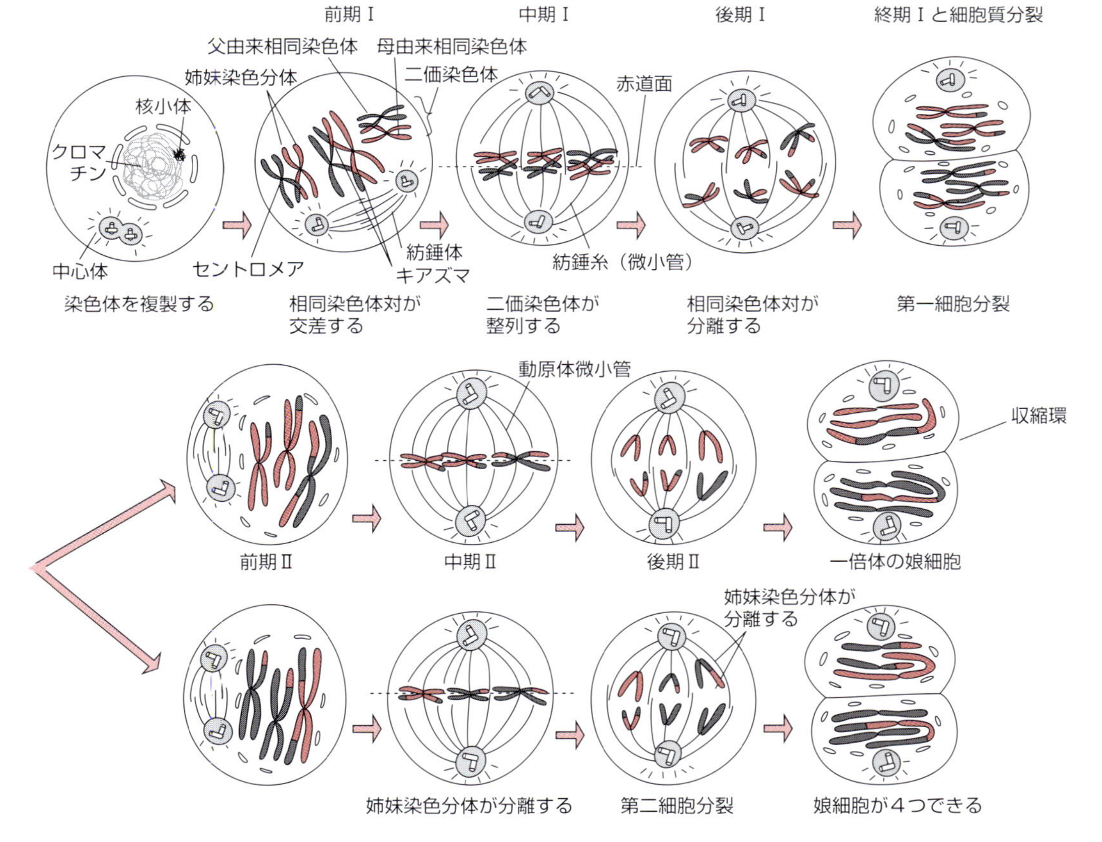

減数分裂の第一分裂は体細胞分裂と異なる。第一分裂前期から第一分裂中期までの間に相同染色体は対をつくる。第一分裂後期には相同染色体は互いに分離する。第二分裂は体細胞分裂と似ている。

は、その形態が体細胞分裂の染色体の分配に似ている。

A 第一分裂

前期では、核内に糸状のクロマチン線維（染色糸ともいう）がみられるようになり、相同なものどうしが側面で対合する。この相同クロマチン線維の接着は正確に相同点ごとに起こる現象で、減数分裂に特有なものである。クロマチン線維が太く短くなり染色体になると、2 本の染色分体からなる**相同染色体**どうしが対合して 4 本の染色分体からなる**二価染色体**を形成する。二価染色体は父由来の相同染色体と母由来の相同染色体どうしが近接して、4 本の染色分体から構成される。次に、相同染色体中に縦裂がみられるようになり、二価染色体は 4 本の染色分体となる。二価染色体では相同染色体どうしが対合によってピッタリと接着するによって一部の配列をとりかえる「**相同組換え**」が起きる。これにより、新たな遺伝子の組み合わせをもつ染色体が形成され、さらなる遺伝子多様性をもたらす。微小管と他の成分からなる**紡錘体**が形成される。中心体が両極に移動し、放射状に伸びた**星状体**を形成する。核膜と核小体が消失するため、二価染色体の構造が顕微鏡でもはっきりみえるようになる。

中期になると、微小管は星状体が離れるに従ってチューブリンが重合して伸びていく。これにより、二価染色体のセントロメアは**赤道面**に整列する。

後期に至ると、二価染色体を形成している 1 組ずつの染色体が、紡錘体を形成するチューブリンの脱重合により別々の極へ移動していく。各極は、父由来と母由来の相同染色体のどちらかをランダムに組み合わされたものを受けとる。姉妹染色分体はまだセントロメアで結合している。

終期では、両極に分かれた染色体は脱凝縮して、その周りに核膜と核小体が形成される。そして、細胞質分裂が起こる。星状体に結合する微小管は分解してみえなくなる。間期を挟まずに第二減数分裂へと移行する。

この段階でできた 2 つの娘細胞には母細胞に含まれていた 1 対の相同染色体の一方のみがそれぞれに分配される。すなわち、娘細胞の染色体数は 46 本であるが、相同染色体の片方のみしかもたないため、一倍体（n）ということになる（図 5-3）。

B 第二分裂

第二分裂では、第一分裂で生じた 2 個の細胞が体細胞分裂と同様なしくみで染色体の分配が行われる。**前期**では、2 つの星状体が両極に移動し、**紡錘体**が形成される。染色体が形成され、核膜と核小体が消失する。**中期**になると、二価染色体が赤道面に並ぶ。**後期**では、姉妹染色分体は分離し、互いに中心体の方向に移動する。**終期**に至ると、娘染色分体が両極に到達し、核膜と核小体が再形成され、染色体が脱凝縮してクロマチンを形成する。つづいて細胞質分裂が起こり、4 つの娘細胞が形成される。

両極に移動する染色体の組み合わせは、ヒトの場合、23 組の相同染色体が細胞核に含まれているので、$2^{23} = 8,388,608$ 通りの生殖細胞が形成されることになる。さらに第一減数分裂前期で生じた相同組換えによって遺伝的多様性がさらに増すことになる。このように多様性をもった精子と卵子が受精した場合、$2^{23} \times 2^{23}$ 通りの次世代、すなわち、70,368,744,177,664（$7 \times 10^{13} = 70$ 兆）通りが生まれる可能性をもっている。

5.1.3 配偶子の形成

A 精子の形成

雄の生殖器官である精巣では、**原始生殖細胞**（始原生殖細胞ともいう）が分化してできた**精祖細胞**（精原細胞ともいう）が体細胞分裂をくり返して増殖する。精粗細胞が成長し、やがて**一次精母細胞**（$2n$）となる。この一次精母細胞から、減数分裂の第一分裂によって 2 個の**二次精母細胞**（n）がつくられる。この二次精母細胞がそれぞれ第二分裂によって 4 個の**精細胞**（n）になる。精細胞が形態変化を経て、細胞質をほとんどもたず、運動のための鞭毛をもった**精子**（n）となる。卵形成の場合と異なるのは精子形成の際に行われる減

図 5-3　配偶子の形成

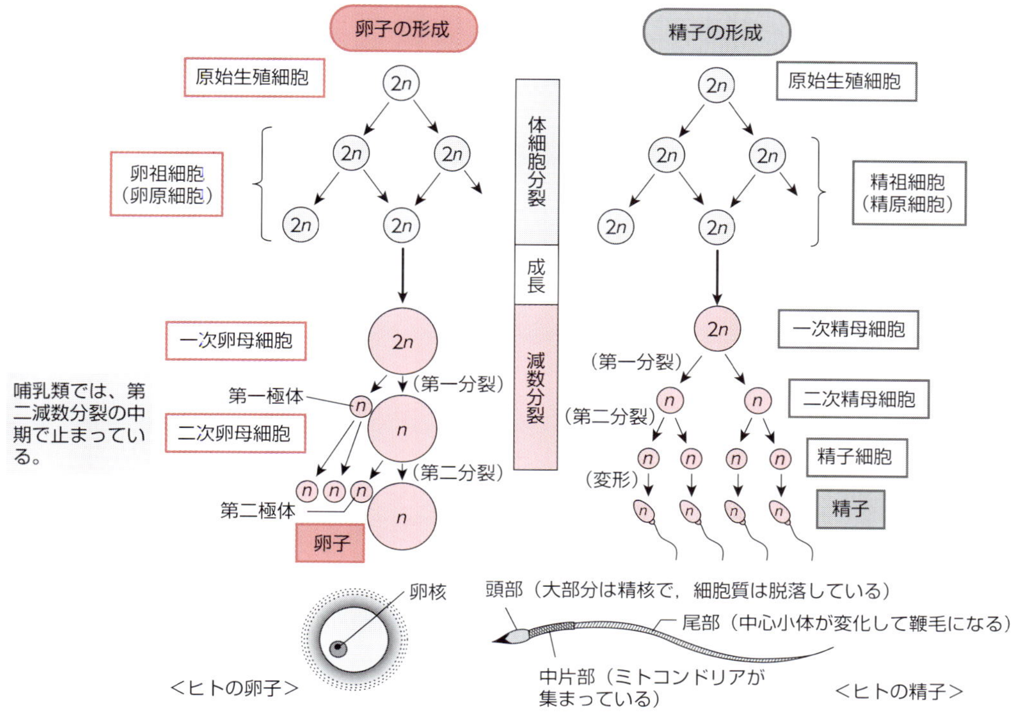

数分裂は不等分裂ではないという点である。すなわち、1 個の一次精母細胞から 4 個の精細胞がつくられる（図 5-3）。

精細胞から精子に至る過程は細胞分裂ではなく、細胞の形態変化である。精細胞中のゴルジ装置の一部からは**先体**が形成され、中心小体からは**鞭毛**が形成される。そして細胞全体が変形し、細胞質の大部分が脱落して頭部、中片部、尾部という 3 つの部分からなる精子が完成する。頭部には、受精する際に卵子への進入に必要な先体と精核（n）が存在する。先体には、卵子内に進入するときに必要な酵素などが含まれている。中片部には、1 個の中心小体と鞭毛に沿ってらせん状に変形したミトコンドリアがある。尾部は、精子の運動を起こす鞭毛である。

B　卵子の形成

雌の生殖器である卵巣では、**原始生殖細胞**が分化してできた**卵祖細胞**（卵原細胞ともいう）が体細胞分裂をくり返して増殖する。卵祖細胞が成長して**一次卵母細胞**（$2n$）となる。一次卵母細胞は第一分裂前期にとどまったまま、卵黄を蓄積して成長し、卵子の大きさにまで成長する。成長した一次卵母細胞は、減数分裂を再開し、第一分裂によって**二次卵母細胞**（n）になる。二次卵母細胞は第二分裂を行って**卵子**（n）がつくられる。卵子がつくられるときには細胞質が不均等に分裂する不等分裂が行われ、1 個の一次卵母細胞から 1 個の卵子しかできない（図 5-3）。

核を含む原形質は、卵黄によって押しやられるように特定の場所に集中して存在している。一次卵母細胞が減数分裂の第一分裂を開始したとき、核分裂は細胞全体ではなく、核が存在する付近でしか起こらない。また、卵黄が集中する場所では細胞のくびれを起こすアクチンフィラメントが形成されにくいため、細胞質分裂が起きにくいので、細胞質が不均等に分裂する。第一分裂の結果、一次卵母細胞の卵黄をほとんど引き継いで分裂前とほとんど大きさの変わらない二次卵母細胞と、細胞質をほとんど含まない小さい細胞の**第一極体**が形成される。第二分裂でも同様に細胞質が不均等に分裂し、二次卵母細胞の卵黄をほとんど引き継いだ**卵子**と細胞質をほとんど含まない**第二極体**が形成される。極体はやがて退化し、消失する。卵子が1つしかつくられないのは、他の3つの娘細胞を犠牲にしても1つの娘細胞に卵黄を集中させることで受精卵が成長し、生き残るうえで都合がよかったからと考えられている。

多細胞生物の卵細胞において極体の生じる側を**動物極**といい、その反対を**植物極**という。また、卵子を赤道面で二分した場合、動物極を含む側を**動物半球**、植物極を含む側を**植物半球**という（図5-4）。

5.1.4 ヒトの生殖器系

A 男性の生殖器系

男性の生殖器系は、外生殖器の陰茎と陰嚢、内生殖器の精巣、精巣上体、精管、精嚢、前立腺、尿道球腺、尿道などから構成されている（図5-5）。

左右一対の卵形をした**精巣**は、**精索**によって陰嚢内につり下げられている生殖腺で、女性の卵巣に相当する。その大きさは長径が約4.5 cm、幅が約2.5 cm、厚さが約3 cmである。精巣は、線維性結合組織の**白膜**と呼ばれる皮膜に包まれ、200～300の**精巣小葉**に分けられている。各精巣小葉には1～4本の太さ0.2 mmほどの著しく蛇行した（曲）**精細管**がある。ここで精子がつくられる。精細管周囲の疎性結合組織に**ライディッヒ細胞**と呼ばれる間質細胞があり、それらは思春期以降に男性ホルモンの**テストステロン**を分泌する。（曲）精細管は（直）精細管となり、集合して精巣網を形成し、そこから15～20本の**精巣輸出管**を経由して1本の精巣上体管になる。

精巣上体は、長さが約6 mになる蛇行した1本の精巣上体管であり、精巣の上部を覆い、後面を下降する。精巣上体は精巣から送られてきた未熟な精子を一時的に貯蔵する。

男性の精路を形成する付属器には、精巣上体、精管、尿道があり、精子を精巣から体外に輸送する役割を担っている。精子がつくられ、体外に出るまでの全経路を男性生殖器というが、精子の通り路と尿の通り路は一部が重なっていることになる。

精管は精巣上体から**鼠径管**を経て腹腔内に入り、**精管膨大部**をつくった後、前立腺の内部で精嚢からの導管と合流して**射精管**となり、最終的に尿道に合流する。精管はさらに、血管や神経と合わさって、絡み合った構造の**精索**を形成している。

精嚢は膀胱の後下面にある線維性と平滑筋層の2層の組織に包まれた紡錘状の袋で、左右一対あり、精巣を包んで保護している。精巣は射精時に収縮することによって貯蔵していた淡黄色を帯びたアルカリ性の分泌物の**精嚢液**を排出する。精嚢液は精液の液体成分の約60％を占め、精路を通る精子に栄養を与えている。陰嚢には、精巣の温度を調節する役割がある。正常な精子をつくるためには、精巣の温度を体温よりやや低く保つ必要

図5-4　卵子の各部位の名称

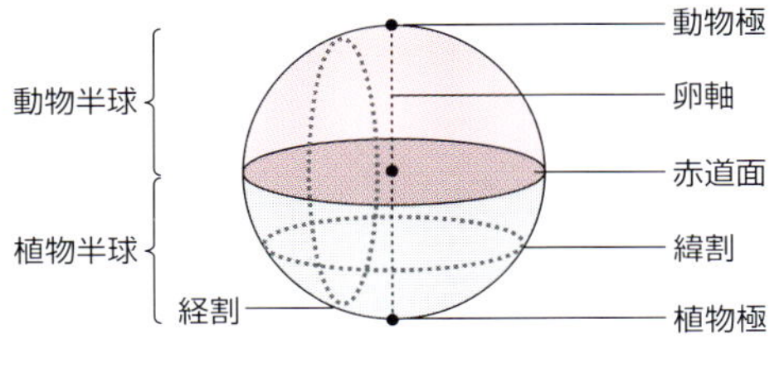

動物極	極体ができる部分
植物極	動物極の反対側の極
卵軸	動物極と植物極を結ぶ軸
赤道面	卵軸を直角に二等分する面
経割	2つの極を含む面が割面となる卵割
緯割	赤道面と割面が平行となる卵割
動物半球	赤道面で仕切られた動物極側の半球
植物半球	赤道面で仕切られた植物極側の半球

図5-5　男性の生殖器系

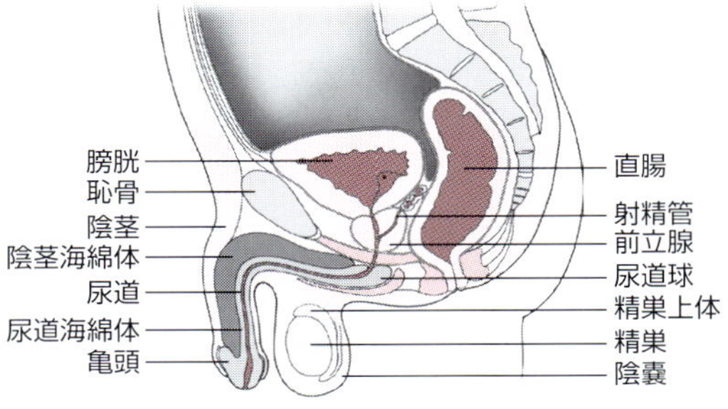

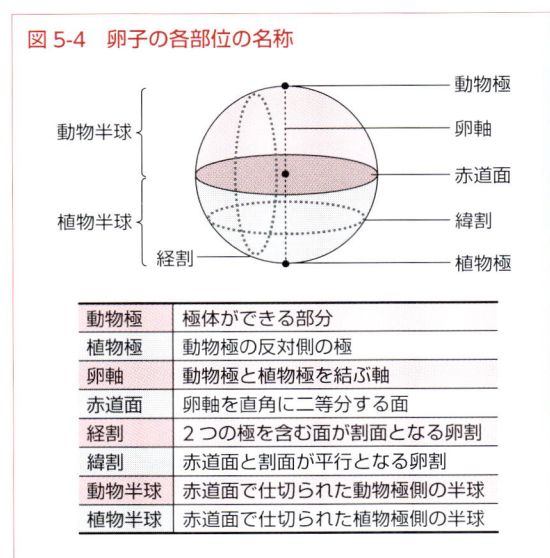

がある。

前立腺は膀胱の下で、恥骨結合と直腸の間にあり、射精管と尿道起始部をとり囲むクルミ大の大きさと形をした1個の腺であるが、年をとるにつれてしだいに大きくなる。前立腺は精子を活性化する作用がある乳白色のアルカリ性の液体を分泌する。前立腺液は精液の30%以上を占め、精液に乳様感を与えている。精液に含まれる他の液体成分は、精管と陰茎頭部の粘液腺でつくられる。

陰茎は腹壁につながった陰茎根、中間部の陰茎体、陰茎先端の円錐形をした**亀頭**から構成されている。亀頭の先端には、精液と尿の放出口となる外尿道口がある。陰茎体は、尿道を囲っており、3本の円筒型の勃起組織と不随意筋から構成されている。そのうち、2本の側面の組織を**陰茎海綿体**といい、並んで位置している。もう1本の尿道を包んでいる組織を**尿道海綿体**という。これらの海綿体が血液で満たされると、陰茎は大きく硬くなる。これを**勃起**と呼ぶ。陰茎の皮膚は亀頭との移行部でたるみ、**包皮**を形成する。

B　女性の生殖器系

女性の生殖器は、内生殖器の卵巣、卵管、子宮、腟、外生殖器（外陰部）の恥丘、陰核、大陰唇、小陰唇、大前庭腺、腟前庭などから構成されている（図5-6）。

卵巣は骨盤腔内に位置し、子宮の両側にある長さが約3 cm、幅が約1.5 cm、厚さが約1 cmの卵円形の生殖腺である。卵巣は皮質と髄質という2つの層からなっており、髄質には血管と神経が存在している。一方、皮質には種々の発達段階の卵胞が散在している。

卵管は卵巣から内側に走り、子宮上部に開口する長さが約10 cmの細い管で、左右一対存在し、先端は漏斗状に腹腔内に開口している。卵管腹腔口の漏斗の外周縁は**卵管采**と呼ばれ、指のような突起をもち、部分的に卵巣をとり囲んでいる。卵管壁の粘膜には線毛があり、卵子を子宮に送る役割を担っている。

子宮は骨盤腔内で膀胱と直腸の間にあり、底辺が上になる下向きの二等辺三角形状で、子宮底部、子宮体部、子宮頸部に区分されている。子宮のなかは子宮腔と呼ばれる空間で、胎児はそのなかで発達する。子宮壁は厚く、子宮内膜（粘膜）、子宮筋層（平滑筋）、子宮外膜の3層からなっている。

腟は、長さ7 cmほどの管腔器官で、膀胱の後ろ、直腸の前にあり、身体の外部から上方に伸びて子宮頸部に至る。腟は交接器であると同時に、産道でもある。腟内には**乳酸桿菌**が常在しているため、乳酸が分泌されpHが弱酸性に保たれている。

大陰唇は外生殖器の外郭をつくる皮膚のふくらみで、前方の交連部を**恥丘**という。大陰唇の内側には左右一対の**小陰唇**があり、**腟前庭**をとり囲んでいる。腟前庭の前方にある突起物を**陰核**といい、男性の陰茎に相当する。腟前庭には、腟口と外尿道口、大前庭腺が開口している。**会陰**は前方の恥骨結合と後方の肛門、および両側の坐骨結節によってつくられる菱形の区域をさす。

図5-6　女性の生殖器系

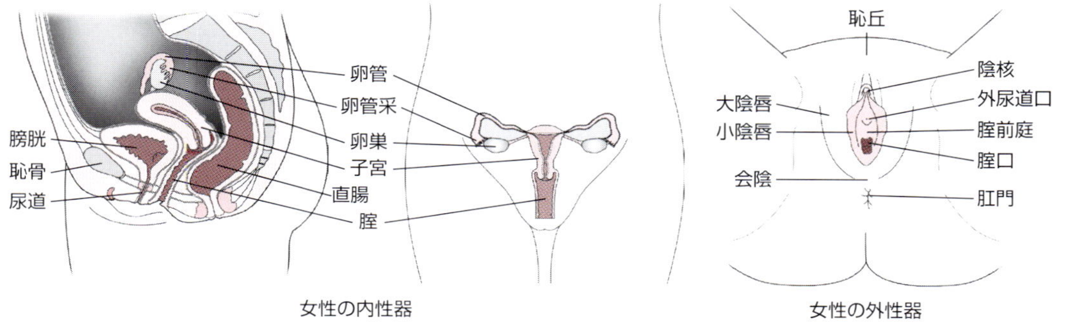

5.1.5 ヒトの配偶子形成

妊娠 4 週頃の胎芽では、内胚葉由来の卵黄嚢で**原始生殖細胞**ができてくる。細胞群は未分化な生殖腺の髄質に移動して生殖細胞群となる。内胚葉に由来する原始生殖細胞が、中胚葉に由来する**生殖堤**（生殖隆起ともいう）に侵入して生殖腺（精巣または卵巣）が形成される。男性の胎芽では、Y 染色体上にある**性決定遺伝子**（*SRY* 遺伝子）によって精巣がつくられるが、Y 染色体がない女性の胎芽では *SRY* 遺伝子が働かないので、卵巣がつくられる。

A 精子の形成と射精

精子形成とは精祖細胞から精子になるまでの全過程をいい、思春期に始まり生涯続く。精子形成は、精細管のなかで行われる。**精祖細胞**という原始的な幹細胞が精細管の外縁にある基底膜に接して存在する。新生児では、精祖細胞は急速に減数分裂を行って幹細胞を樹立する。しかし思春期になると、多量の卵胞刺激ホルモンが分泌されることで、各精祖細胞の分裂は A 型娘細胞と B 型娘細胞をつくる。B 型娘細胞が**一次精母細胞**となり、**減数分裂**を行い、4 個の娘細胞をつくる。A 型娘細胞は基底膜上にとどまる。精子形成ではこれらの娘細胞を**精子細胞**という（図 5-7）。ヒトの精子細胞は 23 本の染色体（*n*）をもつが、精子と卵子が受精し、受精卵または接合体を形成すると、正常の 46 本（2*n*）の染色体をもつ細胞に戻る。

減数分裂が起こると、分裂した細胞（一次および二次精母細胞）は精細管腔内に移動する。減数分裂は精細管周辺から管腔内へ移動する間に進行する。

この精子発育の最終段階では、余分な細胞質が除去され、残ったものが成熟した精子の 3 つの部分（頭部、中片部、尾部）に凝集される。成熟した精子は、高い代謝率と自身を進ませる鞭毛を備えているため、卵子へ短時間で近づくことができる。

精子の頭部は遺伝物質の DNA を含む核が、そしてその上にヘルメット様の**先体**がある。尾部を形成する線維は中片部の**中心小体**から生じる。これらの線維の周囲をとりまいて密に存在するミトコンドリアは、精子を移動させる鞭毛運動に必要な ATP を供給する（図 5-3）。

一次精母細胞がつくられてから、精細管腔内に未熟な精子を放出するに至るまでに 64 ～ 72 時間がかかる。精子は蠕動により精細管から精巣上体に移動し、そこで精子は成熟する。

射精によって精子は、精巣上体から精管、射精管、尿道を通って放出される。精液は、交感神経の興奮によってこれらの壁をつくる平滑筋が収縮して射精を導き出す。2 ～ 5 m*l* の精液が正常な射精でつくられ、それには 4,000 万～ 1 億個/m*l* の精子が含まれる。

B 卵子形成と卵巣周期

女性では供給できる卵子の数は出生時にすでに決まっている。さらに女性の生殖能力は思春期に始まり、徐々に低下し、50 歳前後で閉経して終

図 5-7 ヒトの精子形成

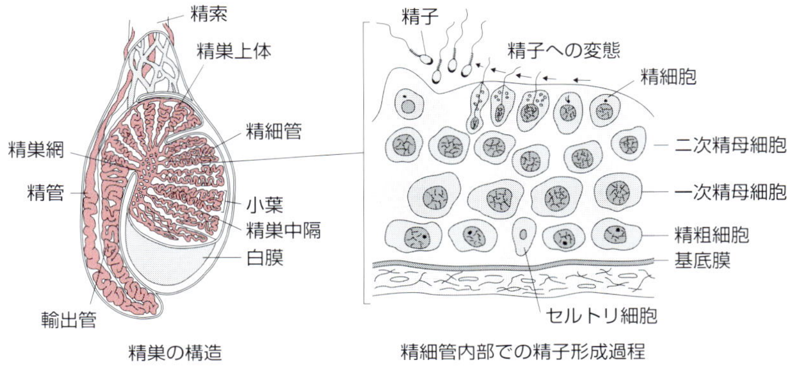

わる。

卵子形成は卵巣で減数分裂によって卵子がつくられる過程をいう。女性の胎児の発育中に、幹細胞である**卵祖細胞**は急速に数を増やし、娘細胞である**一次卵母細胞**を卵巣の結合組織中へ送り込む。一次卵母細胞は扁平な1層の細胞にとり囲まれて原始卵胞になる。出生までに卵祖細胞はもはや消滅して、一次卵母細胞のみが卵巣内に**卵胞**として存在している。出生時に存在する一次卵母細胞の数は70万～100万個である。しかし、出生後に減りつづけ、思春期には40万個程度になり、その後も減りつづける。少なくとも10～14歳頃までは、一次卵母細胞は待機状態になっている。また、一次卵母細胞は新たにつくられることはない。思春期に分泌が始まる卵胞刺激ホルモンは、少数の一次卵母細胞を刺激して1か月ごとに成長・成熟させ、毎月の排卵が始まる。卵巣に生じるこのような毎月の周期を**卵巣周期**と呼ぶ。女性の生殖期間は約45年間(11～55歳まで)であり、1か月あたり1回しか排卵が起こらないので、女性の一生を通じて約40万個の一次卵母細胞のうち卵子として放出されるのは500個ほどである。

卵胞刺激ホルモンに刺激された卵胞が大きくなるにつれ、中央部に洞ができ、卵胞液が貯留して

図 5-8　ヒトの卵子形成過程

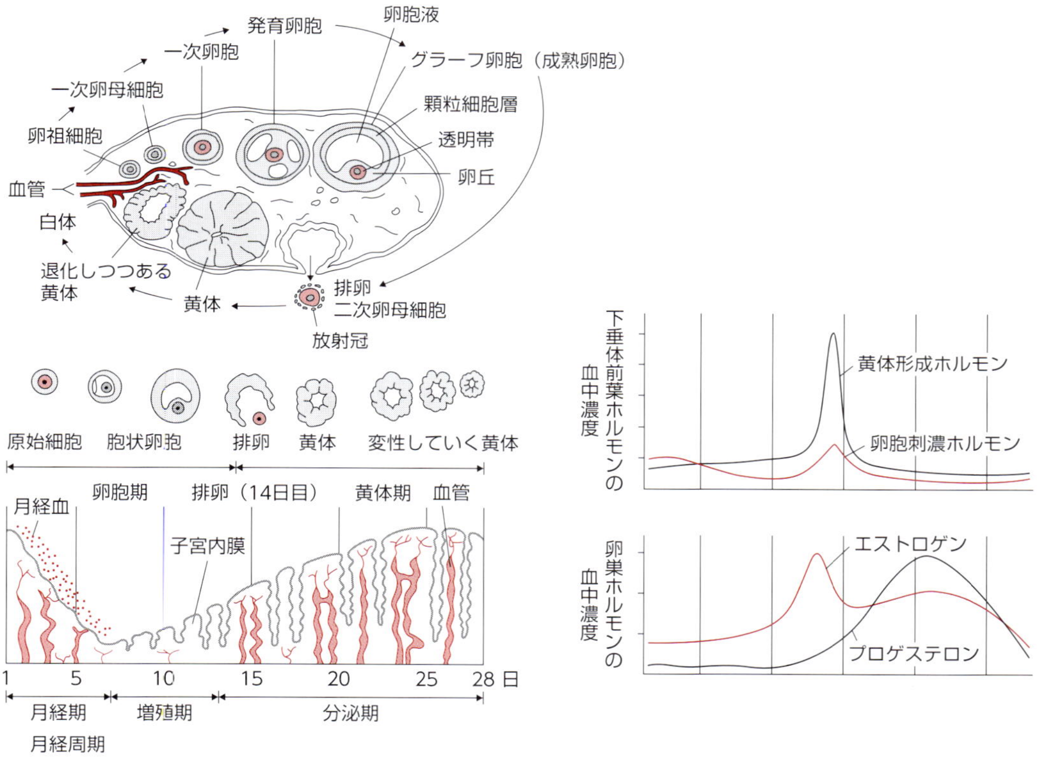

卵巣の原始卵胞が発育して成熟卵胞（グラーフ卵胞）となり、次第に卵巣の表面に移動し、卵胞から卵が放出される。卵胞のこの発育成熟過程には、下垂体前葉から分泌される卵胞刺激ホルモンが主に関与し、引き続き黄体形成ホルモンが大量に衝撃的に放出された後、24時間ほどで排卵が起こる。月経出血開始の初日から次回月経出血開始の前日までの日数を月経周期という。

月経周期の前半に下垂体前葉から卵胞刺激ホルモン（FSH）が分泌され、これが卵巣内の卵胞が発育し、卵胞ホルモンを分泌する。これによって子宮体内膜が増殖する一方、卵胞ホルモンの血中濃度が頂点に達すると、FSHが抑制され、今度は黄体形成ホルモン(LH)の分泌が促されるようになる。これによって排卵が起こり、成熟した卵胞が卵巣から放出される。その後、卵巣内に黄体ができ、黄体ホルモンを分泌するようになる。これは月経周期の後半に相当し、黄体ホルモンは子宮体内膜を肥厚させ、血管の発育を促進して柔軟さを加え、妊娠しやすい状態をつくらせる。しかし、受精が起こらない場合は、黄体が衰えて黄体ホルモンを分泌しなくなり、増殖した子宮体内膜が剥離して出血を起こす。これが月経である。

くる。卵胞内の一次卵母細胞は減数分裂を始め、最初の減数分裂の結果2つの非常に大きさの異なる細胞が生じる。大きいほうを**二次卵母細胞**、もう一方のきわめて小さいほうを**一次極体**という。二次卵母細胞を含有した卵胞が成熟期に達すると、**胞状卵胞**となり、卵巣の外膜から突出する（図5-8）。卵胞がこの時期になるまでに約14日間かかる。そして黄体形成ホルモンの分泌に反応して**排卵**が起こる。排卵された二次卵母細胞は**放線冠**という卵胞上皮細胞群にとり囲まれている。

5.2 受精

精子が卵子と接触した後、精子が卵子へ侵入し、そして雌雄両前核の接近とその融合に至るまでの過程を**受精**という。精子と卵子が合体したものを**受精卵**といい、両者の遺伝的影響のもとに発生を開始する。ヒトの場合、性交後、精子は腟から子宮頸管、子宮へと進入して卵管に到達し、そこで1個の精子が卵子のなかに入って受精が起こる（図5-9）。卵管に到達できる精子は数千個ほどで、そのうちの100個程度の精子が卵子の周辺にたどり着くことができる。

受精時における精子と卵子間の相互認識は、種を保存するうえできわめて重要である。精子と卵子の結合は、**透明帯**の糖タンパク質とこれに対する精子膜表面の結合タンパク質との特異的な相互作用を介して行われる。すなわち、ZP1～ZP3という3種類の糖タンパク質が含まれている透明帯は、卵子と精子が互いに同種の相手であることを認識しあう場所という役割をもっている。精子は透明帯に由来する物質に誘引され、透明帯と結合し、透明帯から受けたシグナルによって細胞内pHと細胞内Ca^{2+}の上昇を起こし、**先体反応**によって酸素を放出し、透明帯をを溶かす。そして、透明帯を通過した後、**受精膜**（卵黄膜）を通過し、卵細胞膜へ到達する。このエキソサイトーシスによって露出した新しい精子細胞膜のみが卵細胞膜と融合して、**先体小胞**の中身が分泌される（図5-9）。このような先体反応および、受精膜と精子の結合における細胞間相互認識には、糖鎖が重要な役割をもつことが知られている。先体反応が起こると、受精膜と卵の間には**囲卵腔**（卵黄周囲腔ともいう）と呼ばれる隙間ができる。融合した卵細胞には、多精を阻止する反応として、急速な膜の脱分極と、卵細胞内のリソソーム様酵素に富む表層顆粒の囲卵腔への分泌が誘導される。その結果、透明帯の物理的、化学的変化と精子結合活性の喪失がもたらされる。

図5-9　ヒトの受精過程と初期分裂

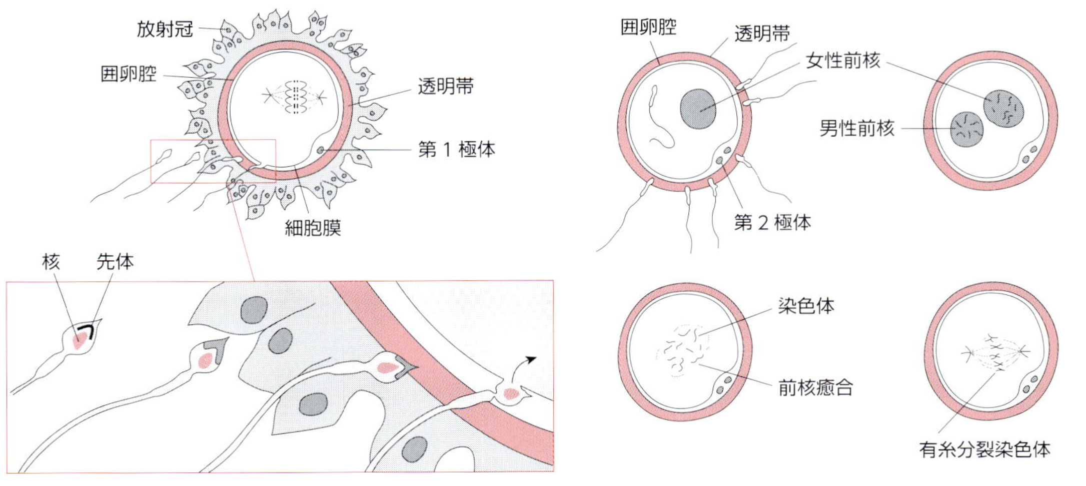

排卵された二次卵母細胞に精子が侵入すると、二次卵母細胞の核は2回目の減数分裂を完了させて、**二次極体**と**女性前核**（雌性前核、卵子核ともいう）になる。女性前核が形成されると、その23本の染色体（n）は精子に由来する**男性前核**（雄性前核、精子核ともいう）の染色体（n）と結合して受精卵（$2n$）になる。核の融合に続いて精子によって持ち込まれた中心体の周囲には星状体が発達し、有糸分裂が開始される（図5-9）。

卵子が受精すると妊娠黄体に変化し、受精しないと月経黄体となる。次の月経の4日ほど前から黄体は退化し、白体となって消失する（図5-8）。

動物の受精には、体外受精と体内受精がある。水中にすむ動物の多くは、精子と卵子を水中に放出して**体外受精**が行われる。陸上生活のみを行っている動物では、交尾という手段で精子が雌の体内に送り込まれ**体内受精**を行う。これは陸上生活に対する適応のひとつと考えられる。

5.3 発生とそのしくみ

多細胞生物の受精卵は、細胞分裂によって細胞数を秩序正しく増やし、さまざまな器官をあるべき部位にあるべき形で形成される。このように、1個の受精卵から成体になるまでの過程を**発生**という。

5.3.1 発生の過程

A 受精卵と卵割

受精卵は、すぐに連続した体細胞分裂をくり返すようになる。このような、発生の初期に起こる体細胞分裂を**卵割**という。卵割によって母細胞から分割してできた娘細胞のことを**割球**と呼ぶ（図5-10）。卵割における体細胞分裂は、核分裂のみで細胞質分裂が起きないので、分裂後の細胞は成長せず、その大きさは卵割するたびに小さくなっていく。受精した卵子の発生初期の段階を**胚**と呼ぶ。

B 卵黄と卵割

卵子には、胚が発生するために必要な栄養分を蓄えた**卵黄**が存在する。卵黄は細胞分裂を妨げる働きがあるため、その量と分布は卵割の様式に影響を与える。動物極と植物極の2つの極を含む面が卵割面となるような卵割を**経割**、2つの極に対して直交する赤道面または平行する面での卵割を**緯割**と呼ぶ（図5-4）。

棘皮動物のウニの卵では卵黄が比較的少なく、均一に分布している。このような卵子を**等黄卵**といい、卵割は卵子全体で起こる。第三卵割までは、生じる割球の大きさがほぼ等しい8個の割球に分かれる。このような卵割の方法を**等割**という（図5-10）。しかし、16細胞期になる第四卵割では、動物極側の割球は等しい大きさに分裂して8個の中割球となるのに対して、植物極側の割球は不均等に分裂して4個の大割球と4個の小割球になる。

両生類のカエルの卵子では、卵黄の分布が植物極側にかたよっている**端黄卵**で、卵割は卵子全体で起こるが、第三卵割以降では、動物極側の割球が植物極側の割球よりも小さくなる**不等割**が生じる（図5-10）。また、メダカやニワトリの卵黄はきわめて多く、卵割は卵子の表面の**胚盤**と呼ばれる部位にかたよって起こる。このような卵割の方法を**盤割**という（図5-10）。

昆虫の卵黄が卵の中心部に偏在している**心黄卵**（中黄卵ともいう）では、内部で核が分裂した後、それらが卵の表面に移動して表面だけが卵割する**表割**がみられる（図5-10）。

カエルの卵子では、精子が入った場所と反対側に、**灰色三日月環**と呼ばれる色調が変わった模様が現れる。発生が進むとこの部分の植物極寄りに原口が生じ、またこの部分の細胞質を含む細胞群が原口背唇部になる。胚では、灰色三日月環が、その後の発生に重要な役割を担っている。

図 5-10　卵の種類と卵割の様式

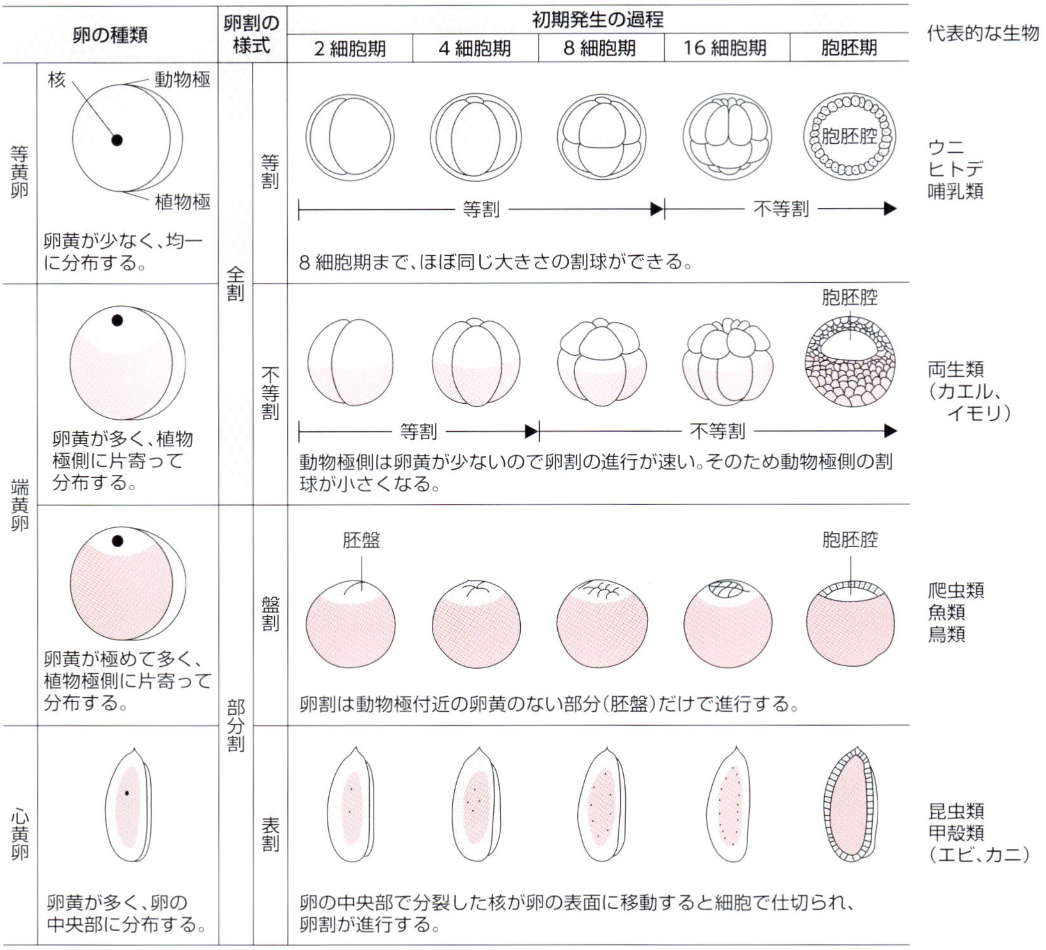

C　胞胚の形成

卵割が進み、細胞の数が増えてくると、胚は表面がでこぼこした桑の実に形が似てくることから、**桑実胚**と呼ばれる。この頃にウニやカエルの胚の内部には、**卵割腔**と呼ばれる空所ができる。さらに発生が進むと、この空所は広がって**胞胚腔**となる。この時期の胚を**胞胚**といい、ウニの胞胚は 1 層の細胞からできている（図 5-11）。また、カエルの胞胚は多くの細胞層からできており、胞胚腔は動物極側にかたよっている。胚はやがて受精膜を溶かし破って孵化し、線毛で海水中に泳ぎ出す。

D　原腸胚の形成と 3 つの胚葉の分化

孵化後しばらくすると、植物極の中胚葉細胞の一部が胞胚腔にこぼれ出てくる。この細胞を**一次間充織**という。発生が進むにつれて、胞胚の 1 か所から胚の内部に向かって表面の細胞群が移動していく。この現象を**陥入**という。陥入が進行するにつれて、その内部に**原腸**と呼ばれる新たな空所ができる。この原腸の入り口を**原口**という。原腸が形成される時期の胚を**原腸胚**という。原腸の形成に伴って、原腸胚で、外側の細胞層を**外胚葉**、原腸をとり囲む内側の細胞層を**内胚葉**、また外胚葉と内胚葉の間の**中胚葉**という。原腸胚期には、胚を構成する細胞群が大きく移動し、胚の大まかな体制が定まるとともに、さまざまな器官を形成するもとになる 3 つの**胚葉**が分化する。

図 5-11　カエルとウニの発生過程

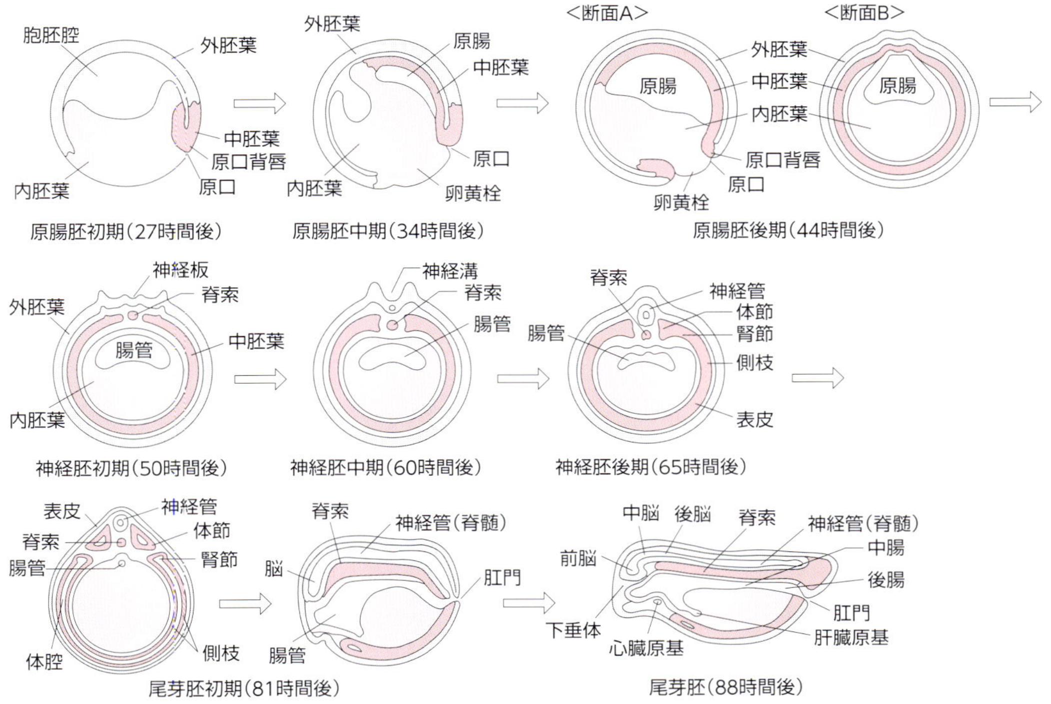

(a)　カエルの発生過程

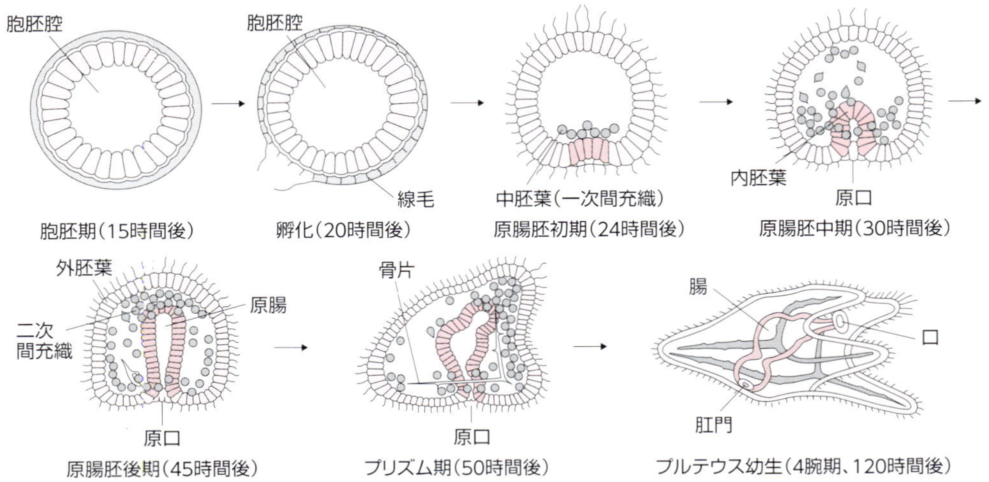

(b)　ウニの発生過程

a　ウニの原腸胚形成

原腸がさらに動物極側へ向かって伸びていく原腸胚後期の頃、原腸の先端部に、もう一群の中胚葉細胞である**二次間充織**ができる。原腸はさらに伸びて、動物極側の細胞に接するようになる。この時期から**骨片**の形成が始まる。

b　カエルの原腸胚形成

原腸胚初期の赤道よりやや植物極側によった部分から陥入が起こり、**原口**が形成され、**原腸**の陥入が始まる。原口の上側の**原口背唇部**は陥入して、胞胚腔の動物極側の細胞に裏打ちするようにしながら、胞胚腔を押しやり、胚の内部へともぐり込んでいく。また、外側では、動物半球側の細胞が扁平になって表面積を広げていく。その結果、それまで胚の表面を覆っていた細胞は押されるようにして、原口に向かって流れ込んでいく。原腸の陥入は原口背唇部から始まり、側方と下側の細胞も陥入していくが、植物極側にあった細胞は陥入しない。この部分は、外側からは円形に見え、**卵黄栓**と呼ばれる。また、陥入が進むにつれて原腸は胚の内部で広がるに従って、胞胚腔は胚の前方に押しやられ、やがて消滅する。

原腸胚が完成する頃の胚は、外側の細胞層としての**外胚葉**、原腸をとり囲む内側の細胞層としての**内胚葉**、また外胚葉と内胚葉の間に位置する**中胚葉**という3層の細胞層が、それぞれ区別されるようになる（図5-12）。

E　カエルの神経胚と尾芽胚の形成

原腸の形成がほぼ終了した頃、外胚葉の背側中央部が厚く平たくなって神経板を形成する。**神経板**の両側の周辺が背側の中央部に向かって巻き上がる。このため、背側正中線に沿って**神経溝**と呼ばれる溝ができる。さらに巻き込み、背側の中央部で融合して**神経管**と呼ばれる管を形成する。このように、胚の背側で神経管が形成される時期の胚を**神経胚**という。

さらに発生が進むと、胚の後端に**尾芽**と呼ばれる組織が伸びはじめ、**尾芽胚**となる（図5-11）。尾芽胚では、中胚葉に由来する脊索のほかに、体節・腎節・側板がはっきりと区別できるようになる。さらに3つの胚葉が分化して、さまざまな組織・器官が次々と形成される。

この頃に、胚は卵の膜を溶かして破り、**孵化**が起こる。尾芽胚は、さらに成長して幼生であるオタマジャクシになる。オタマジャクシは成長するに従い、後肢、次いで前肢が形成される。その後、尾がアポトーシスによってなくなる。さらに鰓が萎縮して肺が発達する。このような変態を行って成体のカエルになる。

F　器官の形成

a　ウニの器官形成

原腸胚は、その後**プリズム幼生**を経て**プルテウス幼生**となる。このとき、外胚葉は表皮、中胚葉に由来する一次間充織からは骨片、二次間充織からは筋肉や色素細胞などがそれぞれ形成される。内胚葉である原腸は食道、胃、腸などの消化管に分化する。プルテウス幼生は、海中を泳ぎながらプランクトンを餌に成長し、やがて**変態**して稚ウニとなり、海底生活に入った後、成体になる（図5-12）。

b　カエルの器官形成

発生が進むにつれて、外・中・内の3つの胚葉から、さまざまな器官が分化する。各胚葉からの器官形成は、どの脊椎動物でもほぼ共通している（図5-12）。

外胚葉からは表皮が、背側の外胚葉からは神経管が分化する。神経管の前方はふくらんで脳を、その後方は脊髄を形成する。さらに、脳の一部は左右両側にふくれ出て眼胞となって眼を形成する。また、眼以外の受容器や末梢神経も、外胚葉からつくられる。

神経管のすぐ下にある中胚葉の細胞は、くびれて棒状の**脊索**を形成する。残った中胚葉の細胞群は外胚葉と内胚葉の間に入り込み、**体節**と**側板**を

図5-12　各胚葉の分化

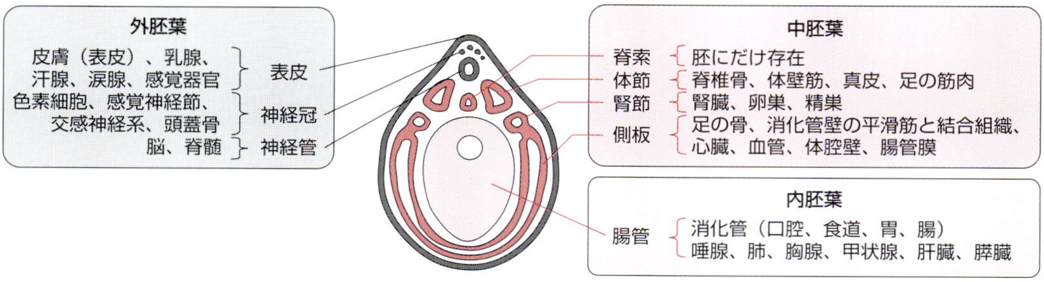

形成する（図 5-11）。側板は、さらに内外の 2 層に分かれ、外側は体壁の組織になる。体節からは筋肉や骨が、腎節からは腎臓などの排出器官がつくられる。また、側板のなかの空所は**体腔**になり、側板の腹側の部分から心臓や血管が分化する。精巣や卵巣などの生殖器官は腎節と側板からつくられる。

原腸の底部に位置していた内胚葉は管状に伸びて**腸管**を形成する（図 5-11）。原口の位置には肛門が、その反対側が開口して口が形成される。発生が進むにつれて、腸管はさらに食道・胃・腸などへ分化するとともに肝臓や膵臓を形成する。また、鰓や肺などの呼吸器官や甲状腺も内胚葉に由来する。

5.3.2 ヒトの発生

A 胚盤胞と胎芽の発達

卵管内を蠕動と線毛運動により子宮頸へ移動しながら、受精卵は急速な有糸細胞分裂を始める（図 5-13）。発育中の胚芽は子宮に到達するまでに桑実胚にまで分化する。着床するまでの間も胚芽は発育を続け、約百個の細胞をもつ状態になり、そして**胚盤胞**（胞胚）に分化する。

胎齢が 8 週未満（妊娠週では 10 週未満に相当）までの器官形成期、つまりヒトとしての形ができるまでの期間は、胎児ではなく**胎芽**と呼び、胎齢が 8 週以降を**胎児**という。

受精から 5 ～ 8 日後、受精卵は中心部に液体がたまった胚盤胞と呼ばれる状態になって子宮内膜に接着する。このとき起こる一連の過程を**着床**といい、受精後 9 ～ 10 日目までに完成する（図 5-13）。胚盤胞の壁はほとんどが 1 層の細胞でできているが、一部で 3、4 層に重なっていて、この部分の内側の細胞のかたまりが**胎芽**となり、外側の壁の部分が子宮内膜に入り込んで**胎盤**になる（図 5-14）。胎盤は、酸素と栄養素を母体から胎児へ、老廃物を胎児から母体へ運ぶ働きも担っている。受精卵が子宮内膜に着床すると、細かい毛のような絨毛が、子宮内膜のなかに入り込み、母体から栄養を得ようとする。着床すると、絨毛組織からヒト絨毛性性腺刺激ホルモンがすぐに分泌され、妊娠継続に働く。

図 5-13　ヒトの初期発生過程

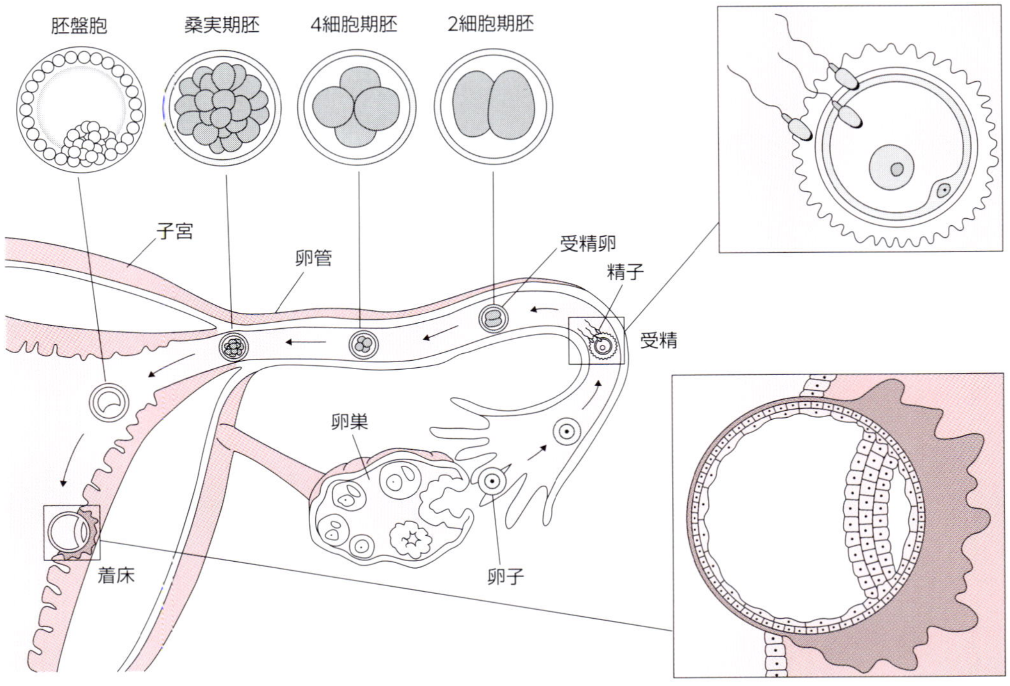

図 5-14　胎盤の構造

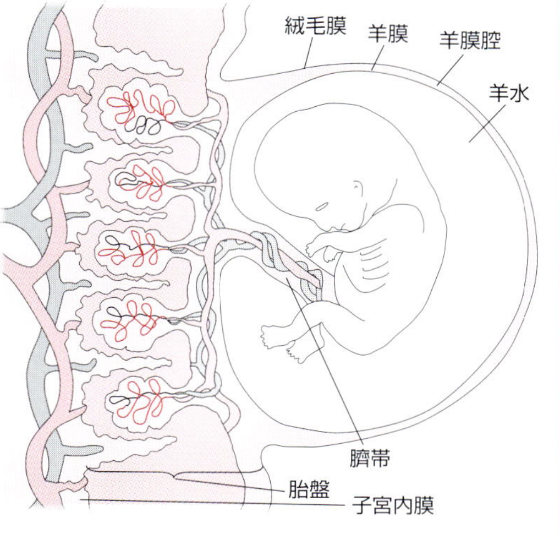

胎盤と胚芽をつないでいる管を**臍帯**といい、その長さは 50 ～ 60 cm である。臍帯の内部には 1 本の太い臍静脈と 2 本の細い臍動脈で構成されている。**臍静脈**は母体から胚芽への流れで栄養や酸素を含んだきれいな血液（動脈血）が流れている。**臍動脈**が胎児から母体への流れで、老廃物や二酸化炭素を含んだ血液（静脈血）が流れている。胚芽から出た血管は臍帯を通って胎盤に入り、絨毛内へ伸びている。絨毛内を流れる胎芽の血液と、絨毛間腔という絨毛周囲の空間に流れている母体の血液とは、**血液胎盤関門**と呼ばれる薄い膜で隔てられている（図 5-14）。この血液胎盤関門を介して母体と胎芽の血液間でガスや物質が交換される。血液胎盤関門の防壁能はあまり強くなく、非イオン性でかつ脂溶性の高い物質は透過することができる。母体の循環血液中の抗凝固薬のワルファリンやステロイドホルモン薬のデキサメサゾンなどは脂溶性物質なので、胎児の循環血液中へ移行する。

胎芽は**羊水**という液体に浮かんだ状態で成長する。卵膜のいちばん内側の膜である**羊膜**は、羊膜腔という空間をつくり、そのなかに羊水を蓄えている。妊娠のごく初期の羊水は羊膜表面の細胞でつくられるが、その後に羊水は母体からの水分の供給、胎児からの尿、胎児の気道からの分泌液で構成されるようになる。羊水は胎芽が成長できる空間を確保する役割を果たしている。また、外からの衝撃を吸収して胎芽を保護する役割も担っている。

着床した胚芽はさらに成長を続け、受精後 2 週間で外胚葉、内胚葉の 2 種類の細胞が分化してくる。さらに 1 週間後には、外胚葉と内胚葉の間に、中胚葉と呼ばれる第三の細胞群が分化する。受精後 3 週間ほどで胎芽はようやくヒトの形をとりはじめ、この頃から内臓の形成が始まる。ほどなく、脳や脊髄になる神経管の発達も始まる。心臓と主要な血管は、受精後 16 ～ 17 日目に発達を始め、20 日目までには心臓が血管に血液を送りはじめる。

受精から 8 週間後前後になると、ほとんどの臓器が完成する。ただし脳、脊髄、呼吸器、消化器は妊娠期間を通して発達を続ける。胎児の奇形の多くは、この時期に起こる。胎芽はこの時期、薬や放射線、ウイルスの影響をもっとも受けやすい状態にあるため、妊婦は生ワクチンの接種を避け、薬の服用もできるだけ避けることが望ましい。

B　胎児の発達

妊娠 12 週までには胎児が子宮全体を占めるようになり、器官の形成が終わる。この後は、からだの成長が主になる。からだの成長は、全体で均一に起こるわけでなく、頭部がほかの部分より先行して発育する。

各臓器は大きさが増すだけでなく、機能も成熟していく。皮膚は薄くて赤い状態から、皮下脂肪が発達して厚みが増し、うぶ毛が生え、爪も伸びてくる。腎臓の発達によって胎児は排尿するようになる。

妊娠の期間は、最終月経の開始日を起点として週単位で数える。出産予定日は、最終月経開始日から 9 か月と 1 週間後として計算される。出産日が、予定日の 3 週間前～ 2 週間後までの間であれば、正常（正期産）とみなされる。

排卵は月経開始日からおよそ 2 週間後に起こり、受精は排卵のすぐ後に起こる。したがって、胎児の実際の週齢は、通常使われる妊娠期間を表す週数よりも約 2 週間若いことになる。たとえば、妊娠4週といった場合、胎児の実際の週齢は2週である。妊娠期間は受精した日から計算すると平均266日（38週）、最終月経開始日から計算すると280日（40週）になる。

C　分娩

妊娠末期に胎児が腟腔を通って外部に排出される現象を**分娩**と呼ぶ。母体では妊娠末期になると、子宮筋が**オキシトシン**に反応して収縮を始める。一方、胎児では、**コルチコイド**を分泌して、胎盤を刺激し、**プロスタグランジン**の合成と放出を起こさせる。そして、この物質が母体の子宮筋を収縮させたり、オキシトシンの分泌を刺激したりする。こうして、胎児は子宮筋の収縮とともに旋回しながら下降してくる。分娩は、胎児の排出後に残った胎盤が放出されて完了する。

D　ES細胞とiPS細胞

ヒトの初期発生では、受精後数日で後期胚盤胞が形成される。1層の細胞でできた栄養膜が卵子を形づくる。内部には**内部細胞塊**が形成され、これが将来ヒト個体に発生する。この時点で内部細胞塊をとり出して人工的に培養したものが**ES細胞**（embryonic stem cell、**胚性幹細胞**）と呼ばれる細胞である（図5-15）。ES細胞は、ヒト受精卵から作成するため、慎重な運用が求められている。また患者へ移植するとMHCが異なるため拒絶反応が起こる可能性がある。そこで、患者自身の体細胞から直接ES細胞と同じ能力をもった幹細胞を樹立することが求められていた。

体細胞へ*Oct3/4*・*Sox2*・*Klf4*・*c-Myc*と呼ばれる4つの遺伝子を導入することにより、ES細胞のように非常に多くの細胞に分化できる分化万能性と、分裂増殖を経てもそれを維持できる自己複製能をもたせた**人工多能性幹細胞**（induced pluripotent stem cells、**iPS細胞**）が樹立された。このiPS細胞は京都大学の山中伸弥教授らのグループによって、マウスの線維芽細胞から2006年に世界で初めて作成された。ジェームズ・トムソン（James Thomson）らのグループも、*Oct3/4*・*Sox2*・*Nanog*・*Lin28*という4つの遺伝子を導入してヒト由来のiPS細胞の樹立に成功した。ヒトのiPS細胞は、患者自身の皮膚細胞からも樹立できることから、脊髄損傷や若年型糖尿病など多くの疾患に対する細胞移植療法につながるものと期待されている。また、ヒトのiPS細胞から分化させた心筋細胞や肝細胞は、有効で安全な薬物の探索にも大きく貢献すると期待されている。

図5-15　ES細胞の樹立、分化と応用

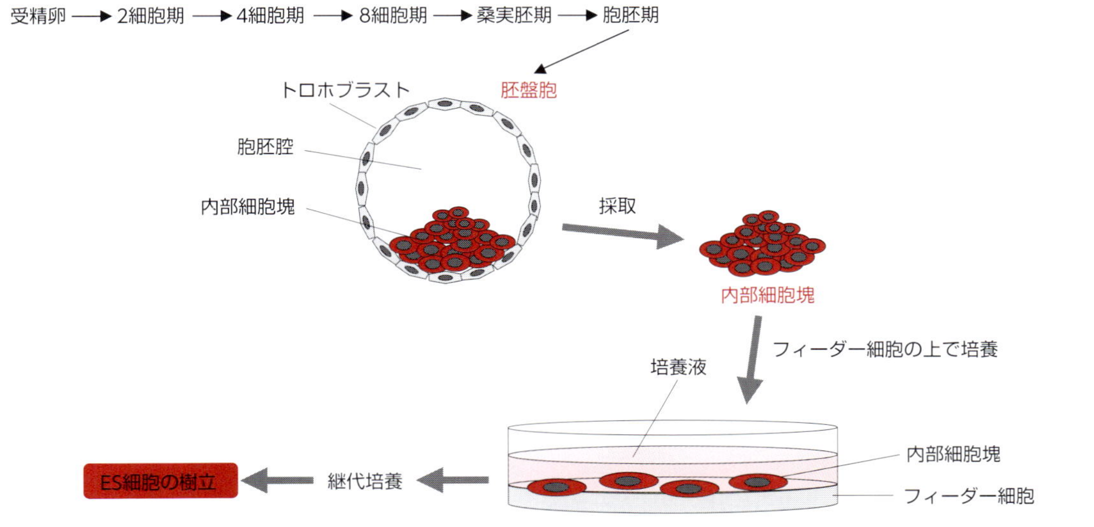

5.3.3　発生のしくみ

受精卵から複雑な調和のとれた成体ができあがる。この発生のしくみについては、19世紀の終わり頃に実験的に胚を扱えるようになって、多くのことが解明されてきた。しかし現在でも、盛んに発生のしくみについて研究されているが、まだ解明できていないことも数多く残っている。

A　前成説と後成説

個体発生において、受精卵中にあらかじめ成体の諸器官が縮小された形で備わっていて、これに基づいて発生が行われるという考え方を**前成説**いう。19世紀後半になって顕微鏡が発達することで、それまで無構造であると考えられていた初期胚にはさまざまな構造が認められるようになり、前成説が広く支持された。前成説のなかでは、卵子と精子のどちらにひな型が入っているかの判断が分かれた。それに対して、受精卵中に成体のひな形が備わっているのではなく、胚の各部位が発生の過程で新しくつくられ、成体の構造が形成されていくという**後成説**が提唱された。18世紀中頃から19世紀前半にかけて、発生学の研究が進歩するに伴い、次第に後成説が有利となり、前成説は消滅していった。

B　モザイク卵と調節卵

ホヤやウリクラゲの卵子のように、胚の一部の割球が発生の初期段階に失われた場合、残った割球が失われた部分を回復させる能力をもたない卵を**モザイク卵**という。

一方、ウニやカエルの2細胞期の胚を分離した割球は、それぞれが完全な個体に発生できる。ウニやカエルの卵子のように、割球の一部に完全な胚を発生させる能力がある卵子を**調節卵**という（図5-16）。

調節卵であっても、卵割がより進んだ段階で割球を分離すると、完全な胚は生じない。現在では、モザイク卵と調節卵の違いは、各割球の発生運命の決まる時期が早いか遅いかの違いかであると考えられている。

C　胚の予定運命図

胞胚期に表面にあった細胞の一部が陥入して内胚葉や中胚葉に分化し、さらにそこから成体の各器官が形成されていく。胚の各部位が将来どの器官になるかを胚の**予定運命**という。ドイツのヴァルター・フォークト（Walther Vogt）は、イモリの**胞胚**のさまざまな領域を、部分的に染色する局所生体染色法を開発した。フォークトはこれにより染色された胚がどのように分化するかを追跡

図5-16　モザイク卵と調節卵

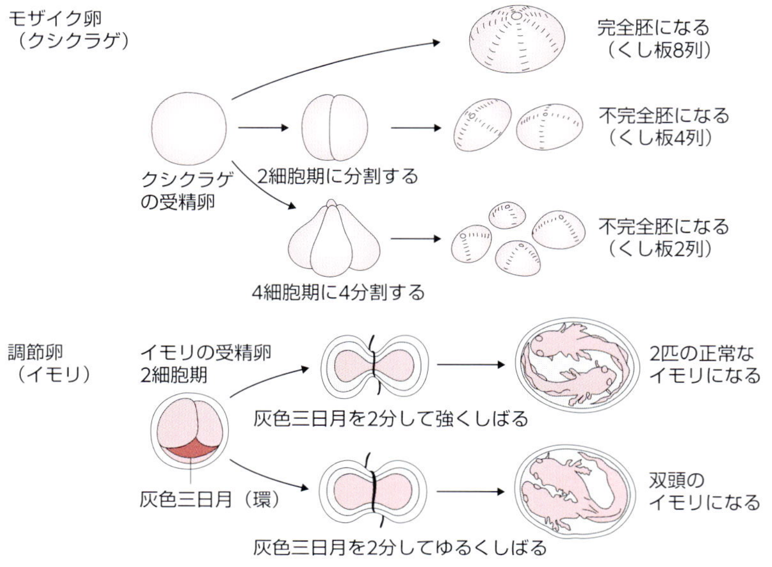

調査し、胚が将来形成する原基の位置を示した**予定運命図**（原基分布図ともいう）を作成した（図 5-17）。

局所生体染色法で染色された胞胚の各領域は、発生の過程で移動して、尾芽胚の各器官を形成する。このような細胞群の動きを**形態形成運動**という。

D 予定運命の誘導と決定時期

ドイツのハンス・シュペーマン（Hans Spemann）は、胚の各部位が分化する時期を調べるために、卵子の色が異なる 2 種類のイモリを用いて**初期原腸胚**の**予定神経域**と**予定表皮域**の一部分を交換移植した。その結果、移植された予定神経域片は予定運命に従って表皮に、予定表皮域片は神経になった。同様の交換移植を**後期原腸胚**で行うと、それぞれの移植片は予定運命に応じて分化する場合と、しない場合があった。分化する場合でも、予定神経域片と予定表皮域片がそれぞれ表皮と神経になるのに、初期原腸胚のときよりも時間がかかった。さらに、初期神経胚の予定神経域と予定表皮域の一部分を交換移植すると、移植片は予定運命のとおりに神経や表皮になった（図 5-18）。これらの結果から、初期原腸胚では予定神経域や予定表皮域の発生運命はまだ決定されていないが、発生が進むにつれて徐々に決定され、初期神経胚では変更できなくなることが明らかになった。

E 形態形成

形態形成は、基本設計・体節形成（分節化）・各体節の分化の 3 つの過程が段階的に進行する。基本設計では極性遺伝子群（母性効果遺伝子）、分節化では分節遺伝子群、体節の分化ではホメオティック遺伝子群が階層的に発現を誘導し、機能する。形態形成は前後軸（分節化）、背腹軸（胚葉分化（器官形成））方向に独立した機構で、平行して進行する。

a 前後軸の形態形成

ショウジョウバエの卵子では、受精前に母性効果遺伝子によって主要な極性が決定する。ハエの前後軸は、卵子に局在した mRNA により決定される。それらの mRNA をコードする遺伝子は**母性効果遺伝子**と呼ぶ。**頭尾極性**と**背腹極性**の確立は、その後の胚の発生におけるすべての遺伝子発現に影響を与える。それらは卵巣内の細胞で発現されたものである。*bicoid* と *hunchback* はショウジョウバエの胚の前部（頭と胸）を、*nanos* と *caudal* は胚の後部の腹部を決定するのに重要な母性効果遺伝子である。

これらは、細胞骨格が卵子内で極性化し、細胞の特定の部位へ mRNA を局在できるようにしている。*bicoid* mRNA は形成中のショウジョウバエ卵子の前端に、*nanos* mRNA は卵子の後部へ集中する。*hunchback* mRNA と *caudal* mRNA は卵子内部へ均一に広がっている。

bicoid mRNA は、卵子形成の過程で**哺育細胞**（ナース細胞ともいう）から卵子に輸送され、卵子の先端部に止まる。*bicoid* mRNA は、受精とともに合成が開始される。哺育細胞と卵母細胞は、いずれも卵祖細胞から分裂してできた細胞であるが、哺育細胞自身が合成したタンパク質や

図 5-17　イモリにおける初期原腸胚の予定運命図

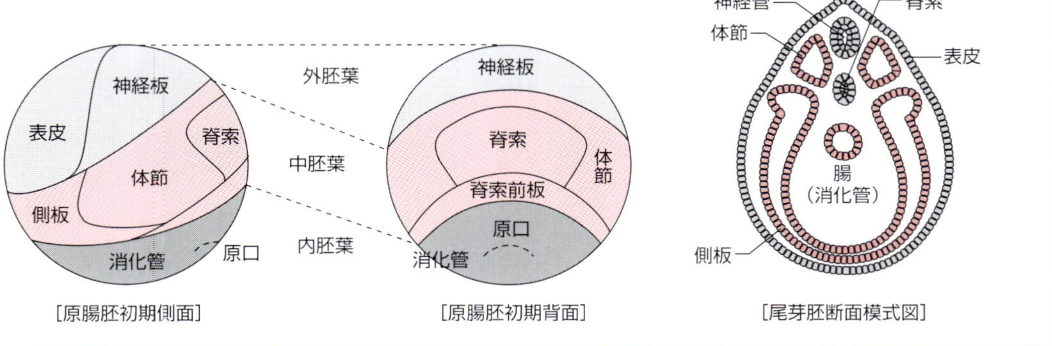

図 5-18　シュペーマンの胚の交換移植実験

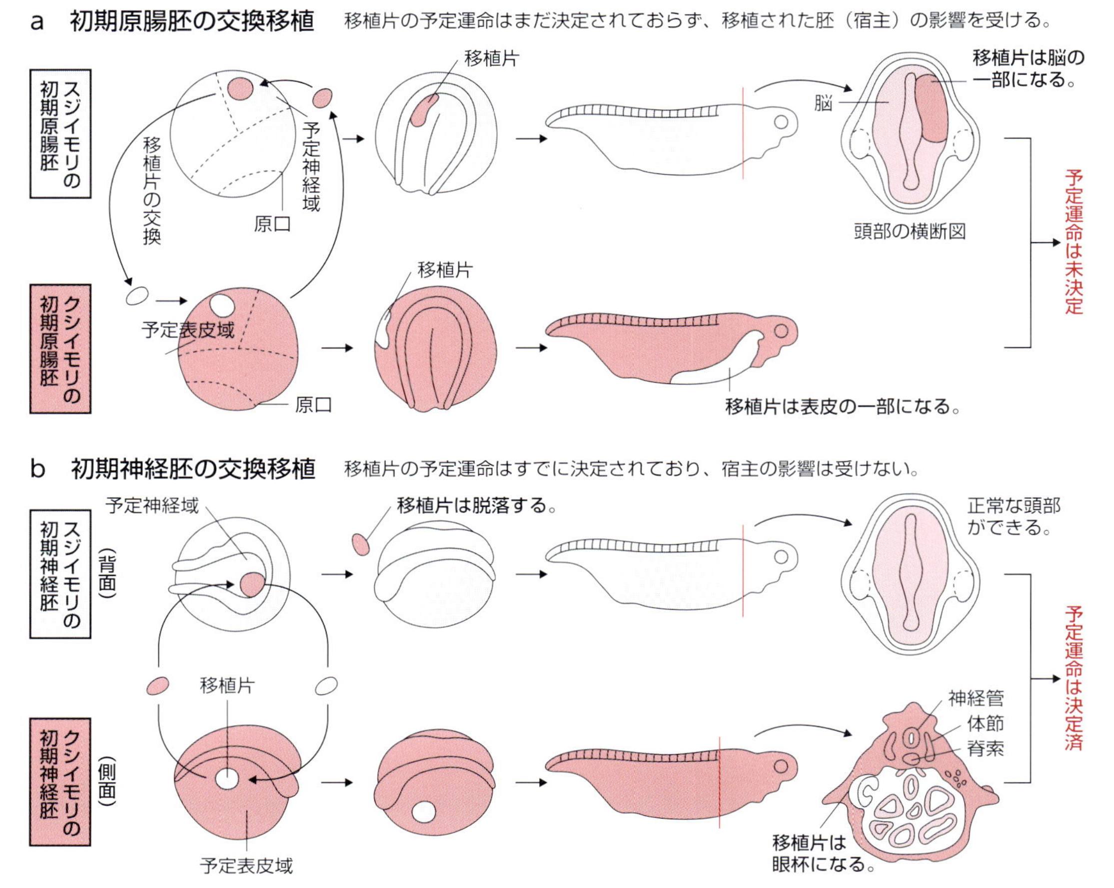

mRNA を卵母細胞へ渡して、卵母細胞を成長させる役割を担っている（図 5-19a）。合成された Bicoid タンパク質は胚の先端から拡散し、後方に向けて濃度勾配が生じる。すなわち、胚の前端でもっとも高く、後端にいくに従って低くなっていく（図 5-19b）。一方、*nanos* mRNA も卵子形成の過程で哺育細胞から卵子に輸送され、後端に蓄積される（図 5-19c）。受精とともに合成が開始された Nanos タンパク質は、胚の後端から拡散し、後端でもっとも高く、前端にいくに従って低くなってくる。Caudal タンパク質が細胞後部にだけつくられるように Bicoid タンパク質はブロックする。Nanos タンパク質は *hunchback* mRNA に結合してショウジョウバエ胚後部でその翻訳をブロックし、前端側でのみ合成できるようにする。これらの作用によって前後軸に沿った分化が起きることになる。

b　背腹軸の形態形成

ショウジョウバエの背腹軸に沿った位置情報は、核に存在する転写因子 Dorsal タンパク質の濃度勾配として与えられる。核の dorsal の濃度勾配の形成には、囲卵腔に蓄えられた濾胞細胞からの情報がかかわっている。卵母細胞の形成過程で、核は卵母細胞の前端の細胞膜直下に移動する。この核が移動した部位が、後に胚の背側になる。核は *gurken* mRNA を合成し、mRNA は翻訳されて核の周辺に分泌性の Gurken タンパク質が合成され拡散し、濃度勾配が形成される。卵母細胞から囲卵腔に分泌された gurken は、濾胞細胞の細胞膜受容体に結合し、濾胞細胞の pipe の合成を抑制するが、腹側の pipe 合成には影響しない。pipe は濾胞細胞から囲卵腔に分泌される伝達因

図 5-19　ショウジョウバエの初期胚における Bicoid タンパク質と Nanos タンパク質の濃度勾配形成のしくみ

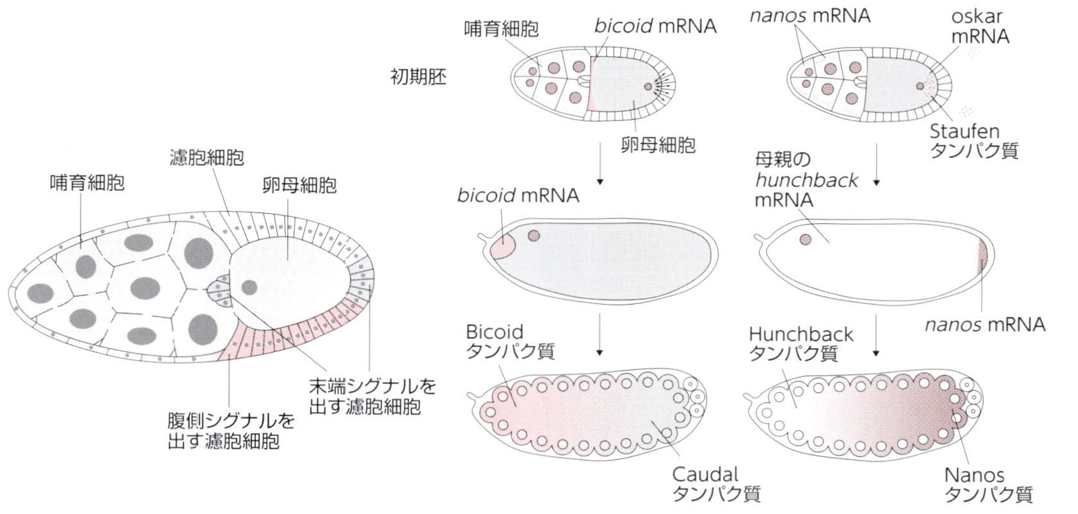

子であり、囲卵腔および卵母細胞内のシグナル伝達カスケードを介して、最終的に胚の核に dorsal を蓄積させる。卵母細胞の核から遠い細胞質では gurken の濃度が低いか、分泌されない。gurken の濃度に反比例するように濾胞細胞から囲卵腔に pipe が分泌され、胚の腹側の核の dorsal 濃度が高くなり、腹側の構造が形成されることになる。

c　分節化と分節遺伝子

ショウジョウバエで大まかに前後軸と背腹軸が決まると、次にこれをもとに体節構造を形成する遺伝子が働く。胚に体節構造をつくらせる遺伝子群を**分節遺伝子**と呼ぶ。この遺伝子は胚胞形成後に発動、幼虫までに完成する。25 個以上の分節遺伝子群が階層的に機能し、体節単位に分割し、体節の極性を決定する。それには、胚を大きな領域（5 ～ 6 個）に分割するギャップ遺伝子群、胸部、腹部を体節単位に分割するペア・ルール遺伝子群、体節の前後極性を決定し、細分化するセグメントポラリティー遺伝子群の 3 つのグループがある。

ギャップ遺伝子群は発現量が Bicoid タンパク質と Nanos タンパク質によって調節される。ギャップタンパク質はすべて転写制御因子で、下層のペア・ルール遺伝子などの発現を制御する。

ペア・ルール遺伝子群は、体節幅を単位としたベルト状発現（7 本）する。奇数番目のパラセグメントで発現するペア・ルール遺伝子と、偶数番目のパラセグメントで発現するペア・ルール遺伝子があり、胚は 14 本のストライプに区画化される。これらのタンパク質も転写制御因子で、下位のセグメントポラリティー遺伝子発現を制御する。

セグメントポラリティー遺伝子群は、動物の胚発生の初期において組織の前後軸および体節を決定する遺伝子で、胚段階で体節にかかわる構造の適切な数量と配置について決定する役割を担っている。また、これらの遺伝子群は、体節単位のくびれや、大まかな形態形成を誘導する。

d　体節の分化とホメオティック遺伝子群

この遺伝子群は、特徴的な転写制御因子をコードし、肢、羽、平均棍などの現実化遺伝子群の発現を制御する。突然変異により体の構造（肢、羽、平均棍など）が異所性に発現する。ホメオーシスに関係するので、**ホメオティック遺伝子**（相同異質形成遺伝子ともいう）と呼ばれる。ホメオティック遺伝子は第 3 染色体の 2 か所に連なっており、アンテナペディア・コンプレックスと、バイソラックス・コンプレックスと呼ばれる遺伝子群がある。

アンテナペディア・コンプレックスは3′末端から、*lab*、*pb*、*Dfd*、*Scr*、*Antp* の順に並んでいる。*pb* は成体になって初めて機能する遺伝子であり、前端の口の形成にかかわる。*lab* と *Dfd* は頭部の体節を分化させ、*Scr* と *Antp* は胸部の体節を分化させる。

一方、**バイソラックス・コンプレックス**はDNAの3′末端から、*Ubx*、*abdA*、*abdB* の順に並んでいる。*Ubx* は、3番目の胸部体節の分化にかかわる。*abdA* と *abdB* は、腹部体節の分化にかかわっている。

ホメオティック・コンプレックスの各遺伝子の前後軸に沿った発現領域の並び順と、遺伝子の並び順が一致している（図5-20）。脊椎動物でも同様な遺伝子群をもっており、各遺伝子をまとめてホックス（*Hox*）クラスターと呼ぶ。脊椎動物では、遺伝子重複によって *HoxA*、*HoxB*、*HoxC*、*HoxD* の4つのコンプレックスから成り立っており、ショウジョウバエのホメオティック・コンプレックスと同様に、前後軸や四肢の基部先端軸に沿って領域特異的に発現する。脊椎動物の *Hox* 遺伝子群も体軸に沿ったパターン形成にかかわることが明らかになっている。

F　形成体と誘導

カエルの発生に重要な働きを担っている灰色三日月環は、原腸胚の原口背唇部になっていく。そこで、原口背唇部の働きを調べるために、シュペーマンらは、卵の色が異なる2種類のイモリの胚を用いて、一方の初期原腸胚の原口背唇部を切り出し、もう一方の同じ時期の胞胚腔に移植した。その結果、移植片を中心に新たな形態形成運動が起こり、移植された胚の腹側に、本来の胚のほかにもうひとつの胚（**二次胚**）が形成されることを発見した（図5-21）。

移植片は予定運命に従って脊索になるとともに、周囲の外胚葉を神経管に分化させた。原口背唇部のように、形態形成を導く能力をもつ組織を**形成体**（オーガナイザー）といい、形成体がもつ分化を促す働きを**誘導**という。

図5-20　ショウジョウバエとマウスにおける *Hox* 遺伝子の発現パターンの比較

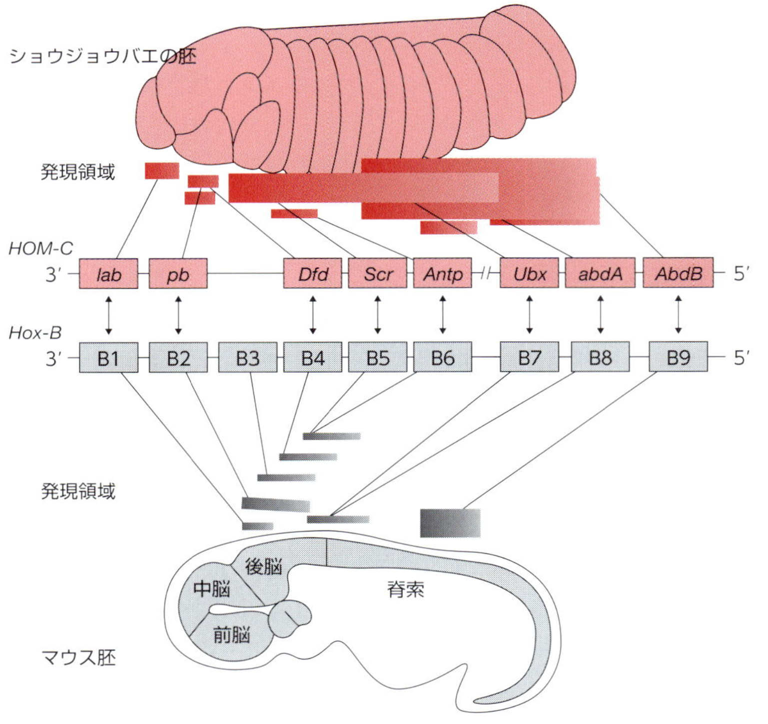

図 5-21　形成体による二次胚の形成

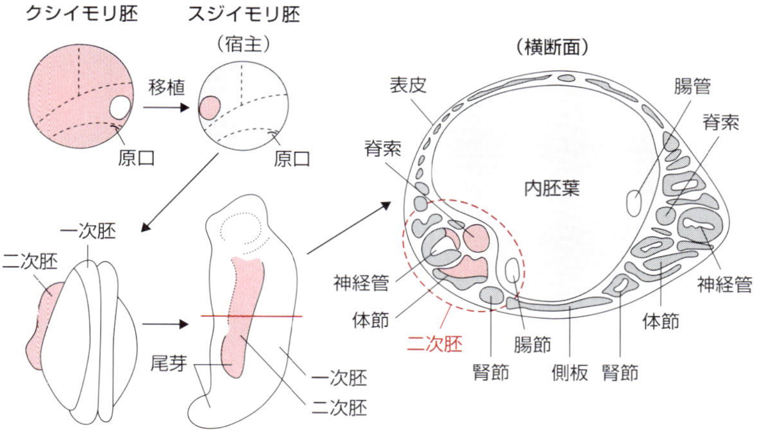

G　中胚葉誘導

シュペーマンの実験から形成体は原口背唇を含む中胚葉であることがわかった。ニューコープは、両生類の胞胚から予定外胚葉の動物極領域（**アニマルキャップ**という）と予定内胚葉の植物極領域に切り分けて培養を行った。動物極領域の培養片は外胚葉に、植物極領域の培養片は内胚葉に、それぞれ分化した。次に予定外胚葉を予定内胚葉の背側になる部分と接着して培養したところ、予定外胚葉の細胞は脊索などの中胚葉性の組織に分化した。この実験から、予定内胚葉が予定外胚葉を中胚葉へ誘導していることが明らかになった。このようなに内胚葉をつくり出す予定内胚葉の働きを**中胚葉誘導**という。これに対して脊索による神経管の誘導を**神経誘導**という。中胚葉誘導は桑実胚期にすでに始まっていることが明らかになっている。

カエルの未受精卵には動植物軸があり、精子は色素が沈着した動物半球に進入する。卵子の表層は、精子が進入すると卵子の内部細胞質に対して約 30 度回転する。これを**表層回転**という。色素が沈着した表層が動物極方向に回転すると、精子の進入点の反対側に色が薄くなった領域が現れる。これを**灰色三日月環**といい、将来の背側中胚葉となる。背側中胚葉は形成体となり、背側の組織（脊索、体節、神経管など）を誘導する。この背側中胚葉を誘導するのが植物極背側領域であり、これを**ニューコープセンター**という。植物極背側領域は消化管内胚葉に分化する。

微小管の重合を紫外線照射によって阻止して表層回転を妨げると、背側の構造が形成されない。また、微小管の形成を重水によって促進すると、腹側の構造が小さくなり、背側の構造が増大する。卵割期の胚をリチウムイオンで処理すると、胚全体が背側化する。これはリチウムイオンが Wnt シグナル伝達系の GSK-3β の活性を抑制する結果、β-カテニン / 転写因子 TCF 複合体の形成と、それに続く標的遺伝子の発現が起こり、発生時の体軸や体節の形成、細胞の増殖や分化が制御される。このように、Wnt シグナル伝達系が背側構造の形成にかかわることが示唆されている。

中胚葉誘導因子としては、線維芽細胞増殖因子とアクチビンなどの形質転換増殖因子 β（TGF-β）がある。**アクチビン**は濃度依存的にさまざまな中胚葉組織を誘導する。アクチビンを未分化な細胞の集まりである予定外胚葉領域（アニマルキャップ）の培養液に添加すると、濃度依存的な細胞分化を誘導する。低濃度（0.25 ～ 0.5 ng/m*l*）で血球や体腔内上皮を、中濃度（1 ～ 10 ng/m*l*）で筋肉や神経を、高濃度（50 ng/m*l*）で脊索を誘導する。さらに、アクチビンと**レチノイン酸**を混合して添加すると、原腎管や膵臓を誘導することができる（図 5-22）。アクチビン以外にも TGF-β ファミリーに属す Vg1 や、BMP サブファミリー

図 5-22　アクチビンによる誘導

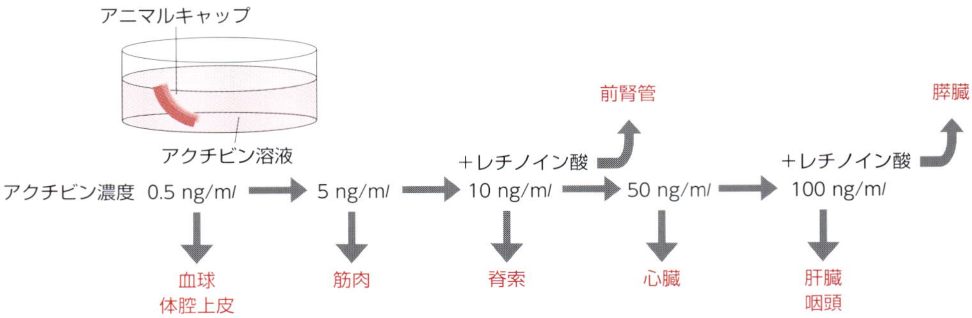

アクチビン溶液の濃度の違いによって血球ができたり、筋肉、脊索、心臓、肝臓などさまざまな臓器をつくることができることがわかっている。

に属す Nodal が中胚葉誘導因子として働く。また、アクチビンは BMP（骨形成タンパク、bone morphogenetic protein）と Nodal を介して働いていることが示唆されている。背側中胚葉は、BMP により上皮外胚葉を誘導する。また、腹側中胚葉は chordin、noggin、follistatin によって予定神経領域の外胚葉を誘導する。

オーガナイザーの領域には、転写因子 goosecoid が発現している。noggin、Wnt、アクチビンなどがオーガナイザーに転写因子 goosecoid の発現を誘導する因子である。

H　誘導の連鎖

形成体として働くのは、原口背唇部だけではない。眼の形成過程を例にとると、まず**原口背唇部**が**一次形成体**として誘導した神経管の前方はふくらんで脳ができ、その両側に眼胞というふくらみがつくられる。やがて、眼胞の中央部はくぼんで**眼杯**となる。この眼杯がさらに**二次形成体**として働き、眼杯に接した**表皮**を内側にくびれるように導き、自身は**網膜**に分化していくとともに、やがて分離した**水晶体**をつくる。そして、形成された水晶体が**三次形成体**として働き、近辺の表皮を**角膜**へと導いていく（図 5-23）。

動物の発生では、誘導によってできた組織がさらに別の組織を連鎖的に誘導する。このような連鎖によって、それぞれの細胞が相互作用をくり返しながら複雑な生物の形をつくり上げていく。

5.3.4　ヒトにおける器官の発生

A　神経系の発生（図 5-24）

ヒトの受精卵は発生第 3 週には内胚葉、中胚葉、外胚葉の三層性胚盤となる。外胚葉が肥厚して**神経板**となり、正中線に沿った**神経溝**をつくり、やがて神経板の左右の外側縁が癒着し、体内に埋もれて**神経管**となる。神経板の外縁部は**神経冠**（神経堤ともいう）となる。最終的に神経管系統からは中枢神経系が、また神経冠系統からは脊髄神経節、自律神経節後ニューロン、シュワン細胞、色素細胞が分化してくる。このほか、外胚葉からは、嗅上皮、水晶体、内耳の原基をつくる部分が肥厚

図 5-23　イモリの眼の形成過程と誘導の連鎖

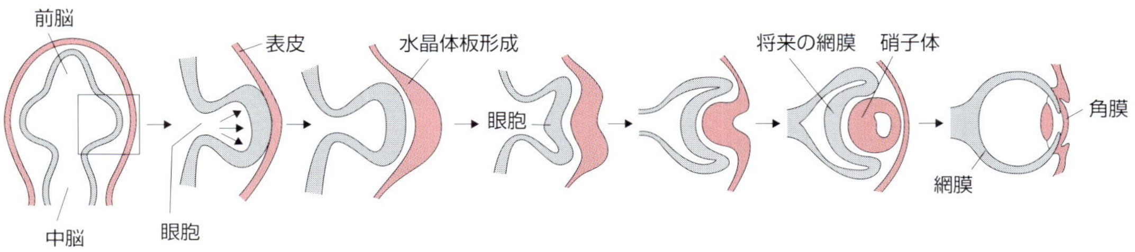

図 5-24　脳の発生

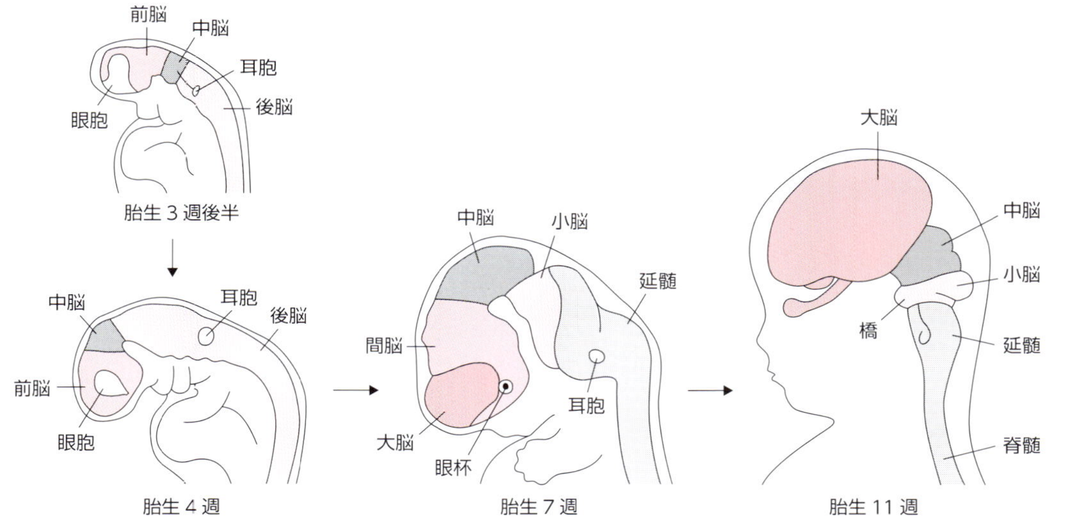

してプラコードと呼ばれる組織が生じる。

神経管の前部が**脳管**、後部が**脊髄管**になるが、発生が進むにつれて脳管の形態が修飾されて 3 つのふくらみが現れ、前方から**前脳胞**、**中脳胞**、**菱脳胞**となる（胎生 4 〜 6 週）。前脳胞からは終脳と間脳が分化し、終脳は左右一対の大脳半球をつくる。中脳胞からは中脳が分化する。菱脳胞は後脳と髄脳に分かれるが、後脳の背側は小脳を、腹側は橋を形成する。延髄は髄脳から分化する。

B　心臓血管系の発生

血液細胞と血管は卵黄嚢内胚葉を包み込む間葉域（胚性結合組織）において同時に誕生する。胎生 3 週初め頃に卵黄嚢内胚葉の誘導によって、これに接する間葉細胞の一部が**血島**と呼ばれる特殊な細胞塊を形成する。血島を構成する細胞は**血管芽細胞**と呼ばれ、血液細胞と血管内皮細胞に共通の前駆細胞となる。

a　心臓の発生（図 5-25）

心臓脈管系の発生は胎生初期の非常に早い時期に始まる。心臓が拍動を始めるのは胎生 22 日目で、この頃の心臓は 0.2 mm くらいの長さの X 字形をした単純な筒で、胎芽の体は 2 mm くらいである。胎生 18 日目頃の胎芽には、血島に由来する臓側中胚葉にできる 2 本の筒状の**心臓原基**が心臓形成域に認められる。胎生 3 週目の後期に癒合して、1 本の**心内膜筒**（後の心内膜）になる。心内膜筒の周囲の中胚葉が心筋層と心外膜をつくる。急速に発育して、胎生 28 日目では心筋層の発達した筒状の原始心臓（房室管）が形成される。原始心臓はひとつずつの心房と心室をもっているにすぎないが、その後発育が進行するにつれて、管がくびれて心房と心室との間を仕切る。胎

図 5-25　心臓の発生

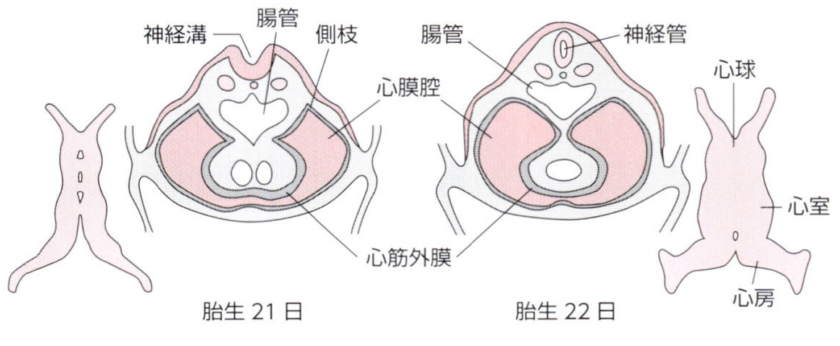

生5週目には心房の内面に小隆起（心房中隔）が発達してくる。同時に心室でも心室中隔が発生する。やがてそれぞれの中隔の発育によって、胎生8週目の胎芽では左右の心房、心室の4室が形成される。

b　血管と血液の発生

血島周辺部に位置する血管芽細胞は、血管内皮細胞へ分化する。内皮細胞は扁平化して血島内部をとり囲むように配列し、管状に連なる。この内皮細胞の管は、隣り合う血島どうしを結びつけるように伸びて、卵黄嚢を網目のように包み込む。その一方で、血島中心部に位置する血管芽細胞は血球細胞（**原始赤血球**）へ分化する。

卵黄嚢壁における血島の形成に引き続いて、心臓の前駆細胞も咽頭内胚葉による誘導作用を受けて間葉域に生まれる。心臓・血管・血液のいずれもが内胚葉の誘導によって発生する。心臓が拍動を始めると、内皮細胞がつくり上げた管腔がいっせいに開通し、血島で生まれた血液細胞が流れはじめる。

卵黄嚢壁における血管形成と同時に、後に臍の緒となる**付着茎**と**絨毛膜**においても血管形成が始まる。付着茎と絨毛膜における血管は絶えず出芽して、胎芽内の血管との結びつきを強める。そして、心臓が拍動を始めるとともに卵黄循環と胎盤循環が同時に脈を打ち、それを追いかけるように胎芽内循環が形成される。

C　呼吸器系の発生（図5-26）

頭尾方向の折りたたみが起きて、内胚葉に由来する原始腸管が確立されてからしばらくすると、胎生4週前半に前腸の腹側壁から**呼吸器憩室**がふくらみ出し、分岐して1対の胚芽を形成する。これは次第に前腸の背方部から分離され、胎生4週後半に前腸は腹方部の呼吸器原基と背方部の食道に分割される。胎生5週に**肺芽**は分枝しながら伸長をくり返し、6か月末までには**気管支**ができ、気道が細気管支のレベルまで完成する。胎生8週になると、多くの気管支が集合した**肺**が形成される。胎生16～25週の間に気管支から終末細気管支の内腔が拡張して呼吸細気管支が形成される。さらに、肺胞道に分岐し、その終末には肺胞に発達する**終末嚢**が形成される。すなわち、肺や気管の上皮はすべて内胚葉に由来する。鰓弓と鰓溝の発生に伴って多数のポケット状に突出した咽頭嚢が発生する。内胚葉性上皮に由来する咽頭嚢からは中耳腔・耳管、口蓋扁桃、上皮小体、胸腺が生じる。

D　消化器系の発生（図5-27）

消化器系は、大まかに口腔→咽頭→食道→胃→小腸→大腸→肛門管から構成されている。小腸は十二指腸・空腸・回腸に、大腸は盲腸・結腸・直腸にそれぞれ分けられ、結腸はさらに上行結腸・横行結腸・下行結腸・S状結腸に分けられる。消化器系はいずれも内胚葉由来の原始腸管から形成されてきたものである。

消化器官は、頭尾軸、背腹軸、左右軸、放射軸の4つの軸に沿って形成される。まず、頭尾軸に沿って各消化器官の位置が決定される。これに続いて、内胚葉と中胚葉の間で二次誘導作用が発揮され、放射軸に沿った組織の構築が開始される。

図5-26　肺の発生

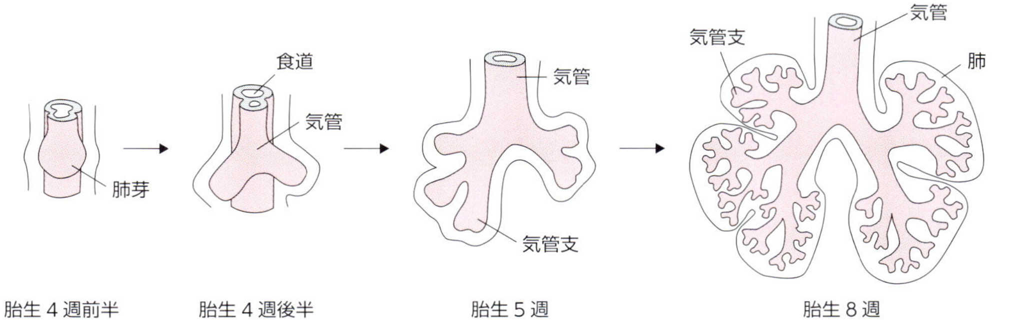

図 5-27　胃、肝臓、胆嚢、膵臓の発生

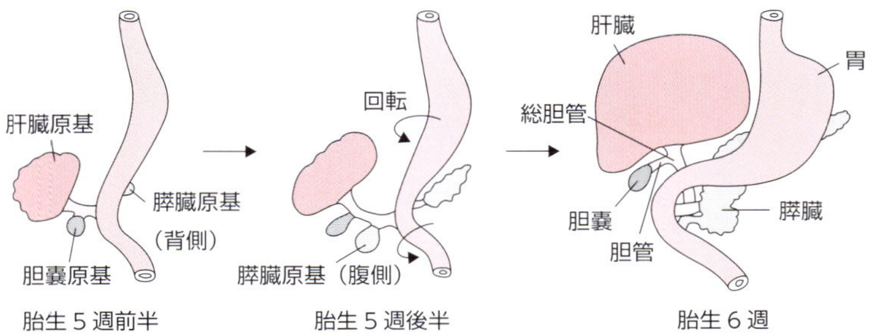

前腸からは、咽頭、呼吸器系、食道、胃、十二指腸、肝臓、胆嚢、膵臓が形成される。**中腸**からは空腸から横行結腸の前半部までがつくられる。また、**後腸**からは横行結腸の後半部から肛門管の上部までと、膀胱と大部分の尿道の上皮が形成される。内胚葉性の原始直腸が、外胚葉性の原始肛門と合わさって肛門管が形成される。

a　腸の発生

内胚葉は胎芽の腹側面を覆い、やがて頭尾方向に折りたたみを開始し、そして内胚葉で覆われた腔のかなりの部分が、連続したままで胎芽の内方にとり込まれる。内胚葉は胎芽の前方部で**前腸**、尾方部で**後腸**、その間に**中腸**が形成される。やがて前腸の遠位端は落ち込んで肝臓と膵臓になる。また、前腸の近位端は口咽頭膜で区切られているが、これは後に破れて口腔を開口する。後腸もまた排泄腔膜で終わっていて、後にこの膜が破れて肛門が開口する。中腸はくびれた管を通じて卵黄嚢と連絡しており、この管を卵黄腸管と呼ぶが、これは最終的に付着茎とともに臍帯を形成する。この後、さらに側方への折りたたみが起き、これにより原始腸管が確立される。

b　胃の発生

胎生 5 週後半に原始腸管の前腸が縦軸に 90° 回転し、もともと胃の後方を形成していた部分が前方を形成していた部分より大きく成長するため、**大彎**と**小彎**が生じる。噴門と幽門をつなぐ右側の短くくぼんだ縁を小彎、左側の長くふくらんだ縁を大彎と呼ぶ。

c　膵臓の発生

膵臓原基は、原始腸管の前腸から発生した 2 個の芽体から形成される。胆管基部の十二指腸腹側壁に接する部分に腹側膵芽が胎生 5 週後半に、その反対側の十二指腸背側壁に背側膵芽が胎生 5 週前半に形成される。胎生 5 週後半に、**腹側膵臓**（膵臓右葉）は総胆管とともに、十二指腸が 90° 回転するのに伴って、十二指腸の背側を回って、背側腸間膜と癒合し、胎生 6 週に十二指腸の左側に現れる。そしてすでに十二指腸の背側から左側に移動している**背側膵臓**（膵臓左葉）に合体する。副膵管は背側膵芽に、主膵管は腹側膵芽に由来する。

d　肝臓の発生

肝臓原基は胎生 5 週前半に、原始腸管の前腸に**肝芽**として現れる。これは、横中隔に進入して急速に増殖し、肝細胞に分化して最終的に肝臓を形成するとともに、クッパー細胞や造血細胞、星細胞といった細胞が分化する。この間に、肝芽と前腸の間が狭くなって胆管を形成し、ここから胆嚢が生じる。

E　泌尿器系の発生（図 5-28）

胎生 4 週になると、中間中胚葉に分節状の**腎節**が形成され、これから**前腎**、**中腎**、**後腎**の 3 つが順番に発生する。ヒトにおいて前腎はほとんど形成されない。また、中腎は一時期的に胎生期で排泄器官として機能するが、そのほとんどは消失する。後腎は最後に生じる腎臓で、永久腎として生涯にわたって働く。後腎は、集合管系を形成する中腎管由来の尿管芽（後腎憩室）とネフロン（腎単位）に分化する後腎中胚葉が接合してつくられる。

尿管芽は、胎生 4 週前半に中腎管の下端から生じる。胎生 6 週になると、尿管芽は後腎中胚葉に

図 5-28　腎臓の発生

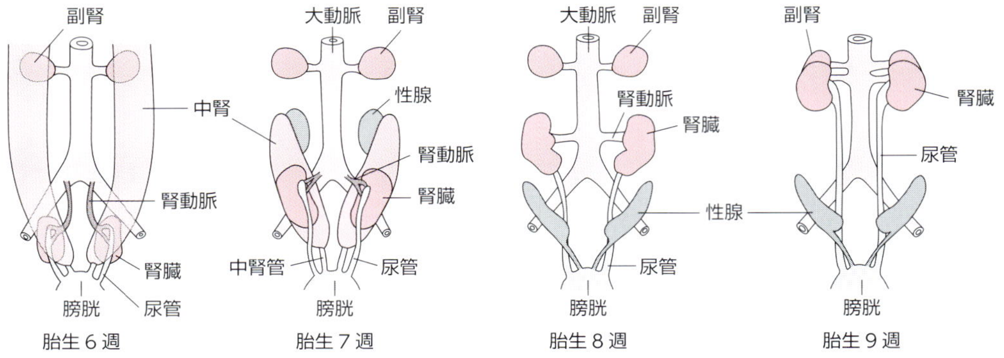

達して、これに侵入する。そして、先端が拡張して原始腎盂を形成し、胎生 6 週後半には原始腎盂が分岐して大腎杯を形成する。胎生 7 週では、腎杯が後腎中胚葉のなかでさらに出芽して、集合細管の形成が始まる。

集合細管の誘導作用によって後腎組織帽は分化して後腎胞を形成し、さらにネフロンになる小細管を生じる。この小細管の一端が集合細管のひとつに開口し、その反対側は深く彎入してボーマン囊を形成する。そのなかで房状の毛細血管から糸球体が発達する。このようにしてネフロンが形成される。

5.4　ヒトの成長と老化

5.4.1　成長

出生から青年期までの身長の発達には、2 回の成長スパートがみられる。1 回目の**成長スパート**は出生から 1 ～ 2 歳頃までである。その後、思春期を迎える頃まではほぼ一定した成長を示す。**思春期**とは、小児から成人へと身体的成熟を遂げる過程であり、年齢的には 8 ～ 18 歳に相当する。思春期には 2 回目の成長スパートが起こる(図 5-29)。女児では 12 ～ 13 歳になると**初潮**を、男児では 12 ～ 13 歳になると**精通**を迎える。

身長についてみてみると、出生時に約 50 cm だったものが生後 5 か月までに約 30%、生後 12 か月までに約 50%の増加がみられる。乳児は出生 1 年目に 75 cm に成長し、5 歳では出生時の約 2 倍に達する。男児では 2 歳頃までに成人の半分の身長に達し、女児でも生後 19 か月までに成人の半分に達する。身長成長速度をみてみると、健康な乳児および小児では、出生から生後 6 か月までの間は約 3 cm/月、生後 7 ～ 12 か月では 1.1 cm/月、生後 12 か月～ 10 歳までの間は約 7.1 cm/年の速度で成長する。身長成長速度は女児が 11 歳頃、男児が 12 歳頃でピークに達する。2 回目の成長スパートは男児では 11 ～ 13 歳の間に起こり、成長速度がピークに達する年には 10 cm/年程度の伸びを示す。一方、女児の成長スパートは 10 歳頃に始まり、成長速度がピークに達する年には 7 cm/ 年ほど伸び、12 歳頃までにほぼ完了する。男児では 15 歳頃までは 1 年に 5 cm ほどの成長が続くのに対して、女児では 14 歳頃で成長がほとんど完成する。

体重についても身長と同様のパターンをたどる。生後 3 か月頃には出生時の 2 倍の体重に達する。生後 12 か月では出生時の約 3 倍、2 歳では約 4 倍の体重になる。2 歳～思春期までの間は約 2.3 kg/年の割合で増加する。

出生時、**脳**の大きさは成人の 25%であるのが、生後 12 か月まで成人脳の 75%、3 歳までに 80%、7 歳までに 90%になる。

脂肪の比率は、出生時 13%で、それから生後

図 5-29　横断的標準身長・体重曲線

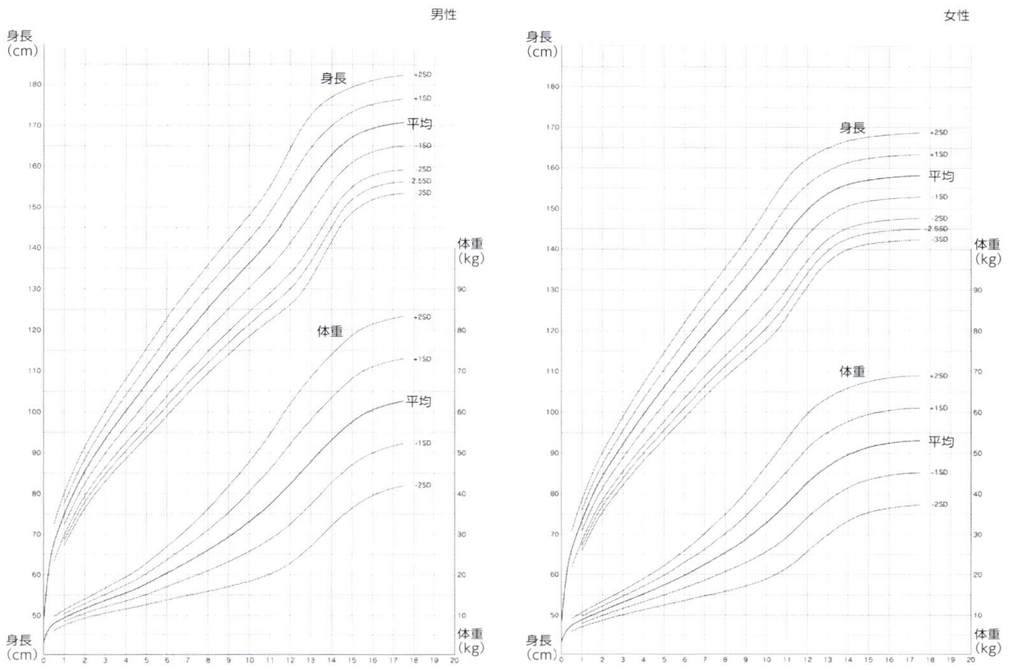

平成 12 年乳幼児身体発育調査報告書および平成 12 年度学校保健統計調査のデータをもとにして作成

12 か月までに 20 ～ 25 % へと急増するため、たいていの乳児はまるまる太った外観をしている。その後は青少年期前までゆっくりと減少しつづけ、体脂肪率は約 13 % に戻る。思春期が始まるまで再びゆっくりと増加する。思春期以降の体脂肪率は、女児では一般に一定であるが、男児ではやや減少する傾向がある。

体重に対する**水分量含有率**は、出生時で 70 % であり、生後 12 か月で成人とほぼ同じ値の 61 % にまで減少する。この減少は、細胞外液が低下することによる。一方、細胞内液は比較的安定に保たれる。生後 12 か月以降は、細胞外液はゆっくりと一定しない速度で減少し、細胞内液は増加し、それぞれ成人レベルである約 20 %、40 % となる。

歯の萌出時期は平均的に、生後 12 か月までに 6 本、生後 18 か月までに 12 本、2 歳までに 16 本、そして 2 歳半までにすべての乳歯（20 本）が生え揃い、5 ～ 13 歳の間に乳歯が永久歯に生え変わる。乳歯の萌出に男女差はないが、永久歯は女児のほうがより早期に生える傾向がある。

5.4.2　老化

老化は徐々に進む自然な変化の過程で、小児期、思春期、青年期には成熟を重ね、その後の中年期、晩年期には多くの身体機能が衰えてくる。老化は、出生に始まり人生のすべての段階を通じて続く、連続的な過程である。老化には、成熟というプラスの面と、衰えというマイナスの面がある。

高齢者とは、成人に達している一定の年齢以上で、職業生活から引退し、そして社会の第一線から退いた人のことである。高齢者は、子孫を残すという生物としての使命を終え、肉体が衰え死に至るまでの移行期間にある人のことを意味する。国連の世界保健機関（WHO）の定義では、65 歳以上の人のことを**高齢者**とし、65 ～ 74 歳までを**前期高齢者**、75 歳以上を**後期高齢者**、85 歳以上を**末期高齢者**という。

人間を含む生物が、加齢に伴い肉体にさまざまな変化をきたすことを一般的に老化と呼んでいる。老化は個々の習慣や病気により、老衰、ノーマルエイジング、サクセスフルエイジングという3つの側面がある。**老衰**とは、個々人のライフスタイルおよび生物学、心理、環境要因が主因となり、加齢により生じる肉体的変化である。**ノーマルエイジング**とは、病気や機能障害が複合した高齢者の多数にみられる老化のことである。病気や機能障害に至る個々の変化の経緯が異なるため、様相は多岐にわたる。**サクセスフルエイジング**とは、ヘルシーエイジングとも呼ばれ、肉体を衰弱させる癌などの病気、歯の欠損、骨折などの障害を伴わず、健康的に老化し、天寿をまっとうしたかたちで生涯を終えることである。

A　病気と老化

年齢とともに、多くの身体機能が衰弱する。しかし、ノーマルエイジングで生じる衰弱は、必ずしも明確に区別できるとは限らない。しかし、病気とは別なものである。たとえば、加齢に伴い、炭水化物を摂取した後の血糖値は若かった頃よりも上昇する。これはノーマルエイジングであるが、糖尿病でみられる非常に高い血糖値の上昇は、ノーマルエイジングとはいわない。また、新しい言語を学ぶのが難しくなったり、もの忘れが激しくなったりといった知的変化は、高齢者でほぼ共通してみられるノーマルエイジングである。しかし、痴呆のような深刻な精神機能の衰弱は病気である。アルツハイマー病も、ノーマルエイジングではなく病気である。

B　からだの変化

からだの至るところに、多数の際立った変化が年齢とともに生じる。最初に現れる徴候が筋骨格系である。優れた運動選手であっても、35歳頃までに最高能力が衰えはじめる。次に、中年期の初期に感覚器官系に変化が現れはじめる。その例が近くにある物体に焦点を合わせるのが難しくなる**老眼**である。40歳くらいまでに多くの人が、読書用メガネや遠近両用メガネを使用しないと読書に困難を感じるようになる。その後の変化としてよくみられるのが**老年性難聴**である。初期にはもっとも高い音を聞く能力が低下し、その後、徐々に低音も聞きづらくなっていく。

また、多くの人において、晩年までに体脂肪の割合が30％以上増加する。皮下脂肪は減少するのに対して、腹部の脂肪が増加する。こうして皮膚は薄くなり、しわができてもろくなるとともに、胴の形も変化する。

からだの内部の機能は30歳手前で頂点に達し、その後、徐々に衰退しはじめる。しかし、からだが必要とするより余剰な能力を備えているため、衰退したとしても、その機能は生涯を通じて十分に維持される。たとえば、肝臓の半分が破壊されたとしても、残りの肝細胞で十分に正常な機能が維持できることが知られている。老年期に機能低下をもたらすのはノーマルエイジングではなく病気である。機能が低下することで高齢者が薬の副作用や、環境変化、有毒物質、病気などの影響を受けやすくなる。

ほとんど運動しない生活、栄養に乏しい食事、喫煙、アルコールや薬物の乱用は、多くの器官に長期にわたって加齢による影響よりも大きなダメージを与える。

第 6 章 酵素

準備教育モデル・コアカリキュラム

2　生命現象の科学	到達目標	SBOコード
(1) 生命現象の物質的基礎		
【反応速度論・酵素反応速度論】	一次反応、二次反応などの反応速度や速度式を説明できる。	2(1)-6-1
	ミカエリス・メンテンの式が説明できる。	2(1)-6-2
(2) 生命の最小単位－細胞		
【細胞内の代謝と細胞呼吸】	酵素の構造、機能と代謝調節（律速段階、アロステリック効果）を説明できる。	2(2)-2-1

医学教育モデル・コアカリキュラム

B　医学一般	到達目標	SBOコード
1　個体の構成と機能		
(5) 生体物質の代謝		
	酵素の機能と調節について説明できる。	B1(5)-1
	ビタミンの種類と機能を説明できる。	B1(5)-15

歯学教育モデル・コアカリキュラム

D　生命科学	到達目標	SBOコード
D-1　生命の分子的基盤		
D-1-1　生命を構成する基本物質	酵素の働きと主な代謝異常を説明できる。	D-1-1-5

薬学教育モデル・コアカリキュラム

C　薬学専門教育	到達目標	SBOコード
C9　生命をミクロに理解する		
(1) 細胞を構成する分子		
【ビタミン】	水溶性ビタミンを列挙し、各々の構造、基本的性質、補酵素や補欠分子として関与する生体内反応について説明できる。	C9(1)-4-1
	脂溶性ビタミンを列挙し、各々の構造、基本的性質と生理機能を説明できる。	C9(1)-4-2
	ビタミンの欠乏と過剰による症状を説明できる。	C9(1)-4-3
(3) 生命活動を担うタンパク質		
【酵素】	酵素反応の特性を一般的な化学反応と対比させて説明できる。	C9(3)-2-1
	酵素を反応様式により分類し、代表的なものについて性質と役割を説明できる。	C9(3)-2-2
	酵素反応における補酵素、微量金属の役割を説明できる。	C9(3)-2-3
	酵素反応速度論について説明できる。	C9(3)-2-4
	代表的な酵素活性調節機構を説明できる。	C9(3)-2-5

6.1 酵素

生物は、外界からさまざまな栄養素を体内にとり込み、その物質を分解したり、新たに物質を合成したりしている。生物が生命を維持するために行っている化学反応による物質とエネルギーの変化を総称して**代謝**（新陳代謝ともいう）という（代謝については「7.1　代謝」参照）。生体における、さまざまな分子の代謝は酵素と呼ばれる触媒作用をもつタンパク質によって進行する。**触媒**は反応の前後で自身は変化せず、反応を進行させることのできる物質である。そのため、酵素は**生体触媒**とも呼ばれる。酵素は、反応の活性化エネルギーを下げ、反応速度を数百万〜数億倍に上昇させるが、反応の平衡状態には影響を与えない。酵素反応では、酵素と反応する物質が複合体を形成した後、異化または同化が起こり、生成物が生じる。この複合体が形成されている状態を**遷移状態**という。酵素と反応した物質が、遷移状態になるために必要なエネルギーを**活性化エネルギー**という。酵素は、活性化エネルギーを低下させることにより、生体内での反応を進行しやすくしている（図6-1）。

図 6-1　反応の活性化エネルギー

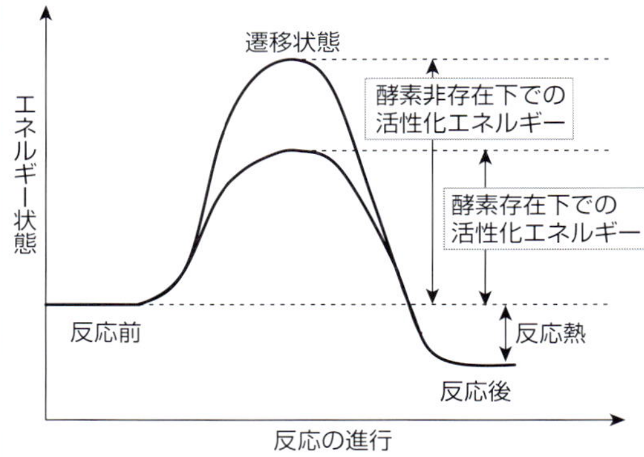

6.1.1　酵素反応の特性

酵素と反応する物質を**基質**という。1つの酵素はある特定の反応しか触媒できないという性質がある。これを**反応特異性**という。酵素がある特定の基質のみにしか作用しない性質を**基質特異性**という。酵素の高次構造のなかには、触媒作用を行う特定の部位が存在する。これを**活性中心**という。酵素には反応温度やpHなどの条件によって、その活性が変化するという性質がある。酵素の活性が最大になる温度を**最適温度**（図6-2a）という。また、酵素には最大の活性を示すpHがある。これを**最適pH**（図6-2b）という。ほとんどの酵素は中性付近に最適pHをもつが、胃で作用するペプシンやリソソーム内で作用する酵素類は酸性に最適pHがある。これに対して、肝臓、骨、小腸で作用するアルカリホスファターゼは、その最適pHが10.2である。

図 6-2　酵素活性に対する温度とpHの影響

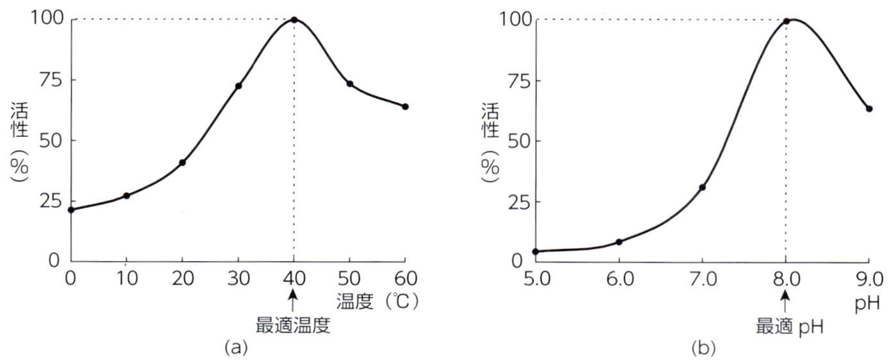

酵素はタンパク質であるから、加熱をはじめ、界面活性剤や有機溶媒などによって変性し、触媒作用を失う。これを**失活**という。

4,000 種類以上の酵素が国際的に認められているが、そのなかには不活性型の**酵素前駆体**として合成されるものがある。この前駆体を**チモーゲン**ともいう。たとえば、活性型の消化酵素（ペプシンやトリプシンなど）は食物を分解して、吸収できるようにするうえで不可欠な分子であるが、自己の組織をも分解しかねない危険性を併せもっている。そこで、不活性型の消化酵素（ペプシノーゲンやトリプシノーゲンなど）というチモーゲンの形で合成し、その状態で貯蔵しておき、食事後に消化管腔に分泌して活性型に変換される。DNA からタンパク質が合成されるには、数十分〜数時間を要する。そのため、出血のような緊急事態に対応するには間に合わないので、不活性型の酵素前駆体である凝固因子をあらかじめ合成し、血液中を循環させておく。もし、血管が損傷を受けて出血したとしても不活性型の凝固因子を活性型に変換して迅速に止血を行うことができる。

酵素としての活性がほぼ同じでありながら、アミノ酸配列が異なる酵素を**アイソザイム**という。たとえば、ヒトの解糖系のピルビン酸から乳酸への合成に関与する乳酸デヒドロゲナーゼは、4 種類のサブユニットから構成される四量体で、組織によってサブユニットの構成に違いがあることが知られている。サブユニットは心筋型（H）と骨格筋型（M）の 2 種類で、そのいずれか 4 つが組み合わされて乳酸デヒドロゲナーゼが構成される。したがって、5 タイプの乳酸デヒドロゲナーゼが存在するが（表 6-1）、これらは同じ基質で同じ生化学反応を担当する。乳酸デヒドロゲナーゼのアイソザイムタイプを同定することで、疾患が肝炎であるか、心筋疾患であるかを識別することができる。

6.1.2　補因子

酵素分子がそれだけで酵素活性を示す場合と、酵素の反応を助ける補因子を必要とする場合がある。補因子が活性中心に結合し、活性を発揮できる状態にある酵素のことを**ホロ酵素**といい、補因子が結合しておらず、不活性な状態にある酵素本体のことを**アポ酵素**という（図 6-3）。補因子は補酵素と補欠分子族に大別される。**補酵素**はタンパク質以外の低分子の有機化合物で、官能基を酵素間で輸送する。これらの分子は酵素と弱く結合する。補酵素は、そのほとんどがビタミンの誘導体である。一方、**補欠分子族**は、酵素タンパク質の活性中心に共有結合している補酵素をいう。ヘムなど酵素と強く結合している補欠分子族も補酵素

図 6-3　アポ酵素とホロ酵素

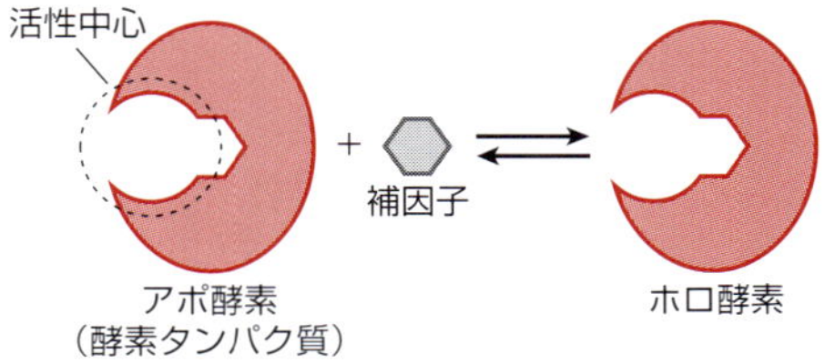

表 6-1　乳酸デヒドロゲナーゼアイソザイムの由来臓器と上昇する疾患

アイソザイム	基準値（%）	由来臓器	上昇する疾患
LD1（H4）	20 〜 32	心筋 赤血球 腎臓	心筋梗塞 巨赤芽球性貧血、溶血性貧血 腎梗塞
LD2（H3M）	28 〜 35	白血病細胞 骨格筋	白血病、悪性リンパ腫 筋ジストロフィー
LD3（H2M2）	21 〜 27	肺 腫瘍細胞 白血病細胞	肺梗塞 胃癌、大腸癌 リンパ性白血病
LD4（HM3）	6 〜 13		肺・肝転移、結腸癌
LD5（M4）	4 〜 14	肝臓 骨格筋	急性肝炎、脂肪肝、原発性肝癌、うっ血肝 筋ジストロフィー

であるが、結合はほぼ不可逆的である。

酵素のなかには、ある特定の金属イオンと結合することにより、酵素の構造を安定化させるものや酵素活性を発揮するものがあり、これらを**金属酵素**という。酵素が活性を示すために必要な金属イオンとして、Ca^{2+}、Zn^{2+}、Mg^{2+} などがよく知られている。たとえば、血液凝固に関与する酵素のいくつかは Ca^{2+} を、アルコールデヒドロゲナーゼは Zn^{2+} を、DNA 分解酵素（DNase）は Mg^{2+} をそれぞれ必要とする。

6.1.3 酵素反応

酵素は、基質（S）が酵素（E）の活性中心に結合し、酵素-基質複合体（ES）を形成することで触媒作用が発揮される。その後、遷移状態を経て、基質が生成物（P）に変化し、そして、生成物は酵素から遊離するということで酵素反応が完了する（図 6-4）。酵素が触媒する反応は、次のように進むと考えられる。ここで、k_1、k_{-1}、k_2 は各段階の反応速度定数を表す。

$$\mathrm{E} + \mathrm{S} \underset{k_{-1}}{\overset{k_1}{\rightleftharpoons}} \mathrm{ES} \xrightarrow{k_2} \mathrm{E} + \mathrm{P}$$

酵素反応の速さを**反応速度**と呼ぶ。反応速度は酵素量、基質濃度、反応温度、反応 pH などの条件が適当であれば、ある一定の時間内は一定である（図 6-5a）。しかし、時間が経過するに従って反応速度は低下していく。基質濃度が十分に存在する場合、酵素量に比例して反応速度は増加する（図 6-5b）。しかし、酵素量が過剰だと、酵素量に比例した反応速度の増加がみられなくなる。

酵素量を一定にして、基質濃度と反応速度の関係を調べると、図 6-5c のような直角双曲線が得られる。基質濃度を高くしていくと、ある時点から平衡状態に達する。これを**最大反応速度**（V_{max} で表す）という。また、最大反応速度の 1/2 の反応速度を示すときの基質濃度を**ミカエリス定数**（K_m で表す）という。

反応速度を v, 基質濃度を [S] とすると、図 6-5c の曲線は次式 (6.1) で表される。これを**ミカエリス - メンテン式**という。

$$v = \frac{V_{max}[\mathrm{S}]}{K_m + [\mathrm{S}]} \qquad (6.1)$$

V_{max} と K_m は各酵素における固有の定数である。V_{max} と K_m は、図 6-6 に示す**ラインウィーバー - バーク**（二重逆数プロット法）**プロット**から求めることができる。すなわち、式 (6.1) の両辺の逆数を

図 6-4　酵素反応の経過

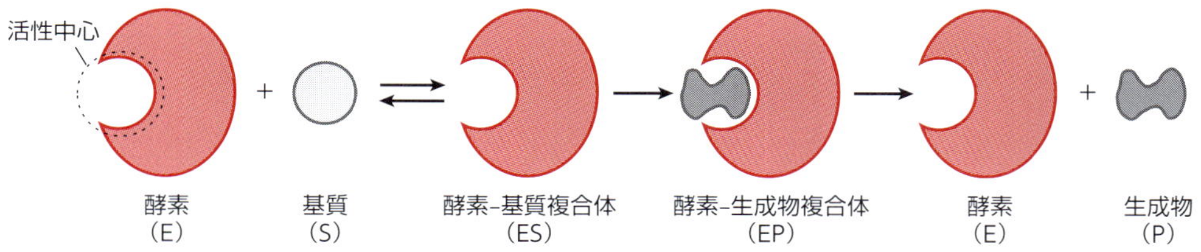

図 6-5　酵素反応と時間、酵素量、基質濃度との関係

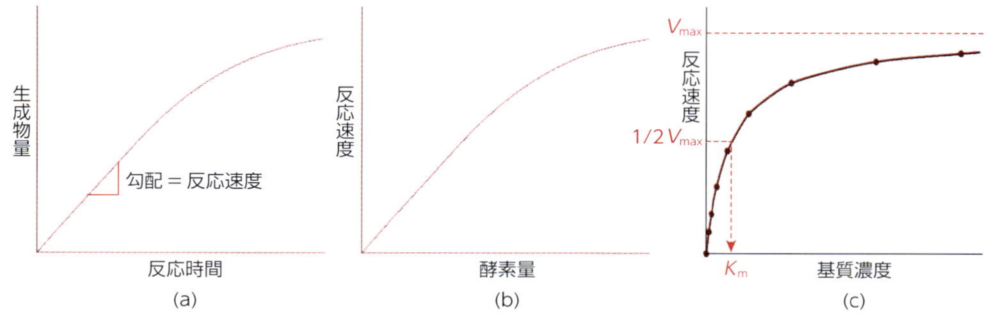

図 6-6　基質濃度と反応速度の関係（ラインウィーバー-バークプロット）

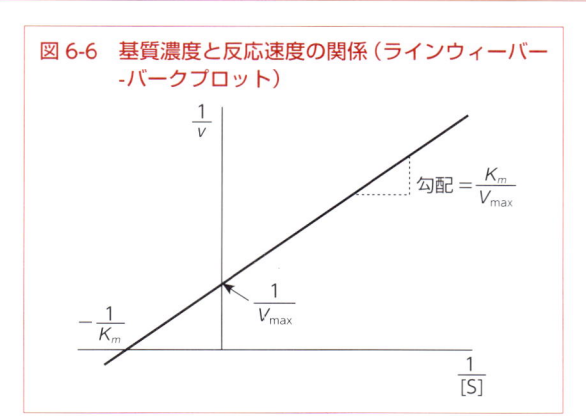

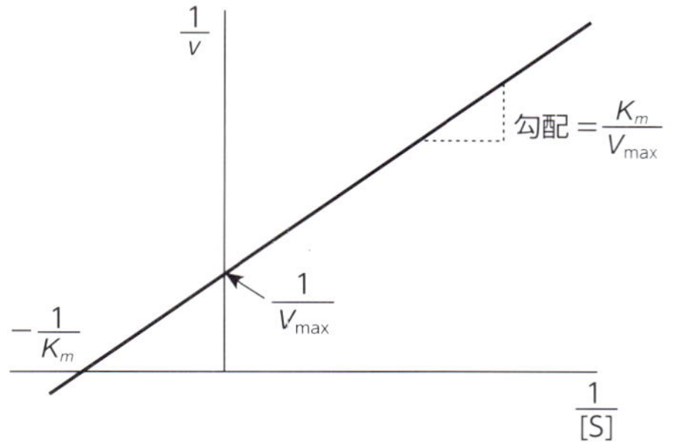

とり、変形すると、

$$\frac{1}{v} = \frac{K_m}{V_{max}} \times \frac{1}{[S]} + \frac{1}{V_{max}}$$

となり、$1/v$ 対 $1/[S]$ をプロットし、得られた直線の勾配（K_m/V_{max}）および縦軸の切片（$1/V_{max}$）から V_{max} と K_m を求めることができる。

ミカエリス-メンテン式で表される酵素反応は、たいへん有用なモデルである。しかし、このモデルでは説明できない酵素反応が多く存在することも事実である。しかし、酵素のなかには酵素反応のグラフがS字曲線を示すものが存在する。このような酵素のことを**アロステリック酵素**という。アロステリック酵素は、複数のサブユニットから形成されていることが多い。基質が1つのサブユニットに結合すると、隣のサブユニットと相互作用し、立体構造が変化するなどして、酵素と基質の結合の様式に変化を生じさせる。このように複雑な反応が起こることで、反応速度が速くなったり、遅くなったりする。このような現象を**アロステリック効果**という（図 6-7）。

図 6-7　アロステリック酵素

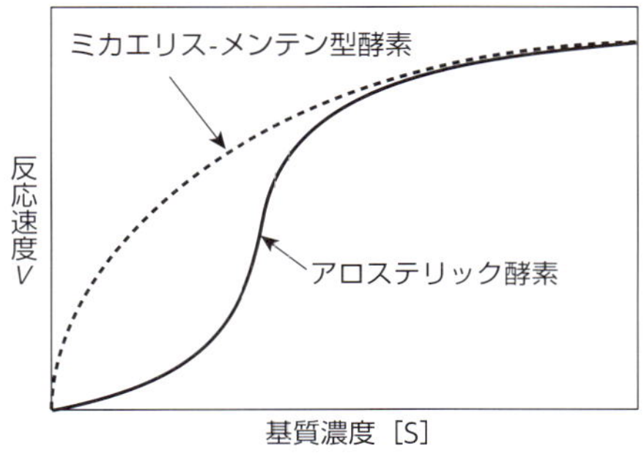

6.1.4　酵素反応の阻害

ある物質によって酵素反応速度が低下することを**阻害**といい、阻害を起こす物質を**阻害薬**という。この阻害は、酵素タンパク質の変性による失活ではなく、阻害物質が酵素分子の特定部位に結合して酵素反応速度を低下させるものである。阻害は不可逆阻害と可逆阻害に大別される。**不可逆阻害**は、阻害薬が酵素分子の活性中心またはその周辺に共有結合によって不可逆的に結合し、酵素活性を低下させる。これに対して、**可逆阻害**は、阻害薬が酵素分子と非共有結合によって可逆的に結合し、酵素反応を低下させる。医薬品に利用されている阻害薬は、可逆阻害として働くものが多い。可逆阻害は、競合阻害、非競合阻害、不競合阻害の3種類に大別される。

A　競合阻害

基質と構造がよく似た阻害薬が、酵素の活性中心に基質と競合して結合し、基質と酵素が結合するのを妨げ、酵素反応を阻害することを**競合阻害**（拮抗阻害ともいう）という。競合阻害薬が存在したとしても、基質濃度が高ければ、阻害薬が酵素分子にほとんど結合できず、阻害が起こらない。酵素反応の最大反応速度（V_{max}）は、阻害薬が存在しない場合と同じなので、V_{max} は変わらないが、酵素と基質の親和性が低下する（K_m 値は大きくなる）（図 6-8）。

B　非競合阻害

阻害薬が、酵素の活性中心とは異なる部位に結合し、活性中心の立体構造に変化を与え、酵素反

図 6-8　基質濃度と酵素反応速度（競合阻害薬が存在するとき）

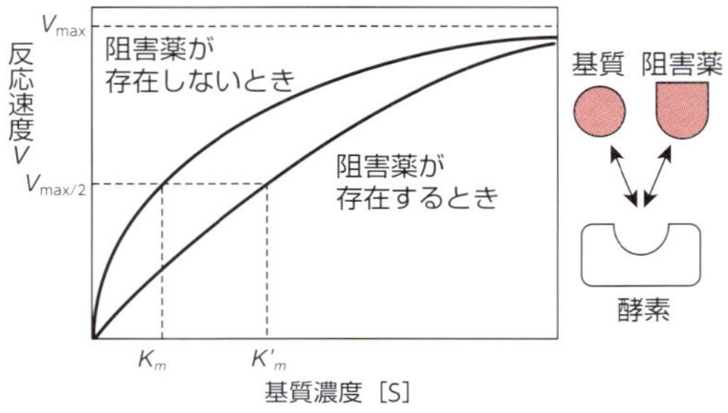

応を阻害することを**非競合阻害**（非拮抗阻害ともいう）という。非競合阻害薬は、基質が酵素に結合しているか否かにかかわらず、酵素に結合して、その効果を発揮する。そのため、基質濃度とは関係なく酵素反応を阻害し、酵素反応の最大反応速度（V_{max}）は低下するが、基質と酵素との親和性は変化しない（K_m 値は変化しない）（図 6-9）。

C 不競合阻害

不競合阻害は、阻害薬が酵素の活性中心とは異なる部位に結合し、活性中心の立体構造に変化を与え、酵素反応を阻害する点では非競合阻害と同様であるが、不競合阻害薬は遊離した酵素と結合せず、酵素-基質複合体にのみ結合することである。不競合阻害の場合、酵素反応の最大反応速度（V_{max}）は低下するが、酵素と基質の親和性は高くなる（K_m 値は小さくなる）（図 6-10）。

D 酵素反応を阻害する医薬品

酵素は、近代医学においてたいへん重要な役割を果たしている。酵素を用いて分析し、病気の有無や重症度を知ることができる。また、特定の酵素活性を測定することにより、酵素活性の程度が原因となる遺伝性疾患の解析にも利用されている。このように酵素は診断において重要な役割を果たしているが、酵素自身を用いて治療を行うことはまれである。酵素は、投与後に急速に体内で失活したり、分解されたりしてしまうからである。そのため、体内に酵素を投与するのではなく、安定な物質を用いて体内で働いている酵素活性を阻害し、病気の発症を抑える医薬品が開発されている。その代表的な医薬品として、**ヒト免疫不全ウイルス**（HIV）の酵素阻害薬がある。**後天性免疫不全症候群**（AIDS）は、HIV が宿主の免疫系に感染し、免疫系を破壊することで発症する。HIV は、宿主の標的細胞に HIV 自身の RNA を導入し、自身がもつ逆転写酵素により DNA を合成する。**ジドブジン**（AZT）という化合物は、HIV に感染した感染細胞内でリン酸化され、活性型の三リン酸化体となる。活性型の三リン酸化体は HIV 逆転写酵素を競合的に阻害し、またデオキシチミジン三リン酸の代わりにウイルス DNA 中にとり込まれて、DNA 鎖伸長を停止することによりウイルスの増殖を阻害する。活性型の三リン酸化体の HIV 逆転写酵素に対する親和性は、正常細胞の DNA ポリメラーゼに比べて約 100 倍強いので、選択性の高い抗ウイルス作用を示す。

アロプリノールはキサンチンを尿酸に酸化するキサンチン酸化酵素を阻害する。これにより血液中の尿酸濃度を下げることができる。

脂質低下薬の**スタチン**（HMG-CoA 還元酵素阻害薬）は、コレステロール合成の律速酵素である HMG-CoA（3-ヒドロキシ-3-メチルグルタリル補酵素 A）還元酵素を阻害することで血液中のコレステロール値を低下させる。

図 6-9 基質濃度と酵素反応速度（非競合阻害薬が存在するとき）

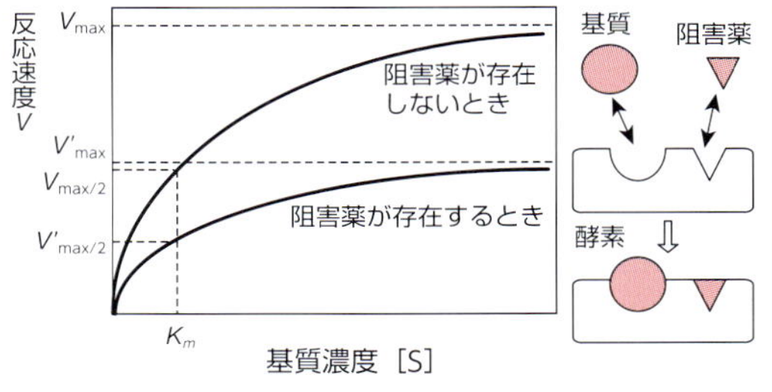

図 6-10 基質濃度と酵素反応速度（不競合阻害薬が存在するとき）

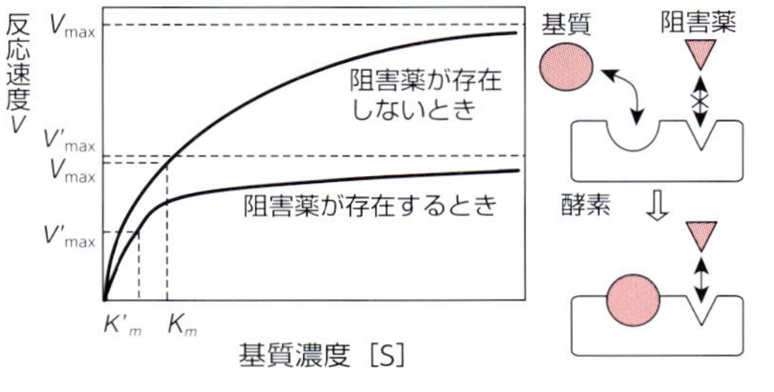

6.1.5 酵素の分類

酵素は、さまざまな反応を触媒するが、反応によって酸化還元酵素、転移酵素、加水分解酵素、脱離酵素、異性化酵素、合成酵素の 6 種類に大別される（表 6-2）。

A 酸化還元酵素

酸化還元酵素（オキシドレダクターゼ）は、酸化還元反応を触媒する酵素であり、電子の授受、

表 6-2　酵素の分類

	酵素分類	触媒する反応	例
1	酸化還元酵素 （オキシドレダクターゼ）	酸化還元反応	アルコールデヒドロゲナーゼ （EC1.1.1.1）
2	転移酵素 （トランスフェラーゼ）	ある官能基を他の化合物に転移させる反応	ヘキソキナーゼ （EC2.7.1.1）
3	加水分解酵素 （ヒドラーゼ）	加水分解反応	トリプシン （EC3.4.21.4）
4	脱離酵素 （リアーゼ）	ある官能基を脱離させる反応	アデニル酸シクラーゼ （EC4.6.1.1）
5	異性化酵素 （イソメラーゼ）	異性化反応	グルコース 6-リン酸イソメラーゼ （EC5.3.1.9）
6	結合酵素 （リガーゼ）	2 つの分子を結合させる反応	ピルビン酸カルボキシラーゼ （EC6.4.1.1）

水素または酸素の授受に関与する反応を触媒する酵素である。脱水素酵素（デヒドロゲナーゼ）、酸化酵素（オキシダーゼ）、酸素添加酵素（オキシゲナーゼ）などが含まれる。

B　転移酵素

転移酵素（トランスフェラーゼ）は、化合物に含まれるアミノ基・メチル基・リン酸基などの原子団を他の化合物に転移する反応を触媒する酵素である。

C　加水分解酵素

加水分解酵素（ヒドラーゼ）は、加水分解反応を触壊する酵素である。エステル結合、グリコシド結合、ペプチド結合などの加水分解を触媒する。

D　脱離酵素

脱離酵素（リアーゼ）は、基質分子から酸化や加水分解によらず、H_2O、CO_2、NH_3 などの分子種を脱離する。

E　異性化酵素

異性化酵素（イソメラーゼ）は、異性体どうしの相互変換を触媒する酵素である。

F　合成酵素

合成酵素（リガーゼ）は、ATP などのピロリン酸結合の分解とエネルギー的に共役して 2 つの分子を結合させる反応を触媒する酵素である。

6.1.6　酵素の応用

A　医薬品への応用

酵素を医薬品として治療に用いるには、酵素の失活や分解という問題点があるが、酵素を用いた有効な医薬品例もある。たとえば、ストレプトキナーゼ、プラスミノーゲン活性化因子（アルテプラーゼ）、レテプラーゼは心筋梗塞が起きた冠状動脈内の血栓を溶解する血栓溶解薬として利用されている。

L-アスパラギナーゼは、急性リンパ性白血病などのリンパ性悪性疾患に対して使用される抗腫瘍薬で、血中の L-アスパラギンを分解しアスパラギン要求性腫瘍細胞を栄養欠乏状態とすることで白血病細胞を死滅させる。

B　臨床検査薬への応用

臨床検査において酵素は広く利用されている。酵素を利用した測定法や細胞から逸脱してくる酵素を測定する方法などがある。

糖尿病の治療を行ううえで血糖値の適切なコントロールは不可欠である。そのために定期的に検査できる携帯型の血糖測定器が開発されている。これは、バイオセンサー技術を応用したもので、内部にグルコースオキシダーゼを固定化した過酸化水素電極のチップを測定器にセットし、穿刺して、流出した指先の血液をほんの少し浸透させることで測定できる装置である（図 6-11）。携帯用血糖測定器は、糖尿病患者が血糖値を自己管理するために患者自身が簡便に測定するための医療機器であると同時に、医療機関における簡易血糖測定器でもある。この測定原理は、グルコースにグルコースオキシダーゼを作用させて発生した H_2O_2 が電気化学的に容易に酸化できるため、その値を過酸化水素電極で計測する。発生した

図 6-11　携帯用血糖測定器の一例

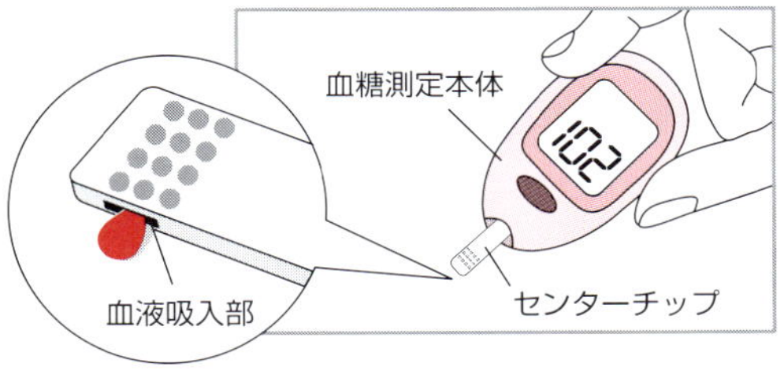

H_2O_2 量はグルコース濃度に正比例することから、グルコースを定量することができる。

クレアチンキナーゼ（CK）は骨格筋や心筋を中心に存在する酵素で、細胞の損傷などによって血液中に遊出する酵素である。CK は、骨格筋、心筋、脳、平滑筋などに障害をきたしている場合に高値を示す。また、アイソザイムが存在するので、これを調べることで障害臓器とその程度を推定したり、経過観察に利用したりすることができる。このように、本来細胞内で働いているものが細胞の損傷などによって血液中に流出してきた酵素を**逸脱酵素**という。逸脱酵素としては、CK をはじめ乳酸デヒドロゲナーゼ（LD）、AST（アスパラギン酸アミノトランスフェラーゼ）、ALT（アラニンアミノトランスフェラーゼ）などがある。

C　その他への応用

環境破壊に関連する問題のなかで、エネルギー源確保が年々深刻化している。そのようななか、環境に配慮した新しいエネルギー源として、**バイオエタノール**に大きな関心が寄せられている。バイオエタノールは、サトウキビやトウモロコシ、木材といった植物に含まれる糖を発酵・蒸留してつくったエタノールであり、燃焼によって生じる CO_2 は、植物由来のため温室効果ガスの排出量がゼロとみなされ、従来のエネルギー資源と異なり、環境保全に役立つ新しいエネルギーである。

担体やカプセルなどで固定化した動植物細胞や微生物などの生体触媒を用いて物質の合成や分解を行う装置を**バイオリアクター**という。このバイオリアクターとアルコール発酵を応用することで糖からエタノールを生産することができる（図 6-12）。このようにして生産したエタノールがバイオエタノールである。アルギン酸カルシウムで固定化した酵母菌を充填した装置に糖を流すと、装置内でアルコール発酵が起こる。この方法により、連続的に糖からエタノールを生産することができる。

図 6-12　バイオエタノールの製造工程

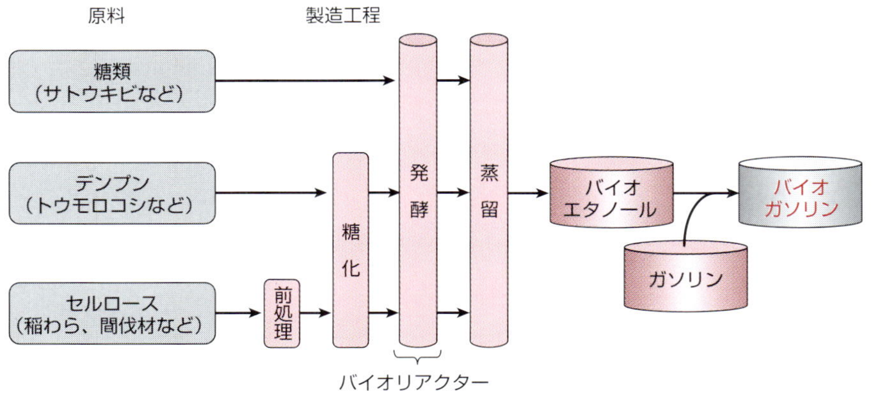

6.2 ビタミンと補酵素

ビタミンは、五大栄養素のひとつで、微量で生体内代謝の維持などの生理作用を発揮する有機化合物である。ビタミンの多くは体内で合成されないため、食事などから摂取する必要がある。なお、ナイアシンはアミノ酸のトリプトファンから、ビタミンD_3はコレステロールから体内で合成されるが、十分量は供給されない。また、ビタミンK、ビタミンB_2、ビタミンB_6、ビオチン、葉酸、ビタミンB_{12}は腸内細菌によって産生され、腸から吸収されて利用される。抗生物質を長期にわたって投与されている場合、腸内細菌が減少するため、これらのビタミンが減少し、欠乏症を起こしやすくなる。また、新生児期では腸内細菌叢が未熟なため、上記と同様に欠乏症を起こしやすくなる。

ビタミンは、**脂溶性ビタミン**と**水溶性ビタミン**に大別され、さらに水溶性ビタミンはビタミンB群とビタミンCに分けられる。脂溶性ビタミンは脂肪組織などに蓄積され、過剰症を発症することがある。水溶性ビタミンは、過剰摂取しても尿中に排泄されるため、過剰症をほとんど発症しない。ビタミンB群、ビタミンC、ビタミンKの生理作用は、いずれも補酵素としての働きである。これに対してそれ以外のビタミンはそれぞれ独自の生理作用を示す（表 6-3）。

6.2.1 水溶性ビタミン

A ビタミンB_1

ビタミンB_1は化学名を**チアミン**といい、体内でリン酸2分子と結合して**チアミンピロリン酸**（TPP、チアミン二リン酸ともいう）となって補酵素として働き、糖質代謝やアミノ酸代謝に関与している。また、神経や心臓の正常な機能に必要なビタミンである。ビタミンB_1は、全粒穀類、肉類（特に豚肉とレバー）、ナッツ、豆類、ジャガイモ、ドライイーストなどに多く含まれている。精米すると、ほぼすべてのビタミン類がとり除かれてしまうことから、精米された白米を主食とする人は、ビタミンB_1欠乏症になる危険性がある。また、コーヒー、お茶、生魚および赤キャベツにはチアミン拮抗物質が含まれている。欠乏症になると疲労、過敏、記憶障害、食欲減退、睡眠障害、腹部不快感、体重減少などが起こる。やがて、重度のビタミンB_1不足による**脚気**になり、神経、心臓、脳（ウェルニッケ-コルサコフ症候群）の異常が起こる。

B ビタミンB_2

ビタミンB_2は化学名を**リボフラビン**（図 6-13）といい、糖質代謝やアミノ酸代謝に必要不可欠なビタミンで、眼や皮膚、口、鼻などの粘膜細胞の成長促進に必要である。また、ミネラルとともに、活性酸素による酸化で発生した過酸化脂質の分解を促す作用がある。誘導体の**フラビンアデニンジヌクレオチド**（FAD）および**フラビンモノヌクレオチド**（FMN）（図 6-13）は、主としてデヒドロゲナーゼの補酵素として酸化還元反応に関与する。ビタミンB_2は牛乳、チーズ、レバー、肉類、魚類、卵などに多く含まれる。ビタミンB_2欠乏症は通常、他の各種ビタミンB欠乏症とともに起こる。症状と徴候には、咽頭痛、口角炎、口唇症、舌炎、結膜炎、脂漏性皮膚炎、正色素性正球性貧血が含まれる。

C ビタミンB_6

ビタミンB_6は、ピリドキシン、ピリドキサール、ピリドキサミンを合わせたものの総称で、アミノ酸や脂肪酸代謝、正常な神経機能、赤血球の形成、皮膚の健康維持に必要不可欠なビタミンである。ビタミンB_6の誘導体である**ピリドキサールリン酸**（PLP）は、アミノ基転移酵素やアミノ酸の脱炭酸酵素の補酵素としてアミノ酸代謝に関与している。ビタミンB_6は、ドライイースト、レバーなどの内臓肉、全粒穀類、魚類、豆類などに多く含まれている。ほとんどの食物にはビタミ

表 6-3　ビタミンの生理作用と欠乏症

分類		ビタミン名	化学名	生理作用	欠乏症
水溶性ビタミン	ビタミンB群	ビタミン B_1	チアミン	グルコースの代謝および分枝アミノ酸の代謝に関与する酵素の補酵素（TPP）となって働く	脚気、神経・心臓・脳の異常
		ビタミン B_2	リボフラビン	酸化反応を行う酵素の補酵素（FAD、FMN）となって働く。活性化酸素による酸性化で発生した過酸化脂質の分解を促進する（抗酸化作用）	咽頭痛、口角炎、口唇炎、舌炎、皮膚炎
		ビタミン B_6	ピリドキシン ピリドキサール ピリドキサミン	アミノ酸の代謝、グリコーゲンの分解に関与する酵素の補酵素（PLP）となって働く	ペラグラ様症候群、脂漏性皮膚炎、舌炎、口角炎
		ナイアシン	ニコチン酸 ニコチン酸アミド	脱水素反応あるいは還元反応を行う酵素の補酵素（NAD、NADP）となって働く。活性酸素で酸化された脂質を消去する（抗酸化作用）	ペラグラ（色素沈着性発疹、胃腸炎、神経障害）
		パントテン酸		グルコースの代謝およびアミノ酸の代謝、脂肪酸の合成と酸化、コレステロールの合成などに関与する酵素の補酵素（CaASH）となって働く	倦怠感、腹部不快感、感覚異常、手足の灼熱感
		ビタミン B_{12}	コバラミン	メチオニンの合成およびプロピオン酸の代謝に関与する酵素の補酵素（メチルコバラミン、アデノシルコバラミン）となって働く	巨赤芽球性貧血、末梢神経障害
		ビオチン		脂肪酸の合成、ピルビン酸を経由する糖新生などに関与する酵素の補欠分子族となって働く	脂漏性皮膚炎、舌炎
		葉酸		核酸塩基の合成、メチオニンの合成などに関与する酵素の補酵素（テトラヒドロ葉酸）となって働く	巨赤芽球性貧血
	ビタミンC		アスコルビン酸	コラーゲンの合成における水酸化反応にかかわる抗酸化作用	壊血病、歯肉出血、皮下出血
脂溶性ビタミン	ビタミンA		レチノール デヒドロレチノール	ロドプシンの生成、皮膚や粘膜を正常に保つ、成長・発育の促進、抗酸化作用（β-カロテン）	夜盲症、眼球乾燥症、角膜硬化症、粘膜・皮膚の角化乾草
	ビタミンD		エルゴカルシフェロール（D_2） コレカルシフェロール（D_3）	小腸や腎臓での Ca 吸収の促進、骨吸収の促進、血清 Ca 濃度調節に関与	くる病（乳幼児）、骨軟化症（成人）、骨粗鬆症
	ビタミンE		トコフェロール	抗酸化作用、生体膜の安定化作用	反射低下、歩行困難、筋力低下
	ビタミンK		フィロキノン（K_1） メナキノン（K_2）	血液凝固因子（第Ⅱ因子、第Ⅸ因子、第Ⅹ因子）の生成、骨の形成	皮下出血、胃内部の出血、腸管内の出血

ン B_6 が含まれているため、食事による欠乏症はまれである。抗生物質のイソニアジド、降圧薬のヒドララジン、関節リウマチやウィルソン病のような疾患の治療に使われるペニシラミンは体内に蓄えられたビタミン B_6 を消費してしまうため、ビタミン B_6 欠乏症になりやすい。腸内細菌によって合成されるので欠乏症は起こりにくいが、ビタミン B_6 欠乏症により、ペラグラ様症候群、脂漏性皮膚炎、舌炎、口角症、リンパ球減少症が起こる。また、成人ではうつ状態、錯乱、脳波異常、痙攣発作が起こることがある。まれに乳児において痙攣発作が起こる。

D　ナイアシン

ナイアシンは化学名が**ニコチン酸**と**ニコチン酸アミド**といわれるものを合わせた総称（図 6-14）で、糖質や脂肪など体内のさまざまな物質代謝に必要不可欠なビタミンである。また、活性酸素によって酸化された脂質を消去するのに役立つ。ナイアシン誘導体には、**ニコチン酸アミドアデニンジヌクレオチド**（NAD）および**ニコチン酸アミドアデニンジヌクレオチドリン酸**（NADP）（図 6-14）が含まれるが、これらはデヒドロゲナーゼの補酵素として酸化還元反応に関与する。ナイアシンはドライイースト、レバー、肉類、魚類、豆類、全粒穀類など多くの食品に含まれている。ナ

図 6-13　ビタミン B_2 と補酵素型の FAD 酸化還元反応

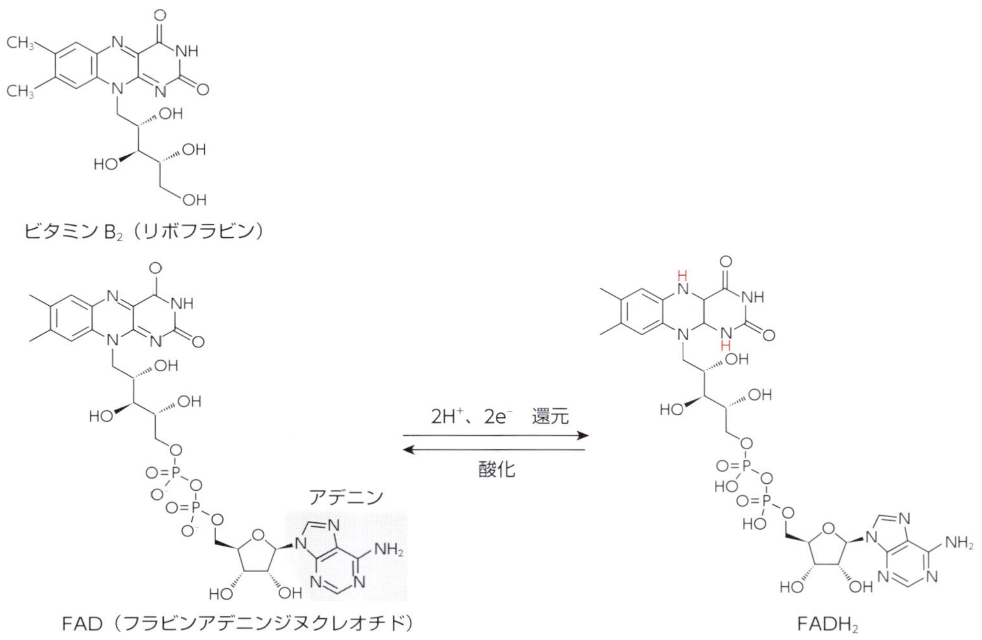

図 6-14　ナイアシンと補酵素型の NAD 酸化還元反応

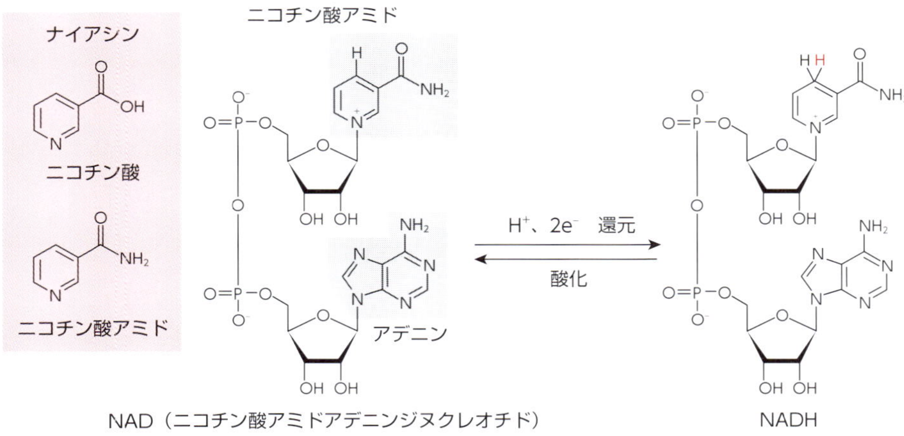

イアシン欠乏症は、ナイアシンとトリプトファンの摂取がきわめて不足している場合にのみ、**ペラグラ**の原因となる。ペラグラの臨床所見としてびまん性および色素沈着性発疹、胃腸炎、認知力低下を含む広範囲の神経障害が認められる。

E　ビタミン B_{12}

ビタミン B_{12} は化学名を**シアノコバラミン**といい、赤血球の成熟、正常な神経機能、DNA 合成に必要不可欠なビタミンである。ビタミン B_{12} の誘導体である**メチルコバラミン**および**アデノシルコバラミン**はメチル基転移や分子内転移反応に関与している。ビタミン B_{12} は、胃粘膜の壁細胞から分泌される**内因子**と呼ばれるタンパク質と結合することで回腸から吸収される。ビタミン B_{12} はレバー、肉類、卵、牛乳、乳製品などに多く含まれている。ビタミン B_{12} は十分な量が主に肝臓に蓄えられているため、使いきるのに 3 ～ 5 年かかる。ビタミン B_{12} 欠乏症により、**巨赤芽球性貧**

血、脊髄および脳の白質への障害、末梢神経障害が起こる。

F　パントテン酸

パントテン酸は、**コエンザイムA**(CoA)となり、それがアシル基(R−CO−)と結合して、糖質代謝、脂質代謝、アミノ酸代謝に関与している。パントテン酸は、レバー、肉、卵黄、イースト、野菜などに多く含まれる。パントテン酸欠乏症が単独で発症するのはまれである。パントテン酸が欠乏した食事により、倦怠感、腹部不快感、および感覚異常を伴った手足の灼熱感が起こる。

G　葉酸

葉酸は、ビタミンM、ビタミンB_9、プテロイルグルタミン酸とも呼ばれ、正常な赤血球の形成や細胞の遺伝情報を司るDNAの合成に必要不可欠なビタミンである。葉酸は、還元されてテトラヒドロ葉酸となり、C_1基(メチル基$-CH_3$、ホルミル基−CHOなど)を転移する酵素の補酵素として働く。葉酸は緑色野菜、柑橘類、レバーなどの内臓肉、ドライイーストなどに多く含まれる。ヒトはごく少量の葉酸しか蓄えることができないため、葉酸が少ない食事を続けていると、数か月で葉酸欠乏症になる。また、フェニトインやフェノバルビタールなどの抗痙攣薬や、スルファサラジンなどの潰瘍性大腸炎の治療薬は、葉酸の吸収を低下させる。癌や関節リウマチ治療薬のメトトレキサート、利尿降圧薬のトリアムテレン、抗生物質のトリメトプリムは葉酸拮抗薬である。葉酸欠乏症は、**巨赤芽球性貧血**(ビタミンB_{12}欠乏症によるものと鑑別できない)を引き起こす。母体に葉酸欠乏症があると、胎児に先天性神経管欠損症の発症リスクを高める。

H　ビオチン

ビオチンは、アセチルCoAカルボキシラーゼ、ピルビン酸カルボキシラーゼなどの補欠分子族として働き、炭水化物や脂肪酸の代謝に関与する。ビオチンは、レバー、腎臓、卵黄、牛乳、魚、イースト、カリフラワー、ナッツ、豆類などに多く含まれている。生の卵白(ビオチン拮抗物質であるタンパク質の**アビジン**を含む)を長期間大量に摂取すると、非常にまれにビオチン欠乏症の脂漏性皮膚炎や舌炎を起こす。加熱した卵ではアビジンが変性するので、欠乏症を引き起こさない。

I　ビタミンC

ビタミンCの化学名を**アスコルビン酸**といい、コラーゲン、カルニチン、ホルモン、アミノ酸生成の役割を果たしている。また、ビタミンCには抗酸化作用(図6-15)があり、活性酸素を除去するのに役立っている。これにより、免疫機能を維持したり、胃癌や肝細胞癌の原因といわれているニトロソアミンの生成を阻害して癌の発生を抑制したりする働きがある。また、鉄の吸収を促進する働きもある。ビタミンCは、コラーゲン前駆体のプロリン残基やリシン残基を水酸化し、**コラーゲン**の構成成分であるヒドロキシプロリンやヒドロキシリシンを生成する。ビタミンCは柑橘類、トマト、ジャガイモ、キャベツ、ピーマンなどに多く含まれる。ビタミンC欠乏症は**壊血病**を引き起こす。成人の場合、ビタミンCの少ない食事を数か月続けると、コラーゲンが正常につくられないため、皮下出血、歯肉出血、関節内での出血が起こる。

6.2.2　脂溶性ビタミン

A　ビタミンA

ビタミンAとは、哺乳動物や海産魚類に主に含まれるビタミンA_1系の**レチノール**(アルコール型)、**レチナール**(アルデヒド型)、**レチノイン酸**(カルボン酸型)および淡水魚類に主に含まれ

図6-15　活性酸素・フリーラジカルの発生源と低分子抗酸化薬

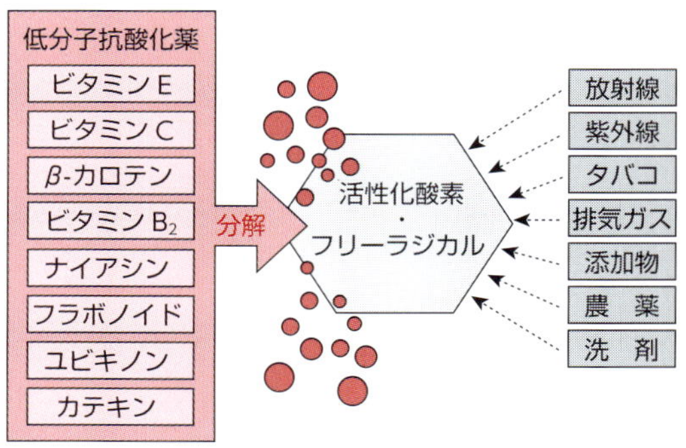

るビタミン A_2 系の 3-デヒドロレチノール、3-デヒドロレチナール、3-デヒドロレチノイン酸の総称である。なお、ビタミン A_2 系はビタミン A_1 系の 3-デヒドロ体である。ビタミン A はレバー、うなぎ、魚油、牛乳、緑黄色野菜、バター、卵などに多く含まれている。一般的にビタミン A といえば、レチノールのことをさす。また、ビタミン A のすべてをさして**レチノイド**ということがある。

体内では、レチナールとレチノイン酸は相互に変化する。しかし、レチノイン酸になるともとに戻ることができない。

カロテノイドは、色素の一種で植物性食品に含まれるもので、そのなかでも α-カロテン、**β-カロテン**、γ-カロテンは分子内にビタミン A（レチノール）が含まれていて（図 6-16）、体内でビタミン A に変換されることから**プロビタミン A** と呼ばれる。β-カロテンには、ビタミン C やビタミン E と同様に抗酸化作用（図 6-15）があり、皮膚や粘膜を健康に保つ働きがある。

レチナールは**ロドプシン**の構成成分として視覚作用、粘膜や上皮細胞の機能の維持にかかわっている。レチノールは生殖機能の維持に関与している。レチノイン酸は発癌抑制作用や癌細胞の分化誘導作用が明らかになっている。

光受容器内の視細胞に含まれる感光色素タンパク質で、光を吸収する性質のあるものを視物質という。脊椎動物の網膜には、桿体細胞と錐体細胞の 2 種類の視細胞があり、それぞれの外節には性質の異なる視物質が存在している。視物質は、**11-*cis* レチナール**（ビタミン A アルデヒド）がタンパク質の**オプシン**とシッフ塩基結合したものである。視物質は視細胞の外節に含まれており、桿体物質と錐体物質に大別される。桿体物質は**ロドプシン**である。ロドプシンは光を吸収すると不安定になり、ただちに数段階の反応を経てオプシンと全 *trans* レチナールに分解される。全 *trans* レチナールは、色素上皮細胞の異性化酵素の作用を受けて 11-*cis* レチナールに異化され、外節に供給される。一方、錐体物質は錐体オプシンの種類により、赤受容色素、緑受容色素、青受容色素がある。いずれの視物質も光を吸収して、オプシンと全 *trans* レチナールに分解される（図 6-17）。

腸で脂肪が吸収されにくくなる病気になると、ビタミン A の吸収が減少し、ビタミン A 欠乏症になる危険性が高まる。また、肝臓に障害があると、ビタミン A が蓄えられなくなり、欠乏症になる危険性が高くなる。ビタミン A 欠乏症になると、網膜の障害が原因で起こる**夜盲症**、白眼（強膜）と角膜が乾く眼球乾燥症、角膜軟化症、粘膜や皮膚の角化乾燥、成長不良、感染症に対する抵抗性の低下などが起こる。

ビタミン A の 1 日所要量は、成人で 1,800 ～ 2,000 国際単位（540 ～ 600 μg）であるが、1 日あたりの所要量の 10 倍以上を数か月にわたって

図 6-16　β-カロテンからのビタミン A の合成

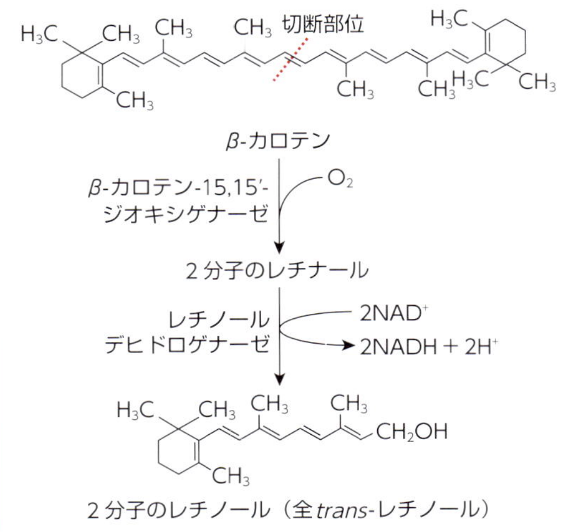

図 6-17　光受容の化学的変化

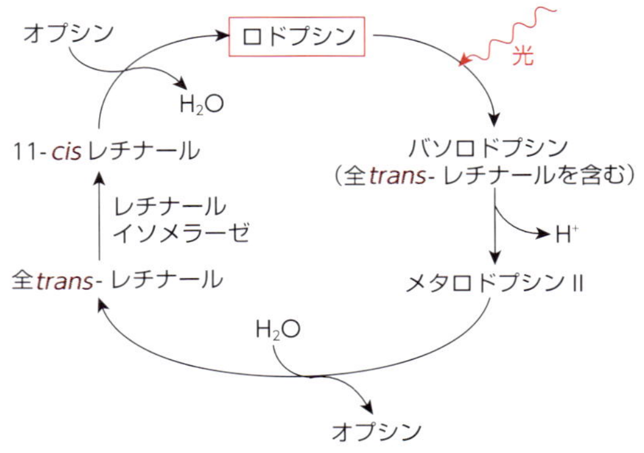

毎日摂取しつづけると、ビタミンA過剰症をきたし、悪心、嘔吐や頭痛といった脳圧亢進症状のほかに、皮膚の剥離や顔面の紅潮が生じる。

B　ビタミンD

ビタミンDには、ビタミンD_2～D_7まであるが、このうち、生理的に重要なのは、主に植物から摂取されるビタミンD_2と動物からのビタミンD_3の2種類である。ビタミンD_2は化学名を**エルゴカルシフェロール**、ビタミンD_3は**コレカルシフェロール**といい、一般的にビタミンDという場合はこの2つをさす。

ビタミンD_3は、それ自体として動物性食品から供給されるが、体内でも生成される。ヒトの皮膚にはコレステロールの一種でビタミンD_3の前駆体であるプロビタミンD_3（7-デヒドロコレステロール）が存在し、これに紫外線が当たることでビタミンD_3に変えられる。ビタミンD_3は、まず肝臓にとり込まれ、25-ヒドロキシビタミンD_3となり、その後、腎臓にとり込まれて、**活用型ビタミンD_3**の1,25-ジヒドロキシビタミンD_3となる（図6-18）。

ビタミンDは、血液中のカルシウム量を一定に保つ働きがある。小腸からのカルシウムとリン酸の吸収を促進し、同時にリン酸とカルシウムを結合し、骨に付着して丈夫にする生理作用をもつ。一方で、骨からのカルシウムとリン酸を血液中に動員するという作用もある。

ビタミンD欠乏症としては、子どもの**くる病**、成人の**骨軟化症**がよく知られている。これら以外にも骨粗鬆症、虫歯、歯槽膿漏、歯茎の炎症、関節の腫れ、高リン酸血症、貧血、食欲減退、不眠、肩こり、腰痛、抜け毛、動脈硬化、筋肉の痙攣、唇や鼻の乾き、口喝など広範囲に及ぶ。

ビタミンD過剰症は、一般的に過剰用量の服用から起こり、高カルシウム血症により症状が生じる。その症状は、食欲不振、悪心、嘔吐が起こり、次いでしばしば多尿、多飲症、脱力、神経過敏、かゆみが生じる。

C　ビタミンE

ビタミンEは、4種類の**トコフェロール**（α-、β-、γ-、δ-）と4種類の**トコトリエノール**（α-、β-、γ-、δ-）の総称である。このうち、生体内ではα-トコフェロールが約90％を占めるので、ビタミンEといえば、α-トコフェロールのことをさす。ビタミンEは、穀物、緑葉植物、海藻類、野菜、植物油、魚類、肉類など自然界に広く分布している。

ビタミンEの生理作用は、**抗酸化作用**（図6-15）と**生体膜安定化作用**の2つに大きく分けることができる。それ以外では、血行促進作用（血管保護作用）、ホルモン分泌調整作用、抗血栓作用なども知られている。

多くの食物に含まれているため、欠乏症になることはまれであるが、低脂肪の食事を続けていると、ビタミンEの摂取量が少なくなるため欠乏症になる危険性が高くなる。また、脂肪吸収不

図6-18　ビタミンD_3の水酸化による活性ビタミンD_3の生成

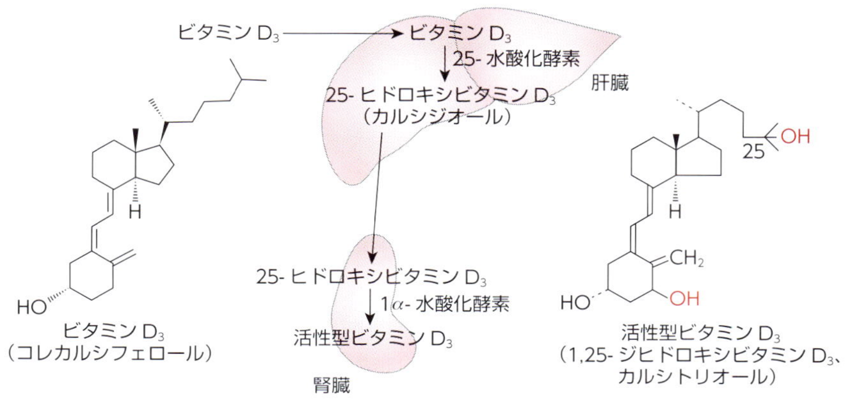

全をもつ患者はビタミンEの吸収も妨げるため、ビタミンE欠乏症の危険性が高くなる。ビタミンEはわずかな量しか胎盤を通過できないため、新生児が体内に蓄えているビタミンE量は比較的少ない。そのため、新生児ではビタミンE欠乏症の危険性が高まる。ビタミンE欠乏症になると、反射低下、歩行困難、協調運動の喪失、位置感覚の喪失、筋力低下といった症状が現れる。

成人の多くは、比較的大量のビタミンE（α-トコフェロールで400～800 mg/日）を数か月から数年にわたって服用したとしても明らかな害を生じることはない。

D　ビタミンK

ビタミンKのKは、「凝固」を意味するドイツ語のKoagulationの頭文字をとってつけられたように、ビタミンKは血液の凝固に欠かすことができないビタミンである。ビタミンKには、緑黄色野菜に多い**ビタミンK_1（フィロキノン）**と腸内細菌が産生する**ビタミンK_2（メナキノン）**がある。ビタミンKは、肝臓で**プロトロンビン**（第Ⅱ因子）、そのほかのタンパク質でできた**血液凝固因子**（第Ⅶ因子、第Ⅸ因子、第Ⅹ因子）の前駆体中のグルタミン酸残基をγ-カルボキシグルタミン酸残基に変えるカルボキシラーゼの**補酵素**として働き、プロトロンビンの生合成を促進する（図6-19）。また、ビタミンKは、骨の健康維持にも不可欠で、骨のなかに存在して骨形成に関与する**オステオカルシン**というタンパク質のγ-カルボキシグルタミン酸残基を結成するために必要である。このため、ビタミンKは骨粗鬆症の治療薬としても使われている。

ビタミンK欠乏症が生じると、皮下出血、鼻や傷からの出血、胃内部での出血、腸管内での出血などの症状がみられる。また、出血は尿や便にもみられる。新生児では、脳内やその周辺部で生命にかかわる出血が起こることがある。

図6-19　プロトロンビンへのビタミンKの関与とワルファリンの作用部位

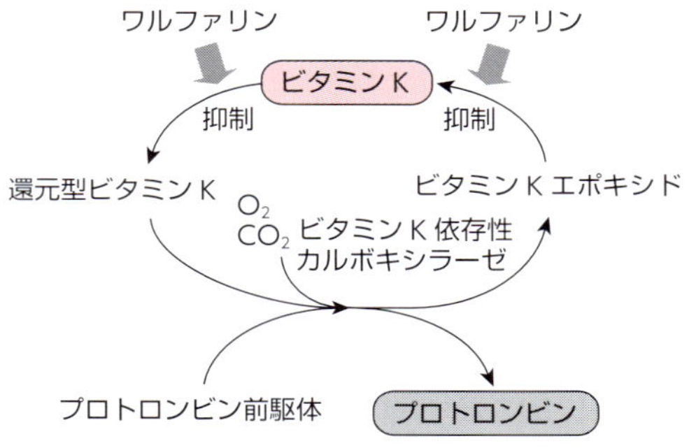

第７章　細胞内の代謝と細胞呼吸

準備教育モデル・コアカリキュラム

2　生命現象の科学	到達目標	SBOコード
(2) 生命の最小単位－細胞		
【細胞内の代謝と細胞呼吸】	ATP の加水分解により自由エネルギーが放出されることを説明できる。	2(2)-2-2
	解糖、TCA 回路、電子伝達系、酸化的リン酸化による ATP の産生を説明できる。	2(2)-2-3

薬学準備教育ガイドライン

(5)　薬学の基礎としての生物	到達目標	SBOコード
【代謝】	代謝（異化、同化）について説明できる。	F(5)-3-1
	独立栄養生物と従属栄養生物について説明できる。	F(5)-3-2
	嫌気呼吸および酸素呼吸について概説できる。	F(5)-3-3
	光合成について概説できる。	F(5)-3-4

医学教育モデル・コアカリキュラ

B　医学一般	到達目標	SBOコード
1　個体の構成と機能		
(5) 生体物質の代謝		
	解糖の経路と調節機構を説明できる。	B1(5)-2
	クエン酸回路を説明できる。	B1(5)-3
	電子伝達系と酸化的リン酸化を説明できる。	B1(5)-4
	グリコーゲンの合成と分解の経路を説明できる。	B1(5)-6
3　病因と病態		
(3) 代謝障害		
	糖質代謝異常の病態を説明できる。	B3(3)-1
	タンパク質・アミノ酸代謝異常の病態を説明できる。	B3(3)-2
	脂質代謝異常の病態を説明できる。	B3(3)-3

歯学教育モデル・コアカリキュラム

D　生命科学	到達目標	SBOコード
D-1　生命の分子的基盤		
D-1-1　生命を構成する基本物質	生体内におけるエネルギー利用を説明できる。	D-1-1-4

薬学教育モデル・コアカリキュラム

C　薬学専門教育	到達目標	SBOコード
C8　生命体の成り立ち		
(2) 生命体の基本単位としての細胞		
【細胞の分裂と死】	体細胞分裂の機構について説明できる。	C8(2)-4-1
	アポトーシスとネクローシスについて説明できる。	C8(2)-4-3

	正常細胞とがん細胞の違いを対比して説明できる。	C8(2)-4-4
C9　生命をミクロに理解する		
(4) 生体エネルギー		
【栄養素の利用】	食物中の栄養成分の消化・吸収、体内運搬について概説できる。	C9(4)-1-1
【ATP の産生】	ATP が高エネルギー化合物であることを、化学構造をもとに説明できる。	C9(4)-2-1
	解糖系について説明できる。	C9(4)-2-2
	クエン酸回路について説明できる。	C9(4)-2-3
	電子伝達系（酸化的リン酸化）について説明できる。	C9(4)-2-4
	脂肪酸の β 酸化反応について説明できる。	C9(4)-2-5
	アセチル CoA のエネルギー代謝における役割を説明できる。	C9(4)-2-6
	エネルギー産生におけるミトコンドリアの役割を説明できる。	C9(4)-2-7
	アルコール発酵、乳酸発酵の生理的役割を説明できる。	C9(4)-2-10
C11　健康		
(1) 栄養と健康		
【栄養素】	栄養素（三大栄養素、ビタミン、ミネラル）を列挙し、それぞれの役割について説明できる。	C11(1)-1-1
	各栄養素の消化、吸収、代謝のプロセスを概説できる。	C11(1)-1-2

7.1 代謝

7.1.1 異化と同化

生物が生命を維持するために行っている化学反応による物質とエネルギーの変化を総称して**代謝**（新陳代謝ともいう）という。代謝のうち、分子が分解される場合を**異化**（または異化作用）、逆に分子が合成される場合を**同化**（または同化作用）という。

異化は、高分子有機化合物がより簡単な構造の化合物に変えられるとともにエネルギーをとり出す過程をいう。たとえば、高分子のタンパク質がより低分子のペプチドやアミノ酸にまで分解されたり、デンプンがデキストリンやグルコースにまで分解されたりする反応や、グルコース、アミノ酸といった低分子が、水と二酸化炭素のようなさらに簡単な分子にまで分解される反応などがある。

グルコースは**解糖**によって**ピルビン酸**に変化するが、嫌気的条件下ではさらに**乳酸**や**アルコール**へと変化する。好気的条件下であれば、酸素を利用してグルコースは最終的に二酸化炭素と水にまで代謝され、大きなエネルギーを生み出すことができる。このエネルギーの源が異化によって生成される **ATP**（アデノシン 5-三リン酸）のような化学エネルギーである。その ATP の化学エネルギーが同化をはじめ、筋肉の収縮や細胞膜における物質の能動輸送などに利用される。ATP の産生と利用にかかわるこのような過程を、特に**エネルギー代謝**と呼ぶ。

一方、同化は、ATP として蓄えられた化学エネルギーを利用して、簡単な構造の化合物から複雑な構造の化合物をつくり出すことである。たとえば、アミノ酸からのタンパク質を合成したり、余剰となったグルコースからのグリコーゲンを合成したりする反応である。

生体内における代謝は、相互に連携し合って行われている。たとえば、運動の初期には、筋肉内に蓄えられたグリコーゲンが分解されて乳酸が生じ、血液中に放出され、肝臓や腎臓にとり込まれる。そして、糖新生経路によってグルコースが再生産されて、血中に放出される。運動が持続すると、脂肪組織に蓄えられていたトリアシルグリセロールが分解され、脂肪酸が血液中に放出される。その結果、筋肉のエネルギー源は主として脂肪酸へと切り替えられる。これによって、筋肉でのグルコースの消費が節約されるため、エネルギー源をグルコースのみに頼っている脳や赤血球にとって ATP 産生の維持に役立つ。このように運動に際して、筋肉およびその他の組織におけるグリコーゲン、トリアシルグリセロール、グルコースの代謝が相互に連携して起こる。グルコースからの ATP 産生は、**解糖系 - クエン酸回路 - 電子伝達系**という 3 つの過程で成り立っている。グルコースが**アセチル CoA** を経て、最終的に水と二酸化炭素にまで完全に分解される過程で ATP がつくられる。また、トリアシルグリセロールは脂肪酸を経由して、タンパク質はアミノ酸から、それぞれアセチル CoA に変換され、それらがクエン酸回路と電子伝達系によって水と二酸化炭素に分解される過程で ATP がつくられる。

7.1.2 高エネルギーリン酸結合と自由エネルギー

生物体内に存在するリン酸化合物のうちで、リン酸基を含む結合が加水分解される際に、大量のエネルギーが遊離されるものを**高エネルギーリン酸化合物**と呼び、そのような結合を**高エネルギーリン酸結合**という。そのような高エネルギーリン酸結合をもつ代表的な化合物としては、**アデノシン 5′-三リン酸**（ATP）がある。

A 自由エネルギー

化学反応が 100％進行したときに発生するエネルギーから、反応条件下の物質の自由度に必要なエネルギーを引いたものを**自由エネルギー**（記号で G と表す）という。反応前後のエンタルピー差の自由エネルギーは、その反応で自由に使えるエネルギーである。

B ATP

ATP は、アデノシンの 5′位にあるヒドロキシ基にリン酸が 3 つ結合したヌクレオチドで、その分子中に高エネルギーリン酸結合を 2 か所含んでいる（図 7-1）。エネルギーを供給する際には、高エネルギーリン酸結合を 1 つ開放し、ADP とリン酸（Pi）を生成する過程で、標準状態換算 7.3 kcal/mol のエネルギーを遊離する。

エネルギーの収支式は、

図 7-1 アデノシン三リン酸（ATP）の化学構造

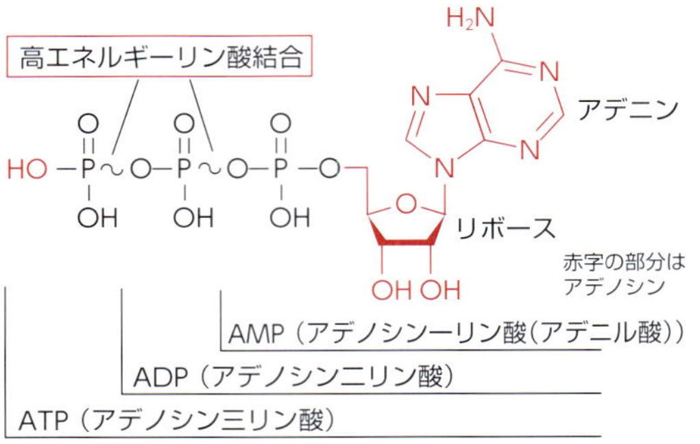

ATP＋H_2O→ADP（アデノシン二リン酸）＋Pi（リン酸）＋エネルギー（−7.3 kcal/mol）

ATP＋H_2O→AMP（アデノシン一リン酸）＋PPi（ピロリン酸）＋エネルギー（−10.9 kcal/mol）

で表すことができる。

生物が営むさまざまな活動や化学反応に必要なエネルギーは ATP のもつ化学エネルギーによって行われている。そのような活動によって失われた ATP は、呼吸や発酵によって補われることになる。

細胞には、エネルギーを生成したり、エネルギーを消費したりする機能が備わっている。後者の機能には、3 つの基本的な役割がある。1 つ目の機能は、細胞の主要な構成成分である糖質、脂質、タンパク質、核酸のような高分子化合物を低分子化合物から合成されることである。2 つ目の機能としては、物質の輸送と濃縮に関する働きである。細胞は、ナトリウムイオンやグルコースなどの必要な物質を外界からとり入れ、その濃度を外界よりも高くすることができる。また、細胞内よりも濃度の高いところへ不要物を排出することもできる。このように、濃度勾配に逆らう能動輸送において ATP が利用される。また、神経細胞や筋肉細胞の興奮や伝達にも ATP が利用される。3 つ目の働きとしては、骨格筋の収縮、線毛運動、鞭毛運動などがある。

C　その他の高エネルギーリン酸化合物

ATP 以外の高エネルギーリン酸結合としては、**クレアチンリン酸**のグアニジン基との結合、**ホスホエノールピルビン酸**のエノール基との結合、**アセチルリン酸**のカルボキシ基との結合などがある。

7.1.3　栄養素の消化・吸収と代謝

生体は、身体を維持するために、さまざまな物質を食物としてとり入れている。食物として体内にとり入れられる物質は栄養素と呼ばれ、**糖質**（炭水化物）・**脂質**・**タンパク質**がある。これを**三大栄養素**という。また、これら以外にも**ビタミン**や**無機質**（ミネラルともいう）も、生命活動にとって不可欠な物質で、これらの2つを含めて**五大栄養素**という。

栄養素は、それぞれに固有の加水分解酵素に属する**消化酵素**（図 7-2）の働きによって小さな分子にまで分解され、主として**小腸粘膜上皮細胞**から吸収される。糖質はグルコースを主とする単糖、脂質は2-モノアシルグリセロールと脂肪酸、タンパク質はアミノ酸ないしペプチドにまで分解されてから小腸粘膜上皮細胞から吸収される。吸収された糖質やタンパク質の分解産物は**肝門脈**を経由して肝臓に入り、その後、血液を介して全身に運ばれる。また、脂質の分解産物は小腸粘膜上皮細胞でトリアシルグリセロールに再合成され、キロミクロンとなり、**リンパ管**から静脈を介して、全身に運ばれる系と、肝門脈を経由して肝臓に入り、その後、血液を介して全身に運ばれる系がある。そして、全身の細胞にとり込まれ、そこでさまざまな化学変化を受ける。栄養素に共通した重要な役割のひとつは、エネルギー源となることである。いずれの栄養素もアセチル CoA という物質を経由して異化反応が行われ、その過程でエネルギー源となる ATP が産生され、最終的に水と二酸化炭素にまで分解される（図 7-3）。

A　糖質の消化・吸収と代謝

細胞内にとり込まれたグルコースは、細胞質基質に存在する**解糖系**によって**ピルビン酸**にまで分解される。酸素の供給が十分な好気的条件下の細胞では、このピルビン酸がミトコンドリア内

図 7-2　ヒトにおける主な消化酵素

唾液
Aアミラーゼ ･･･ デンプンの分解
（リパーゼ･･････ トリアシルグリセロールの分解）

胆汁
胆汁酸 ････････ 脂質の消化・吸収に関与

胃液
ペプシン･･･････ タンパク質の分解
胃酸 ･･････････ ペプシンを活性化
リパーゼ･･･････ トリアシルグリセロールの分解

膵液
トリプシン････････････ タンパク質の分解
キモトリプシン････････ タンパク質の分解
カルボキシペプチダーゼ･･ タンパク質の分解
リパーゼ･･････････････ トリアシルグリセロールの分解

小腸粘膜上皮細胞膜上
アミノペプチダーゼ ･･･ ポリペプチドの分解
マルターゼ･･････････ マルトースの分解
イソマルターゼ･･････ デキストリンの分解
スクラーゼ･･････････ スクロースの分解
ラクラーゼ･･････････ ラクトースの分解

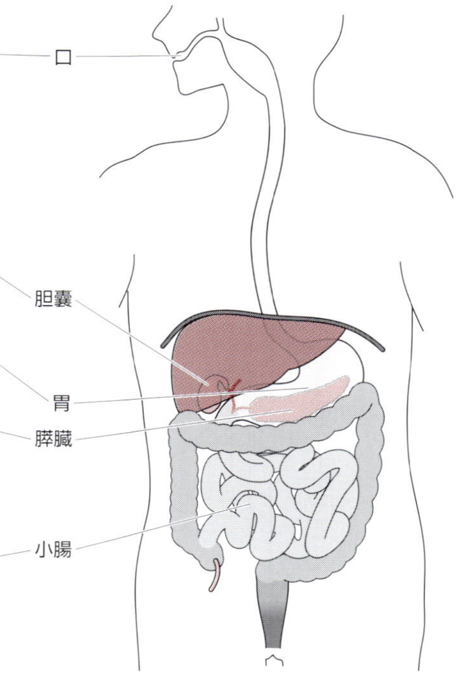

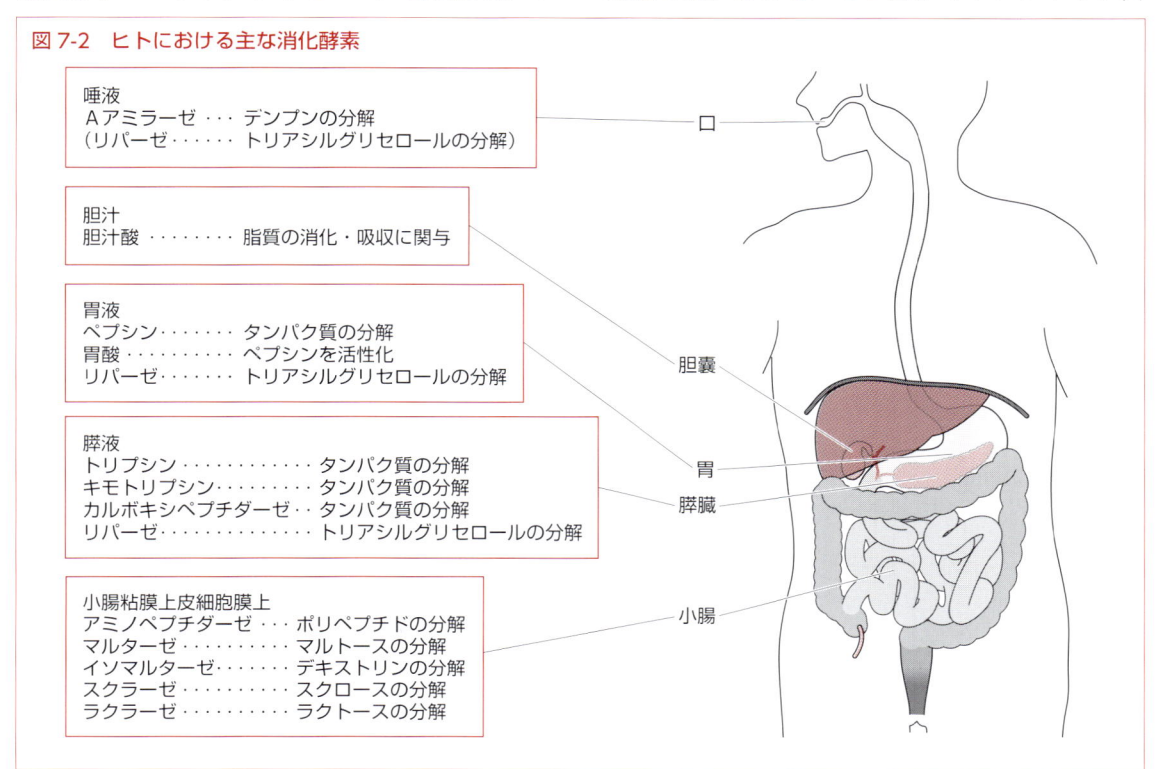

図 7-3　食物中の栄養素の消化・吸収と ATP 産生

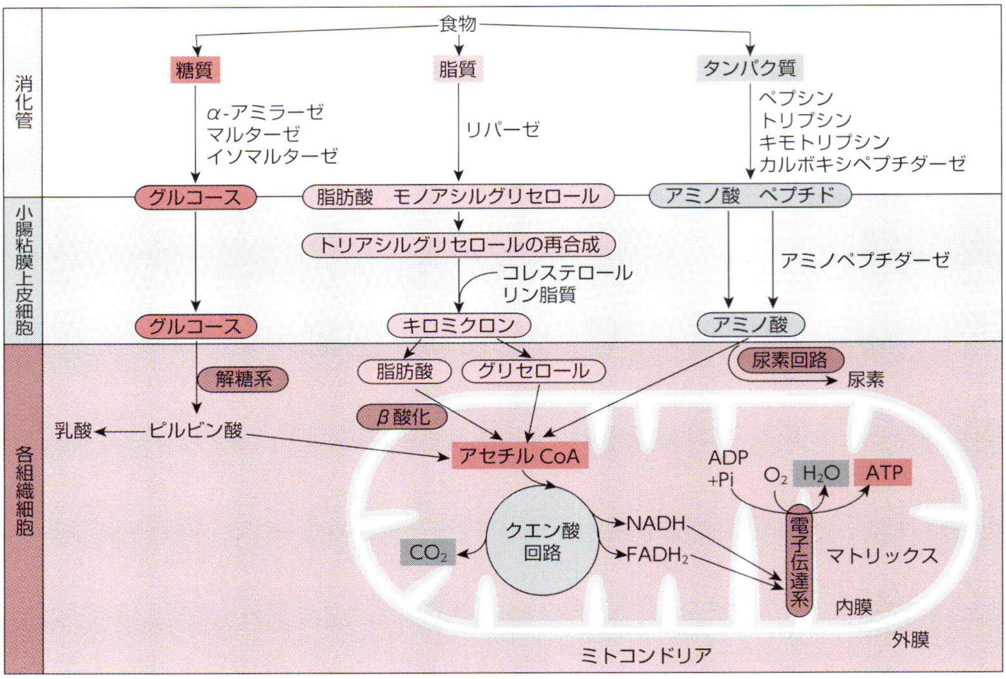

に入り、**アセチル CoA** となって**クエン酸回路**で代謝される。次いで、**電子伝達系**の働きを受け、アセチル CoA は最終的に水と二酸化炭素にまで分解され、それに伴って ATP が産生される（図 7-4）。

ミトコンドリアをもたない赤血球や運動中の筋肉で酸素の供給不足になると、解糖系は、ピルビン酸が乳酸へと変えられ、肝臓へ運ばれる。

解糖系でグルコースから生じるピルビン酸の一部は、クエン酸回路の代謝中間物質のひとつである**オキサロ酢酸**へ変えられ、これをもとにしてアミノ酸が合成されたり、解糖系の代謝中間物質のひとつであるグルコース 6-リン酸の一部が**ペントースリン酸回路**（図 7-5）で代謝されて、核酸合成の材料となるリボース 5-リン酸が生成されたりもする。食後は、細胞内に多量のグルコースが入るので、余剰となったグルコースを貯蔵するために**グリコーゲン**へ変換される（図 7-6）。また、肝臓や脂肪組織においてはグルコースからピルビン酸を経て生じたアセチル CoA の一部が脂肪酸やコレステロールに変換される。そして、脂肪酸はトリアシルグリセロールとして貯蔵される。

B　脂質の消化・吸収と代謝

食物中の脂質の約 95 % は**トリアシルグリセロール**である。トリアシルグリセロールは、2-モノアシルグリセロールと脂肪酸にまで分解された後、小腸粘膜上皮細胞から吸収される。吸収後、トリアシルグリセロールに再合成され、小腸粘膜上皮細胞で合成されたリポタンパク質の一種である**キロミクロン**の成分となり、**リンパ管**ないし**肝門脈**を介して全身に運ばれる。細胞へは、**脂肪酸**と**グリセロール**に加水分解されてから輸送される。

食物に由来する脂肪酸は、脂肪組織をはじめとするさまざまな組織にトリアシルグリセロールの形で貯蔵される。貯蔵されない脂肪酸は、**ミトコンドリア**内における**β酸化**という反応系によって**アセチル CoA** が生じ、それがクエン酸回路と電子伝達系で水と二酸化炭素にまで分解されるのに伴って ATP が産生される。また、アセチル CoA の一部は、そのアセチル基がケトン体やコレステロールに変換される（図 7-7）。β酸化とは、脂

図 7-4　糖質の体内における代謝

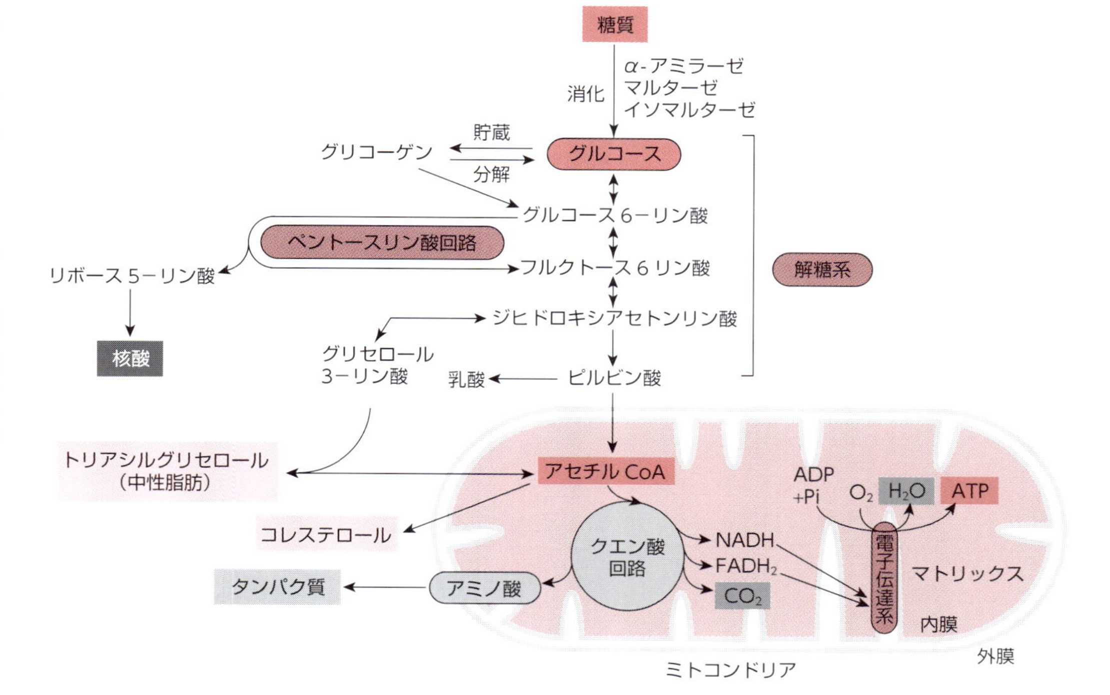

肪酸の β 位を酸化して、アシル CoA からアセチル CoA をとり出し、脂肪酸アシルの炭素を 2 個ずつ減らし、最終産物もアセチル CoA となる酸化経路をいう（図 7-8）。この反応は 4 段階からなっている。一般に $2n$ 個の炭素原子をもつ飽和脂肪酸では、$n-1$ 回の β 酸化を受けて、$n-1$ 個の $FADH_2$、$n-1$ 個の NADH と n 個のアセチル CoA を生じる。この反応で生じたアセチル CoA は、クエン酸回路と電子伝達系で代謝され、1 モルあたり 9.75 モルの ATP を生じる。また、$FADH_2$ と NADH は電子伝達系へ電子を渡すことで、各 1 モルからそれぞれ 1.5 モルと 2.5 モルの ATP が生じる。

C　タンパク質の消化・吸収と代謝

食物中のタンパク質がアミノ酸ないしペプチドに分解され、小腸粘膜上皮細胞から吸収される。ペプチドは、ここでアミノ酸に分解される。これらのアミノ酸は血液中に輸送され、その一部が、**アミノ基転移反応**でアミノ基が外され、**α-ケト酸**になる。α-ケト酸の一部は、代謝によって**アセチル CoA** となり、クエン酸回路と電子伝達系で水と二酸化炭素にまで分解されることに伴って ATP が産生される。また、糖原性アミノ酸は、α-ケト酸からクエン酸回路の代謝中間物質を経由して**糖新生経路**によってグルコースになる。ケト原性アミノ酸は、α-ケト酸からアセチル CoA を経由してコレステロール、ケトン体、トリアシルグリセロールなどに代謝される。アミノ酸のアミノ基は**アンモニア**を経て**尿素**が合成され、尿中へと排泄される（図 7-9）。また、アミノ酸はタンパク質や窒素を含む化合物（ヘム、クレアチンリン酸、塩基、ヒスタミンなど）の原料となる。

7.1.4　エネルギー代謝

A　呼吸

外界と呼吸系器官との間でのガス交換を行う呼吸を**外呼吸**という。それに対して、細胞内のグルコース、脂肪酸、タンパク質などの呼吸基質を分解して、生命活動に必要なエネルギー源となる ATP を産生する呼吸を**内呼吸**という。この内呼吸には、酸素を用いない嫌気呼吸と酸素を利用する好気呼吸がある。**嫌気呼吸**には、**発酵**や**解糖**（グルコースが乳酸に分解される嫌気呼吸を解糖という）がある。一方、**好気呼吸**には、**解糖系**、**クエン酸回路**、**電子伝達系**がある。

B　解糖系

血液からとり込まれたグルコースは、**細胞質基質**に存在する解糖系において10段階の化学反応を受けて1モルにつき2モルのピルビン酸に分解される（図7-10）。この過程を**解糖系**という。この過程は生物がエネルギーを得るための重要な化学反応で、**無酸素的**（嫌気的）に進行する。ほとんどの細胞・組織においてグルコースは解糖系でピルビン酸に分解され、そしてミトコンドリアに入り込み、酸素を必要とする代謝（好気的代謝）を受けることで、水と二酸化炭素に分解される。激しい運動や長時間の運動を行うと、筋細胞への酸素供給が不十分となり、ミトコンドリア内での好気的代謝が進行しにくくなるため、解糖系で生成されたピルビン酸が乳酸に変化することになる。また、赤血球にはミトコンドリアが存在しないので、ピルビン酸のミトコンドリア内代謝が行われない。そのため、ピルビン酸は乳酸に変化する。生成された乳酸は、肝臓へ送られグルコースに再生される。

解糖系とよく似た反応経路に**アルコール発酵**と**乳酸発酵**がある（図7-11）。アルコール発酵は酒精発酵ともいい、酵母などによってグルコースなどのヘキソース（六炭糖）を分解してエチルアルコールと二酸化炭素が生成する発酵をいう。これに対して、乳酸発酵はグルコースなどのヘキソースが乳酸菌によって分解されて乳酸を生成する発酵をいう。

C　クエン酸回路

解糖系ないしその他の異化作用によって生じたアセチルCoAを完全に水と二酸化炭素に分解する酸化的過程を**クエン酸回路**という。クエン酸回路は、解糖系で生成されたピルビン酸がCO_2を失って**アセチルCoA**となり、そのアセチルCoA

図7-5　ペントースリン酸回路の反応経路

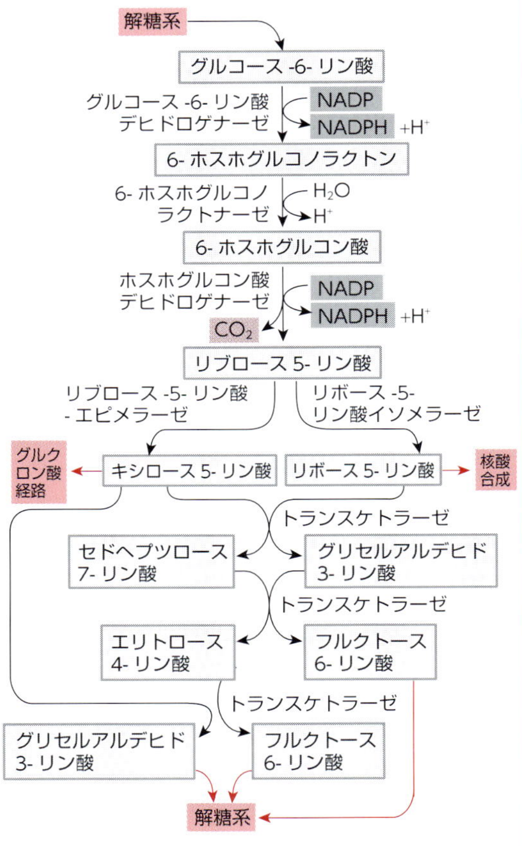

図7-6　グリコーゲンの代謝

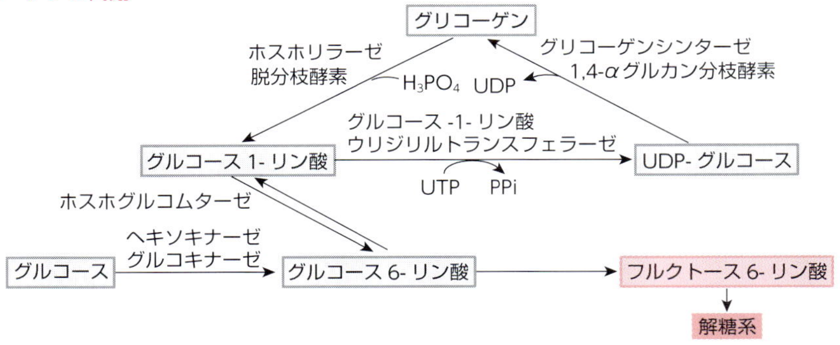

図 7-7　脂質の体内における代謝

脂質
↓ 消化　リパーゼ
脂肪酸　モノアシルグリセロール
→ トリアシルグリセロール（中性脂肪）
↓
トリアシルグリセロールの再合成
↓ コレステロール　リン脂質
キロミクロン
↓
脂肪酸　グリセロール → ジヒドロキシアセトンリン酸
↓　　　　　　　　　　　↓ 糖新生
アシルCoA　ピルビン酸 → グルコース
↓ カルニチン　　　　　　　解糖系
β酸化
アセチルCoA
→ コレステロール
→ ケトン体

クエン酸回路 → CO₂, NADH, FADH₂
電子伝達系：ADP+Pi, O₂ → H₂O, ATP
マトリックス／内膜／外膜　ミトコンドリア

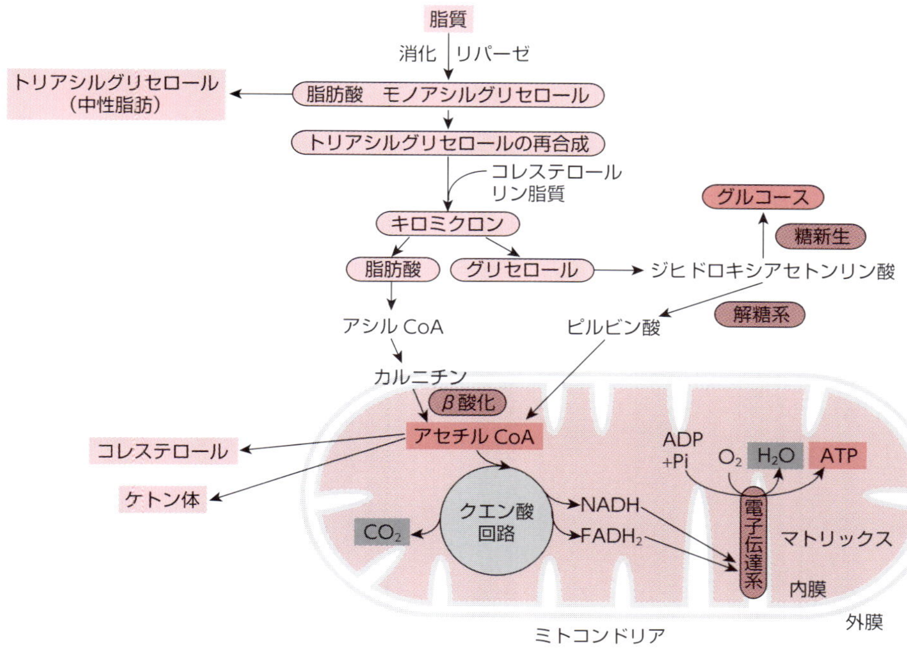

図 7-8　脂肪酸の分解反応（β酸化）

脂肪酸　CoASH　カルニチンアシルトランスフェラーゼⅠ
アシルCoAシンターゼ
アシルCoA　カルニチン　CoASH　アシルカルニチン　カルニチン
カルニチンアシルトランスフェラーゼⅡ　輸送体

アシルCoA　カルニチン　CoASH　アシルカルニチン
① FAD → FADH₂
2,3-トランスエノイルCoA
H₂O ②
L-β-ヒドロキシアシルCoA
NAD → NADH + H⁺
③ → 3-オキソアシルCoA
アセチルCoA　CoASH
④ → 炭素数が2つ少ないアシルCoA
①〜④のくり返し

電子伝達系へ
クエン酸回路へ

マトリックス／内膜／膜間腔／外膜　ミトコンドリア

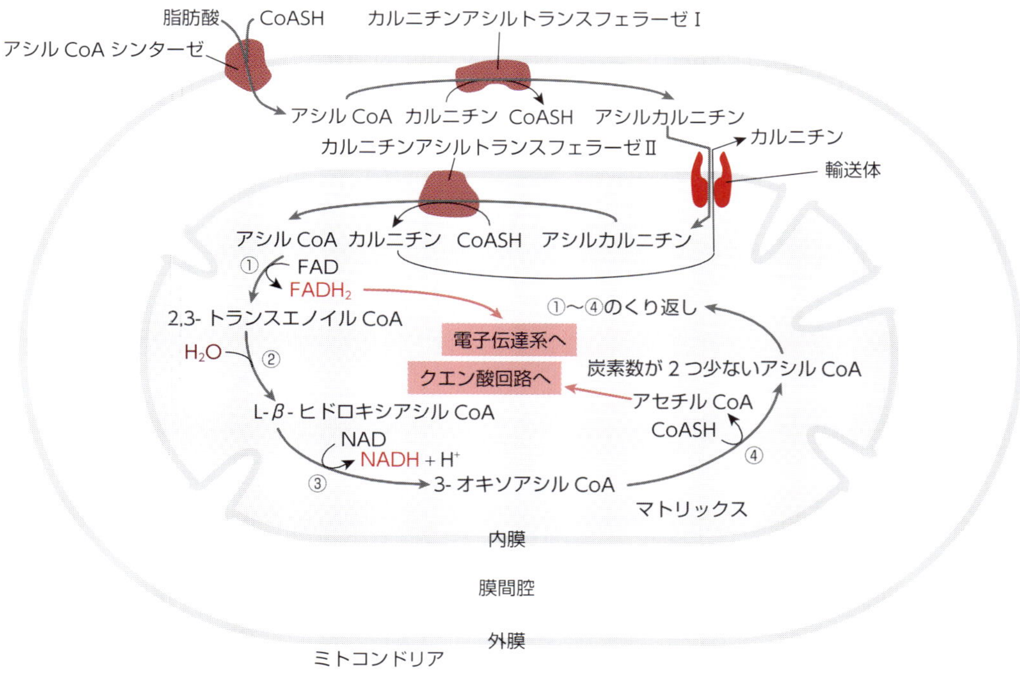

図 7-9　タンパク質の体内における代謝

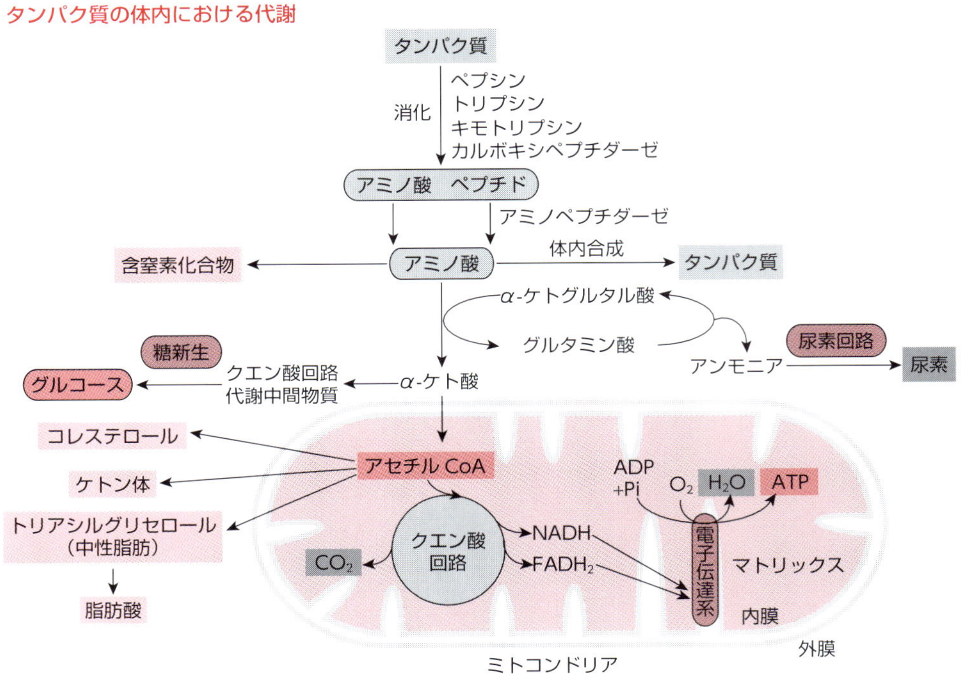

図 7-10　解糖系の反応経路

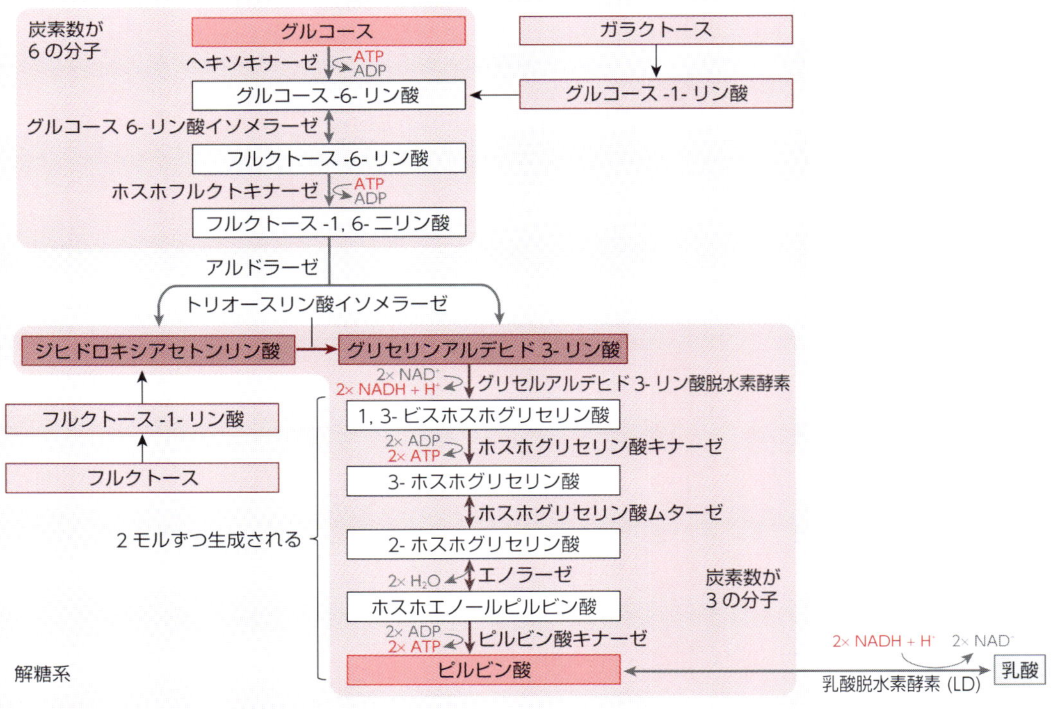

グルコースからピルビン酸に分解される過程を解糖系という。グルコース以外の糖の代謝についても示している。

のアセチル基（$-COCH_3$）がオキサロ酢酸に移されてクエン酸を生成し、その後順次、酸素の存在下で代謝が進行し、再びオキサロ酢酸に戻ってくる回路状の反応系である。アセチル CoA のアセチル基の炭酸は CO_2 にまで酸化され、水素は補酵素の NAD や FAD に補足されて **NADH** や **$FADH_2$** を生じる（図 7-12）。クエン酸回路という名称は、この反応系において最初に生成される物質がクエン酸であり、そして回路状に反応が進行することに由来する。また、クエン酸はカルボキシ基を 3 つもつので、クエン酸回路のことを**トリカルボン酸回路**（**TCA 回路**）ともいう。あるいは、発見者のハンス・クレブズ（H. A. Krebs）にちなんで**クレブズ回路**ということがある。

この回路で生じた NADH や $FADH_2$ は電子伝達系によって ATP を産生する。

クエン酸回路のもつその他の生理的役割としては、生体構成物質の合成に原料を供給することである。たとえば、*α*-ケトグルタル酸はグルタミン酸、スクシニル CoA はポルフィリン、オキサロ酢酸はアスパラギン酸やヘキソースなどを合成するための出発物質になる。

図 7-11　アルコール発酵と乳酸発酵の反応経路

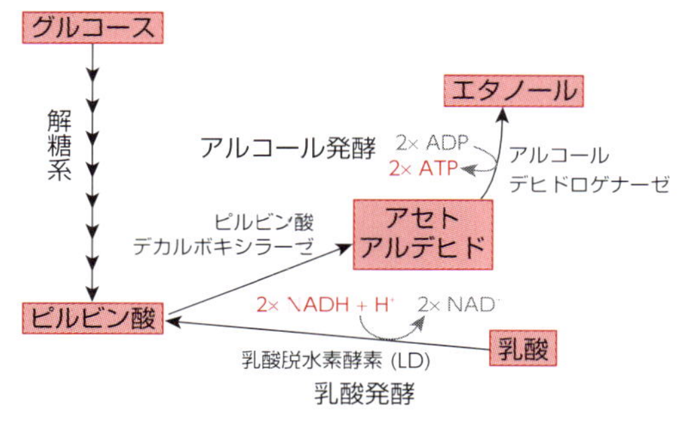

D　電子伝達系

呼吸系において酸素による基質の酸化反応には、多くの補酵素や酵素活性基がかかわっている。それらの反応系では、何段階にもわたって電子あるいは H^+ の授受が行われ、基質から奪われた電子および H^+ が O_2 と結合して H_2O になる。この系を**電子伝達系**または**呼吸鎖**という（図 7-13）。この反応を電子伝達という。この電子伝達系はミ

図 7-12　クエン酸回路の反応経路

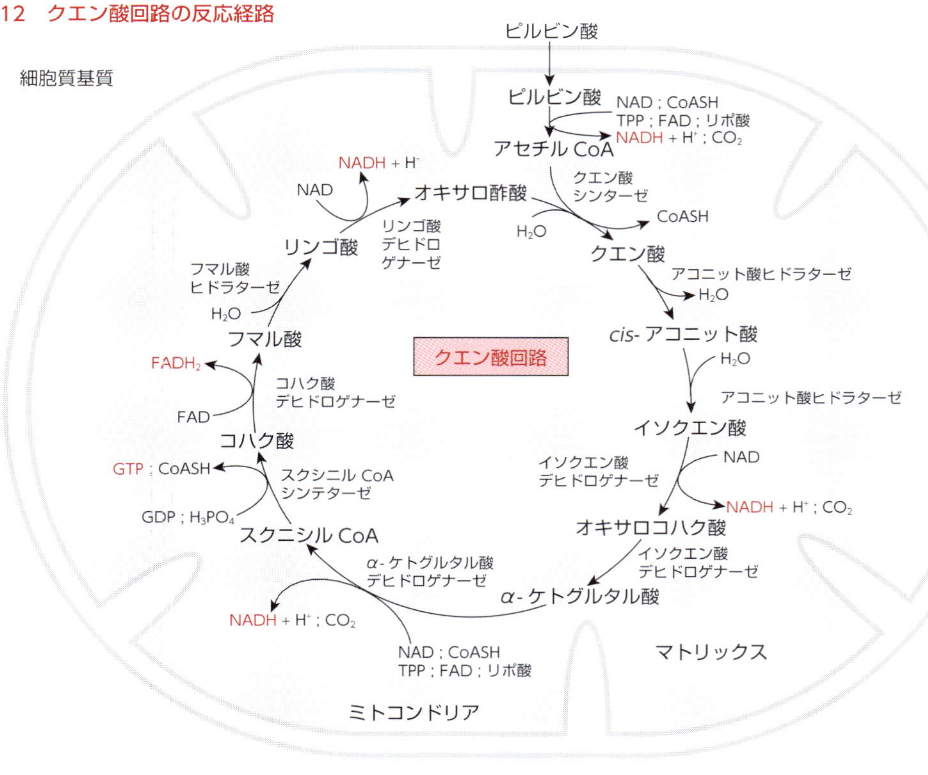

図 7-13　電子伝達系における電子伝達と ATP 産生

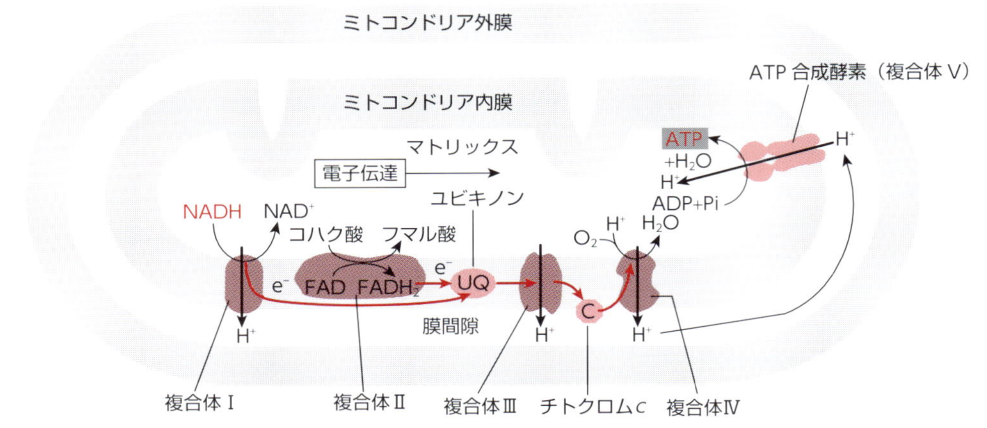

図 7-14　酸化還元電位と電子伝達

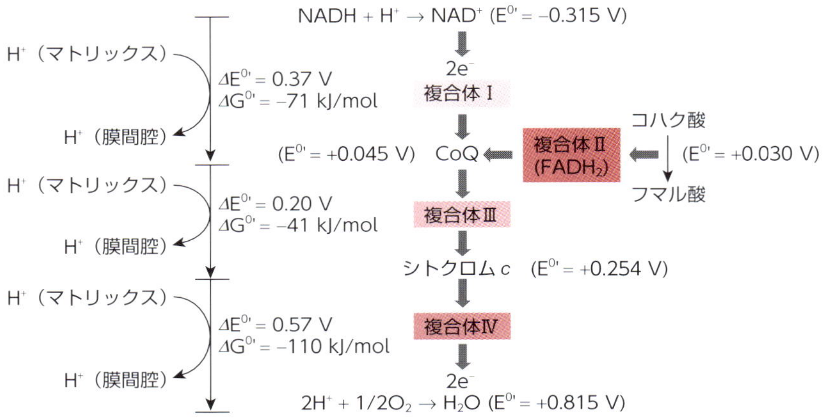

トコンドリア内膜に存在する。

電子は、酸化によって多くの化学エネルギーを放出できる酸化還元電位の低い物質（$NADH_2^+$：−0.315V）から高い物質（O_2：＋0.815V）へと順次伝達される（図 7-14）。還元された酸素は、H^+ と結合して、最終的に H_2O が生成される。**ミトコンドリアの内膜**には、**5 種類の複合体**、**CoQ**（補酵素 Q、ユビキノン）、**シトクロム *c*** が存在し、CoQ は、内膜内を自由に動き回り、電子を伝達したり、プロトンを膜間腔にくみ出したりする。複合体には複合体 I、複合体 II、複合体 III、複合体 IV、複合体 V がある。このうち、プロトンのくみ出しに関与しているのは I、III、IV の 3 つである。ミトコンドリア内に入った NADH や $FADH_2$ は複合体に電子を渡す。この電子が複合体を経由するごとにプロトンが**ミトコンドリア膜間腔**にくみ出される。プロトンのくみ出しによりミトコンドリア膜間腔はプラスに、ミトコンドリア内膜はマイナスに電位が生じる。最後にミトコンドリア膜間腔に生じたプロトン勾配を利用し、複合体 V に存在する **ATP 合成酵素**によって ADP から ATP が合成される。このとき、膜間腔からマトリックス側に 3 個のプロトンが流れる際に、1 個の ATP が合成される。これが**酸化的リン酸化**である。哺乳類では、ATP の 80 ～ 90％が、ミトコンドリアでの酸化的リン酸によって生成される。

解糖系で産生される NADH が、細胞質基質から、ミトコンドリアのマトリックス内に入るには、**リンゴ酸-アスパラギン酸シャトル**（肝臓、心臓、腎臓など）や、**グリセロリン酸シャトル**（筋肉など）を使用する（図 7-15）。複合体 I は、NADH の 2 個のプロトンと 2 個の電子（e^-）を CoQ に伝達する。なお、複合体 I には、プロトンポンプの作用があり、プロトンをマトリックスからミトコンドリア内膜を経て、膜間腔にくみ出す NADH の電子 1 対（2 個の電子）あたり 4 個のプロトンを膜間腔にくみ出す。複合体 II は、コハク酸から 2 個のプロトンと 2 個の電子が FAD を介して CoQ に伝達する。それによって還元型の $CoQH_2$（ユビキノール）ができる。この還元型 CoQ は、複合体 III のシトクロム *b* に 2 個の電子を伝達し、2 個のプロトンを膜間腔にくみ出し、酸化型 CoQ に戻る。その後、電子は複合体 III・シククロム *c*・複合体 IV を介し、最終的には O_2 に電子を渡す。電子を渡された O_2 は H_2O となる。

E　グルコース代謝と ATP 産生

ミトコンドリアがない赤血球や激しい運動中の筋肉のように酸素が不足している嫌気的条件下の細胞では、グルコース 1 モルが解糖系において **2 モルの乳酸**になり、その乳酸は細胞外へ出ていくため、グルコース代謝はこれで終了してしまうことになる。そのような場合には、グルコース 1 モルから **2 モルの ATP** しか産生されない。

それに対して、好気的状態にあるほとんどの細胞では、グルコースの大部分が解糖系・クエン酸回路・電子伝達系による代謝を経て、最終的に CO_2 と H_2O にまで代謝される。その反応をまとめると、$C_6H_{12}O_6 + 6\ O_2 \rightarrow 6\ CO_2 + 6\ H_2O$ となる。

まずグルコース 1 モルが解糖系において **2 モルのピルビン酸**になるとともに、**2 モルの ATP** が産生される。また、解糖系で生じた 2 モルの NADH は、**グリセロリン酸シャトル**あるいは**リンゴ酸-アスパラギン酸シャトル**（図 7-15）によって NAD へ戻されるとともに、前者ではミトコンドリア内で 3 モルの ATP を、後者では 4.5 モルの ATP を生じる。細胞によって、どちらか一方あるいは両方のしくみが働く。

ピルビン酸は、ミトコンドリア内に入ってアセチル CoA に変えられるとともに、2 モルの NADH を生じる。次いで、クエン酸回路で代謝される過程で、6 モルの NADH、2 モルの $FADH_2$、および ATP に変換されうる 2 モルの GTP を生じる。8 モルの NADH と 2 モルの $FADH_2$ から電子が電子伝達系を伝って酸素に渡される過程で生じるエネルギーを利用して、酸化的リン酸化によってそれぞれ 20 モルと 3 モルの ATP が産生される。通常、1 モルの **NADH** からは **2.5 モル**の ATP が産生される。また、1 モルの **$FADH_2$** からは **1.5 モル**の ATP が産生される。ただし、

図 7-15　ミトコンドリアへ NADH を輸送するしくみ

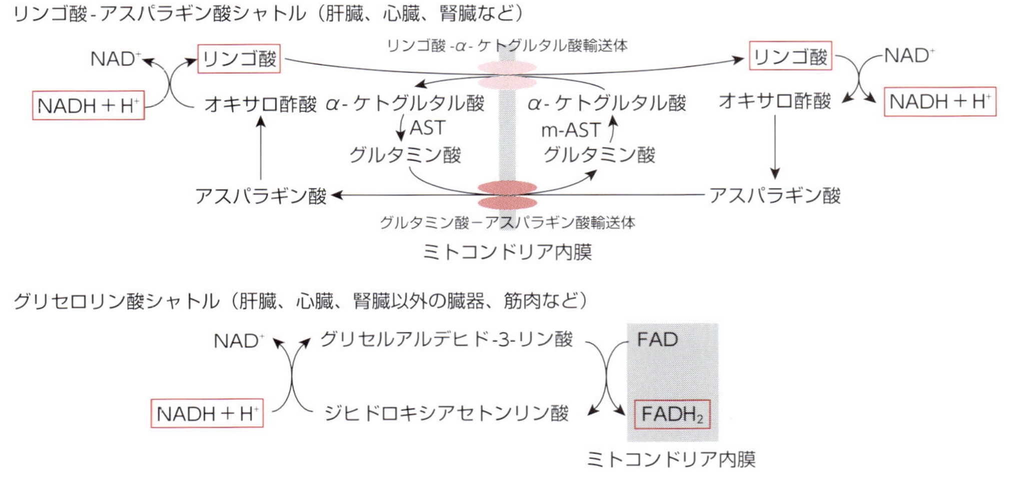

表 7-1　好気的条件下でグルコースが完全に酸化されて得られる ATP のモル数

解糖系で生じた ATP	4 ATP − 2 ATP = 2 ATP
解糖系で生じた 2 × NADH ①グリセロールリン酸シャトルを経由して 2 × $FADH_2$ に変換される または ②リンゴ酸-アスパラギン酸シャトルを経由して 2 × NADH に変換される	 2 × 1.5 ATP = 3 ATP 2 × 2.25 ATP = 4.5 ATP
ピルビン酸がアセチル CoA になる際に生じた NADH	2 × 2.5 ATP = 5 ATP
クエン酸回路で生じた NADH	2 × 3 × 2.5 ATP = 15 ATP
クエン酸回路で生じた $FADH_2$	2 × 1.5 ATP = 3 ATP
クエン酸回路で生じた GTP	2 GTP = 1.5 ATP

2 + 3 + 5 + 15 + 3 + 1.5 = **29.5 モルの ATP**
または
2 + 4.5 + 5 + 15 + 3 + 1.5 = **31 モルの ATP**

表 7-2　主な先天性の代謝障害

代謝障害	疾患名	欠損酵素	染色体
糖代謝障害	糖原病 I 型	グルコース-6-ホスファターゼ	17q21
	糖原病 II 型	酸性 α-グルコシダーゼ	17q25.2-q25.3
	糖原病 III 型	アミログルコシダーゼ	1q21
	糖原病 IV 型	グリコーゲン分枝酵素	17q24
	糖原病 V 型	筋グリコーゲンホスホリラーゼ	11q13
	糖原病 VI 型	肝グリコーゲンホスホリラーゼ	14q21-q22
	糖原病 VII 型	筋ホスホフルクトキナーゼ	12q13.3
	ガラクトース血症		
	ガラクトキナーゼ欠損症	ガラクトキナーゼ	17q24
	ウリジン二リン酸ガラクトース 4-エピメラーゼ欠損症	ウリジン二リン酸ガラクトース 4-エピメラーゼ	1p36-p35
	ガラクトース-1-リン酸ウリジルトランスフェラーゼ欠損症	ガラクトース-1-リン酸ウリジルトランスフェラーゼ欠損症	9p13
	遺伝性フルクトース不耐症	B 型アルドラーゼ	9q22.3
アミノ酸代謝障害	フェニルケトン尿症	フェニルアラニン水酸化酵素	12q24.1
	メープルシロップ尿症 IA 型	分枝アミノ酸 α ケト酸脱炭酸酵素複合体（BCKD）E1 α 成分	19q13
	メープルシロップ尿症 IB 型	BCKD E1 β 成分	6p22-p21
	メープルシロップ尿症 II 型	BCKD E2 成分	1q31
	メープルシロップ尿症 III 型	BCKD E3 成分	7q31-q32
	ホモシスチン尿症	シスタチオニン β 合成酵素	21q22.3
	チロシン血症 I 型	フマリルアセト酢酸ヒドラーゼ	15q23-q25
	チロシン血症 II 型	チロシンアミノ基転移酵素	16q22.1-q22.3
	チロシン血症 III 型	4-ヒドロキシフェニルピルビン酸変換酵素	12q24-qter
脂質代謝障害	ゴーシェ病	グルコセレブロシダーゼ	1q21
	テイ-サックス病	ヘキソサミニダーゼ	15q23-q24
	ニーマン-ピック病 A 型	酸性スフィンゴミエリナーゼ	11p15.4-p15.1
	ニーマン-ピック病 B 型	酸性スフィンゴミエリナーゼ	11p15.4-p15.1
	ニーマン-ピック病 C1 型	NPC1	18q11-q12
	ニーマン-ピック病 C2 型	NPC2	14q24.3
	ファブリー病	α ガラクトシダーゼ A	Xq22

リンゴ酸-アスパラギン酸シャトルでは膜間腔からマトリックスへH^+が移動するのに伴い、膜間腔のH^+が多少減少するので、1モルのNADHからは2.25モルのATPしか産生されない。結局、1モルのグルコースが好気的条件下でCO_2とH_2Oにまで完全に分解されると、**29.5**ないし**31モル**のATPを生じることになる（表7-1）。

7.1.5　先天性代謝障害

飲食物の多くはさまざまな成分で構成された高分子化合物を含むため、生体内で利用するためにはそれらを低分子の物質に分解しなければならない。この過程は、複数の反応段階を必要とする。分解された低分子化合物を利用して、生命維持に必要な物質を合成したり、さらに分解してエネルギーを得たりする。また、合成の過程も複数の反応段階を経て行われる。合成に利用される重要な基本成分には、単糖、アミノ酸、脂肪酸がある。摂取した物質の分解・合成にかかわるのは酵素であり、これらは生体内で合成される。このような酵素をコードする遺伝子に変異が生じると、その酵素の欠損または活性低下が起こり、基質の前駆物質もしくは代謝産物の蓄積、または酵素産物の欠乏をきたす。このような疾患を**先天性代謝障害**（先天性代謝異常とも呼ばれる）という。代表的な先天性代謝障害を表7-2にまとめた。何百もの障害が存在するが、その大半はきわめてまれである。

先天性代謝障害は、影響を受ける基質によって分類するのが一般的である。先天性代謝障害のなかでもよく知られているものがフェニルケトン尿症である。**フェニルケトン尿症**は、先天性アミノ酸代謝障害に分類される。これ以外も影響を受ける基質によって糖質代謝障害、脂質代謝障害などに分類される。

7.2　光合成

7.2.1　光合成の概要

緑色植物が光エネルギーを用いて、二酸化炭素と水からグルコースなどの糖を合成し、酸素を放出することを**光合成**という。**炭酸同化**（炭酸固定）の一種である。光化学反応により水を電子供与体として用い、酸素を発生し、炭酸ガスを還元する光合成系を**酸素発生型光合成**という。光合成は細胞中の**葉緑体**という細胞小器官が担っている（「2.1.2F　葉緑体」参照）。光合成は、光化学反応とカルビン回路の2つの段階に大別される。**光化学反応**とは、光エネルギーからNADPHとATPを合成する過程をいう（図7-16）。これに対して**カルビン回路**とは、NADPHとATPを使ってCO_2とH_2Oから糖を合成する過程をいう。光化学反応は**チラコイド膜**で行われる。葉緑体をもたない光合成原核生物では、細胞膜か細胞膜が何層も陥入してできた**クロマトホア**で光化学反応が行われる。カルビン回路は**ストロマ**で行われる。

酸素発生型光合成をもった最初の生物は**シアノバクテリア**（藍藻ともいう）と考えられている。酸素発生型光合成を行う生物としては、緑色植物をはじめ、紅色植物、灰色植物、クリプト植物、ハプト植物、不等毛植物、渦鞭毛植物、ユーグレナ植物、クロララクニオン植物、藍色植物（真正細菌）がある。**酸素非発生型光合成**は系統樹上きわめて古く、光化学系を1つしかもたない。これには、シアノバクテリアを除く真正細菌の**光合成細菌**が含まれる。酸素非発生型光合成を行うのは、紅色細菌、緑色硫黄細菌、緑色非硫黄細菌、ヘリコバクテリアである。

A　光化学反応

光化学反応とは、光エネルギーを化学エネルギーに変換する系である。光を必要とするため**明反応**とも呼ばれる。この過程には**クロロフィル**が欠かせず、もっとも重要な色素である。クロロフィルは光のスペクトルの紫と赤の光エネルギーをとらえ、一連の反応によって化学エネルギーへ変換する。いろいろな形態のクロロフィル、カロチノイドやフィコビリンなどが少しずつ異なる波長の

図 7-16　葉緑体のチラコイド膜での光化学反応

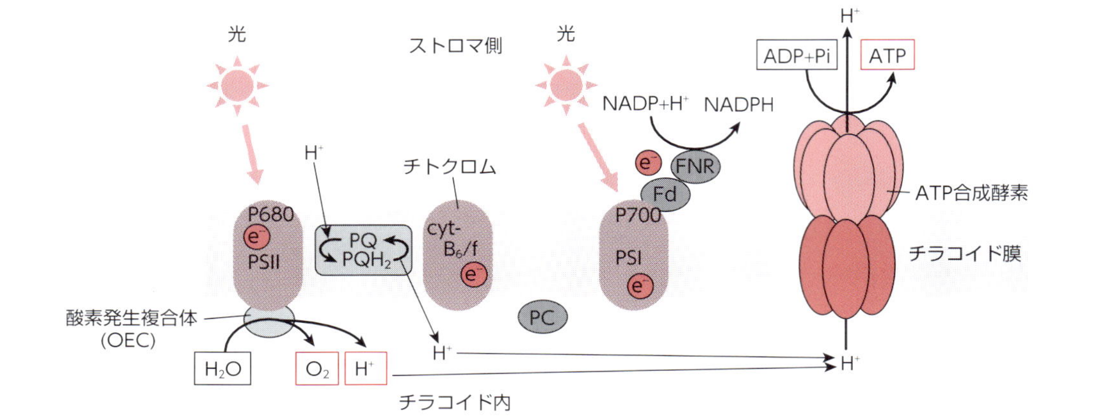

PQ：膜結合型プラストキノール、FNR：フェレドキシン-NADP+レダクターゼ
PC：プラストシアニン、Fd：フェレドキシン

光を吸収し、エネルギーをクロロフィル *a* に渡して変換を終える。

葉緑体にはクロロフィルと他の化学物質、特にさまざまな反応に必要な酵素が含まれている。葉緑体のなかで、これらの化学物質は**チラコイド**と呼ばれる円盤形の袋に組み込まれている。このチラコイドに含まれる色素が光化学系を形成する。色素に吸収された光は、色素の電子をより高いエネルギーレベルに引き上げる。そして、このエネルギーはクロロフィル *a* の特別な形態である反応中心へ運ぶ。

光化学系には、光化学系 I と光化学系 II の 2 種類がある。光エネルギーはまず光化学系 II で捉えられ、水分子からの電子を励起して電子受容体へ押し上げ、**酸素**を発生する。励起された電子は、電子伝達系を経て光化学系 I へ戻り、この過程でエネルギーに富んだ ATP が産生される。光化学系 I により吸収された光は、反応中心へ渡され、ここでも励起された電子は電子受容体に押し上げられる。この電子は別の伝達系によって伝えられ、補酵素の **NADP** にエネルギーを与え、還元して **NADPH** にする。光化学系 I で失われた電子は、光化学系 II から電子伝達系で伝達される電子で置き換わる（図 7-16）。電子は電子伝達系を移動するが、これをエネルギー勾配で表したのが **Z 機構**（図 7-17）である。ATP 合成酵素はエネルギー勾配を使って光リン酸化によって ATP を合成するが、NADPH は Z 機構の酸化還元反応によって合成される。生じた、NADPH および ATP はストロマにて行われるカルビン回路で使用される。

B　カルビン回路

ストロマには、二酸化炭素から糖を合成する経路の**カルビン回路**が存在する。この経路は糖の分解経路である**ペントースリン酸回路**の逆の経路であるので、**還元的ペントースリン酸回路**、あるいは発見者の名をとって**カルビン-ベンソン回路**とも呼ばれている。カルビン回路は、**暗反応**とも呼ばれる過程で、二酸化炭素の固定を行う**炭酸同化反応**である。この経路では、初めに 3 モルのリブロース 1,5-二リン酸に 3 モルの二酸化炭素が結合して 6 モルの 3-ホスホグリセリン酸が生成され、これから NADPH による還元と ATP によるリン酸化を経て糖が生成され、その経路の回転によってリブロース 1,5-二リン酸が再生されてくる回路となっている（図 7-18）。この回路の回転によって 3 モルの二酸化炭素から 6 モルの NADPH と 6 モルの ATP を用いて 1 モルの**グリセロアルデヒド-3-リン酸**が生成される。グリセルアルデヒド-3-リン酸から糖新生やその他の経路によって、グルコース、スクロース、デンプン、セルロース、脂肪酸、アミノ酸などが合成される。

図 7-17　電子伝達系での電子のエネルギー勾配を示す Z 機構

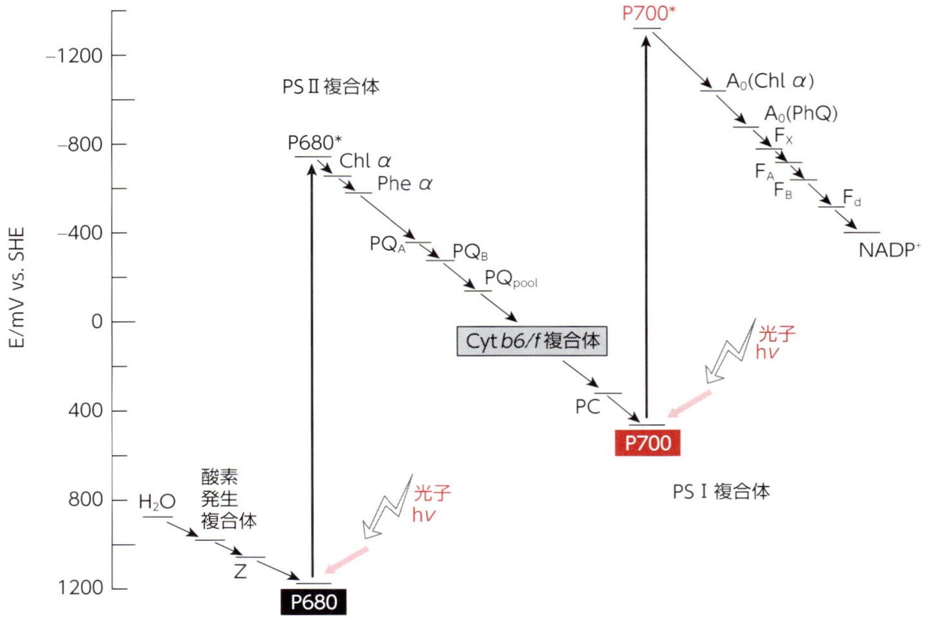

図 7-18　光合成の炭酸同化作用の流れ

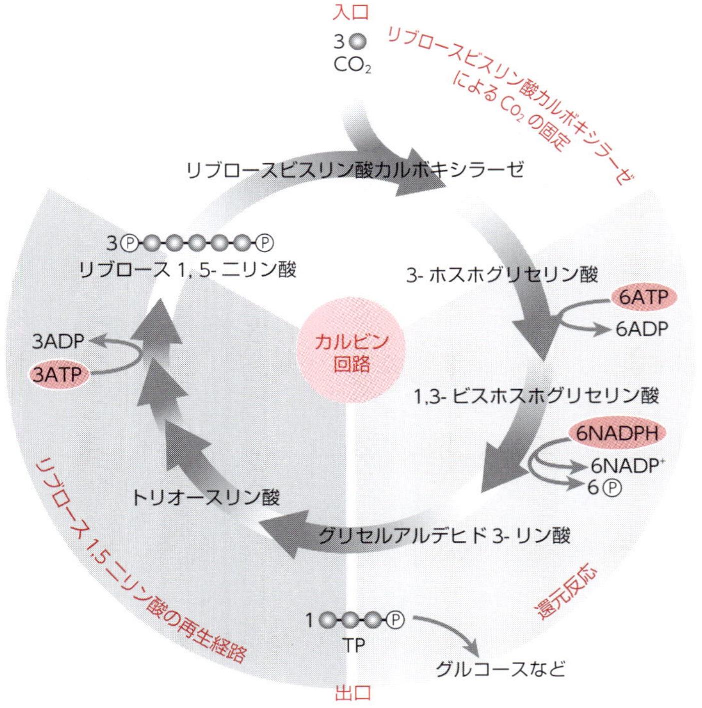

図の上部はルビスコによる CO_2 の固定。右下の区分が還元反応、左下は RuBP の再生経路を表す。
図では 3 分子の CO_2 が固定された場合を示している。

第 8 章　生体の調節機構

準備教育モデル・コアカリキュラム

2　生命現象の科学	到達目標	SBOコード
(3) 生物の進化と多様性		
【生物の多様性】	内分泌系の系統発生、各器官と分泌されるホルモンを概説できる。	2(3)-2-4
	体温と浸透圧調節機構の系統発生を概説できる。	2(3)-2-5
	生体防御機構を概説できる。	2(3)-2-6

薬学準備教育ガイドライン

(5)　薬学の基礎としての生物	到達目標	SBOコード
【生体の調節機構】	生体のもつホメオスタシス（恒常性）について概説できる。	F(5)-1-1
	生体の情報伝達系、防御機構（神経系、内分泌系、免疫系）について概説できる。	F(5)-1-2

医学教育モデル・コアカリキュラム

B　医学一般	到達目標	SBOコード
1　個体の構成と機能		
(3) 個体の調節機構とホメオスターシス		
【情報伝達の機序】		
①情報伝達の基本	情報伝達の種類と機能を説明できる。	B1-(3)-1-1-1
	受容体による情報伝達の機序を説明できる。	B1-(3)-1-1-2
	細胞内シグナル伝達過程を説明できる。	B1-(3)-1-1-3
	生体内におけるカルシウムイオンの多様な役割を説明できる。	B1-(3)-1-1-4
②神経による情報伝達の基礎	活動電位の発生機構と伝導を説明できる。	B1-(3)-1-2-1
	シナプス（神経・筋接合部を含む）の形態とシナプス伝達の機能（興奮性、抑制性）と可塑性を説明できる。	B1-(3)-1-2-2
	刺激に対する感覚受容の種類と機序を説明できる。	B1-(3)-1-2-4
	反射（弓）を説明できる。	B1-(3)-1-2-5
【生体防御の機序】	生体の非特異的防御機構を説明できる。	B1-(3)-2-1
	特異的防御機構である免疫系の役割を説明できる。	B1-(3)-2-2
	体液性と細胞性免疫応答を説明できる。	B1-(3)-2-3
【ホメオスタシス】	生体の恒常性維持と適応を説明できる。	B1-(3)-3-1
	恒常性維持のための調節機構（ネガティブフィードバック調節）を説明できる。	B1-(3)-3-2
	体温の恒常性維持の重要性とその調節機序を説明できる。	B1-(3)-3-3
	体液 pH の重要性と緩衝系を説明できる。	B1-(3)-3-4
2　個体の反応		
(2) 免疫と生体防御		
【免疫系の一般特性】	生体防御機構における免疫系の特徴（特異性、多様性、寛容、記憶）を説明できる。	B2(2)-1-1
	免疫反応にかかわる組織と細胞を説明できる。	B2(2)-1-2
	自然免疫と獲得免疫の違いを説明できる。	B2(2)-1-4

【自己と非自己の識別に関与する分子とその役割】	MHC クラス I とクラス II の基本構造、抗原提示経路の違いを説明できる。	B2(2)-2-1
	免疫グロブリンと T 細胞抗原レセプターの構造と反応様式を説明できる。	B2(2)-2-2
	免疫グロブリンと T 細胞抗原レセプター遺伝子の構造と遺伝子再構成にもとづき、多様性獲得の機構を説明できる。	B2(2)-2-3
	自己と非自己の識別機構の確立と免疫学的寛容を概説できる。	B2(2)-2-4
【免疫反応の調節機構】	代表的なサイトカイン・ケモカインの特徴を説明できる。	B2(2)-3-2
	Th1/Th2 細胞それぞれが担当する生体防御反応を説明できる。	B2(2)-3-3
【疾患と免疫】	ウイルス、細菌と寄生虫に対する免疫応答の特徴を説明できる。	B2(2)-4-1
	アレルギー発症の機序を概説できる。	B2(2)-4-2
	がん免疫にかかわる細胞性機序を概説できる。	B2(2)-4-5
C　人体各器官の正常構造と機能、病態、診断、治療	**到達目標**	**SBOコード**
12　内分泌・栄養・代謝系		
(1) 構造と機能	ホルモンを構造から分類し作用機序を説明できる。	C12(1)-1
	ホルモン分泌の調節機構を概説できる。	C12(1)-2
	各内分泌器官の位置を図示し、そこから分泌されるホルモンを列挙できる。	C12(1)-3
	視床下部ホルモン・下垂体ホルモンの名称、作用と相互関係を説明できる。	C12(1)-4
	甲状腺と副甲状腺（上皮小体）から分泌されるホルモンの作用と分泌調節機構を説明できる。	C12(1)-5
	副腎の構造と分泌されるホルモンの作用と分泌調節機構を説明できる。	C12(1)-6
	膵島から分泌されるホルモンの作用を説明できる。	C12(1)-7
	男性ホルモン・女性ホルモンの合成・代謝経路と作用を説明できる。	C12(1)-8

歯学教育モデル・コアカリキュラム

D　生命科学	到達目標	SBOコード
D-1　生命の分子的基盤		
D-1-4　細胞のコミュニケーション	受容体を介するホルモン、成長因子、サイトカインによる細胞間の情報伝達機構を概説できる。	D-1-4-3
	細胞内シグナル伝達機構を概説できる。	D-1-4-4
D-2　人体の構造と機能		
D-2-3　身体を構成する組織、器官		
D-2-3-(4) 感覚器系	皮膚感覚器の構造と機能を説明できる。	D-2-3-(4)-1
	深部感覚の受容器の構造と機能を説明できる。	D-2-3-(4)-2
	視覚器、聴覚・平衡感覚器の構造と機能を説明できる。	D-2-3-(4)-3
	嗅覚器、味覚器の構造と機能を説明できる。	D-2-3-(4)-4
D-2-3-(5) 神経系	脳神経の種類、走行、線維構築および支配領域を説明できる。	D-2-3-(5)-1
	末梢神経系の機能分類（体性神経系と自律神経系）を説明できる。	D-2-3-(5)-2
	交感神経系と副交感神経系の構造と機能を説明できる。	D-2-3-(5)-3
	脳と脊髄の基本的構造と機能を説明できる。	D-2-3-(5)-4
	血液脳関門を説明できる。	D-2-3-(5)-5
	ニューロンとグリアの構造と機能を説明できる。	D-2-3-(5)-7
	神経の活動電位の発生とその伝播の機序を説明できる。	D-2-3-(5)-8
	シナプスにおける興奮伝達を概説できる。	D-2-3-(5)-9
	神経伝達物質の種類と機能を説明できる。	D-2-3-(5)-10
D-2-3-(8) 内分泌系	各内分泌器官の構造と機能およびホルモンを説明できる。	D-2-3-(8)-1
D-2-3-(9) 泌尿器系	体液の量と組成および浸透圧の調節機構を説明できる。	D-2-3-(9)-1
D-2-3-(11) 血液、造血器、リンパ網内系	リンパ性組織とリンパ性器官を説明できる。	D-2-3-(11)-1
	赤血球、白血球および血小板の形成過程と機能を説明できる。	D-2-3-(11)-3
	止血と血液凝固の機序を説明できる。	D-2-3-(11)-4
D-3　感染と免疫		
D-3-2　免疫	自然免疫と獲得免疫について説明できる。	D-3-2-1
	細胞性免疫と体液性免疫について説明できる。	D-3-2-2
	免疫担当細胞の種類と働きを説明できる。	D-3-2-3

	免疫寛容を説明できる。	D-3-2-4
	アレルギーの分類を説明できる。	D-3-2-5
	免疫・アレルギー疾患の種類と発症機序を説明できる。	D-3-2-6

薬学教育モデル・コアカリキュラム

C　薬学専門教育	到達目標	SBOコード
C8　生命体の成り立ち		
(1) ヒトの成り立ち		
【神経系】	中枢神経系の構成と機能の概要を説明できる。	C8(1)-2-1
	体性神経系の構成と機能の概要を説明できる。	C8(1)-2-2
	自律神経系の構成と機能の概要を説明できる。	C8(1)-2-3
【皮膚】	皮膚について機能と構造を関連づけて説明できる。	C8(1)-4-1
【感覚器系】	眼、耳、鼻などの感覚器について機能と構造を関連づけて説明できる。	C8(1)-11-1
(3) 生体の機能調節		
【神経・筋の調節機構】	神経系の興奮と伝導の調節機構を説明できる。	C8(3)-1-1
	シナプス伝達の調節機構を説明できる。	C8(3)-1-2
	神経系、感覚器を介するホメオスタシスの調節機構の代表例を列挙し、概説できる。	C8(3)-1-3
【ホルモンによる調節機構】	主要なホルモンの分泌機構および作用機構を説明できる。	C8(3)-2-1
	血糖の調節機構を説明できる。	C8(3)-2-2
【体液の調節機構】	体液の調節機構を説明できる。	C8(3)-4-1
	尿の生成機構、尿量の調節機構を説明できる。	C8(3)-4-2
【体温の調節機構】	体温の調節機構を説明できる。	C8(3)-6-1
C9　生命をミクロに理解する		
(5) 生理活性分子とシグナル分子		
【ホルモン】	代表的なペプチド性ホルモンをあげ、その産生臓器、生理作用および分泌調節機構を説明できる。	C9(5)-1-1
	代表的なアミノ酸誘導体ホルモンをあげ、その構造、産生臓器、生理作用および分泌調節機構を説明できる。	C9(5)-1-2
	代表的なステロイドホルモンをあげ、その構造、産生臓器、生理作用および分泌調節機構を説明できる。	C9(5)-1-3
【サイトカイン・増殖因子・ケモカイン】	代表的なサイトカインをあげ、それらの役割を概説できる。	C9(5)-4-1
【細胞内情報伝達】	細胞内情報伝達に関与するセカンドメッセンジャーおよびカルシウムイオンなどを具体例をあげて説明できる。	C9(5)-5-1
	細胞膜受容体からＧタンパク系を介して細胞内へ情報を伝達する主な経路について概説できる。	C9(5)-5-2
	細胞膜受容体タンパク質などのリン酸化を介して情報を伝達する主な経路について概説できる。	C9(5)-5-3
	代表的な細胞内（核内）受容体の具体例を挙げて説明できる。	C9(5)-5-4
C10　生体防御		
(1) 身体を守る		
【生体防御反応】	自然免疫と獲得免疫の特徴とその違いを説明できる。	C10(1)-1-1
	異物の侵入に対する物理的、生理的、化学的バリアーについて説明できる。	C10(1)-1-2
	補体について、その活性化経路と機能を説明できる。	C10(1)-1-3
	免疫反応の特徴（自己と非自己、特異性、記憶）を説明できる。	C10(1)-1-4
	クローン選択説を説明できる。	C10(1)-1-5
	体液性免疫と細胞性免疫を比較して説明できる。	C10(1)-1-6
【免疫を担当する組織・細胞】	免疫に関与する組織と細胞を列挙できる。	C10(1)-2-1
	免疫担当細胞の種類と役割を説明できる。	C10(1)-2-2
	食細胞が自然免疫で果たす役割を説明できる。	C10(1)-2-3
	免疫反応における主な細胞間ネットワークについて説明できる。	C10(1)-2-4
【分子レベルでみた免疫のしくみ】	抗体分子の種類、構造、役割を説明できる。	C10(1)-3-1
	MHC 抗原の構造と機能および抗原提示経路での役割について説明できる。	C10(1)-3-2
	T 細胞による抗原の認識について説明できる。	C10(1)-3-3

	抗体分子およびT細胞抗原受容体の多様性を生み出す機構（遺伝子再構成）を概説できる。	C10(1)-3-4
	免疫系にかかわる主なサイトカイン、ケモカインを挙げ、その作用を説明できる。	C10(1)-3-5
(2) 免疫系の破綻・免疫系の応用		
【免疫系が関係する疾患】	アレルギーについて分類し、担当細胞および反応機構を説明できる。	C10(2)-1-1
	炎症の一般的症状、担当細胞および反応機構について説明できる。	C10(2)-1-2
【免疫応答のコントロール】	臓器移植と免疫反応のかかわり（拒絶反応、免疫抑制剤など）について説明できる。	C10(2)-2-1
	細菌、ウイルス、寄生虫などの感染症と免疫応答とのかかわりについて説明できる。	C10(2)-2-2

8.1 恒常性

ヒトは、さまざまな外部および内部の変化に対応して、内部の形態的あるいは生理的状態を一定に保って、その生存を維持する性質をもっている。このような性質のことを**恒常性**または**ホメオスタシス**という。恒常性は、**外部環境**の変化に対して**内部環境**を一定に保つ働きということもできる。このようなしくみは、神経系、内分泌系、免疫系によって無意識のうちに行われている。

8.1.1 体液－細胞内液と細胞外液

成人男性のからだは、体重の約60％が水分である。この水分は細胞内液と細胞外液からなり、**細胞内液**の水分は体重の約40％であるのに対して、**細胞外液**は約20％である。細胞外液はさらに**脈管内液**（**血漿**と**リンパ液**）と**組織液**（間質液ともいう）からなる。そのほかとしては、**体腔液**（脳脊髄液、眼房水、関節液などの体腔を満たす液）がある。細胞内液と組織液は細胞膜を隔てて接し、組織液と血液は毛細血管壁を隔てて接し、栄養、代謝老廃物などをやりとりしている。組織液は約13％、血漿は約5％、体腔液は約2％の割合で存在する（図8-1）。

この体液の一部は、**不感蒸泄**（発汗以外の皮膚および呼気からの水分喪失をいい、その量は、常温安静時には健常成人で1日に皮膚から約550 m*l*、呼気から約350 m*l* である）、腎臓からの**不可避尿**（体内の老廃物を溶かすのに最低限必要な尿のことをいい、その量は1日約500 m*l* である）と**随意尿**（摂取した水分量によって調節される尿で、1日約1,000 m*l* である）、腸からの排便（約100 m*l*）などによって失われている。それに見合う量の水分が、飲料水（約1,600 m*l*）、食物に含まれる水分（約600 m*l*）、あるいは**代謝水**（約300 m*l*、栄養素が体内で代謝されて生成される水のことをいい、酸化水ともいう）として補給され、体液量のバランスが保たれている（図8-2）。

体液における電解質の組成は、細胞内液と細胞外液では著しく違っている。細胞外液では、**ナトリウムイオン**（Na^+）が陽イオンの大半を占めているのに対し、細胞内液では**カリウムイオン**（K^+）が大半を占めている。また、細胞外液の陰イオンとして**塩素イオン**（Cl^-）が大半を占めているのに対し、細胞内液では**リン酸水素イオン**（HPO_4^{2-}）が大部分を占めている（表8-1）。

図8-1　生体成分の割合

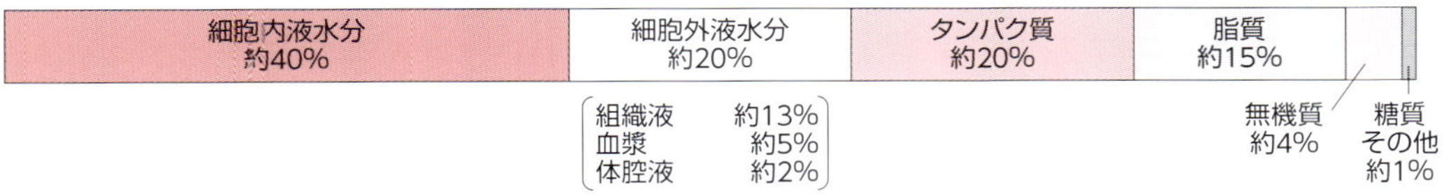

表 8-1　ヒトの体液中にみられる主な電解質の濃度

電解質	細胞内液（mEq/l）	細胞外液（mEq/l）	
		血漿	組織液
Na^+	10	140	140
K^+	150	4	4
Ca^{2+}	0.001 以下	4.6	4.6
Mg^{2+}	40	1.6	1.6
Cl^-	7	103	120
HCO_3^-	10	24	24
HPO_4^{2-}	100	2.2	2
SO_4^{2-}	16	1	1

図 8-2　水分の摂取と排泄

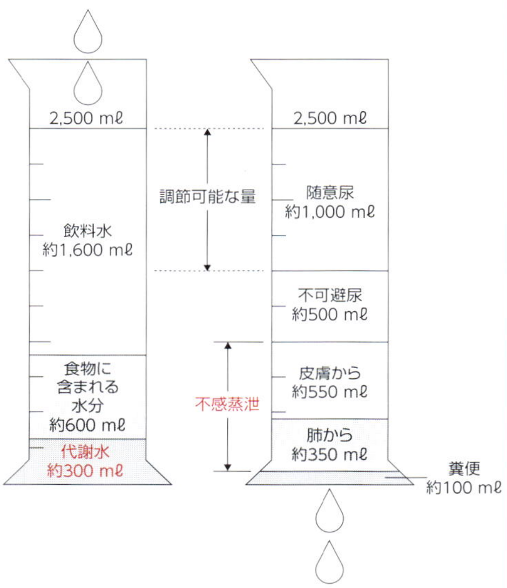

8.1.2　体液の恒常性維持

Na^+ の調節に関連するホルモンとして**アルドステロン**と水の排泄に関連する**バソプレシン**がかかわっている。血漿 Na^+ 濃度が低下すると、浸透圧受容器の働きでアルドステロンの分泌が抑制され、水が排泄されて血漿 Na^+ 値が正常に戻る。また、血漿 Na^+ 濃度が増加すると、水の再吸収を促進して貯留が起こるように働く。アルドステロンは腎臓において Na^+ の再吸収を促進し、Na^+ 濃度を調節する。

A　体液浸透圧の調節

細胞外液の浸透圧が異常に上昇すると、細胞から水が滲出するため、細胞が縮む。一方、細胞外液の浸透圧が異常に低下した場合は、逆に水が細胞内へ入って、細胞は膨張する。このような現象を予防するために**視床下部**には**浸透圧受容器**があって、脱水が起きると、渇きの感覚を起こし、水分摂取を行わせる。それと同時に、バソプレシンを分泌させ、腎臓からの水分再吸収を促進する（図 8-3）。一方、過剰の水分摂取によって血漿浸透圧が低下すると、バソプレシン分泌を抑制して腎臓からの水分排泄を促進する。このように、体液の浸透圧は浸透圧受容器によって水の摂取量と排泄量の両面から調節している。体液量の調整は、主に腎臓からの水分排泄量の調節によってなされている。

細胞外液が少なくなると、**循環血液量**（成人男性では体重の約 8%、成人女性では約 7%）の減少につながる。そして、体細胞への酸素や栄養素の補給に支障が生じる。一方、細胞外液量が多くなると、血液循環を司る心臓に過大な負担がかかることになる。このような現象を予防するために、心房には血液量を感受する**容量受容器**があって循環血液量を監視している。循環血液量の増減によってバソプレシン分泌量を変化させ、水分の排泄量を調整する。また、循環血液量が過剰に増加したり、過剰に減少したりすると血圧に変化が生じるので、頸動脈洞や大動脈弓にある**圧受容器**に感知され、視床下部に伝わると、バソプレシン分泌を変化させて、水分の排泄量を調節する（図 8-3）。

ヒトの細胞内に多くの Na^+ が入ってくると、**ナトリウムポンプ**により、細胞外から K^+ をとり込

図 8-3　水分とナトリウムイオンの維持と血圧維持に関する調節機構

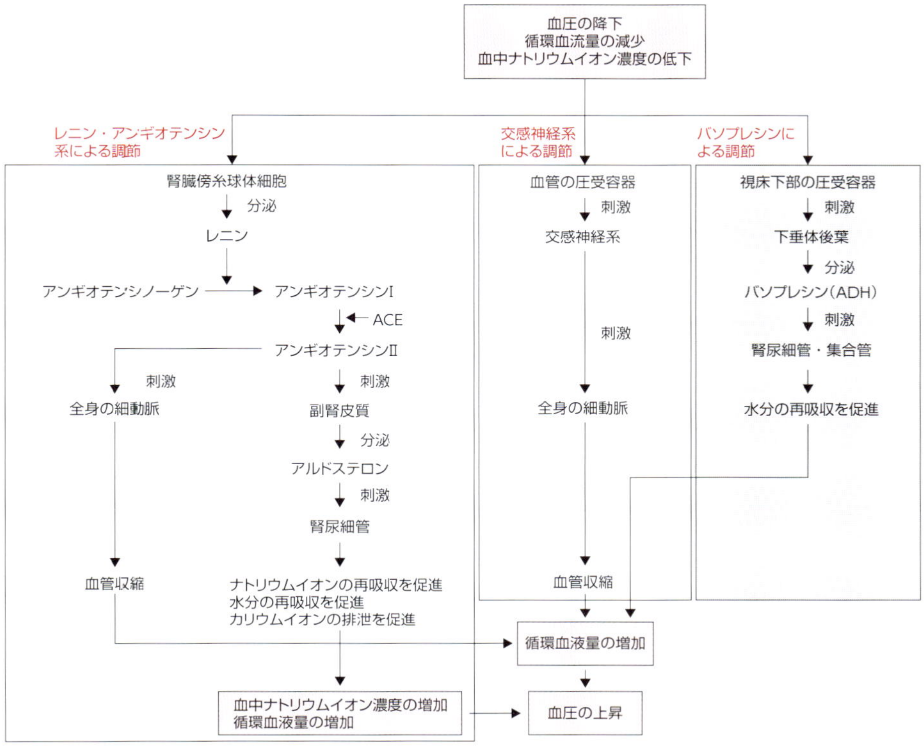

むと同時に、余分な Na^+ を細胞外へと排出して、一定の濃度を保っている。

生体は Na^+ の摂取量に相当する量を排泄し、体内の Na^+ バランスを維持している。食塩（NaCl）を摂取したことで細胞外液の浸透圧が上昇した場合、バソプレシンが分泌されて遠位尿細管や集合管での水分の再吸収が促進され、体内に水分が保持され、細胞外液量が増加し、Na^+ 濃度が低下する。逆に体内の Na^+ 濃度が低くなると、細胞外液量は減少する。体内の Na^+ 量は、アルドステロンによる腎臓の遠位尿細管からの Na^+ 排泄量の調節によって行われている（図 8-3）。

B　血液 pH の調節

生体内で起こるほとんどの代謝反応は、体液の**水素イオン濃度**にきわめて敏感である。

血液の pH は、栄養素の中間代謝物によって酸性に傾きやすいが、7.4 ± 0.05 の範囲に維持されている。血液の pH の変動を抑える緩衝系には、炭酸重炭酸系、リン酸系、血漿タンパク質系、ヘモグロビン系がある。

1 日に食事や細胞代謝で負荷される H^+ 量を**不揮発性酸**と呼ぶ。そのほかに細胞呼吸で CO_2 として産生される酸を**揮発性酸**と呼ぶ。揮発性酸は、呼吸により肺から排泄されるのに対し、不揮発性酸は腎臓から排泄される。組織で生じた揮発性酸の CO_2 や不揮発性酸は H^+ を遊離すると、これらは血液中で、血漿タンパク質やヘモグロビンなどの血液の緩衝系に吸収される。また、血液がアルカリ性に傾くときには、水酸イオン（OH^-）が同様に血液の緩衝系に吸収される。

血液の pH が 7.0 以下あるいは 7.7 以上になると、生命の維持が危うくなる。酸塩基平衡を酸性側にしようとする状態を**アシドーシス**といい、これにより pH が 7.35 未満になった病態を**アシデミア**（酸血症ともいう）という。**呼吸性アシドーシス**は、**動脈血二酸化炭素分圧**（PCO_2）が高くなり、代償機転が働くと炭酸水素イオン（HCO_3^-）が増加する。**代謝性アシドーシス**には、乳酸アシドーシス、糖尿病性ケトアシドーシス、腎不全、サリチル酸中毒などと、重炭酸イオンが過剰に排泄されて生じる下痢、腎尿細管アシドーシスなどがある。

酸塩基平衡をアルカリ側にしようとする状態を**アルカローシス**といい、これにより pH が 7.45 以上になった病態を**アルカレミア**（アルカリ血症ともいう）という。アルカローシスには、血液中に HCO_3^- が増加する**代謝性アルカローシス**と、肺から CO_2 が過剰に排出されることによって PCO_2 が低下する呼吸性アルカローシスがある。肺胞換気が過剰となる原因としては、中枢性と末梢性の化学受容体の刺激によるものがある。中枢性のものには、**過換気症候群**などがある。低酸素状態は末梢の化学受容体を刺激して、呼吸性アルカローシスを引き起こすことがある。代謝性アルカローシスは、**幽門狭窄症**による頻回の嘔吐に伴う低クロール性アルカローシスがある。

8.1.3　体温の恒常性維持

ヒトの体温は、37℃付近で維持されている。興奮すればアドレナリンが分泌されて体温が高くなる。運動によって筋の代謝が亢進するため体温が上昇する。すなわち、代謝率が増すと体温は上昇し、代謝率が下がると体温は低下する。体温が高い場合は発汗、皮膚血管の拡張で体温を下げようとし、体温が低い場合は戦慄や代謝の亢進による発熱によって体温を上げようとする。代謝で細胞内に放出されるエネルギーの一部が熱となる。

熱産生と熱消失とにはバランスが保たれている。その調節は、主に視床下部の**温度受容器**によって行われている。

視床下部にある**体温調節中枢**は、循環血液の温度を監視して反応する。この中枢は体温が上昇すると、汗腺に分布する自律神経を刺激して汗を分泌し、体温を下げるように調節する。

延髄の**血管運動神経中枢**は、小動脈や細動脈の管径を調節することで真皮内の毛細血管の循環血液量を調節している。もし外気温が低かったり、熱産生が低下したりすると、**交感神経**によって血管収縮が刺激され、体熱を逃がさないようにする。

8.1.4　血液細胞の働き

血液は薄黄色の**血漿**と呼ばれる液体成分（約 55％）とそれに浮遊している血球と呼ばれる赤血球と白血球、血小板という 3 種類の細胞成分（約 45％）からなる。

液体成分である血漿は、血清とフィブリノゲンからなり、水分（約 91％）、タンパク質（約 7％）糖質（約 0.1％）、脂質（約 1％）、無機塩類、尿素およびその他の窒素酸化物、ホルモンなどを含んでいる（図 8-4）。血漿は、ホルモンや脂質などの物質輸送、血液凝固、免疫、膠質浸透圧の維持、緩衝作用などの役割を担っている。

A　赤血球

赤血球は、核をもたない両面のへこんだ細胞で、直径が約 7.8 μm、周辺部の厚さが約 2.6 μm、中央部のへこんだ部分の厚さが約 0.8 μm である。中央部のへこみによって、大きい表面積/体積比が得られ、ガス交換を行うのに有利な構造となっている。血液中の赤血球数の基準値は表 8-2 に示した。赤血球は骨髄に存在している**赤色骨髄**において**多能性造血幹細胞**から前赤芽球、好塩基性赤芽球、多染性赤芽球、正染性赤芽球（好酸性赤芽球ともいう）、網赤血球（網状赤血球ともいう）の順に分化·成熟し、末梢血へ放出される（図 8-5）。網赤血球は末梢血へ入ると 1 ないし 2 日で成熟した赤血球になる。多能性造血幹細胞から網赤血球へ分化・成熟して末梢血に放出されるまでに約 7 日間を要する。末梢血における赤血球の寿命は、約 120 日である。

図 8-4　血液の組成

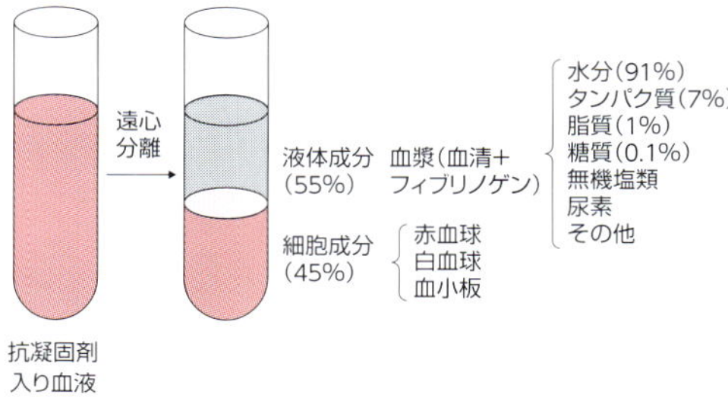

表 8-2　血液成分の細胞数と寿命

血液細胞		細胞数	寿命
赤血球		男性：440 ～ 580 万 /μl 女性：380 ～ 520 万 /μl	120 日
白血球		3,700 ～ 9,400/μl	
	好中球	40 ～ 60%	1 ～ 2 日
	好酸球	2 ～　4%	1 ～ 2 日
	好塩基球	0 ～　2%	1 ～ 2 日
	リンパ球	26 ～ 40%	数週間～数年以上
	単球	3 ～　6%	1 ～ 2 日 マクロファージ：数か月～数年
血小板		14 万～ 38 万 /μl	10 日

図 8-5　血液細胞の分化

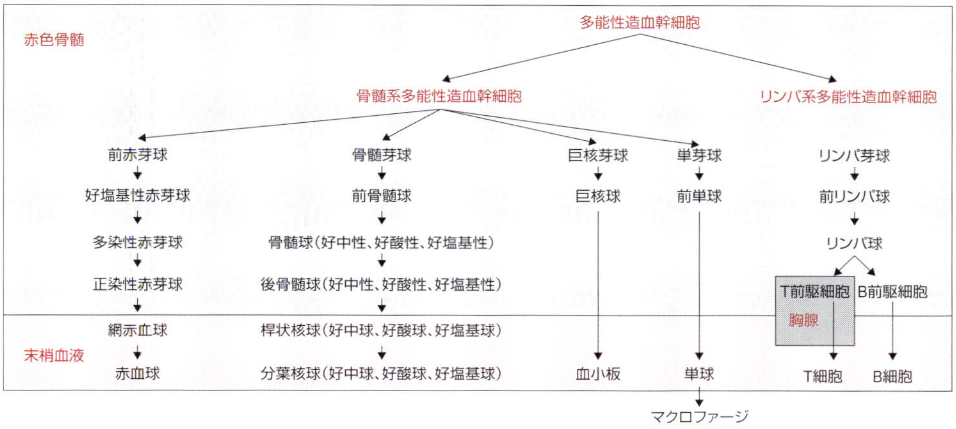

赤血球の成熟過程には、**エリスロポエチン**や鉄・葉酸・ビタミン B_{12} などの物質が必須とされる。

赤血球数は、常に一定の範囲で維持されている。このことは、生体における恒常性維持のための負のフィードバック機構によって崩壊した赤血球の割合に応じて、骨髄で赤血球が新生されていることを意味している。貧血になると、エリスロポエチンの分泌が亢進され、多能性幹細胞を刺激して前赤芽球への分化を促進する。低酸素状態では、腎臓の糸球体における**プロスタグランジン**の生成が促進され、エリスロポエチンの分泌が亢進すると考えられている。

B　赤血球の働き

成熟した赤血球の**ヘモグロビン**は、酸素と結合して**酸化ヘモグロビン**となり、肺から各組織へ酸素を運搬する。このとき、血液中の全酸素量の 98.5%がヘモグロビンと結合するが、残りの 1.5% は血漿中に溶解する。成人のヘモグロビンの大部分を占める**ヘモグロビン A** は、**グロビン**というポリペプチド鎖が 4 本（α 鎖 2 本と β 鎖 2 本）集合してできたタンパク質である（図 1-17）。各ポリペプチド鎖には、**ヘム**と呼ばれる赤色の化合物が 1 個ずつ結合している。ヘム中の Fe^{2+} に 1 分子の酸素が結合できるので、ヘモグロビン 1 分子には 4 分子の酸素が結合できることになる。4 個の酸素分子と結合した場合に、ヘモグロビンは飽和状態となる。ヘモグロビンに含まれる Fe^{2+} と酸素の結合度は、酸素分圧に応じて変化する。酸素分圧（PO_2）とヘモグロビンの酸素飽和度（%）の関係を示す曲線を**酸素解離曲線**（酸素結合曲線ともいう）という（図 8-6）。血液の PO_2 が上昇すれば、酸素と結合するヘモグロビン量は増加する。一方、PO_2 が低下すれば、酸素と結合するヘモグロビン量は減少する。酸素解離曲線は、S 字

図 8-6　酸素解離曲線

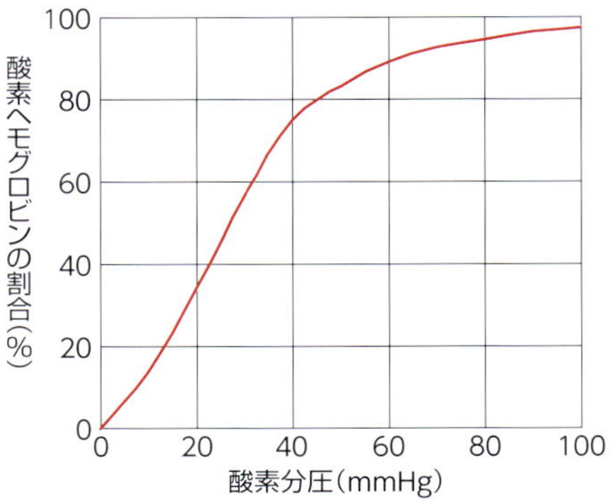

型を示し、PO_2 の高い部分ではそれ以上 PO_2 が高くなっても酸素の結合が飽和状態に近づいているために、酸素とヘモグロビン結合がほとんど増加しなくなることを表している。それに対し、PO_2 が低い部分では少しの PO_2 の低下で、ヘモグロビンは酸素を解離しやすくなることを表している。肺胞内の PO_2 は 100 mmHg（Torr ともいう、国際単位で換算すると 13.3 kPa）であるが、この分圧では 97.4 % の酸素がヘモグロビンと結合しており、これ以上 PO_2 を上げても酸素と結合できるヘモグロビンはわずかである。しかし、PO_2 が 40 mmHg（5.3 kPa）以下になると酸素解離曲線の傾きが急降下になっていることから、組織液と血液が接触するところでは、わずかな PO_2 の低下で酸素がヘモグロビンから大量に解離する。

pH が低下したり、PCO_2 が上昇したり、体温が上昇したり、2,3-ジホスホグリセリンが増加したりすると、簡単にヘモグロビンは酸素を解離する。酸素が赤血球から遊離すると、紫色がかった**還元ヘモグロビン**になる。代謝が盛んな組織では、CO_2 が多く産生され、PCO_2 が上昇したり、pH が低下したり、熱産生が起きたりしているため、酸素が解離しやすくなるので、より多くの酸素を供給できるようになる。

2,3- ジホスホグリセリン酸は、赤血球内における解糖系の過程で生成される物質で、ヘモグロビンと結合する際に酸素を解離させる。

C　白血球

白血球は、血液中でもっとも大型の有核細胞で、顆粒球と無顆粒球に大別される。顆粒球はさらに顆粒の染色性によって好中球、好酸球、好塩基球に分けられる。また、無顆粒球にはリンパ球と単球が含まれる。白血球は血管系によって全身を循環し、必要とされる部位で血管外に出て免疫担当細胞としての役割を担う。血液中の白血球数の基準値は表 8-2 に示した。

顆粒球は白血球の約 55 % を占め、多能性造血幹細胞が分化した**骨髄系多能性造血幹細胞**が骨髄芽球、前骨髄球、骨髄球（好中骨髄球、好酸骨髄球、好塩基骨髄球）、後骨髄球（好中後骨髄球、好酸後骨髄球、好塩基後骨髄球）の順に分化・成熟して末梢血に放出される（図 8-5）。

好中球は、直径が 7 〜 9 μm のほぼ球形の細胞で、白血球の 40 〜 60 % を占める。好中球の寿命は、末梢血に放出されてから 1 〜 2 日間である。好中球の核の多くは分葉状で、2 〜 5 分葉を示すものを**分葉核好中球**と呼ぶ。分葉を示さず湾曲した棒状の形をした核をもつものを**桿状核好中球**と呼ぶ。

好酸球は、直径が 9 〜 12 μm のほぼ球形の細胞で、白血球の 2 〜 4 % を占める。核は 2 分葉を示す。

好塩基球は、直径が 7 〜 9 μm のほぼ球形の細胞で、白血球の 0 〜 2 % を占める。核は分葉であるが、一般に U 字型または S 字型を呈する。

リンパ球は、多能性造血幹細胞が分化した**リンパ系多能性造血幹細胞**がリンパ芽球、前リンパ球と順に分化・成熟した後、**T 細胞**と呼ばれるリンパ球は胸腺へ移動し、そこで T 細胞に分化して末梢血へ放出される。また、**B 細胞**と呼ばれるリンパ球はそのまま骨髄で B 細胞に分化してから末梢血へ放出される。リンパ球は、直径が 5 〜 8 μm の小さな球形の細胞で、白血球の 26 〜 40 % を占める。リンパ球の寿命は多様で、数週間〜数年以上のものまである。

単球は、多能性造血幹細胞が分化した骨髄系多能性造血幹細胞が単芽球、前単球と順に分化・成熟して末梢血に放出される。単球は、直径が 10 ～ 15 μm のほぼ球形の細胞である。核は卵円形、腎臓形、馬蹄形などを示し、核膜には一般に陥没がみられる。白血球のうち 3 ～ 6%を占める。単球が末梢血中に滞留するのは 1 ～ 2 日間で、血管から結合組織中に遊出して**マクロファージ**と呼ばれる細胞に分化する。組織中での寿命は数か月～数年である。

D　血小板

血小板は直径が 2 ～ 3 μm の無核の扁平な楕円形の板状小体で、末梢血液中には 14 ～ 38 万個/μl が存在する。多能性造血幹細胞が分化した**骨髄系多能性造血幹細胞**が分化・成熟してつくられた**巨核球**の細胞質が小区画に分画され、その小区画が分離して血小板が生じる（図 8-3）。1 個の巨核球から約 4,000 ～ 8,000 個の血小板が形成される。血小板の寿命は約 10 日間である（表 8-2）。

8.1.5　止血、血液凝固と線維素溶解系

血管が損傷などによって破綻して出血が起こると、血管内皮細胞下組織にあるコラーゲンが露出し、そこに速やかに血小板が粘着する。これをきっかけとして活性化した血小板から生理活性物質が放出され、これにより血小板凝集が起こり、血小板血栓が形成される。この過程を**一次止血**という。一次止血を補強するように凝固系が作用してフィブリンを形成するまでの過程を**二次止血**という。最終的には線維素溶解系という過程をたどる。

A　止血

血管の損傷部位に血小板が接着すると血小板から**セロトニン**が放出され、血管収縮を起こして血流量を減少させる。また、**トロンボキサン**などの化学物質が損傷された血管から放出されることでも血管収縮が起こる。

血管内皮細胞が障害を受け剥離すると、血管内皮細胞下組織の**コラーゲン**に血管内皮細胞で合成された **von Willebrand 因子**（vWF）が結合する。血小板は vWF と結合し、血管内皮細胞下組織に粘着する。粘着した血小板の顆粒から放出された物質によって血小板は活性化され、血小板凝集が集積して血小板血栓を形成し、血管の損傷部位をふさぐ。

B　血液凝固

血液凝固は、最終的に**フィブリノゲン**（第 I 因子）から**フィブリン**網が形成されるまでをいい、正のフィードバック機構の関与した複雑な過程である。この過程には、12 種類の**凝固因子**と**血小板膜リン脂質、カルシウムイオン**が関与する。血管外への出血は外因系凝固、血管内への出血は内因系凝固によって行われる。

内因系凝固は、血管内皮細胞の損傷部位への血小板接着が血液凝固開始の引き金となる。血液が血管内皮細胞下組織のコラーゲン、カニクレイン、キニノーゲンなどに接触することによって第 XII 因子が活性化され、そしてタンパク質分解酵素の一種である第 XI 因子、第 IX 因子が順次活性化される。生じた活性化第 IX 因子は、血小板膜リン脂質に結合して活性化第 IX 因子-カルシウムイオン-第 VIII 因子-血小板膜リン脂質という複合体を形成する。この複合体は、第 X 因子を活性化し、活性化第 X 因子-カルシウムイオン-第 V 因子-血小板膜リン脂質という複合体を形成して**プロトロンビン**を**トロンビン**にする。こうして生じたトロンビンは、**フィブリノゲン**を分解して**フィブリン**（線維素ともいう）を形成した後、ただちに重合してフィブリン網を形成し、血液を凝固させる（図 8-7）。内因系凝固の進行が遅いのは、第 XII 因子が活性化されてから第 IX 因子が活性化されるまでに時間を要するためである。内因系凝固は、血管を保護するように働く。

一方、**外因系凝固**は血管外の損傷組織から**組織因子**（第 III 因子）と呼ばれる化学物質が放出されることで始まる。外因系凝固は、生理的な止血で、もっとも重要な働きをしている。組織因子（TF）は、各種組織における細胞のミクロゾームの膜タンパク質で、リン脂質と複合体を形成すると**組織トロンボプラスチン**になる。TF は、血管外膜の線維芽細胞において合成されている。

損傷組織から遊離された TF は、第 VII 因子を活性化し、第 VII 因子-TF の複合体を形成する。

図 8-7　血液凝固過程

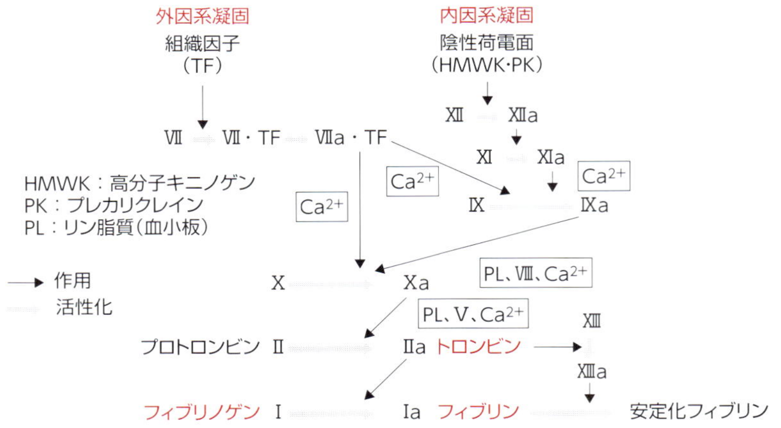

この複合体の第 VII 因子が VIIa となり、VIIa-TF 複合体となる。この複合体はカルシウムイオンのもとに第 X 因子を活性化される。それ以降の反応は、内因系凝固と同じ過程をたどりフィブリン網が形成する（図 8-7）。

C　線維素溶解系

損傷された血管組織が修復されると、プラスミンによってフィブリンが除去される。この過程は**線維素溶解系**（線溶系ともいう）と呼ばれる。損傷を受けた血管内皮細胞から放出された**プラスミノゲン活性化因子**によって凝固血栓中に存在する不活性の**プラスミノゲン**が酵素活性をもつ**プラスミン**に変換される。プラスミンはフィブリン（線維素）を分解し、血栓を溶解され、**フィブリン分解生成物**ができる。

8.2　生体の情報伝達系

神経伝達物質、ホルモン、細胞増殖因子、サイトカインなどの情報伝達物質が標的細胞にその情報を伝えるためには、その細胞にその情報を受けとる装置が必要になる。この情報を受けとる装置を**受容体**という。この受容体に結合する物質を**リガンド**といい、そのうち、受容体に結合してその作用を促進するものを**アゴニスト**、抑制する物質を**アンタゴニスト**と呼ぶ。受容体にリガンドが結合すると、細胞の反応を開始させる。細胞内で反応が開始されるためには、細胞外シグナルを細胞内シグナルに変換する装置が必要である。この変換装置としては、細胞膜上に存在する**イオンチャネル型受容体**（リガンド開口性イオンチャネルともいう）、**G タンパク質共役型受容体**、**チロシンキナーゼ型受容体**がある。また、細胞内に存在する**細胞質受容体**と**核内受容体**がある。

8.2.1　イオンチャネル型受容体

イオンチャネル型受容体にアゴニストとなる薬物などのリガンドが結合すると、チャネルが開口し、イオンが細胞内に流入して情報が伝達される。このタイプの受容体は、シナプスにおける刺激伝達にかかわっている。

興奮性機能に関与し、陽イオンチャネル（Na^+、K^+、一部に Ca^{2+} を透過する）を形成するものとして、**ニコチン性アセチルコリン受容体**や**グルタミン酸受容体**などが知られている。ニコチン性アセチルコリン受容体は、アセチルコリンが α サブユニットに結合すると、立体構造の変化により Na^+ チャネルが開口して細胞内に Na^+ を流入させ

図 8-8　ニコチン性アセチルコリン受容体の構造と活性化

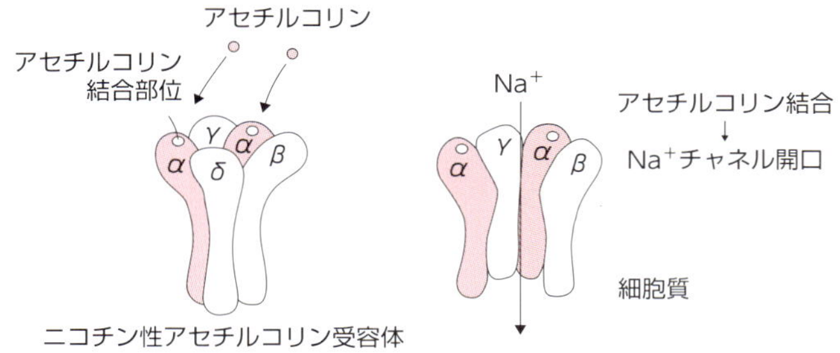

て脱分極を起こす（図 8-8）。グルタミン酸受容体には、NMDA（N メチル D アスパラギン酸）型と非 NMDA 型がある。NMDA 型は **Ca^{2+} チャネル**を内蔵し、活性化されると Ca^{2+} チャネルが開口し、細胞内に Ca^{2+} を流入させて脱分極を起こす。一方、非 NMDA 型は、**Na^+ チャネル、K^+ チャネル**を内蔵し、活性化されると Na^+ チャネル、K^+ チャネルが開口し、細胞内に Na^+ を流入させ、K^+ を細胞外流出させる。

一方、抑制性機能に関与する **$GABA_A$**（γ-アミノ酪酸タイプ A）**受容体**や**グリシン受容体**などは、**Cl^-チャネル**を開口し、細胞内に Cl^- を流入させて過分極させ、活動電位の発生を抑制する。

8.2.2　G タンパク質共役型受容体

三量体 G タンパク質に共役し、細胞外の情報を細胞内に伝達する受容体を G タンパク質共役型受容体という。G タンパク質を介する受容体は、**細胞膜 7 回貫通型**の単量体タンパク質である。**GTP**（グアノシン三リン酸）と特異的に結合し、結合した GTP を GDP とリン酸に加水分解する酵素活性を示すタンパク質を **GTP 結合タンパク質**という。このうち、ホルモンや神経伝達物質などの受容体を介した細胞内シグナル伝達経路で情報を変換し、伝達する変換装置として機能するものを **G タンパク質**という。

A　Gq タンパク質共役型受容体

この受容体にリガンドが結合すると、受容体に接して細胞膜に存在する Gq タンパク質の立体構造に変化が生じ、この変化によって細胞膜に存在する**ホスホリパーゼ C** を活性化する。これによって細胞膜中の**ホスファチジルイノシトール 4,5-二リン酸**（PIP_2）を加水分解して、**イノシトール 1,4,5-三リン酸**（IP_3）と**ジアシルグリセロール**（DAG）を生成する。

水溶性の IP_3 は、細胞質に出て小胞体に作用し、Ca^{2+} チャネルを解放して Ca^{2+} を放出させる。そして、Ca^{2+} 依存性の**プロテインキナーゼ C** や **Ca^{2+}/カルモジュリン依存性プロテインキナーゼ**を活性化する。

DAG は、細胞膜にとどまり、プロテインキナーゼ C を活性化する。この 2 つの経路によって 2 種類のプロテインキナーゼが活性化され、これによって標的タンパク質が**リン酸化**を受け、そのタンパク質の活性が変化し、代謝を調節する（図 8-9）。

B　Gs タンパク質共役型受容体

このタイプの受容体にリガンドが結合すると、受容体に接して細胞膜に存在する Gs タンパク質の立体構造に変化が生じ、この変化によって細胞膜に存在する**アデニル酸シクラーゼ**を活性化する。活性化したアデニル酸シクラーゼは、ATP を分解して **cAMP**（cyclic AMP）を生成する。生成された cAMP は、cAMP 依存性の**プロテインキナーゼ A** を活性化し、標的タンパク質をリン酸化する。タンパク質がリン酸化されたことで、その活性が変化し、代謝を調節する（図 8-10）。

受容体に共役している G タンパク質が Gs でなく、Gi の場合には、Gi タンパク質の立体構造に変化を生じると、アデニル酸シクラーゼの活性が抑制され、標的タンパク質のリン酸化が起こりにくくなることによって、代謝が調節される。

図 8-9　Gq タンパク質共役型受容体の情報伝達過程

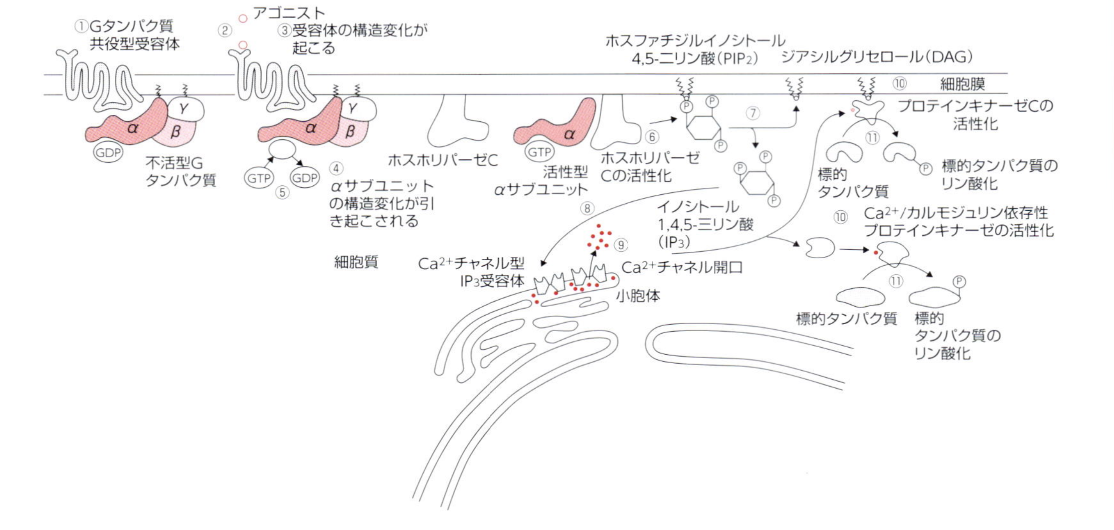

図 8-10　Gs タンパク質共役型受容体の情報伝達過程

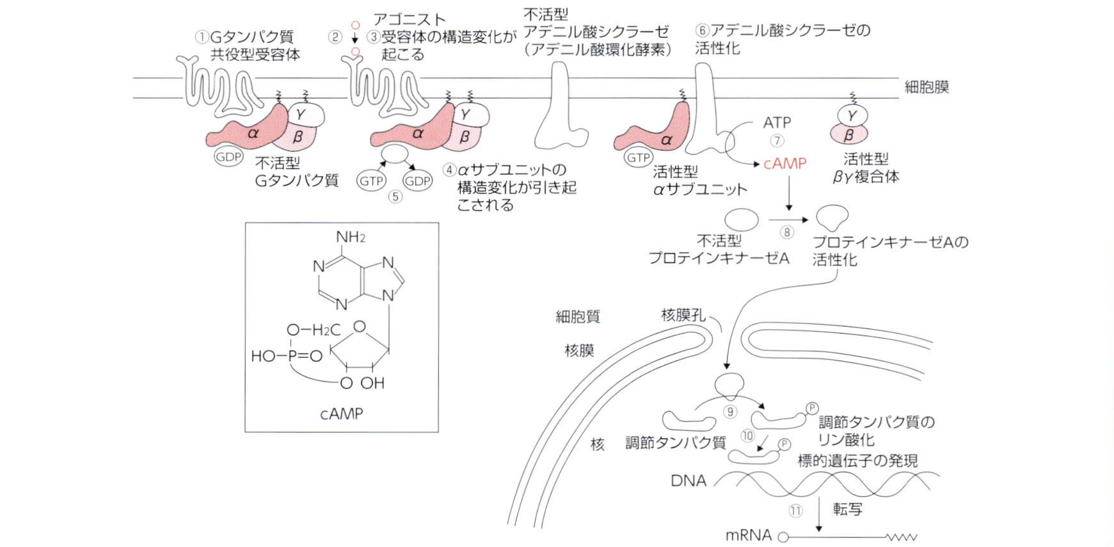

8.2.3　酵素内蔵型受容体

リガンドが受容体に結合すると、受容体分子の細胞内尾部の**酵素ドメイン**が活性化して、細胞内に情報を伝達する受容体を酵素内蔵型受容体という。この受容体の特徴は、膜 1 回貫通型の受容体自身が酵素活性を細胞内ドメインにもっていることである。ヒトにおけるこのタイプの受容体としては、チロシンキナーゼ活性をもつ**チロシンキナーゼ型受容体**が知られている。チロシンキナーゼはセリン、スレオニン、チロシンといったリン酸化されうるアミノ酸のなかの**チロシン**を**リン酸化**することでシグナル伝達を進行させ、細胞増殖が促進される。

二量体型のリガンドがチロシンキナーゼ型受容体に結合すると、2 個の受容体分子が集まって二量体を形成する。リガンドの結合によって受容体分子の立体構造が変化して、二量体を形成する場合もある。二量体が形成されると、細胞内のキナーゼドメインどうしが近づき、それぞれのキナーゼが活性化される。そして、互いのキナーゼ活性によって双方のチロシン側鎖がリン酸化される。

受容体のリン酸化が起こると、リン酸化されたチロシンを認識するSH2（src homology 2）ドメインをもつタンパク質が結合する。SH2ドメインをもつタンパク質はたくさんあって、このリン酸化部位には、どのタンパク質であっても、SH2ドメインをもっていれば結合できるので、実にたくさんのルートでシグナル伝達が進行する。

A　細胞増殖因子受容体

細胞増殖因子としてのチロシンキナーゼ型受容体は、リガンドが結合すると、二量体を形成して細胞内のキナーゼドメインどうしがお互いのチロシン側鎖をリン酸化すると、不活性型の**GDP-Ras**を活性型のGTP-Rasに交換して、**MAPキナーゼ**（mitogen-activated protein kinase）**カスケード**を進行させる。**Ras**は細胞膜の細胞質側に固定された**低分子量GTP結合タンパク質**のひとつである。

この系の最後のMAPキナーゼは、遺伝子調節タンパク質をリン酸化して特定の遺伝子発現を促進する。これによって、細胞の増殖促進、分化の誘導などが起こる（図8-11）。

B　インスリン受容体

インスリンはインスリン受容体を介して多彩な生理作用を発揮するが、そのインスリン情報伝達は大別すると、上記の**MAPキナーゼ系**と、**ホスファチジルイノシトール3-キナーゼ系**（IP-3キナーゼ系）の2つ経路がある。

インスリンが受容体に結合すると、インスリン受容体基質がリン酸化されたチロシンと結合し、リン酸化される。リン酸化されたインスリン受容体基質は**ホスファチジルイノシトール3-キナーゼ**に結合し、活性化を起こす。活性化されたPI-3キナーゼは、さらに**プロテインキナーゼB**を活性化し、**グルコース輸送体4**を細胞質から細胞膜に移動させ、グルコースのとり込みを増大させる。

8.2.4　細胞内受容体

ステロイドホルモン、コルチコイド、性ホルモン、甲状腺ホルモン、活性型ビタミンD_3、ビタミンAは脂溶性分子のホルモンである。これらは分子量が小さな脂溶性物質であるため、リン脂質でできた細胞膜を拡散によって通過することができる。そのため、脂溶性分子に対する受容体は、細胞膜上にある必要がないので、細胞質内あるいは核内にその受容体が存在する。これらの受容体には、N末端側に**転写調節ドメイン**が、中央部に

図8-11　チロシンキナーゼ型受容体の情報伝達過程の一例

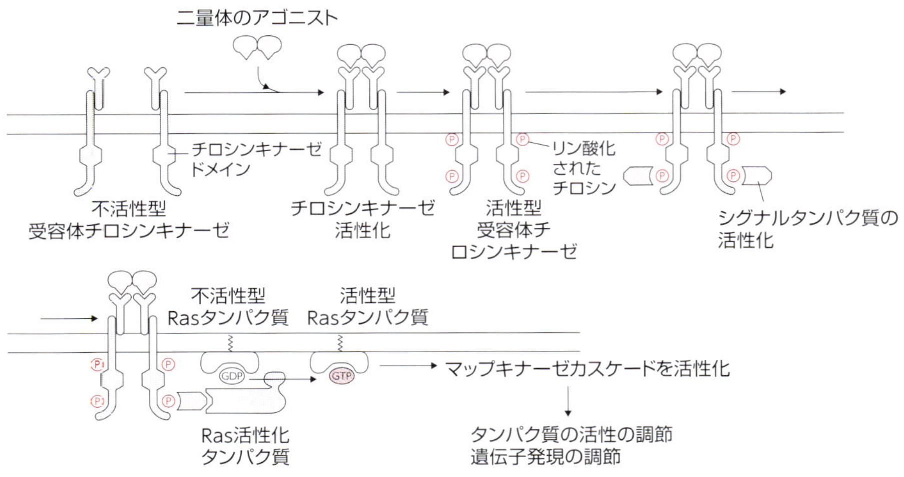

は**亜鉛含有 DNA 結合ドメイン**が、C 末端側に**リガンド結合ドメイン**が、それぞれ共通に存在する。

A　細胞質受容体

細胞質内に存在する受容体は、熱ショックタンパク質 90（HSP90）を 2 分子結合して不活性型として存在する。不活性型の受容体にリガンドが結合すると、HSP90 を離し、活性型となる。そして、表面に**核移行シグナル**が露出し、**核移行受容体**と結合して核膜孔を通過して核内へ移行する。このリガンド-受容体の複合体は、特定の遺伝子 DNA の転写開始部位の上流にある**応答配列**へ結合し、その遺伝子の発現を調節する（図 8-12）。

このタイプには、糖質コルチコイド受容体などがある。糖質コルチコイド-糖質コルチコイド受容体複合体の標的遺伝子のひとつは IκBα で、

図 8-12　細胞質内受容体の情報伝達過程

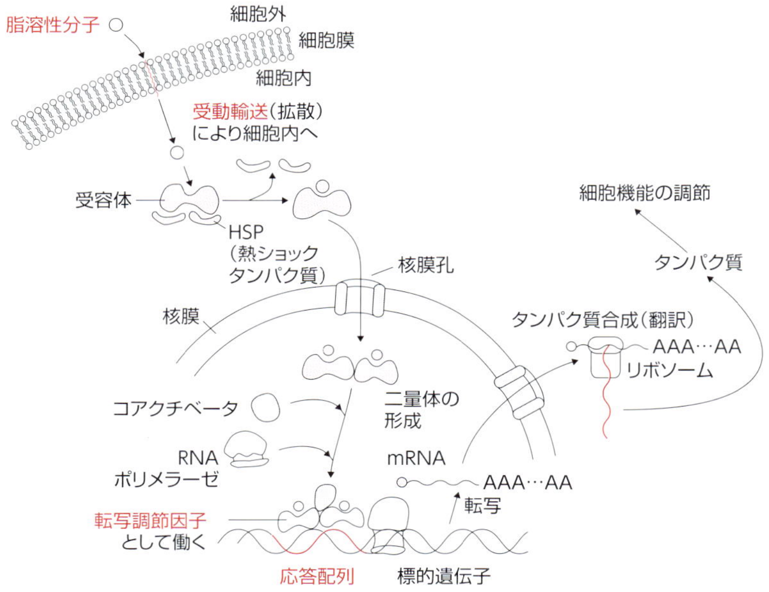

図 8-13　核内受容体の情報伝達過程

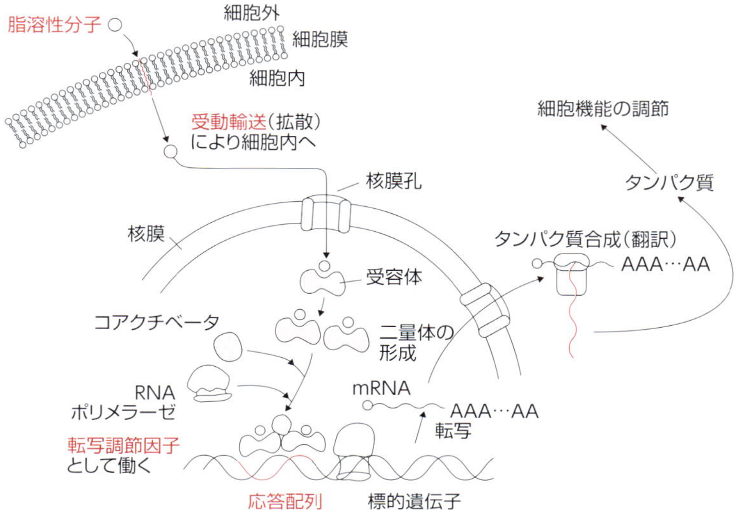

このタンパク質を発現することで、転写因子のNFκBの作用を抑制し、サイトカインの産生を抑えることで抗炎症作用を発揮する。

B　核内受容体

細胞膜、核膜孔を通過して核内に移行したリガンドが核内受容体に結合すると、活性化される。この活性化したリガンド - 受容体の複合体は、特定の遺伝子DNAの転写開始部位の上流にある**応答配列**へ結合し、その遺伝子の発現を調節する（図8-13）。このタイプには、性ホルモン、甲状腺ホルモン、ビタミンA、活性型ビタミンD_3に対する受容体などがある。

8.3　神経系

外界からの刺激を受けとる器官を**感覚受容器**（単に受容器ともいう）と呼び、その受容器から得られた情報に基づいて反応をする器官を**効果器**という。ヒトが目で物を見るということは、光の刺激を眼という器官にある受容器で情報を受けとり、そしてその刺激が**神経系**を介して中枢に伝えられ、処理されることで生じる。

神経系はからだの内的および外的な変化を判別し、応答する。そして、内分泌系や免疫系とともに、からだの機能の重要な側面を制御し、**恒常性**を維持している。神経系は構造面から、中枢神経系と末梢神経系に大別される。**中枢神経系**は、身体末梢からの刺激を受けとり、これに対する刺激を命令として末梢に伝える。**末梢神経系**は、脳および脊髄と身体末梢を連絡し、神経刺激の伝導路をなす。中枢神経系は**脳**と**脊髄**から構成される。末梢神経系は機能面から、**体性神経系**と**自律神経系**に分類される。また、末梢神経系は解剖学的に**脳神経**と**脊髄神経**に分けられている。体性神経系はさらに感覚神経系と運動神経系に分けられている。自律神経系は、さらに作用が相反する**交感神経系**と**副交感神経系**に分類される。神経系は生命の恒常性を維持するために全身くまなく網目のように張り巡らされている。

8.3.1　神経組織

神経組織は中枢神経系と末梢神経系を構成する組織で、神経機能を営む神経成分と支持成分に大別される。神経成分の**ニューロン**（神経細胞ともいう）は、**細胞体**、**樹状突起**、**軸索**からなる（図3-1）。支持成分は**神経膠細胞**で、中枢神経系では他の組織における間質の役割を果たし、ニューロンの支持、栄養、代謝などにかかわっている。ニューロンとニューロンとの接合部を**シナプス**という。ニューロンは、神経系の興奮伝導の基本構成単位ということになる。同一神経細胞内で興奮が伝わることを**伝導**、シナプスを介して興奮が伝わることを**伝達**という。

細胞の直径は20～130 μmで、他の組織の細胞に比べて一般的に大型である。ニューロンは核をもつ細胞体部から突起を出すが、その突起の数による形態的特徴から、**無軸索ニューロン**、**偽単極ニューロン**（単極ニューロンともいう）、**双極ニューロン**、**多極ニューロン**の4つに分類される（図8-14）。このうち双極ニューロンは、細胞体の片側に1本の樹状突起を、反対側に1本の軸索をそれぞれもっている。偽単極ニューロンは突起が細胞体から出るところは1本であるが、細胞体から離れるとT字型に神経突起と樹状突起の2本に分かれる。このニューロンは、脳神経や脊髄神経の神経節にみられる。多極ニューロンは、1本の軸索と多数の樹状突起を有するもっとも一般的なニューロンである。運動ニューロンはすべて多極ニューロンである。また、ニューロンには小型で、軸索と樹状突起がはっきりしない無軸索ニューロンがある。

軸索は、その末端部以外を神経膠細胞で包まれている。このように、神経膠細胞に包まれた軸索を神経線維という。中枢神経系の神経膠細胞には、星状膠細胞（アストロサイトともいう）、希突起

図 8-14　ニューロンの種類

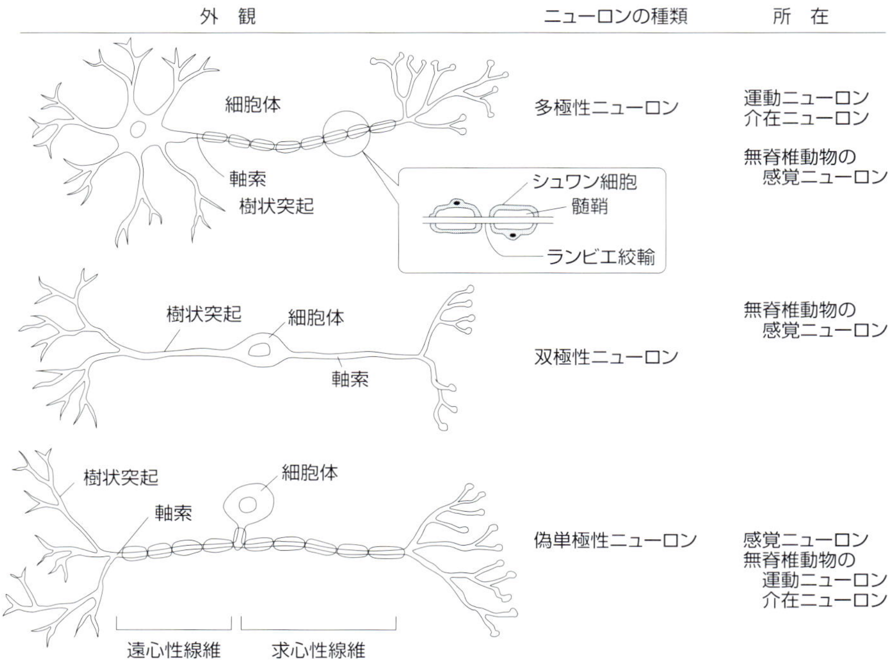

膠細胞（オリゴデンドロサイトともいう）、小膠細胞（ミクログリアともいう）、上衣細胞の 4 種類がある。また、末梢神経系の神経膠細胞には、外套細胞（衛星細胞ともいう）とシュワン細胞の 2 種類がある。

星状膠細胞は、ニューロンどうしが直接接触するのを防ぐとともに、ニューロンが周辺の組織間液に露出しないように保護している。血液中には神経機能に障害を及ぼすホルモンや化学物質などが存在するため、ニューロンは血液と隔離されている。中枢神経系にある毛細血管の内皮細胞は、物質透過性がきわめて低く、循環血液と組織間液の物質交換が制限される機構が備わっている。この機構を**血液脳関門**という。この関門を維持するためには、星状膠細胞から分泌される化学物質が重要な役割を果たしている。

上衣細胞は、脳室や中心管の壁を構成する。**小膠細胞**は免疫応答反応のひとつである食作用によって脳の恒常性の維持に関与している。

中枢神経系にある軸索は、**希突起膠細胞**の突起で完全にとりまかれている。突起の先端部では細胞膜が扁平に広がり、軸索をいくえにもとりまいて多層の被膜を形成している。これを**髄鞘**という（図 8-14）。末梢神経系では、**シュワン細胞**がニューロンの軸索を被覆している。軸索の細胞膜は**軸索膜**と呼ばれている。シュワン細胞の細胞質によってつくられる表層の被膜は**神経線維鞘**（シュワン鞘ともいう）という。1 個のシュワン細胞は、約 1 mm の長さで 1 本の軸索をとりまいて髄鞘を形成するのに対して、希突起膠細胞は数本の軸索にとりまいて髄鞘を形成している。髄鞘をもつ神経線維を**有髄神経線維**という。髄鞘は、活動電位（神経インパルスともいう）の伝導速度を速めることができる。一方、髄鞘をもたない神経線維を**無髄神経線維**という。中枢神経系において有髄神経線維が密集して走行する部分を**白質**、ニューロンの細胞体や樹状突起が集合し、髄鞘のない部分を**灰白質**と呼ぶ。有髄神経線維は、脳・脊髄の白質や脳・脊髄神経にみられ、無髄神経線維は自律神経や、脳・脊髄の灰白質にみられる。1 個の希突起膠細胞によってつくられる髄鞘の一区画を**絞輪間節**という。また、絞輪間節の周期的な間隔は**ラン**

ビエ絞輪と呼ばれる（図 8-14）。**多発性硬化症**と呼ばれる疾患では、筋肉へ軸索を送る運動ニューロンで髄鞘が失われているために活動電位が送れなくなり、麻痺が起こる。

8.3.2 膜電位と情報伝達

A 興奮の伝導

筋肉や神経の興奮部位が静止部位に対してもつ電位差を**活動電位**という。特に、神経の軸索を伝わる信号としての活動電位を**インパルス**と呼ぶ。それが神経の軸索を伝わる信号としてとり扱われるときには**神経インパルス**という。ニューロンは神経インパルスを能動的に伝導し、その強さは全長にわたって減衰することなく維持される。神経インパルスは、感覚神経線維の終末が刺激されたり、他の神経線維を伝わってきた刺激が通過したりすることで発生する。神経インパルスの伝導はニューロンの細胞膜を出入りするイオンの動きによって起こる。

静止状態では、ニューロンの細胞膜は膜内外のイオン濃度の差によって**分極**している。生体の半透性の細胞膜や細胞小器官の内側と外側との間に発生する電位差を**膜電位**という。また、静止状態で細胞膜の内外に生じている電位差を**静止電位**という。分極した状態では、細胞の内側が外側に対して－60 ～ －90 mV の静止膜電位を生じる。

細胞の内外で電位差に関係するイオンは、細胞外で陽イオンの大半を占める**ナトリウムイオン**（Na^+）と細胞内で陽イオンの大半を占める**カリウムイオン**（K^+）の 2 つである。Na^+, K^+-ATPase によって 3 個の Na^+ が細胞外へ、2 個の K^+ が細胞内へ流入する。これによって、細胞外は Na^+ 濃度が高く、細胞内は K^+ 濃度が高い状態になっている。K^+ チャネルが開口し、細胞外へ K^+ が流出することで細胞内にマイナスの静止膜電位が発生する。

神経が刺激を受けると、Na^+ チャネルが開口し、激しく Na^+ が細胞内に流入する。これによって、細胞内電位がマイナスからプラスへ傾くため、細胞の内側が＋30 mV を示し分極が減少するので、**脱分極**が起こる。そして、K^+ 透過性が完全になくなり、膜は大きく脱分極して活動電位、すなわち神経インパルスを発生する。このときの電位差は＋90 ～ ＋120 mV である。この活動電位を生じることを特に**興奮**という。

Na^+ 透過性が減少し、引き続いて K^+ チャネルが開口し、K^+ 透過性が増加するので、激しく K^+ が細胞外に流出する。これによって、細胞内電位が再びマイナスへ傾き、**再分極**が起こる（図 8-15）。この時期は神経インパルスを発生するこ

図 8-15 活動電位発生過程における神経細胞膜電位の変化

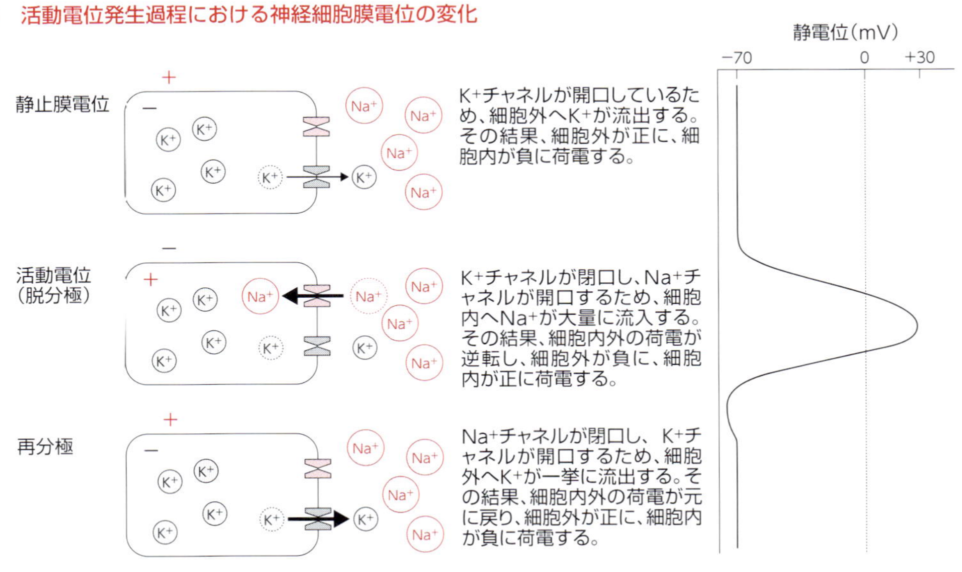

静止膜電位
活動電位（脱分極）
再分極
K+チャネルが開口しているため、細胞外へK+が流出する。その結果、細胞外が正に、細胞内が負に荷電する。
K+チャネルが閉口し、Na+チャネルが開口するため、細胞内へNa+が大量に流入する。その結果、細胞内外の荷電が逆転し、細胞外が負に、細胞内が正に荷電する。
Na+チャネルが閉口し、K+チャネルが開口するため、細胞外へK+が一挙に流出する。その結果、細胞内外の荷電が元に戻り、細胞外が正に、細胞内が負に荷電する。
静電位（mV）
−70
0
+30

とができないので、**不応期**と呼ばれる。ニューロンが静止状態に復帰すると、Na^+, K^+-ATPase によって細胞内の Na^+ が細胞外へくみ出され、細胞外の K^+ が細胞内へとり込まれる。

有髄神経線維の髄鞘が電気的絶縁体としての機能をもっているため、その部位ではイオンの動きが起こらない。したがって、膜を通過する活動電位は、髄鞘間のランヴィエ絞輪にのみ発生する。興奮が活動電位を媒介としてランヴィエ絞輪から次のランヴィエ絞輪へと飛び飛びに伝導する現象を**跳躍伝導**という。有髄神経線維は、跳躍伝導を行うため伝導速度が速く、かつ興奮に際してのイオンの出入が絞輪部だけですむので、エネルギー消費の面からしても効率的である。また、伝導速度は、神経線維の直径に比例する。直径が太ければ太いほど伝導速度は速くなる。もっとも伝導速度の速い神経は運動神経である。

ニューロンの細胞膜が刺激を受けたとき、これが閾値以下だと細胞全体としての興奮は起こらないが、刺激が閾値以上だと細胞全体の興奮が起こる。しかもそれ以上刺激をいくら強めても起こるインパルスの電位変化の大きさや持続時間の長さには変わらない。このようにニューロンのインパルスが閾値以下の刺激ではまったく起こらず、閾値以上の刺激では常に応答の大きさが一定で変わらないことを**全か無かの法則**という。

B　シナプス伝達

神経インパルスの起始部から終止部までの伝達には、少なくとも 2 つ以上のニューロンが関与している。このニューロン間の接続部を**シナプス**という。シナプス前の軸索末端は、細い枝に分かれ、終末ボタンと呼ばれる小さなふくらみとなって終わる。**終末ボタン**はシナプス後ニューロンの樹状突起や細胞体に近接している。両者の隙間を**シナプス間隙**という。終末ボタンの末端には、球形の**シナプス小胞**が集まっている。この小胞にはカテコールアミンやアセチルコリンなどの神経伝達物質が含まれている。

シナプス間は電気的伝達ができないので、神経の電気的情報（神経インパルス）を化学情報に置き換えて、次のニューロンへ伝え、そこで再び電気的情報に戻して興奮が伝達されている。このような伝達方式を**化学伝達**という。すなわちシナプスや神経筋接合部などにおいて神経終末から特定の**化学伝達物質**が分泌され、隣接ニューロンまたは効果器細胞に作用することによって興奮の伝達が行われる。これに関与する化学伝達物質を特に**神経伝達物質**という（表 8-3）。神経伝達物質は、細胞体で合成され、軸索内を能動的に移動し、シナプス小胞内に蓄えられる。

興奮が終末ボタンに到達すると、シナプス前膜は脱分極する。その結果、シナプス前膜の Ca^{2+}

表 8-3　神経伝達物質の化学的分類

アミノ酸類			
	アスパラギン酸		
	γ-アミノ酪酸（GABA）		
	グルタミン酸		
	グリシン		
アミン（生体アミン）類			
	ヒスタミン		
	モノアミン類		
		オクトパミン	
		セロトニン（5-ヒドロキシトリプタミン；5-HT）	
		カテコールアミン類	
			ドーパミン（DA）
			アドレナリン
			ノルアドレナリン
ペプチド類			
	アンギオテンシン		
	エンケファリン類		
	オキシトシン		
	カルノシン		
	グルカゴン		
	サブスタンス P		
	ソマトスタチン		
	内在性麻薬様物質類（エンドルフィン類）		
	ニューロテンシン		
	バソプレシン		
	プロクトリン		
	ホルモン放出因子類		
その他の伝達物質類			
	アセチルコリン（Ach）		
	アデノシン三リン酸（ATP）		
	一酸化窒素（NO）		
	一酸化炭素（CO）		

チャネルが開き、細胞外から Ca^{2+} が細胞内に流入する。細胞内の Ca^{2+} 濃度上昇によってシナプス小胞とシナプス前膜の融合が促進され、シナプス小胞の**開口分泌**が起こり、神経伝達物質がシナプス間隙に放出される。放出された神経伝達物質はシナプス間隙を拡散し、シナプス後膜上の特異的な**受容体**に結合する。神経伝達物質はシナプス後ニューロンまたは筋線維のような効果器細胞にただちに作用を及ぼし、シナプス後膜のイオン透過性を変化させ、**脱分極**あるいは**過分極**を起こす(図 8-16)。脱分極の場合は、**興奮性シナプス後電位**と呼び、過分極の場合は**抑制性シナプス後電位**と呼ぶ。神経伝達物質は酵素によって速やかに分解されたり、終末ボタンにとり込まれたりするため、作用時間は短い。

シナプスの特徴として、神経の興奮が軸索から他のニューロンへ**一方向**で伝わること、シナプスを介した刺激の伝達は、細胞内の伝導速度より遅いため、**シナプス遅延**が起こること、シナプスを過度に使うと疲労して伝達効率が低下することなどがあげられる。

抑制性シナプスには、**シナプス前抑制**と**シナプス後抑制**の 2 つのタイプがある。シナプス前抑制は、興奮性シナプスが起こす興奮性シナプス後電位を減少させる働きをもつ。一方、シナプス後抑制は、信号を受けとると、**抑制性シナプス後電位**という信号を発生させる。抑制性シナプス後電位は神経細胞の分極状態が強化される電位となるため**過分極**が起こる。

8.3.3 中枢神経系

中枢神経系は、**脳**と**脊髄**からなり、身体末梢からの刺激を受けとり、これに対する刺激を命令として末梢に伝える。脳と脊髄のなかでは、数多くのニューロンが集合し、特殊な非伝導性の細胞である神経膠細胞が神経細胞の間を埋める。脳や脊髄において灰白色に見える部位を**灰白質**といい、白色に見える部位を**白質**という。

脳と脊髄は、**髄膜**という 3 層からなる結合組織の被膜によって完全に包まれている。そのうち最外層の強靭な膜を**硬膜**、その下の膜を**クモ膜**、脳や脊髄の表面を直接的に覆う血管に富んだ薄い膜を**軟膜**という。クモ膜と軟膜は小柱と呼ばれる細い結合組織の線維で結合されており、両膜の間には**クモ膜下腔**という隙間があり、ここには体液のひとつである**脳脊髄液**が満たされている(図

図 8-16　シナプス伝達のしくみ

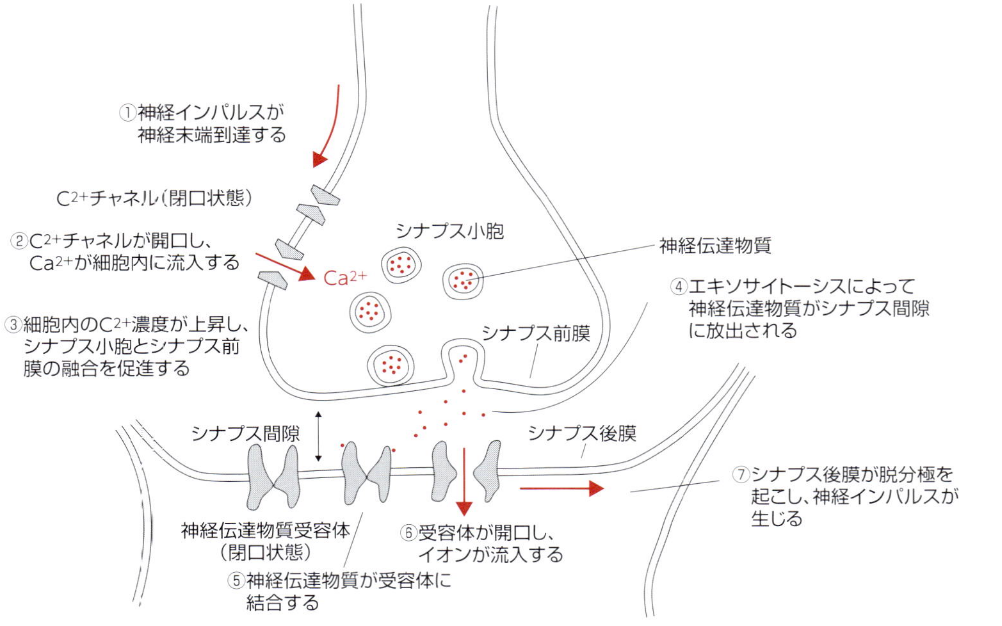

①神経インパルスが神経末端到達する
C^{2+}チャネル(閉口状態)
②C^{2+}チャネルが開口し、Ca^{2+}が細胞内に流入する
Ca^{2+}
③細胞内のC^{2+}濃度が上昇し、シナプス小胞とシナプス前膜の融合を促進する
シナプス小胞
神経伝達物質
④エキソサイトーシスによって神経伝達物質がシナプス間隙に放出される
シナプス前膜
シナプス間隙
シナプス後膜
⑦シナプス後膜が脱分極を起こし、神経インパルスが生じる
神経伝達物質受容体(閉口状態)
⑥受容体が開口し、イオンが流入する
⑤神経伝達物質が受容体に結合する

8-17）。

A 脳

成人における脳の重量は約 1.4 kg、容積は約 1,200 ml である。脳は**大脳**、**間脳**、**中脳**、**橋**、**延髄**、**小脳**に区分される。また、中脳、橋、延髄を併せて**脳幹**と呼ぶ（図 8-18）。

a 大脳

大脳は、前後に走る深い割れ目である**大脳縦裂**によって左右の**大脳半球**に分けられる。左右の大脳半球は、大脳の深部にある**脳梁**で結ばれている。脳梁は、左右の大脳半球の神経情報の神経経路となっている。大脳には、記憶、知能、思考、推理、学習、責任感、道徳観などの精神活動、痛覚、触覚、視覚、聴覚、味覚、臭覚などの感覚認識、骨格筋収縮などさまざまな働きがある。

大脳皮質は大脳全体の表面を覆っており、脳に存在する神経細胞の約 70％がここにある。大脳皮質には、神経細胞が高密度に詰め込まれているため、その断面は灰色がかってみえるので、**灰白質**と呼ばれる。大脳皮質は**新皮質**、**古皮質**、**旧皮質**に分類され、古皮質と旧皮質を併せて**大脳辺縁系**という。左右の大脳半球は、頭蓋骨の領域に対応して名付けられた 4 つの葉に区分される。これらの葉は深大脳溝である**中心溝**、**外側溝**、**頭頂後頭溝**によって区切られている。中心溝は、**前頭葉**と**頭頂葉**を、外側溝は**側頭葉**と頭頂葉を、頭頂後頭溝は頭頂葉と**後頭葉**をそれぞれ区切っている（図 8-19）。

大脳の機能のほとんどは体性感覚と運動処理に関するもので、その機能によって感覚野と運動野に分けられている（図 8-20）。**感覚野**は、中枢神

図 8-17　脳の髄膜

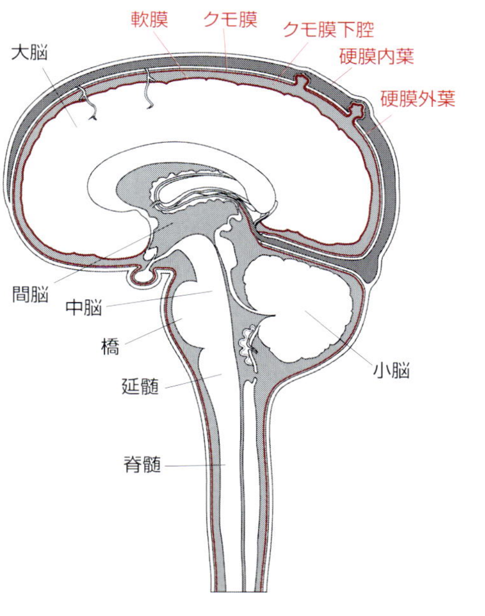

図 8-18　脳の正中矢状断面図

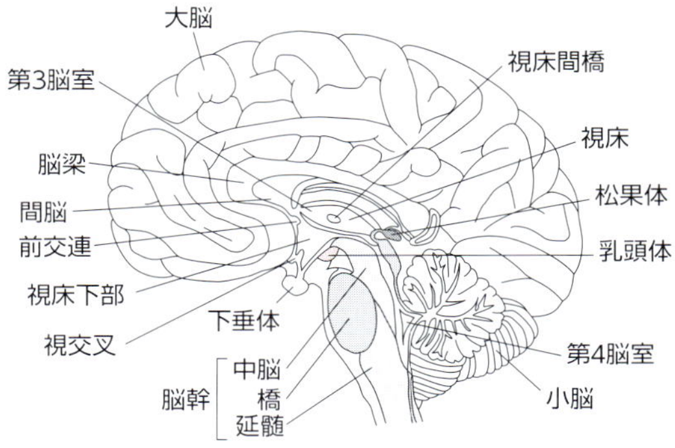

図 8-19　大脳葉と大脳溝

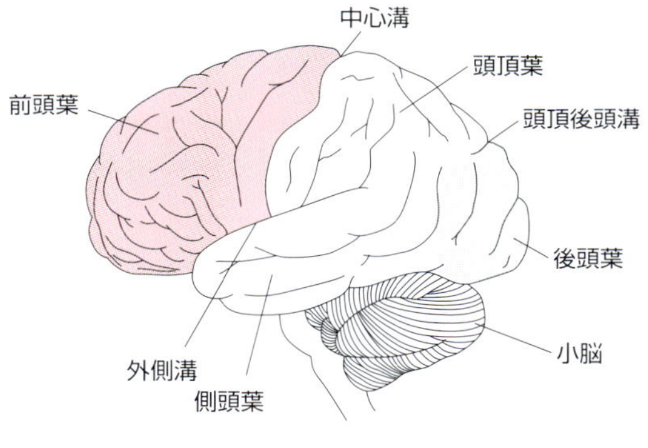

図 8-20　大脳の機能野

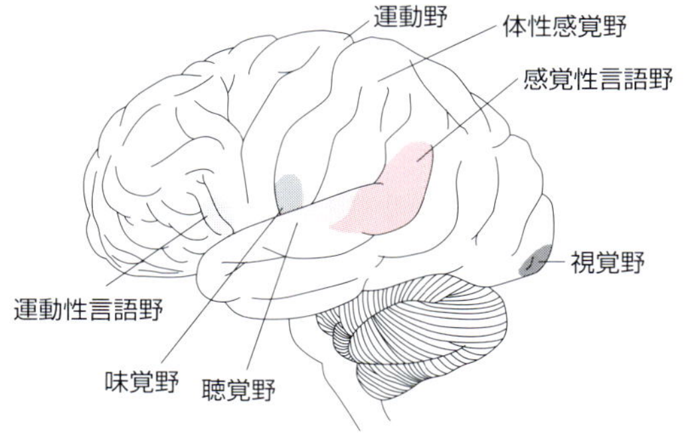

経系からの求心性線維を受けとる部位である。一方、**運動野**は中枢神経系からの遠心性線維を受けとる部位である。

大脳基底核は、大脳の深部から脳幹にかけて存在する灰白質からなる神経核群である。

大脳辺縁系は、大脳と間脳の境界部に沿った神経核と伝導路で構成される。神経核としては、扁桃体、海馬、帯状回、歯状回、海馬傍回などが、伝導路としては脳弓、視床前核群などがある。大脳辺縁系は本能的行動、情動的行動、自律神経機能などの発現あるいは統御する部位である。

b　間脳

間脳は大脳と脳幹を連絡しており、**視床上部**、**視床**、**視床下部**からなる。第三脳室の側壁をなす大きな灰白質の塊が視床、視床の後上方が視床上部、視床の前下方で第三脳室の底に相当する部分が視床下部である（図 8-18）。

1）視床

視床の内部には、互いに連結した視床核群がある。**前核群**は、大脳辺縁系の中継所で、情動の発現、記憶、学習に関与する。**内側核群**は、視床および視床下部に到達した感覚情報などの情報を統合し、大脳半球の前頭葉へ投射している。**腹側核群**は、感情情報を前頭葉へ投射している。また、小脳と大脳基底核からの情報を中継して、大脳皮質へ投射している。**後核群**は、視床枕、内側膝状体、外側膝状体からなる。視床枕は、感覚情報を統合して大脳皮質連合野へ投射する。外側膝状体は、視覚情報を後頭葉の視覚皮質へ投射する。そして内側膝状体は、聴覚情報を側頭葉の聴覚皮質へ投射する。一方、外側核群は、帯状回（情動）と頭頂葉（知覚情報の統合）の活動を調節するフィードバック機構の中継所である。

2）視床上部

視床上部は、**後交連**、**松果体**、**手綱**からなる。松果体は**メラトニン**というホルモンを分泌し、日内リズムの調節に重要な役割を果たしている。また、このホルモンは視床下部を介し、性腺刺激ホルモンの放出を抑制する。

3）視床下部

視床下部には、多くの**自律性神経核**がある。視床下部は、このような神経核によって体温、水分バランス、性機能、循環・呼吸、睡眠と覚醒リズムなどの調節に関与し、生命の維持を保っている。

c　脳幹

脳幹は大脳と脊髄の間にあり、**延髄**、**橋**、**中脳**に分けられ（図 8-18）、生命維持に必要な基本的な中枢機能が存在している。

1）中脳

中脳は、間脳と橋の間にあり、**視覚**と**聴覚**の情報、これらの刺激に対する**不随意運動**、意識の保持に関係する。中脳蓋には**四丘体**があり、上丘には視覚反射中枢が、下丘には聴覚反射中枢がそれぞれ存在する。被蓋には、網様体、赤核、黒質がある。網様体は覚醒と睡眠を起こすもっとも重要な領域である。赤核は情動的精神状態に大きく影響する。黒色はドパミンを含む細胞体が存在し、大脳基底核へ投射している。中脳には、動眼神経、滑車神経、三叉神経の神経核がある。

2）橋

橋は、中脳と延髄の間にあり、体性および内臓性の運動調節に関する三叉神経、外転神経、顔面神経、内耳神経の神経核を含んでいる。橋には、**持続性吸息中枢**と**呼吸調節中枢**があり、延髄の**呼吸中枢**の活動を調節している。

3）延髄

延髄は、生命の維持に不可欠な自律機能の調節中枢が存在する。延髄には、舌咽神経、迷走神経、副神経、舌下神経などの脳神経の神経核がある。さらに、顔面神経、内耳神経の神経核の一部も存在する。延髄の網様体の神経核は、脳神経、大脳皮質、間脳、脳幹からの入力を受けて末梢の活動を調節する反射中枢を形成する。主な中枢としては、**心臓血管中枢**、**呼吸中枢**、**嘔吐中枢**があげられる。

4）脳幹網様体

脳幹網様体は脳幹の中央部に存在し、神経細胞と神経線維の束が網の目のように絡まり合って複雑な構造を呈している。脳幹網様体は運動の調節や、生命の維持のための神経性調節を司るばかりでなく、いろいろの感覚刺激を受けるとともに大脳皮質にインパルスを送り賦活化している。これを**上行性網様体賦活系**という。この脳幹網様体に始まる上行性網様体賦活系の活性が**覚醒状態**をもたらし、活性の低下が**睡眠**を誘発する。

d 小脳

小脳皮質には**プルキンエ細胞**があり、小脳核は、そこから抑制性線維を受けている。

小脳は、筋緊張、平衡機能、姿勢反射、協調運動を統合して調節するとともに、**随意運動**の調整を行っている。

B 背髄

ヒトの**脊髄**は、頸髄、胸髄、腰髄、仙髄、尾髄からなり、31 対の**脊髄神経**が脊髄から出ている（図 8-21）。脊髄は、脳と同じく**脊髄髄膜**（硬膜、クモ膜、軟膜）によって保護されている。

脊髄の断面は、中央に脳脊髄液を入れた**中心管**が、その外側に蝶が羽を広げたような H 形の神経細胞を含む**灰白質**が、そしてその灰白質を囲んで**白質**がある。白質には上行性と下行性神経線維が走っており、大脳から脊髄神経へ、またはその逆方向へ興奮を伝達する。灰白質の突出部を**角**といい、**前角**、**後角**、**側角**がある（図 8-22）。白質は、腹側部の**前索**、側部の**側索**、背側部の**後索**の 3 部位に区分される。

脊髄が中枢となって起こるもっとも単純な反射を**脊髄反射**という。脊髄反射は、**感覚受容器**からの刺激が**求心性感覚神経**を経由して後根から入り、脊髄内でシナプスを交換して前根より脊髄を出て、**遠心性運動神経**あるいは**自律神経**を経由して**効果器**が応答する現象をいい、この経路を**反射弓**という。感覚神経とか運動神経と直接シナプスを形成しているような反射を**単シナプス性反射**という。また、感覚神経とか運動神経と 2 つ以上のシナプスを形成しているような反射を**多シナプス性反射**という。

膝蓋腱反射は、もっともなじみ深い単シナプス性反射の伸張反射である。膝蓋腱を軽く叩くと、膝関節が伸展する。その反射弓は、大腿四頭筋中の筋紡錘に起こり、大腿神経をさかのぼって脊髄に入り、ただちに第二～第四腰髄の前角細胞に連絡し、再び大腿神経を経て初めの筋肉に帰着する。

図 8-21　脊髄神経

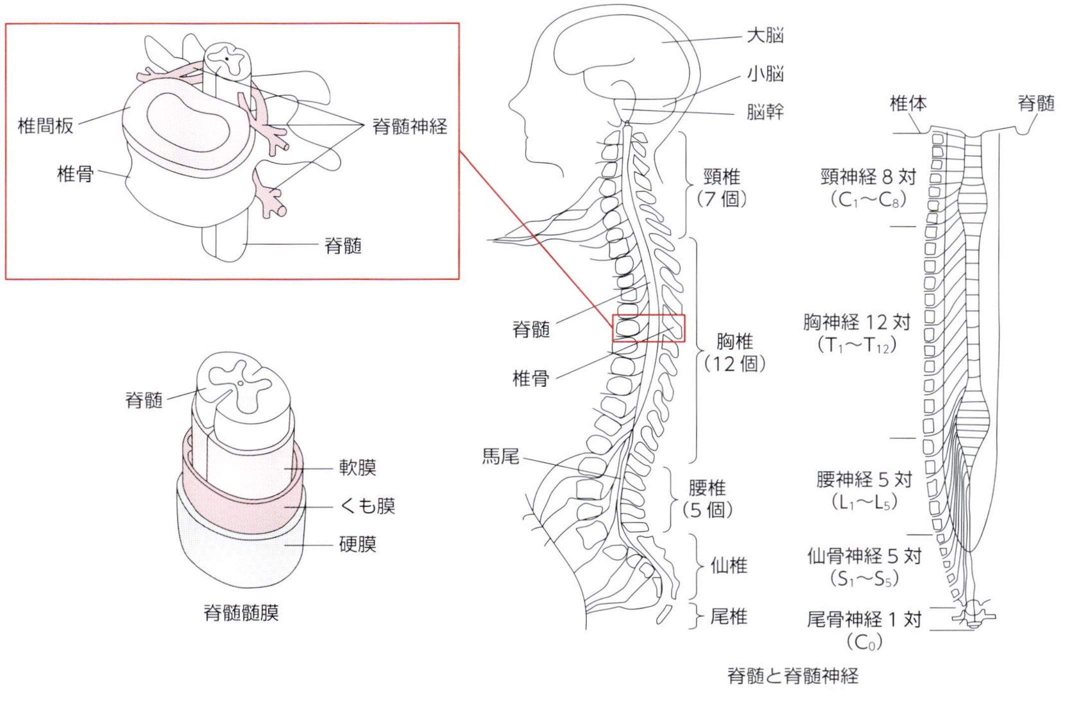

図 8-22　脊髄の断面

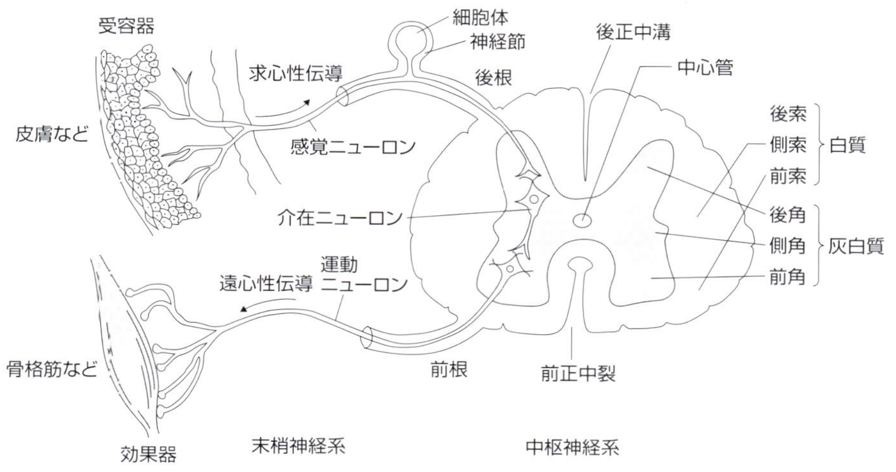

8.3.4　末梢神経系

末梢神経系は、解剖学的には**脳神経**と**脊髄神経**に分類される。また、機能面からみた場合には、**体性神経系**と**自律神経系**に分類される。

A　脳神経

脳から直接出ている末梢神経系を**脳神経**といい、左右 12 対存在する。主に、頭部、顔面、頸部と多くの内臓に分布しているとともに、感覚器と脳を連絡している。第 I ～第 III 脳神経は中脳、第 IV ～第 VIII は橋、第 IX ～第 XII は延髄から、それぞれ発生している。それぞれの脳神経の番号、名称、支配部位、機能については表 8-4 に示した。

B　脊髄神経

脊髄神経は、四肢・体幹を支配する神経である。脊髄神経は、脊椎の椎間孔ごとに 1 対ずつ出ている。頸椎の間から出るものを**頸神経**（8 対、C_1 ～ C_8）、胸椎の間から出るものを**胸神経**（12 対、T_1 ～ T_{12}）、腰椎の間から出るものを**腰神経**（5 対、L_1 ～ L_5）、仙骨の仙骨孔から出るものを**仙骨神**

表 8-4　脳神経

	神経名	機能的分類	支配部位	機能
Ⅰ	嗅神経	感覚性	鼻腔粘膜	嗅覚
Ⅱ	視神経	感覚性	網膜	視覚
Ⅲ	動眼神経	運動性	上・下・内側直筋、下斜紡、毛様体筋、瞳孔括約筋	眼球運動、焦点調節、縮瞳
Ⅳ	滑車神経	運動性	上斜筋	眼球運動
Ⅴ	三叉神経	混合性	咀嚼筋、口腔、鼻腔粘膜、顔面の皮膚、眼球	咀嚼、顔面の体性感覚
Ⅵ	外転神経	運動性	外側直筋	眼球運動
Ⅶ	顔面神経	混合性	表情筋、鼻腺、涙腺、顎・舌下腺、舌の前 2/3 の味蕾	顔の表情、味覚、副交感神経（唾液分泌）
Ⅷ	内耳神経	感覚性		
	(a) 前庭神経		内写の半規管、卵形嚢、球形嚢	平衡感覚
	(b) 蝸牛神経		コルチ器	聴覚
Ⅸ	舌咽神経	混合性	茎突咽頭筋、耳下腺、舌の後ろ 1/3 の味蕾	嚥下運動、味覚、副交感神経（唾液分泌）
Ⅹ	迷走神経	混合性	咽頭、喉頭、胸・腹部の器官、腺、脈菅、上記器官の粘膜	副交感神経
Ⅺ	副神経	運動性	胸鎖乳突筋、僧帽筋	内臓感覚、肩と頭部の運動、喉頭と咽頭の運動
Ⅻ	舌下神経	運動性	舌筋	舌の運動

経（5 対、S_1 ～ S_5）、第 1 尾椎と第 2 尾椎の間から出るものを**尾骨神経**（1 対、C_0）といい、左右 31 対からなる（図 8-21）。脊髄神経は全長が 1 ～ 2 cm と短く、**椎間孔**を出てすぐに**前枝**と**後枝**に分岐する。これらの前枝と後枝は混合性で、感覚神経と運動神経を含んでいる。これらの神経が傷害されると、それに対応した体節の感覚障害と弛緩性麻痺が生じる。後枝は固有背筋の運動と背部の皮膚知覚を支配する。一方、前枝は肋間神経として肋骨の間を走り、体壁の筋肉と皮膚知覚を支配する。前枝の支配域は背部まで及んでおり、後枝の支配域より広い。C_1 を除く脊髄神経は、それぞれ皮膚の特定部位からの感覚情報を受容する。これを**皮膚分節**という。

T_2 ～ T_{12} の胸神経の前枝は**肋間神経**を形成し、神経叢を形成しない。これらは胸腹部の皮膚や肋間筋を支配している。その他の頸神経、腰神経、仙骨神経、胸神経の T_1 の前枝はそれぞれ複雑に絡み合い、**神経叢**を形成した後、上肢や下肢の末梢神経に分かれる（図 8-23）。

C　体性神経系

体性神経系は、**感覚神経系**と**運動神経系**とがあり、体性感覚や特殊感覚に基づく骨格筋の反射による運動機能の調節、大脳皮質の働きに基づく意志による運動機能に関与する。

感覚神経は、からだや内臓の感覚信号を末梢から中枢へ伝える神経である。インパルスが受容器から中枢に向かうので**求心性神経**、あるいは知覚を感じとるので知覚神経とも呼ばれる（図 8-22）。

運動神経は、からだや内臓の筋肉の動きに対する指令信号を中枢から末梢へ伝える神経である。インパルスが中枢から末梢に向かうので、**遠心性神経**とも呼ばれる（図 8-22）。

D　自律神経系

自律神経系は、意志と関係なく働き、交感神経系と副交感神経系からなる（表 8-5）。**交感神経系**は胸髄および腰髄の側柱から発し、**副交感神経系**は中脳、橋、延髄の脳神経核および仙髄側柱から発している。ひとつの器官は交感神経系と副交感神経系の二重支配を受け、両者の作用は互いに拮抗的である。これを**拮抗的二重支配**という。すなわち、一方が興奮的に働けば、もう一方は抑制的

図 8-23　脊髄神経と脊髄神経叢

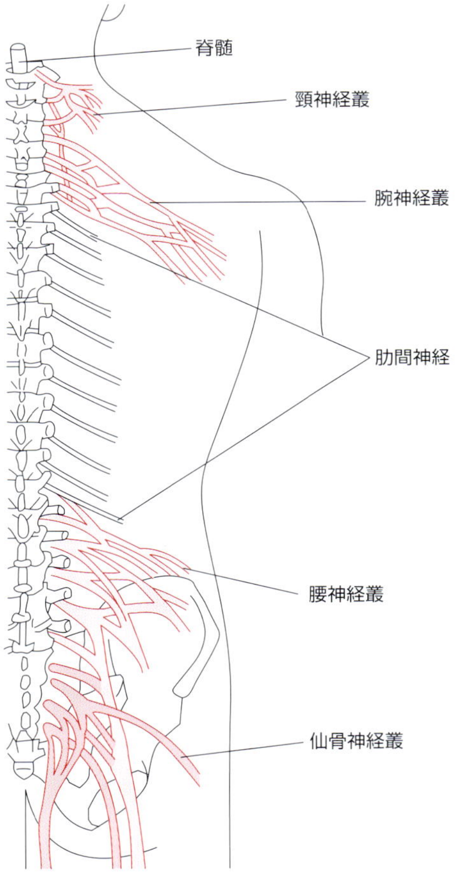

表 8-5　交感神経系と副交感神経系の特徴とその違い

交感神経系	副交感神経系
中枢より胸髄神経、腰髄神経を経由して発出	中枢より脳神経、仙髄神経を経由して発出
神経節は脊髄の近傍に並ぶ	神経節は標的器官近傍に散在
節後繊維の伝達物質はノルアドレナリン	節後繊維の伝達物質はアセチルコリン
からだを全体として活動状態に導く	からだを全体として安静状態に導く

図 8-24　自律神経系による調節

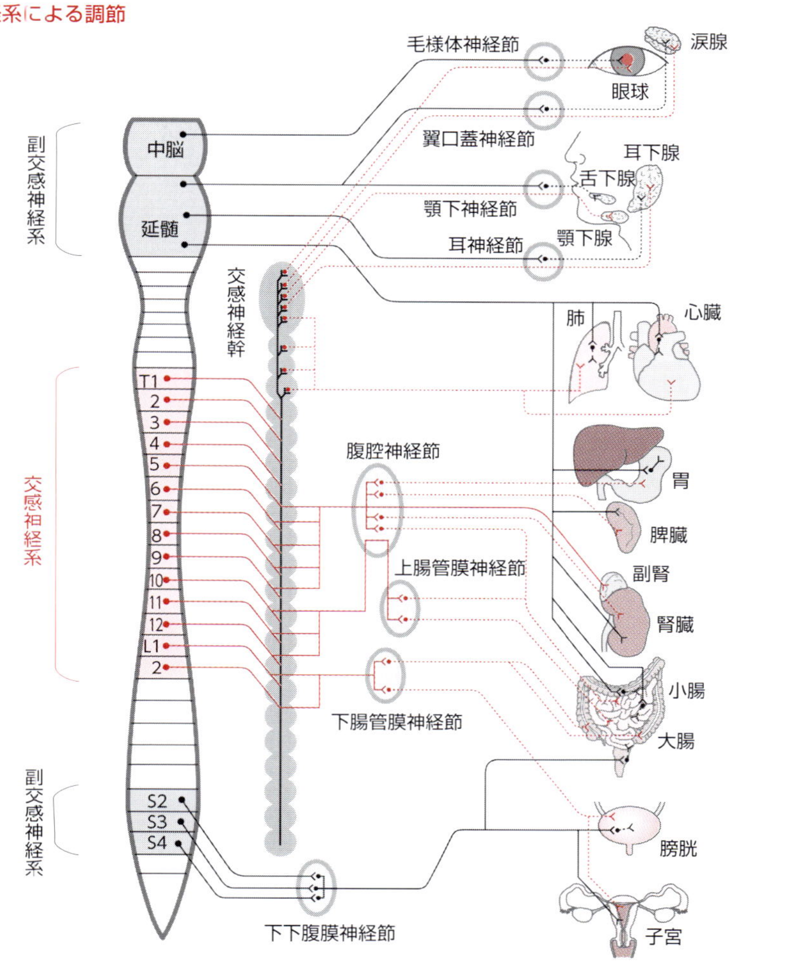

に働く（図 8-24）。交感神経の興奮により、心拍数の増加、呼吸数の増加、瞳孔散大などが起こる一方で、消化器系の分泌・運動、泌尿器系・生殖器系の活動が抑制される。これに対して、副交感神経が興奮すると、心拍数の減少、瞳孔収縮、消化器系の亢進などを起こす。

自律神経系は末梢の効果器に達するまでに一度ニューロンを換える。中枢から神経節までを**節前線維**、神経節から効果器までを**節後線維**という。交感神経系はニューロンを換えるシナプスは交感神経節にあるので、節後線維の長さが節前線維より長くなるのに対して、副交感神経系は効果器近くでニューロンを換えるので節後線維のほうが短くなる。

交感神経系および副交感神経系の神経伝達物質は節前線維、節後線維によって異なる。副交感神経は、遠心性の自律神経であり、節前線維と節後線維ともに終末部から**アセチルコリン**が神経伝達物質として放出されることから、**コリン作動性神経**と呼ばれる。一方、交感神経系の節前線維の終末部からは**アセチルコリン**が、節後線維からは**ノルアドレナリン**が神経伝達物質として放出される。交感神経は節前線維がコリン作動性で、節後線維の終末部からはノルアドレナリンが放出されるので、**アドレナリン作動性神経**である。しかし、汗腺と副腎髄質を支配している交感神経系は例外的に異なっている。汗腺支配の交感神経系の節後線維はコリン作動性神経である。また、副腎髄質は交感神経の節前線維によって直接支配されている（図 8-25）。

図 8-25 自律神経系における神経伝達物質と受容体

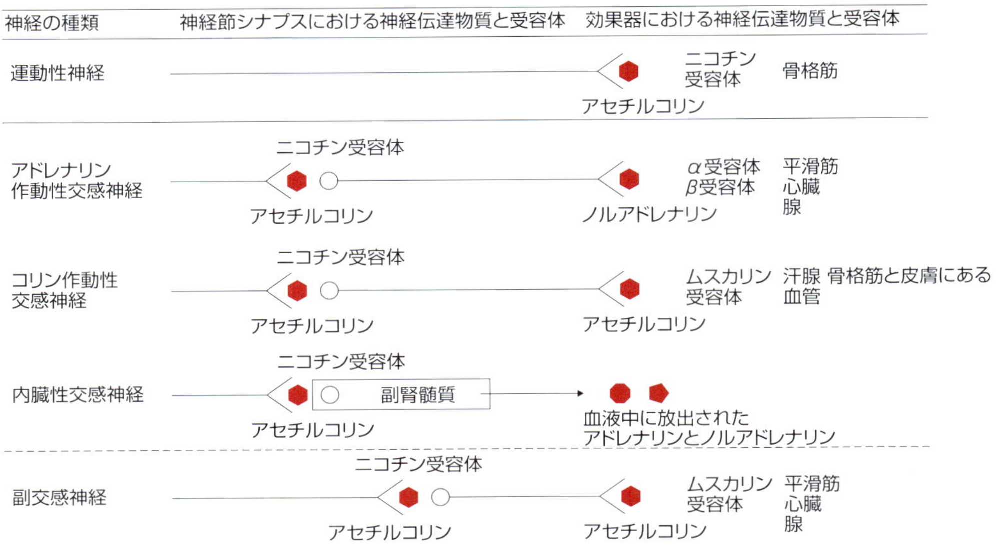

8.4 感覚系

感覚はからだの内部、あるいは外部から受けた刺激が感覚受容器、感覚神経、または大脳皮質感覚野に加わったときに生じ、その多くがその刺激の源や刺激を受けた部位に生じたように感じられる。しかし、実際に感覚が生じるのは大脳皮質感覚野であり、大脳皮質感覚野ニューロンが興奮することによる。なお、感覚が刺激部位に生じたように感ずることを感覚の**投射**という。感覚は、**体性感覚**、**内臓感覚**、**特殊感覚**に分類される。体性感覚は、**皮膚感覚**と**深部感覚**に分けられる。また、皮膚感覚には**触覚**、**圧覚**、**温覚**、**冷覚**、**痛覚**が含まれ、深部感覚には**運動感覚**と**深部痛**が含まれる。内臓感覚は臓器の状態に伴う感覚で、**臓器感覚**と**内臓痛覚**がある。特殊感覚には**視覚**、**聴覚**、**味覚**、**嗅覚**、**平衡感覚**（前庭感覚ともいう）があり、これらを**五感**ともいう。

8.4.1 体性感覚

皮膚にある受容器に基づく感覚を皮膚感覚といい、筋肉、腱、筋膜、骨膜、関節嚢など皮下深部にある組織の受容器に基づく感覚を深部感覚という。

A 皮膚感覚

手の甲を先の少し尖った物で押し当てたとき、痛いと感じる場所には**痛覚受容器**があるが、感じないところにはそれがない。実際には、これらの感覚は単一種の受容器で受容されるのではなく、複数種の受容器で認識されると考えられている。感覚受容器に入った感覚信号は感覚線維を通って中枢へ伝達される。

触圧覚は、皮膚や粘膜に存在する**触圧覚受容器**の興奮によって起こる感覚であり、**表在感覚**のひとつである。触覚と圧覚はともに皮膚や粘膜またはその直下にある組織が変形して生ずる感覚であり、触圧覚受容器に対する適刺激は**機械的刺激**である。また、くすぐったいという感覚も触圧覚受容器の興奮によって起こるものである。

皮膚

皮膚は細菌などの侵入を防ぐ**物理的バリア**としての働きをはじめ、体性感覚に関係する神経終末を含んでいたり、体温調節に関係したりしている。皮膚は**表皮**、**真皮**、**皮下組織**から構成されている(図 8-26)。

表皮には血管がみられないものの、自由神経終末がわずかながら存在する。深層部は真皮の毛細血管から滲出した組織液で浸されており、そこから酸素や栄養が供給される。表皮には**ケラチノサイト**、**メラノサイト**、**メルケル細胞**、**ランゲルハンス細胞**の 4 種類の細胞が存在する。ケラチノサイトは角質化する能力をもつ細胞で、表皮細胞の大部分を占める。メラノサイトは**メラニン色素**を産生する細胞である。メルケル細胞は**感覚受容**に関与している。また、ランゲルハンス細胞は抗原提示能力をもつ**食細胞**のひとつである。

表皮は最深部から最表部までを**基底層**、**有棘層**、**顆粒層**、**淡明層**、**角質層**の順に層を形成している。基底層は胚芽層とも呼ばれ、基底膜の基底板と強固に結合していて、真皮と隔てられている(図 8-26)。この層で細胞分裂によってつくられた新しい細胞が表面の方向に押し上げられていく。皮膚の色は基底細胞の間にあるメラノサイトが産生するメラニン色素によって決定される。毛のない皮膚には、メルケル細胞と呼ばれる特殊な上皮細胞が基底層の細胞間に存在する。この細胞は圧を受けると、化学物質を放出し神経終末を刺激し、皮膚に触れた物体が何であるかを伝達する。基底層でできた細胞が有棘層で、ケラチノサイトへの分化が始まる。有棘層にはランゲルハンス細胞が

図 8-26　皮膚の構造

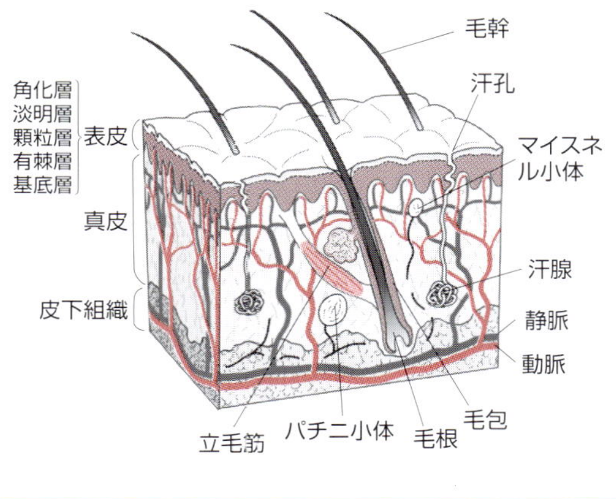

含まれている。手掌や足底などの厚い皮膚には、硝子状の淡明層が含まれ、細胞が扁平でケラチンが充満している。角質層は扁平で薄く核のない死んだ細胞からなる。

真皮は、強靱で弾力性に富んだ**結合組織**で、その基質は**弾性線維**を含む**膠原線維**からなる。**乳頭層**は**疎性結合組織**からなり、表皮に酸素や栄養を供給する毛細血管や表皮にある受容器とつながる感覚神経が走っている。**網状層**は**密性結合組織**からなり、血管、神経、毛包、汗腺、脂腺をとり囲んでいる。真皮には免疫応答にかかわる**線維芽細胞**、**マクロファージ**、**肥満細胞**などがみられる。ビタミン A 誘導体の**レチノイン酸**は、真皮の血流を高め、皮膚の修復を促進する作用がある。真皮の深層を裏打ちしている**皮下組織**は脂肪組織を多量に含んだ疎性結合組織でできている。

皮膚には、被膜に包まれていない非被包性受容器の**自由神経終末**、**メルケル盤**、**毛根神経叢**と被膜に包まれた被包性受容器の**マイスネル小体**、**パチニ小体**、**ルフィニ小体**という 6 種類の触覚受容器が存在する。

自由神経終末は真皮の乳頭層にしばしばみられる。感覚が鋭敏な部位では、樹状突起の枝が表皮基底層の繊細な触覚と圧力を感知するメルケル細胞と接している。皮膚に生えている毛の毛根には自由神経終末が**毛根神経叢**をつくっており、毛の動きが毛根に伝わると、この神経叢の求心性神経線維が活動電位を起こす。**マイスネル小体**(触覚小体ともいう)は、触覚が特に敏感な眼瞼、唇、指先、乳頭、外陰部などの真皮に多くみられる。**ルフィニ小体**は真皮にある受容器で、圧覚を感じる。足底の真皮に多く認められる。**パチニ小体**(層板小体ともいう)は、圧力に速く順応するので、脈を打つことで生じる振動刺激にもっとも鋭敏である。この受容器は真皮に広く分布し、特に指、乳房、外陰部に多くみられる。

B　深部感覚

からだの各部位の位置、運動、振動の状態を知る感覚と、筋肉痛や腱、関節、骨膜などの痛覚を**深部感覚**という。関節の位置や運動の検出に役立

つのは、主に骨格筋の**機械受容器**である。深部痛覚の受容器は自由神経終末である。

目をつぶっていても、関節や手足の動きがわかるのは、皮膚の感覚受容器や深部の感覚受容器が関与している。深部感覚の受容器としては、筋肉のなかにある**筋紡錘**や腱のなかにある**腱紡錘**という紡錘形をした**張力受容器**が筋肉や腱の動きを感知する。

C　感覚の伝導路

体性感覚の信号は脊髄の後根から脊髄に入り、脳内にある視床核に向かって脊髄を上行する。温度覚、痛覚、触覚などの一次ニューロンは脊椎後根から脊椎に入り、神経線維を変えて(二次ニューロン)対側の脊椎内を上行し延髄から視床に入る。さらに、視床で三次ニューロンに変わり大脳皮質感覚野に入る。深部感覚の神経線維はそのまま同側の脊椎を線維の変更なしに上行し、延髄に入る。延髄で神経線維を変え（二次ニューロン）対側の視床に入る。視床に到達した信号は三次ニューロンとなり、大脳皮質感覚野に伝達される。

8.4.2　内臓感覚

空腹、渇き、吐き気などの感覚を**臓器感覚**といい、その受容器には自由神経終末、圧受容器、化学受容器などがある。内臓からの感覚刺激は大脳皮質に到達するものと脊髄や脳幹で再び臓器に戻り**自律反射**を起こすものがある。

内臓に起こる痛みを**内臓痛覚**といい、その受容器は自由神経終末である。**内臓痛**は、臓器が広範囲に損傷を受けた場合に感じられる。痛みの原因としては虚血、化学刺激、痙攣などがあげられる。痛みは神経を通って脊椎から脳へと伝えられるが、その際、皮膚の特定の部分に痛みを感じることを**関連痛**という。関連痛は、内臓疾患を診断するうえでとても重要である。

8.4.3　特殊感覚

A　聴覚・平衡感覚器

耳は聴覚と平衡感覚（前庭感覚）を担当する器官で、**外耳**、**中耳**、**内耳**から構成されている（図8-27）。外耳は**耳介**と**外耳道**からできている。耳介の役割は、外耳道に入る音を集めることである。

外耳道は、鼓膜に至る約 2.5 cm の音の通り道であり、その表面には多数の毛が生えていて、ほこり、異物などの侵入を防いでいる。外耳道には外耳腺があり、**耳垢**と呼ばれる物質を分泌する。

中耳は、**鼓膜**、**鼓室**、**耳小骨**、**耳管**からなる。鼓膜は、外耳と内耳を隔てる薄い半透明な楕円形の膜で、その厚さは約 0.1 mm である。

鼓室は、側頭骨の錐体内にある不規則な形の空気を含んだ腔で、そのなかに耳小骨が入っている。鼓室は外耳道と鼓膜で隔てられているが、上咽頭と耳管で連絡し、乳頭洞という腔を経て乳突蜂巣に連絡し、内耳から空気が出入りする。鼓室の内

図 8-27　耳の構造

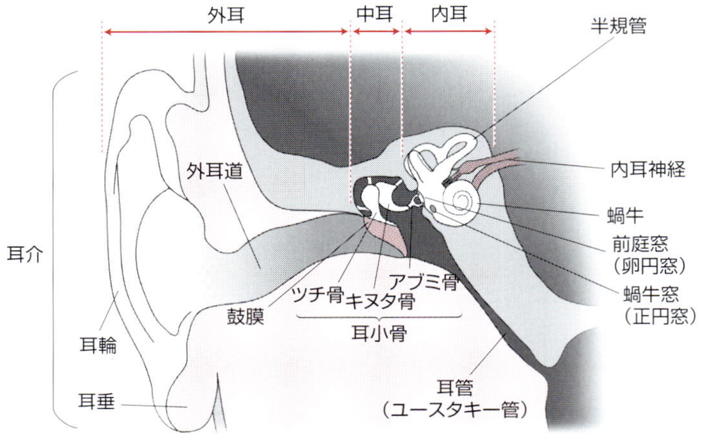

壁は側頭骨の薄い層で、そこには**前庭窓**と**蝸牛窓**という2つの孔が存在し、内耳と接している。

耳小骨は、**ツチ骨**、**キヌタ骨**、**アブミ骨**からなり、鼓膜の振動を内耳へ伝える。耳小骨によって鼓膜の振動が増幅され、かすかな音でも聞こえるようになる。

耳管はユースタキー管とも呼ばれ、その長さは約4 cmである。耳管は鼓室内の圧力を外耳道と同じ大気圧にする働きがある。

内耳には、平衡感覚と聴覚の受容器がある。内耳は**膜迷路**と**骨迷路**に分けることができる。これらの受容器は、内リンパという液体で満たされた膜迷路のなかに存在する。骨迷路の内側と膜迷路の間には、脳脊髄液と似た性状の外リンパが流れている。骨迷路は**前庭**、**蝸牛**、**半規管**からなる。

a 膜迷路

骨迷路のなかには膜迷路が入っており、半規管と前庭にある膜迷路の受容器が**平衡感覚**を感受する。半規管は**頭の回転**を感受し、前庭にある**卵形嚢**と**球形嚢**という膜性の袋が直線加速度と重力を感受する。また、蝸牛内の受容器が**聴覚**を感受する。

膜迷路にある受容器は**有毛細胞**と呼ばれ、支持細胞で囲まれており、求心性神経線維につながっている。有毛細胞は線毛を動かすわけでなく、外力の振動によって線毛が動くと細胞膜がひずみ、有毛細胞が化学伝達物質を出す頻度が変化する。つまり、有毛細胞は高度に特殊化した**機械受容器**であるといえる。

b 半規管

前半規管と**後半規管**は垂直面上にあり、**外側半規管**は水平面上にあり、これらは卵形嚢とつながっている。半規管は、空間における**頭の位置**に関する情報を伝え、からだの平衡と姿勢の維持に働いている。

それぞれの半規管の膨大部には**膨大部稜**という隆起があり、なかに感覚細胞の有毛細胞が並んでいて、薄いゼラチン様の**ゼラチン頂**（クプラともいう）に突入している。

半規管の感覚細胞は回転運動に反応する。からだが回転すると、慣性の法則によって内リンパとゼラチン頂がもとの位置にとどまろうとするので、これとからだの間にずれが生じる。これが感覚細胞の線毛に伝わり、刺激が生じる。有毛細胞からの刺激は中枢神経系で回転運動として認識され、状況に応じてからだの姿勢が反射的に保持される。

運動は三次元座標の三方向に分けて解析することができ、3本の半規管はそれぞれの方向の回転運動と反応する。頭を水平方向に振る運動は、外側半規管の有毛細胞が刺激される。頭をうな垂れる運動は前半規管が刺激される。また、頭を横に傾けるときには後半規管が刺激される。

c 卵形嚢と球形嚢

卵形嚢と球形嚢の内面には、平衡感覚を感受する平衡斑がある。**平衡斑**は、感覚細胞と支持細胞からなり、感覚細胞は有毛細胞である。有毛細胞の小毛が平衡砂膜というゼラチン様物質のなかに埋もれているが、平衡斑の表面には、**平衡砂**（耳石ともいう）と呼ばれる炭酸カルシウムの小さな結晶がある。平衡斑の感覚細胞は、垂直あるいは水平方向の加速度や重力の変化に反応する。頭が前を向いていると、平衡砂は平衡斑の上で静止していて、平衡斑の表面が均一に下向きに押されている。頭が傾くと、平衡砂は平衡斑の端に、感覚小毛が感受して有毛細胞が活動し、頭が水平でないことを中枢神経へ伝える（図8-28）。

d 蝸牛

蝸牛には、いちばん上に**前庭階**が、その下に細くて長い**蝸牛管**が、そしてちばん下に**鼓室階**が位置している。蝸牛管は膜迷路の一部をなしている。蝸牛軸にはラセン神経節があり、蝸牛管の受容器からの信号を受ける神経細胞の細胞体がある。

蝸牛管の下壁にある基底板上に**コルチ器**（ラセン器ともいう）がある（図8-29）。有毛細胞は蝸牛管の長軸に沿って外有毛細胞と内有毛細胞が並んでいる。聴覚にとって、内有毛細胞はとても重要な役割を果たしている。一方、外有毛細胞は異なった音程の音に対する感受性を調節する働きがある。

e　平衡感覚伝導路

前庭と半規管の有毛細胞からの求心性インパルスは、内耳神経の前庭神経から延髄の前庭神経核を至り、ここで二次ニューロンに変え、前庭脊髄路として脊髄を下行して伸筋の活動調節、内側縦束として上行して眼球運動調節に関係する。

f　聴覚伝導路

鼓膜は外耳道を伝わってきた音を集め、周波数が約 20 ～ 20,000 Hz の音波に反応して振動する。耳小骨は鼓膜の振動を前庭窓に伝える。アブミ骨が前庭窓を押すと、前庭階の**外リンパ**に圧力がかかる。外リンパに圧力がかかると、蝸牛管とコルチ器が変形して有毛細胞を刺激する。周波数が高い音は前庭窓に近い基底板を振動させ、周波数が低いほど前庭窓から遠い基底板が振動する。基底板の動きの大きさは前庭窓にかかる力によって変化するので、音の強さが判別できる。

有毛細胞の線毛には、**機械的刺激**に応答する**K^+ チャネル**が含まれている。蝸牛管の内リンパは K^+ 濃度が高くなっているため、音刺激によって線毛が動いて、K^+ チャネルが開くと、K^+ が細胞内に流入する。これによって有毛細胞は**脱分極**し、神経伝達物質を放出する。このインパルスは有毛細胞から蝸牛神経に伝達される。蝸牛神経は前庭神経とともに内耳神経となって延髄に入るが、蝸牛神経として蝸牛神経核の神経細胞に変え、その軸索は、交差して反対側の上オリーブ核へ伝達される。外側毛帯を上行して中脳の下丘に達し、下丘から内側膝状体に行ってシナプスをつくり、側頭葉の聴覚野に情報を伝えて音が認識される。

図 8-28　平衡斑の構造

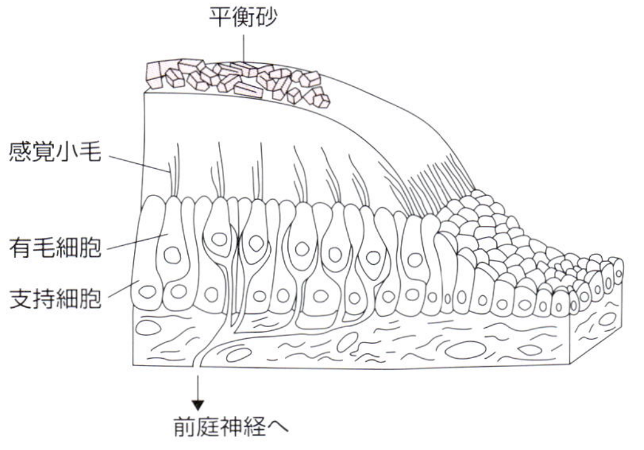

B　嗅覚器

鼻腔には嗅覚を感じる**嗅覚器**がある。空気が鼻に吸い込まれると、鼻腔に突出した鼻甲介によって空気の流れが乱れ、空気中に浮遊している揮発性の匂い分子が嗅覚器に達する。嗅覚器（図 8-30）は**嗅上皮**と**液粘膜固有層**から構成される。嗅上皮は嗅細胞、支持細胞、基底細胞からなる。嗅物質は嗅腺から分泌される粘液と混じり、**嗅細胞**を刺激する。

嗅細胞は鼻腔の上部に密集する特殊化した神経細胞で、樹状突起に相当する項部は嗅小胞という

図 8-29　蝸牛の構造

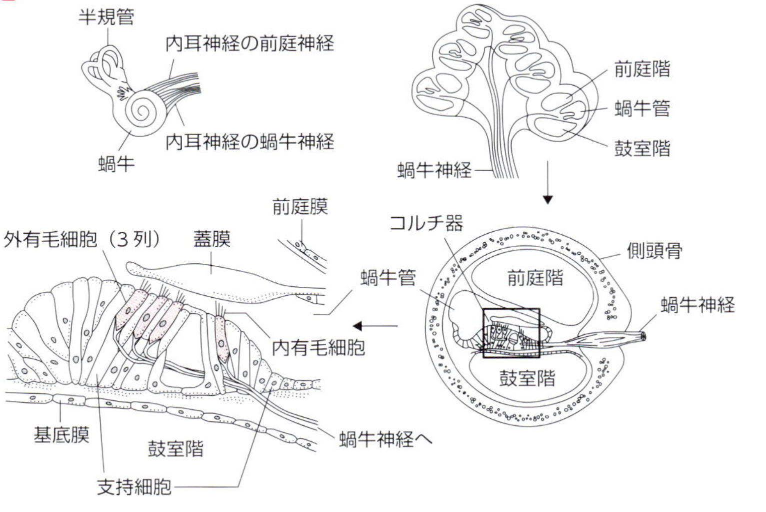

図 8-30　嗅覚器の構造

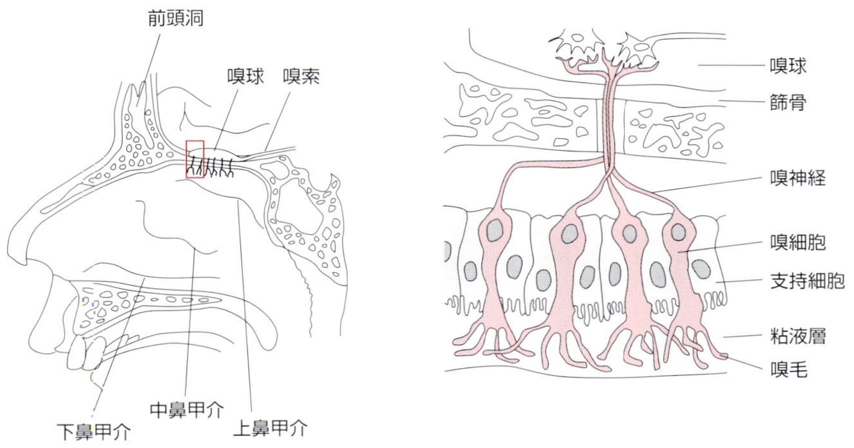

ふくらみをつくって上皮表面から鼻腔に突出している。嗅小胞からは粘液中に**嗅毛**が伸びており、その表面が匂い物質と接触する。匂い物質と結合すると嗅細胞は**脱分極**して活動電位が発生し、嗅覚が伝えられる。

嗅覚伝導路

嗅上皮から出た軸索は集合して、嗅球の神経細胞とシナプス結合する。その神経細胞の軸索は嗅皮質、視床下部や大脳辺縁系に達する。嗅覚は、視床でシナプスをつくらずに大脳皮質に到達する唯一の感覚である。大脳辺縁系と視床下部はつながっているので、香水などの匂いがヒトの感情や行動に大きく影響する。

C　味覚器

飲食物の味に関する情報を**味覚**という。その受容器は**味蕾**と呼ばれる**味覚器**で、舌背面、咽頭、喉頭にある。成人になると、主に舌の味蕾によって味覚を感じる。

味蕾は上皮のなかに埋もれていて、そのなかには**味細胞**、支持細胞、基底細胞がある。味細胞は**味孔**から**味毛**と呼ばれる細い微絨毛を口腔側に伸ばしている（図 8-31）。味覚の受容は、溶けた化学物質が味毛に接触すると、味細胞の膜電位が変化し、求心性神経線維の活動電位が発生する。

a　味覚伝導路

味蕾は顔面神経、舌咽神経、迷走神経に支配されている。求心性神経線維は延髄の孤束核でシナプスをつくり、シナプス後ニューロンの軸索は内側毛帯に入る。その後、視床でシナプスをつくった後、大脳皮質にある味覚野に伝えられる

図 8-31　味蕾の構造

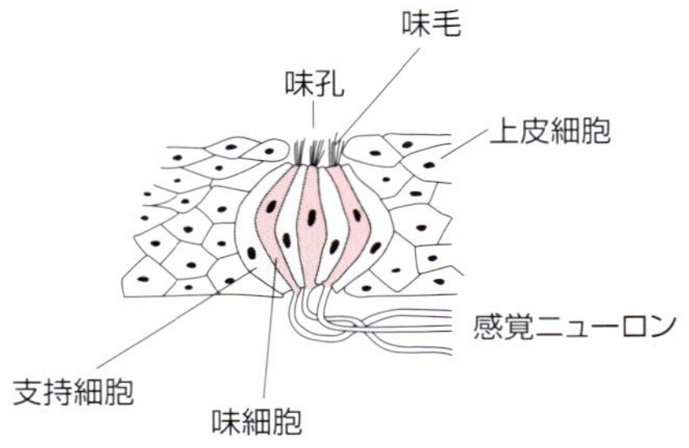

味覚は嗅覚の情報も関係する。嗅覚器が最高に働いているときには味に鋭敏であるが、風邪をひくと匂い物質は嗅覚器に届きにくくなり、食事をおいしいと感じなくなる。

b　味の識別

味覚には**甘味**、**塩味**、**酸味**、**苦味**という基本味質がある（図 8-32）。受容器の閾値は味の種類によって変わり、快適な刺激よりも不快なものに対して、より鋭敏に反応する。

高齢者では嗅細胞の数も減るので、同じ食べ物でも高齢者と子どもでは味の感じ方が異なる。

塩味は、Na^+ と関係する。Na^+ が味細胞上の **Na^+ チャネル**を介して細胞内に流入すると**脱分極**が起こり、さらに電位依存性の Na^+ チャネルや K^+ チャネルが開口して活動電位が発生し、塩

図 8-32　舌乳頭の位置と味覚の位置

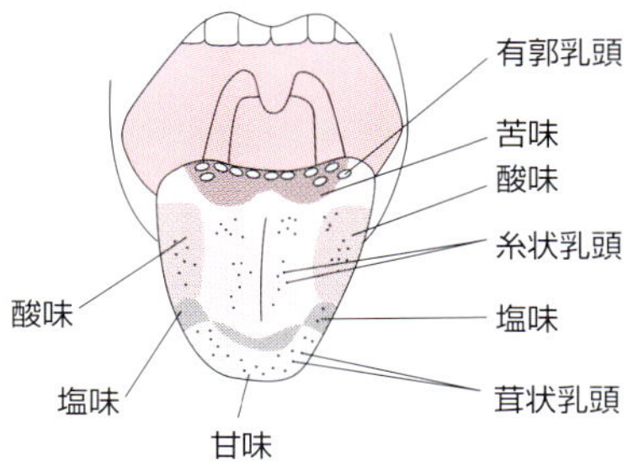

辛いという感覚が伝達される。

酸味はH^+によって活性化されるチャネルによって細胞が脱分極し、活動電位が生じる。H^+がチャネル（上皮性Na^+チャネルなど）を通って細胞内へ直接入り込んだり、H^+がK^+チャネルの入口をふさいでK^+が細胞のなかから外へ出ないようにしたり、他の陽イオンが細胞のなかへ入るようにH^+がチャネルの入口を開いたりして**陽イオン**が細胞のなかに溜まるようにすることで、細胞は**脱分極**し、活動電位を生じる。

甘味には**Gタンパク質共役型受容体**が関与している。味細胞の舌表面にある受容体に味化学物質が結合することで、味の情報が伝えられる。受容体からの情報は、Gタンパク質を介して味細胞のなかを酵素やセカンドメッセンジャーによって伝えられる。その情報によって細胞内Ca^{2+}濃度の上昇が起こることで神経伝達物質が神経に向かって放出される。このセカンドメッセンジャーを介する情報伝達は苦味やうま味にも共通のメカニズムである。

うま味は、うま味成分であるアミノ酸の**グルタミン酸**、核酸の**イノシン酸**と**グアニル酸**が関係している。うま味成分は単独で使うよりも、アミノ酸であるグルタミン酸と核酸系うま味成分（イノシン酸やグアニル酸）を組み合わせることで、うま味が飛躍的に強くなることが知られている。この相乗作用のメカニズムは、うま味受容体には2種類の受容サイト（グルタミン酸と核酸）が存在し、一方の結合サイトにうま味物質が結合すると他方の親和性が高められ、結果として受容体としての活性が高められる（アロステリック効果）と考えられている。

D　視覚器

眼は視覚を受けもつ視覚器で、眼球を中心として視神経、眼瞼、涙器、眼筋など副眼器から構成されている。

a　眼球の構造

眼球（図 8-33）は、光り受容器である**網膜**と、そこに像を結ばせる通光器からなる。眼球は直径が約 2.5 cm のほぼ球形で、眼球を保護するために眼球の周辺には脂肪が詰まっている。眼球をつくる壁は、外膜、中膜、内膜の3層から構成されている。

b　眼球外膜－強膜と角膜

眼球外膜は眼球線維膜とも呼ばれ、前方部が**角膜**、後方部が**強膜**になっている（図 8-33）。白色（白眼）の強膜は丈夫な線維性の結合組織でできており、眼球全体をとり囲み、眼球の形を保持している。また、外眼筋や眼球内の筋がつく部位でもある。角膜は、光を通し、血管を含まない透明膜になっている。

c　眼球中膜－脈絡膜、毛様体と虹彩

眼球中膜は眼球血管膜とも呼ばれ、後方部に**脈絡膜**、その前方に**毛様体**、毛様体の前に**虹彩**が伸び出している（図 8-33）。強膜の後方の内面を覆っている脈絡膜は血管に富み、網膜に栄養を供給している。

眼球の前方部で脈絡膜は毛様体に移行する。毛様体から結合組織性の線維でできた**毛様体小帯**（チン小帯ともいう）が伸び、水晶体包について

図 8-33　眼球の水平断面構造

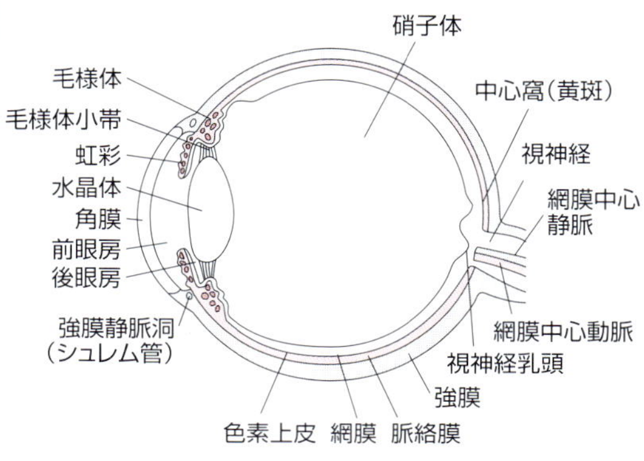

いる。毛様体のなかには平滑筋でできた**毛様体筋**があり、近くや遠くを見るときにこの筋が弛緩・収縮して水晶体の厚みを変えることができる（遠近調節）。毛様体は血管に富んだ結合組織性の突起で、虹彩の前にある**前眼房**と水晶体と角膜の間の**後眼房**に**眼房水**を分泌する。眼房水は、角膜と水晶体に栄養を供給している。眼房水は、強膜と角膜の移行部にある**シュレム管**で吸収される。正常時には眼房水の産生と吸収のバランスがとれているので、眼房水によって生じる**眼球内圧**（眼圧）は一定に保たれている。

緑内障になると、眼球内圧が上昇し、網膜や視神経が障害され失明する危険性がある。

虹彩は、中央に**瞳孔**という孔が開いた丸い円板である。虹彩は眼の色となる豊富な色素のほかに、放射状と輪状に交差配列した平滑筋を含んでいる。この筋は光の量に応じて、瞳孔の径を変えることができる。周囲が非常に明るいとき、近くを見るときには、副交感神経が興奮して瞳孔括約筋に働きかけ瞳孔が反射的に収縮する。これを**縮瞳**という。これに対して、薄暗いとき、遠くを見るときには、交感神経が興奮して瞳孔散大筋に働きかけ瞳孔は散大する。これを**散瞳**という。

d　眼球内膜－網膜

眼球の深層部には、光を受容する視細胞と色素上皮を含む**網膜**がある（図 8-33）。網膜は色素上皮層の上にのっている。色素上皮層は、網膜の最外層にあり、網膜と脈絡膜との間の物質交換に関与している。色素上皮層と視細胞は、視神経の出口である視神経乳頭と毛様体の部分だけで結合しており、それ以外の部分は眼球内圧によって両者が緩やかに接している。網膜は、視神経とともに眼球内に入る網膜中心動脈から栄養が供給されている。

網膜は、数層の神経細胞層と視細胞層の 2 つ層から構成されている。視細胞層には光を感知する色素を含む**桿体細胞**と**錐体細胞**がある（図 8-34）。錐体細胞は**中心窩**に多く認められる。この錐体細胞が多い領域は**黄斑**と呼ばれ、視覚がもっとも鋭敏なところである。桿体細胞は網膜の周辺部ほど多く認められる。

e　網膜の機能

眼は光を感じる色素に化学変化を起こし、神経インパルスを生じる。インパルスは、視神経をとおり、大脳の視覚野に伝わる。錐体細胞は色の違いと精密な像を感受する。一方、桿体細胞は光に敏感で薄暗い光によっても刺激される。

錐体細胞は赤、青、緑の三原色のいずれかを知覚する 3 種類の錐体細胞に区別される。波長の異なる光は、それぞれの三原色に対応する錐体細胞の**ヨードプシン**と呼ばれる色素を刺激する。

桿体細胞にある**ロドプシン**と呼ばれる色素は、暗いところでの光を吸収し、化学変化を起こし、視細胞を興奮させる。明るい光が当たると、脱色し、光を感じることができなくなる。ロドプシンは**ビタミン A** によってもとに戻ることができる

図 8-34　桿体細胞と錐体細胞

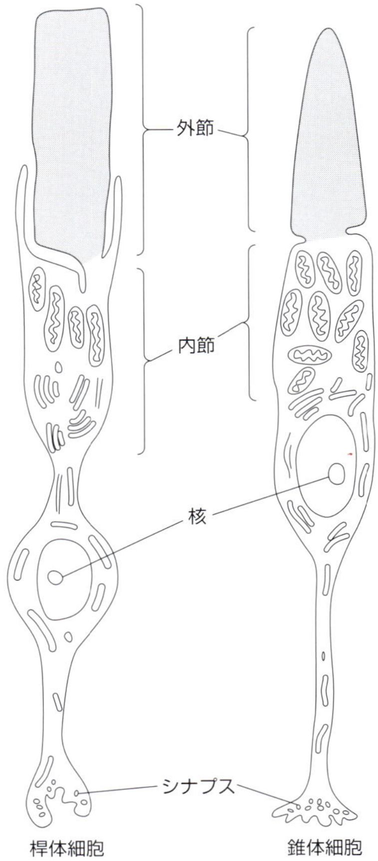

（「6.2.2A　ビタミン A」参照）。

網膜は、異なる光の強さに適応することができる。これを**順応**という。まぶしいときは、ほんのわずかな時間で網膜の光感受性が低下するが、急に薄暗くなったときの適応反応は非常にゆっくりとしている。薄暗いところに行くと、錐体細胞が光を感じるために必要な明るさが足りないので、一時的に物が見えなくなるが、桿体細胞のロドプシンが再生され、徐々に物が見えるようになる。このような順応を**暗順応**という。

光や色の刺激は視細胞層に到着する前に、神経細胞層を通過する。桿体細胞や錐体細胞からの光の情報は神経細胞層の神経細胞に伝達され、それらの神経突起が視神経乳頭の付近に集まって視神経となり、大脳の視覚野に送られる。

眼球から視神経が出ていく視神経乳頭には、錐体細胞と桿体細胞のいずれも存在しない。そのため、この部位では完全に視力が欠落している。

f　光の屈折

眼の光学装置は光を屈折させる組織であり、その役割は眼に入ってくる光を集め、網膜上に焦点を結ばせることである。眼に入る光は、光学装置の角膜、眼房水、水晶体、硝子体を順番に通過する。

g　水晶体

水晶体は凸レンズのような形をした弾力性のある血管のない透明な構造体で、毛様体小帯によって毛様体と結ばれている。毛様体のなかの**毛様体筋**が弛緩・収縮することによって水晶体が薄くなったり、厚くなったりする。近くの物を見るときには、毛様体筋が収縮して、毛様体小帯がゆるみ、水晶体の前面がふくらむことで、光が網膜に焦点を結び鮮明な像となる。遠くの物を見るときには、毛様体筋が弛緩して、毛様体小帯が引っ張られて、水晶体が扁平になることで、光が網膜に焦点を結び鮮明な像となる。このようにして眼の屈折力が変化し、入る光を網膜に焦点を結び鮮明な像を映す。

近視になると、眼球が前後方向に長くなっているため、遠方から入った光が網膜の手前で焦点を結んでしまう。そのために遠くの物を鮮明に見ることができない。**遠視**は、近視と逆に眼球が前後方向に短くなっているため、光が網膜の後方で焦点を結んでしまう。**老眼**では、水晶体の弾力性が衰退しているため、屈折率低下が起こり、近くの対象物に対して網膜上に焦点が結べなくなる。

h　硝子体

硝子体は、無色透明なゼリー状の物質で、99％が水、無機塩、ムコタンパク質でできている。硝子体は網膜に一定の圧力を加えることによって、網膜の視細胞層を色素上皮層に密着させている。

i　副眼器

副眼器には、**外眼筋**、**眼瞼**、**結膜**、**涙器**がある。**外側直筋**は眼球を外側に、**内側直筋**は内側に、それぞれ向かせる働きをしている。眼球を**上直筋**は上内側に、**下直筋**は下内側に、それぞれ向かせる働きをしている。**上斜筋**は眼球を下外側に、**下斜筋**は上外側に、それぞれ向かせる働きをしている。

眼瞼は皮膚の続きで眼球を保護する役目がある。まばたきをすることで、眼球の表面が涙液で満たされ、ほこりや花粉などを除去してくれる。眼瞼縁にある**睫毛**は、**毛根神経叢**が刺激を受けると、反射的にまばたきを起こし、異物が眼球に入るのを防いでいる。

眼球の表面と眼瞼の内面を覆う粘膜を**結膜**という。ここには多数の痛覚、触覚に関する受容器が含まれており、異物などの外部刺激に対して痛みを感じる。眼球の表面を覆っている結膜を眼球結膜、眼瞼の内面を覆っている結膜を眼瞼結膜という。後者は血管に富む粘膜で、貧血を診断するときの目安となる。

涙器は、涙液を分泌して眼球表面を潤すために必要な組織で、涙腺、涙小管、涙嚢、鼻涙管から構成されている。涙腺は涙液を産生する。涙液は弱アルカリ性の水溶液で塩分やリゾチームなどを含み、異物を洗い流したり、まばたきをすることで眼球を乾燥から保護したりしている。

8.5 ホルモン

ヒトの内分泌系、神経系、免疫系は、**恒常性**を維持するのに重要である。からだの機能を制御するために、さまざまな化学物質によってその情報が伝えられている。内分泌系においては、**ホルモン**という化学伝達物質によって情報が伝えられている。

主に内分泌系に属する器官の細胞で産生されたホルモンは、**内分泌腺**から血液などに分泌され、離れた標的器官の細胞へ運ばれる（図 8-35）。その標的細胞にある特異的な**受容体**に結合して、情報を伝達する。ホルモンは非常にわずかな量で機能を発揮できる**生理活性物質**のひとつである。

図 8-35　内分泌器官と主なホルモン

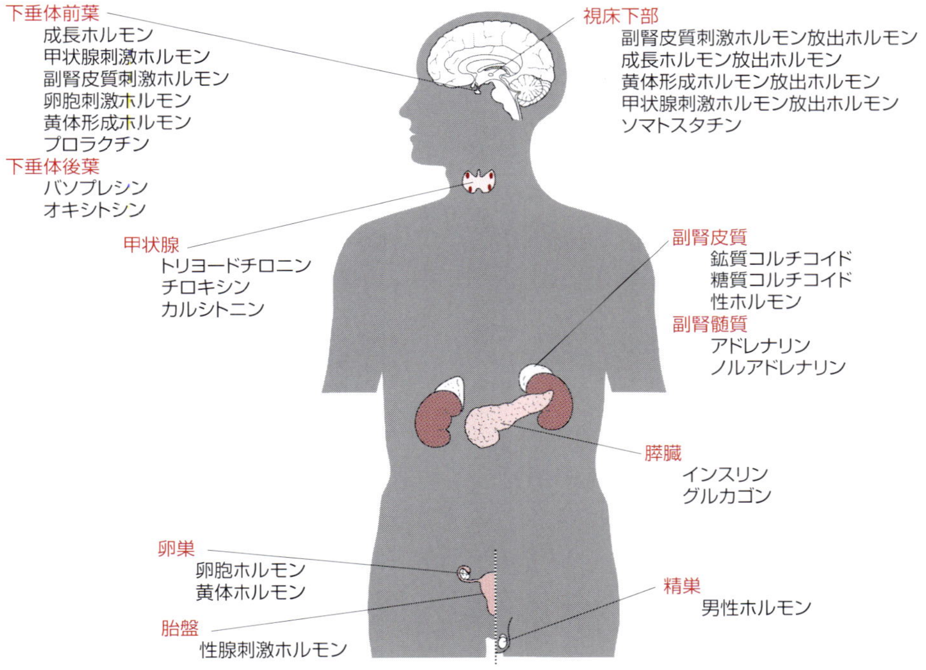

8.5.1 ホルモンの分類

ホルモンは、標的器官の細胞にある、それぞれに特異的な受容体に結合して、生理作用を発揮する。ホルモンに対する受容体は、細胞内に存在する**細胞質受容体**または**核内受容体**と細胞膜上に存在する**細胞膜受容体**に大別される。**ペプチドホルモン**は水溶性の物質であるため、細胞膜を通過することができないので、細胞膜受容体に結合し、情報が細胞内に伝達される。それに対して、**ステロイドホルモン**と**アミノ酸誘導体ホルモン**は脂溶性の物質であるため、容易に細胞膜を通過することができるので、細胞質受容体または核内受容体に結合して、その作用を発揮する（表 8-6）。

8.5.2 ホルモンの作用機序

A 細胞内受容体を介する作用機序

ステロイドホルモンは、細胞膜を通過して細胞質内に入り、細胞質受容体や核内受容体と結合する。このホルモン-受容体複合体が核内に核膜孔を通過して移動し、**ホルモン応答配列**と呼ばれる DNA の特定部分に結合して標的遺伝子から

表 8-6　ホルモンの分泌器官と主な作用

分泌器官		ホルモン	機能
ポリペプチドホルモン			
視床下部		副腎皮質刺激ホルモン放出因子（CRF）	下垂体前葉における ACTH の合成・放出を促進
		性腺刺激ホルモン放出因子（GnRF）	下垂体前葉における FSH と LH の合成・放出を促進
		甲状腺刺激ホルモン放出因子（TRF）	下垂体前葉における TSH の合成・放出を促進
		成長ホルモン放出因子（GRF）	下垂体前葉におけるの成長ホルモンの合成・分泌を促進
		ソマトスタチン	下垂体前葉における成長ホルモンの合成・分泌を抑制
		メラニン細胞刺激ホルモン放出因子（MRH）	下垂体中葉におけるメラニン細胞刺激ホルモンの合成・分泌を促進
下垂体	下垂体前葉	甲状腺刺激ホルモン（TSH）	甲状腺ホルモンの T_3 と T_4 の合成・放出を促進
		成長ホルモン（GH、ソマトロピン）	全身の成長を促進、肝臓におけるソマトメジンの合成を促進
		副腎皮質刺激ホルモン（ACTH）	副腎皮質ホルモンの合成・分泌を促進
		卵胞刺激ホルモン（FSH）	卵巣における卵胞の発育と成熟を促進 精巣における精細管の成熟と精子形成を促進
		黄体形成ホルモン（LH）	卵巣における排卵・黄体形成を促進、黄体からのプロゲステロンの合成・分泌を促進、精巣における男性ホルモンのテストステロンの合成・分泌を促進
		プロラクチン（PRL）	乳汁の産生・分泌を促進、黄体形成と維持
	下垂体中葉	メラニン細胞刺激ホルモン（MSH）	メラニン細胞におけるメラニン合成・分泌を促進
	下垂体後葉	バソプレシン（抗利尿ホルモン）（ADH）	腎臓における水の再吸収を促進（抗利尿作用）、血圧の上昇
		オキシトシン（OT）	子宮平滑筋を収縮、乳汁の射出を促進
胎盤		ヒト絨毛性ゴナドトロピン（hCG）	黄体におけるプロゲステロンの合成を促進、妊娠の維持
消化腺	膵臓ランゲルハンス島 A 細胞	グルカゴン	肝臓におけるグリコーゲンの分解→血糖の上昇、トリアシルグリセロールの分解を促進、インスリン・ソマトスタチン・GH の分泌を促進
	膵臓ランゲルハンス島 B 細胞	インスリン	細胞内へのグルコースのとり込みを促進・肝臓におけるグリコーゲンの合成を促進・グリコーゲンの分解を抑制→血糖の低下・糖放出の抑制、トリアシルグリセロールの合成を促進、筋組織におけるタンパク質の合成を促進、トリグリセリド・グリコーゲン・タンパク質の分解を抑制
	膵臓ランゲルハンス島 D 細胞	ソマトスタチン	ガストリン、セクレチン、インスリン、グルカゴンの分泌を抑制
	胃（幽門前庭部の G 細胞）	ガストリン	胃酸の分泌を促進、胃壁細胞増殖作用、胃の運動を促進、食道下部括約筋圧上昇作用、インスリンの分泌を促進
	十二指腸（S 細胞）	セクレチン	胃酸の分泌を抑制、膵臓からの重炭酸塩の分泌を促進、食道下部括約筋圧低下作用
	十二指腸（I 細胞）	コレシストキニン（CCK）	膵臓からの膵液の分泌を促進、胆嚢の収縮を促進
	十二指腸（K 細胞）	胃抑制ペプチド（GIP）	胃液の分泌を抑制、胃の収縮を抑制
	肝臓	ソマトメジン C	骨および体細胞における成長ホルモン（GH）の成長促進作用を仲介
副甲状腺（上皮小体）		副甲状腺ホルモン（パラトルモン、PTH）	骨から血中への Ca^{2+} 遊離（骨吸収）を促進・遠位尿細管からの Ca^{2+} の再吸収を促進・小腸からの Ca^{2+} の吸収を促進→血中における Ca^{2+} 濃度の増加、尿細管からのリン酸の再吸収を抑制
甲状腺		カルシトニン（CT）	骨から血中への Ca^{2+} 遊離（骨吸収）を抑制・リン酸の放出を抑制・尿細管からの Ca^{2+}・リン酸の再吸収を抑制→血中における Ca^{2+} 濃度の減少
ステロイドホルモン			
副腎皮質		グルココルチコイド（糖質コルチコイド）	血糖を上昇（糖利用の抑制、アミノ酸からの糖新生を促進、タンパク質の分解を促進、トリアシルグリセロールの分解を促進）、抗炎症作用、胃酸の分泌を促進、ACTH の分泌を抑制、ストレス耐性増加
		ミネラロコルチコイド（鉱質コルチコイド）	アンギオテンシン II によって分泌を促進、腎臓の遠位尿細管（集合管）における Na^+・Cl^- の再吸収を促進、K^+・H^+ の排泄の促進
生殖腺	精巣	男性ホルモン（アンドロゲン）	男性化作用（精子形成を促進、副睾丸・前立腺・精嚢腺・陰茎の発育を促進と機能維持、男性の二次性徴を促進）、タンパク質の合成を促進、Gn-RH・FSH・LH の分泌を抑制
	卵巣、胎盤	卵胞ホルモン（エストロゲン）	女性化作用（子宮・腟・卵管・乳腺の発育を促進、女性の二次性徴を促進）、卵胞の成熟、子宮頸管粘膜の分泌を促進、子宮内膜の増殖を促進、皮下脂肪の発育を促進、インスリン作用、血液凝固作用、皮膚薄化、LDL の減少と VLDL・HDL の増加による動脈硬化の抑制
	卵巣、胎盤	黄体ホルモン（ゲスターゲン）	子宮内膜の増殖期から分泌期へ移行、乳腺における腺胞の発達を促進、妊娠中の子宮平滑筋を弛緩させ運動性を低下、オキシトシンに対する感受性を低下、妊娠の維持、発情ホルモンや性腺刺激ホルモンの分泌を抑制、排卵後の基礎体温の上昇
アミノ酸誘導体ホルモン			
副腎髄質		アドレナリン ノルアドレナリン	心拍数の上昇、心臓、脳、肝臓、骨格筋などの主要器官の血管拡張、皮膚、粘膜の血管収縮、代謝率の増加、気管の拡張、瞳孔の散大、脂肪組織における脂肪の分解を促進→血糖の上昇
甲状腺		トリヨードチロニン(T3)、チロキシン(T4)	呼吸量の促進（酸素消費の促進）、エネルギー産生の促進（熱産生の促進）、基礎代謝量の維持または促進
松果腺		メラトニン	抗酸化作用、生体リズムの調節作用、性腺機能抑制作用、催眠作用

mRNAの転写を発現させる。

甲状腺ホルモンは、細胞膜と核膜を通過して核内に入り、核内受容体と結合して標的遺伝子を発現させ、その作用を発揮する（図8-12、図8-13、表8-7）。

B　細胞膜受容体を介する作用機序

細胞膜受容体を介してホルモンが働く機序としては、細胞膜にあるGタンパク質を介して作用を発揮する場合とチロシンキナーゼ活性を利用して作用を発揮する場合に分けられる（図8-9、図8-10、図8-11、表8-7）。これらの系で生成されたセカンドメッセンジャーによってプロテインキナーゼが活性化され、標的タンパク質を**リン酸化**して作用を発揮する。

インスリンの細胞膜受容体は、細胞内に**チロシンキナーゼ活性部位**があり、タンパク質の**リン酸化**を介して作用を発揮する。

表8-7　情報伝達機構とそれらにかかわるホルモン

Gsタンパク質－アデニル酸シクラーゼ－cAMP伝達系	
	黄体形成ホルモン（LH）
	カルシトニン（CT）
	グルカゴン
	甲状腺刺激ホルモン（TSH）
	バソプレシン（抗利尿ホルモン）（ADH）
	副腎皮質刺激ホルモン放出ホルモン（CRH）
	ソマトスタチン
	絨毛性性腺刺激ホルモン（CG）
	パラトルモン（上皮小体ホルモン）（PTH）
	卵胞刺激ホルモン（FSH）
	副腎皮質刺激ホルモン（ACTH）
	セクレチン
Gqタンパク質－ホスホリパーゼC－IP3伝達系	
	オキシトシン（OT）
	ガストリン
	コレシストキニン（CK）
	甲状腺刺激ホルモン放出ホルモン（TRH）
グアニル酸シクラーゼ受容体－cGMP伝達系	
	心房性ナトリウム利尿ペプチド（ANP）
チロシンキナーゼ受容体伝達系	
	インスリン
	プロラクチン（PRL）
	成長ホルモン（GH）
核内受容体－転写調節因子伝達系	
	鉱質コルチコイド
	糖質コルチコイド
	男性ホルモン（アンドロゲン）
	卵胞ホルモン（エストロゲン）
	黄体ホルモン（ゲスターゲン）
	甲状腺ホルモン

8.5.3　ホルモン分泌の調節

ホルモンはごくわずかな量で生理活性を示せる物質であるため、その量の調節は非常に大切である。ホルモンの濃度は、常に一定の値をとっているのではなく、多くなったら減らす方向へ、少なくなったら増やす方向へ常に調節を行っている。低下した場合にその量を増加させるような調節を**正のフィードバック調節**、増加した場合にその量を低下させるような調節を**負のフィードバック調節**という。正のフィードバック調節は、標的器官の細胞に作用するホルモンの血液中濃度が低下すると、一次中枢から放出ホルモンが分泌され、それが二次中枢に作用して刺激ホルモンの分泌を促す。そして、その刺激ホルモンが標的とする器官の細胞に作用するホルモンの分泌を増加させる。一方、負のフィードバック調節は、標的器官の細胞に作用するホルモンの濃度が増加すると、一次中枢からの放出ホルモンまたは二次中枢の刺激ホルモンの合成と分泌を抑制する。

8.5.4　視床下部ホルモン

視床下部は間脳の底部を構成し、上位中枢（大脳）からの刺激によってさまざまな**ペプチドホルモン**を分泌する。内分泌系としては最高中枢である。視床下部には、神経分泌細胞からなる神経核があり、その一部は脳下垂体後葉に軸索が伸びている。また、一部の神経核からの軸索は門脈血管叢に終わり、その終末から視床下部ホルモンが**下垂体門脈系**と呼ばれる血管に分泌される。

視床下部からは、**放出ホルモン**と**抑制ホルモン**が分泌される。放出ホルモンは、下垂体前葉ホルモンの分泌を促し、抑制ホルモンは下垂体前葉ホルモンの分泌を抑制する。脳下垂体前葉ホルモンの分泌の変化によって、その支配下にある末梢の内分泌器官（甲状腺・副腎・性腺など）の細胞からのホルモン分泌が調節される。

8.5.5 下垂体ホルモン

下垂体は、腺組織からなる前葉と神経突起からなる後葉の２つの部位から構成される（図 8-36）。後葉の軸索は視床下部の神経細胞から伸びてきたものなので、後葉は視床下部の一部ということになる。下垂体から分泌されるホルモンは**ペプチドホルモン**である。下垂体前葉ホルモンは、視床下部から下垂体門脈によって運ばれてきた視床下部ホルモンの刺激によって、前葉に貯蔵されている。下垂体後葉ホルモンは、視床下部の室傍核と視索上核で合成され、軸索中を流れて下垂体後葉に運ばれ、後葉に貯蔵される。図 8-37 に下垂体前葉ホルモンの標的器官を、図 8-38 に下垂体後葉ホルモンの標的器官をそれぞれ示す。

図 8-36　下垂体の構造

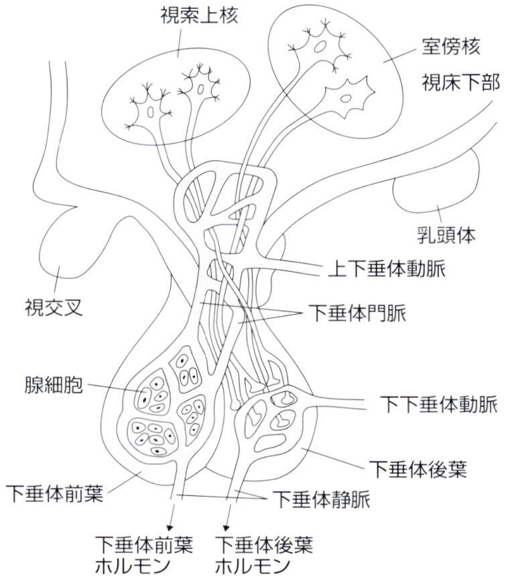

A 下垂体前葉ホルモン

成長ホルモンは、骨格筋や長骨に作用して細胞分裂を促進し、からだの成長を促す。また、タンパク質合成を亢進して、細胞の成長や増殖を促進する。脂肪を分解してエネルギーとして利用できるようにすることで、グルコースの消費を減少させる。それに伴って血糖値が上昇する。

甲状腺刺激ホルモンは、甲状腺の成長と活動を促す。甲状腺刺激ホルモンによって甲状腺からは**甲状腺ホルモン**が分泌される。**副腎皮質刺激ホルモン**は、副腎皮質からの**コルチゾール**の分泌を促進する。**プロラクチン**は、乳腺における乳汁の産生を促進する。

思春期以降に**ゴナドトロピン**（性腺刺激ホルモンの総称）である**卵胞刺激ホルモン**と**黄体形成ホルモン**が男性、女性を問わず、下垂体前葉から分泌される。卵胞刺激ホルモンは、卵子または精子

図 8-37　下垂体前葉から分泌されるホルモンとその標的器官

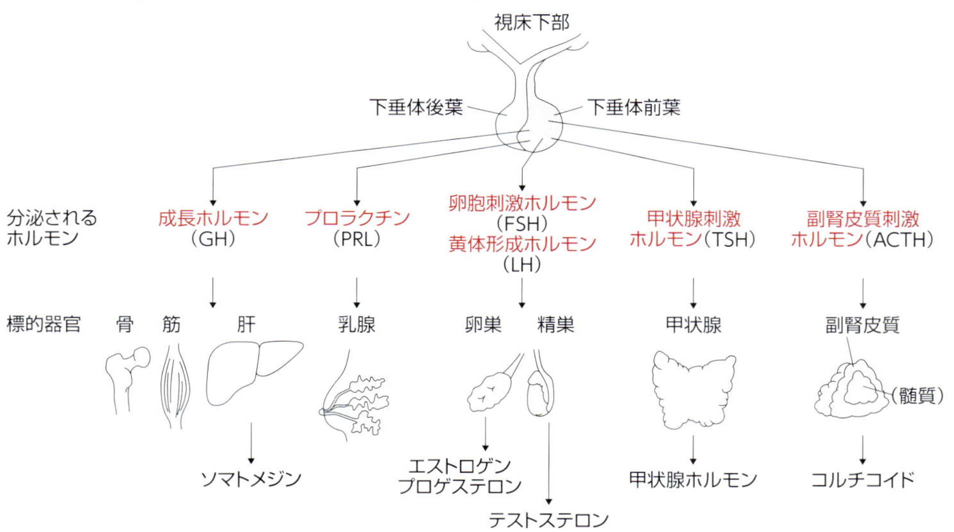

の形成を促進する。女性においては、卵胞刺激ホルモンと黄体形成ホルモンは性周期における卵胞ホルモンと黄体ホルモンの分泌を促す。

B 下垂体後葉ホルモン

下垂体後葉ホルモンとしては、**オキシトシン**と**バソプレシン**という2つのホルモンが分泌される。

オキシトシンは、出産中の子宮平滑筋と出産後の乳腺組織の平滑筋を刺激する。乳汁の吸引刺激が起こると、オキシトシンが乳腺の腺房細胞周辺の筋上皮細胞と乳腺導管を収縮させて、乳汁を射出させる。

図 8-38 下垂体後葉から分泌されるホルモンとその標的器官

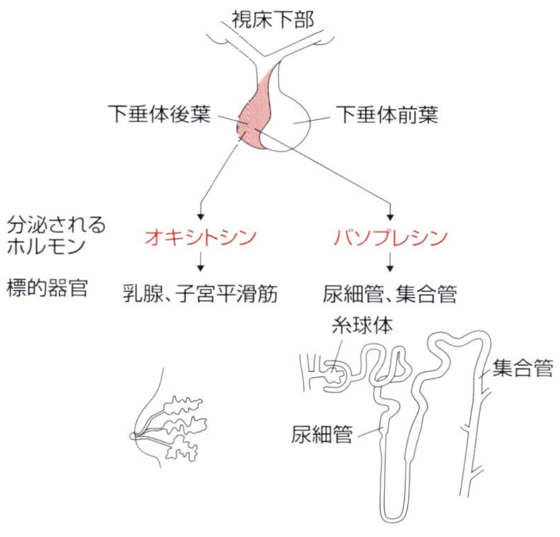

バソプレシンは、抗利尿ホルモンとも呼ばれ、尿量を減少させ、血漿の浸透圧を下げる働きをする。血漿の浸透圧が高まると、バソプレシンの作用によって腎臓の遠位尿細管と集合管における水の透過性が高くなり、**水の再吸収**が促進され、水が血液中へ移動する。

8.5.6 甲状腺ホルモン

甲状腺は、喉頭の下部を気管の前面からとり囲むようにしている蝶の形をした器官で、その重さは15～20 gである（図 8-39a）。**甲状腺ホルモン**には、**チロキシン**、**トリヨードチロニン**がある。甲状腺ホルモンは、**アミノ酸誘導体ホルモン**である。甲状腺の左葉と右葉には、いずれも濾胞上皮細胞でつくられた濾胞が数多く存在する。濾胞上皮細胞の間にある傍濾胞細胞からは**カルシトニン**が分泌され、骨吸収を抑制するなどして血液中のカルシウムイオン濃度を低下させている（図 8-40）。

甲状腺ホルモンの作用としては、基礎代謝を高めるために心機能の亢進や体温の上昇が起こり、糖質、タンパク質、脂肪分解が促進される。

8.5.7 上皮小体（副甲状腺）ホルモン

上皮小体は、副甲状腺とも呼ばれ、甲状腺の背側に上下左右に合わせて4個ある米粒大の内分泌腺である（図 8-39b）。上皮小体から分泌される

図 8-39 甲状腺と副甲状腺の構造

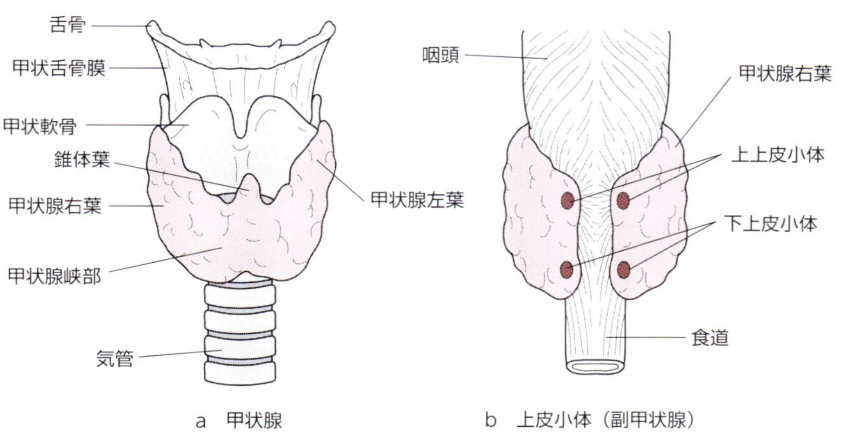

図 8-40　血中カルシウムイオンの濃度の調節とホルモンの関係

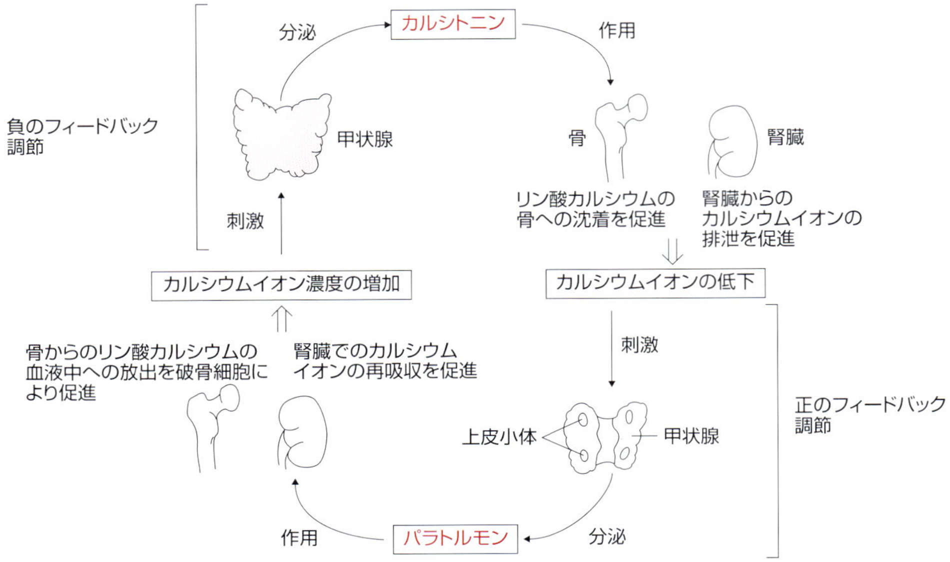

ホルモンには、**パラトルモン**がある。

パラトルモンは、骨から血液中にリン酸カルシウムの放出を促進させたり、腎臓での**カルシウム再吸収**を促進すると同時に**リン酸の排泄**を促進させたり、腎臓における**ビタミンD**の活性化を促進させたりする作用がある（図 8-40）。

8.5.8　膵臓ホルモン

膵臓には、全体にわたって内分泌腺として重要な**ランゲルハンス島**（膵島ともいう）が散在している。

ランゲルハンス島には、**A 細胞**（α細胞）、**B 細胞**（β細胞）、**D 細胞**（δ細胞）がある。A 細胞からは**グルカゴン**が、B 細胞からは**インスリン**が、D 細胞からは**ソマトスタチン**が、それぞれ分泌される。

A　インスリン

インスリンは食事後の血糖値（血中グルコース濃度）の上昇に伴って分泌され、血糖値を低下させることが代表的な機能である。インスリンは細胞膜に作用し、筋細胞や結合組織性細胞による**グルコース**のとり込みを促進し、**血糖値**を低下させる。肝臓や骨格筋において、グルコースから**グリコーゲン**への生合成を促進し、血糖値を低下させる。また、細胞におけるアミノ酸のとり込みと**タンパク質**の生合成を促進したり、脂肪組織における脂肪酸合成と脂肪の貯蔵を促進したりする。また、グリコーゲン、タンパク質、脂肪の分解を抑制したり、**糖新生**を抑制したりする。筋細胞などへのグルコースのとり込みを促進させられるのは、細胞質の小胞に貯蔵してある**グルコース輸送体**（GLUT4）を細胞膜上に発現させ、その輸送体の量を増加させることによる。

インスリンは、ランゲルハンス島 B 細胞から、グルコースによる刺激をはじめ、アミノ酸濃度、消化管ホルモンの増加などの刺激によって分泌される。一方、交感神経、グルカゴン、アドレナリン、糖質コルチコイド、ソマトスタチンなどによって、その分泌は抑制される。インスリンの分泌には、ランゲルハンス島 B 細胞でのグルコースの代謝が必要とされる。グルコースはランゲルハンス島 B 細胞に存在するグルコース輸送体を介して細胞内にとり込まれる。そして、解糖系における代謝によって生じた ATP が細胞膜の **ATP 依存性 K^+ チャネル**を閉口する。その結果、細胞膜に**脱分極**が起こり、細胞膜の**膜電位依存性 Ca^{2+} チャネル**が開口し、細胞内へ Ca^{2+} が流入する。その Ca^{2+} がインスリン分泌顆粒を開口し、インスリンを放出させる。糖尿病治療薬の**スルホニル尿素剤**は、ATP 依存性 K^+ チャネルに結合して、このチャネルを閉口させ、インスリンの分泌を促進させ、血糖値を低下させる。

インスリンは、他のペプチドホルモンと同様に、前駆体の形で合成され、それが分解されて、活性型として分泌される。すなわち、ランゲルハンス島 B 細胞において、まず**プレプロインスリン**という、110 個のアミノ酸残基からなるポリペプチドがつくられる。そのアミノ末端側の**シグナルペプチド**が小胞体で除去され、**プロインスリン**（アミノ酸 86 個）となる。さらに、プロインスリンが切断されて、21 個のアミノ酸残基からなる A 鎖と 30 個のアミノ酸残基からなる B 鎖が 2 か所で S-S 結合で結ばれた**活性型インスリン**と 31 個のアミノ酸残基からなる **C ペプチド**を生じる（図 8-41）。

インスリンが分泌されにくくなったり、インスリンは分泌されてもその作用が発揮されにくくなったりすると、**糖尿病**になる。

図 8-41　インスリンの生合成過程

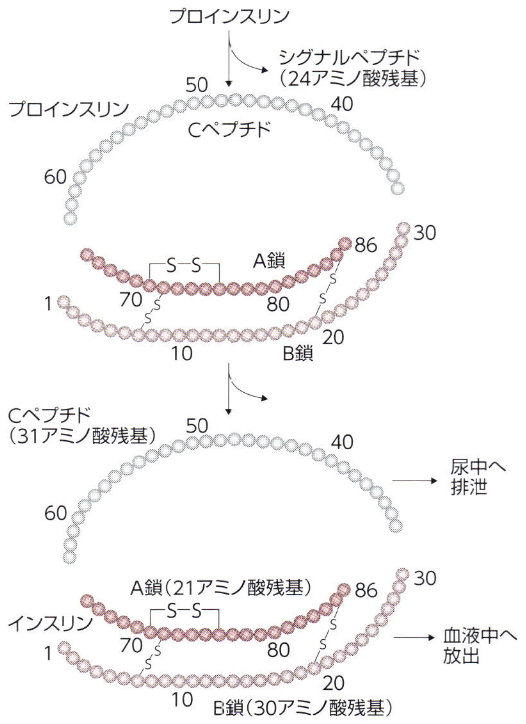

B　グルカゴン

グルカゴンは、肝臓や骨格筋における**グリコーゲンの分解**を促進したり、**糖新生**をさせたりして血糖値を増加させる。グルカゴンの分泌は、**低血糖**や**運動**によって刺激され増加する。

血糖値を上昇させるホルモンとしては、グルカゴンのほかに、成長ホルモン、糖質コルチコイド、副腎髄質ホルモン（アドレナリン、ノルアドレナリン）などがある。

C　ソマトスタチン

ソマトスタチンの作用は、インスリンとグルカゴンの分泌を抑制することである。また、ソマトスタチンはランゲルハンス島 D 細胞以外に視床下部からも分泌される。

8.5.9　副腎皮質ホルモン

副腎は、両側の腎臓の上端に 1 個ずつ存在する。副腎の周辺部を**皮質**、内側部を**髄質**という（図 8-42）。

副腎皮質では**糖質コルチコイド**（グルココルチコイドともいう）、**鉱質コルチコイド**（ミネラルコルチコイドや電解質コルチコイドともいう）、**アンドロゲン**（男性ホルモンの一種）と呼ばれる 3 種類の**ステロイドホルモン**がつくられる。これらのホルモンは総称して副腎皮質ホルモン（コルチコイド、コルチコステロイド）という。

A　糖質コルチコイド

糖質コルチコイドには、血糖上昇作用、タンパク質分解促進作用、脂肪分解促進作用、抗炎症作用、免疫抑制作用、抗アレルギー作用などがある（表 8-8）。肝臓におけるアミノ酸からの糖新生を促進し、血糖値を上昇させる。組織におけるタンパク質の分解を促進する。その結果、筋細胞が減少し、筋萎縮を起こしたり、骨基質のタンパク質が減少して骨粗鬆症を起こしたりする。組織における脂肪を分解して血液中の遊離脂肪酸を増加させる。炎症性サイトカインの産生を抑制したり、炎症性酵素の生合成を抑制したり、炎症性酵素の阻害物質の産生を促進したりして、炎症反応を抑制する。リンパ球やマクロファージの機能を抑制

図 8-42　副腎の構造

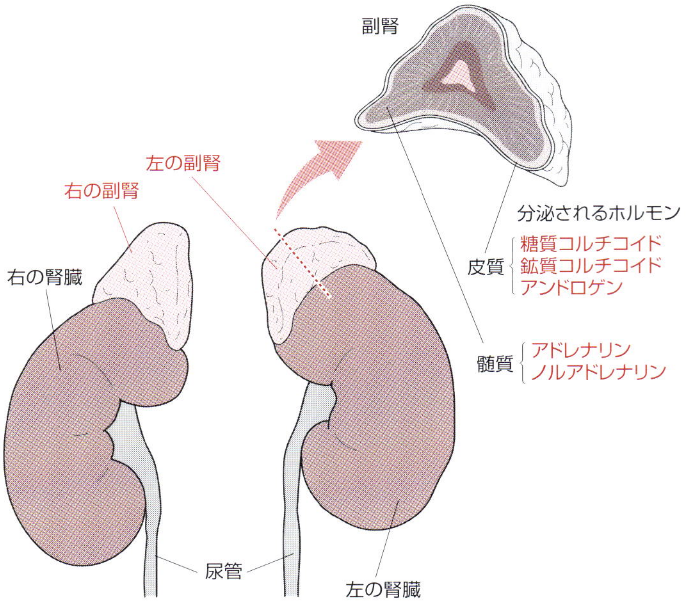

表 8-8　ステロイド薬の主な作用

作用部位	主な生理作用と薬理作用
糖代謝	末梢組織：糖利用低下 肝臓：糖新生上昇、グリコーゲン合成上昇、糖耐性低下
タンパク質代謝	末梢組織：タンパク質同化低下 肝臓：酵素誘導上昇 血清・尿：アミノ酸上昇、クレアチン上昇、尿酸排泄上昇
脂質代謝	脂質分解上昇・低下（部位による）、血中脂肪酸上昇、アラキドン酸代謝に関する酵素（ホスホリパーゼ A_2 低下、シクロオキシゲナーゼ-2 低下、プロスタグランジン E 合成酵素低下）
電解質代謝	血清 K 値低下、K 排泄上昇、血清 Na 値上昇、Na 排泄低下、アルカローシス上昇
血液成分	総白血球数上昇、好中球数上昇、好酸球数低下、好塩基球数低下、リンパ球数低下、赤血球数上昇、血清タンパク質上昇
神経系	中枢神経系：興奮性上昇、うつ状態上昇、味覚低下、嗅覚低下
循環器系	心臓：収縮力上昇、拍動数上昇、血管収縮上昇
消化器系	胃液分泌上昇
内分泌系	ACTH・成長ホルモン・甲状腺刺激ホルモンなど分泌低下、インスリン分泌上昇
結合組織	骨・軟骨・皮膚：コラーゲン産生低下、ムコ多糖合成低下
免疫系	胸腺・リンパ節重量低下、サイトカイン産生低下、抗体産生低下、細胞性免疫低下
炎症反応	血管透過性低下、白血球遊走性低下、肉芽腫形成低下、種々の炎症性サイトカイン産生低下

して、そこから分泌されるサイトカインの産生を抑制して免疫反応を抑制する。IgE の産生を抑制したり、自己抗体の産生を抑制したりして、アレルギー反応を抑制する。このように糖質コルチコイドは多様な働きを担っている。

糖質コルチコイドは、弱いながらも鉱質コルチコイド作用をもっているため、糖質コルチコイドを抗炎症薬や免疫抑制薬などとして使用した場合、鉱質コルチコイド作用が副作用として問題になることがある。そこで、鉱質コルチコイドの作用を含まない**プレドニゾロン**、**デキサメタゾン**、**ベタメタゾン**など呼ばれる合成糖質コルチコイドが医薬品として一般的によく用いられる。

B　鉱質コルチコイド

鉱質コルチコイドには、**アルドステロン**、**デスオキシコロチコステロン**、**デスオキシコルチゾール**がある。鉱質コルチコイドのなかでアルドステロンがもっとも強い作用を示す。

鉱質コルチコイドの分泌は、レニン-アンギオテンシン系によって促進される。アルドステロンは、腎臓に作用して、**Na^+ の再吸収**とそれに伴う**水の再吸収**を促進するとともに、尿中への **K^+ の排泄**を促進する（図 8-3）。

C　性ホルモン

副腎皮質で産生される性ホルモンは、主に**アンドロゲン**である。

8.5.10　副腎髄質ホルモン

副腎髄質は、内分泌腺というよりも自律神経の延長のような組織で、交感神経節の節後ニューロンに相当する。副腎髄質は、交感神経によって刺激されると、**アドレナリン**と**ノルアドレナリン**を血液中に分泌する（図 8-42）。アドレナリンとノルアドレナリンは、神経系において、神経伝達物質として作用する。

これらのホルモンの主な作用は、速やかに行動エネルギーを高めることである。アドレナリンは心臓と代謝に対して、ノルアドレナリンは末梢の血管に対してより大きな効果を発揮する。

8.6　免疫系

免疫系とは、外界に存在する非自己の細菌類、寄生虫類、ウイルス類と正常な自己の分子を識別して、非自己の異物を排除するために生体に備わった**生体防御機構**のひとつである。この機構によって感染症から身を守り、からだの機能やバランスを正常に保つことができる。すなわち、免疫系も恒常性の維持にかかわっていることになる。

これらの病原微生物などから生体を防御する免疫応答機構として、自然免疫と獲得免疫の 2 つが用意されている。**自然免疫**は病原微生物などの抗原による前感作が不要で、生まれながらに生体に備わっている生体防御機構である。これに対し、獲得免疫は、生体が抗原と接触することによって、後天的に適応される免疫反応をいう（表 8-9）。なお、**獲得免疫**は、ヒトをはじめとする高等脊椎動物のみが備えている免疫応答システムである。**抗原**とは、抗原抗体反応や免疫応答を起こすことができる物質の総称として用いられる。自然界では、分子量が 1,000 以上のタンパク質、多糖類、それらの複合体、脂質との複合体などが抗原となりうる。しかし、抗原として抗体に認識されるのは、その表面の特定の部位である。抗体によって認識される抗原の部位を、**抗原決定基**あるいは**エピトープ**と呼ぶ。分子量が大きい分子には、その表面に複数の抗原決定基が存在するのが一般的である。たとえば、Rh 血液型タンパク質（分子量 45,000）には抗原決定基が細胞表面に 8 か所存在する。一方、抗体と結合はできるが、それ自身では免疫応答を引き起こす能力がない物質を**ハプテン**と呼ぶ。

表 8-9　自然免疫と獲得免疫の相違

	自然免疫	獲得免疫
反応時間	即時性（数時間）	遅発性（数日から数週間）
反応受容体	パターン認識受容体	T 細胞受容体、B 細胞受容体、免疫グロブリン
抗原提示分子	なし	MHC 分子、CD1 分子
MHC 拘束性	受けない	受ける
特異性	非特異的	特異的
免疫記憶	なし	あり
担当細胞	マクロファージ、好中球、好酸球、NK 細胞	抗原提示細胞、T 細胞、B 細胞
進化	ほとんどの動物種に存在	脊椎動物以上に存在

8.6.1 免疫担当細胞

免疫系は、多くの細胞が相互に作用し合って病原微生物の排除を行っている。それらの多くは白血球に由来する細胞である。

A 食細胞

a マクロファージ／単球

マクロファージは、単球から分化した白血球の一種で、アメーバ様の形状をしており、生体内に侵入した病原微生物などを**食作用**によってとり込み、消化する。また抗原提示を行い、B 細胞による抗体産生への橋渡しを行う。この食作用は、炎症の初期においては好中球が担うが、後期になるとマクロファージが集まり、死んだ細胞や細菌を食作用により処理する（図 8-43）。また、寿命がきた赤血球や白血球、血小板でできた血液凝固物なども処理する。

マクロファージの細胞表面には、細菌類がもつ特有の分子を識別するパターン認識受容体が発現していて、食作用を促している。**パターン認識受容体**としては、Fc 受容体、C3b 受容体（CR1）、インテグリン受容体、マンノース受容体、スカベンジャー受容体、Toll 様受容体、NOD 様受容体、CD14 などがある。

マクロファージや好中球のリソソームは、アズール顆粒をもつタイプと特異顆粒をもつタイプに分けられる。**アズール顆粒**には、デフェンシン、殺菌性透過亢進タンパク質、カテプシン G、ミエロペルオキシダーゼなどが含まれている。一方、**特殊顆粒**には、ラクトフェリン、リゾチーム、アルカリホスファターゼなどが含まれている。この特殊顆粒のなかには、これ以外に活性酸素や次亜塩素酸が含まれている。**エンドサイトーシス**によって細胞内へとり込まれた病原微生物や抗原抗体複合体は、これらの顆粒に含まれる加水分解酵素、活性酸素、次亜塩素酸によって消化され、そして殺菌される。

図 8-43 食細胞による食作用

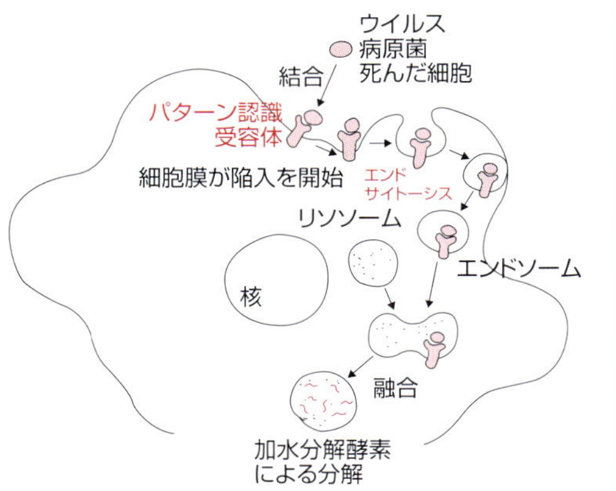

マクロファージは、食作用によってとり込み、分解した異物を、**MHC クラス II 分子**と結合し、細胞表面上に発現する。これを**ヘルパー T 細胞**が認識することで、**抗体産生**が誘導される。

T 細胞から分泌された**インターフェロン-γ**（IFN-γ）によって活性化されたマクロファージは、さまざまな生理活性物質を分泌して免疫系を賦活する（図 8-44）。代表的な分泌物質として、**炎症性サイトカイン**である IL-1（インターロイキン-1）、IL-6、IL-8、TNF（腫瘍壊死因子）やプロテアーゼ、プロペリジン、C1 ～ C5 までの補体タンパク質などがある。

マクロファージは単球が分化した細胞であることから、単球はマクロファージと同様な性質を示す。肝臓に存在する**クッパー細胞**、神経系に存在する**グリア細胞**、肺胞に存在する**肺胞マクロファージ**などはマクロファージの一種である。

b 樹状細胞

樹状細胞とは、特異な形態、性状、機能を有する特定の細胞集団に対する総称であり、免疫応答に必須な細胞系である。樹状細胞は、種々の細胞から構成されていることが知られている。一般的に樹状細胞とは、造血幹細胞由来の形態学的に特有な樹状の突起を有し、リンパ組織のみならず広く全身にも分布する抗原提示細胞である。他の抗原提示細胞と同様に、外因性抗原分子などのエンドサイトーシスや抗原プロセッシングを示すものの、単球・マクロファージ系の細胞でみられるような旺盛な食作用を示さないという特徴がある。また、強い MHC クラス II 分子の発現とそれを介しての T 細胞への強力な抗原提示能を有してい

図 8-44　マクロファージ、Th1 細胞、Th2 細胞間におけるサイトカインネットワーク

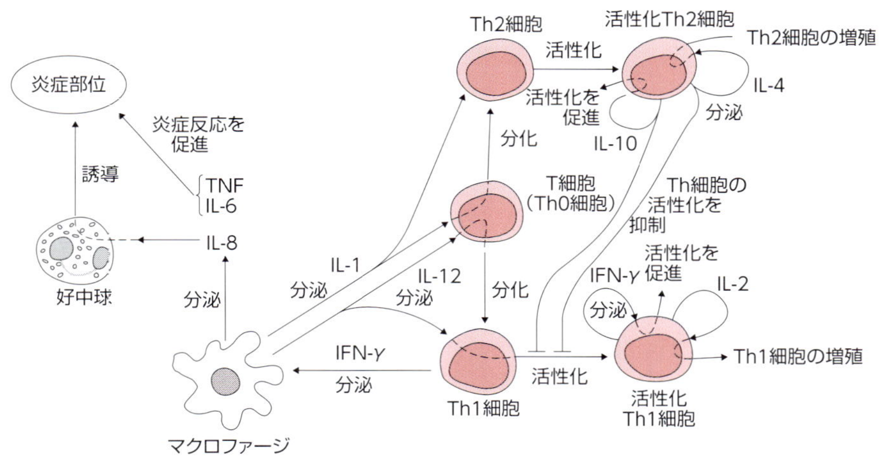

る。樹状細胞は、**TNF**、**IFN-γ**、**IL-1** などの炎症性サイトカインによって活性化される。この活性化によって未熟型から成熟型へと移行し、抗原提示能力の強い細胞になる。

リンパ濾胞内に分布する濾胞樹状細胞は、形態的に樹状の突起を有するものの、外因性抗原分子のエンドサイトーシスや T 細胞への抗原提示能が認められないという異なった特徴を示すことから、異なった細胞系に属するものと考えられている。これらの細胞系は、その表面に **Fc 受容体**と **C3b 受容体**を発現しているため、リンパ濾胞の微小環境の維持、抗原抗体複合物の細胞表面への長期間の捕捉・保持を可能にしている。また、B 細胞への未処理抗原の提供などの特徴を示す。

c　好中球

好中球は、炎症部位にどの細胞よりも先に移動し、侵入した病原微生物などを食作用によってとり込み、消化する。好中球の細胞表面には、パターン認識受容体として、Fc 受容体、C3b 受容体（CR1）、スカベンジャー受容体、CD14 などが発現している。また、接着分子のインテグリンやセレクチンに対するインテグリン受容体、セレクチン受容体を発現し、これによって炎症部位へ移動する。

d　好酸球

好酸球は**カンジダ**、**マイコプラズマ**といった病原微生物や抗原抗体複合体を食作用によって捕食する能力を備えている。捕食した病原微生物などを消化する酵素類を含む顆粒を細胞質にもっているが、その作用は好中球に比べて弱い。好酸球は、**IL-5** によって活性化され、血管内皮細胞への接着、遊走能が増大する。また、好酸球はロイコトリエン、血小板活性化因子、IL-3、IL-5 やさまざまな**好酸球走化因子**を産生し、自らの反応を増幅している。**脱顆粒**によって放出された **MBP**（major basic protein）や**好酸球ペルオキシダーゼ**などの塩基性顆粒タンパク質が、寄生虫、細菌などを傷害する。また、好酸球は喘息のようなアレルギー反応にも関与している。アレルギー反応の局所に集まった好酸球は、肥満細胞や好塩基球から放出されたヒスタミンや血小板活性化因子などを分解して炎症を制御すると同時に、肥満細胞や好塩基球の代謝も抑制する。

B　好塩基球 / 肥満細胞

好塩基球と**肥満細胞**は、細胞質に**好塩基性顆粒**をもち、**IgE 受容体**を介した抗原刺激によってアレルギー反応を起こす**ヒスタミン**などの化学伝達物質を放出する。また、肥満細胞と好塩基球は、形態や機能が非常によく似た細胞であるが、起源が異なると考えられている。また、好塩基球は

IL-5 によって分化するが、肥満細胞は **IL-4** によって分化する。好塩基球は食作用をもっていない。好塩基球や肥満細胞がもつ炎症性メディエーターとしては、ヒスタミン以外に、ロイコトリエン、血小板活性化因子、ヘパリン、セロトニンなどがある。

C　リンパ球

リンパ球には大きく分けて２種類の細胞が存在する。ひとつは **T 細胞**と呼ばれる細胞で、細胞性免疫と体液性免疫において自己と非自己を識別するのにかかわっている。もうひとつの細胞は **B 細胞**と呼ばれ、体液性免疫において抗体産生にかかわっている。

リンパ球の産生を含め、免疫に関与するのはリンパ系器官である。リンパ球は骨髄でつくられた後、胸腺または骨髄において分化・成熟する。**一次リンパ器官**で分化・成熟したリンパ球は、腋リンパ節、股間リンパ節、扁桃、脾臓、パイエル板、粘膜関連リンパ組織といった**二次リンパ器官**の末梢リンパ器官へ到達し、そこへ常駐しかつ循環する（図 8-45）。T 細胞は**胸腺**において分化・成熟し、B 細胞は**骨髄**で分化・成熟する。T 細胞と B 細胞の名称は、この分化・成熟する器官の頭文字をとってつけられている。

a　T 細胞

T 細胞は胸腺において分化・成熟し、**ナイーブ T 細胞**として末梢血に入る。T 細胞の表面にはどの T 細胞にも共通に発現している **CD3** 分子をはじめとして、**αβ 型 T 細胞受容体**または **γδ 型 T 細胞受容体**と **CD4** 分子または **CD8** 分子を発現している。CD4 分子をもつ T 細胞を**ヘルパー T 細胞**、CD8 分子をもつものを**細胞傷害性 T 細胞**（キラー T 細胞ともいう）と呼ぶ。

ヘルパー T 細胞は、抗原提示細胞からの抗原を認識すると、サイトカインを分泌し、B 細胞を抗体産生細胞の形質細胞へ分化させたり、細胞傷害性 T 細胞の分化・増殖を促進させたりするなどの役割を演じている。このヘルパー T 細

図 8-45　リンパ節とリンパ管

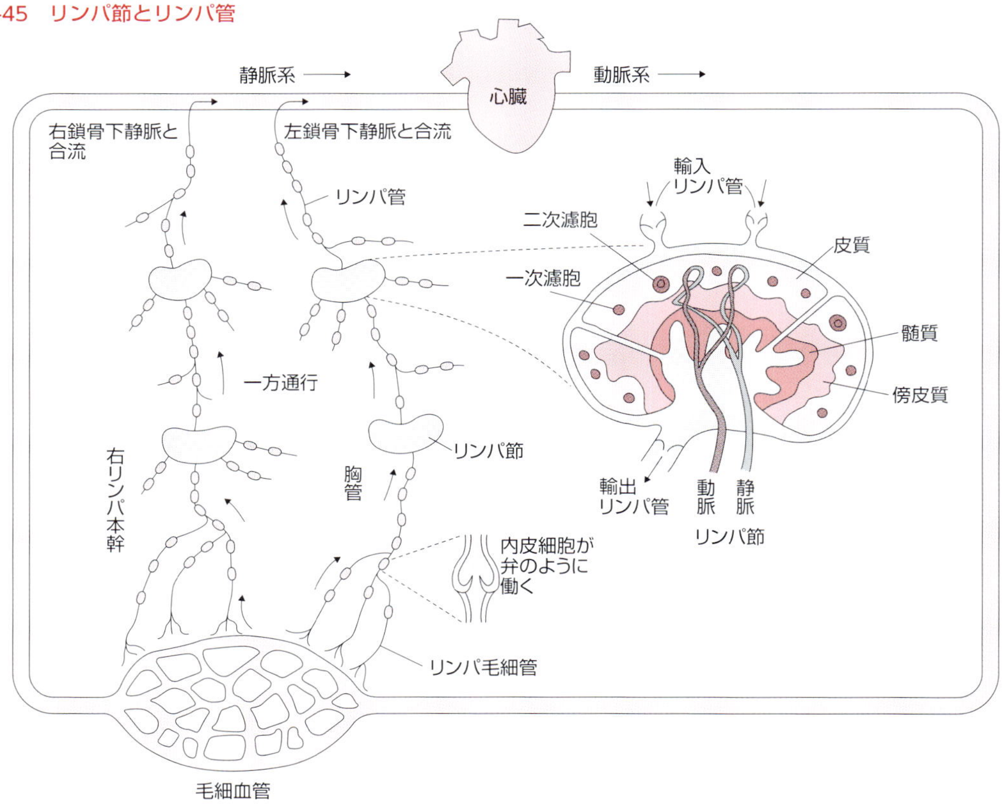

胞（Th0）は、サイトカインの刺激を受けて、**Th1 細胞**と **Th2 細胞**の２つのタイプに分化する。Th1 細胞は、**IL-2** や **IFN-γ** を分泌し、細胞傷害性 T 細胞の応答を促進する。一方、Th2 細胞は **IL-4**、**IL-5**、**IL-6**、**IL-10** を分泌し、抗体産生を促進する（図 8-44、図 8-46）。

細胞傷害性 T 細胞は、ウイルス感染細胞や腫瘍細胞などを認識すると、**パーフォリン**や**グランザイム**を標的細胞に放出し、細胞を破壊する。この細胞の活性化には、Th1 細胞から分泌される IL-2 が必要である。

T 細胞にはこれ以外に、**CD4**、**CD25**、**CTLA-4** を細胞表面にもつ細胞が知られている。この細胞は、CTLA-4 によって CD28 を介する**補助刺激シグナル**を抑制するとともに、**IL-10** を分泌して活性化 T 細胞を抑制する。このような働きをもつ T 細胞を**調節性 T 細胞**と呼ぶ。

b　B 細胞

B 細胞は骨髄において分化・成熟し、**ナイーブ B 細胞**として末梢血に入る。B 細胞の表面には、抗原の受容体として **IgM** が発現している。ヘルパー T 細胞からの刺激を受けると**形質細胞**に分化し、抗体分子を分泌する。

D　NK 細胞 / NKT 細胞

ウイルス感染細胞を除去することで、ウイルスの増殖は抑えることができる。この役割を担っているのが**ナチュラルキラー細胞**（NK 細胞）である。NK 細胞は細胞質に大型の顆粒をもつ形態学的に**リンパ球系細胞**である。

NK 細胞は、マクロファージから分泌される **IL-12** によって活性化されると、大量の IFN-γ を産生して、ウイルスの増殖を抑制する。

NKT 細胞は、多様性のない $\alpha\beta$ 型 T 細胞受容体を発現した T 細胞である。NKT 細胞は、抗原提示細胞上の **CD1** 分子が提示した細菌類由来の脂質を認識して活性化し、脂質に対する抗体の産生を誘導する。

8.6.2　感染症と自然免疫

自然免疫は、皮膚や粘膜とこれらの上皮細胞から分泌される粘液や酵素などの**物理的バリア**と**化学的バリア**、種々の**液性因子**、**免疫担当細胞**による食作用や感染細胞の破壊などによって行われている。自然免疫にかかわる免疫担当細胞として、好中球、マクロファージ、樹状細胞などの**食細胞**や **NK 細胞**が全身に存在し、またレパートリーの比較的限られた特殊な T 細胞や B 細胞である **γδ 型 T 細胞**や **B1 細胞**がそれぞれ腸管粘膜や腹腔内局所を中心として存在する。

自然免疫では微生物に共通して存在する分子を認識して防御反応が誘導されるが、獲得免疫ではそれぞれの微生物に固有の分子を認識して抗原特

図 8-46　獲得免疫における T 細胞とサイトカインのネットワーク

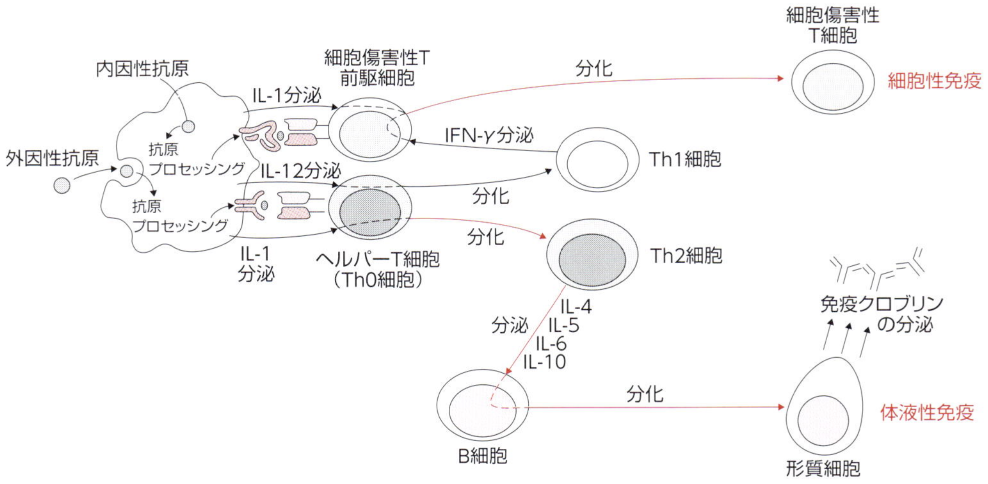

異的な防御反応が起こる。

A 皮膚・粘膜の化学的・物理的バリア

皮膚の表皮は、**重層扁平上皮細胞**で覆われ、その外側は角質層があり、物理的バリアを形成し、病原微生物などの侵入を困難にしている。また、皮膚は皮脂腺から分泌された**遊離脂肪酸**や汗腺から分泌された**乳酸**によって、その表面が**弱酸性**に保ち、細菌を死滅している。気管や腸管などのからだの内腔を覆う粘膜上皮細胞から粘液が分泌されることで、細菌などの内腔上皮細胞への付着を防いでいる。粘液にとり込まれた細菌類は、鼻毛、気道粘膜などにおける**線毛運動**によって排除して、侵入を防御している。尿、涙液、唾液などの体液の排泄による洗浄効果によっても細菌類の侵入を拒んでいる。胃のなかに細菌が侵入してしまったとしても、胃液に含まれる**強酸**と**タンパク質分解酵素**によって殺菌される。皮膚表面には、**細菌叢**を形成している大腸菌、赤痢菌属、緑膿菌などの細菌類が常在しているため、他の細菌の侵入を阻止している。

小腸粘膜の表面が**リゾチーム**や**デフェンシン**などの抗菌物質を含む厚いムチン層で覆われ、小腸粘膜上皮細胞はそれぞれが互いに密に結合しているため、病原微生物がここを通過して体内に侵入することは通常状態にあるとほとんどない。しかし、これらの物理的バリアが破られて病原微生物が体内に浸入すると、免疫応答が誘導される。経口摂取された食物成分に対しては、**免疫寛容**が誘導されているため免疫応答は誘導されない。また、常在性腸内細菌は体内に侵入することがないため、異物として認識されない。腸管内に有害な病原微生物などが侵入した場合には、免疫担当細胞が活性化された状態で待機しているので、速やかに免疫応答が誘導される。このような二面性が小腸免疫の特徴である。もし、何かの原因によって食物抗原や常在性腸内細菌に対する免疫応答抑制が破綻し、過剰な免疫応答が引き起こされると、**食物アレルギー**や**炎症性腸疾患**を発症する。

外界と接する呼吸器系、消化器系、生殖器系の粘膜を構成する疎性結合組織には、リンパ球が密につまった**リンパ組織**の集合が認められる。これを**粘膜関連リンパ組織**（MALT）という。MALTの重要な構成要素は**扁桃**と**パイエル板**である。扁桃は、呼気や食物とともに喉頭に侵入してきた病原微生物を破壊する。パイエル板は、リンパ組織の大きな集合体で、小腸の粘膜固有層にみられ、小腸粘膜に侵入してきた病原微生物を破壊する。パイエル板は、IgAを産生する細胞や莫大な数のマクロファージが存在する。小腸の上皮内リンパ球は、大部分がT細胞で、そのうちの10～40％が$\gamma\delta$型T細胞である。また、IgM抗体を産生するB1細胞が認められる。

B 液性因子

血漿中などにはさまざまな抗菌物質が存在し、体内に侵入してきた病原微生物などの排除にかかわっている。

a ラクトフェリンとトランスフェリン

ラクトフェリンや**トランスフェリン**は遊離鉄を除くことで、細菌増殖に必要な鉄を供給できなくする。

b リゾチーム

唾液、涙液、鼻汁には**リゾチーム**と呼ばれる酵素が含まれ、それによってグラム陽性菌の細胞壁成分である**ペプチドグリカン**が分解され、細菌が破壊される。

c デフェンシン

デフェンシンは、細菌の細胞膜に孔を開けて破壊する作用がある。この物質は、好中球や上皮細胞にみられ、殺菌作用のみならず、樹状細胞の走化因子としての作用もある

d サイトカイン

マクロファージから産生される**発熱因子**は、視床下部における**プロスタグランジンE**の合成を亢進させて発熱を引き起こす。この発熱によって、病原微生物の動きを弱めさせることができると同時に、免疫応答を賦活する。**インターフェロン**と呼ばれるタンパク質は、ウイルス感染があると、ほとんどの細胞で産生され、ウイルスの増殖を抑制する。主なサイトカインとその生理作用を表8-10に示す。

表 8-10　主なサイトカインとその生理作用

サイトカイン	主な産生細胞	主な生理作用
インターロイキン（IL）		
IL-1α、IL-1β	単球、マクロファージ	発熱（内因性発熱物質）、睡眠、食欲不振、炎症、内皮細胞によるCD54 発現および組織因子の放出、リンパ球活性化、IL-6 と CSF の産生
IL-2	T 細胞	T 細胞増殖の誘導、B 細胞の増殖および分化の副刺激、NK と LAK の増強
IL-3	T 細胞、肥満細胞	肥満細胞増殖の誘導、多能性造血細胞増殖の誘導
IL-4	T 細胞、肥満細胞	T 細胞増殖と CTL 産生の誘導、B 細胞増殖の副刺激、肥満細胞増殖における IL-3 との相乗作用、IgE と IgG4 の産生↑、CD23 の発現および放出の誘導、B 細胞上のクラス IIMHC ↑、Th0 から Th2 への転換
IL-5	T 細胞、肥満細胞	好酸球分化の誘導、IgA 産生↑、マウスにおける B 細胞増殖の副刺激
IL-6	単球、線維芽細胞、T 細胞（マウス）	発熱因子、プラズマ細胞腫とハイブリドーマの増殖誘導、Ig 産生の増強、線維芽細胞上のクラス I ↑、肝細胞による急性期タンパク質の産生における IL-2 との相乗作用、造血細胞増殖における IL-3 との相乗作用、CTL 分化の誘導
IL-8	単球、内皮細胞、肺胞マクロファージ、線維芽細胞	好中球と T 細胞の走化性および活性化の誘導
IL-10	T 細胞、活性化 B 細胞、単球	MHC クラス II ↓、MAC 活性化の阻害、抗原提示↓、B 細胞増殖および Ab 産生の刺激、肥満細胞の刺激、Th0 から Th2 への転換
IL-12	単球、マクロファージ、B 細胞の一部、肥満細胞の一部	NK 活性化による IFN-γ 分泌、Th0 から Th1 への転換、IL-4 誘導性 IgE 分泌の阻害
IL-13	B 細胞、マクロファージ	IgE 分泌の誘導
インターフェロン（IFN）		
IFN-α	白血球	ウイルス複製および腫瘍増殖の阻止、MHC クラス I およびクラス II 分子発現の促進、NK 活性促進、Ab 応答修飾
IFN-β	線維芽細胞	IFN- αと同じ活性
IFN-γ	T 細胞、NK	MHC クラス I および II 分子発現の促進、マクロファージ活性化、NK 活性↑、IL-4- 誘導性 CD23 および IgE 分泌↓、B 細胞の増殖および分化の副刺激
腫瘍壊死因子（TNF）		
TNF-α	単球、マクロファージ	IL-1 誘導、内皮細胞上の接着分子および MHC クラス I ↑、発熱因子、GM-CSF 誘導、細胞傷害/細胞増殖抑制作用、IFN-γ 分泌誘導
TNF-β	T 細胞	細胞傷害性因子
コロニー刺激因子（CSF）		
GM-CSF	T 細胞、マクロファージ、単球、内皮細胞	顆粒球および単球前駆細胞の増殖誘導、マクロファージ活性化、好酸球ロイコトリエン産生↑、単球殺腫瘍性活性↑
G-CSF	単球、線維芽細胞、内皮細胞	顆粒球増殖の誘導
トランスフォーミング成長因子（TGF）		
TGF-α	固形腫瘍（癌＞肉腫）、単球	血管新生、ケラチノサイト増殖、骨吸収、腫瘍増殖の誘導
TGF-β	血小板、胎盤、腎臓、骨、T 細胞および B 細胞	線維芽細胞増殖の誘導；コラーゲンおよびフィブロネクチンの合成；CTL、NK、LAK の阻止；T 細胞および B 細胞の増殖阻止；創傷治癒および血管新生の増強

e　補体

補体は、血液中を不活型として流れているタンパク質で、抗原抗体複合体に結合して細菌などを破壊する。それ以外にも、食作用を促進させたり、好中球を炎症部位に呼び寄せたりする作用がある。

補体は、体内に侵入した細菌類と結合する一群のタンパク質で、30 種以上の血清および細胞膜タンパクから構成されている。補体の活性化経路としては、**古典的経路**、**第 2 経路**（副経路ともいう）、**レクチン経路**の 3 つがある（図 8-47）。それぞれの経路は、細菌に抗体が結合して抗原抗

図 8-47　補体の活性経過

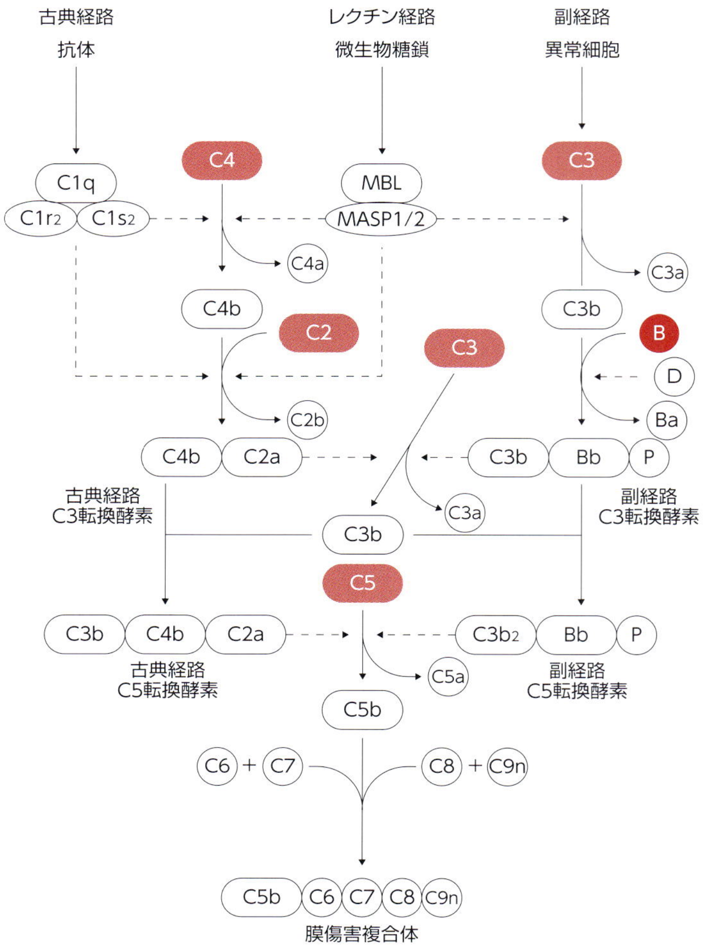

体複合体を形成、細菌表面における補体第 3 成分（C3）の自己増殖的活性化、細菌に**マンノース結合性レクチン**が結合することによって活性化される。どの経路で活性化が起こったとしても、C3 の分解を経由して反応が進行する。その後、C5b、C6、C7、C8、C9 が**膜侵襲性複合体**と呼ばれる複合体を形成し、細菌の細胞膜に孔を開けて細胞を破壊する（図 8-48）。この現象を**溶菌**と呼ぶ。標的細胞が赤血球である場合は、この現象を**溶血**という。

補体が活性化によって分解されて細菌を食細胞に認識されやすくしたり、好中球を感染局所へ遊走させたりする物質が産生される。C3 が分解されて活性化される際に産生された C3b が、細菌に結合してマクロファージなどの食細胞表面に発現している補体受容体の CR1 に捕らえられることで、食作用が促進される。この補体受容体に結合するリガンドを**オプソニン**と呼び、C3b 以外にも抗体の Fc 部分、リポ多糖（LPS）など、さまざまな物質がある。また、オプソニンが受容体に結合して食作用を促進することを**オプソニン化**という。

C3 と C5 の分解産物である **C3a** と **C5a** は**アナフィラトキシン**と呼ばれ、好塩基球や肥満細胞の細胞内小顆粒に蓄えられているヒスタミン、ロイコトリエン B_4、TNF などの防御メディエーターの放出を誘導する（図 8-49）。C5a は**走化因子**とも呼ばれ、好中球を炎症部位に誘導する。C3a と

図 8-48　膜傷害複合体の形成過程

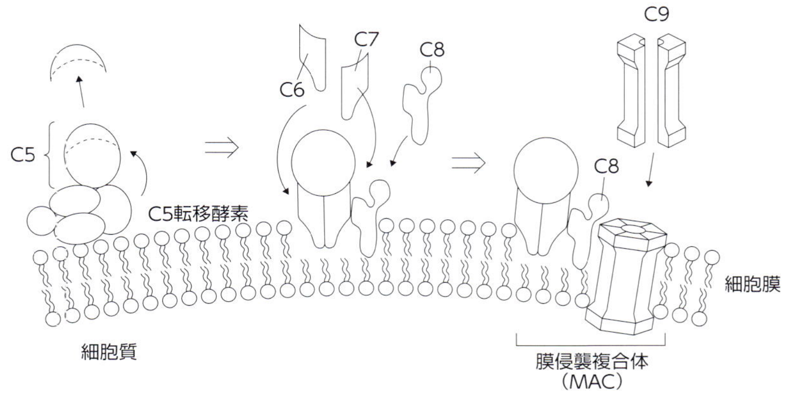

図 8-49　炎症反応と補体の関係

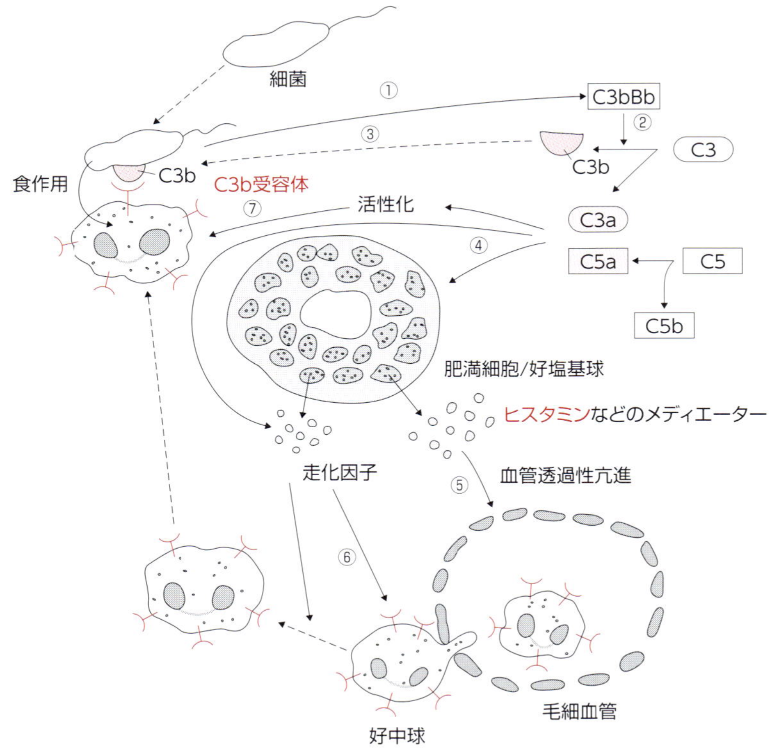

C5a は好酸球に作用し、活性酸素中間体を産生し、C3b 受容体の発現を促進する。また、C3a と C5a は毛細血管内皮細胞に作用して、血管の弛緩や透過性を亢進させる。

C　細胞性因子

食作用は、異物を膜動輸送の**エンドサイトーシス**によって細胞のなかにとり込み、さまざまな加水分解酵素によって分解したり、活性化酸素などによって殺菌したりして無毒化する免疫機構である。食作用をもつ細胞としては、好中球、マクロファージ、樹状細胞、ランゲルハンス細胞などがある。

食細胞は、病原微生物上に共通して存在するさまざまな**分子パターン構造**（PAMP）を認識する

（表 8-11）。

食細胞の膜表面には、PAMP を認識する**パターン認識受容体**が存在する。**CD14** は LPS を認識し、マクロファージの活性化させる。また、マンノースに結合する**マンノース受容体**や陰性荷電をもつ巨大分子に対する**スカベンジャー受容体**などが食細胞に発現されている。

Toll 様受容体は多くの病原微生物に共通な物質に結合して、食作用を促進している。

パターン認識受容体を介して細胞内にとり込まれた病原微生物は、ファゴリソソーム内の活性酸素、一酸化窒素、塩基性タンパク質、ラクトフェリン、リゾチームなどによって消化され、そして殺菌される。また、アズール顆粒内に存在するミエロペルオキシダーゼによって過酸化水素と次亜塩素酸が生成され、殺菌作用を示す。

NK 細胞膜上には、抗原を特異的に認識する受容体が存在しない。そのため、NK 細胞の標的には特異性がない。通常の細胞は、細胞表面に**MHC クラス I 分子**を発現し、これによって自己細胞であるか否かが識別されている。NK 細胞には、**キラー細胞抑制受容体**（KIR）または **NKG2 受容体**が発現していて、正常な自己細胞に発現している MHC クラス I 分子と結合し、**キラー細胞活性化受容体**（KAR）からのシグナルを抑えて、自己細胞を破壊しないように制御している。ウイルス感染細胞や腫瘍細胞のなかには、MHC クラス I 分子の発現を減少させて、細胞傷害性 T 細胞の抗原特異的な攻撃から免れようとするものがある。しかし、MHC クラス I 分子が減少することで、NK 細胞上の KIR または NKG2 受容体に結合する相手がなくなるため、KAR からのシグナルを抑制できなくなり、NK 細胞は感染細胞や腫瘍細胞を攻撃するようになる。

この NK 細胞の攻撃機構は、細胞内顆粒の**パーフォリン**や**グランザイム**を標的細胞めがけて放出する。パーフォリンは、補体成分の C9 とよく似た構造を示し、Ca^{2+} の存在下で補体活性化経路の MAC と同様に標的細胞膜に孔を開けて破壊する。また、グランザイムは、パーフォリンの孔から標的細胞内に入り、**アポトーシス**を誘導して細胞を破壊する（図 8-50）。

8.6.3　獲得免疫

獲得免疫は、自然免疫で抑えきれなかった病原微生物などを**細胞性免疫**と**体液性免疫**の両面から

表 8-11　パターン認識受容体の種類とそのリガンド

受容体	リガンド
インテグリン	フィブロネクチン
Fc 受容体	IgG など
C3 受容体	C3b など
マンノース受容体	マンノース
スカベンジャー受容体	陰性荷電をもつ分子
βグルカン受容体	βグルカン
CD14	リポ多糖類（LPS）
NOD 様受容体	ペプチドグリカン
Toll 様受容体（TLR）	
TLR1	リポタンパク質
TLR2	リポタンパク質、ペプチドグリカン、リポテイコ酸、βグルカン
TLR3	ウイルス二本鎖 RNA
TLR4	リポ多糖類（LPS）
TLR5	フラジェリン（鞭毛タンパク質）
TLR6	リポタンパク質
TLR7	ウイルス一本鎖 RNA
TLR8	ウイルス一本鎖 RNA
TLR9	CpG DNA

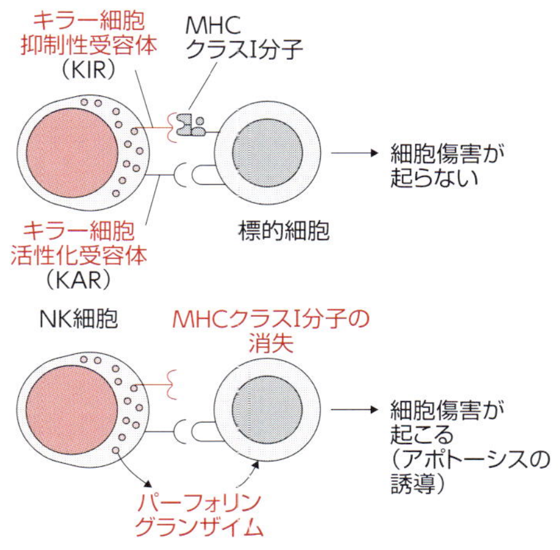

図 8-50　NK 細胞による標的細胞の傷害

破壊するために生体に備わった免疫応答機構である。獲得免疫にかかわる細胞としては、マクロファージ、樹状細胞をはじめとする抗原提示細胞、抗原を特異的に認識して攻撃する T 細胞や B 細胞と呼ばれるリンパ球がある。獲得免疫には、Th2、B 細胞によって産生された抗体や補体などの血清タンパク質が主体を担う体液性免疫と Th1 細胞やマクロファージなどの免疫担当細胞が主体を担う細胞性免疫がある。

獲得免疫の重要な働きのひとつに、**免疫学的記憶**がある。免疫学的記憶は、抗原特異的な T 細胞や B 細胞のクローン増殖と、一部が記憶細胞として長期間にわたって生体に残ることによって生じる。これによって、2 度目以降の抗原刺激に対して、より効果的に、より迅速に対応することができる。

A　主要組織適合性遺伝子複合体（MHC）

MHC は、複数の遺伝子複合体によって規定されている。MHC は、分子構造や機能の相違から **MHC クラス I 分子**と **MHC クラス II 分子**に大別されている。MHC クラス I 分子の主な機能は、**内因性抗原ペプチド**を結合して細胞表面に発現し、CD8 陽性の**細胞傷害性 T 細胞**にその情報を提供することである。MHC クラス II 分子の主な機能は、**外来性抗原ペプチド**を結合して細胞表面に発現し、CD4 陽性の**ヘルパー T 細胞**にその情報を提供することである。MHC クラス I に属する分子は、**α鎖**と **β_2 ミクログロブリン**が、MHC クラス II に属する分子は、**α鎖**と **β鎖**が非共有結合によってヘテロ二量体を形成し、細胞膜上に発現される**糖タンパク質**である。ヒトにおける MHC は、**HLA** と呼ばれる。HLA クラス I 分子には、HLA-A、HLA-B、HLA-C と呼ばれる は**古典的 HLA クラス I 分子**と HLA-E、HLA-F、HLA-G と呼ばれる**非古典的 HLA クラス I 分子**がある。HLA クラス II 分子においては、HLA-DR、HLA-DQ、HLA-DP が**古典的 HLA クラス II 分子**と呼ばれる。**非古典的 HLA クラス II 分子**としては、HLA-DM や HLA-DO がある。

これらの HLA 分子を規定する HLA 遺伝子領域は、**第 6 染色体**の短腕部（6p21.31）上に位置し、その全長は 3,579,108 bp である。HLA 遺伝子の最大の特徴は、高度な**遺伝的多型性**を示すことである。

HLA クラス I 遺伝子領域に存在する遺伝子は、クラス I 分子の α ポリペプチド鎖を規定するもので、β_2 ミクログロブリンは、第 15 番染色体上に存在する別な遺伝子によって規定されている（図 8-51）。それに対して、HLA クラス II 遺伝子領域に存在する遺伝子は、α ポリペプチド鎖と β ポリペプチド鎖を規定する遺伝子がそれぞれ独立している（図 8-52）。

HLA クラス I 分子は、生体におけるすべての**有核細胞**と**血小板**の膜上に発現している。赤血球や角膜などの核のない細胞には発現していない。HLA クラス II 分子は、**抗原提示細胞**の膜上にだけ発現している。

B　体液性免疫

皮膚、粘膜上皮などから侵入してきた病原微生物などは、これらの組織下に存在する樹状細胞やマクロファージの膜上に存在する Toll 様受容体などのパターン認識受容体を介して食作用によって細胞内へとり込まれ、**エンドソーム**と呼ばれる小胞を形成する。エンドソームは、タンパク質分解酵素を含むリソソームと融合し、**抗原プロセッシング**を受け、短いペプチドに分解される。MHC クラス II 分子の α ポリペプチド鎖と β ポリ

図 8-51　HLA クラス I 遺伝子構造と分子構造との関連性

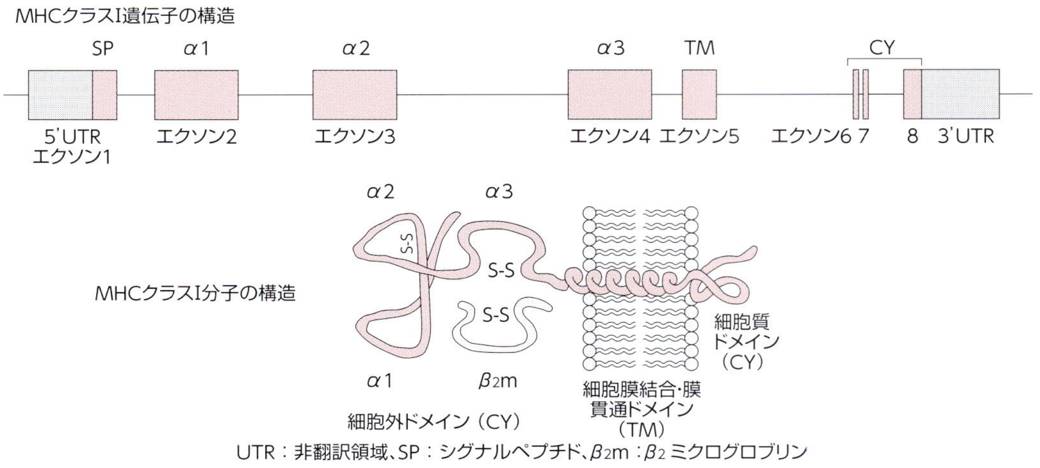

UTR：非翻訳領域、SP：シグナルペプチド、β 2m：β 2 ミクログロブリン

図 8-52　HLA クラス II 遺伝子構造と抗原構造との関連性

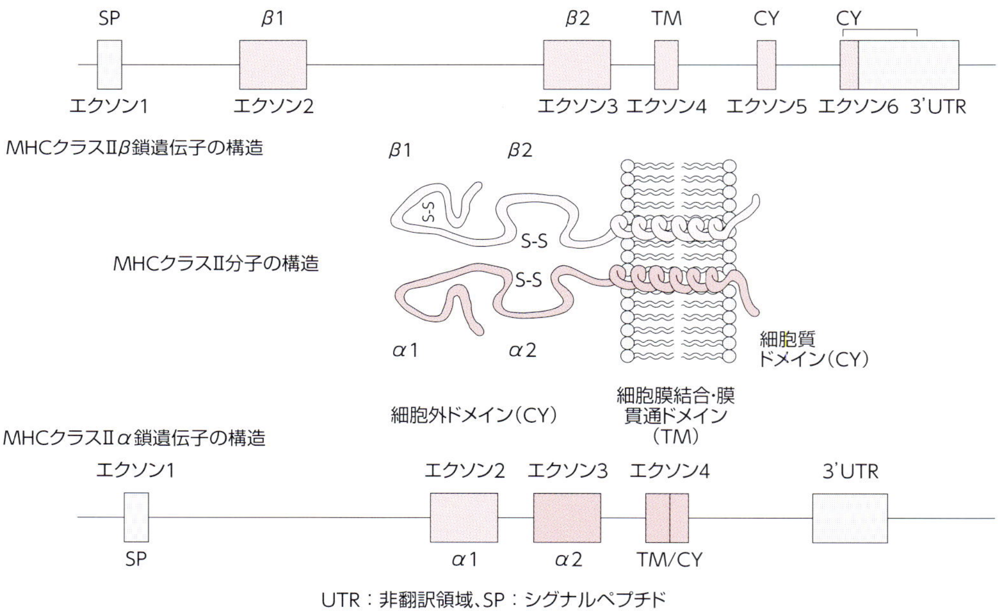

UTR：非翻訳領域、SP：シグナルペプチド

ペプチド鎖は、それぞれリボソームでつくられ、小胞体内で会合し、**Ii 鎖**（インバリアント鎖）が結合される。小胞体で完成した MHC クラス II 分子は、小胞輸送によってゴルジ装置に運ばれ、そこで糖鎖の付加を受けた後、ゴルジ小胞によってエンドソームとリソソームが融合した小胞に融合する。ここで、MHC クラス II 分子に結合していた Ii 鎖が外され、抗原ペプチドが MHC クラス II 分子の**ペプチド収容溝**に結合する（図 8-53）。ペプチド収容溝には、平均して 15 個のアミノ酸残基からなる比較して長いペプチドが結合する。MHC クラス II 分子とペプチドの複合体はエキソ

サイトーシスによって細胞膜上に発現される（図8-54）。

T 細胞の表面には、MHC 分子に結合した抗原ペプチドあるいはCD1 分子に結合した脂質抗原を特異的に識別する T 細胞受容体（T cell receptor；TCR）が発現している。1 つの T 細胞に発現している TCR は 1 種類のみである。すなわち、ひとつの T 細胞は 1 種類の抗原ペプチドしか認識できない。

CD4 陽性の**ナイーブヘルパー T 細胞**（Th0 細胞）上の TCR が MHC クラス II 分子とペプチドの複合体を認識すると、ナイーブヘルパー T 細胞は **IL-4** と **IL-10** によって Th2 細胞へ分化する。CD4 分子は、MHC クラス II 分子の β 鎖の β_2 ド

図 8-53　MHC クラスⅠ分子と MHC クラスⅡ分子を上からみた三次元構造

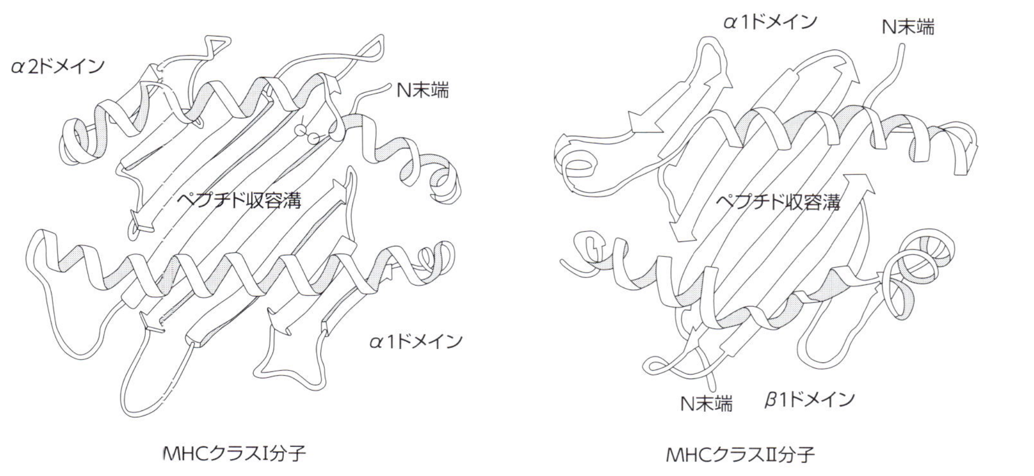

図 8-54　MHC クラスⅡ分子の発現過程

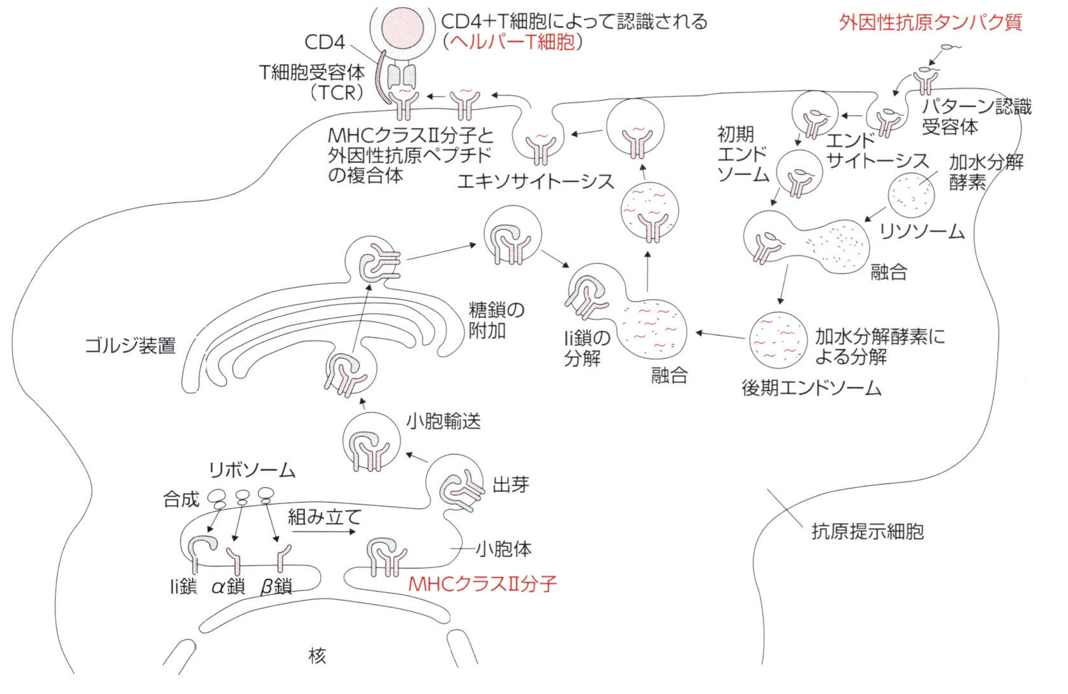

メインに特異的に結合することによって、ヘルパーT細胞と抗原提示細胞の間の接着を高める。それと同時に、細胞質部分に結合する**チロシンキナーゼ**を活性化してヘルパーT細胞内に活性化シグナルを伝達し、**IL-4**、**IL-5**、**IL-6**、**IL-10**などのサイトカインを分泌する。また、T細胞の表面に存在する**CD40リガンド**（CD40L）がB細胞上の受容体に結合すると、T細胞から分泌されたサイトカインによってB細胞は分化・増殖して**形質細胞**になる。形質細胞は、**免疫グロブリン**（分泌型抗体）を産生する。

私たちの生体にはあらゆる抗原に対して、これに特異的に反応する抗体が、もともと先天的にB細胞のクローンとして用意されていて、抗原が生体内に侵入すると、この多数のクローンのなかから特異的に反応するB細胞クローンが選択され、その抗原と反応して急激に増殖し、抗体を分泌する形質細胞へ分化するという**クローン選択説**が1957年にフランク・マクファーレン・バーネット（Frank Macfarlane Burnet）によって提唱された（図8-55）。

C　細胞性免疫

細胞のなかでつくられたウイルス、細菌、腫瘍抗原などの**内因性抗原タンパク質**は、**マルチユビキチン鎖**と接合された後、細胞質にある**プロテアソーム**において8～10個のアミノ酸からなるペプチドに分解される。このペプチドは、**TAP**（transporter associated with antigen processing）と呼ばれる小胞体の膜に存在する輸送体を介して小胞体中に入り、MHCクラスI分子の**ペプチド収容溝**に結合する。MHCクラスI分子とペプチドの複合体は、小胞輸送によってゴルジ装置に運ばれ、そこで糖鎖の付加を受けた後、**エキソサイトーシス**によって細胞膜上に発現される（図8-56）。

CD8陽性の**細胞傷害性T細胞**上のTCRがMHCクラスI分子とペプチドの複合体を認識すると、細胞傷害性T細胞は活性化し、**パーフォリン**や**グランザイム**を分泌して、標的細胞に**アポトーシス**を誘導して破壊する。

図8-55　クローン選択説の概要

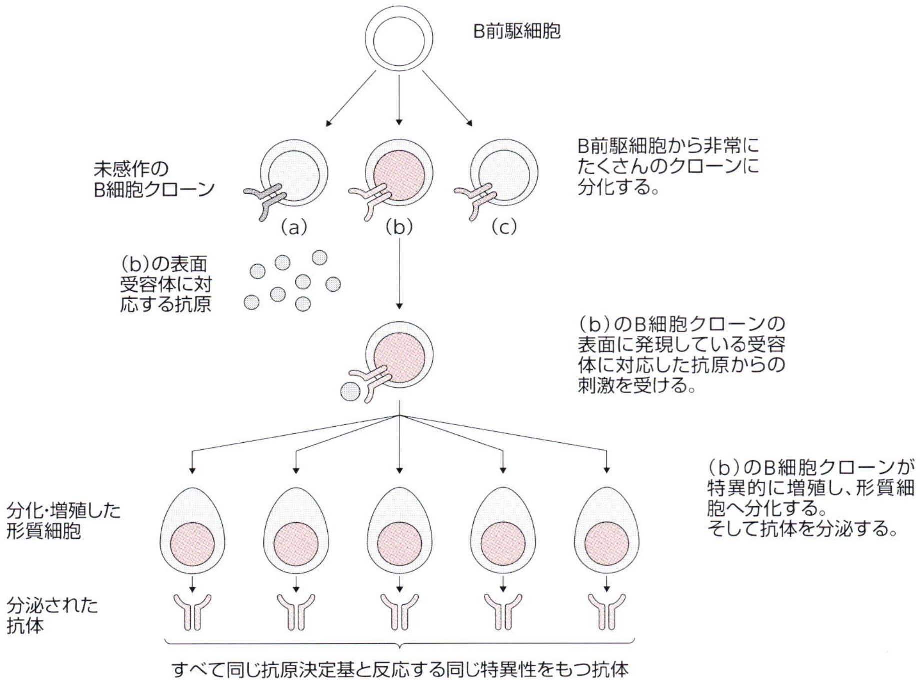

図 8-56　MHC クラスⅠ分子の発現過程

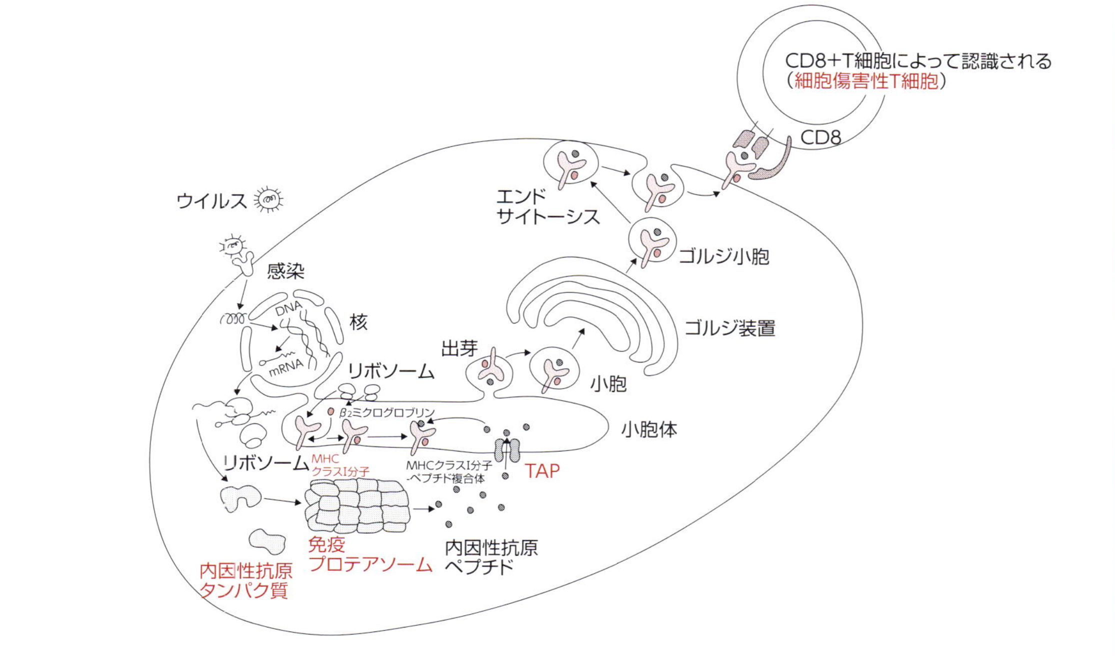

D　免疫グロブリン

免疫グロブリンは、抗体とも呼ばれ、2 本の **H 鎖**と 2 本の **L 鎖**で構成され、それぞれの H 鎖と L 鎖の間、H 鎖と H 鎖の間は、**ジスルフィド結合**（S-S 結合）で結ばれている。抗体分子ごとにアミノ酸配列が異なる多型性を示す部位を**可変領域**（V 領域）、変わらない部位を**定常領域**（C 領域）という（図 8-57）。

H 鎖は H 鎖遺伝子、L 鎖は L 鎖遺伝子（κ 鎖遺伝子と λ 鎖遺伝子の 2 種類がある）によって規定される。H 鎖遺伝子は、可変領域を規定する V 遺伝子、D 遺伝子、J 遺伝子と定常領域を規定する C 遺伝子から構成されている。一方、L 鎖遺伝子は可変領域を規定する V 遺伝子、J 遺伝子と定常領域を規定する C 遺伝子から構成されている。

図 8-57　免疫グロブリン（抗体）の構造

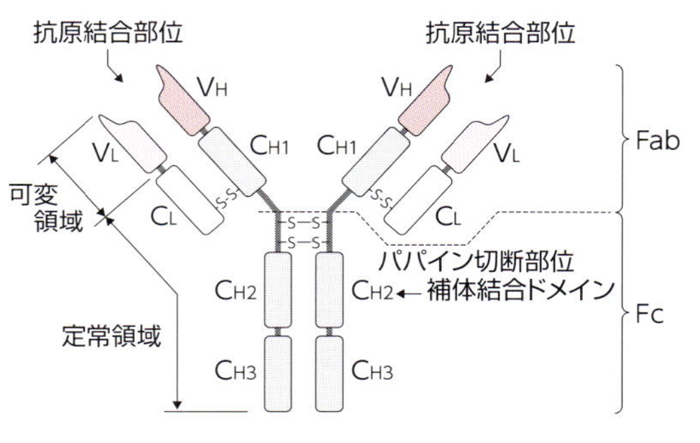

B 細胞では、**生殖細胞系列**における免疫グロブリン遺伝子に**再構成**と呼ばれる遺伝子の配列換えが行われる。最初に、D 遺伝子群および J 遺伝子群のなかから、それぞれ特定の D 遺伝子断片と J 遺伝子断片の間に介在する不要な遺伝子領域が切りとられ、特定の D 遺伝子断片と J 遺伝子断片が隣り合わせになる D-J 結合が生じる。次に同様の機構で、特定の V 遺伝子断片と D-J 遺伝子結合断片の間に介在する不要な遺伝子領域が切りとられ、V-D-J 結合が完了する。これにより V-D-J 再構成遺伝子が完成する。L 鎖遺伝子では、V 遺伝子断片と J 遺伝子断片の間で結合が生じ、V-J 遺伝子が再構成される（図 8-58）。

H 鎖遺伝子と L 鎖遺伝子の再構成によって免疫グロブリンの多様性が決定される。

免疫グロブリン分子をタンパク質分解酵素のひとつである**パパイン**で加水分解すると、抗原を結合する可変領域をもつ **Fab**（抗原結合性フラグ

図 8-58　ヒトの免疫グロブリン H 鎖遺伝子の再構成

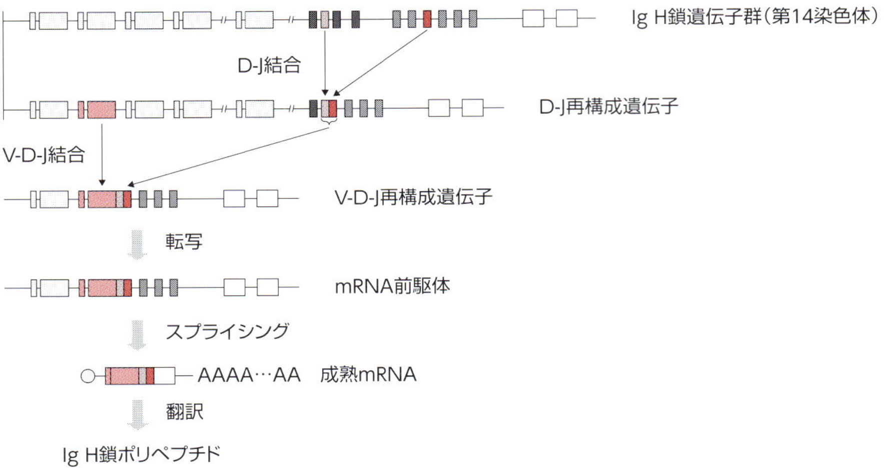

メント）と結晶化しやすい **Fc**（結晶化可能フラグメント）に分解される。

免疫グロブリンは、H 鎖の定常領域の構造の違いから、**IgA**、**IgD**、**IgE**、**IgG**、**IgM** の 5 つのアイソタイプに分類される（表 8-12）。それぞれのアイソタイプにおける **H 鎖定常領域**は、**α 鎖**、**δ 鎖**、**ε 鎖**、**γ 鎖**、**μ 鎖**からなる。

病原微生物などによって刺激されると、感染初期に抗原に特異的な IgM 抗体が血液中に産生される。その後、IgM と入れ替わり、量的に勝る IgG が出現し、病原微生物などを排除する。これを**クラススイッチ**という。

a　IgG

IgG は、他のアイソタイプに比してヒトの血清中においてもっとも多くを占める。IgG は血液中と組織中のいずれにも認められる。IgG は母体から胎盤を通じて胎児に移行する唯一の抗体である。

b　IgM

IgM は、初めて抗原が侵入した際に起こる**一次免疫応答**によって血液中に産生される免疫グロブリンである。IgM は五量体をなしており、Fc 部分は J 鎖によって連結されている。IgM は五量体であるため、抗原結合部位を 10 か所もち、

表 8-12　ヒト免疫グロブリンの種類と性状

	IgG	IgA	IgM	IgD	IgE
分子量	15 万	単量体：17 万 二量体：40 万	90 万	18 万	20 万
H 鎖定常領域	γ 鎖	α 鎖	μ 鎖	δ 鎖	ε 鎖
H 鎖定常領域ドメイン数	3	3	4	3	4
H 鎖定常領域サブクラス	γ_1、γ_2、γ_3、γ_4	α_1、α_2	μ_1、μ_2	なし	なし
L 鎖定常領域	κ 鎖または λ 鎖	κ 鎖または λ 鎖	κ 鎖または λ 鎖	κ 鎖または λ 鎖	κ 鎖または λ 鎖
血清中濃度（mg/dl）	870 ～ 1,700	110 ～ 410	35 ～ 220	13 以下	250 IU/ml 以下* (0.06 以下)
血管内比率	40%	40%	80%	70%	
半減期	8 ～ 23 日	6 日	5 日	3 日	
胎盤通過性	あり	なし	なし	なし	なし
補体結合性	あり	なし	あり	なし	なし

＊ IgE は通常、IU/ml で表示される。1IU/ml は約 2.4 ng に相当する。

細菌凝集能や赤血球凝集能が IgG に比して高い。また、IgG に比して補体結合能が強い。IgM は血液中にのみ認められる。

c　IgA

IgA は血液中では、単量体の血清型 IgA として存在するが、外分泌液中では J 鎖と呼ばれるポリペプチド鎖によって連結され二量体の**分泌型 IgA** として存在する。この抗体は、唾液、鼻汁、涙液、母乳、気管支、消化管などの分泌液などの外分泌液中に認められる。局所の粘膜上皮細胞から病原微生物などが侵入するのを防ぐ働きを担っている。

d　IgE

IgE の Fc 部位が肥満細胞や好塩基球の細胞表面にある **Fc 受容体**と結合することで、I 型アレルギーを発症する。

e　IgD

IgD、B 細胞の細胞表面に IgM とともに発現しているが、その機能についてはよくわかっていない。

E　T 細胞受容体

T 細胞受容体（TCR）には、α 鎖、β 鎖、γ 鎖、δ 鎖と呼ばれる 4 種類のポリペプチド鎖があり、α 鎖と β 鎖あるいは γ 鎖と δ 鎖が会合して TCR タンパク質として T 細胞膜上に発現している（図 8-59）。**$\alpha\beta$ 型 TCR** は MHC 分子とペプチドの複合体を認識するが、**$\gamma\delta$ 型 TCR** は抗原認識に MHC 分子を必要としない。T 細胞では、免疫グロブリンと同様に、**生殖細胞系列**における T 細胞受容体遺伝子に**再構成**と呼ばれる遺伝子の配列換えが行われる。TCRα 鎖遺伝子は、V 遺伝子群、J 遺伝子群、Cα 遺伝子群から構成されている。また、TCRβ 鎖遺伝子は、V 遺伝子群、D 遺伝子群、J 遺伝子群、Cβ 遺伝子群から構成されている。

TCRβ 鎖の可変領域遺伝子においては、V 遺伝子群のなかから 1 つ、D 遺伝子群のなかから 1 つ、J 遺伝子群のなかから 1 つ、それぞれ選択された断片が結合して、V-D-J 再構成が完成する。それに引き続き、TCRα 鎖の可変領域遺伝子の再構成が起こる。TCRα 鎖の可変領域遺伝子においては、V 遺伝子群のなかから 1 つ、J 遺伝子群のなかから 1 つ、それぞれ選択された断片が結合して、V-J 再構成が完成する（図 8-60）。

図 8-59　T 細胞受容体の分子構造

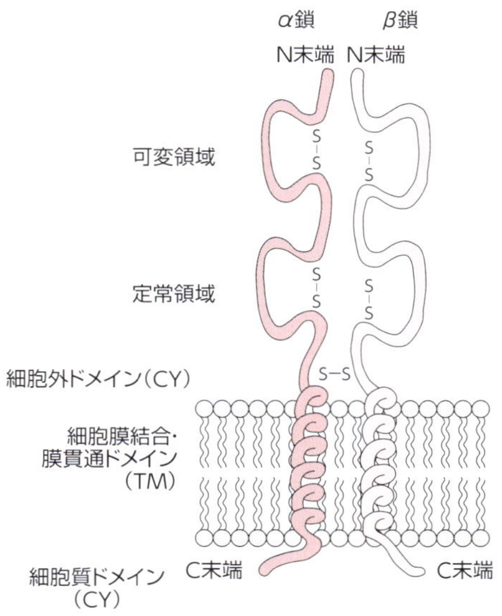

F　T 細胞の分化・成熟

T 細胞は、多能性造血幹細胞が分化した**リンパ系多能性造血幹細胞**が骨髄中で分化した後、**胸腺**に移動してさらに分化・成熟してから、末梢リンパ組織へ移動する。胸腺においては未熟であるため、**胸腺細胞**という。胸腺皮膜下組織において胸腺細胞は分化・増殖を始め、その分化段階に応じて細胞表面の CD4、CD8 および TCR の発現が変化する。初期の未分化な胸腺細胞は、抗原認識に重要なこれら 3 種類の分子を発現していない。このような胸腺細胞は、CD4 と CD8 のいずれも発現しないことから、**ダブルネガティブ胸腺細胞**と呼ばれる。この細胞の多くは、$\alpha\beta$ 型 T 細胞へと分化するが、一部の細胞は $\gamma\delta$ 型 T 細胞や NKT 細胞へと分化する。また、この段階のダブルネガティブ胸腺細胞では、T 細胞として必須な CD3 や TCR 分子の発現も認められない。

ダブルネガティブ胸腺細胞が胸腺皮膜下組織において十分に増殖すると、TCRβ 鎖遺伝子の再構成が開始される。再構成の結果、翻訳可能な正しい読み枠をもった機能的再構成に成功した TCRβ

図 8-60　ヒトの T 細胞受容体α鎖とβ鎖遺伝子の再構成

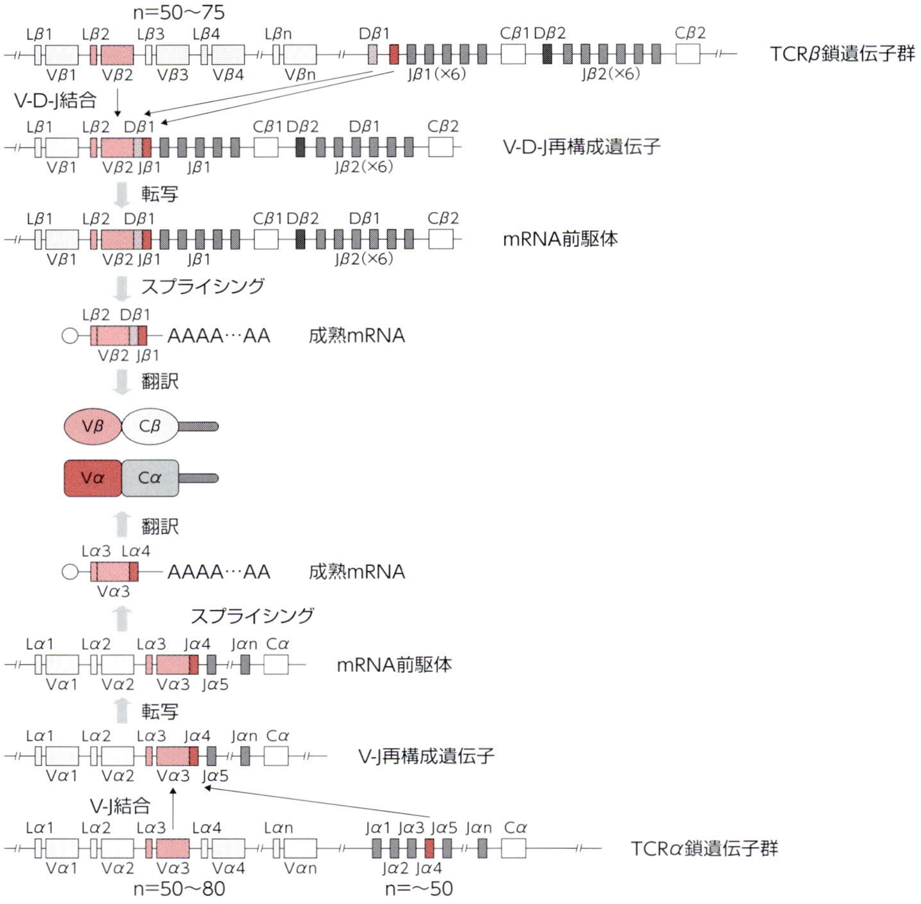

鎖ができると、TCRβ鎖は**プレ TCR α鎖**（代替α鎖ともいう）と複合体を形成し、プレ TCR として細胞表面に発現する。T 前駆細胞は増殖し、CD4 と CD8 分子の発現が誘導される。この分化段階の細胞は、**ダブルポジティブ胸腺細胞**と呼ばれる。ダブルポジティブ胸腺細胞は胸腺皮質へと移動する。ダブルポジティブ胸腺細胞では TCRα鎖遺伝子の再構成が開始される。機能的再構成に成功した TCRα鎖と再構成が終了している TCRβ鎖が会合して、αβ型 TCR として細胞表面に発現する（図 8-61）。

G　正の選択と負の選択

自己の MHC 分子に反応できる T 細胞であるか、自己反応性が強すぎないか、といった胸腺細胞の選択が行われる。この選択によって選ばれたαβ型 TCR 分子を発現した T 前駆細胞が CD4 もしくは CD8 のいずれかを発現する**シングルポジティブ胸腺細胞**へと分化し、末梢リンパ組織へ成熟 T 細胞として移動する。このような選択機構を**正の選択**と**負の選択**という。正の選択は、胸腺皮質の上皮細胞に発現する自己 MHC 分子と自己ペプチドの複合体に対して、低親和性を示すαβ型 TCR を発現する細胞が選択的に選ばれる。これに対して、高親和性を示すか、あるいはまったく親和性を示さないαβ型 TCR を発現する細胞は、**アポトーシス**が誘導され、排除される。この過程において、自己 MHC に対して適度な親和性をもつαβ型 TCR を発現する細胞が選択され、T 細胞の**自己 MHC 拘束性**が獲得される。

一方、負の選択は、胸腺に存在する抗原提示細胞や髄質実質細胞の表面に発現する自己 MHC 分子と自己ペプチドの複合体に対して、高親和性を示す $\alpha\beta$ 型 TCR を発現する細胞は、自己に対して反応する可能性がある危険な T 細胞であるために、**アポトーシス**によって排除される。正の選択と負の選択を通過した T 前駆細胞は、抗原提示細胞上の自己 MHC 分子と自己ペプチド複合体に対しては反応しないが、自己 MHC 分子と非自己ペプチド複合体に対しては強い交差反応性を示すことになる。T 前駆細胞は、CD4 あるいは CD8 のどちらかが発現を抑制されて**シングルポジティブ T 細胞**（$CD4^+$T 細胞、$CD8^+$T 細胞）へと分化する（図 8-61）。

8.6.4 アレルギー

アレルギー（表 8-13）、は、免疫応答反応が過度に、あるいは不適切に起こり、生体の組織などを傷害する病的過程をさす。このアレルギーを誘発する物質を**アレルゲン**という。

A Ⅰ型アレルギー

Ⅰ型アレルギーは、即時型アレルギー、あるいは IgE 依存型アレルギーとも呼ばれる。その IgE 抗体産生の過程を図 8-62 に示す。Ⅰ型アレルギーは、**好塩基球**あるいは**肥満細胞**の表面上にある **Fc 受容体**に結合した **IgE 抗体**に抗原が反応することにより、それらの細胞から遊離される化学伝達物質によって引き起こされる生体反応である（図 8-63）。Ⅰ型アレルギーは、この化学伝達物質が血管透過性亢進、粘液腺分泌亢進、平滑筋収縮などを引き起こすことで生じる。この型のアレルギーは、抗原と接触してから症状が発現するまでの時間が短時間であることから、**即時型アレルギー**と呼ばれる。アレルギー反応が激しく、全身に起こる場合には、急速に血圧が低下するショックをきたすことがある。これを**アナフィラキシーショック**という。

B Ⅱ型アレルギー

Ⅱ型アレルギーは、IgG や IgM 抗体が自己抗原や同種抗原と反応することによって、細胞膜上に抗原抗体複合体が形成され、それが傷害されて破壊される（図 8-64）。このタイプのアレルギーは、補体結合の有無によって補体結合性細胞溶解型と抗体依存性細胞性細胞傷害型の 2 つに分類される。**補体結合性細胞融解型**は、自己の細胞膜上の抗原に対する抗体が反応し、これに血液中の補体成分が結合して細胞を溶解することで起きる。代表的な疾患としては、自己赤血球に対する抗体と補体の作用によって起こる**自己免疫性溶**

図 8-61 胸腺における T 細胞の分化

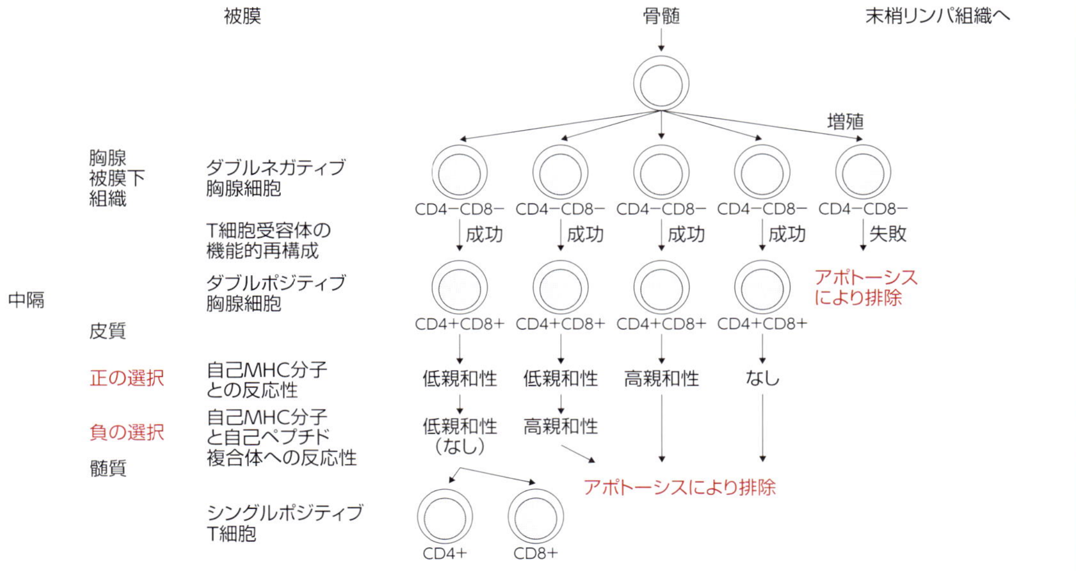

表 8-13　アレルギーの分類と特徴

	Ⅰ型 アナフィラキシー型	Ⅱ型 細胞溶解型	Ⅲ型 免疫複合体型	Ⅳ型 遅延型過敏型
特徴	抗原（アレルゲン）が体内に侵入すると、即時的に反応が起こる。	細胞膜に付着している抗原（アレルゲン）と、抗体が結合して反応する。	抗原と抗体との免疫複合体が小血管壁に沈着して、炎症を起こす。	抗原感作を受けたＴ型リンパ球が、組織障害を起こす。
反応時間	15～30分	－	3～8時間	1～2日
関与する抗体	IgE	IgG、IgM	IgG、IgM	なし
関与する細胞	肥満細胞、好塩基球	細胞傷害性Ｔ細胞、マクロファージ	多核白血球、マクロファージ	感作Ｔ細胞、マクロファージ、好中球、好酸球
補体の関与	なし	あり	あり	なし
標的細胞・組織	皮膚、肺、腸管	皮膚、赤血球、白血球	皮膚、血管、関節、腎臓、肺	皮膚、肺、甲状腺、中枢神経など
主な疾患	蕁麻疹、食物アレルギー、花粉症、アレルギー性鼻炎、気管支喘息、アトピー性皮膚炎、アナフィラキシーショック	自己免疫性溶血性貧血（AIHA）、不適合輸血、特発性血小板減少性紫斑病（ITP）、リウマチ熱、グッドパスチャー症候群、重症筋無力症、橋本病、円形脱毛症	血清病、全身性エリテマトーデス（ループス腎炎）、急性糸球体腎炎、関節リウマチ、過敏性肺臓炎、リウマチ性肺炎、多発性動脈炎、アレルギー性血管炎	① Th1細胞とマクロファージによる反応：ツベルクリン反応、接触性皮膚炎 ② Th2細胞と好酸球による反応：気管支喘息、アレルギー性鼻炎 ③細胞傷害性Ｔ細胞による反応：接触性皮膚炎、移植免疫、腫瘍免疫 ④Ｔ細胞と好中球による反応：ベーチェット病

図 8-62　IgE 抗体の産生経過

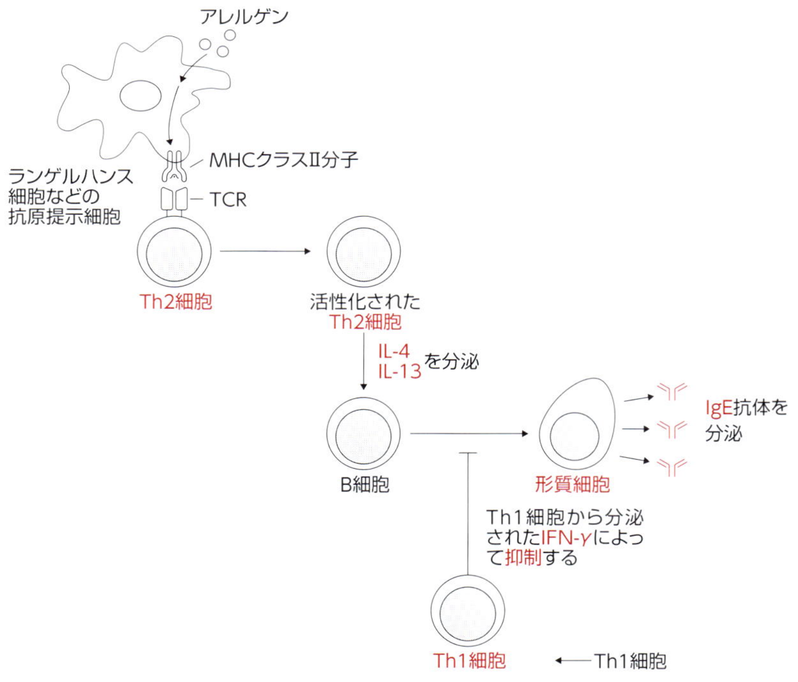

図 8-63　I 型アレルギーの機序

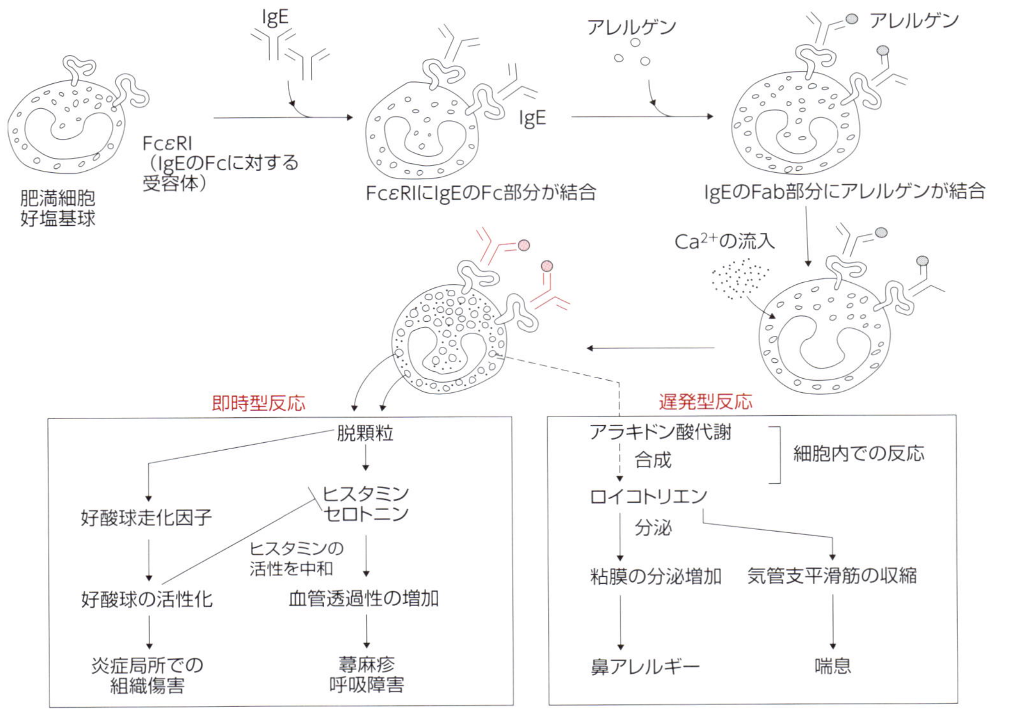

図 8-64　II 型アレルギーの機序

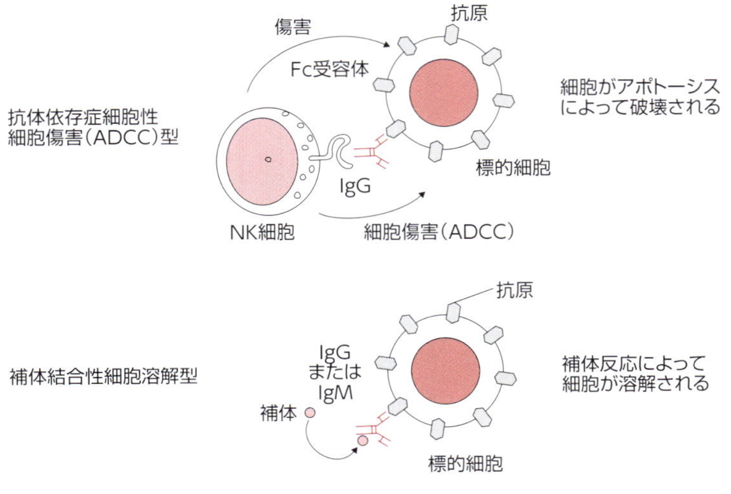

血性貧血や**新生児溶血性疾患**などがある。また、**Goodpasture 症候群**(グッドパスチャー症候群)は、基底膜に対する自己抗体が出現し、肺胞および腎糸球体が傷害する。

抗体依存性細胞性細胞傷害は、細胞表面の IgG に NK 細胞、マクロファージ、好中球が結合して、細胞が傷害される。NK 細胞が抗体に覆われた標的細胞から活性化を受けて、この細胞を非特異的に傷害する。これを**抗体依存性細胞傷害**という。

C　III 型アレルギー

遊離抗原と抗体が結合した**免疫複合体**が組織に沈着し、その複合体に補体が結合して活性化される。活性化された補体は、組織の細胞膜を破壊し、肥満細胞からヒスタミンなどの化学伝達物質が放出させて血管透過性が亢進する。これによって、血漿成分の滲出、白血球の浸潤が起こり、血液凝固系が活性化されてフィブリンの析出が生じる。こうして免疫複合体の沈着する組織に炎症性の組織障害が生じる（図 8-65）。

アルサス反応は、感作されて血中に適当量の抗体（主に IgG 抗体）が存在する場合、適当量の抗原を皮内または皮下に注射すると、4 ～ 11 時間をピークとして発赤、浮腫を生じ、48 時間後には終結することをいう。

D　IV 型アレルギー

抗原の侵入から数日を経て発症することから、**遅延型アレルギー**と呼ばれる。抗原と T 細胞がもつ T 細胞受容体を介して結合し、それによって活性化された T 細胞から種々のサイトカインが分泌される。それによってマクロファージや好中球の浸潤、血管透過性亢進による血漿の滲出、線維芽細胞の増殖などによる組織障害が起こる（図 8-66）。活性化マクロファージはさらに IL-1 や TNF-α を分泌して、反応を増幅させる。

図 8-65　Ⅲ型アレルギーの機序

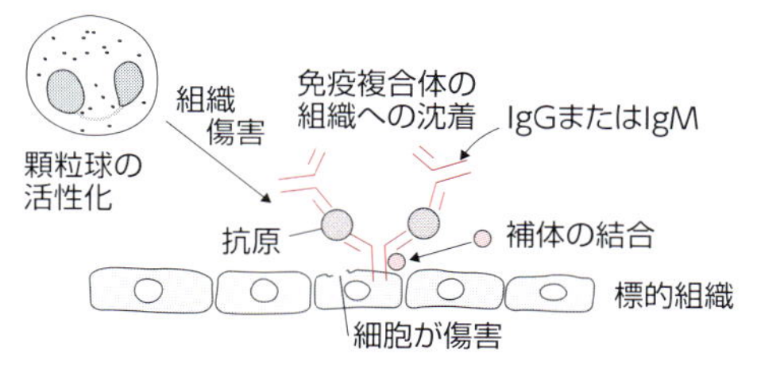

図 8-66　Ⅳ型アレルギーの機序

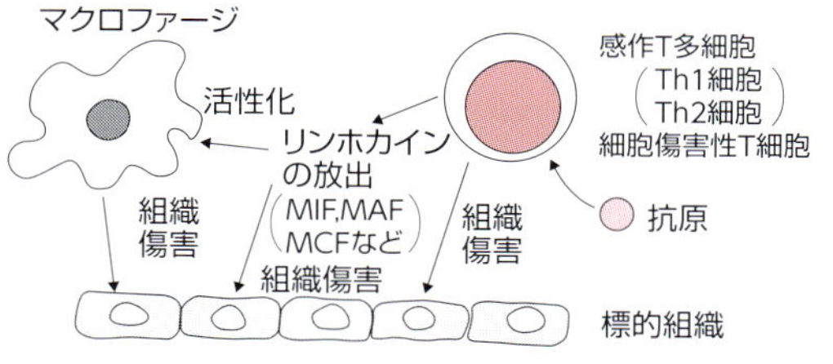

E　V 型アレルギー

V 型アレルギーは、II 型アレルギーのひとつである。抗体の作用によって組織の機能が異常亢進または異常低下する疾患を V 型アレルギーという。**甲状腺刺激ホルモン受容体**に対する自己抗体が存在すると、甲状腺細胞は反応して甲状腺刺激ホルモンの量に関係なく T3、T4 を分泌するようになり、**甲状腺機能亢進症**となる。**重症筋無力症**は神経筋接合部における**アセチルコリン受容体**に対する自己抗体によって受容体が破壊されるので、神経末端より分泌されるアセチルコリンを感知できなくなり、筋肉収縮ができなくなる。

8.6.5　移植・輸血免疫

移植とは、臓器、組織あるいは細胞をとり出し、その個体の他の部位、または他の個体に移し植え込むことである。**輸血**は、血液細胞の移植ということができるので、移植のひとつとして捉えることができる。

移植された臓器・組織・細胞を**移植片**といい、移植を提供する人を**ドナー**、提供を受ける人を**レシピエント**という。

レシピエントが、移植片に対して起こす移植免疫反応が**拒絶反応**である。移植免疫は、**細胞傷害性 T 細胞**による反応が主となるが、既存の抗 HLA 抗体も強力な移植拒絶反応の原因となる。

自己の移植片をその人自身に移植することを**自家移植**といい、一卵性双生児間での移植を**同系移植**という。また、同じ種の間（ヒトからヒト）の移植を**同種移植**といい、異なる種の間（サルからヒト）の移植を**異種移植**という。これらの移植は遺伝的背景が大きく異なるため、拒絶反応が起こる。拒絶反応は発症の時期、メカニズムの相違によって、**超急性拒絶反応**、**促進性拒絶反応**、**急性拒絶反応**、**慢性拒絶反応**に分類される（表 8-14）。また、移植免疫には**移植片対宿主病**という免疫応答が起こることがある。この免疫応答は、造血幹細胞移植のような移植片に免疫担当細胞が多量に含まれている場合にみられる。

A　移植片対宿主病

移植片対宿主病（GVHD）とは、移植したドナーの**細胞傷害性T細胞**がレシピエントの組織・細胞を異物として認識し、レシピエントの組織を破壊する病態をいう。このGVHDは造血幹細胞移植の際に起こりやすい。また、輸血によっても起こることが知られており、これを**輸血後GVHD**と呼ぶ。

B　免疫システムの抑制

移植では、さまざまな原因によって拒絶反応が引き起こされる。拒絶反応は、免疫応答能を完全に抑制すれば発生しないが、一方で感染に対する防御も抑制されるので、感染症に罹りやすくなる。拒絶反応は、**免疫抑制薬**と呼ばれる薬によって制御することができる。免疫抑制薬は、代謝拮抗薬、アルキル化薬、生物活性物質、生物学的製剤に分類される（表8-15）。また、免疫抑制作用をもつステロイド薬も利用される。

表8-14　拒絶反応の種類とその原因

種類	発症時期	反応様式	発症原因
超急性拒絶反応	移植後24時間以内	抗HLA抗体による移植片傷害	既存のIgGタイプの抗HLAクラスI抗体に対応する抗原陽性の移植片が移植された場合に発症する。
促進性拒絶反応	移植後2～7日	抗HLA抗体による移植片傷害	検出限度以下の低力価抗体ないし以前に産生していたIgGタイプの抗HLAクラスI抗体対応する抗原陽性の移植片が移植された場合に二次応答が起こり発症する。
急性拒絶反応	移植後8～100日	細胞傷害性T細胞による移植片傷害	HLA抗原の不一致によって細胞傷害性T細胞が誘導されて発症する。
慢性拒絶反応	移植後100日以降	抗HLA抗体と細胞傷害性T細胞による移植片傷害	HLA抗原とマイナー組織適合抗原性の不一致によって誘導される。

表8-15　移植後の拒絶反応の防止に用いられるステロイド薬と免疫抑制薬

分類		薬剤一般名	主な作用
ステロイド薬		デキサメタゾン プレドニゾロン プレドニゾン	免疫システム全体を抑制する
代謝拮抗薬			核酸合成を阻害することで、白血球の産生を抑制する
	プリン拮抗薬	アザチオプリン ミゾリビン ミコフェノール酸モフェチル	
	ピリミジン拮抗薬	レフルノミド	
	葉酸拮抗薬	メトトレキサート	
アルキル化剤		シクロホスファミド	DNA構成塩基とアルキル化反応を起こして複製を阻害することで、白血球の産生を抑制する
生物学的製剤		バシリキシマブ ムロモナブ-CD3	免疫システムの特定部分を標的として抑制する
生物活性物質		シクロスポリン タクロリムス グスペリムス エベロリムス	T細胞とB細胞の活性化を抑制、IL-2の産生を抑制する

第 9 章 遺伝

準備教育モデル・コアカリキュラム

2 生命現象の科学	到達目標	SBOコード
(2) 生命の最小単位－細胞		
【遺伝子と染色体】	メンデルの法則を説明できる。	2(2)-5-1
	遺伝子型と表現型の関係を説明できる。	2(2)-5-2
	性染色体による性の決定と伴性遺伝を説明できる。	2(2)-5-4

薬学準備教育ガイドライン

(5) 薬学の基礎としての生物	到達目標	SBOコード
【細胞分裂・遺伝・進化】	遺伝と DNA について概説できる。	F(5)-4-1
	遺伝の基本法則（メンデルの法則など）を説明できる。	F(5)-4-2
	性染色体による性の決定と伴性遺伝を説明できる。	F(5)-4-5

医学教育モデル・コアカリキュラム

B 医学一般	到達目標	SBOコード
3 病因と病態		
(1) 遺伝子異常と疾患・発生発達異常		
	メンデル遺伝の 3 つの様式を説明し、代表的な遺伝性疾患を列挙できる。	B3(1)-2
	多因子遺伝が病因となる疾患を列挙し、その特徴を説明できる。	B3(1)-3
	染色体異常による疾患のなかで主なものをあげ、概説できる。	B3(1)-4
	個体の発達異常における遺伝因子と環境因子の関係を概説できる。	B3(1)-5
	ミトコンドリア遺伝子の変異による疾患を例示できる。	B3(1)-6

9.1 遺伝と DNA

私たちがもつ形態的・生理的特徴は、次の世代へと受け継がれていく。このような個人のもつ情報が次の世代に受け継がれることを**遺伝**という。遺伝情報は染色体に含まれる DNA 上に刻まれている。すなわち、遺伝とは DNA に書き込まれた情報の引き継ぎということになる。遺伝が決まった規則に従って親から子へ受け継がれていることを突き止めたのはグレゴール・ヨハン・メンデル（Gregor Johann Mendel）である。また、遺伝の本体が DNA であることを突き止めたのは、アルフレッド・デイ・ハーシー（Alfred Day Hershey）とマーサ・コールズ・チェイス（Martha Cowles Chase）である。

9.1.1 核酸の発見

スイス人医学者のヨハン・フリードリッヒ・ミーシャー（Johann Friedrich Miescher）は、細胞核に関する研究を行っていた。彼は、病院で手術の際に傷口を覆うのに使用された包帯を集め、そこに付着している白血球の死骸である膿から核を抽出し、研究に使用していた。彼は、1869 年にそこからリンと窒素を含む新しい巨大分子を発見し、その物質を**ヌクレイン**と呼んだ。現在、ミーシャーの発見したヌクレインは、DNA として広く知れ渡っている。

ヌクレインの分析研究は、ミーシャー以後も続けられ、この物質が酸性の物質であることがわかり、1889 年にミーシャーの弟子であるリチャード・アルトマン（Richard Altman）が**核酸**と命名した。

ミーシャーは、ヌクレインの化学組成を明らかにしているが、この物質が遺伝に関与するとは考えていなかった。その当時は、タンパク質の構造の複雑さが遺伝現象の多様性をもたらすと考えられていたためである。その後、DNA が遺伝情報を担っていることを示唆する研究が現れ、最終的に遺伝の本体が DNA であることが明らかになるのは 1952 年のことである。

9.1.2 形質転換の発見

イギリスの細菌病理学者であるフレデリック・グリフィス（Frederick Griffith）が 1928 年に**肺炎レンサ球菌**を使った実験を行った。肺炎レンサ球菌には、**莢膜**と呼ばれる菌体外多糖をもつ**S 型菌**と、もたない**R 型菌**がある。野生型で病原性がある S 型菌は、マウスに注射すると致死性を示す。それに対して R 型菌は突然変異体で病原性を失っており、マウスに注射しても肺炎に罹らない。また、肺炎レンサ球菌は煮沸によって死滅させることができる。

まず彼は S 型菌を注射すると、マウスが敗血症を起こして死ぬが、R 型菌を注射したマウスは死なないこと、また、S 型を熱処理してから注射してもマウスが死なないことを確かめた。ところが、病原性のない R 型菌と加熱処理した S 型を混ぜてから注射したところ、マウスは死に、血液中からは培養すると縁が滑らかなコロニーをつくる S 型菌が見つかり、マウスの体内で R 型菌が S 型菌に**形質転換**を起こすことを発見した（図 9-1）。

図 9-1　グリフィス/アベリーの実験

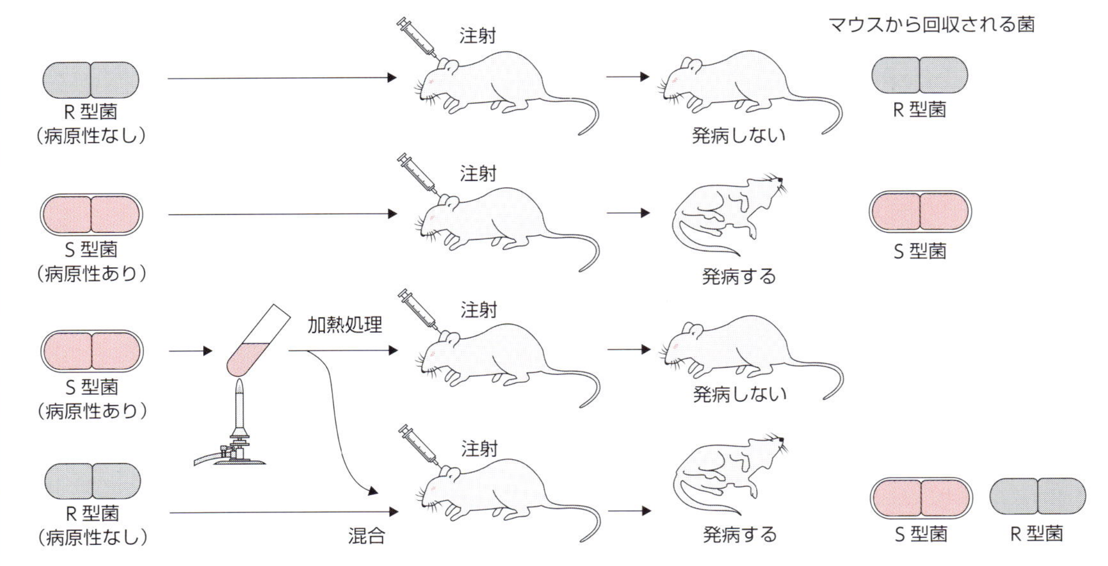

9.1.3　形質転換物質の発見

グリフィスの実験を受けてアメリカのオズワルド・セオドア・アベリー（エイブリーともいう、Oswald Theodore Avery）らは、形質転換を起こす物質がタンパク質ではなく核酸かもしれないと考えるようになり、形質転換物質がどのようなものであるかを追求することになった。

彼らは、肺炎レンサ球菌のS型菌から抽出した形質転換因子を加えると形質転換が起こるのだから、抽出物中のいろいろな物質を順番に壊して形質転換が起こるかどうかを調べてればよいのではないかと考えた。S型菌からの抽出物を遠心分離して、分子量の大きな分画を除いた上清をR型菌に加えて注射したところ、マウスは死亡した。すなわち、形質転換が起こったことになる。上清を**タンパク質分解酵素、多糖類分解酵素、RNA分解酵素**でそれぞれ処理してからR型菌に加えて注射したところ、マウスはいずれも死亡した。すなわち、形質転換が起こったことになる。ところが、**DNA分解酵素**で処理した上清をR型菌に加えて注射してもマウスは生存し、形質転換が認められなかった（図9-2）。DNAが形質転換物質の本体であること、すなわち遺伝子の本体であることを強く示唆する結果が1944年に公表されたが、多くの人はこの事実に対して懐疑的な見方をしていた。細菌やウイルスにDNAがあることさえ、必ずしも明確ではなかったからである。

9.1.4　遺伝の本体の発見

ウイルスはDNAにタンパク質の衣をかぶせたようなもので、生物とも無生物ともいえる不思議な存在である。ウイルスは自らタンパク質を合成できないので、細菌や他の生物の細胞内に侵入して、その細胞のタンパク質合成システムを利用することでタンパク質の外殻をつくる。このようなウイルスのうち、バクテリアを宿主とするものを**バクテリオファージ**という。

バクテリオファージは細菌に感染するウイルスの総称で、単にファージと呼ばれることがある。バクテリオファージ（以下、ファージという）はタンパク質の外殻に遺伝情報を担う核酸（主に二本鎖DNA）を頭部にもっている。ファージが大腸菌に感染すると、DNAのみを菌体内に注入する。ファージDNAの転写とタンパク質の合成が急速に起こり、子ファージが形成されて増殖する。増殖した子ファージによって大腸菌の細胞壁が破壊され、子ファージが大腸菌から出ていく。この破壊される現象を**溶菌**という。

ファージは、どのようにして大腸菌のなかで自

図9-2　エイブリーらの実験

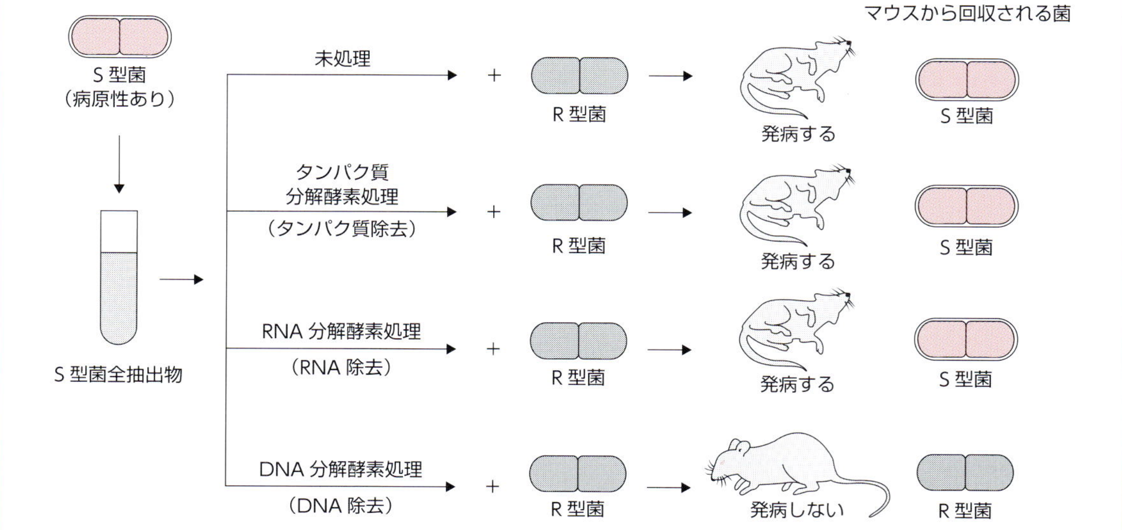

分と同じファージをつくり出しているのかをハーシーとチェイスが1952年に**ブレンダー実験**によって明らかにした（図9-3）。タンパク質を構成するアミノ酸とDNAを構成するヌクレオチドでは、1つずつ異なった元素を含んでいる。すなわち、アミノ酸にはSが、ヌクレオチドにはPが存在する。そこで、放射性同位元素である ^{35}S で標識したメチオニンと ^{32}P で標識したリン酸を含む培地で大腸菌に感染するファージを作成した。^{35}S は外殻タンパク質にとり込まれ、^{32}P はDNAにとり込まれる。このようにして作成したファージを大腸菌に感染させ、一定時間培養した後に、ブレンダーで激しく撹拌して大腸菌からファージを離した。遠心して上清と沈殿したペレット（このなかに大腸菌の菌体が含まれている）の放射能を調べた結果、タンパク質を標識した ^{35}S は上清のみに検出された。一方、DNAを標識した ^{32}P はペレットのみに検出された。やがて子ファージが出てくるが、これらの子ファージには ^{32}P が認められるものの、^{35}S が認められなかった。親のファージのDNAが子ファージをつくるために利用されたが、タンパク質は利用されなかったということになる。この実験によって、遺伝物質の本体がDNAであることが確定したのである。

図9-3　ハーシーとチェイスによるバクテリオファージのブレンダー実験

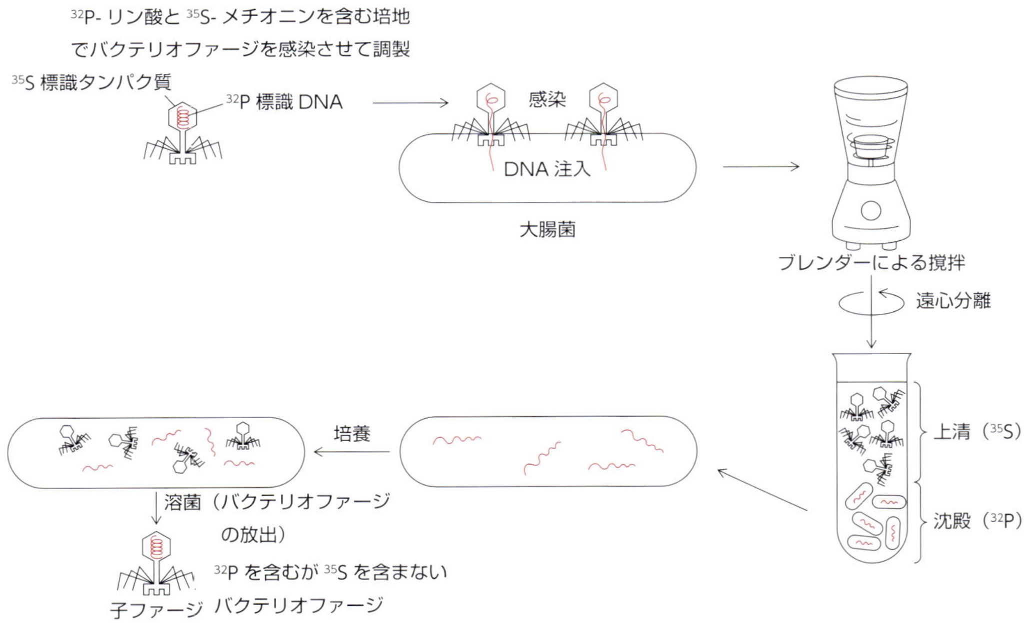

9.2　遺伝の基本法則（メンデルの法則）

9.2.1　メンデルの実験

グレゴール・メンデルは、チェコ共和国にある聖トーマス修道院の修道士を務めるかたわら、修道院の庭の一角で1856～1863年の7年間にかけてエンドウの交雑に関する研究を行っていた。この実験結果と解釈は、地域の自然史研究会において発表された後、1866年に「植物雑種の研究」という論文にまとめて、チェコ共和国のブルノ自然科学誌に発表した。しかし、評価されることなく論文は埋もれてしまった。それから34年後の1900年にヨーロッパの異なる国でそれぞれが独立して別々に研究を行っていたユーゴ・ド・フリース（Hugo de Vries）、カール・コレンス（Carl

Correns)、エルリッヒ・フォン・チュルマック（Erich von Tschermak）らがメンデルと同様な研究を発表し、その論文のなかで彼の業績が再評価された。

メンデル以前に、遺伝の概念は存在していたが、交配の実験から明瞭な法則性を見出すことに成功する人が誰もいなかった。その理由として、雑種が使われたためにきれいな結果が得られなかった。そこで、彼は、実験を始める前に、自家受粉させて親と同じ特徴をもつ子孫だけをつくる純系品種を得るための作業を行った。たとえば、丸い豆をつける純系品種は常に丸い豆だけをつける。一方、しわの豆をつける純系品種は常にしわの豆だけをつけるということである。彼は、実際の実験にあたって、明らかに対照的な形質をもつ7対の品種を選んだ。選ばれた対照的な形質は、種子の形（丸い豆としわのある豆）、種子の色（黄色と緑色）、種皮の色（有色と白色）、さやの形（ふくれるとくびれる）、さやの色（緑色と黄色）、花の位置（腋生と頂生）、茎の丈（高性と低性）である（図 9-4）。

9.2.2　遺伝学の用語

A　ホモ接合体とヘテロ接合体

エンドウの種子が丸としわ、黄色と緑色のように、お互いに対となる形質を**対立形質**という。この対立形質を規定して、お互いに対となる遺伝子を**対立遺伝子**という。エンドウの種子が丸を規定する対立遺伝子は R で、しわは r で表される。

着目する遺伝子について、その対立遺伝子が同一である場合を**ホモ接合体**といい、異なる場合を**ヘテロ接合体**という。エンドウの種子が丸（R）としわ（r）を規定する対立遺伝子の組み合わせで RR または rr がホモ接合体、Rr がヘテロ接合体である。なお、遺伝子名や対立遺伝子記号はイタリック体で記述することになっている。

B　表現型と遺伝子型

環境によって規定される細胞または生物個体の身体的、形態的、生化学レベルでの観察可能な特徴を**表現型**という。表現型として現れてくる遺伝的性質を**形質**といい、遺伝形質を決定し、両親から子、細胞から細胞へ伝えられる因子を**遺伝子**という。遺伝子の本体は DNA（一部で RNA のことがある）である。遺伝子は、遺伝情報の最小単位としてとらえられ、通常は1つの遺伝子が1つのタンパク質の情報に対応する。これを**一遺伝子一酵素説**という。染色体においてそれぞれの遺伝子が占める位置で転写される領域の単位を**遺伝子座**（座位ともいう）という。

生物個体の遺伝的基礎をなす遺伝子構成（組み合わせ）を**遺伝子型**という。たとえば、エンドウの丸という表現型を遺伝子型では、RR と Rr と

図 9-4　メンデルの実験に使用された7種類の形質と実験の結果

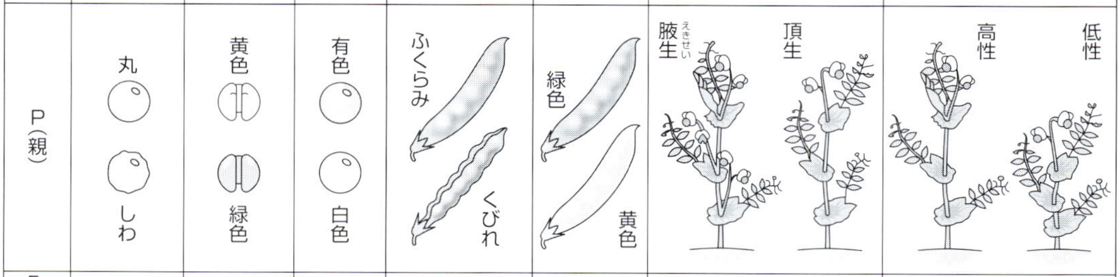

形質	種子の形	子葉の色	種皮の色	さやの形	さやの色	花の位置	茎の丈
F_1（優性）	丸	黄色	有色	ふくらみ	緑色	腋生《えきせい》	高性
F_2の個体数	丸 5474 しわ 1850	黄色 6022 緑色 2001	有色 705 白色 224	ふくらみ 882 くびれ 299	緑色 428 黄色 152	腋生 651 頂生 207	高性 787 低性 277
F_2の分離化	2.96：1	3.01：1	3.15：1	2.95：1	2.82：1	3.14：1	2.84：1

いう対立遺伝子の組み合わせで表すことができる。しわという表現型は *rr* という遺伝子型で表せる。メンデルは自分の実験結果を説明する際に、エンドウの形質を決定するものを要素と呼んだ。彼の考えた**要素**は、まさしく現在の遺伝子そのものである。

C　交配と交雑

2 個体間で受粉、接合、受精を行うことを**交配**という。このとき、両親の遺伝子型については問題とならない。特に遺伝子型の異なる 2 個体間での交配を**交雑**という。

D　純系と雑種

着目するすべての遺伝子についてホモ接合体で、他の形質に著しい変異を伴わない個体からなる系統を**純系**という。自家受精または近親交配をくり返すことによってつくられる。

1 つあるいはそれ以上の形質に違いがある 2 種類の異なる品種の交配で生じ、両者の形質を併せもつ子孫を**雑種**という。また、ある対立遺伝子をそれぞれホモ接合体でもつ両親間の交雑によって生じる第一代目の子を**雑種第一代**（F_1）という。1 対の対立遺伝子についてのみ異なる両親間の雑種を**一遺伝子雑種**といい、2 対の場合を**二遺伝子雑種**という。

9.2.3　優性の法則

メンデルが注目した形質のうちで、しわのある種子をつける純系品種の花粉を用いて丸い種子をつける純系品種と交配したところ、得られた雑種第一代（F_1）はすべて丸い種子であった。彼は、また丸い種子をつける純系品種の花粉を用いてしわのある種子をつける純系品種と**逆交雑**を試みたところ、F_1 世代でみられる形質はまったく同じ丸い種子だけであった（図 9-5）。この結果から、2 つの形質についてどちらを雄親としても、雌親としても結果に影響しなかった。彼が注目したその他の形質についても F_1 世代でみられる形質は、両親のどちらか一方の特徴のみを示し、もう一方

図 9-5　メンデルの法則—優性の法則と分離の法則

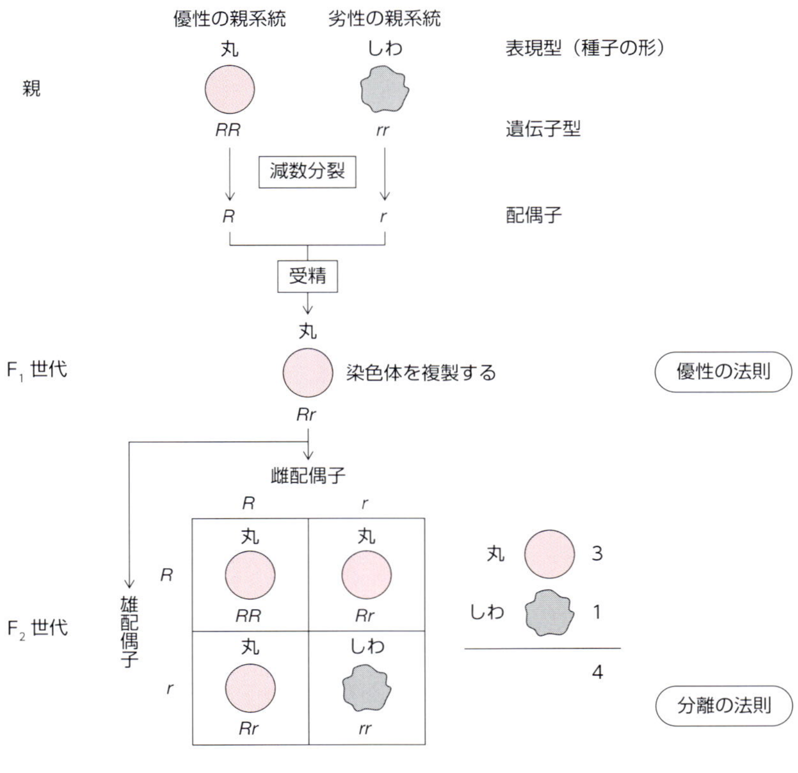

の特徴が現れなかった。彼は、F_1 において片方の親に由来する遺伝子が、もう一方の親に由来する遺伝子の性質を覆い隠してしまうと考えたのである。メンデルは、F_1 世代で現れる特徴を**優性形質**、現れない特徴を**劣性形質**と呼んだ。このように優性形質と劣性形質との交雑より、F_1 世代で優性形質だけが現れることを**優性の法則**（優劣の法則ともいう）という。

9.2.4　分離の法則

劣性形質のしわのある種子と優性形質の丸い種子を交配して得られた F_1 世代では、丸い種子のみが現れた。この丸い種子の F_1 世代を自家受粉して得られた F_2 世代の種子では、丸い種子としわのある種子が3:1の比率で現れた。この現象は、彼が注目した他の6つの対立する形質間で行った自家受粉においてもすべて3：1の比率でそれぞれの形質が現れた。

メンデルは、個々の生殖細胞（配偶子）が、対立遺伝子のうちのどちらか一方だけをもつという仮説を立てた。この間、2つの対立遺伝子は、変化することなく、混じり合うこともないので、劣性の性質は覆い隠されただけであって、次の世代に再び現れることが可能だと考えた。このように、F_1 世代において両親から受け継いだ1対の対立遺伝子が融合せず、減数分裂の際にお互いに分かれて別々の生殖細胞に受け継がれることを**分離の法則**という。

丸い種子としわのある種子とを例にとって考えてみると、丸い種子をつける純系品種では、すべての生殖細胞が丸の対立遺伝子（R）だけをもち、しわのある種子をつける純系品種では、すべての生殖細胞がしわの対立遺伝子（r）だけをもつ。F_1 世代においては、R と r をそれぞれ1つずつ受け継ぐのでヘテロ接合体の Rr という遺伝子型になる。R（丸）は r（しわ）に対して優性であるので、F_1 世代では r が隠され R の形質である丸のみが現れる。このヘテロ接合体の Rr 遺伝子型をもつ F_1 世代を自家受粉すると、対立遺伝子 R と対立遺伝子 r をもつ配偶子がランダムに組み合わさって F_2 世代に受け継がれる。その比率は、RR（丸い種子）:Rr（丸い種子）:rr（しわの種子）＝1：2：1となる（図9-5）。これを表現型の比率で表すと、丸い種子:しわの種子＝3:1となる。

9.2.5　独立の法則

メンデルは、一遺伝子雑種のみならず二遺伝子雑種についても分析した。メンデルが注目した形質のうちで、種子の形がしわで色が緑色の種子をつける純系品種と、形が丸で色が黄色の種子をつける純系品種と交配したところ、得られた F_1 世代はすべて形が丸で色が黄色の種子であった。この丸で黄色の種子の F_1 世代を自家受粉させて得られた F_2 世代では、丸で黄色の種子：丸で緑色の種子：しわで黄色の種子：しわで緑色の種子＝9：3：3：1の比率で現れた（図9-6）。1対の対立遺伝子のみに注目すると、丸い種子：しわの種子＝(9＋3)：(3＋1)＝3：1、黄色の種子：緑色の種子＝(9＋3)：(3＋1)＝3：1となり、一遺伝子雑種の結果と一致する。種子の形と色を規定している各対立遺伝子は、配偶子が形成される際に互いに干渉することなく、ランダムに分配されることを示している。このようなしくみを**独立の法則**という。

丸の種子の対立遺伝子を R、しわのある種子の対立遺伝子を r、黄色の種子の対立遺伝子を Y、緑色の種子の対立遺伝子を y とした場合、親世代は種子の形が丸で色が黄色の種子をつける純系品種の遺伝子型を $RRYY$、種子の形がしわで色が緑色の種子をつける純系品種の遺伝子型を $rryy$ で表すことができる。それぞれの配偶子の遺伝子型は、独立の法則と分離の法則から、RY と ry となる。親世代の交配によってできた二遺伝子雑種の F_1 世代の遺伝子型はすべて $RrYy$ となる。優性の法則から、この F_1 世代はすべて種子の形が丸で色が黄色の形質を示す。この F_1 世代では RY、Ry、rY、ry の4種類の配偶子が同数ずつ、すなわち1：1：1：1の割合でできる。

図9-6のように、この丸で黄色の種子の F_1 世代を自家受粉させて得られた F_2 世代の遺伝子型

図 9-6　メンデルの法則ー独立の法則

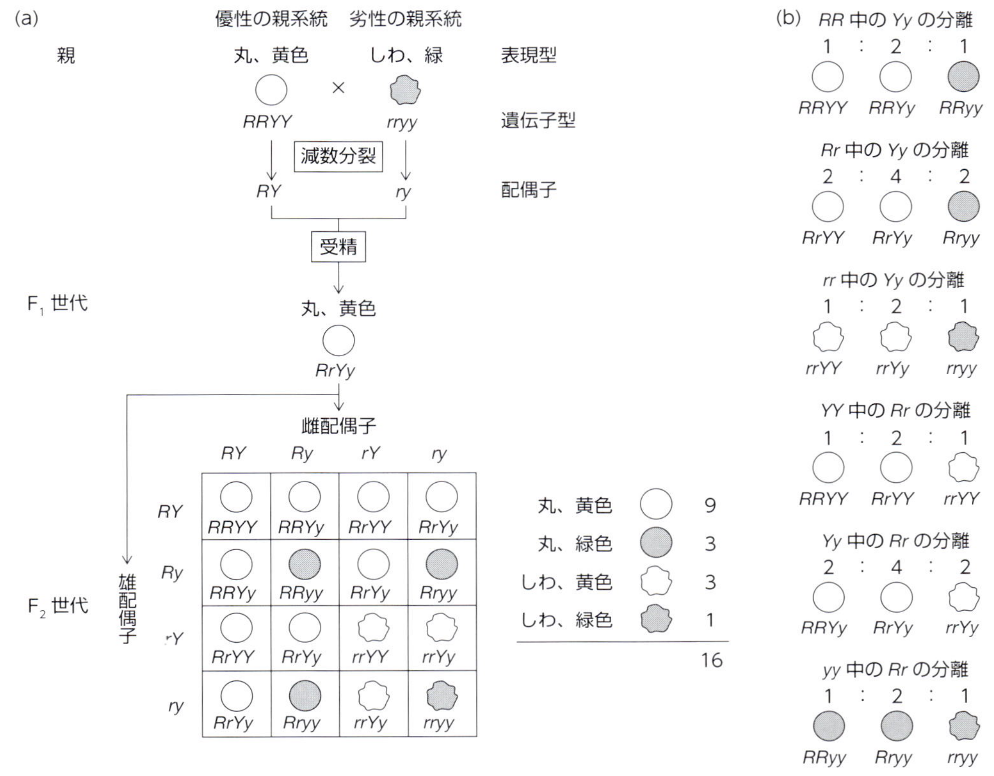

の組み合わせは全部で 16 通りになる。これを遺伝子型でみてみると、*RY*（丸で黄色の種子）：*Ry*（丸で緑色の種子）：*rY*（しわで黄色の種子）：*ry*（しわで緑色の種子）＝ 9：3：3：1 となる。メンデルが行った実験結果は、F_2 世代おいて丸で黄色の種子：丸で緑色の種子：しわで黄色の種子：しわで緑色の種子＝ 315：108：101：32 ＝ 9.84：3.38：3.16：1 であった。しかし、それぞれの形質ごとにみてみると、丸い種子：しわの種子＝(315 ＋ 108)：(101 ＋ 32) ＝ 3.18：1、黄色の種子：緑色の種子＝ (315 ＋ 101)：(108 ＋ 32) ＝ 2.97：1 となり、一遺伝子雑種で期待される 3：1 と一致した。

9.2.6　メンデルの法則における例外（非メンデル遺伝）

メンデルが選んだ 7 種類の形質は、ほとんどが別々な染色体上に存在し、対立形質が 2 種類で優劣の関係がみられたために、例外のない法則として報告できたのである。その後、たくさんの例外が明らかにされ、一般的な形で成り立つのは、分離の法則だけである。このことは、メンデルの考え方に誤りがあったということを意味するものではなく、実験家としての資質に優れていたことを示している。遺伝様式には、メンデルの法則に従う**メンデル遺伝**と従わない**非メンデル遺伝**がある。非メンデル遺伝には、核染色体上に存在する遺伝子に基づくものと、細胞核外の構造体に存在する遺伝子に基づくものがある。

A　連鎖

1 本の染色体上にはたくさんの種類の遺伝子が散在している。減数分裂の際に染色体はひとかたまりになって受け継がれるので、同じ染色体の上にのっているすべての遺伝子は、この染色体と行動をともにして 1 つの生殖細胞に移る（図 9-7）。**独立の法則**は、2 対以上の対立遺伝子が生殖細胞に入っていく際に互いに独立に組み合わさり、偶

図 9-7　連鎖遺伝のしくみ

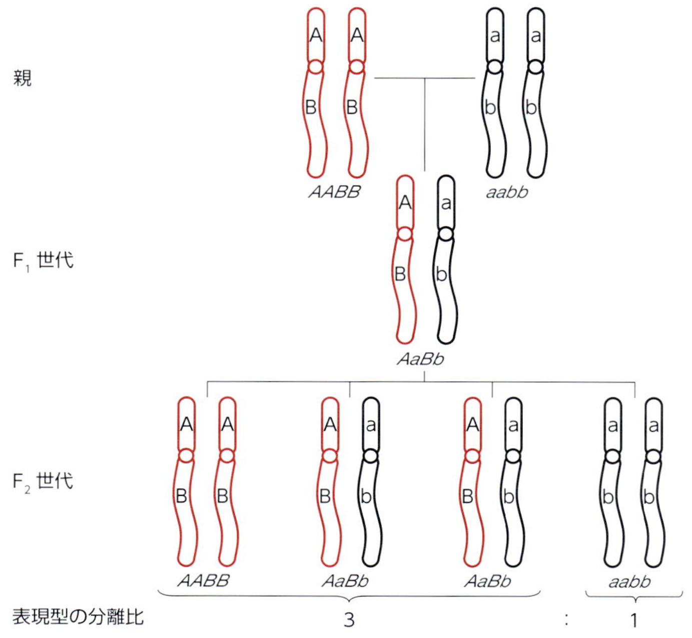

然的に遺伝するというものである。同じ染色体にのっている遺伝子のセットは、常に行動をともにするので、必ず同じセットが遺伝することになる。したがって、独立に遺伝することはできないので、独立の法則が当てはまらないことになる。

連鎖とは、同一染色体上に存在する 2 種類以上の非対立遺伝子が、メンデルの独立の法則に従わずに互いに結びついて行動することをいう。

連鎖の現象は、メンデルの法則が再発見された直後の 1910 年にウィリアム・ベイトソン（William Bateson）とレジナルド・クルンダル・パネット（Reginald Crundall Punnett）によって発見された。また、スイートピーで花色と花粉の形について交雑実験を行うと、F_2 世代においてそれぞれの対立形質が 3：1 に分離するが、花色と花粉の形を組み合わせた場合は、9：3：3：1 の二遺伝子雑種の比率を示さず、同じ親からきた 2 つの形質が期待より高い頻度で組み合って行動するという現象が示された（図 9-8）。この現象は両者の対立形質を支配する対立遺伝子が同一染色体上に存在するために生ずるということを指摘した。

同じ染色体上に存在する対立遺伝子が完全に結合して、常に子孫へ受け継がれ続けるとは限らない。それは減数分裂の際に、相同染色体間などで交差が起こり、新たな対立遺伝子の組み合わせができるという組換え現象が起きることがあるからである。この組換えの可能性は、2 つの遺伝子座間の距離に比例する。

B　不完全優性

さまざまな生物に関して、その形質の遺伝を調べているうちに、対となる対立遺伝子の一方が他方に対して必ずしも優劣の関係を示さないことが判明した。ヘテロ接合体において、2 つの対立遺伝子の中間的な表現型を示すような遺伝現象である。このような中間的な表現型を示す遺伝現象を**不完全優性**という。雑種第一代で両親の中間の表現型が現れる遺伝を**中間遺伝**といい、この中間的な表現型を示す個体を**中間雑種**という。

この中間遺伝を示す代表的なものとしてマルバアサガオやオシロイバナの花色がある。赤色の花や白色の花のマルバアサガオやオシロイバナを交雑させると、F_1 世代の雑種はすべて中間色のピンク色になる。このピンク色の花を自家受粉させると、F_2 世代では赤色の花：ピンク色の花：白

図 9-8　連鎖遺伝ースイートピーの花色と花粉の形

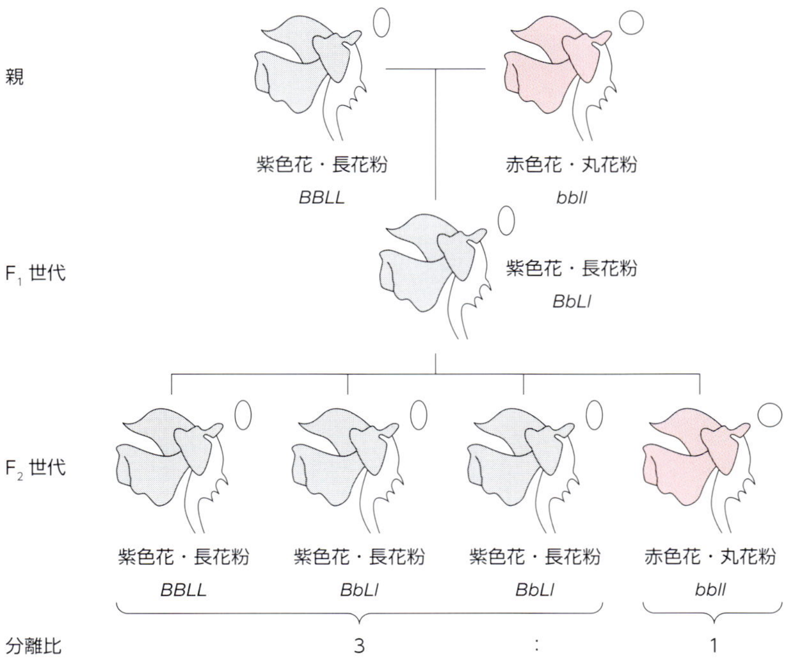

色の花が 1：2：1 の比率で現れる（図 9-9）。

C　複対立遺伝子

これまでの遺伝に関しての記述は、それぞれの遺伝子座に最高で 2 つの対立遺伝子が存在して、そのひとつの対立遺伝子が優性で、もうひとつが劣性というものであった。個々人でみた場合には、1 つの遺伝子座について最大で 2 種類の対立遺伝子が存在できる。しかし、集団でその遺伝子座をみた場合に、3 種類以上の対立遺伝子が見つかることがある。このように 1 つの遺伝子座に 3 つ以上の対立遺伝子が存在する場合、それらの対立遺伝子を**複対立遺伝子**という。

ヒトの **ABO 血液型**において、*A* 型の対立遺伝子と *B* 型の対立遺伝子はどちらもが優性を示す。一方、*O* 型の対立遺伝子は劣性を示し、遺伝子型が *OO* のときに初めて表現型が O 型となる。*A* と *B* の対立遺伝子を 1 つずつもつ場合の表現型は AB 型となる。なお、このようにヘテロ接合体の遺伝子型において、いずれの対立遺伝子の存在も表現型として示されることを**共優性**という。

D　補足遺伝子

ある 1 つの形質が 2 つ以上の非対立遺伝子が共存したときにだけ、その形質が出現する場合がある。このように互いに補いあって新しい 1 つの形質をつくり出す非対立遺伝子を**補足遺伝子**という。

もっとも代表的な例は、スイートピーの花色である。系統の異なる白色系統どうしを交雑すると、F_1 はすべてが紫色の花になり、そして F_2 では紫色の花と白色の花が 9：7 の比になることがある。これは、花青素（植物色素のひとつアントシアンの別名）を生じるには色素原と酸化酵素を要することに関係している。白色の花の甲品種は、色素原をつくる遺伝子 *C* をもつが、酸化酵素をつくる遺伝子 *P* をもたない。他方、白色の花の乙品種は、色素原をつくる遺伝子 *C* をもたないが、酸化酵素はつくる遺伝子 *P* をもつためである。すなわち、前者の遺伝子型は *CCpp* で、後者は *ccPP* である。両者の交配による F_1 では、*CcPp* となり色素原も酸化酵素もつくることができるから紫色の花となる。しかし、F_2 では配偶子の組

図 9-9　不完全遺伝ーマルバアサガオの花色

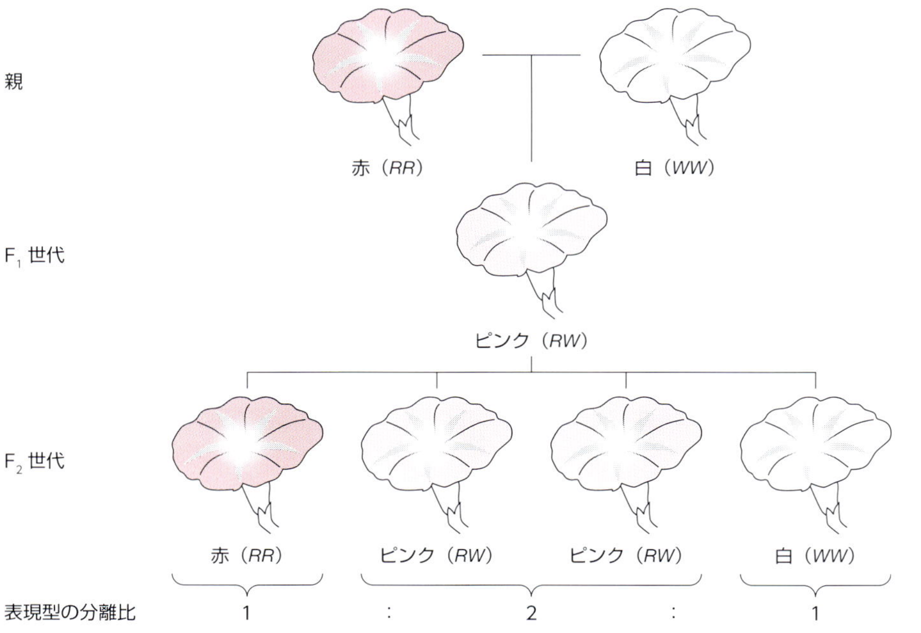

み合わせから、紫色の花と白色の花の比は 9：7 となる（図 9-10）。

E　抑制遺伝子

カイコのまゆは一般に白色で、これは黄色のまゆに対して劣性であるが、欧州産の白まゆには、黄色のまゆに対して優性のものがある。この優性の白色のまゆと黄色のまゆとの交配（$IIyy \times iiYY$）では、F_1 はすべて白色のまゆ（$IiYy$）となるが、F_1 どうしの交配による F_2 では、白色のまゆと黄色のまゆが 13：3 の比率で出現する（図 9-11）。
黄色のまゆにする遺伝子 Y があっても、その働きを抑える遺伝子 I があると、色素ができず白色のまゆになる。遺伝子 I のようなに他の遺伝子の働きを抑える遺伝子を**抑制遺伝子**という。

F　致死遺伝子

ハツカネズミの場合、毛色が黄色の個体どうしを交配すると、F_1 において黄色と黒色の個体が 2：1 の比で生まれる（図 9-12）。毛色が黄色は他の色に対して優性であるから、ヘテロ接合体（Yy）どうしの交配と考えると、F_1 では 3：1 の分離比で現れるはずである。ハツカネズミには、毛色を黄色にする優性遺伝子 Y が劣性の致死作用を示す。そのため、遺伝子型が YY の黄色の個体は発生の初期に死に至り、F_1 の比が 2：1 となる。このように劣性の致死作用をもつ遺伝子を**致死遺伝子**という。

G　条件遺伝子

ハツカネズミの毛色には、前述の致死遺伝子で記述した黄色と黒色以外に、白色と灰色の系統がある。灰色の系統と白色の系統を交雑すると、F_1 では毛色がすべて灰色になり、F_1 どうしを交配すると、F_2 では灰色：黒色：白色が 9：3：4 の比で生まれる（図 9-13）。毛色を黒色にする着色遺伝子を A、黒色を灰色に変化させる遺伝子を B とすると、着色遺伝子と灰色に変化させる遺伝子がともに優性の場合〔AB〕に灰色が、着色遺伝子のみ優性の場合〔Ab〕に黒色が、それ以外の場合（〔aB〕および〔ab〕）に白色が発現すると考えられる。このように、遺伝子 A の存在条件下で働く遺伝子 B のことを**条件遺伝子**という。条件遺伝子は補足遺伝子の特殊なものである。

図 9-10　スイートピーの花色の遺伝形式（補足遺伝子）

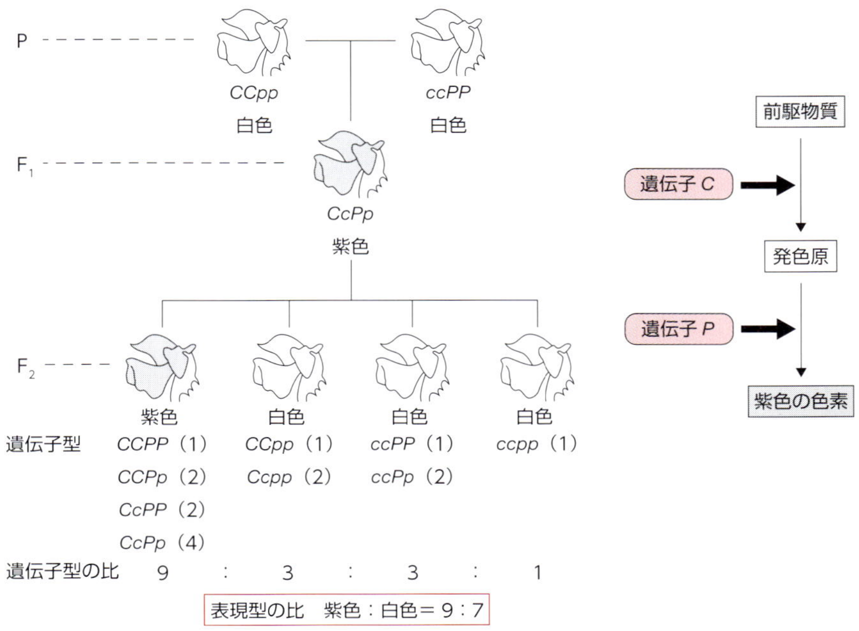

図 9-11　カイコのまゆ色の遺伝形式（抑制遺伝子）

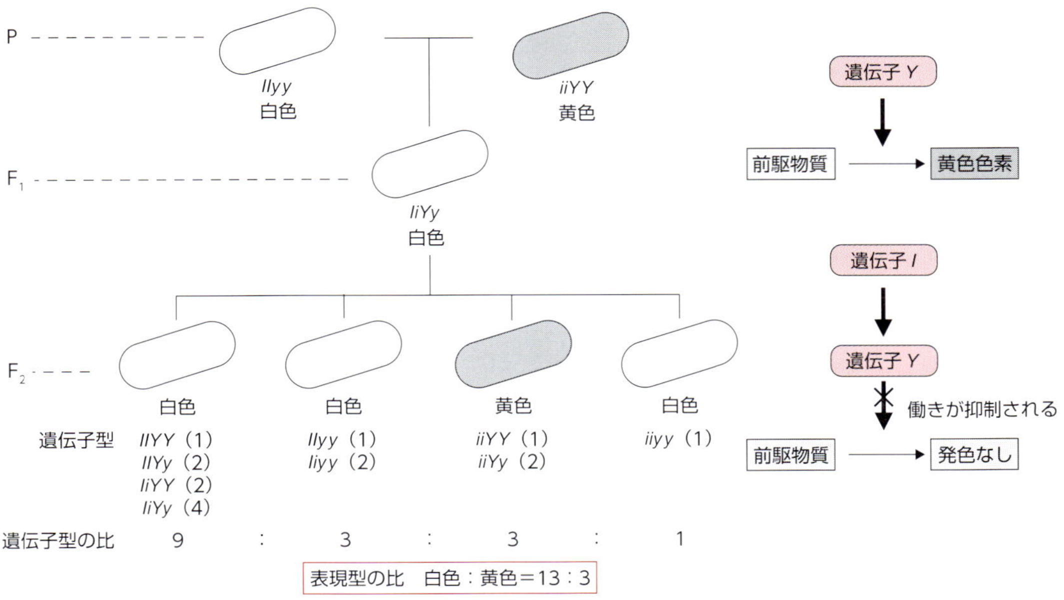

H　ポリジーン遺伝

一般にヒトの身長などのように量的に計測できる形質は、1つの遺伝子座における対立遺伝子によって受け継いだものでなく、多数の異なる遺伝子座に位置する対立遺伝子が少しずつこの特徴に影響を及ぼしていると考えられている。個々の対立遺伝子の作用はきわめて弱いが、多数の異なる対立遺伝子が同義的に補足しあい、量的に計測できる形質に発現させる遺伝を**ポリジーン遺伝**という。

図 9-12　ハツカネズミの毛色の遺伝形式（致死遺伝子）

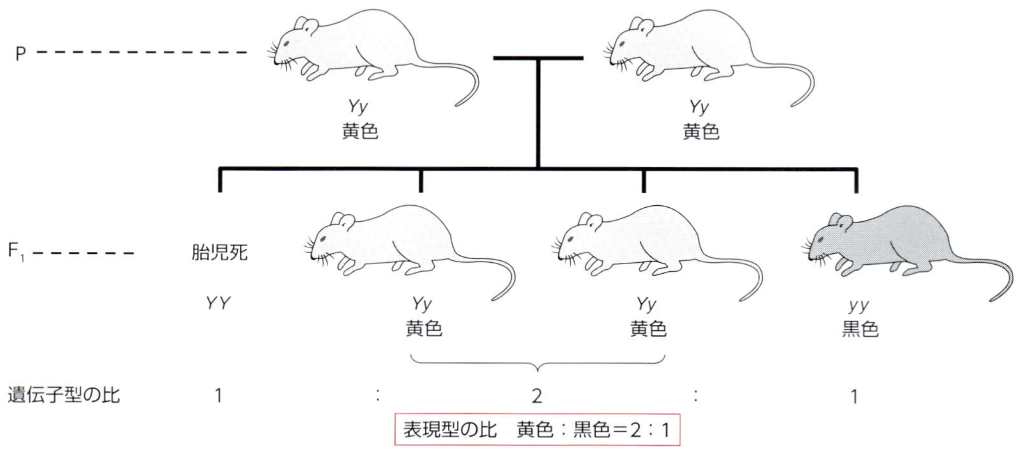

Y は毛色を黄色にする優性遺伝子であると同時に劣性の致死遺伝子である。
Y は毛色を黒色にする劣性遺伝子である。

図 9-13　ハツカネズミの毛色の遺伝形式（条件遺伝子）

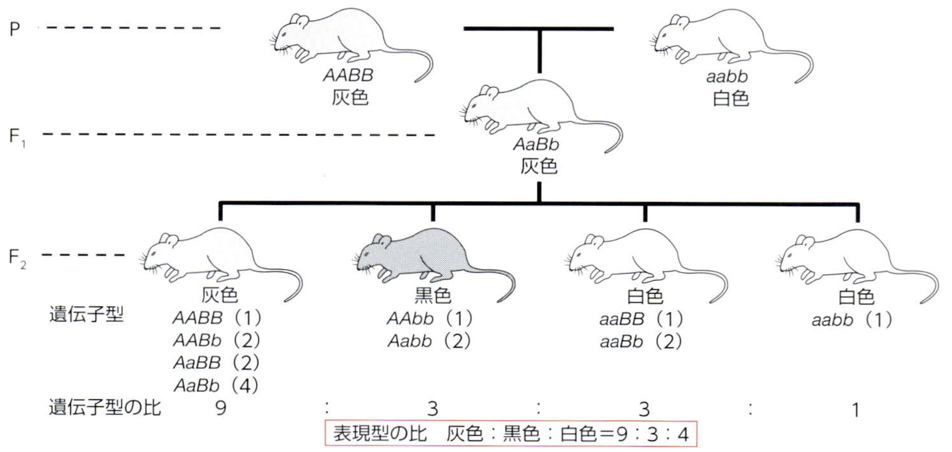

I　伴性遺伝

雌雄の分化がある生物において、雌雄によって異なる形や数を示す染色体で、雌雄の分化や生殖細胞の形成に関与する染色体を**性染色体**という。性染色体の形態から雌が同型、雄が異型の染色体をもつとき、雄にある異型染色体を **Y 染色体**、雌雄双方に存在する同型の染色体を **X 染色体**と呼ぶ。この型では減数分裂によった、雌では X 染色体、雄では X 染色体または Y 染色体をもつ 2 種類の生殖細胞が形成される。

性染色体上に存在する遺伝子の遺伝を**伴性遺伝**といい、常染色体上にある遺伝子と異なり、常に性別と関係した特別な遺伝をする。ヒトの性染色体には、男性だと X 染色体と Y 染色体がそれぞれ 1 本ずつ、女性だと X 染色体が 2 本存在する。X 染色体をもつ卵と X 染色体をもつ精子が受精すると XX 接合体が形成され、女性となる。一方、X 染色体をもつ卵と Y を染色体もつ精子が受精すると XY 接合体が形成され、男性となる（図 9-14）。

ヒトの X 染色体には、両方の性に欠かせない多くの遺伝子を含むが、Y 染色体には男性に対す

図 9-14　伴性遺伝

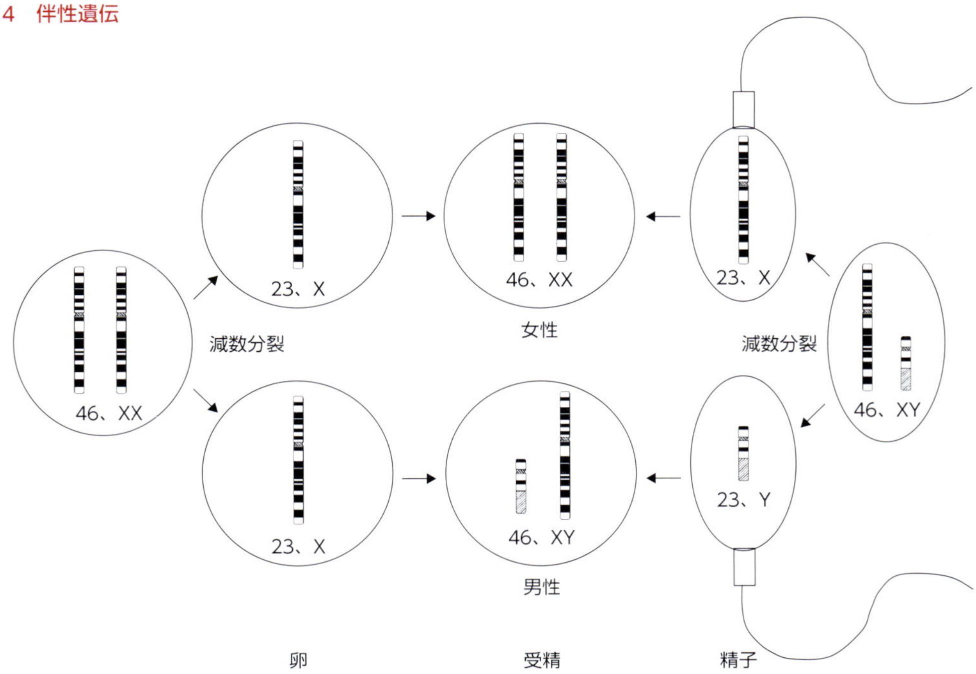

図 9-15　母性遺伝

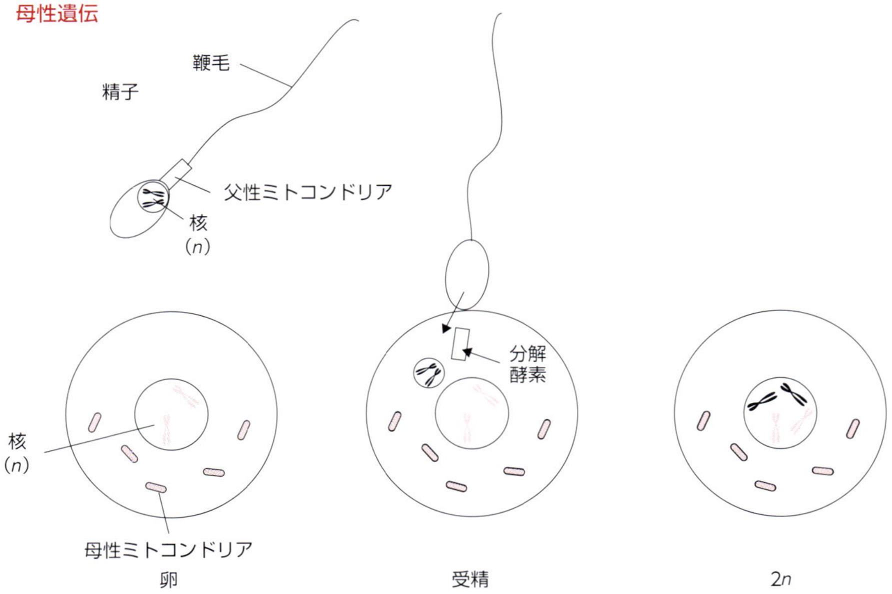

る遺伝子のみしか含まれていない。ヒトの染色体は二倍体であるにもかかわらず、1個または多数の遺伝子について単価であり、相同の相手をもたないような接合体を**ヘミ接合体**という。ヒトの男性はヘテロ接合型のXYの性決定をするので、男性ではX染色体上の遺伝子は相同相手の遺伝子をもたず、ヘミ接合体となる。色覚異常や血友病といった疾患は、X染色体に位置する遺伝子によって支配される劣性遺伝子であるが、このヘミ接合体状態にあると劣性遺伝子が1つだけでもその作用が発現される。

男性は、自らを男へと導くY染色体を父から受け継ぎ、母からただ1つのX染色体を受け継ぐことから、X染色体に伴うすべての遺伝子は母親から受け継ぐことになる。すなわち、男性が示すX染色体由来の形質は、母親の遺伝子によって規定されてしまうことになる。

J　ミトコンドリアの遺伝

核内のゲノムDNAに基づく遺伝以外に、細胞質中の遺伝因子およびそれに支配されている形質の遺伝が存在する。このような遺伝形式を**細胞質遺伝**または**核外遺伝**という。遺伝物質の本体であるDNAは核の染色体のほかに、細胞質中の**葉緑体**や**ミトコンドリア**にも存在している。

ミトコンドリアは、卵子の細胞質に多数存在するが、精子鞭毛中片部にもわずかに存在する。しかし、精子中のミトコンドリアは卵子のなかに核ゲノムDNAを渡した後、ユビキチン化されているため、卵子のなかで破壊される。そのため、もともとの卵子のなかに存在していたミトコンドリアのみが減数分裂後も引き継がれる。すなわち、ミトコンドリアDNAは常に**母性遺伝**する（図9-15）。

なお、ヒトのミトコンドリアゲノムDNA（mtDNA）は、16,569塩基対からなる環状の二本鎖DNAで、37種類の遺伝子が存在する。

9.3　遺伝性疾患

病気の発症に、遺伝子DNAの変化がかかわっている疾患を**遺伝性疾患**（遺伝病ともいう）という。遺伝性疾患は、同じ疾患をもつ患者が家系のなかにみられ、その原因が遺伝による疾患であった。しかし、ほとんどの疾患は生まれながらにしてもっている遺伝要因とさまざまな環境要因の相互作用によって生じる。疾患のなかで遺伝要因の関与が特に高い疾患が遺伝性疾患であるともいえる。

遺伝性疾患では、生殖細胞を含めて、からだを構成するすべての細胞に原因遺伝子の異常が存在して、その疾患を発症させる。その遺伝子異常は、メンデルの分離の法則に従って子孫に遺伝する。子孫には遺伝しないが、遺伝子の異常によって発症する疾患を**遺伝子病**と呼んで、遺伝性疾患と区別している。遺伝子病は、1個または複数個の体細胞中で、単一または複数の遺伝子に変異が生じて、機能が異常になったために発症する疾患である。遺伝子病の原因となる遺伝子異常の要因としては、DNA損傷を引き起こすような環境因子や感染症などがあげられる。

9.3.1　単一遺伝子疾患

単一遺伝子疾患はメンデル遺伝病ともいい、1つの遺伝子異常によって発症する遺伝性疾患である。単一遺伝子疾患は遺伝様式により、常染色体優性遺伝性疾患、常染色体劣性遺伝性疾患、X連鎖性劣性遺伝性疾患、X連鎖性優性遺伝性疾患、Y連鎖性遺伝性疾患の5タイプに分類される。

メンデルの分離の法則によって、私たちは両親から1つずつ遺伝子を受け継ぐ。そのとき、ある遺伝子について正常な対立遺伝子を A、変異な対立遺伝子を a とすると、AA、aa のように同一の対立遺伝子をもつホモ接合体と Aa のように異なった対立遺伝子をもつヘテロ接合体が生まれる。遺伝性疾患は aa で発症する場合と、Aa でも発症する場合がある。病気を発症しない健康な人の遺伝子を AA で表すと、Aa でも発症するのが優性遺伝性疾患で、aa にならないと発症しないのが劣性遺伝性疾患である。劣性遺伝性疾患において Aa は発症しないが、疾患原因遺伝子を保有するので、無症候性の**保因者**（キャリア）になる。

ヒトの遺伝性疾患のうち、常染色体に起因するのが約95%（優性遺伝が約65%、劣性遺伝が約30%）で、残りの約5%が性染色体に起因する。また、性染色体に起因する遺伝性疾患は、ほとんどがX染色体に連鎖している。

A　常染色体優性遺伝性疾患

常染色体優性遺伝性疾患は（図 9-16）、両親から受け継いだ対の常染色体の遺伝子のうちどちらか一方が正常であっても、片方に異常があれば発病する遺伝性疾患で、2,000 種類以上が報告されている。常染色体優性遺伝性疾患には、ハンチントン病や家族性腺腫性ポリポーシスなどがある。

ハンチントン病は手、顔、首、肩などが不随意運動で動く病気である。第 4 染色体短腕部（4p16.3）に位置する *HD* 遺伝子のエクソン 1 にある CAG といった 3 塩基のくり返しが正常では 27 回以下であるのに対して、患者では 36 回以上のくり返しが存在している。この遺伝子からつくられるハンチントンタンパク質が大きく延長するため、神経細胞の損傷が誘発される。

家族性腺腫性ポリポーシス（家族性大腸ポリポーシスともいう）は第 5 染色体長腕部（5q21-q22）に存在する *APC* 遺伝子の異常による遺伝性疾患である。腸に 100 個以上の腺腫（ポリープ）ができる疾患で、年齢とともに大腸癌に罹患する率が大きくなる。この家族性腺腫性ポリポーシスには、第 1 染色体（1p34.3-p32.1）に位置する *MUTHY* 遺伝子が原因となって起こるタイプの存在が明らかとなっている。この場合の遺伝形式は、常染色体劣性遺伝性疾患である。

B　常染色体劣性遺伝性疾患

常染色体劣性遺伝性疾患は（図 9-17）、両親から同じ突然変異をもった遺伝子をそれぞれ受け継いで、その対立遺伝子がホモ接合体になったときにのみ発症する遺伝性疾患である。常染色体劣性遺伝性疾患は、**先天代謝異常症**を中心に 600 種類以上が知られており、一般的に生命や生活維持に重大な問題を生じることが多い。また、その発症の頻度は、1 万～ 10 万人に 1 人とされており、その保因者の頻度は、50 ～ 160 人に 1 人と推定される。常染色体劣性遺伝性疾患には、フェニルケトン尿症や鎌状赤血球貧血などがある。

フェニルケトン尿症は、アミノ酸のひとつであるフェニルアラニンの代謝に問題があり、これが体内に蓄積すると脳の細胞に有害な作用を

図 9-16　常染色体優性遺伝

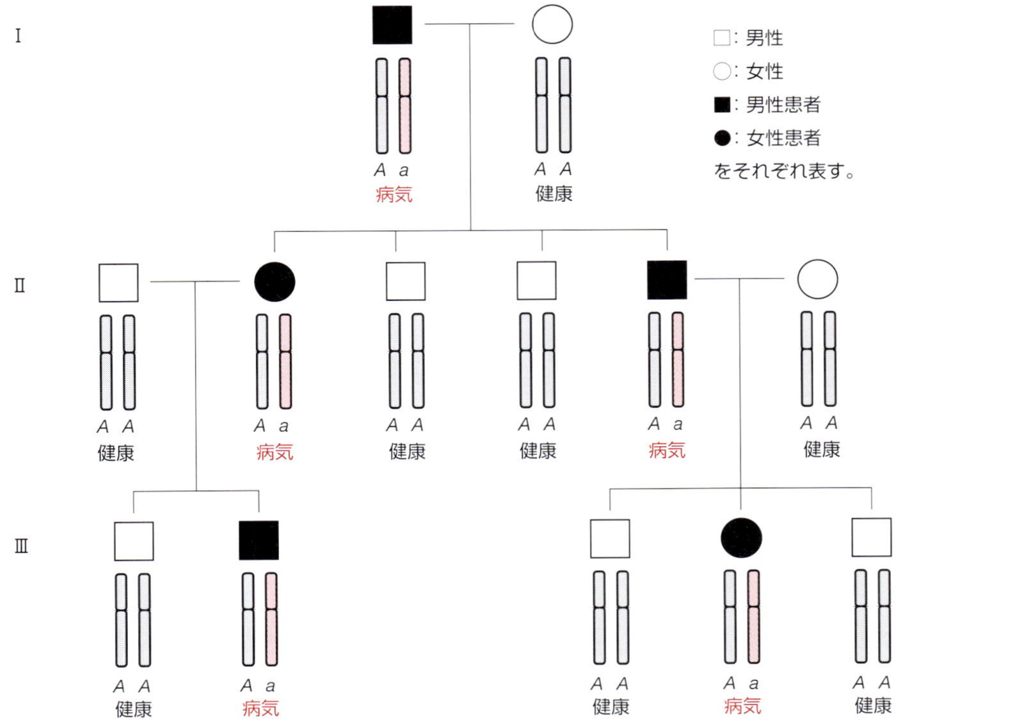

図 9-17　常染色体劣性遺伝

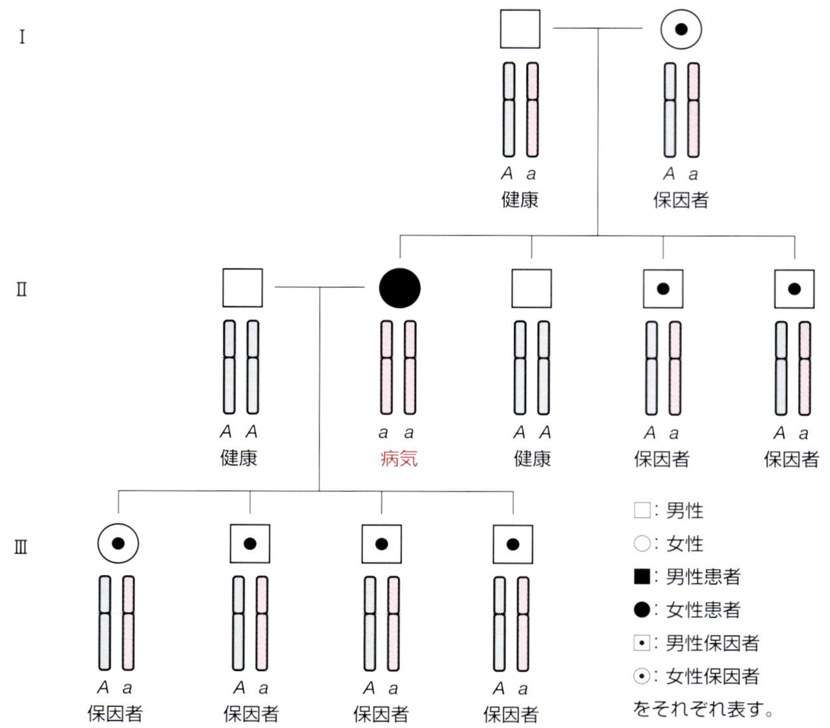

与え、精神薄弱や神経症状を起こす疾患である。フェニルケトン尿症は、第 12 染色体長腕部（12q22-q24.1）に位置し、フェニルアラニン水酸化酵素を規定する *PAH* 遺伝子の異常によって発症する。

鎌状赤血球症（鎌状赤血球貧血ともいう）は、第 11 染色体短腕部（11p15.5）に位置するグロビン β 鎖遺伝子の 17 番目の塩基がアデニンからチミンに変化することで、ヘモグロビンを構成するグロビン β ポリペプチド鎖の 6 番目のアミノ酸がグルタミン酸からバリンに変化した遺伝性疾患である（図 9-18）。赤血球の形状が鎌状になり酸素運搬能が低下して起こる貧血症であるが、日本ではほとんどみられず、主にアフリカ、地中海沿岸、中近東、インド北部でみられる。

C　X 連鎖性遺伝性疾患

X 染色体に存在する遺伝子に突然変異が起きた遺伝性疾患を **X 連鎖性遺伝性疾患**という。X 連

図 9-18　鎌状赤血球症の原因

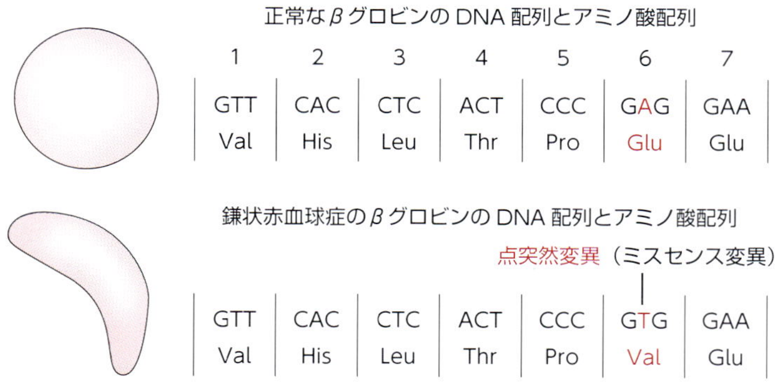

鎖性遺伝性疾患はX染色体に存在する遺伝子に関係するため、男性と女性で発症の様式が異なるという特徴がある。また、父親のX染色体上の遺伝子は女児に受け継がれるが、男児には受け継がれない。一方、母親はX染色体を2本もっているため、男児と女児の区別なしに、どちらかが子どもに受け継がれる。

X染色体上の正常型対立遺伝子を *XA* とし、その変異型遺伝子を *Xa* とすると、男性が変異遺伝子 *Xa* を受け継ぎ、*XaY* の遺伝子型になった場合、*Xa* 自身が劣性遺伝子であったとして、X染色体が1本のヘミ接合体のため、その影響を反映してその男性は発症する。そのため、X連鎖劣性遺伝性疾患の患者のほとんどが男性である。

女性の遺伝子型が *XAXA* の場合は正常、*XAXa* の場合は無症候性の保因者になり、発症することがない。しかし、遺伝子型が *XaXa* のホモ接合体になると劣性遺伝性疾患のように発症する。父親の遺伝子型が *XaY* で、疾患を発症した患者であるという条件を満たす場合にのみ女性の発症がみられることになる。そのため、実際にはきわめて少ないといえる（図9-19）。例外的に、女性の2本のX染色体のうち1本が機能を停止し、不活性化した状態にあることが原因になって、*XAXa* の女性であっても軽症ではあるが発症することがまれにみられることがある。

イギリス、ドイツ、ロシア、スペインの4つの王家に現れ、帝政ロシア最後の皇太子アレクセイが血友病に罹っていたことは有名である。X連鎖劣性遺伝性疾患には血友病、デュシェンヌ型筋ジストロフィー、赤緑色覚異常など約500種類が知られている。血友病は、一部の凝固因子の活性が不十分なことによって起こる先天性出血性疾患である。血友病には、第VIII因子欠乏症の血友病Aと第IX因子欠乏症の血友病Bがある。その発症頻度は、男児出生約1万人に1人といわれている。血友病Aと血友病Bの発生比は約5対1である。

血友病A は、X染色体長腕（Xq28）に位置すると第VIII因子をつくる *HEMA* 遺伝子の異常に

図9-19　X連鎖性遺伝病

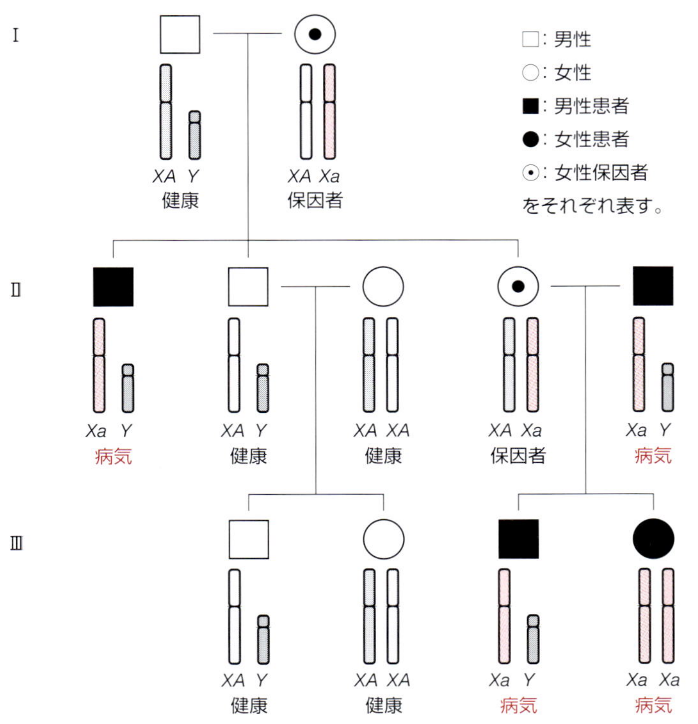

よって起こる疾患である。

血友病Bは、X染色体長腕（Xq27.1-27.2）に位置する第IX因子をつくる*HEMB*遺伝子の異常によって起こる疾患である。

筋ジストロフィーとは、進行性に筋肉が壊死・変性し、筋力がなくなっていく病気の総称で、そのなかでデュシェンヌ型筋ジストロフィーがもっとも多い。その発症頻度は男児出生約3,300人に1人といわれている。**デュシェンヌ型筋ジストロフィー**は、X染色体短腕（Xp21）に位置する*DMD*遺伝子の異常によって起こる疾患である。

9.3.2 染色体異常

先天的に染色体に異常がみられ、そのためにさまざまな症状を示す遺伝性疾患を**染色体異常**と呼んでいる。この染色体異常は、**数的異常**と**構造的異常**の2種類に大別される。染色体異常の頻度は、新生児160人に1人の割合とされている。

数的異常には倍数性と異数性がある。ヒトにおける**倍数性**は、半数性の染色体23本を3セット以上もつ異常をいう。三倍体では、染色体数が23×3＝69本となる。四倍体では染色体数が23×4＝92本となる。このような倍数性を示す胎児は通常、自然流産になる。**異数性**はある特定の染色体の数が増減するような異常をいう。一般的には流産することが多いが、一部で出生に至るものもある。精子や卵子はつくられる過程の減数分裂の第二分裂で、正常ならば二価染色体が1本ずつ2つの別々な細胞に分かれるので、精子や卵子には23本の染色体が含まれることになる。この減数分裂の際に染色体の分離がうまくいかないと、染色体数の多いか少ない精子や卵子がつくられる。この現象を染色体の**不分離**という。数的異常は、この不分離が原因となって生じる。この不分離が起こる原因として、母親の出産年齢と関係することが知られている。

数的異常の代表的なものとしては、染色体数が1つ少ない**モノソミー**、逆に1つ多い**トリソミー**がある。モノソミーの代表的な疾患としては、性染色体がモノソミーになっているターナー症候群がある。トリソミーの代表的な疾患としては、第21染色体が3本あるダウン症候群がある（図9-20）。

ターナー症候群は、正常女性の核型が46,XXなのに対して、X染色体が1本少なく、核型が45,Xとなる。発症頻度は、女児1,000～1,500

図9-20　ダウン症候群の原因

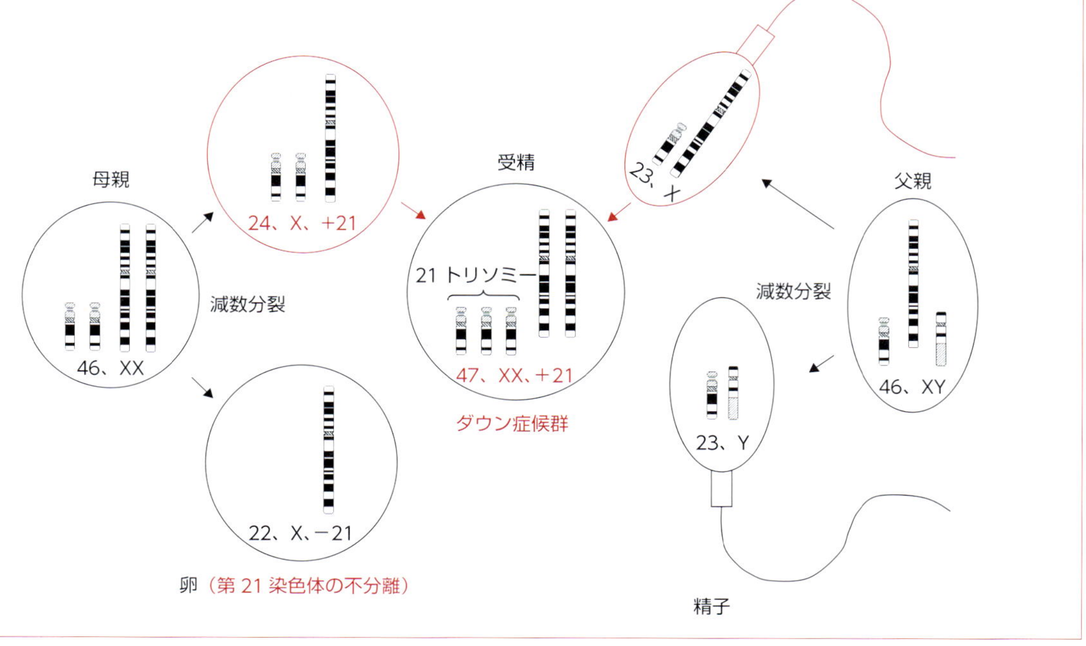

人に1人とされている。新生児期の四肢の浮腫、先天性心疾患、小児期の低身長、思春期の無月経などの症状がみられる。

ダウン症候群の頻度は一般的に新生児800人に1人とされているが、20歳未満の母親による出産では2000人に1人であるのに対して、40歳で100人に1人と母親の加齢により発生頻度は増加する。知的障害、先天性心疾患、低身長、筋力の弱さ、頸椎の不安定性、先天性白内障、眼振、斜視、屈折異常、難聴などの症状がみられる。

構造的異常には、染色体の一部分が失われる**欠失**、通常2つの染色体に切断が生じ、それぞれの断片が相互に別の染色体に結合する**相互転座**、同じ染色体の2か所で切断が生じ、その断片が通常の逆の向きに再結合した**逆位**、染色体の一部が切断されて相同染色体に組み込まれる**重複**など、さまざまなパターンが存在する（図9-21）。減数分裂の際に起こる相同染色体間に生じる**交差**（交叉と書くこともある）によって起こることが多い。構造的異常は、精子や卵が形成される過程で染色体の切断や再結合が起こることが原因である。その染色体の切断には、放射線や化学物質などが関係する。

構造的異常は均衡型と不均衡型の2種類に分けられる。**均衡型**は、均衡型相互転座や逆位のように染色体の過不足を伴わないもので、原則として無症状となる。**不均衡型**は、染色体の過不足を伴うもので、異常部位の特異性によってさまざまな症状が出てくる。

構造的異常による染色体異常症の代表的な例としては、脆弱X症候群と5p－（「ごぴーまいなす」と読む）症候群がある。

脆弱X症候群の原因は、X染色体上の*FMR1*遺伝子の機能不全とされている。*FMR1*遺伝子の第1エクソンにあるCGG反復配列の異常な伸長と考えられている。概して男性に多く、精神遅滞、巨大睾丸、染色体検査による脆弱X所見を主徴とする。発症頻度は、1,000人に1人とされている。原因が判明している知的障害のなかでは、ダウン症候群に次いで多い。

5p－症候群は、猫なき症候群ともいい、第5染色体短腕の一部が欠失することによって起こる染色体異常症で、5,000人に1人の割合で生まれる。出生時低体重、小頭症、離れた両目、強度の精神遅滞などの特徴があり、心奇形や腎奇形などの合併症をきたすことがある。

9.3.3　多因子遺伝性疾患

多因子遺伝性疾患は、遺伝子の突然変異と環境要因の相互作用によって起こる遺伝性疾患である。遺伝のみが原因で起こる病気の10倍以上の頻度で発生しており、統合失調症、てんかん、急

図9-21　染色体異常ー構造的異常（欠失、重複、逆位、相互転座）

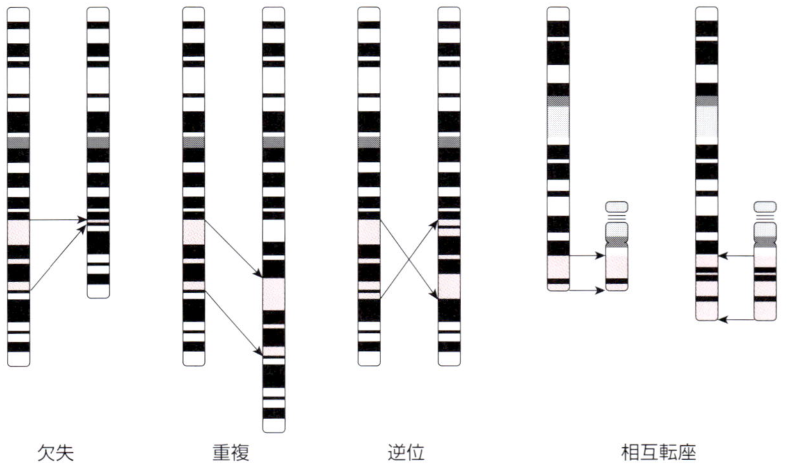

性心筋梗塞、糖尿病、高血圧など、さまざまな病気が多因子となり原因があるといわれている。これらの病気の多くは、若年時には発症せず、年をとってから発症する。

唇裂、**口蓋裂**という疾患は多因子遺伝性疾患のひとつで、唇裂は口唇部の先天的顔面奇形が、口蓋裂は口蓋正中線の先天的亀裂がみられる。唇裂、口蓋裂と呼ばれる疾患は家系調査を実施すると、ある家系に集中して現れる家系内集積性がみられるので、明らかに遺伝性疾患であるが、メンデルの法則に従わない。複数の遺伝子（個々の遺伝子の発現はメンデルの法則に従う）を想定し、それらの遺伝子群の相乗的な作用で病気の発現が決まると考えられている。ひとつひとつの遺伝子の作用は弱いので全体的には環境との相互作用で発現しているようにみえるため、多因子遺伝性疾患という。

9.4 集団遺伝学

これまでは個体レベルの遺伝現象を中心にみてきたが、ここでは集団レベルの遺伝現象について記述する。集団レベルの遺伝現象を扱う遺伝学の分野は**集団遺伝学**と呼ばれ、生物集団の遺伝的構造とその変化を支配する法則性を研究する学問分野と定義されている。生物の進化は、生物集団の遺伝的構造の変化にほかならないことから、集団遺伝学は進化の基礎をなす分野でもある。

9.4.1 遺伝子頻度と遺伝子型頻度

対象とする集団において、ある対立遺伝子がその集団のなかに含まれる割合を遺伝子頻度という。**遺伝子頻度**は、個体の遺伝子型の違いにかかわりなく、それぞれの対立遺伝子についてその頻度を求める。一方、個体の遺伝子型に注目して、その頻度を求めた場合を**遺伝子型頻度**と呼ぶ。遺伝子型頻度は、それらを形成するそれぞれの対立遺伝子の遺伝子頻度の積で表すことができる。

集団の遺伝的構造は、各遺伝子型の頻度によって完全に記述できるが、各遺伝子座の対立遺伝子の数が多くなったり、対象とする遺伝子座の数が多くなったりする場合には、遺伝子型の種類（組み合わせ）が膨大になるため非現実的である。このため、集団遺伝学では、遺伝子頻度によって集団の遺伝的特性を記述するのが一般的である。

9.4.2 ハーディ-ワインベルクの法則

集団遺伝学が主に対象とする生物集団は**メンデル集団**である。メンデル集団とは、個体相互の間で交配の可能性をもつ有性繁殖集団、あるいは同一の**遺伝子プール**を共有する有性繁殖集団と定義される。遺伝子プールは、ある特定の優性繁殖集団の遺伝形質を規定できる遺伝子群をいう。一般には、メンデル集団は有性生殖を行う種と同じと考えてよい。

遺伝子頻度と遺伝子型頻度を関連づける規則性が**ハーディ-ワインベルクの法則**である。1908 年、イギリスの数学者ゴッドフレイ・ハロルド・ハーディ（Godfrey Harold Hardy）とドイツの医者ウィルヘルム・ワインベルク（Wilhelm Weinberg）が独立に指摘したことから、このような名前で呼ばれる。ハーディ-ワインベルクの法則は、集団遺伝学の基礎をなす遺伝の法則で、ある生物種の個体群における対立遺伝子の遺伝子頻度は世代が移り変わっても変化しないという考え方である。この原理が成立するためには、集団のサイズが充分に大きく、雌雄間の交配がランダム（任意交配）に起こり、新たな突然変異が生じず、他集団からあるいは他集団への移住がなく、自然選択がない、という条件が必要である。

有性生殖をする二倍体生物の集団において、ある遺伝子座に 2 つの対立遺伝子、A と a があるとし、その遺伝子頻度をそれぞれ p および q とする。当然、この和は 1 であるから、$p + q = 1$ となる。

集団中には、A および a をもつ配偶子が、それぞれ、p および q の頻度で存在することになる（表 9-1）。さらに、任意交配を仮定しているので、次世代の接合体の頻度は、集団から 2 個の配偶子をランダムに抽出する確率になる。つまり、次世代の遺伝子型が AA である確率は、A をもつ配偶子を 2 回独立に抽出する確率になる。A である確率が p なので、これが 2 回独立に起こる確率は、$p \times p = p^2$ になる。同様に、aa である確率は q^2、Aa は $2pq$ となる。したがって、次世代の各遺伝子型の頻度は、$f(AA) : f(Aa) : f(aa) = p^2 : 2pq : q^2$ となる（表 9-1）。すなわち、$p^2 + 2pq + q^2 = 1$ で表すことができる。

ハーディ-ワインベルクの法則から予想される遺伝子型の頻度は、実際に観察された頻度にほとんど一致していることがわかる。このことは、少なくともこの遺伝子座に関して、結婚がランダムであり、また、血液型の間で適応度に差がないといった条件が成立していることを意味する。

有害な劣性遺伝病の場合、自然選択がないという先の条件を充たされないが、このような遺伝性疾患の患者（ホモ接合体）の頻度はきわめて低く、遺伝病遺伝子の大部分はヘテロ接合の状態で存在しているため、少なくとも短期的にはハーディ-ワインベルク平衡にあるとみなせる。このことを利用して遺伝性疾患の遺伝子頻度や保因者の頻度を推定できる。

表 9-1　ハーディ-ワインベルクの法則による遺伝子型頻度

		母親	
		A (p)	a (q)
父親	A (p)	AA (p^2)	Aa (pq)
	a (q)	Aa (pq)	aa (q^2)

子どもの遺伝子型頻度
$f(AA) = p^2$
$f(Aa) = 2pq$
$f(aa) = q^2$

常染色体劣性遺伝を示すフェニルケトン尿症の患者は、15,000 人に 1 人の割合で見出されるとされている。この遺伝性疾患の遺伝子頻度を q とすると、$q^2 = 1/15000$ であるから、$q = 0.00816$ と推定される。正常な対立遺伝子の頻度を p とすると、$p = 1 - q$ であるから、$p = 0.9918$ となる。保因者の頻度は、$2pq$ で表せるので、$2 \times 0.00816 \times 0.9918 = 0.01619$ となり、およそ 60 人に 1 人と推定される。つまり、保因者は患者の 250 倍もいることになる。

X 連鎖性遺伝病においては男性の出現頻度が遺伝子頻度に等しい。たとえば、ヒトの赤緑色覚異常は X 染色体上の遺伝子によるが、男性のおよそ 20 人に 1 人の割合（遺伝子頻度＝ 0.05）でみられる。これから、女性の色盲は $(1/20)^2$、つまり、約 400 人に 1 人の割合でみられると推定される。

ハーディ-ワインベルク平衡にある集団では、遺伝子頻度は代々変化しない。したがって、生物の進化は起こり得ないことになる。見方を変えれば、ハーディ-ワインベルク平衡を乱す要因が生物の進化の原動力であるといえる。これらの要因としては、自然選択、突然変異、集団間の移住、任意交配からのずれ、遺伝子頻度の遺伝的浮動などがあり、集団遺伝学の主要な目的は、これらの諸要因が集団の遺伝的構成にどのような影響を及ぼすかを究明することにある。

第10章 遺伝子DNAと遺伝子工学

準備教育モデル・コアカリキュラム

2　生命現象の科学	到達目標	SBOコード
(2) 生命の最小単位－細胞		
【DNAとタンパク質】	DNAの複製過程と修復機構を説明できる。	2(2)-6-1
	セントラルドグマを説明できる。	2(2)-6-2
	転写と翻訳の過程を説明できる。	2(2)-6-3

医学教育モデル・コアカリキュラム

B　医学一般	到達目標	SBOコード
1　個体の構成と機能		
(6) 遺伝と遺伝子		
	遺伝子と染色体の構造を説明できる。	B1(6)-1
	ゲノムと遺伝子の関係が説明できる。	B1(6)-2
	DNAの合成、複製と修復を説明できる。	B1(6)-3
	DNAからRNAを経てタンパク質合成に至る遺伝情報の変換過程を説明できる。	B1(6)-4
	プロモーター、転写因子などによる遺伝子発現の調節を説明できる	B1(6)-5
	PCRの原理とその方法を説明できる。	B1(6)-6
	ゲノム解析にもとづくDNAレベルの個人差を説明できる。	B1(6)-7

歯学教育モデル・コアカリキュラム

D　生命科学	到達目標	SBOコード
D-1　生命の分子的基盤		
D-1-2　遺伝子と遺伝	遺伝子（染色体）の構造とセントラルドグマを説明できる。	D-1-2-1
	DNA複製と修復の機序を説明できる。	D-1-2-2
	転写と転写調節の機序を説明できる。	D-1-2-3
	翻訳の機序を説明できる。	D-1-2-4

薬学教育モデル・コアカリキュラム

A　ヒューマニズムについて学ぶ	到達目標	SBOコード
(1) 生と死		
【生命の尊厳】	誕生にかかわる倫理的問題（生殖技術、クローン技術、出生前診断など）の概略と問題点を説明できる。	A(1)-1-2
【先進医療と生命倫理】	医療の進歩（遺伝子診断、遺伝子治療、移植・再生医療、難病治療など）に伴う生命観の変遷を概説できる。	A(1)-3-1
C　薬学専門教育	**到達目標**	**SBOコード**
C9　生命をミクロに理解する		
(2) 生命情報を担う遺伝子		
【遺伝情報を担う分子】	遺伝子発現に関するセントラルドグマについて概説できる。	C9(2)-2-1
	DNA鎖とRNA鎖の類似点と相違点を説明できる。	C9(2)-2-2

	ゲノムと遺伝子の関係を説明できる。	C9(2)-2-3
	遺伝子の構造に関する基本的用語（プロモーター、エンハンサー、エキソン、イントロンなど）を説明できる。	C9(2)-2-5
	RNA の種類と働きについて説明できる。	C9(2)-2-6
【転写と翻訳のメカニズム】	DNA から RNA への転写について説明できる。	C9(2)-3-1
	転写の調節について、例をあげて説明できる。	C9(2)-3-2
	RNA のプロセシングについて説明できる。	C9(2)-3-3
	RNA からタンパク質への翻訳の過程について説明できる。	C9(2)-3-4
	リボソームの構造と機能について説明できる。	C9(2)-3-5
【遺伝子の複製・変異・修復】	DNA の複製の過程について説明できる。	C9(2)-4-1
	遺伝子の変異（突然変異）について説明できる。	C9(2)-4-2
	DNA の修復の過程について説明できる。	C9(2)-4-3
(6) 遺伝子を操作する		
【遺伝子操作の基本】	組換え DNA 技術の概要を説明できる。	C9(6)-1-1
【遺伝子のクローニング技術】	遺伝子クローニング法の概要を説明できる。	C9(6)-2-1
	cDNA とゲノミック DNA の違いについて説明できる。	C9(6)-2-2
	遺伝子ライブラリーについて説明できる。	C9(6)-2-3
	PCR 法による遺伝子増幅の原理を説明し、実施できる。（知識・技能）	
C17　医薬品の開発と生産		
(3) バイオ医薬品とゲノム情報		
【遺伝子治療】	△1）遺伝子治療の原理、方法と手順、現状、および倫理的問題点を概説できる。（知識・態度）	C17(3)-2-1

10.1 セントラルドグマ

生物の生命活動は、遺伝情報を担う DNA とこれに基づいて合成されたタンパク質によって維持されている。DNA の遺伝情報は複製されて親から子へ、あるいは細胞から細胞へ伝えられる。また、DNA 上の遺伝情報は RNA に転写された後、翻訳されて、タンパク質に変換される。したがって、DNA、RNA、タンパク質の間には、情報の一方向の流れが存在する。この遺伝情報の流れをフランシス・ハリー・コンプトン・クリック（Francis Harry Compton Crick）は、分子生物学の**セントラルドグマ**と名付けた（図 10-1）。しかし、

図 10-1　セントラルドグマ

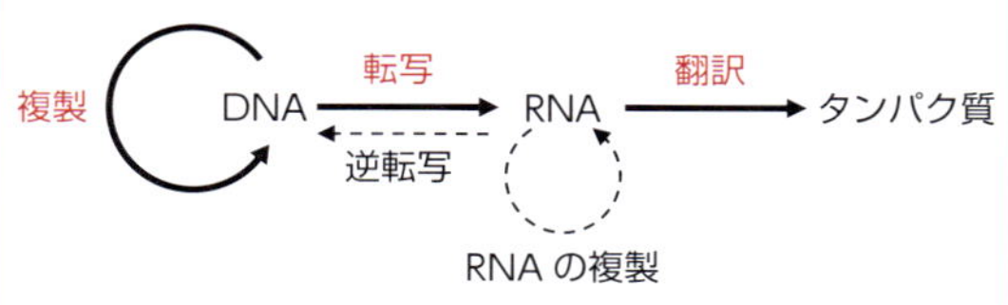

エイズを代表とするレトロウイルスでは、RNA から DNA をつくる逆転写やある種のウイルスでは RNA から RNA を複製する、という当初のセントラルドグマの概念に適合しない現象が見つかってきている。

10.1.1 DNA の複製

ヒトの細胞が分裂する際には、親細胞の遺伝情報が完全に 2 つの娘細胞に受け継がれなければならない。そのためには、親細胞に存在する二本鎖 DNA をもとにして、まったく同じ二本鎖 DNA を 2 本つくる必要がある。この過程を**複製**といい、もとの二本鎖 DNA の各々を鋳型として新しい DNA 鎖が合成される。これによって複製された DNA 鎖には、もとの親 DNA 鎖と新たに合成された娘 DNA 鎖をそれぞれ 1 本ずつもつことになる。このような複製方式を半保存的複製という（図 10-2）。この**半保存的複製**は、一度の合成過程により、まったく同じ DNA 鎖が同時に 2 本できるという特徴をもっている。このことは二本鎖 DNA が相補結合しているという特性に基づ

図 10-2　DNA の半保存的複製

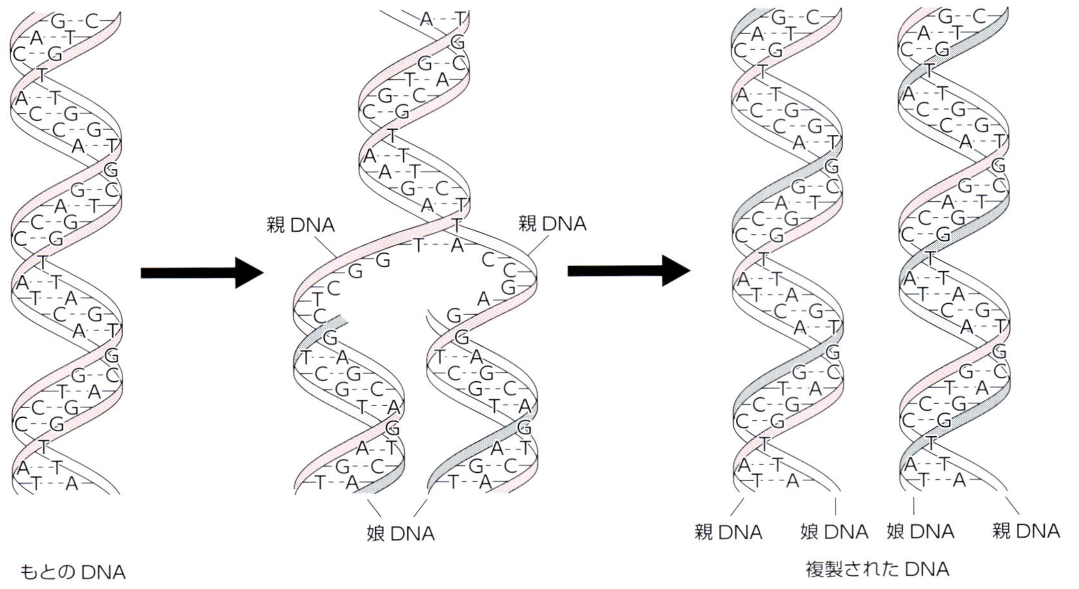

図 10-3　DNA 複製フォークとラギング鎖の合成過程

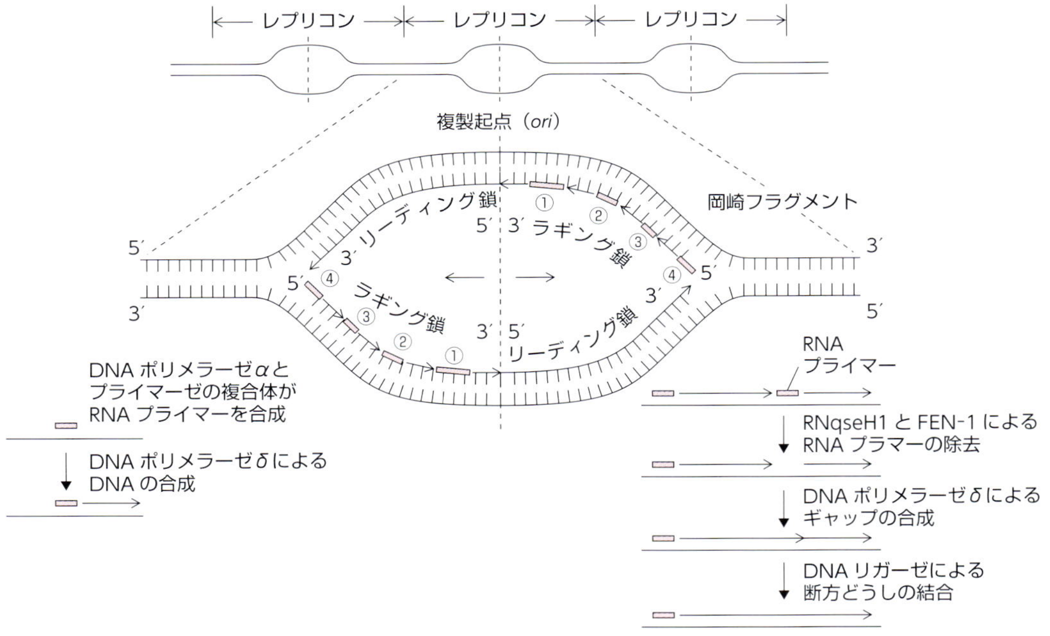

いている。

複製は、**複製起点**（複製開始点ともいう）と呼ばれる特異的な塩基配列をもつ部位から開始される（図 10-3）。1つの複製起点から複製される DNA の領域を**レプリコン**といい、細菌などの原核生物では1つであるが、ヒトでは 20,000 か所ほどが点在する。ほとんどの複製は、レプリコンの中心にある複製起点から二本鎖 DNA の二重らせんのねじれをほどき、一本鎖に開きながら両方向に進行する二方向性複製の形式をとる。二本鎖DNAの二重らせんのねじれをほどく酵素を**DNAトポイソメラーゼ**（I型とII型の2種類が存在する）という。**ヘリガーゼ**と呼ばれる酵素によって一本鎖になったDNAはそのままにしておくと二本鎖に戻ってしまうため、**RPA**（replication protein A）と呼ばれる大腸菌などで使われている**一本鎖結合タンパク質**に相当するタンパク質が結合することで一本鎖を安定化している（図10-4）。

DNA鎖の複製が起こって二本鎖がほどけつつある部分を**複製フォーク**という（図10-3）。複製起点からみて、複製フォークの親DNAを鋳型として5′方向に新しいDNAの合成が伸長する鎖を先導する鎖という意味で**リーディング鎖**、3′方向に伸長する鎖を遅れる鎖という意味で**ラギング鎖**という。リーディング鎖では、3′末端から5′末端方向に伸びた親DNA鎖を鋳型としているため、DNA鎖を合成する酵素である**DNAポリメラーゼ**の合成方向である5′末端から3′末端方向へ合成が伸びていくことができる。すなわち、複製の方向と新生DNA鎖の伸長方向が一致する（表10-1）。しかしながら、ラギング鎖では5′末端から3′末端方向に伸びた親DNA鎖を鋳型としているため、DNAポリメラーゼの合成方向と複製の方向が逆向きになる。

リーディング鎖では、新しい鎖が連続的に複製されるのに対して、ラギング鎖では、複製方向と伸長方向の矛盾を解消するために短いDNA鎖が断片的に5′末端から3′末端方向へ合成された後に、その断片より先の複製方向側に同様な断片を合成し、この2つの断片どうしを連結されるということをくり返して不連続的な複製が行われる。ラギング鎖でつくられる短いDNA断片のことを発見者である岡崎令治にちなんで**岡崎フラグメン**

図10-4　DNAの複製

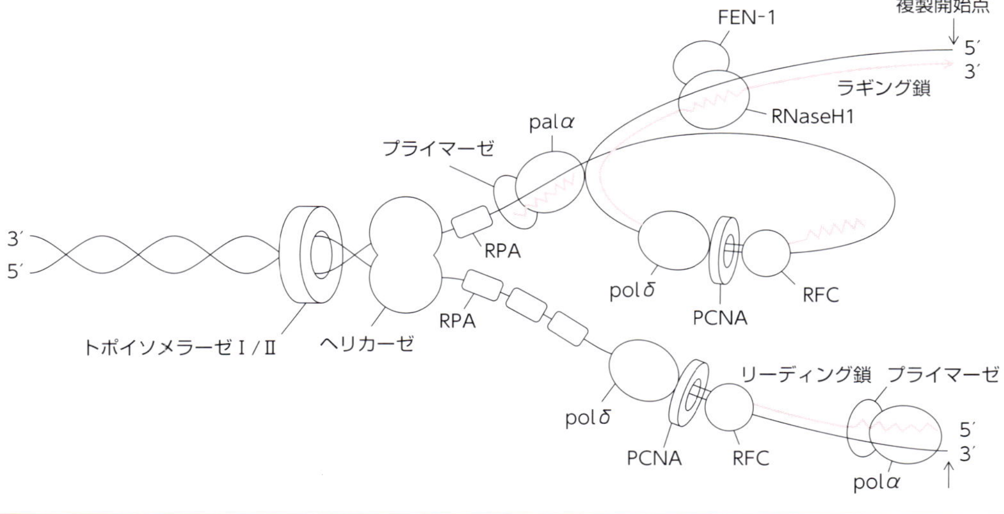

表10-1　真核生物の主なDNA依存性DNAポリメラーゼの種類と機能

DNAポリメラーゼの種類	3′→5′エキソヌクレアーゼ活性	DNA複製機能	DNA修復機能
DNAポリメラーゼα	なし	プライマーゼと複合体を形成し、DNA鎖の合成を開始	
DNAポリメラーゼβ	なし		塩基除去修復
DNAポリメラーゼγ	あり	ミトコンドリアDNAの合成	ミトコンドリアDNA修復
DNAポリメラーゼδ	あり	ラギング鎖の合成	ヌクレオチド除去修復 塩基除去修復
DNAポリメラーゼε	あり	リーディング鎖の合成	ヌクレオチド除去修復 塩基除去修復

トという（図 10-3）。

リーディング鎖とラギング鎖の合成を開始するためには、**RNA プライマー**と呼ばれる数個のヌクレオチドでできた RNA 鎖が合成を始める部分に結合することが必要である。この RNA プライマーは**プライマーゼ**（DNA ポリメラーゼ α と複合体を形成している）によって合成される。RNA プライマーの 3′末端から DNA ポリメラーゼによってリーディング鎖とラギング鎖において新しい DNA 鎖が合成される。ラギング鎖では、150 〜 200 ヌクレオチド長の DNA 鎖が合成された後、**RNase H** 活性をもつエンドヌクレアーゼによって RNA プライマーが除かれる。できた隙間は DNA ポリメラーゼによって DNA 鎖が合成され埋められる。隣り合う 2 つの岡崎フラグメント間は、**DNA リガーゼ**と呼ばれる酵素によって連結される（図 10-3）。

10.1.2　DNA の損傷と修復機構

A　DNA の損傷

DNA は決して安定な化合物ではなく、細胞内の反応性環境、薬物、紫外線、放射線などによって絶えず損傷を受けている。DNA の損傷が放置されると、異常タンパク質の合成やタンパク質合成の停止、細胞の老化や死、癌細胞の発生などを引き起こす原因となる。生物には、DNA が損傷したとしても、それを修復する機構が細胞には備えられている。

DNA の損傷には、脱プリン反応、脱アミノ反応、アルキル化、活性酸素による酸化、チミン二量体の形成などが知られている（図 10-5）。**脱プリン反応**では、酸などによってプリン塩基（アデニンとグアニン）とデオキシリボースをつなぐ *N*- グリコシド結合が加水分解され、塩基が除去され、

図 10-5　脱プリン反応と脱アミノ反応

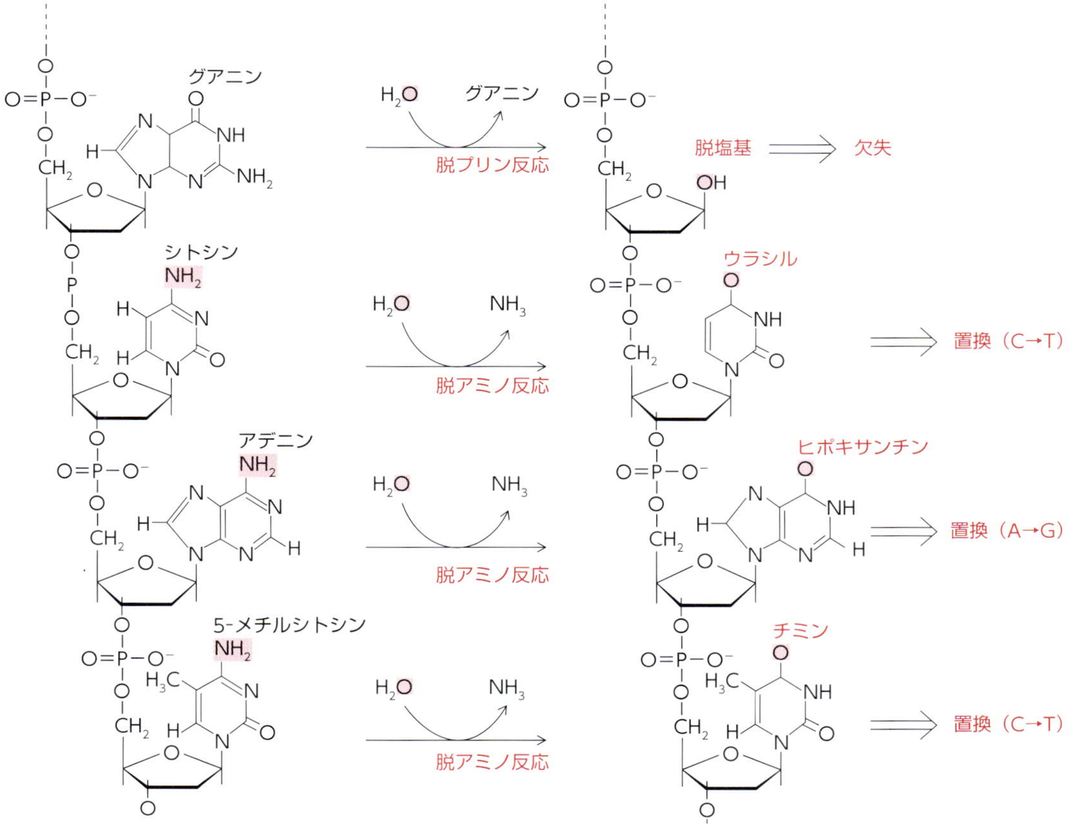

欠失を生じる（図 10-5）。自然に起きる脱プリン反応は約 20,000 か所/ゲノム/日と推定されている。

脱アミノ反応は、亜硝酸によって酸化的脱アミノ反応が起こり、アミノ基がカルボキシ基に変わってしまう現象をいう。この結果、シトシンはウラシル（アデニンと塩基対を形成する）に、アデニンはヒポキサンチン（シトシンと塩基対を形成する）に、グアニンはキサンチン（シトシンと塩基対を形成する）にそれぞれ変化する（図 10-5）。自然に起きる脱アミノ反応は約 200 か所/ゲノム/日と推定されている。

グアニンの 8 位にある H が活性化酸素によって**酸化**されて OH に変化し、8-ヒドロキシグアニンとなり、塩基が除去される。

紫外線などの照射によって隣り合うチミンどうしが共有結合により**チミン二量体**を形成する（図 10-6）。

B　DNA の修復

DNA 損傷を修復する機構としては、塩基除去修復、ヌクレオチド除去修復、ミスマッチ修飾がある。大腸菌などでは光回復という修復機構がある。

塩基除去修復では、DNA グリコシラーゼが損傷部位を調べ、デオキシリボースと塩基の *N*- グリコシド結合を切断して塩基を除去する。次に**エンドヌクレアーゼ**が損傷部位のヌクレオチドを切断し、**ホスホジエステラーゼ**が塩基のないヌクレオチドを除去する。続いて DNA ポリメラーゼがその隙間の塩基を合成し、塩基間を DNA リガーゼで結合する。

ヌクレオチド除去修復では、損傷を受けたヌクレオチドの両側から数ヌクレオチドのところで損傷側の鎖に切れ目（ニック）を入れ、酵素的にニックが入った間のオリゴヌクレオチドを除去する。次にできた隙間を DNA ポリメラーゼによって新たなヌクレオチドが結合され、塩基と塩基の切れ間を DNA リガーゼが結合する。チミン二量体の修復については、このヌクレオチド除去修復が利用される。**色素性乾皮症**というまれな遺伝性疾患は、紫外線に対して過敏であり、皮膚癌を発症しやすいことで知られている。この疾患は、除去修復過程に関与するいくつかの遺伝子のいずれかに変異があるために、DNA の修復が正常に行われない。

ミスマッチ修飾は、DNA 複製の際に生じた不対合塩基を除去し、正しい塩基に直す役割を演じている。

図 10-6　チミン二量体の形成

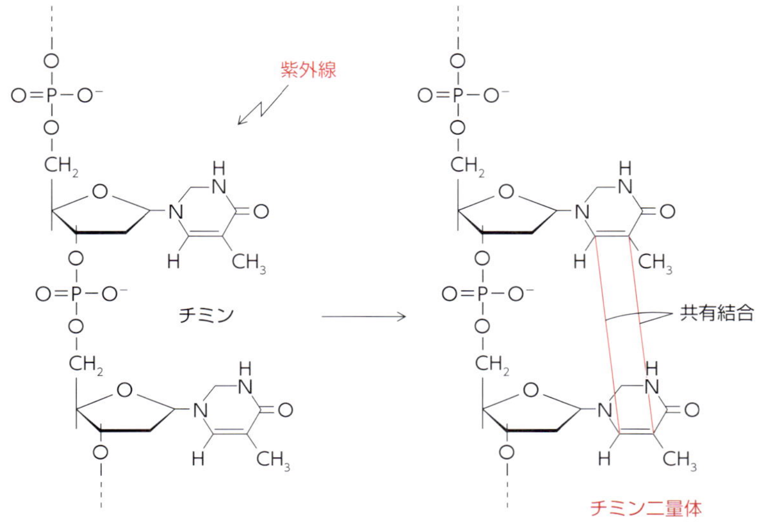

10.1.3 DNA の組換え

DNA は、すべての細胞において安定的に保持、伝達されている。しかし、DNA が切られてつなぎ換えられるという現象を起こすことがある。この現象は、**DNA の組換え**と呼ばれ、主に 2 つのタイプに分類される。卵子や精子という配偶子をつくる際に行われる減数分裂にみられる**遺伝的組換え**と、DNA の損傷や切断を治す際にみられる**組換え修復**である。遺伝的組換えは、父親と母親に由来する対立遺伝子の組み合わせに交差が生じ、両親にみられなかった組み合わせが形成される遺伝学的な現象である。これを単に組換えということもある。遺伝的組換えは、**相同組換え**と**非相同組換え**（非正統的組換えともいう）の 2 つのタイプに分類される。通常、核内の DNA は活性酸素、紫外線、放射線などによって常に損傷を受けている。このような損傷のなかで DNA の二本鎖が切断された場合は、姉妹染色体間での相同組換え機構によって組換え修復が行われる。

A 相同組換え

DNA の無秩序な組換えは、癌や細胞死を引き起こす。このような異常が起こらないように DNA の組換えは、非常によく似た配列をもつ相同性のある DNA 間で交差が起こる。その交差する現象を**キアズマ**という。また、このような組換えを**相同組換え**という（図 10-7）。つまり、組換わる相手が決まっていて、組換えにより遺伝子が壊れたり、別の遺伝子とつながったりしないということである。相同組換えには、相同配列の任意の部位で組換えが起こるものを**一般的組換え**、特定の部位で起こるものを**部位特異的組換え**という。この一般的組換えは、連鎖遺伝子間の距離と交差の頻度に一定の比例関係にある。交雑による組換え体の出現頻度（組換え率）を測定することにより、連鎖群における遺伝子の相互位置関係を推定することができる。このようにして遺伝子が DNA 上をどのように並んでいるかという位置関係を示す**遺伝子地図**が作成される。

さまざまな化学物質や放射線により切断された DNA は、主に相同組換えによって修復される。また、減数分裂に伴い高頻度で起こり、相同組換えがうまくいかないと配偶子が形成されない。相同組換えには、組換えメカニズムで**交差**と**遺伝子変換**に分けられる。交差は、相同染色体上の遺伝情報が入れ替わることで、遺伝子変換は 2 本の染色体上の遺伝情報のどちらかが増減することである。

二本鎖 DNA の一方の鎖が酵素的に切断され、部分的に巻き戻しが起こり、相補鎖から引き離

図 10-7 相同組換え

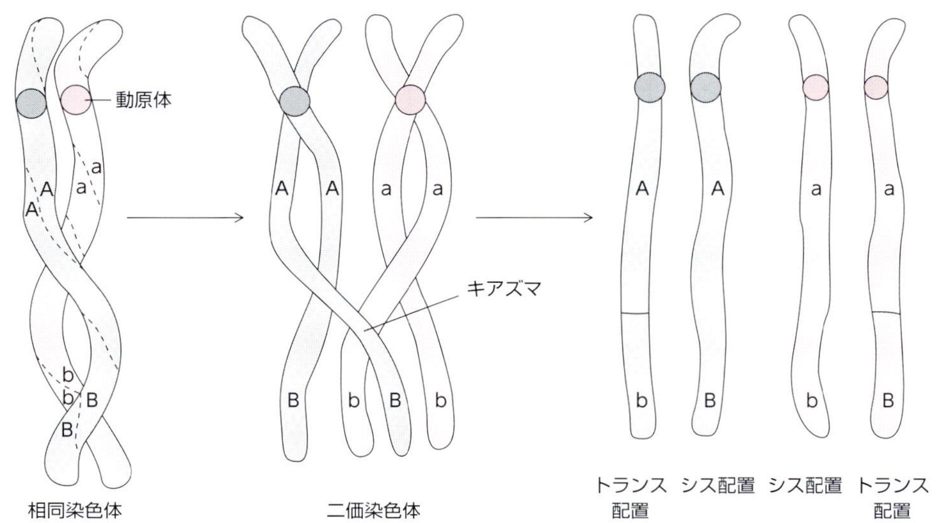

して、相同な染色分体のもう一方の鎖に対合する。次に初めのDNAのもう一方の鎖にも切断が入れられ、これが残りの鎖に対合する。これを**Holliday連結**といい、この構造がDNAの鎖に沿って移動し、組換えが進行する。このような組換え形式を**Hollidayモデル**という。

Hollidayモデルを発展させた**二本鎖DNA切断修復モデル**が提唱されている。これは、相同染色体の一方の二本鎖が同時に切断される。切断部の5′末端から限定分解され突出した3′末端がつくられる。この一本鎖の部分が相同部分を探し出すと、2本の染色体の間で対が形成される。その後、2つのニックがふさがれて2個のDNAは二本鎖のうちの1本ずつの交差によって結びついた形となる。

B　非相同組換え

非相同組換えは、宿主細胞に組み込まれていたプロファージDNAが染色体DNAを一部とり込んで切り出される際に起こることがある。この場合には宿主の遺伝子を含んだファージ（形質導入ファージ）ができる。トランスポゾンなどの**可動遺伝因子**の組み込みや切り出しの際にみられる。レトロウイルスが宿主細胞の染色体DNAに組み込まれるとき、免疫グロブリン遺伝子やT細胞受容体遺伝子の再構成、DNAの欠失や挿入なども非相同組換えである。

10.1.4　転写（DNAからRNAへ）とRNAプロセッシング

DNAを鋳型として**RNAポリメラーゼ**によってRNA（mRNA、rRNA、tRNA）が合成される過程を**転写**という（表10-2）。遺伝子がもっている情報をもとに**mRNA**が合成され、それをもとにタンパク質が合成され、利用されるまでの過程を**遺伝子発現**という。しかし、転写だけをさして遺伝子発現ということもある。

転写は、いろいろな要素によって制御を受けている。特定の組織にだけ発現を示す**組織特異的遺伝子**の**プロモーター**領域の配列では、転写開始点から25～35塩基上流にあるTATAA（**TATAボックス**）や約80塩基上流にあるCCAAT（**CAATボックス**）といった共通配列がみられる（図10-8）。TATAボックスは正確な転写部位の決定に、CAATボックスは転写の効率に関与している。種々の組織に共通に発現している**ハウスキーピング遺伝子**については、5′隣接領域がGCに富み、転写調節因子のひとつであるSp1の結合可能な配列GGCGGG、CCCGCCなどの**GCボックス**が複数個並んでいるが、一部を除き、TATAボックスやCAATボックスが存在しない。いずれの遺伝子においてもプロモーター領域だけでなく、この上流（5′方向）または下流（3′方向）に存在する**エンハンサー**と呼ばれる領域が転写開始の効率に影響することが知られている（図10-9）。

表10-2　真核生物のDNA依存性RNAポリメラーゼの種類と機能

RNAポリメラーゼの種類	局在	合成される主なRNA
RNAポリメラーゼⅠ	核小体	18S、5.8S、28S rRNA前駆体
RNAポリメラーゼⅡ	核質	mRNA前駆体、snRNA
RNAポリメラーゼⅢ	核質	tRNA、5S rRNA

図10-8　プロモーター領域の構造

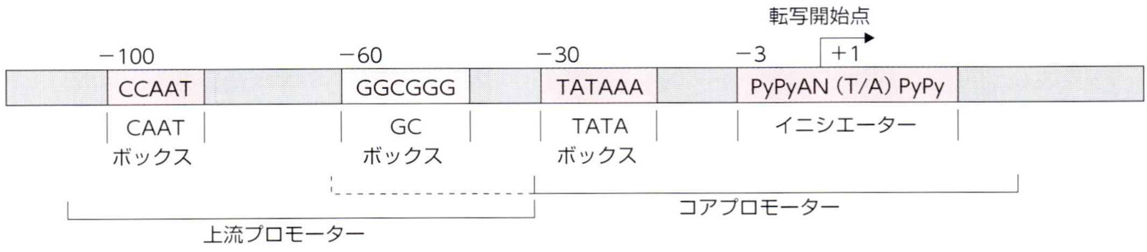

図 10-9　エンハンサーによる遺伝子発現調節

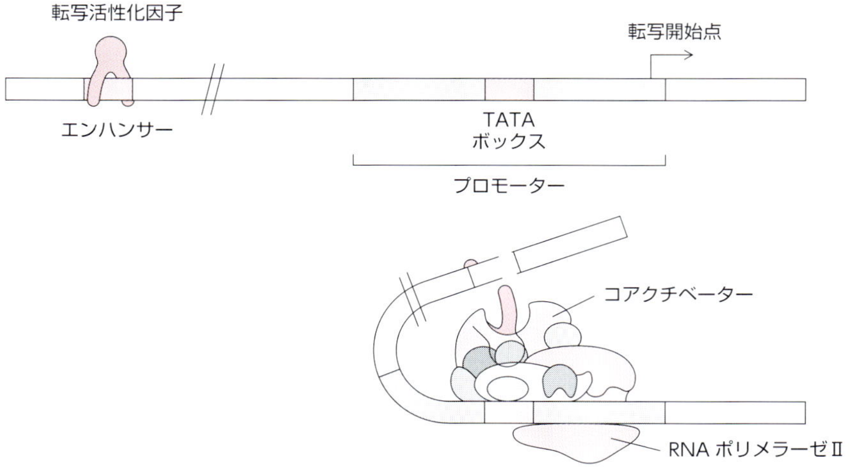

実際には、TATA ボックスに**基本転写因子**のひとつである TFIID が結合すると、順次いろいろな因子が結合して**転写開始前複合体**を形成し、**RNA ポリメラーゼ II** の作用によって転写が開始される（図 10-10）。転写の際に鋳型となる鎖を**アンチセンス鎖**（鋳型鎖、非コード鎖、－鎖などともいう）、もう一方の鋳型とならない鎖を**センス鎖**（非鋳型鎖、コード鎖、＋鎖などともいう）と呼ぶ（図 10-11）。**RNA ポリメラーゼ II** は DNA 鎖を巻き戻しながら 3′→5′ の方向に前進し、ヌクレオシド三リン酸（ATP、GTP、CTP、UTP）を基質として相補的な mRNA 前駆体（hnRNA またはヘテロ核 RNA ともいう；heterogeneous nuclear RNA）を合成していく。

転写は、さまざまな転写因子と呼ばれるタンパク質によって転写調節を受けている。基本転写因子のうち、転写伸長よりも前に働くタンパク質を**転写開始因子**という。RNA ポリメラーゼの伸長反応を調節するタンパク質を**転写伸長因子**という。また、遺伝子特異的に存在する**転写調節配列**に結合して転写反応を促進したり、抑制したりする因子を**転写調節因子**という。

真核生物の遺伝子 DNA は、タンパク質のアミノ酸配列を指定する情報として意味をもつ**エクソン**と、その間に介在する遺伝情報をもたない**イントロン**（介在配列ともいう）とが交互に存在して

図 10-10　転写の過程

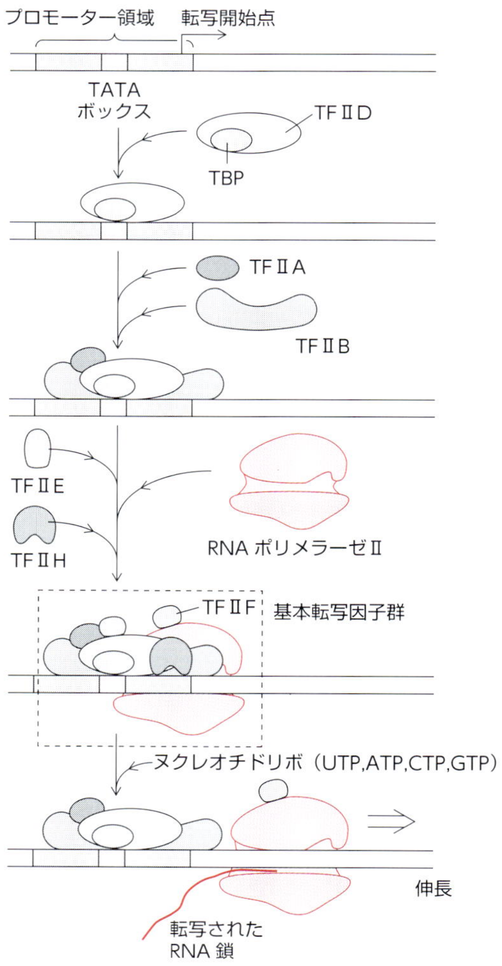

いる（図 10-12）。

RNA ポリメラーゼⅡによってイントロン配列を含んだ DNA の配列が読みとられ、全長にわたる mRNA 前駆体が形成される。この mRNA 前駆体は **RNA プロセッシング**を受けて成熟 mRNA になる。まず、この mRNA 前駆体の 5′末端に **7-メチルグアノシン**が付加した**キャップ構造**が酵素的に形成される（図 10-13）。そして、3′末端近傍に存在する**ポリ A シグナル**（AAUAAA）というが特定部位から約 20 ヌクレオチド下流で切断された後、100 ～ 200 ヌクレオチドの**アデニル酸**が酵素的に付加され、**ポリ A 尾部**が形成される。キャップ構造は mRNA がリボソームへ結合するのを助け、ポリ A 尾部は mRNA の安定性を高めると考えられている。

続いて、**スプライシング**と呼ばれる過程でイントロンの部分だけが除かれ、エクソンのみからなる成熟 mRNA が形成される（図 10-12、図 10-

図 10-11　センス鎖とアンチセンス鎖

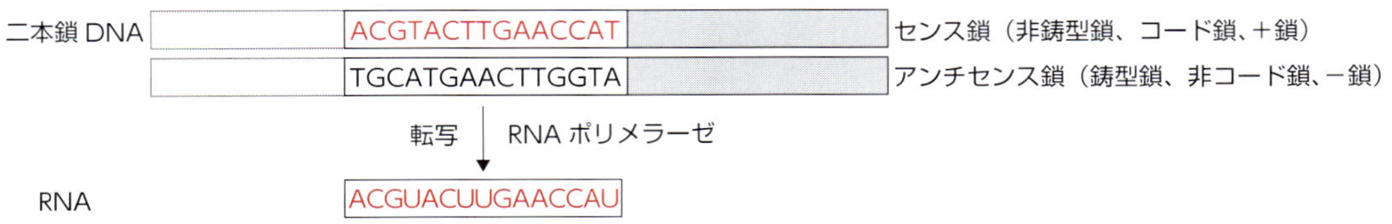

図 10-12　エクソンとイントロン

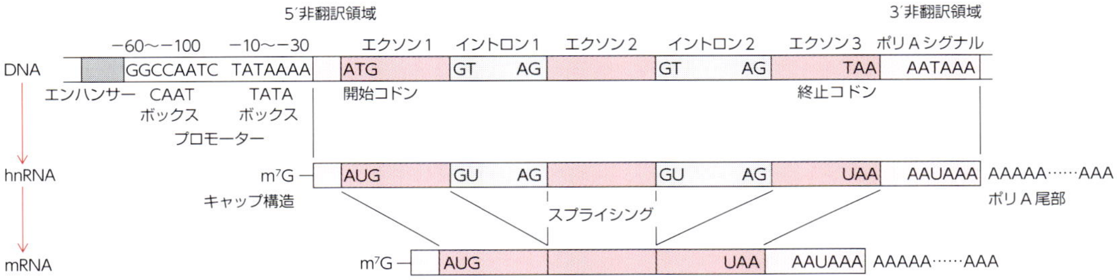

図 10-13　キャップの構造

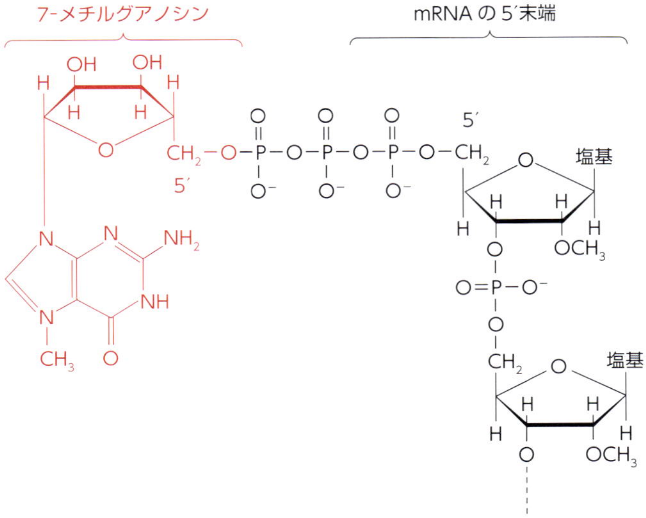

14)。1つの遺伝子から1種類のmRNAを形成するだけとは限らず、複数のエクソンを組み合わせて多様なmRNAを形成できることが知られている。このようなスプライシングを特に**選択的スプライシング**と呼び、遺伝子の多様性を高めている(図10-15)。スプライシング前の多くのmRNA前駆体では、イントロンの5′末端がGUで始まり、3′末端がAGで終わるという規則的な配列(GU-AG則)がみられる。核内mRNA前駆体の上に**核内低分子RNA**(snRNA;small nuclear RNA)を含む4種類の**RNA-タンパク質複合体**(核内低分子リボ核タンパク質、snRNP;small nuclear ribonucleoprotein)と50種類以上のタンパク質とで**スプライソソーム**(スプライセオソームともいう)と呼ばれる巨大な複合体を形成する(図10-14)。イントロン部分は、触媒活性を有するRNA成分の**リボザイム**の反応によって除去される。そして、エクソンどうしが結合され、成熟

図10-14　スプライシングの過程

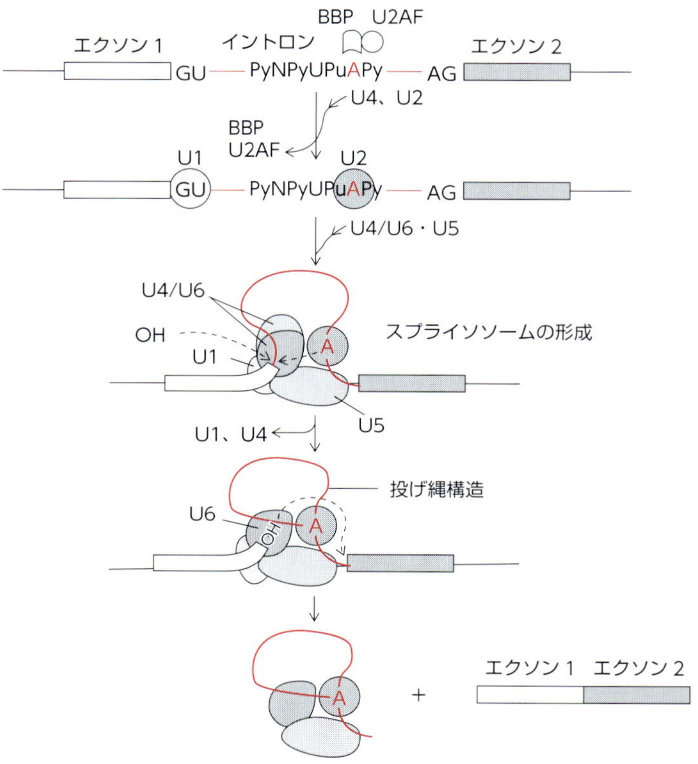

図10-15　選択的スプライシング

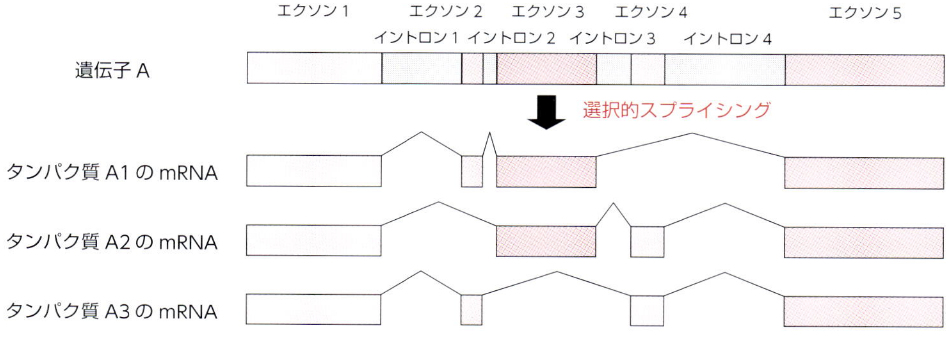

mRNA が完成する。完成した mRNA は核膜の核膜孔を通って細胞質のリボソームに移行し、タンパク質に翻訳される。

10.1.5　翻訳（RNA からタンパク質へ）

この mRNA に書き込まれた 4 種類の塩基配列を読みとって、リボソーム上で 20 種類のアミノ酸に変換してタンパク質を合成する過程を**翻訳**という。mRNA には、タンパク質の情報が書き込まれた**コード領域**とその上流と下流にタンパク質に翻訳されない**非翻訳領域**が存在する。5′ 非翻訳領域にはリボソーム結合部位が存在する。**リボソーム**はタンパク質を合成する機能をもったタンパク質と **rRNA**（リボソーム RNA）から構成される粒子状の複合体であって、真核生物のリボソームは分子量が約 450 万で、80S リボソームと呼ばれ、60S の大ユニットと 40S の小ユニットの 2 つのサブユニットから形成されている。60S 大サブユニットは、3 種類の rRNA（5.8S、5S、28S）と約 50 種類のタンパク質からできている。一方、40S 小サブユニットは 1 種類の rRNA（18S）と約 30 種類のタンパク質からできている（図 10-16）。また、タンパク質合成にはそれぞれのアミノ酸を結合し、リボソームへ運ぶ約 80 塩基からなるクローバーの葉のような形をした **tRNA**（転移 RNA）が必要とされる。この tRNA の 3′ 末端にアミノ酸を結合するアミノ酸結合部位と、内部に mRNA の**コドン**と相補的に結合する**アンチコドン**と呼ばれる部位が存在する（図 10-17）。mRNA のコドンと tRNA のアンチコ

図 10-16　リボソームの形成

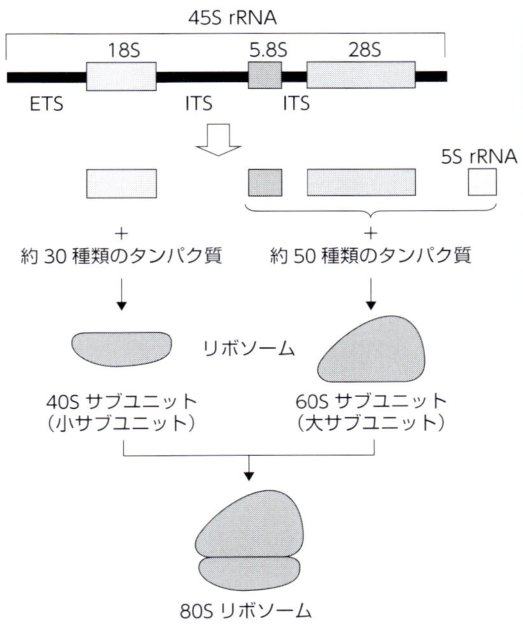

図 10-17　tRNA の構造

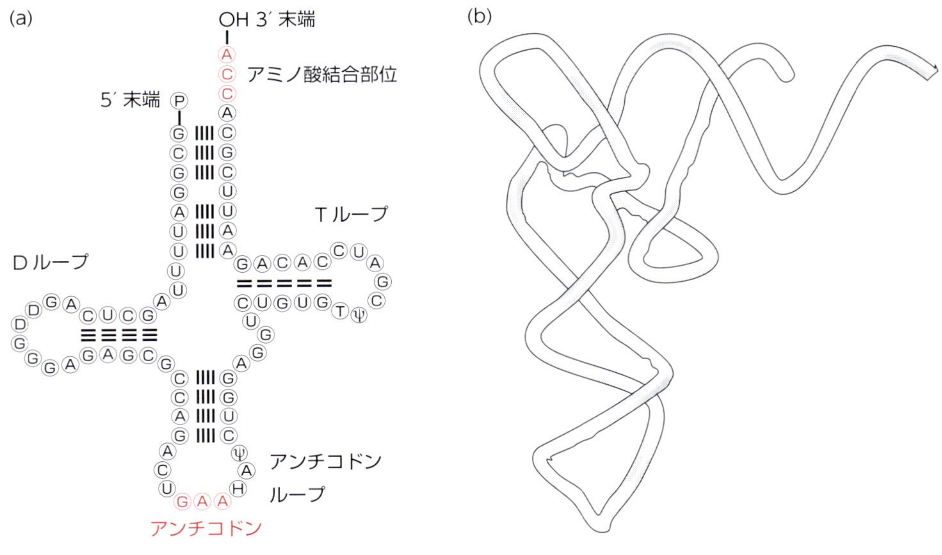

ドンとが相補結合することによって正確にアミノ酸へ変換される（表 10-3）。

真核生物では、まずメチオニンを結合した**開始 tRNA** が**翻訳開始因子**というタンパク質といっしょにリボソームの小ユニットに mRNA の 5′側にあるキャップ構造を目印にして結合する（図 10-18 ②）。この複合体は、mRNA に沿って 5′→ 3′の方向に移動して **AUG** という**開始コドン**を探す。AUG に出会うと開始因子の一部が小ユニットから離れ、空いた場所に大ユニットが結合してリボソームが完成する（図 10-18 ③）。この際、開始 tRNA は **P 部位**に結合する。空になっ

図 10-18　翻訳過程

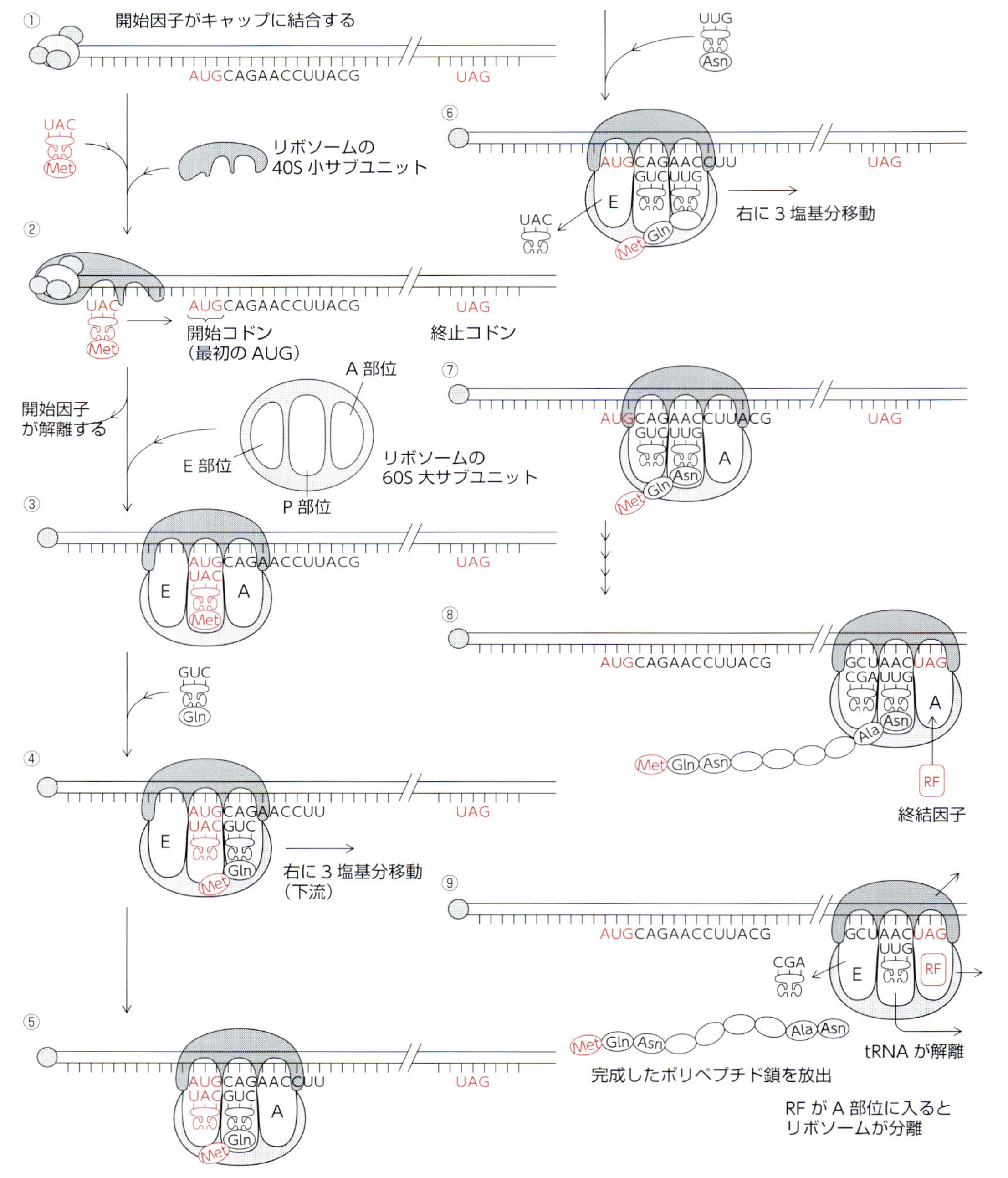

表 10-3　ヒトの遺伝暗号表（コドン表）

第1文字	第2文字								第3文字
	U		C		A		G		
U	UUU	フェニルアラニン、Phe	UCU	セリン、Ser	UAU	チロシン、Tyr	UGU	システイン、Cys	U
	UUC	フェニルアラニン、Phe	UCC	セリン、Ser	UAC	チロシン、Tyr	UGC	システイン、Cys	C
	UUA	ロイシン、Leu	UCA	セリン、Ser	**UAA**	**Stop**	**UGA**	**Stop**	A
	UUG	ロイシン、Leu	UCG	セリン、Ser	**UAG**	**Stop**	UGG	トリプトファン、Trp	G
C	CUU	ロイシン、Leu	CCU	プロリン、Pro	CAU	ヒスチジン、His	CGU	アルギニン、Arg	U
	CUC	ロイシン、Leu	CCC	プロリン、Pro	CAC	ヒスチジン、His	CGC	アルギニン、Arg	C
	CUA	ロイシン、Leu	CCA	プロリン、Pro	CAA	グルタミン、Gln	CGA	アルギニン、Arg	A
	CUG	ロイシン、Leu	CCG	プロリン、Pro	CAG	グルタミン、Gln	CGG	アルギニン、Arg	G
A	AUU	イソロイシン、Ile	ACU	トレオニン、Thr	AAU	アスパラギン、Asn	AGU	セリン、Ser	U
	AUC	イソロイシン、Ile	ACC	トレオニン、Thr	AAC	アスパラギン、Asn	AGC	セリン、Ser	C
	AUA	イソロイシン、Ile	ACA	トレオニン、Thr	AAA	リシン、Lys	AGA	アルギニン、Arg	A
	AUG	**メチオニン、Met**（開始）	ACG	トレオニン、Thr	AAG	リシン、Lys	AGG	アルギニン、Arg	G
G	GUU	バリン、Val	GCU	アラニン、Ala	GAU	アスパラギン酸、Asp	GGU	グリシン、Gly	U
	GUC	バリン、Val	GCC	アラニン、Ala	GAC	アスパラギン酸、Asp	GGC	グリシン、Gly	C
	GUA	バリン、Val	GCA	アラニン、Ala	GAA	グルタミン酸、Glu	GGA	グリシン、Gly	A
	GUG	バリン、Val	GCG	アラニン、Ala	GAG	グルタミン酸、Glu	GGG	グリシン、Gly	G

ている A 部位に 2 番目のアミノ酸を**アミノアシル tRNA シンテターゼ**によって結合した**アミノアシル tRNA** が結合する（図 10-18 ④）。アミノアシル tRNA のアミノ基が P 部位の tRNA を求核置換し、ペプチド結合を形成する（図 10-18 ⑤）。そして、アミノ酸を放して空となった開始 tRNA が P 部位を離れる。次に、A 部位の**ペプチジル tRNA** が mRNA ごと P 部位に移動し、空になった A 部位に 3 番目のアミノアシル tRNA が結合し（図 10-18 ⑥）、アミノアシル tRNA のアミノ基が P 部位の tRNA を求核置換し、ペプチド結合を形成する。このサイクルをくり返すことで、アミノ酸が連結されていく。リボソームの A 部位に**終止コドン**（UAA、UAG、UGA）がくると（図 10-18 ⑧）、**終結因子**と呼ばれるタンパク質がそこに結合し、翻訳を停止する（図 10-18 ⑨）。

合成中のポリペプチドの長さが約 25 アミノ酸残基に達する頃になると、翻訳開始因子が再び結合し、全体として 2 個のリボソームが mRNA に沿って同じ速度で動いている形の構造となる。そして、2 番目のリボソームが同じくらいの距離を移動すると、3 番目のリボソームが結合する。この過程がさらにくり返されて 1 つの mRNA に複数のリボソームが結合することになる。このような状態を**ポリリボソーム**（ポリソームともいう）と呼ぶ（図 10-19）。

10.1.6　タンパク質の移行と翻訳後修飾

A　タンパク質の移行

新たに合成されたタンパク質は、それが働く場所へ正しく運ばれる必要がある。ミトコンドリア、

図 10-19　ポリリボソーム

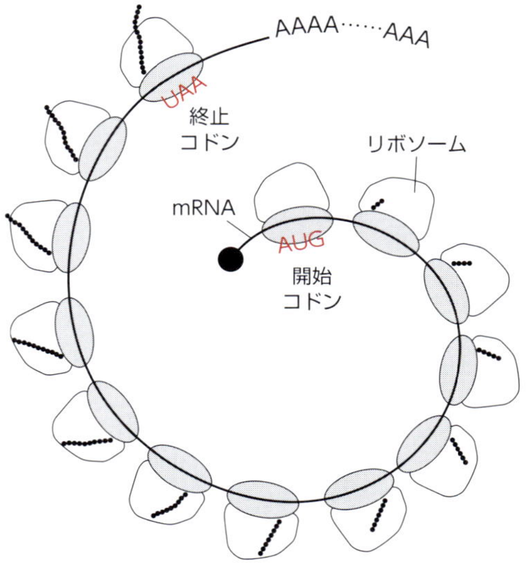

葉緑体、ペルオキシソーム、核内などで使われるタンパク質は、細胞質で合成された後、これらの小器官に直接的に輸送される。それに対して、ゴルジ装置、エンドソーム、リソソーム細胞膜上、細胞外などで使われるタンパク質は、小胞体を経由して間接的にそれらに輸送される。

ほとんどのタンパク質の合成は、サイトゾルに浮遊した**遊離リボソーム**において開始される。合成されたタンパク質がどこに運ばれるかは、そのタンパク質のアミノ酸配列によって決定される。タンパク質の末端に数個～数十個程度のアミノ酸からなる**シグナルペプチド**（シグナル配列、局在シグナル、移行シグナルなどともいう）と呼ばれる特殊な配列が用意されているものがある（表10-4）。シグナルペプチドをもつタンパク質は必要とされる細胞小器官に的確に誘導される（図10-20）。一方、サイトゾルで機能するようなタンパク質はシグナルペプチドをもたず、遊離リボソームで合成された後、サイトゾルに放出される。

B　翻訳後修飾

タンパク質の翻訳後修飾は、タンパク質の機能、局在、あるいは安定性の制御など機能調節において非常に重要な役割を担っている。翻訳後修飾には、タンパク質分解酵素による限定分解、リン酸化、糖鎖付加、脂質付加、プロリンの水酸化などが知られている。タンパク質に含まれるセリン残基、トレオニン残基、チロシン残基などは**プロテインキナーゼ**によってリン酸化される。一方、リン酸化されたタンパク質は**プロテインホスファターゼ**によって**脱リン酸化**される。この修飾は、タンパク質酵素の活発化と非活発化の調節機構の多くで使われている。

多くの分泌タンパク質や膜タンパク質などはセリン残基あるいはトレオニン残基のヒドロキシ基、またはアスパラギン酸残基のアミド構造のアミノ基に**糖鎖**が結合する。糖鎖はタンパク質の翻訳と同時進行して小胞体で生合成されたものが、タンパク質に転移される。その後、ゴルジ装置においてさまざまな修飾を受け、糖タンパク質となる。

コラーゲンなどには、プロリン残基およびリシン残基が**水酸化**されてできるヒドロキシプロリンおよびヒドロキシリシンが存在する。ヒドロキシプロリンは、コラーゲンの三重らせんの熱安定化に関与している。コラーゲンのヒドロキシリジンは糖鎖が結合し、細胞間マトリックスでの網目構

表 10-4　シグナルペプチド

シグナルペプチド	シグナルペプチドのアミノ酸配列
小胞体移行シグナル	（N 末端）-M-M-S-F-V-S-L-L-L-V-G-I-L-F-W-A-T-E-A-E-Q-L-T-K-C-E-V-F-Q-
小胞体内腔保留シグナル	-K-D-E-L-（C 末端）
核移行シグナル	-P-P-K-K-K-R-K-V-
ミトコンドリア移行シグナル	（N 末端）-M-L-S-L-R-Q-S-I-R-F-F-K-P-A-T-R-T-L-C-S-S-R-Y-L-L-
ペルオキシソーム移行シグナル（PTS1）	-S-K-L-（C 末端）
ペルオキシソーム移行シグナル（PTS2）	（N 末端）-----R-L-X5-H-L-

図 10-20　小胞体の付着リボソームによるタンパク質合成

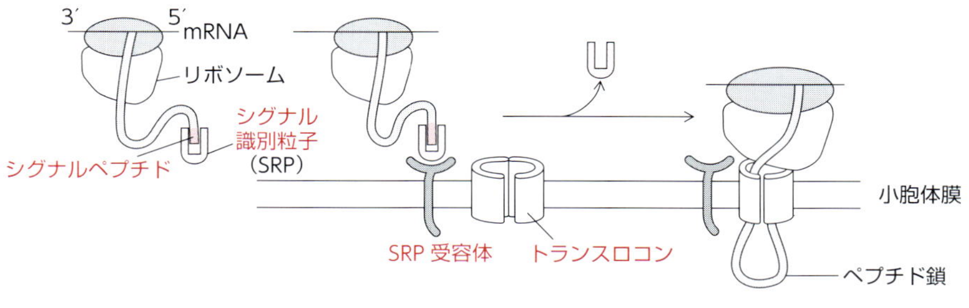

造の構築や親水性に寄与している。

タンパク質には、内部で**限定分解**（限定加水分解ともいう）を受けて、活性化タンパク質になるものがある。消化酵素のようなタンパク質分解酵素やインスリンのようなペプチドホルモンでは、**プレプロタンパク質**が限定分解を受けて、**プロタンパク質**になり、さらに限定分解を受けて活性化タンパク質になる（図 10-21）。

図 10-21　インスリンホルモンの翻訳後修飾

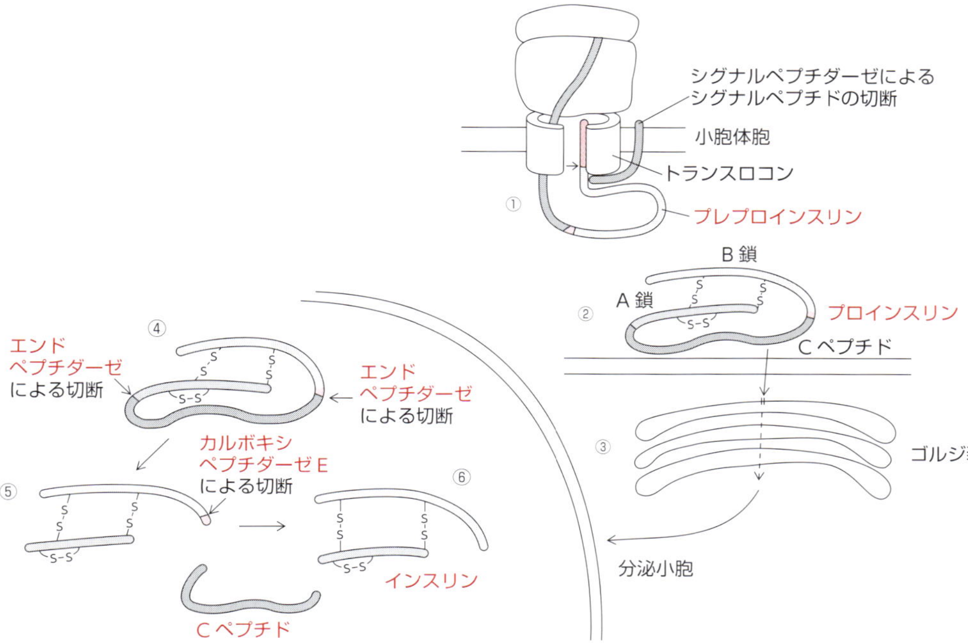

10.2 遺伝子工学

遺伝子工学とは、生物から遺伝子をとり出し、別の生物に導入したり、遺伝子に改変を加えたり、また新たに合成するなどしてその構造や機能を決定し、その遺伝子の本質を探り出し、それにより得られた情報や技術を人類の福祉に役立たせることを目指した学問である。遺伝子をとり出し、別な生物に導入する組換え技術には、まったく想像もしない生物を産み出してしまう危険性が潜んでいる。このように考えたスタンフォード大学のポール・バーグ（Paul Berg）の呼びかけにより、1975 年 2 月カリフォルニア州パシフィック・グローブ市のアシロマで実験の安全性を検討する会議が開催された。この会議には日本を含め、多くの国が参加し、そこで論議された内容は「組換え DNA に関するアシロマ国際会議」に報告されている。これが最初の組換え DNA 実験指針、いわゆるガイドラインである。日本でも 1979 年 8 月に「組換え DNA 実験指針」が定められている。

組換え生物による生物多様性の破壊を防ぐために**カルタヘナ議定書**が 2003 年 11 月に締結された。日本ではこれに対応するための国内法（カルタヘナ法）が制定され、2004 年 2 月に「**遺伝子組換え生物等の使用等の規制による生物の多様性の確保に関する法律**」が施行され、従来の指針に代わって規制の中心となっている。従来の指針は 2004 年 2 月に廃止されている。

10.2.1 組換え技術

組換えDNAとは、ある遺伝子の塩基配列や構造を解析するか、あるいはその遺伝子を発現させることを目的として遺伝子DNAをベクターと呼ばれる運び屋に挿入することをいう。挿入する遺伝子DNAとしては、制限酵素で切断されたゲノムDNA断片やmRNAを鋳型として作成されたcDNA（相補的DNA）などがある。このほかに、PCR法で増幅したDNA断片を挿入して解析することもある。

A 宿主細胞とベクター

遺伝子工学では、目的のDNA断片を宿主細胞のなかで自律的に増殖することができるDNAに結合させ、その複製能力を借りて増やさせるという手段がとられている。このように、外来の遺伝子を宿主細胞に導入し、そのなかで増やす役割をもつ運び屋DNAのことを**ベクター**と呼ぶ。ベクターを利用する際に、外来性遺伝子をクローニングするのに必要な条件と、生物学的封じ込めの条件を満足するようなベクターとしては、**プラスミド**（図10-22）、**バクテリオファージ**（図10-23）や両者を掛け合わせた**コスミド**などがある。また、非常に大きなDNA断片を挿入することのできる酵母の**YAC**ベクターなども利用されている。これらのベクターの宿主細胞としては、大腸菌が広く利用されている。

B クローニング

DNA供与体となる生物の遺伝子を含んだDNA断片をベクターDNAに挿入した組換え体を宿主細胞に導入して、増幅させ、そのなかから特定の遺伝子DNAが含まれる組換え体をもつ宿主細胞だけを選択し、増殖させる技術を**遺伝子クローニング**という（図10-24）。遺伝子のタイプがまったく同じ集団をクローンといい、このようなク

図10-22 代表的なプラスミドベクター

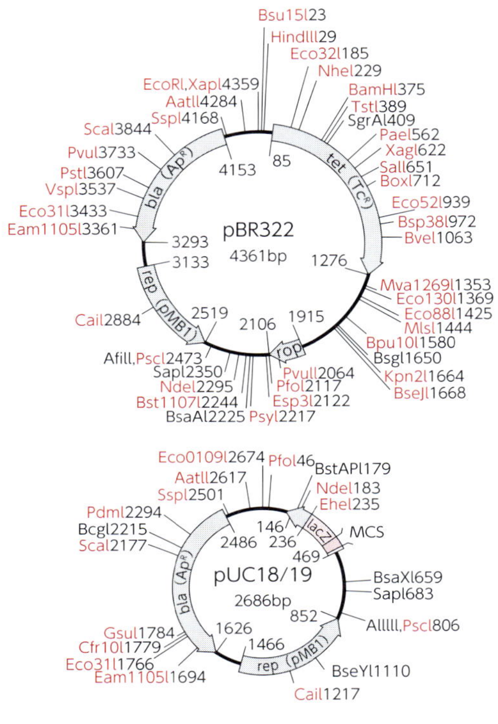

図10-23 バクテリオファージの構造

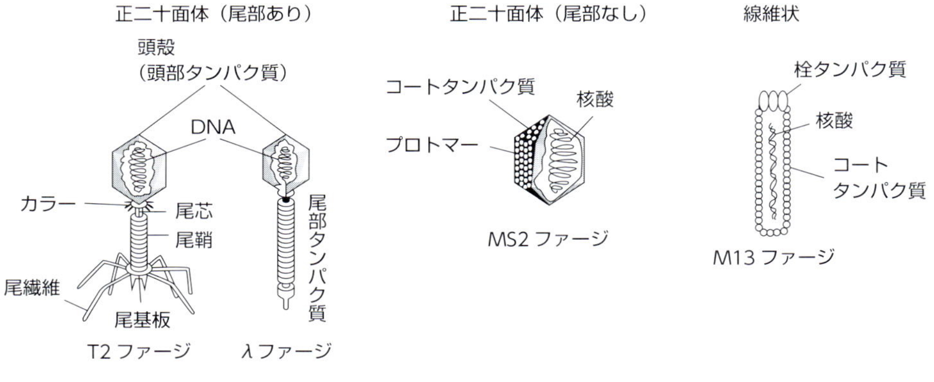

図 10-24　cDNA ライブラリーの作成と遺伝子クローニング

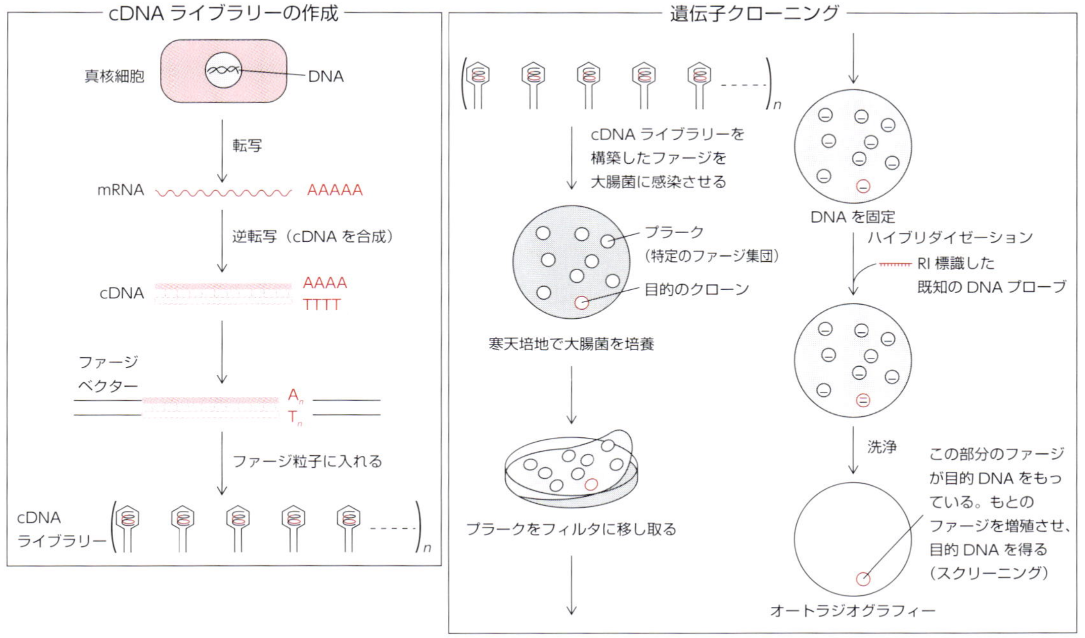

ローンを作製することを**クローニング**（クローン化ともいう）という。遺伝子クローニングでもっとも重要なことは、組換え体のなかから目的とする遺伝子またはその断片を含むクローンを探し出すことである。そのためには、対象となる生物の全遺伝子または目的とする細胞・組織で発現している遺伝子の DNA 断片をベクターに挿入し、クローン化した遺伝子ライブラリーを作成する必要がある。遺伝子ライブラリーには、ベクターに挿入される DNA の起源によって **cDNA ライブラリー**と**ゲノムライブラリー**がある。cDNA ライブラリーは、mRNA から逆転写酵素で cDNA を合成し、それをベクターに挿入してクローン化したものである（図 10-24）。ゲノムライブラリーは、細胞のゲノム DNA を制限酵素で切断し、その断片をベクターに挿入してクローン化したものである。

C　遺伝子発現

遺伝子発現は、単に発現ともいい、遺伝子の情報が細胞における構造および機能に変換される過程をいう。一般的には、遺伝情報に基づいてタンパク質が合成されることをさすが、RNA として機能する遺伝子に関しては RNA の合成が発現ということになる。また発現される量（発現量）のことを発現ということもある。

遺伝子を発現させることで、目的とするタンパク質を人工的に合成することが可能になった。このことによって、異種動物から採取していたさまざまな医薬品がヒトの遺伝子を利用して合成できるようになり、免疫反応による副作用を考慮せずに使用できるようになった。

D　医薬品への応用

医薬品で利用されているさまざまなタンパク質製剤の多くは、組換え技術を利用することで、ヒト由来と同じアミノ酸配列をもったタンパク質を人工的に、かつ大量に合成できるようになってきている。その代表的なものが、インスリンをはじめとする**ペプチドホルモン**や G-CSF（顆粒球コロニー刺激因子）をはじめとする**細胞増殖因子**である。

ヒト由来の遺伝子を用いることで、抗体産生や感染症などの副作用を最低限に抑えることができるため安全な製剤として供給できることや安定した供給が得られることなどから広く利用されるようになってきた。

E　遺伝子治療

遺伝子治療とは、異常な遺伝子をもつため機能不全になった細胞を修復・修正するために正常な遺伝子を患者の体内に入れ、その遺伝子がつくり出すタンパク質の活性によって病気を治す方法である。1990年アメリカにおいてアデノシンデアミナーゼ欠損症による重度免疫不全症患者に対する初の遺伝子治療が行われ、成功した（図10-25）。日本でも、1995年に北海道大学でアデノシンデアミナーゼ欠損症の治療が実施され、同様の成果が得られた。

遺伝子治療には体細胞の遺伝子治療と、生殖系列細胞の遺伝子治療という2つの方法があるが、体細胞治療が一般的である。体細胞治療では、遺伝子の発現がその患者で修正され、次の世代には影響が及ばない。それに対して生殖系列治療では、遺伝子の変化が生殖細胞に挿入されるので、遺伝子の変化は次の世代にも及ぶことになる。

正常な遺伝子を異常な細胞に挿入するには、ベクターと呼ばれる遺伝子の運び屋が必要である。ベクターには大きく分けて、**ウイルスベクター**（無毒化したウイルス）と**非ウイルスベクター**（人工化合物など）がある。正常な遺伝子をウイルスに挿入して異常な細胞に感染させると、その遺伝子DNAはその細胞の核に入り込むことができる。

図10-25　遺伝子治療の概要－（例）ADA欠損症

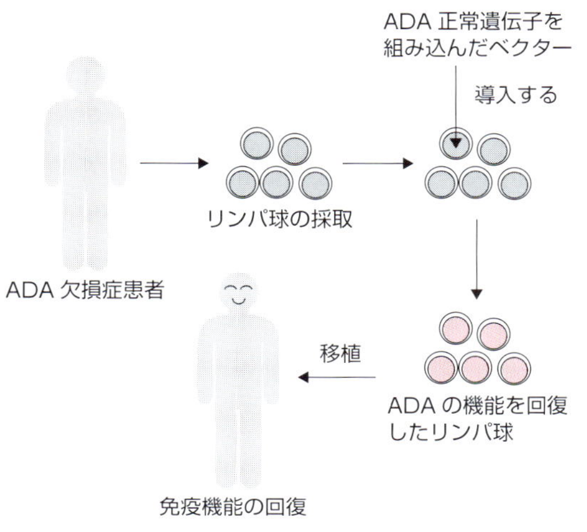

非ウイルスベクターのひとつである**リポソーム**は遺伝子を含む小さな袋で、異常な細胞のなかにとり込ませて、遺伝子DNAをその細胞の核に運ばせる方法である。

ベクターが遺伝子治療の成功を決めるといっても過言ではない。リポソームのような人工ベクターはウイルスベクターと比較して、安全性が高いとされているが、遺伝子の導入効率が劣っている。一方、ウイルスベクターは遺伝子の導入効率が高いが、安全性に問題があるとされている。

10.2.2　PCR法とDNAチップ/マイクロアレイ

PCRは、増幅させたいゲノムDNA、そのDNA領域を挟む2種類のオリゴヌクレオチドプライマー、基質となる4種類のデオキシリボヌクレオシド三リン酸（dNTP）などをマイクロチューブに入れ、**熱変性**、**アニーリング**、耐熱性DNAポリメラーゼによる**伸長反応**をくり返すことにより、特定のDNA領域を *in vitro* で指数関数的に増幅させる反応である（図10-26）。この方法により、目的とするDNA断片を数十万倍に増幅させることができる。また、アメリカのイエローストーン国立公園の温泉から分離された好熱性真正細菌の *Thermus acquaticus* YT1株で熱に安定なDNAポリメラーゼ（***Taq* DNAポリメラーゼ**）をPCRに応用した。*Taq* DNAポリメラーゼを用いることにより、簡単に、安定して効率のよい反応が得られるようになった。その応用範囲は広く、医学分野をはじめ、さまざまな分野で利用されている。

DNAマイクロアレイとは、数万～数十万に区画されたスライドガラスまたはシリコン基盤の上にDNAの部分配列を高密度に配置し、固定化したもので、**DNAチップ**とも呼ぶ。これを用いることにより、非常に多くの遺伝子発現を同時に調べることが可能となった。たとえば、ヒトの遺伝子数は2万～2.5万と推定されているが、これらすべての遺伝子断片（**プローブ**）が1つの基板上に固定化し、この遺伝子断片と、ヒトの細胞から抽出したmRNAを逆転写酵素でcDNAに変換し

図 10-26　PCR 法による DNA 増幅の原理

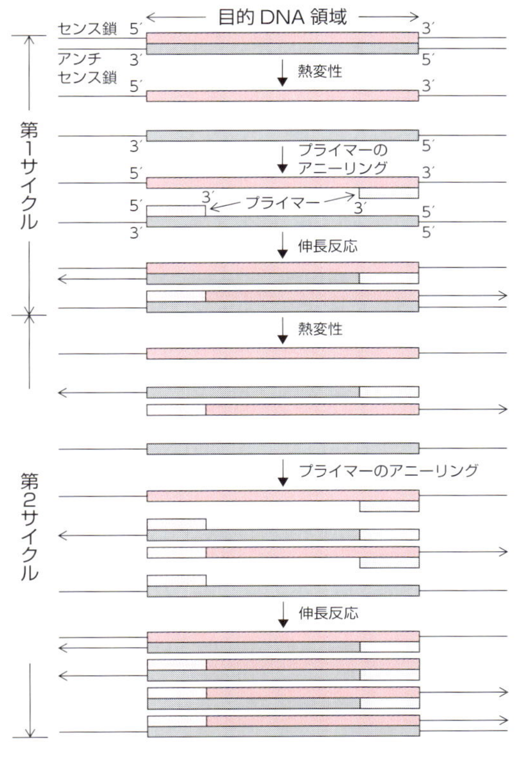

たものとを反応させるによって、ヒトの細胞内で発現している遺伝子を網羅的に検出することが可能である。

マイクロアレイは、**ゲノム創薬**における重要な基盤技術のひとつでもある。ゲノム創薬においてもっとも重要なことは、創薬ターゲットとする分子の決定である。マイクロアレイは種々の病態に特異的な遺伝子発現パターン（プロファイル）を同定し、医薬品開発のターゲットを迅速に発見することを可能にする。

10.2.3　遺伝子診断と倫理

A　遺伝子診断

遺伝子診断（DNA 診断ともいう）とは、ヒトの遺伝性疾患の原因となる遺伝子の変化を検出し、当該疾患の予知・診断を行うことである。しかし、広義にはヒトの遺伝子のみならず、感染した細菌・ウイルスの DNA や RNA なども含まれる。

遺伝子診断は、ある特定の遺伝子が発現している細胞でも、していない細胞でも細胞核に存在する DNA は基本的に同じ配列を有しているので、どんな細胞を用いても実施することができる。すなわち、生体から容易に採取できる物質で DNA を含んでいるもの（たとえば、末梢白血球、毛髪、爪、皮膚細胞、胎盤絨毛、口腔粘膜など）であれば、簡単に診断が行えるのである。後天性遺伝子異常の診断として、癌や白血病などの悪性腫瘍にも利用されている。

遺伝性疾患は、その患者や家族にとって重大な問題となる場合がある。そのため、出生前にその胎児が遺伝性疾患であるか否かを診断することは、非常に重要な意味をもっている。出生前診断は、基本的に胎児の細胞を用いて行われる。羊水中には胎児から剥離した細胞が存在するので、これらを遠心して集めて DNA を分離することで診断することができる。また、胎児細胞を臍帯から採取するような場合、妊娠 20 週前後にならないと行えないことから、仮に遺伝性疾患と診断されてもその胎児を中絶することが不可能となってしまうことがある。妊娠 8 ～ 12 週で胎盤の胎児成分の一部である**絨毛**が採取できるようになったので、妊娠早期に出生前診断ができるようになった。

B　生命倫理

ヒトゲノム計画は、遺伝医学の発展において多大な貢献をもたらした。その結果、医療の現場においては遺伝学的検査が臨床検査の一部を担うようになってきている。ここで明らかにされる遺伝学的情報は、遺伝性疾患の診断、治療、予防、遺伝カウンセリングなどに貢献し、今後ますます重要になってくることが予想される。一方で遺伝学的検査においては、生涯変化しない個人の重要な遺伝学的情報が扱われるため、検査実施時のインフォームド・コンセント、個人の遺伝学的情報の保護、検査に用いた生体試料のとり扱い、検査前後の遺伝カウンセリングなど慎重に検討すべき問題が散在している。また、個人の遺伝学的情報は血縁者において一部が共有されている。このことから、その影響が個人にとどまらないという特徴をもつことから、新たな生命倫理規範が求められている。

ヒトゲノム・遺伝子解析研究は、個人を対象とした研究に大きく依存し、また、研究の過程で得られた遺伝情報は、提供者およびその血縁者の遺伝的素因を明らかにし、そのとり扱いによっては、さまざまな倫理的、法的または社会的問題を招く可能性がある。そこで、人間の尊厳および人権を尊重し、社会の理解と協力を得て、適正に研究を実施することが不可欠である。そのため、世界医師会による「**ヘルシンキ宣言**」などに示された倫理規範を踏まえ、提供者個人の人権の保障が、科学的または社会的な利益に優先されなければならないことに加えて、この側面について、社会に十分な説明を行い、その理解に基づいて研究を実施することが求められている。そこで、ユネスコの「ヒトゲノムと人権に関する世界宣言」(1997 年)などを踏まえて策定された「ヒトゲノム研究に関する基本原則」(2000 年 6 月)に示された原則に基づき、2000 年 4 月に「遺伝子解析研究に付随する倫理問題等に対応するための指針」、2000 年 6 月に「ヒトゲノム研究に関する基本原則」、また、ユネスコの「ヒト遺伝情報に関する国際宣言」、「個人情報の保護に関する法律」(2003 年)などを踏まえ、ヒトゲノム・遺伝子解析研究に適用されるべき倫理指針として、文部科学省、厚生労働省および経済産業省が共同で「**ヒトゲノム・遺伝子解析研究に関する倫理指針**」(2001 年 3 月、2004 年 12 月全面改正)を作成した。現在、日本の遺伝子解析研究はこの 3 省指針に基づいて進められ、ヒトゲノム・遺伝子解析研究にかかわるすべての関係者にこの指針の遵守を求めている。

診療の場においても、遺伝子解析研究により明らかにされる遺伝学的情報が有効に利用される場面が増加してきている。研究を目的とした遺伝子解析と診療を目的とした遺伝学的検査との間に明確な区別を設けることは必ずしも容易ではないが、遺伝学的検査の適切な臨床応用の施行については、実施に伴って起きることが予想されるさまざまな問題に適切に対応する必要があり、遺伝学的検査に関する指針の策定が強く求められてきた。日本人類遺伝学会からは「遺伝カウンセリング、出生前診断に関するガイドライン」(1994 年 12 月)、「遺伝性疾患の遺伝子診断に関するガイドライン」(1995 年 9 月)、「遺伝学的検査に関するガイドライン」(2001 年 3 月)が提案され、家族性腫瘍学会からは「家族性腫瘍における遺伝子診断の研究とこれを応用した診療に関するガイドライン」(2000 年 6 月)が提案されてきた。さらに、2001 年にはそれらに示された諸原則を包括する形で遺伝医学関連 8 学会(日本遺伝カウンセリング学会、日本遺伝子診療学会、日本産科婦人科学会、日本小児遺伝学会、日本人類遺伝学会、日本先天異常学会、日本先天代謝異常学会、家族性腫瘍学会)が「遺伝学的検査に関するガイドライン」(2001 年 3 月)を発表した。また関連して、遺伝子検査受託に関しては社団法人日本衛生検査所協会が「ヒト遺伝子検査受託に関する倫理指針」(2001 年)を作成している。2003 年 8 月に 8 学会に日本マススクリーニング学会と日本臨床検査医学会が加わり、「**遺伝学的検査に関するガイドライン**」が改訂された。

10.2.4 ゲノミクスとオーダーメイド医療

個人がもつ遺伝子タイプの相違に応じて最適な薬を投与する治療法を**オーダーメイド医療**(テーラーメイド医療、個別化医療ともいう)という(図 10-27)。これまでの医療は、**レディメイド医療**と呼ばれ、個人の体質などが考慮されず、病気の種類や重症度などに応じて治療が行われてきた。それにより、副作用や治療効果などが問題になっていた。同じ疾患であってもその病態は個人によってさまざまである。そのような副作用や治療効果の個人差は治療とその効果を観察しなければわからないものであり、個々人に最適な治療計画を行うことは難しかった。**ヒトゲノム計画**によってゲノム情報をシステマティックにとり扱う**ゲノミクス**(ゲノム科学)が進歩し、ヒトゲノムの全塩基配列の決定、国際 HapMap 計画による各人種における**一塩基多型**(single nucleotide polymorphism;SNPs)や**ハプロブロック**の決定

図 10-27　従来の医療とオーダーメイド医療の比較

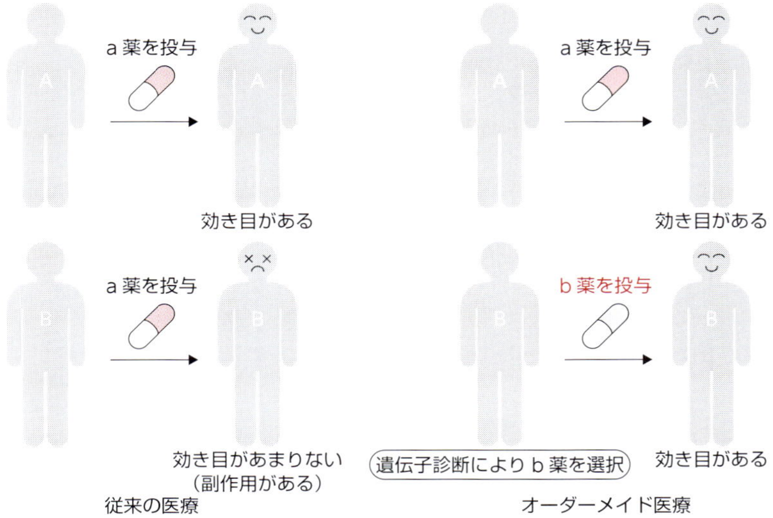

および **tag SNPs** の特定、また DNA マイクロアレイや SNP チップなどによる大量の情報解析技術の発達などによって個々人の遺伝子の相違を大量にかつ迅速に検出できるようになった。これらの研究から遺伝子の個人差によって医薬品の効果や副作用が異なることがわかり、オーダーメイド医療が 1990 年代の中頃から欧米を中心に盛んになってきた。このゲノム情報、技術をもとに患者各人に個別最適化されたオーダーメイド医療を現実化するため、**薬理ゲノミクス**という新しい概念が登場した。また、このオーダーメイド医療ー個別最適化した薬物治療を実用的なものにするためには、遺伝子情報に合わせた薬の品揃えが必要となる。こうした薬をつくるために、ゲノム情報から薬を理論的につくる**ゲノム創薬**という戦略が展開されている。

臨床医学が現在目指している**根拠に基づく医療**（evidence based medicine；**EBM**）は信頼性の高い最新情報から得られる最善の根拠に基づき、個々の患者にとっての最適の医療を考えるものであるが、薬理ゲノミクスは、この EBM を強力に推進する方法論であり、また、オーダーメイド医療による効果のない薬物の使用や副作用の減少は医療費全体を削減することが期待されている。

第11章 生物の進化

準備教育モデル・コアカリキュラム

2 生命現象の科学	到達目標	SBOコード
(3) 生物の進化と多様性		
【生物の進化】	進化の基本的な考え方を説明できる。	2(3)-1-1
	生物種とその系統関係を概説できる。	2(3)-1-2
	アミノ酸配列や塩基配列の比較による分子系統樹を概説できる。	2(3)-1-3

薬学準備教育ガイドライン

(5) 薬学の基礎としての生物	到達目標	SBOコード
【細胞分裂・遺伝・進化】	進化の基本的な考え方を説明できる。	F(5)-4-6

11.1 進化の証拠

11.1.1 化石にみられる証拠

新しい地層は古い地層の上に重なって形成されるので、地層の順番は地球の歴史を知るうえでたいへんに重要な手がかりを与えてくれる。長い時間をかけて堆積された地層のなかに閉じ込められた化石は、過去に存在していた生物が生活していた地質年代や環境を知らせてくれる。**地質年代**とは、地層のなかから発見される生物化石の様相から相対的に定めた年代をいう（表11-1）。そして、化石を産出する地層がどの地質年代に形成されたかを決定したり、離れた場所の地層と比較したりするのに手がかりとなる化石を**示準化石**（標準化石ともいう）という。示準化石の条件としては、特徴的な形をもつこと、その種の生存期間が短く、その進化速度が速いこと、ある時期に限定して広く分布し、個体数が多いこと、などがあげられる。代表的な示準化石としては、古生代の三葉虫、フズリナ、フデイシ、中生代のアンモナイト、爬虫類、新生代の哺乳類（ウマやゾウ）、有孔虫、貝類などがある。また地層が堆積した当時の環境を知る手がかりとなる化石を**示相化石**という。示相化石には、サンゴ、貝類、有孔虫などのように海の環境を示すものや、メタセコイアなどの植物のように陸地の環境を示すものなどがある。

長い地質年代にわたって同じ仲間の化石が多く発見される場合、その生物の進化の過程を知る手がかりとなる。

化石は進化の直接的な証拠を与えてくれるとともに、過去の地球の状態をも物語ってくれる。

11.1.2 発生過程での共通性

脊椎動物の発生過程を比較すると、初期の形態がよく似ている（図11-1）。たとえば、ヒトの胎児の発生過程には、鰓、水かき、尾に相当するような構造が現れる。このことは、生物が共通の祖先から進化したことを示す証拠と考えられている。

表 11-1　地質年代区分表

累代	代	紀	×百万年前	出来事
顕生代	新生代	第四紀	2.588	大型の哺乳類の衰退、人類の祖先が出現
		新第三紀	23.03	
		古第三紀	65.5	類人猿の出現
	中生代	白亜紀	145.5	恐竜の繁栄と絶滅、有袋類・単孔類・有胎盤類の出現
		ジュラ紀	199.6	有袋類の出現、始祖鳥（鳥類の出現）、被子植物の出現
		三畳紀	251	恐竜の出現、哺乳類の出現
	古生代	ペルム紀	299	地球上のほとんどの生物が絶滅、パンゲア大陸の形成、単弓類の出現
		石炭紀	359.2	爬虫類の出現
		デボン紀	416	両生類の出現、シダ植物出現、裸子植物の出現
		シルル紀	443.7	陸上植物の最古の化石
		オルドビス紀	488.3	無脊椎動物の優勢、魚類の出現
		カンブリア紀	542	カンブリア紀の大爆発（動物が門レベルで急激に多様化、現在の動物の原始的な形態がほぼ出揃う）、バージェス動物群
原生代	新原生代	エディアカラ紀	635	エディアカラ生物群
		クリオジェニアン	850	
		トニアン	1000	
	中原生代	ステニアン	1200	多細胞生物の出現（約 11 億年前）
		エクタシアン	1400	
		カリミアン	1600	
	古原生代	スタテリアン	1800	
		オロシリアン	2050	真核生物の出現（約 19 億年前）
		リアキアン	2300	
		シデリアン	2500	
始生代	新始生代		2800	古細菌と真正細菌の出現
	中始生代		3200	
	古始生代		3600	
	原始生代		4000	原核生物の誕生（約 38 億年前）
冥王代			～4600	地球の誕生

国際地質科学連合の国際層序委員会による地質年代区分表 2009 年版に準拠

11.1.3　相同器官、相似器官、痕跡器官

鳥類やコウモリの翼、クジラの胸びれ、ヒトの前腕などは互いに起源が異なる爬虫類や哺乳類の前肢が独立に進化したものである。鳥類の祖先は前肢を利用して翼を発達させた。また、コウモリも同様に前肢を利用して鳥とよく似た翼を獲得した。そして、クジラの祖先は海中を泳ぐために前肢を利用して魚によく似た胸びれを得た。このように、見かけは違っていても、発生学上の起源が同じ器官を**相同器官**という（図 11-2）。

これに対して、形態や機能が似ていても、その発生学上の起源が異なる器官を**相似器官**という（図 11-3）。たとえば、コウモリの翼と鳥の翼がこれにあたる。両者とも外見と働きが似ているが、コウモリの翼は指が起源であるのに対して、鳥の翼は前肢が起源である。

ヒトの虫垂、耳筋、尾骨などのように、現在ではその機能が失われてしまった器官を**痕跡器官**という（図 11-4）。祖先では機能していた器官が退化して、その機能を失ったものと考えられる。退化も形態の変化であり、進化のひとつといえる。

11.1.4　収斂進化と適応放散

姉妹種どうしがよく似ているのは、互いに共通の祖先種に由来するからである。ところが、異なる祖先種に由来する生物の器官や形態が進化の結果、互いに似てくるという現象が知られている。

図 11-1　脊椎動物の初期発生の比較

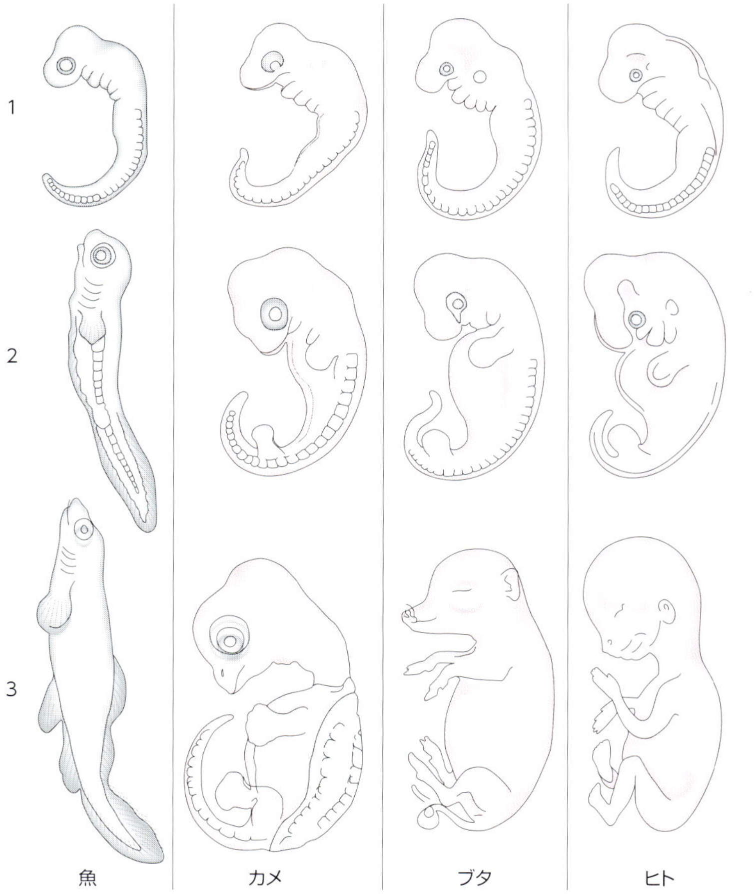

異なる種では発生の段階が進むに従って異なった遺伝子が発現するようになる。

この現象を**収斂進化**という。この収斂進化の例として、脊椎動物であるクジラ、サメ、マグロ、イクチオサウルスとの間にみられる形態的類似性がある（図 11-5）これら 4 つのグループはまったく離れた系統関係にあり、形態はそれぞれの系統のなかで進化してきた。これらはすべて紡錘型をして三日月型の尾びれをもっている。これら 4 種はクジラが哺乳類、マグロが硬骨魚類、サメが軟骨魚類、そしてイクチオサウルスが爬虫類というようにまったく別の系統である。これらはそれぞれ独立にこの体型に変形してきた。魚類には非常に多くの種が存在するが、種の割合からいうと、このような体型に進化した数は少ない。

上記以外にも、育児用の袋をもつ有袋類と胎盤をもつ有胎盤類（真獣類）との間にみられる形態的類似性である。この 2 つは、恐竜を中心とした爬虫類の多くが滅びた中生代末の大絶滅を生き延び、ほとんど空白となった爬虫類の生態的地位（ニッチともいう）を埋め尽くしていったと考えられている。このように進化の過程において、あるひとつの系統の生物が異なった環境に適応して生理的ならびに形態的分化を起こし、比較的短い時間で多数の異なった系統に分岐して時間の経過とともに分岐の程度が強まる現象を**適応放散**という。

また、別の例として、タラバガニが知られている。形態からみても味からしてもカニであるが、このタラバガニは分類学上エビ目ヤドカリ下目に

図 11-2　相同器官

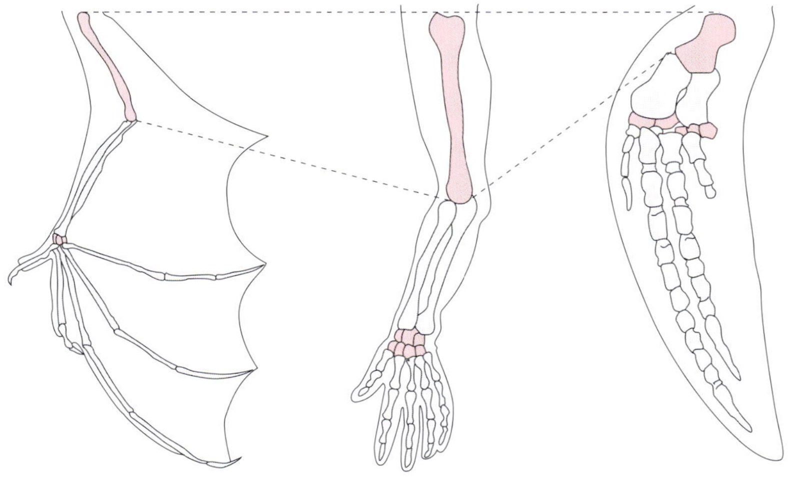

発生学的起源はすべて前肢であり、それらが独立に進化して形成された。

図 11-3　相似器官

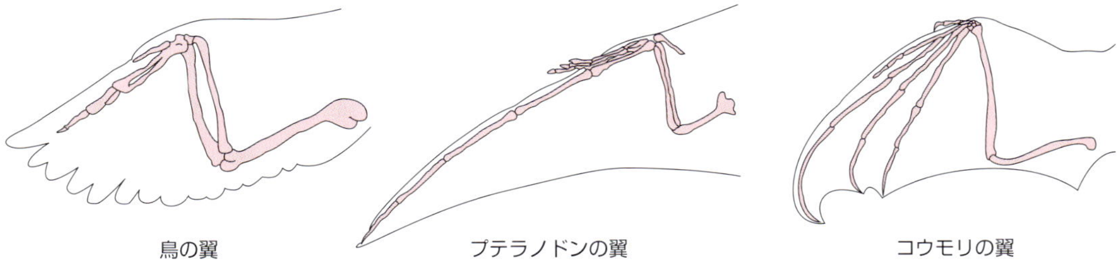

属していて、カニ下目に属していない生物である。タラバガニには、ヤドカリによく似た曲がった腹がみられるが、カニにはみられない形態である。タラバガニとヤドカリでは、成体の形態が著しく違っているが、幼生では非常によく似た形態を示す。リボソーム RNA を利用した分子系統樹による解析によって、タラバガニはヤドカリの一種であって、ホンヤドカリの集団から進化したことが明らかとなっている。すなわち、タラバガニはヤドカリの一系統であり、そしてその形態がカニに酷似したのは収斂進化の結果であるということである。

11.1.5　共進化

2 種またはそれ以上の生物種が互いに生存や繁殖に影響を及ぼし合いながら進化する適応進化を**共進化**という。捕食者と被食者、寄生者と宿主、競争者どうしの共進化においては、一方の種の適応進化が他方の種の対抗的な進化を引き起こす。また、共生関係にあるものどうしの共進化においては、一方の種の適応進化が他方の協調的な進化を引き起こす。昆虫媒花植物における、花の形態と昆虫における口器の形態で相互にみられる適応進化はその一例である。被子植物は花の構造を複雑化することによって、主に昆虫類が媒介する送粉のしくみを進化させていった。植物の花の形態は、昆虫の口器の形態と互いに密接な関係になる

図 11-4　ヒトの痕跡器官

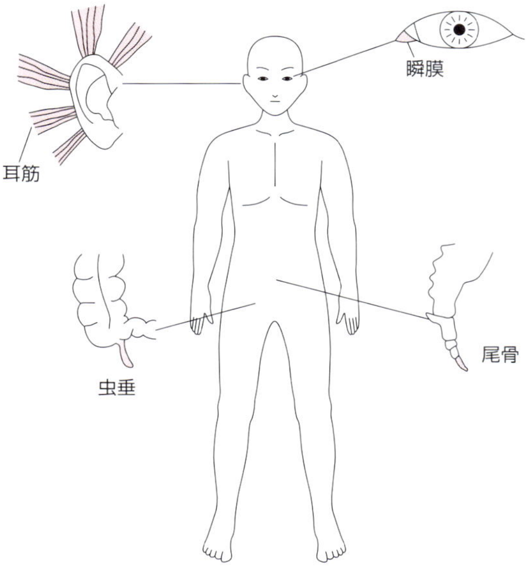

図 11-5　収斂進化の例

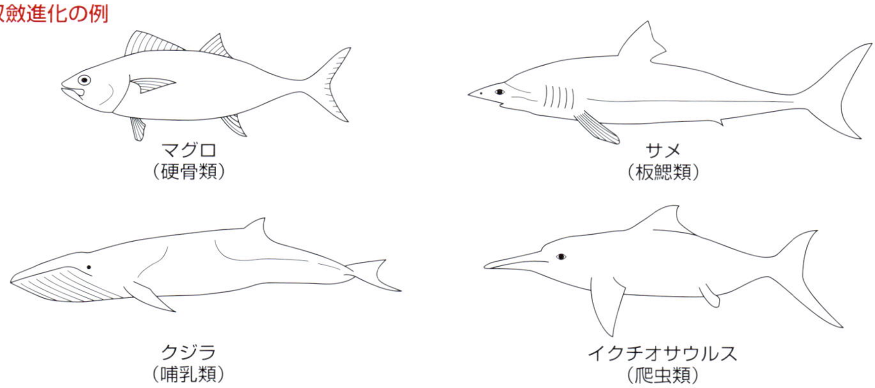

別の系統から同じ体型に進化した脊椎動物

ような方向に進化していったと考えられている。

植物と昆虫の共生関係のなかでもっとも代表的な系といわれるのがイチジク属とイチジクコバチである。イチジクの果実とみなされる部分は、たくさんの花および果実が集合して袋状になったものである。イチジクには雌花の咲く時期があり、そこに飛び込んだ雌のイチジクコバチが雌花に授粉し、子房に産卵する。孵化した幼虫はイチジクの種子を食べて成長し、ちょうど雄花が熟す頃に成虫となる。イチジクコバチの雄と雌は羽化したイチジクのなかで交尾をすませ、雌だけが花粉をもって新たなイチジクへと飛び立っていく（図11-6）。

また、捕食者と被食者が互いに対抗戦略を進化させ続けることを**軍拡競走**という。これらの能力が他の能力を犠牲にして進化するなら、軍拡競走は途中で止まるか、あるいはどちらかが絶滅するまで続くことになる。

図 11-6　イチジク属植物の開花パターンとイチジクコバチ類の生活史との間の対応関係

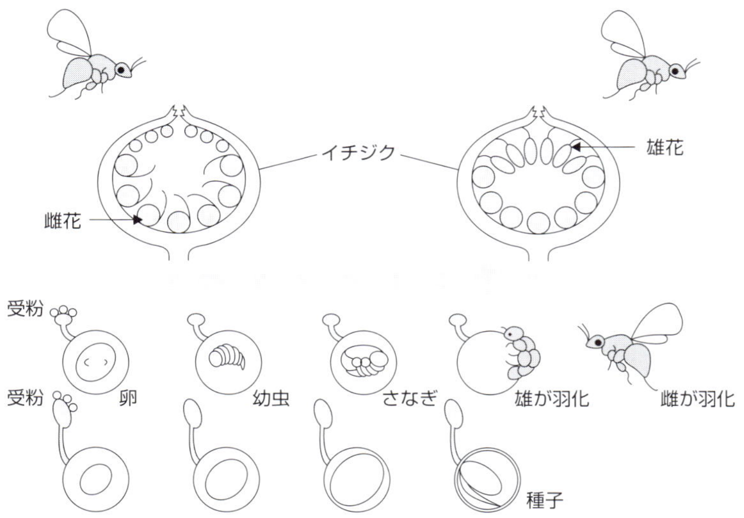

イチジクコバチは体長 2 mm ほどの小さな昆虫で、イチジクの花嚢の小さな部分から潜り込む。内部に達したコバチは、もっている花粉を雌花につけると同時に、一部の子房に産卵する。産卵されなかった雌花は種子となるが、産卵された雌花では幼虫が種子を餌に成長する。羽化は雄から始まり、まだ子房内にいる雌と交尾を行う。イチジクの仲間は花嚢のなかで雌花と雄花の咲くタイミングが大きくずれている。すなわち、コバチが羽化する時期に合わせて、雄花が咲きはじめる。交尾後、子房から出てきた雌の成虫は花粉をからだにつけて産卵できる次の花嚢を探して飛んでいく。

11.2　進化のしくみ

進化とは、生物の遺伝的形質が何世代も経るなかで変化していく現象である。生物は約 38 億年前に誕生してから何度となく地球環境の変化に見舞われ、そのたびに生物の形質（形態・生理・行動など）が環境に適応したものに進化して、その危機を乗り越え、現在の生物へとつながっている。今まで生存が不可能であった環境に変化が起こり、生存することのできる空間がそこに誕生すると、生物は進化しながらその環境に適応してきた。その進化は、対象とする変化の内容によって小進化と大進化に大別される。同じ個体群や種内で起こる遺伝的変化や生物個体の小さな変化を**小進化**といい、これに対し、生物の進化的変遷において種以上の系統群の形成を示す過程のことを**大進化**という。

11.2.1　用不用説

フランスの博物学者のジャン＝バティスト・ピエール・アントワーヌ・ド・モネ・ド・ラマルク（Jean-Baptiste Pierre Antoine de Monet, Chevalier de Lamarck（図 11-7））によって提唱された進化論は、用不用説と獲得形質の遺伝を柱としたもので、彼は 1809 年に発表された「動物哲学」のなかでこれらの説について述べている。**用不用説**は、生物自身の努力による前進的な進化観が基盤になっていて、よく用いる器官は発達し、そうでない器官は退化することで進化が起こったとする考え方である。その例としてとり上げられるのが、キリンの祖先は首が短かったが、ある時点で樹上の食物をとらなければならないようになり、キリンは首を伸ばして食物をとろうとした。その結果、

図 11-7 ラマルク

首が発達し、その形質が子孫に伝えられ、次第にキリンという種の首が長くなったというものである。また、ラマルクは生涯の間に身につけた形質が、子孫に伝わるという獲得形質の遺伝を主張した。しかしながら、**獲得形質の遺伝**に関して現在では否定されている。それに伴い、用不用説についても認められなくなった。

11.2.2 自然選択説

DNA は、アデニン・グアニン・シトシン・チミンと呼ばれる 4 つの塩基の配列で表現される遺伝情報を担った巨大分子である。この DNA は遺伝情報を担っているのみならず、進化の情報も併せもっている。そのことを基礎にして DNA、RNA、タンパク質といった分子から生物の進化を研究する分野を**分子進化**という。

図 11-8 に示した外側の大きな丸は、あるひとつの種を示す。また、そのなかの小さな丸は種を構成する個体を示している。赤丸は普通の一個体を示す。このようにもともと存在した遺伝子をもつものを**野生型**という。その DNA 中の塩基配列の一部を左側に示した。その種のなかの一個体に遺伝子の突然変異が起き、DNA 中の塩基配列に変化が起きたとする。元来の遺伝子が変化したものを**変異型**という。ここでは黒丸で示した。

通常、遺伝子に突然変異が起きた個体は生存に不利に働くことが多く、ほとんどの場合、子どもを産む年齢に到達する前に死んでしまうか、子どもを産んでもその系統は数世代のうちに絶えてしまう。しかし、まれに黒丸の変異型が生き残り、赤丸の野生型より子どもを多く残すことがある。このような状態が起こると、変異型の個体が集団全体に広がる。その結果、今までは赤丸で示した野生型で占められていた集団が、黒丸で示した変異型で占められることになる(図 11-8)。すなわち、集団全体が変異型で置き換わってしまう。これが

図 11-8 自然選択による進化のしくみ

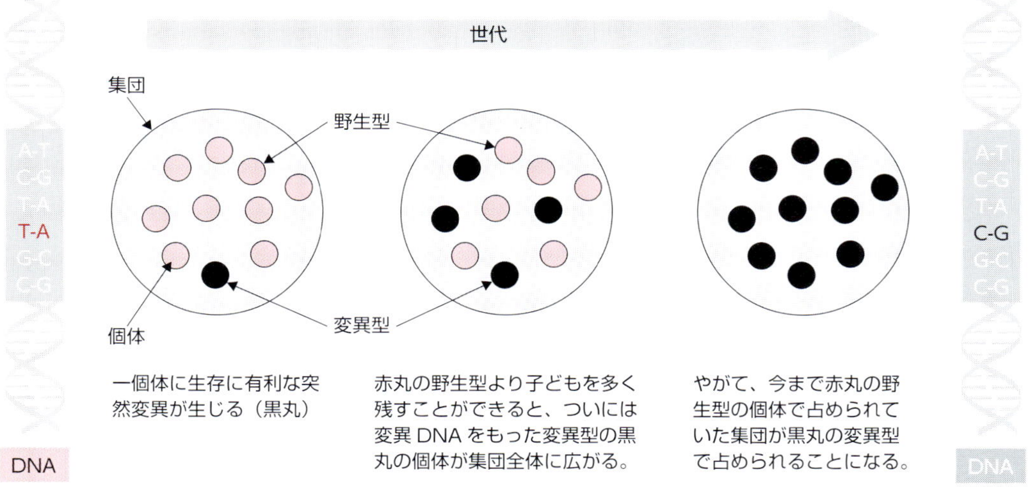
世代
集団
野生型
個体
変異型
A-T
C-G
T-A
T-A
G-C
C-G
A-T
C-G
T-A
C-G
G-C
C-G
一個体に生存に有利な突然変異が生じる（黒丸）
赤丸の野生型より子どもを多く残すことができると、ついには変異 DNA をもった変異型の黒丸の個体が集団全体に広がる。
やがて、今まで赤丸の野生型の個体で占められていた集団が黒丸の変異型で占められることになる。
DNA
DNA

一個体の生殖細胞中の DNA 上に生じた変化は突然変異という。個体に生じた突然変異が集団全体に広がることを進化という。

図 11-9　ダーウィンとビーグル号

図 11-10　1859 年に出版された種の起源の表紙

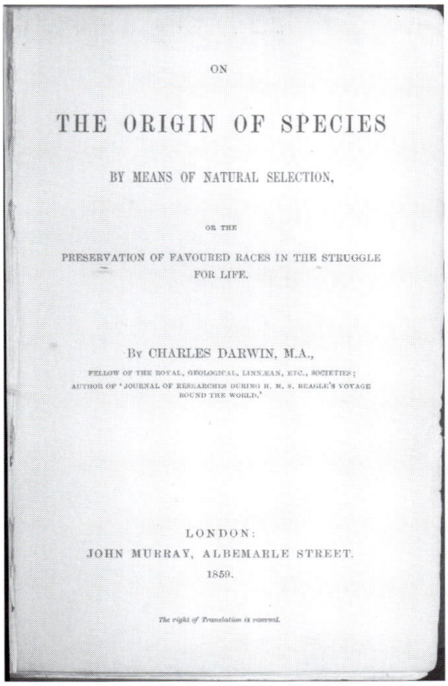

ON

THE ORIGIN OF SPECIES

BY MEANS OF NATURAL SELECTION,

OR THE

PRESERVATION OF FAVOURED RACES IN THE STRUGGLE FOR LIFE.

BY CHARLES DARWIN, M.A.,

FELLOW OF THE ROYAL, GEOLOGICAL, LINNÆAN, ETC., SOCIETIES;
AUTHOR OF 'JOURNAL OF RESEARCHES DURING H. M. S. BEAGLE'S VOYAGE ROUND THE WORLD.'

LONDON:
JOHN MURRAY, ALBEMARLE STREET.
1859.

The right of Translation is reserved.

自然選択による進化のしくみである。

このように生物個体群が選択圧の直接的な影響を受けずに、偶然性に左右されて集団内に存在するすべての対立遺伝子が変化することを**遺伝的浮動**（機会的浮動ともいう）という。また、集団内に存在するすべての対立遺伝子を**遺伝子プール**と呼ぶ。

ある生物個体がその生涯で生んだ次世代の子のうち、繁殖年齢まで成長できた子の数を**適応度**という。自然選択は適応度の違いを生じ、その結果、進化が起こる。1 つの遺伝子の突然変異が集団内に生じ、その個体の適応度が高く集団内に広がるとき、**正の選択**（正の淘汰ともいう）が働いたという。これに対して、その突然変異が生存力に有害であり、適応度が低いと、その個体は集団内から排除されてしまう。これを**負の選択**（負の淘汰ともいう）という。

突然変異がどのようなしくみによって集団内に広まるのかということを最初に明らかにしたのはチャールズ・ロバート・ダーウィン（Charles Robert Darwin（図 11-9）である。5 年間にわたるビーグル号の航海（1831 ～ 1836 年）の過程で多くの動植物の標本を集め、観察し、注意深く考察した。そこから導かれた新しい進化説を 1859 年に「**種の起源**」として出版した（図 11-10）。種の起源は省略化された一般的に知られている書名であるが、正式な書名は、「自然選択に基づく種の起源および、生存競争において恵まれた品種の保存（On the Origin of Species by Means of Natural Selection, or the Preservation of Favoured Races in the Struggle for Life）」という。その序文で彼は「それぞれの生物種の個体は、生存可能な数以上に生まれてくるので、その結果、生存競争が頻繁にくり返されることになる。複雑でしばしば変化する生活条件のもとでは、どんなにわずかであってもその個体自身に有利な変化があると、その個体は生き残る可能性が大きくなるであろう。いわば、自然に選択されるのである。遺伝の原理によって、その選択された変異型は子孫に受け継がれ、集団のなかへ広がっていくであろう」と述べている。この考えを**自然選択説**（自然淘汰説ともいう）と呼んでいる。個体の生存に不利に働く突然変異は個体の死という形で集団から除去される。こうした変異は集団に広まらないが、これも自然選択の結果である。ダーウィンの時代には、メンデルの遺伝の法則がまだ発見されておらず、変異の原因も不明であったが、自然選択説は、生存競争と変異の組み合わせによって、神が介在しなくとも、種が自動的に進化するメカニズムを提示したのである。

自然選択は、生物に多様な進化をもたらす。生物界では、相互作用を行う生物の間で、互いが選択圧となって起こる**共進化**、大量絶滅を生き残った生物が空いた生態的地位に適応して起こる**適応放散**、同じ生態的地位を占める生物で同じ選択圧がかかるために似たような形質が進化する**収斂進化**、一方向的な選択圧が一方向への進化をもたらす**定向的進化**、クジャクの羽やオオツノシカの角のような、生存には一見邪魔で適応的でないようにみえる形質でも異性の選り好みという選択圧によって進化が起こる**性選択**といった進化の現象が知られている。そのほかに、擬態、島で認められる生物の矮小化、大陸における生物の大型化なども自然選択による進化の結果である。

自然選択が実際の生物集団に急速に働いた例として**工業暗化**がある。イギリスの工業地帯に生息するオオシモフリエダシャクというガには、羽が黒色をした暗色型と白色をした明色型が存在する。19 世紀の後半、イギリスで産業革命が起き、そのため、マンチェスターに数多くの工場ができ、そこからの排煙が町の森林に降り落ちた。このため、もともと白っぽかった木が黒っぽくなってしまい、白色型の個体が目立つようになって鳥などの捕食者に見つかりやすくなり食われて、集団内の頻度が極端に減ってしまった。それに代わり、突然変異型であった暗色型は、そのからだの色が木の黒さと相まって保護色となり、捕食者によって食われにくくなったために、集団内における頻度が極端に増加した。1948 年には、わずか 1％しか存在しなかった暗色型が約 50 年間で 98％にまでその頻度が増加した。

11.2.3　中立説

ダーウィンが種の起源で自然選択説を発表してから約 100 年後の 1968 年に、国立遺伝学研究所の木村資生（Motoo Kimura）は、分子進化に関与する突然変異の多くは自然選択に対して有利でも不利でもなく、ほとんど無関係で、偶然に発生した中立な突然変異遺伝子が集団内へ固定するという**中立説**（中立突然変異ともいう）を提唱した。

中立説の発表当時はダーウィンの自然選択説が強く支持されていたので、多くの生物学者から、この説は支持されなかった。しかし、木村は中立説を支持する多くのデータを集め、批判に応えていった。その集大成として 1983 年に「分子進化の中立説」という本を出版した。その結果、中立説は認められるようになった。自然選択説と中立説は必ずしも相反するものではなく、折り合いをつけることができる。自然選択説が主張するように、有害な変異は自然選択の力で集団から排除される。一方、DNA に蓄積する大部分の変異は中立な変異で、それは偶然に集団に広まった変異である。すなわち、中立説が主張する偶然が作用するメカニズム（遺伝子浮動）によって中立的な変異が集団に広まる。それ以外の残りの有利な変化が、目で見てそれとわかる形態レベルの進化に寄与するのである。このわずかな有利に働く変異に自然選択が関与するというものである。

11.2.4　分子時計

同一の分子種においてアミノ酸置換速度が一定であることから、アミノ酸置換数をもとに、生物の進化上での分岐年代を推定できる。これを**分子時計**と呼ぶ。

1960 年代の中頃から、ひとつの相同なタンパク質における異なった生物種間のアミノ酸配列の相違は、進化学的に遠い関係にある生物種間ほど大きいということがわかってきた。1965 年にライナス・カール・ポーリング（Linus Carl Pauling）らは、このようなアミノ酸配列の相違の程度と化石などから推定される生物種間の分岐時間がほぼ比例関係にあるということを示した。ポーリングらは、血液中に存在する酸素を運搬するヘモグロビンの α 鎖と呼ばれるアミノ酸 141 個からなるタンパク質分子のアミノ酸配列をいろいろな生物種間で比較した結果、系統的に遠い関係にある生物種間では、近い関係にある生物種間よりアミノ酸の相違数が多くなることを見出した。調査したなかでヒトともっとも遠いサメとではアミノ酸の相違が 79 か所に存在した。また、ヒトともっとも近いゴリラとはわずか 1 か所しか違わなかった。また、その中間にあたるウマとではアミノ酸の相違数が 18 か所にみられた（表 11-2）。古生物学の研究からヒトとウマの共通祖先が分岐したのは、約 8000 万年前であることがわかっている。このことから、このヘモグロビン α 鎖のアミノ酸置換速度は 1.2×10^{-9}/サイト/年であることが示された。また、そのほかのタンパク質についても、そのオーダーはおおよそ 10^{-9}/サイト/年である（表 11-3）。縦軸に比べた生物種間でのアミノ酸の置換数を、横軸に比べた生物の分岐年代をとると、両者の間には直線関係があることを彼らは発見した（図 11-11）。

表 11-2　ヘモグロビン α 鎖のアミノ酸の相違

コイ	ネズミ	ウマ	ヒト	
	68	67	68	コイ
		23	17	ネズミ
			18	ウマ
				ヒト

表 11-3　さまざまなタンパク質のアミノ酸置換速度

タンパク質	アミノ酸サイトあたり 1 年あたりの置換率（$\times 10^{-9}$）
フィブリノペプチド	8.3
リボヌクレアーゼ	2.1
リゾチーム	2.0
ヘモグロビン α	1.2
ミオグロビン	0.89
インスリン	0.44
チトクローム c	0.30
ヒストン H4	0.01

図 11-11　種々のタンパク質におけるアミノ酸置換数と分岐時間との関係

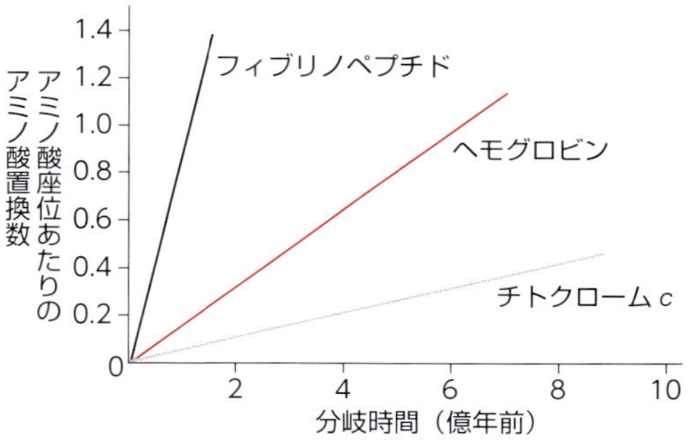

11.3 系統樹

生物相互の類縁関係、派生関係、進化の歴史などを樹木状に模式化して描いたものを**系統樹**という。多様な生物の関係を示す系統樹は、1866 年にドイツのエルンスト・ハインリッヒ・フィリップ・アウグスト・ヘッケル（Ernst Heinrich Philipp August Haeckel）によって最初に描かれた。ヘッケルの系統樹は、ダーウィンの進化論に基づいて動物の系統関係を説明しようとするものであった。

DNA や RNA の塩基配列やタンパク質のアミノ酸配列の比較から、各遺伝子間の塩基（アミノ酸）置換数が推定される。この置換数を用いて系統樹を作成することが可能である。このようにして描いた系統樹を**分子系統樹**（図 11-12）と呼ぶ。この分子系統樹では、形態的に比較できない生物間であっても、量的に進化関係を明らかにすることができる。

図 11-12　哺乳類の分子系統樹

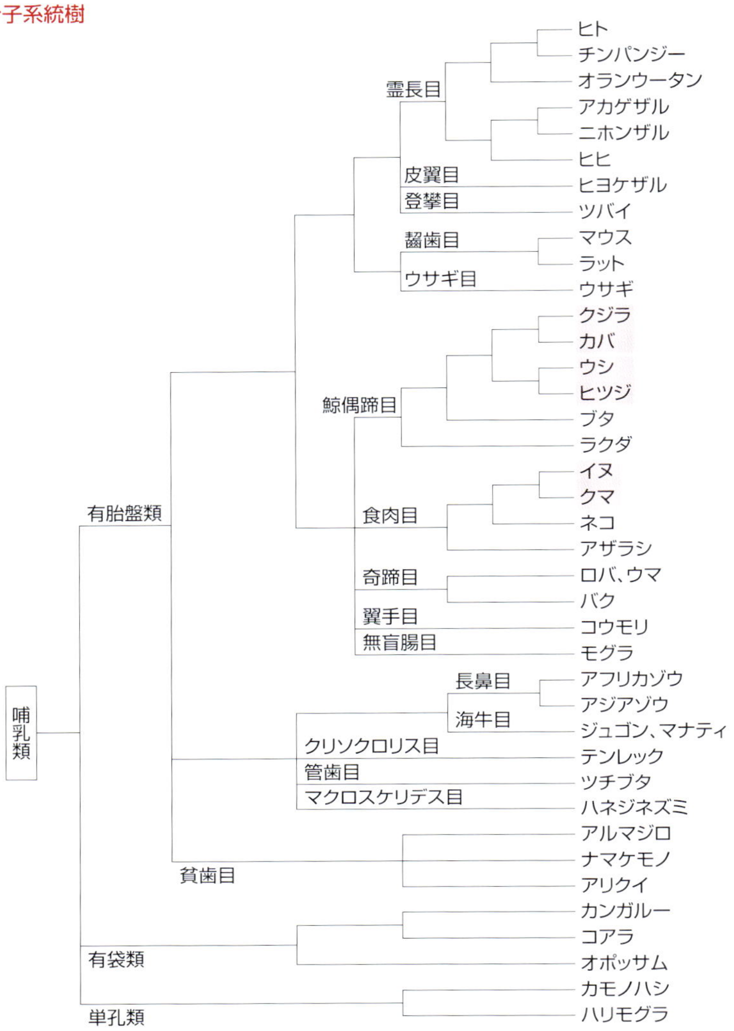

11.4 生命の起源

生物は不変なものではなく、長大な年月の間に生物が共通の祖先から次第に種類の多様化や環境への適応による形態・機能・行動などの変化を起こし、さまざまな集団に分かれてきた。このような変化を進化という。

11.4.1　化学進化

地球上に存在するあらゆる生物のおおもとはさまざまな化学物質が偶発的・自発的に組織化されることによって、まったく新しい質・機能を獲得し、秩序をもった物質として存在するようになったものと考えられている。このようにしてできてきた物質と生命誕生のかかわりを**化学進化**という。化学進化はアミノ酸やヌクレオチドなどの低分子有機化合物の合成に始まり、それらが重合したタンパク質や核酸などの高分子有機化合物の段階を経て、原始生命体ができるまでの過程をさす。

約46億年前に誕生した直後の地球は、熱いマグマで覆われていたと推定されている。そして、約40億年前には地球表面が冷却して海ができたと考えられている。グリーンランドで発見された38億年前の堆積岩には、生物起源と考えられる有機炭素が見つかっている。ちょうどこの時期に海のなかで最初の生物が出現したと考えられている。

スタンリー・ロイド・ミラー（Stanley Lloyd Miller）は、実験室で原始地球の大気組成を想定して、メタン・水素・アンモニアの混合ガスをつくり、そこに高圧電流を流して放電し、アミノ酸などの有機物を合成することに成功した（図11-13）。この実験によって無機物から有機物が無生物的に合成されることが証明された。この当時、原始地球の大気は主にメタンや水素を中心にしたものと考えられていたが、その後、二酸化炭素、窒素、水蒸気が中心だったと考えられるようになった。現在、考えられている原始地球の大気をもとにしても、同様に低分子有機化合物が合成できることがわかっている。また、ミラーの実験以後、アミノ酸以外にもATP（アデノシン三リン酸）やヌクレオチドの合成も実験室で再現されるようになった。地球が誕生してから、簡単な低分子有機化合物であるアミノ酸、ヌクレオチドなどが生成され、そして、タンパク質や核酸のような高分子有機化合物となり、これらの高分子有機化合物が特異的な機能をもち、多分子系がつくり出され、現在のような膜構造によって周囲の環境と区切られた代謝系と自己複製系をもつ原始細胞が38億年前に誕生するに至ったと考えられている。

図11-13 ミラーの実験

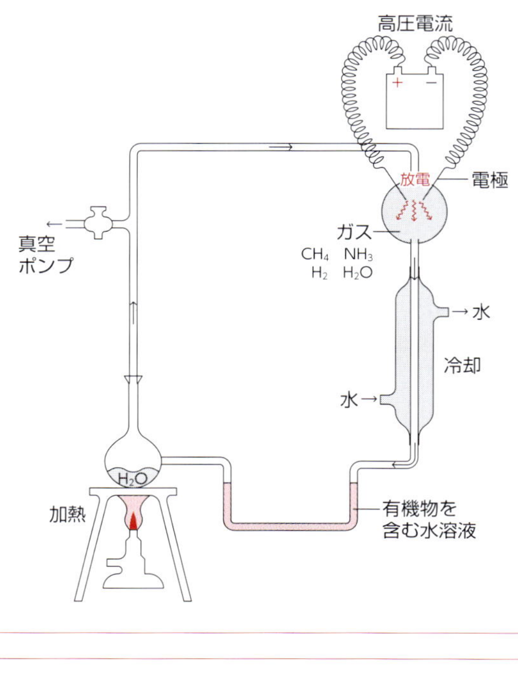

A RNAワールド

テトラヒメナのリボソームRNAのイントロンが**自己スプライシング**を起こすこと、同じイントロンにポリCポリメラーゼ活性を導入できることが証明されたことから、一部のRNAがRNAだけで触媒作用をもつことがわかった。RNAを遺伝子として**自己複製**できたという**RNAワールド**という生命界の考え方が起きた（図11-14）。

B RNPワールド

原始地球環境において、タンパク質のほうがRNAよりも簡単につくり出せることがわかっている。短いタンパク質が会合して次第に長いタンパク質になり、触媒作用をもつ多様なタンパク質がつくり出された。このような触媒作用をもつようになったタンパク質と自己複製能をもつRNAとが出合い、お互いに独立的にはもち得なかった高度な触媒作用と自己複製能をもつようになり、**RNPワールド**（ribonucleoprotein）が生じた。

C DNAワールド

大部分の生命の遺伝情報の複製などがDNAによって担われるようになった時代のことを**DNAワールド**という。RNAワールドとタンパク質ワールドからRNPワールドを経てDNAワールドに

図11-14 RNAワールドからDNAワールドへ

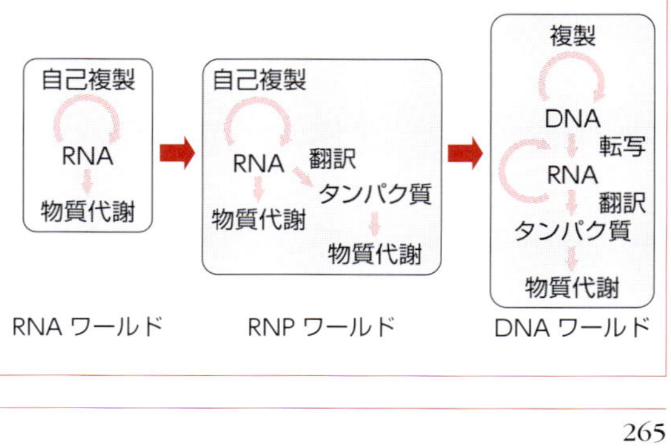

なったと想定されている。西オーストラリアのピルバラ地域で35億年位前の微生物の化石が発見されているので、少なくともそれ以前はDNAワールドであると考えられる。RNPワールドにおいて、RNAゲノムをDNAに転写する**逆転写酵素**が出現したことが、DNAワールド生成の鍵となった。遺伝情報のRNAからDNAへの移行により、ゲノムは安定化し、多くの情報の集積が可能となり、より高度な生命体がつくられるようになったと考えられる。

11.4.2　細胞進化

最初の生物は、海底の**熱水噴出孔**（ブラックスモーカー）で、200～300℃の熱水と岩石の反応や、海水に溶け込んだアミノ酸などをもとに化学進化をくり返すことで、約38億年前に好熱性の原始的な共通祖先生物が誕生したと考えられている。その共通祖先がある時期に真正細菌と古細菌に分岐したと考えられている。現在でもこのような熱水噴出孔では、好熱菌と呼ばれる古細菌が生きている。その古細菌は、ユーリアーケオータ、クレンアーケオータの2つに分類され、そのうちのクレンアーケオータから原始真核細胞が分かれたとされている（図11-15）。枝分かれした真核生物

図11-15　真核生物の起源

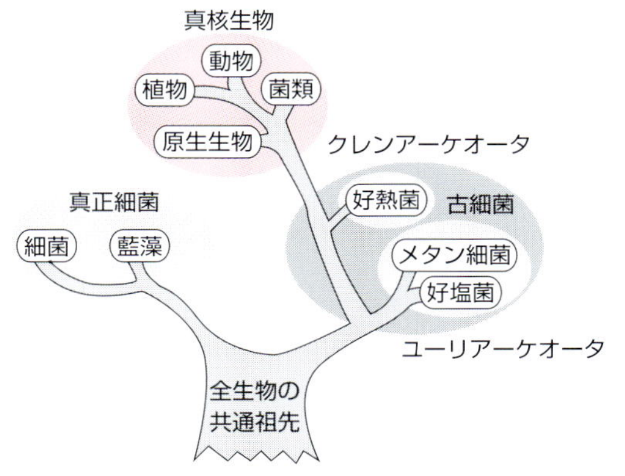

の祖先細胞は、さまざまな系統の個体間や他生物間において遺伝子のとり込み（**遺伝子水平移動**という）が起こり、真核生物へと進化したものと考えられている。約19億年前のグリパニアという藻類は、細胞が大きいことから最初の真核生物といわれている。

真核細胞は、原核細胞に比べて複雑な構造をしている。真核細胞のなかには発達した内膜系があり、核をはじめとしてさまざまな細胞小器官が存在している。原核生物の多くは細胞壁をもっていて、それは細胞構造の支持と傷害からの保護に重要な役割を果たしている。真核生物の祖先は進化の過程でその細胞壁を捨てることで、細胞壁からの制約が消え、それによって効率よく有機物を摂取するために細胞表面積を増やすことができた。さらに、外界の物質や細菌をとり囲んで細胞内にとり込む機能が生じた。また、DNAを囲んだ細胞膜は、細かく切れて核を形成し、複雑な内膜系を発達させた。真核生物の祖先は、捕食性（従属栄養）の食細胞へと進化していった。真核細胞の祖先は周囲の細菌を捕食し、餌としていたのではないかと考えられている。細胞内にあるミトコンドリアや葉緑体は、独立して生活していた真正細菌が進化の過程で水平的に真核細胞にとり込まれ、細胞小器官となったとされている。これを**細胞内共生説**という（図11-16）。分子系統解析によると、ミトコンドリアは**プロテオバクテリア**のグループに、葉緑体は**シアノバクテリア**のグループにそれぞれ由来する。ミトコンドリアも葉緑体もそれぞれ独自の原核生物のものによく似たDNAをもち、二重の膜に覆われている。内膜は共生体自身の膜であるが、外膜は、真核細胞が原核生物を細胞膜で包んで細胞内にとり込んだもので、宿主細胞膜に相当する。共生体がもつ独自のDNAと二重膜が細胞内共生説の強い証拠になっている。

図 11-16　真核細胞の共生進化の歴史

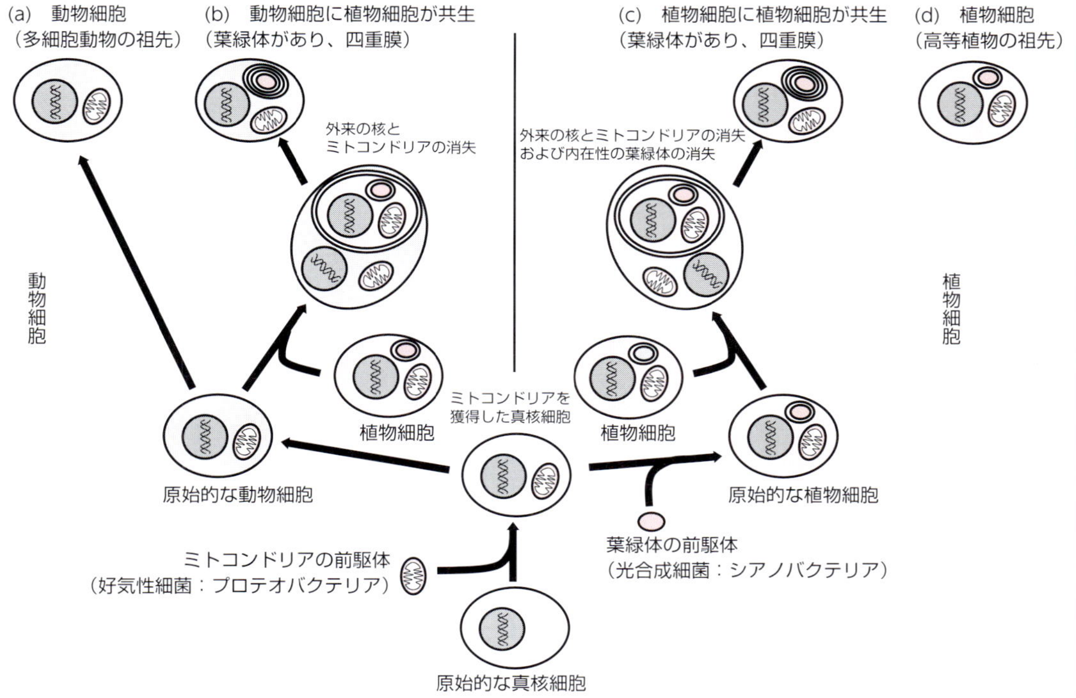

何回もの共生のステップを経て、多様な細胞形態が生まれた。ミドリムシはミドリムシ植物門のミドリムシ藻類と原生動物門のミドリムシ類に分類されており、動物か植物か不明確である。ミドリムシは原始的な動物細胞に藻類（植物細胞）が共生したものであるからである。

11.5 生物の変遷

11.5.1　先カンブリア時代

最初の生物が環境中の有機物をとり込んで利用する**従属栄養生物**であったのか、あるいは細胞内で無機物から有機物を合成する能力をもった**独立栄養生物**であったのかは判明していない。独立栄養生物としては、まず化学合成細菌が生まれ、次いで光合成細菌が出現したと考えられている。光合成細菌は、二酸化炭素を還元するための水素源として硫化水素などを利用していた。その後、水を分解して水素源とし、光合成を行う藍藻類（シアノバクテリア）が出現した。これにより、地球に遊離酸素が放出されるようになった。現生の藍藻がつくるストロマトライトという構造物とよく似た化石から、酸素発生型の光合成生物が約27億年前頃から存在していたと推定されている。20～30億年前に形成された縞状鉄鉱層は、光合成によってつくられた酸素が、海水中の鉄と反応し、酸化鉄となって沈殿してできたものと考えられている。

水中の鉄が酸化鉄となり、沈殿することによって減少すると、余った酸素は大気中に放出されるようになった（図 11-17）。古生物学的な推定では、約7億8千万年前の大気には、現在の酸素量の1%、5億7千万年前には10%が存在するようになった。光合成が盛んになるにつれて大気中の二酸化炭素は減少した。酸素が増加したことで、好気呼吸を行う好気性生物が現れた。好気呼吸ではグルコースの分解で、ずっと大量のATPを得ることができるようになり、より活発な運動が行え

図 11-17　光合成生物の進化と大気の変化

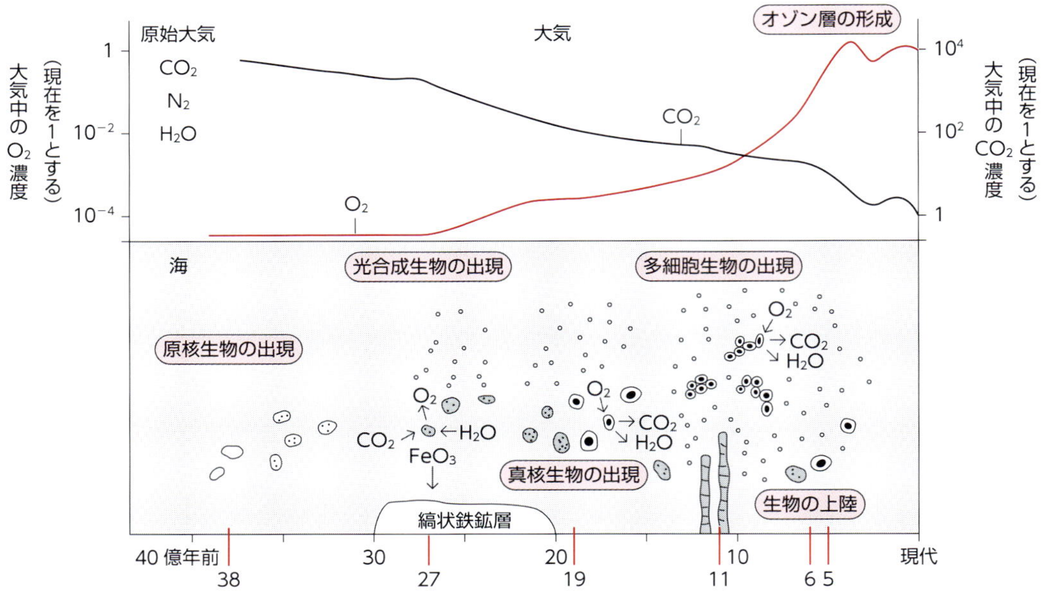

るようになった。

真核生物は、すでに単細胞段階で光合成植物や菌類、後生動物への系統が分かれているので、生物はこれらの系統において独立に多細胞化したと考えられている。最古の多細胞生物の化石はオーストラリアで発見された先カンブリア時代の最後にあたる約 6 億年前のエディアカラ化石群のものとされる。エディアカラ化石群の生物は身を守る硬い組織をもたず、からだの形も放射状や扁平で、運動能力が低いと考えられており、強い捕食性をもった大型動物はまだ存在していなかったと考えられている。

インドの約 11 億年前の砂岩層から多細胞生物の生痕化石が発見されていることから、約 19 億年前に出現した真核生物が進化して、少なくとも約 11 億年前に多細胞化したと考えられている。

11.5.2　古生代

カンブリア紀に入ると多様な大型動物の化石が急増する。これは**カンブリア紀の大爆発**と呼ばれる。約 5 億 4 千万年前に起きたカンブリア紀の大爆発以外にも、3 ～ 4 億年前の昆虫の爆発的な多様化、恐竜時代の終焉後に起きた約 6000 万年前の哺乳類の多様化など、進化史上では種が一気に多様化する現象が知られている（図 11-18）。

多細胞動物は、分類学上、動物界に分類されていて、もっとも原始的なカイメンや、より複雑な体制をもったクラゲやイソギンチャクなどの二胚葉性の動物、さらには脊椎動物や節足動物などを含む三胚葉性の動物が含まれる。動物界の最大の分類単位は門で、異なる門の間ではからだの形がまったく異なっている。カンブリア紀の大爆発によって出現した動物は現在の門に相当する動物の祖先である。これらの動物は、地質学的に数百万年ほどの短い期間に爆発的に出現したといわれている。

カナダ西部のロッキー山脈中で発見された約 5 億 4 千万年前の**バージェス頁岩**には、カンブリア紀の大爆発当時の多種多様な無脊椎動物の化石が含まれる。カンブリア紀の生物には、硬い殻や棘《とげ》をもつものや、泳ぐための鰭《ひれ》や肢をもつものなどがみられ、水中での食物連鎖と競争が複雑化したことを示している。カンブリア紀以降、海生動物は急速に多様化した。バージェス動物群の化石はカナダだけにとどまらず、中国雲南省の澄紅（チェンジャン）、グリーンランド北部のシリウスパセッ

図 11-18　生物の分子系統樹

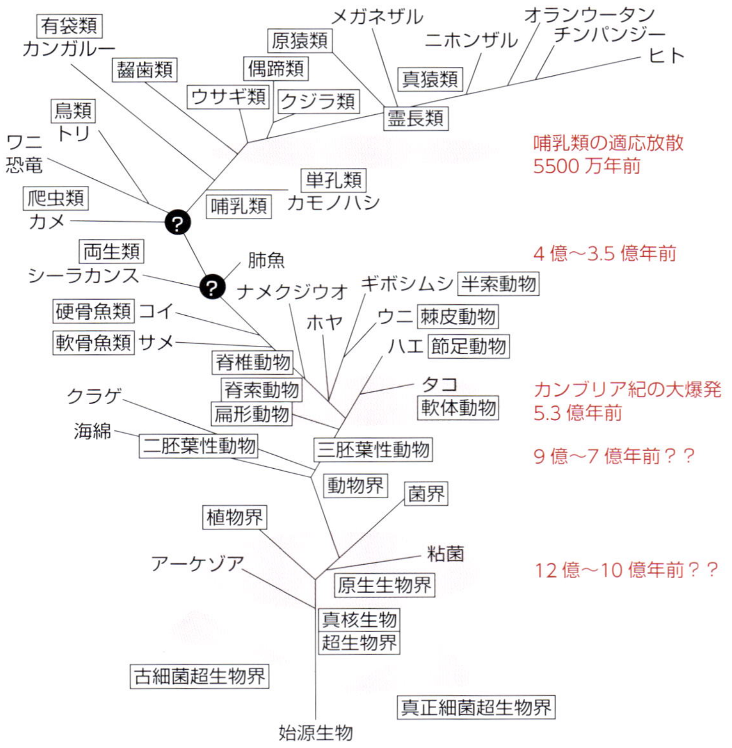

この図は生物界の系統関係を多重タンパク質法や 1 種類のリボソーム RNA あるいはタンパク質によって推定している。

トにおいても発見されている。こうした事実は、カンブリア紀のバージェス動物群が限られた地域に生息していたのではなく、全世界的に繁栄していたことを示している。

カンブリア紀と先カンブリア時代の境界となる地層から、およそ数百万年の幅で、急に多細胞動物の化石が顕在化する。新しい地層への境界で急に化石が見つかることから、少数の祖先種から爆発的に種の多様化を起こしたと考えられている。

約 10 億年前、植物、菌類から後生動物の系統が分岐し、そして約 9 億年前にカイメンとそれ以外の真正後生動物が分岐した。多細胞動物の三胚葉動物は、まず前口動物（旧口動物ともいう）と脊椎動物を含む後口動物（新口動物ともいう）に約 6 億 8 千万年前に枝分かれした（図 11-19）。前口動物は、節足動物や線形動物を含む脱皮動物と軟体動物や扁形動物を含む冠輪動物に分かれ、それぞれが現存の動物門へと分かれていった。一方、後口動物は、ウニ、ホヤ、ナメクジウオを経て、脊椎動物へと枝分かれしていった。脊椎動物の系統は、約 5 億年前に無顎類と有顎類に分かれ、有顎類の系統は、約 4 億年前に魚から四足動物へ進化していった。この頃の動物は体が小さいために化石として残りにくいとされている。三胚葉動物の多様化は先カンブリア時代にすでに進んでいて、最後の数百万年で大型化したために化石として顕在化したとされている。

カンブリア紀になって、多細胞動物が活発な代謝を行うために必要な酸素量が増加して現在とほぼ同じ 20％のレベルに達したために大型動物の出現を可能にした。また、オゾン層が出現して、気候が温暖化したことも大型動物が出現した要因のひとつと考えられている。さらに先カンブリア時代の終わりには、大陸がひとつの大きな塊となって、超大陸を形成していたと考えられている。それが徐々に分裂を始め、これによって海に大陸棚

図 11-19　動物界の系統樹

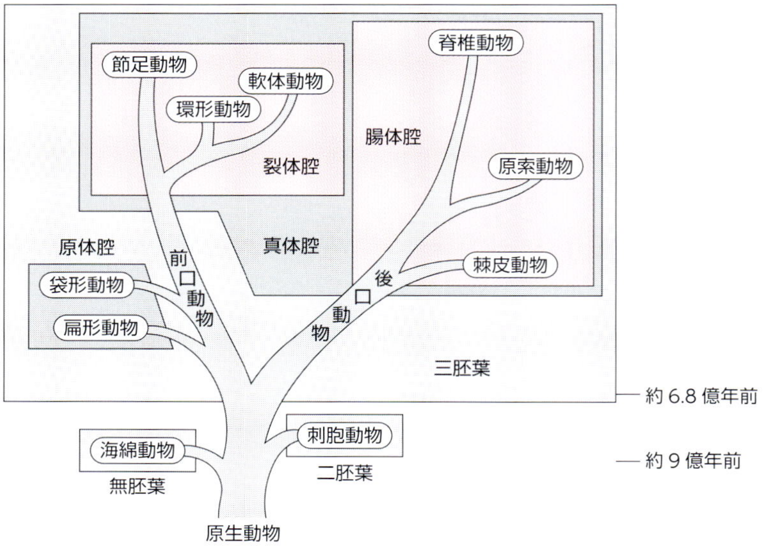

や浅瀬が出現した。こうした環境は動物たちに新たな環境を提供することになった。先住者も競争相手もまったくいない環境では、体形や動きがまったく問題にならないので、奇妙な形をした動物たちがカンブリア紀の海に出現することになった。

古生代のオルドビス紀には海に多くの藻類がみられ、最初の脊椎動物である原始的な魚類の**無顎類**（ヤツメウナギの仲間）が出現した。その後、デボン紀に**軟骨魚類**と**硬骨魚類**に進化した。

光合成によって大気中に酸素が増加したことで、成層圏にオゾン層が形成されるようになった。水中では生物に有害な紫外線が急激に減少するが、紫外線の強い陸上では生物が生活できるまでしばらく時間を要した。約 4 億年前のシルル紀までには、オゾン層が形成され、その働きによって紫外線の量も減少して陸上へ生物が進出できるようになった（図 11-20）。

最初に陸上に進出したのは植物で、約 5 億年前の古生代シルル紀である。初期の陸上植物には根も葉もなく、二股に分かれた軸のようなからだの先端に胞子嚢をつけた維管束のないものであった。これらの祖先群からコケ植物やシダ植物が分岐したとみられている。陸上では、植物の上陸によって有機物が生産され、それを餌とする動物や死骸を分解する菌類なども出現した。

デボン紀にはシダ植物による最初の森林が出現した。また、デボン紀後期になると最初の種子植物の**裸子植物**が出現した。また、この時期には海に住む節足動物の一部が進化して上陸し、昆虫類やクモ類が出現している。さらに、魚類から**両生類**が進化し、最初の陸上脊椎動物となった。

シルル紀からデボン紀は比較的乾燥した時代であったが、続く石炭紀は温暖湿潤な気候で、湿地に巨大なシダ類の森林ができ、世界各地の石炭のもとになった。石炭紀前期（約 3 億 6 千万年前）になると湿潤な熱帯の水際から肉食両生類に追われた種が陸に上がり、乾燥適応して**爬虫類**が出現している。

約 2 億 5 千万年前のペルム紀末期には**三葉虫**などの海洋性無脊椎動物の 9 割以上の種が絶滅した。当時の海底堆積物の研究から、このときの海洋が極端な無酸素状態にあったことがわかっている。地球環境の大規模な変化が生物の多様性を大きく減少させる原因となるということである。

ペルム紀の乾燥と寒冷化は、種子で繁殖する裸子植物がシダ植物に代わって繁栄するきっかけとなった。また、爬虫類が両生類に代わって繁栄を始めた。

図 11-20　陸上への生物の進出

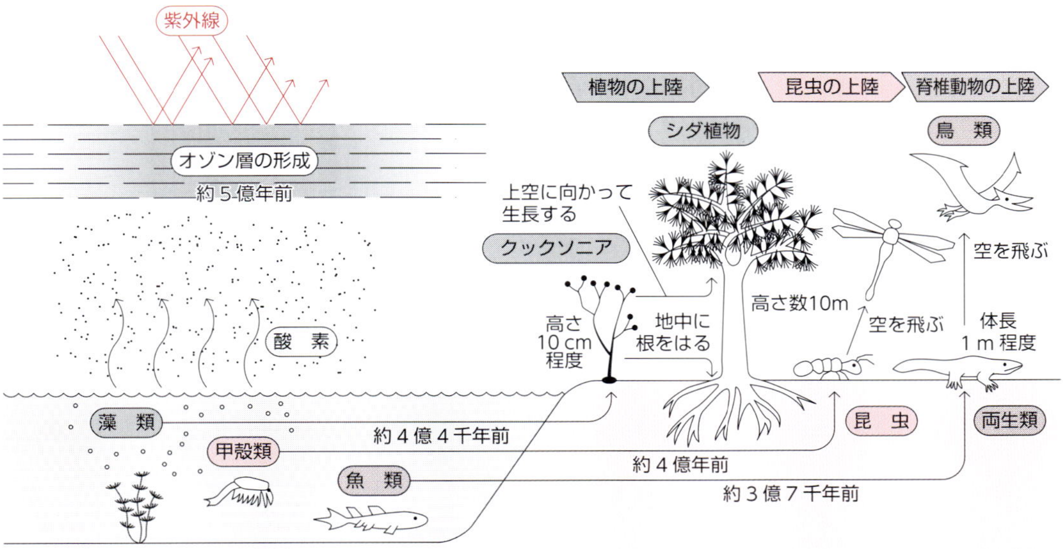

11.5.3　中生代

中生代になると地球表面プレートの活動が活発となり、南のゴンドワナ大陸と北のローレシア大陸が合わさって大きくまとまっていたパンゲアと呼ばれる超大陸がジュラ紀に分裂を始めた。陸上ではソテツやイチョウ、針葉樹のような裸子植物と恐竜をはじめとする大型の爬虫類が、海中では軟体動物のアンモナイトが繁栄した。また、ジュラ紀には恐竜類から進化したと考えられている最初の鳥類の**始祖鳥**が出現している。

約 6500 万年前の白亜紀末期には、2 億年もの長期にわたって繁栄した大型の爬虫類やアンモナイトなどの生物が大量に絶滅した。この絶滅は、北アメリカのユカタン半島沖に巨大隕石が衝突したことによって大量の粉塵が太陽光をさえぎり、その結果、地球全体が一時的に寒冷化したことが原因であると考えられている。

ジュラ紀末に出現した被子植物は、白亜紀になると急速に多様化しながら分布を拡大した。そして、新生代に入ると裸子植物は衰退し、被子植物が地球上の主役となった。この原因として、被子植物が受粉や種子の散布などに、昆虫をはじめ鳥類や哺乳類を利用し、動物と相互に影響を及ぼし合いながら共進化したことが考えられている。

中生代の三畳紀後期には哺乳類が出現した。白亜紀になると、有袋類（カンガルーなど）、単孔類（カモノハシなど）、有胎盤類（有袋類と単孔類以外の哺乳類）の祖先が出現した。

11.5.4　新生代

新生代になると、白亜紀末期に絶滅した大型の爬虫類がすんでいた場所や食物を利用することにより、哺乳類が急速に多様化して発展を遂げ、地球上のさまざまな環境に適応拡散した。温暖であった古第三紀の地球は、約 3500 万年前から急激に寒冷化し、中緯度地域には草原ができて、ウマのような大型植食性動物が登場した。また、約 2300 万年前の中新生の初めになると、オランウータン、ゴリラ、チンパンジーなどの祖先にあたる類人猿が出現している。

新生代第四紀には氷期と間氷期がくり返された。その間、生物は氷期には赤道方向へ、間氷期には極方向へと移動し、種の絶滅や移動による隔離の効果で新種の形成が起こった。第三紀末期の約 500 万年前に人類の祖先が出現した。

11.6 ヒトの誕生

11.6.1 霊長類の進化

ヒトは、哺乳類のなかの霊長類に属する動物である。最古の霊長類の化石は、中生代の白亜紀末期の約7000万年前の北アメリカ大陸にいたプレシアダピス類の**プルガトリウス**であると推定されている。復元した外見は今のサルのイメージとはほど遠く、ネズミに似ていた。プルガトリウスは上下の歯列の断片が見つかっているだけなので、サルであることがはっきり確認されていない。初期の霊長類にみられる進化傾向は、手足の指の把握能力と立体視の可能な前を向いた両眼に認められる。しかし、プルガトリウスでは頭骨化石が見つかっていないので、これらの特徴（進化傾向）を確認することができていない。

プルガトリウスの子孫たちはアメリカからヨーロッパ、そしてアフリカに広がっていった。そのなかでもアフリカで霊長類は多様な進化を遂げることになる。そして、目が前を向いた現在のサルに近い**原猿類**が誕生した。現生の原猿類としては、マダガスカルだけにすむキツネザルやアフリカやアジアにすむロリスの仲間がいる。約3400万年前、この原猿類から進化した類人猿の祖先とされる**真猿類**が出現する。真猿類は、南アメリカと中央アメリカにすむ**広鼻猿**（新世界ザルともいう）とアフリカやアジアにすむ**狭鼻猿**（旧世界ザルともいう）に大別される。広鼻猿には、オマキソザルやマーモセットの仲間がいる。一方、狭鼻猿は、オナガザル上科とヒト上科に分類される。オナガザル上科には、ニホンザルやヒヒの仲間がいる。

ヒト上科はテナガザル科、オランウータン科、ヒト科に細分される。テナガザル科としては、東南アジアに分布するシロテテナガザルやフクロテナガザルなどが知られる。オランウータン科には、オランウータン、ゴリラ、チンパンジー、ピグミーチンパンジーなどの大型類人猿が含まれる。ヒト科に属するのはヒトのみである。

ミトコンドリアDNAをもとにした系統樹から、約1300万年前にオランウータンが最初に枝分かれし、その後ゴリラが約630～680万年前に分岐した。そして、約460～510万年前にヒトと2種のチンパンジーの共通祖先が枝分かれし、約220～250万年前にチンパンジーとボノボが分岐した（図11-21）。

11.6.2 人類の進化

ヒトの特徴のひとつは、日常的に**直立二足歩行**を行う点にある。この直立二足歩行は、脊柱・骨盤・下肢などの骨格形態を変化させるとともに、脊柱で脳を下方から支持することによって脳のサイズ増大への道を開いた。手を運動支持機能から解放し、物のとり扱いに特化させることができた。さらに、乾燥化と森林の減少が進むなかで、地上生活への適応を可能にし、人類がその後の繁栄を遂げる下地をつくった。

人類の進化の大まかな道筋としては、猿人、原人、旧人、新人といった1本の枝分かれのない幹のように考えられていたが、実際には多くの枝分かれした種が存在し、なおかつ多くの種が絶滅して、たまたま現生人類（ヒト）だけが生き残ったのだと考えられている（図11-22、表11-4）。

図11-21 ミトコンドリアDNAを用いたヒトと4種類の類人猿の系統関係と分岐年代の一例

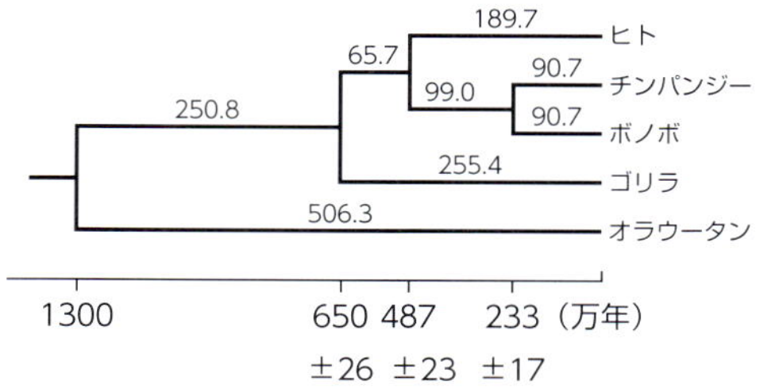

枝上の数値は推定された塩基置換数を示す。系統樹の各枝の長さは遺伝距離に相当し、それぞれの種が分岐した絶対年代にほぼ対応する。オランウータンの分岐年代を1300万年前として、各種の分岐年代が推定されている。

図 11-22　ヒト科の系統発生と発生年代

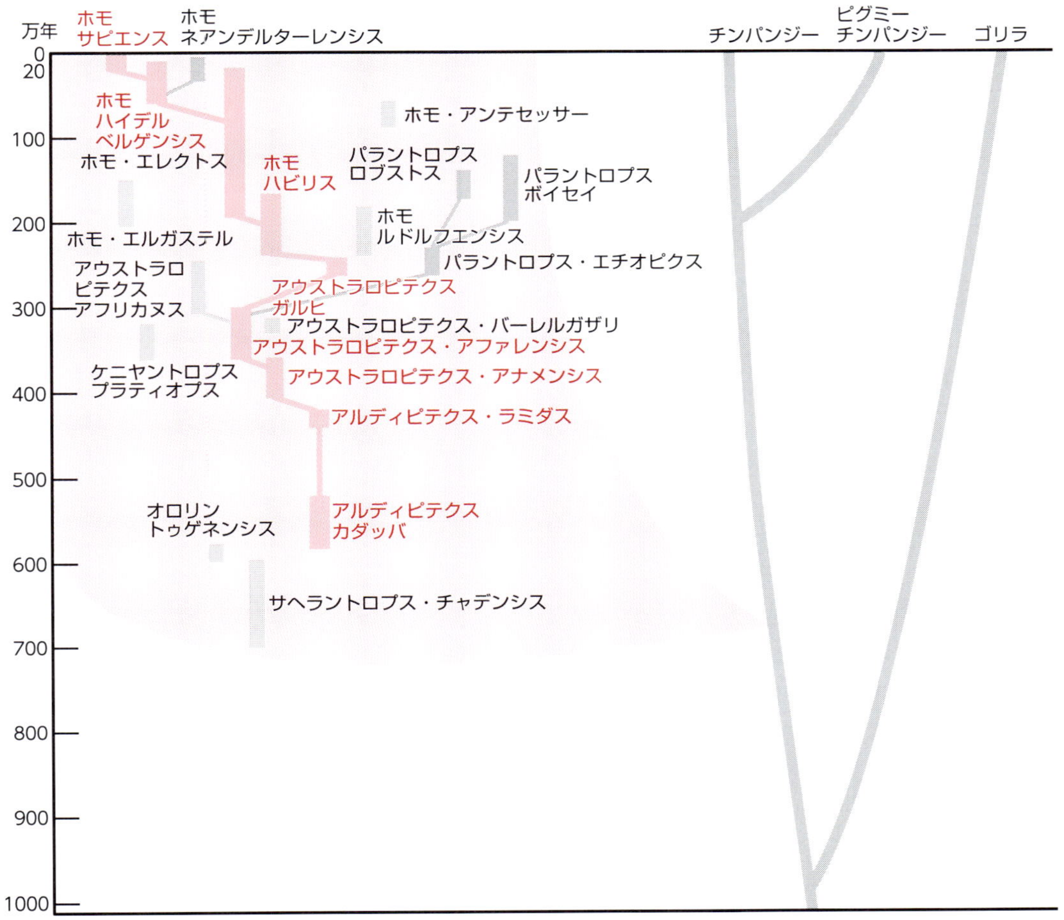

表 11-4　ヒト科の進化

種	生息年代（万年前）	体重（kg）	脳容量（ml）
ホモ・サピエンス	20 ～ 0	53	1,355
ホモ・ネアンデルターレンシス	25 ～ 13.5	76	1,512
ホモ・ハイデルベルゲンシス	100 ～ 30	62	1,198
ホモ・エレクトス	190 ～ 20	57	1,016
ホモ・エルガステル	190 ～ 150	58	854
ホモ・ルドルフエンシス	240 ～ 180		752
ホモ・ハビリス	230 ～ 160	34	552
パラントロプス・ボイセイ	220 ～ 120	44	510
アルディピテクス・ラミダス	440	50	300 ～ 350
アウストラロピテクス・アフリカヌス	300 ～ 260	36	457
アウストラロピテクス・アファレンシス	360 ～ 300	45	460
アウストラロピテクス・アナメンシス	410 ～ 350	50	428
アウストラロピテクス・ガルヒ	300 ～ 200		450
アルディピテクス・カダッバ	580 ～ 520		
オロリン・トゥゲネンシス	600 ～ 580		
サヘラントロプス・チャデンシス	700 ～ 600		320 ～ 380

A　猿人

現在のところ世界最古の人類の化石は600～700万年前のサヘラントロプス・チャデンシスのものといわれている。約440万年前の**ラミダス猿人**（アルディピテクス・ラミダス）が約410～350万年前の現生人類の直接的な祖先と考えられているアウストラロピテクス属のなかでもっとも古いアナメンシス猿人（アウストラロピテクス・アナメンシス）に進化したとされている。アナメンシス猿人の頭蓋骨は眼窩上隆起が発達し、乳様突起が小さいものであった（図11-23）。その後、390～290万年前の東アフリカに**アファール猿人**（アウストラロピテクス・アファレンシス）が出現した。アファール猿人は東アフリカからアフリカ全土に広がり、アフリカヌス猿人とエチオピクス猿人の2つの種に分岐する。アフリカヌス猿人（約280万年前）は歯や顎がやや丈夫になり、すでに直立二足歩行をしていたが、脳容量は460 *ml*くらいで、今のチンパンジー（300～400 *ml*）より少し大きい程度であった。幅広で短い骨盤と膝に向かって内側に傾斜する大腿骨をもつことで、臀部の筋肉が左右のバランスを保ち、直立状態を保持することができるようになった（図11-24）。一方、エチオピクス猿人（約270万年前）は歯や顎が非常に発達し、ロブスト型猿人につながっていく。その子孫のボイセイ猿人では大臼歯がアファール猿人の1.5倍でエナメル質が厚くなった。堅い種子や乾いた果実など食性の違いによって、摩耗に強い歯の形質を獲得し、環境に適応したと考えられる。しかし、約100万年前に絶滅する。

アファール猿人は現在のヒトに至る系統の化石

図11-23　現代人と猿人・原人・旧人の頭蓋骨の比較

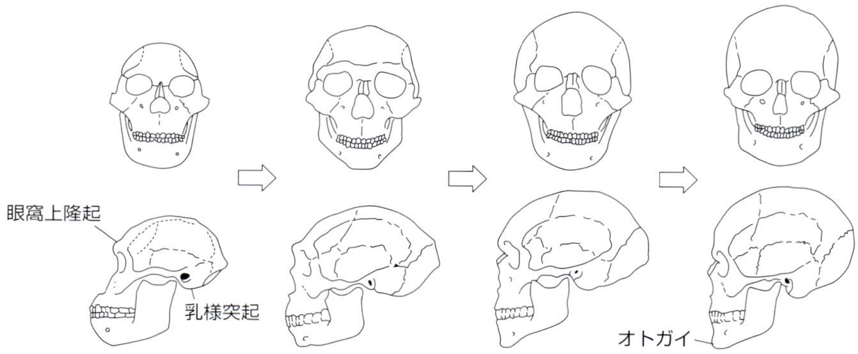

	猿人	原人	旧人	新人（現代人）
眼窩上隆起	発達している	発達している	比較的発達している	痕跡程度
乳様突起	類人猿より発達している	小さい	発達する傾向	発達している
オトガイ	ない	ない	弱い	発達している

図11-24　類人猿・猿人・新人の骨盤の形状比較

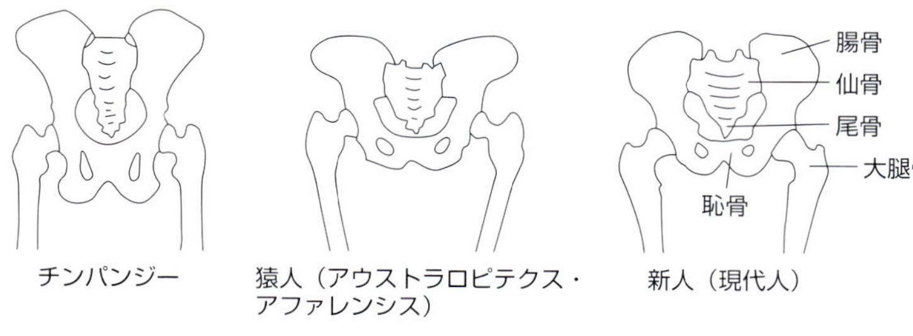

猿人のアウストラロピテクス・アファレンシスは骨盤の形状が類人猿のものよりヒトに近い。腸骨と仙骨は幅が広くて短い。大腿骨の角度は股関節から膝のほうに向いている。すなわち、直立二足歩行を行っていたことが強く示唆される。

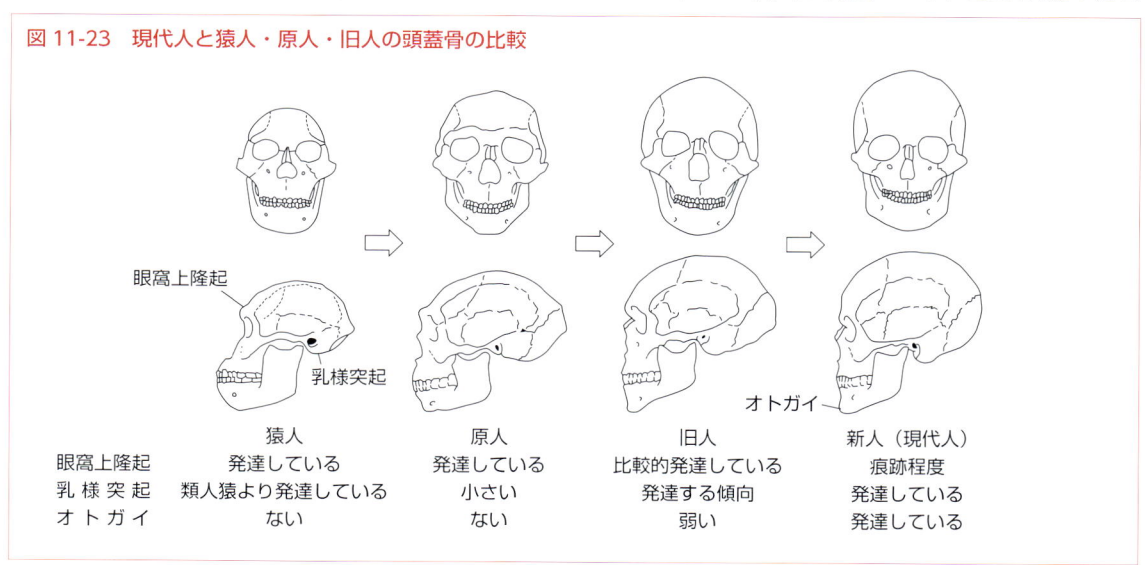

と考えられ、石器を使う人類の祖先であるホモ属のホモ・ハビリスや原人につながる。1999年にエチオピアで**ガルヒ猿人**（約250万年前）が発見された。その脳容量は、約450 mlと小さく、顎は突き出ていて、全体として大きな歯はアファール猿人に似ている。上肢と下肢の長さの比が、他の猿人と現生人類との中間で、腕よりも脚のほうが長い（類人猿は上肢が下肢よりも長く、猿人はほぼ同じ長さ、そして現生人類は下肢のほうが長い）。上肢より下肢のほうが長くなるのは、約160万年前のホモ・エルガステル以降と考えられていたが、ガルヒ猿人が発見されたことにより、その年代が約100万年近くさかのぼることになった。彼らは直立二足歩行をしていて、石器を使って肉食をしていたと考えられている。確実な石器としては、ホモ・ハビリスのつくったものが最古の石器と考えられていた。しかし、このガルヒ猿人の発見によって石器の歴史は塗りかえられることになった。

B　原人

約230万年前に**ホモ・ハビリス**と呼ばれる猿人と後の原人の中間段階の系統が出現した。ホモという名を冠したこの系統は、脳容量が600～700 mlまで大型化するとともに、すでに簡単な石器を使用していた。ホモ・ハビリスの系統はさらに進化し、約180万年前に出現した原人の**ホモ・エレクトス**（ホモ・エレクタスともいう）に至る。原人の頭蓋骨は眼窩上隆起が発達し、乳様突起が小さいものであった（図11-23）。

ここまでのヒトの進化はもっぱらアフリカのなかでのみ起こったものだったが、ホモ・エレクトスの系統は、最初の出アフリカを試みた。このうちアジアに拡散したのが**北京原人**（シナントロプス・ペキネンシス）や**ジャワ原人**（ピテカントロプス・エレクトス）である。ジャワ原人の脳容量は800～1,200 mlで、現代人の小学生並の知能だったと推測されている。身長は170 cm、体重は80～90 kgでがっちりとした体格であった。これに対して、北京原人の脳容量は900～1,200 ml、身長は160 cm、手足の骨は頑丈であった。

C　旧人

ホモ・エレクトスの系統の一部から旧人が進化した。旧人の頭蓋骨は眼窩上隆起が依然として発達し、乳様突起が原人より大きなものになった（図11-23）。40～30万年前に出現し、3万年前に絶滅した旧人の**ネアンデルタール人**（ホモ・ネアンデルターレンシス）は、ヨーロッパ型のホモ・エレクトスの末裔と考えられている。ネアンデルタール人の頭骨は厚く、脳容量も1,500 mlとすべてのヒト科のうちもっとも大きく、身長は160～170 cm、体重は80～90 kgとがっしりしている。1997年にネアンデルタール人の化石からミトコンドリアDNAを抽出し、これを世界中の現代人994系統と比較した結果からは、ネアンデルタール人が数万年前にホモ・サピエンスと共存していたにもかかわらず、混血することなく絶滅したとされた。その後、非アフリカ人現生人類の核DNAにネアンデルアール人由来のDNAが1～4%混入していることが示された。

D　新人

現代人（新人、ヒト、**ホモ・サピエンス**）の起源について「アフリカ単一起源説」と「多地域進化説」という2つの対立する仮説が提唱されている（図11-25）。**アフリカ単一起源説**は、すべての現代人がアフリカに出現した単一の祖先集団に由来するというものである。ミトコンドリアDNAの多型分析とそれに基づく系統樹では、アフリカ人の一部が系統樹の根元から枝分かれし、続いて他のアフリカ人とすべての非アフリカ人（ヨーロッパ人、アジア人、オセアニア人）が枝分かれしている。このことから、現代人のすべてはアフリカの祖先集団に由来すると考えられた。また、ミトコンドリアDNAをネアンデルタール人と現代人で比較すると、ネアンデルター人と現代人の系統が分かれたのが約60万年前で、現代人のなかでもっとも古い分岐を示すアフリカのグループは20万年前にさかのぼる程度だった。つまり、単一起源説を強く支持する結果が得られた。新人の最初の枝分かれの年代、すなわち現代人の起源は約20万年前（14～29万年前）と推定されて

図 11-25　現代人の起源に関する 2 つの仮説

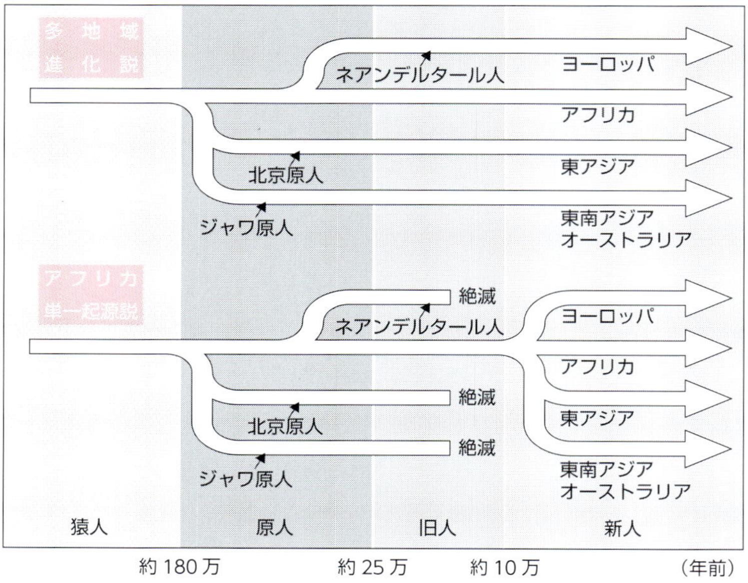

いる。しかもアフリカ単一起源説は、「イブ仮説」と呼ばれたことにより、すべての現代人は約 20 万年前のたった一人の女性に由来し、彼女以外の女性はその当時いなかったという、「イブ」という言葉からくる大いなる誤解も生じた。アフリカ単一起源説（イブ仮説）はアフリカに出現した単一の祖先集団に由来するという考え方である。

一方、**多地域進化説**は、ホモ・サピエンスの祖先種であるホモ・エレクトスが約 180 万年前にアフリカを出て地球上の各地に移住した後、現代人が地球上の何か所かで独立に祖先種から進化したとするものである。多地域進化説のもとでは、オーストラリア原住民はジャワ原人から進化したことになるし、我々日本人や中国人は北京原人の子孫ということになる。またヨーロッパ型のホモ・エレクトスからネアンデルタール人へと進化し、ホモ・サピエンスになったのが、現在のヨーロッパ人ということになる。さらにアフリカでも、原人から旧人、新人への進化が独立に起こったことになる。

11.7　生物の分類と系統

11.7.1　生物の分類

我々がすむ地球上には非常に多種多様な生物が生存している。ヒトはこれらの生物を便宜上、一定の基準に従って名前をつけて、類似したものどうしをまとめて分けている。これを**分類**という。植物を茎の特徴から草木と本木に分けるというように、識別しやすい形質や特徴を基準とした生物の分類体系を**人為分類**という。この人為分類は、その形質や特徴の基準の選択が任意で、主観的であったことから、類縁関係が正しく反映されていないという問題が指摘されていた。このため、類縁関係を正しく反映させた分類基準を統一し、自然に則した分類法として、**自然分類**の必要性が唱えられるようになった。スウェーデンの医学者・生物学者である**カール・フォン・リンネ**（Carl von Linné）は、1735 年に「**自然の体系**」のなかで植物についてそのオシベとメシベに注目し、その数や形などの肉眼的にみえる外形的特徴に基づいて人為分類を体系的に分類する方法を考案した。リンネはキリスト教の強い影響を受けていたため、種は神の創造による不変なものと考えていた。しかし、現在では生物の種が変化しつづけ、新しい種が生まれ、一方で絶滅した種があったという種のとらえ方に基づいて分類が行われている。このような考え方は、ダーウィンが1859年に「種の起源」を執筆し、進化論が成立した後、進化が事実として認められるようになると、主流となった。すなわち、真の自然分類は生物の系統的な類縁関係に基づいた系統分類でなければならないとされた。**系統分類**は、もっとも自然的な生物分類である。この意味で、系統分類は自然分類とほぼ同義とみなされることが多い。

種とは、形態的に共通した特徴をもち、自然の状態で相互に交配が行われ得る個体群であり、かつ、他の集合から生殖的に隔離されている自然集団の集合体である。種は、生物分類上の基本単位とされている。生物には、種として認識され、世界共通につけられた学名が与えられている。生物の学名はリンネが確立した属名と種を示す種小名からなる**二名法**でつけられている。学名はすべてラテン語、もしくはラテン語以外の単語はラテン語化してイタリック体で記されている（表11-5）。また、各言語域で日常的に使われる生物の名称を俗称（俗名）という。たとえば、日本を代表とする鳥として朱鷺がいる。この学名は *Nipponia nippon* であるが、日本ではその俗称としてトキが用いられている。なお、日本語の俗称を和名という。和名はカタカナで表記する。

リンネは「自然の体系」のなかで、似たような種を集めて属をつくり、さらに目、綱に集めるというように、生物を次第に上位の分類群にまとめるという方法でリンネ式階層分類体系を築き上げた。その後、科と門が加えられ、現在では上位から、**界**、**門**、**綱**、**目**、**科**、**属**、**種**の7段階の階層に分けている。また、必要に応じて各階級の間に、亜目、亜科や上科などのような中間の階級を置くことがある。

20世紀に入ると、小さな生物や大きな生物における個々の細胞内構造を詳細に調べることができるようになり、生物をより詳細に分類することが可能になった。1937年にエドアール・シャトンは、細胞内構造の特徴から、すべての生物は核をもたない原核生物と核をもつ真核生物に分類でき、両者の違いは今日の地球に認められる唯一最大の進化的不連続であることを指摘した。また、生物の世界が多数の生物界からなるという考え方が生まれ、1959年、ロバート・ホイタッカー（Robert Harding Whittaker）は五界説を提唱した。五界説によると、全生物は、**原核生物界**（モ

表11-5　生物の分類階層例

界	門	綱	目	科	属	種
動物界 Animalia	脊索動物門 Chordata	哺乳綱 Mammalia	霊長目 Primate	ヒト科 Hominidae	ヒト属 *Homo*	ヒト *Homo sapiens*
			ネコ目 Carnivora	ネコ科 Felidae	ヒョウ属 *Panthera*	ライオン *Panthera leo*
				イヌ科 Canidae	イヌ属 *Canis*	イヌ *Canis lupus familiaris*
		爬虫綱 Reptilia	有鱗目 Squamata	ヤモリ科 Gekkonidae	ヤモリ属 *Gekko*	ニホンヤモリ *Gekko japonicus*
		両生綱 Amphibia	カエル目 Anura	アカガエル科 Ranidae	アカガエル属 *Rana*	トノサマガエル *Rana nigromaculata*
		鳥綱 Aves	コウノトリ目 Ciconiiformes	トキ科 Threskiornithidae	トキ属 *Nipponia*	トキ *Nipponia nippon*
植物界 Plantae	被子植物門 Magnoliophyta	単子葉植物綱 Liliopsida	ユリ目 Liliales	ユリ科 Liliaceae	ユリ属 *Lilium*	ヤマユリ *Lilium auratum*
		双子葉植物綱 Magnoliopsida	キク目 Asterales	キク科 Asteraceae	タンポポ属 *Taraxacum*	セイヨウタンポポ *Taraxacum officinale*
なし	プロテオバクテリア門 Proteobacteria	γプロテオバクテリア綱 Gamma Proteobacteria	腸内細菌目 Enterobacteriales	腸内細菌科 Enterobacteriaceae	エシェリキア属 *Escherichia*	大腸菌 *Escherichia coli*

上段：和名
下段：学名

ネラ界ともいう。細菌類)、**原生生物界**(原生動物、藻類などの単細胞生物)、**菌界**(キノコ、カビ、地衣植物など)、**植物界**(コケ植物、シダ植物、被子植物および裸子植物)、および**動物界**(脊椎動物およびさまざまな無脊椎動物を含む多細胞動物)の5つの集団に分類される。原核生物界を除く4つの生物界はシャトンが分類した真核生物に対応している。この分類法は、現在では生物学者の間では広く受け入れられている(図11-26)。

1960年代の初期にDNAやタンパク質の比較解析から、生物がたどった進化の道筋を再現する分子系統学が始まった。1977年にカール・リチャード・ウース(Carl Richard Woese)は、リボゾームRNAの成分のひとつである16Sリボゾーム RNAを使って細菌の分類を試みた。その結果、原核生物が高温、高塩、強酸といった極限の環境で生息している細菌の集団と通常の環境で生息している細菌に区別できることを明らかにした。前者は生息している環境が原始地球に似ていることから、最古の生物の姿をとどめた"生きた化石"という意味で**古細菌**(アーケア)と名付けた。これに対して、後者を**真正細菌**(バクテリア)とした。ウースらは、地球上に生息するすべての生物は、真正細菌、古細菌、真核生物の3つの超生物界から構成されるという分類体系を提唱した。従来の分類での最上位の分類階級である界のさらに上位の分類階級という意味で、**超生物界**と名付けられた。ウースらは最大の分類単位を発見したことになる。

A 原核生物界

原核生物は、真正細菌と古細菌に大別される。真正細菌は、大腸菌やシアノバクテリア(光合成をする藻類で、藍色植物、藍藻類ともいい、ネンジュモ、リヴラリア、ユレモなどがある)などである。古細菌は真核生物の特徴を一部に兼ね備えた原核生物で、メタン生成細菌、高度好塩菌、好熱菌、硫黄代謝好熱古細菌など特殊な環境下で見つかる。(原核生物については「2.1.1 原核細胞と真核細胞の特徴」参照)。

B 原生生物界

原生生物は、単独ないし群体を形成する単細胞性の真核生物の総称である。原生生物には、**褐藻類**(コンブなど)、**紅藻類**(テングサ、アマノリなど)といったすべての真核藻類が含まれる(図

図 11-26 五界説

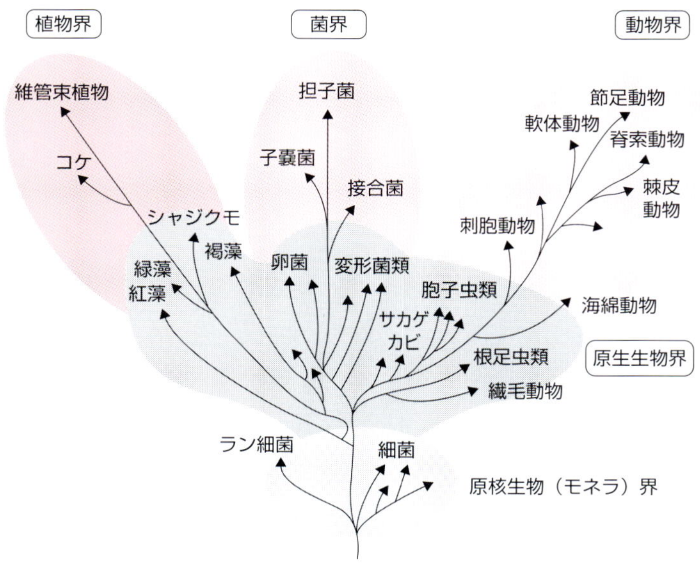

多細胞生物をその構造や生活史をもとに植物界、菌界、動物界、原生生物界に大別し、これらに原核生物界(モネラ界)、原生生物界を加えて五界とする考え方。ホイタッカーによって提唱された。現在、広く受け入れられている。

11-27)。また、**肉質類**（アメーバなど）、**線毛虫類**（ゾウリムシなど）などのような動物性のものもあれば、鞭毛による運動性をもちながら光合成を行う**ミドリムシ藻類**や**渦鞭毛藻類**などの原生生物もいる。また、寄生虫学でいう**原虫類**（胞子虫類のマラリア病原虫など）も原生生物界に含めている。原生生物は、水中、水を多く含む土壌、陸上の日なた、岩の上などさまざまな場所に生息している。乾燥の強い場所では、地衣類のように藻類が菌類に囲まれて共生する生物がいる。

C　植物界

植物は、細胞壁をもつ多細胞生物で、その細胞のなかにクロロフィル a、b といった光合成色素をもち、独立栄養を営むなどの特徴をもっている。植物は、いずれも陸上で進化した高度な多細胞の体制をもつ生物群で、同一系統から進化したと考えられている。植物は、**コケ類**、**シダ類**、**裸子植物**、**被子植物**に大別される（図 11-27）。

図 11-27　植物界に至る系統樹

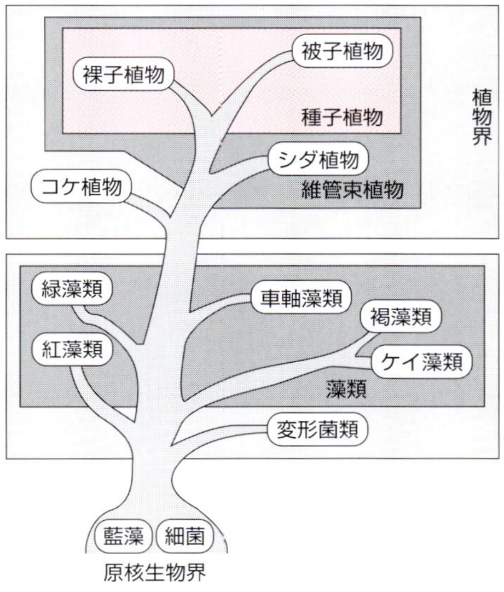

D　菌界

菌界は真菌類や菌類とも呼ばれ、光合成色素をもたない従属栄養を営む真核生物で、**キノコ類**、**カビ類**、**酵母類**が属する。また、粘菌類や変形菌類を菌類に含むことがある。養分は、生物の死骸などを加水分解して、細胞表面から摂取している。

E　動物界

動物は、体外から養分を摂取する従属栄養的な多細胞生物である。動物は、卵子と精子が受精することにより発生する。動物界は、**無脊椎動物**と**脊椎動物**の 2 つに大別される。無脊椎動物は、初期発生から原体腔をもつもの［**扁形動物**（プラナリア）、**袋形動物**（センチュウ）］と、新体腔をもつものに分けられる。また、新体腔をもつものは原口の発生比較から、原腸胚の原口が成体の口になる前口動物［**環形動物**（ミミズ、ゴカイ）、**軟体動物**（イカ、タコ）、**節足動物**（クモ、昆虫、カニ）］などと、原口が成体の肛門になる後口動物［**棘皮動物**（ヒトデ、ウニ）、**原索動物**（ナメクジウオ）］などの 2 つの系統に分けられる（図 11-19）。脊椎動物は、新体腔、新口動物、脊椎骨の分化という共通した特徴をもつ。脊椎動物には、**魚類**、**両生類**、**爬虫類**、**鳥類**、**哺乳類**が含まれる。

11.8　生物多様性

生物多様性とは、生態系・生物群系または地球全体に、多様な生物が存在していることをさす。地球上には、未知の種を含めると 3000 万種以上の生物がいるといわれる。さまざまな生物種が多種多様な環境で相互に関係をもちながら生息している。生物種は、元来、連続的に存在した変異群のうち、特定のグループが失われるか、あるいは突然変異が起こると、集団における遺伝形質の不連続的変異を生ずる。不連続性は環境の変化に対する適応の結果によって生じるものであり、この延長線上には種の分化がある。また、突然変異によって生じた変化のうちで、環境に適した形質のみが選択されて生き残る過程は種の進化とみなすことができる。このような遺伝と環境の相互作用によって種の多様性が生み出されることになる。

11.8.1　個体の多様性と環境

生物は同種のなかでも多様な遺伝形質をもつ個体の多様性が存在する。各個体に含まれる遺伝的情報は異なっており、ある生物個体が属する種のもつ遺伝形質は、種全体がもっている変異の総和とみなすことができる。このような多様性をもつことによって、環境が変化したとしても、その環境に適した遺伝形質をもつ個体群が生き残れるため、絶滅を避けることができる。このようにして、個体変異の存在は、種特有の遺伝的形質を存続させるために役立ってきた。

生物の多様性を考えるとき、個体の多様性、種の多様性に加えて生態系の多様性を考慮しなければならない。生物は、他の生物種とともに一定の生物圏のなかに組み込まれ、生存競争のもとで相互依存しながら生息している。これが**生態系**である。この生態系を構成する生物種の組み合わせは、無数に存在する。それらの組み合わせは、気候や地質などの自然環境によって異なる。地球の自然環境は多様なので、それに伴っていろいろな地域で多様な生態系が形成されてきた。

第12章 生態

準備教育モデル・コアカリキュラム

2 生命現象の科学	到達目標	SBOコード
(4) 生態と行動生態		
【生態圏と生態系】	生物圏の生物要因と被生物要因を概説し、主な生物群系を例示できる。	2(4)-1-1
	生態系における個体群の関係と、栄養素、エネルギーと化学物質の循環を説明できる。	2(4)-1-2
	ヒト個体群の成長の特殊性、生態系、多様性に対する危険性について概説できる。	2(4)-1-3

薬学準備教育ガイドライン

(5) 薬学の基礎としての生物	到達目標	SBOコード
【生態系】	個体群の変動と環境変化との関係について例示できる。	F(5)-7-1
	生態系の構成について概説できる。	F(5)-7-2

薬学教育モデル・コアカリキュラム

C 薬学専門教育	到達目標	SBOコード
C8 生命体の成り立ち		
(4) 小さな生き物たち		
【総論】	生態系のなかでの微生物の役割について説明できる。	C8(4)-1-1
C12 環境		
(2) 生活環境と健康		
【地球環境と生態系】	地球環境の成り立ちについて概説できる。	C12(2)-1-1
	生態系の構成員を列挙し、その特徴と相互関係を説明できる。	C12(2)-1-2
	食物連鎖を介した化学物質の生物濃縮について具体例をあげて説明できる。	C12(2)-1-5

12.1 環境と生物の生活

生物に影響を与える要因を**環境要因**といい、それには温度、光、大気、水、土、無機塩類などの**無機的環境**（非生物的環境ともいう）と、その生物に影響する他の生物からなる**生物的環境**がある。

一定の地域にすむ同じ生物種の個体の集団を**個体群**という。ある地域内にすむ同種の個体の総数を**個体群の大きさ**といい、繁殖、死亡、他の地域からの移入、他の地域への移出によって、その大きさが変化する。親子関係を基盤としたサルや昆虫の社会、なわばり、群れは、この個体群のレベルでみられる現象である。

同じ地域に共存する個体群は、捕食、被食、競争、寄生、共生などの相互作用を及ぼしながら存続している。このような地域の個体群全体を**生物群集**、あるいは単に**群集**と呼ぶ（図 12-1）。群集は無機的環境によって、その分布が制限される。このように無機的環境が生物群集に働きかけ、その生活に影響を及ぼすことを**作用**という。それに対して、生物群集の生活が無機的環境に働きかけて影響を

図 12-1　生物群集の模式図

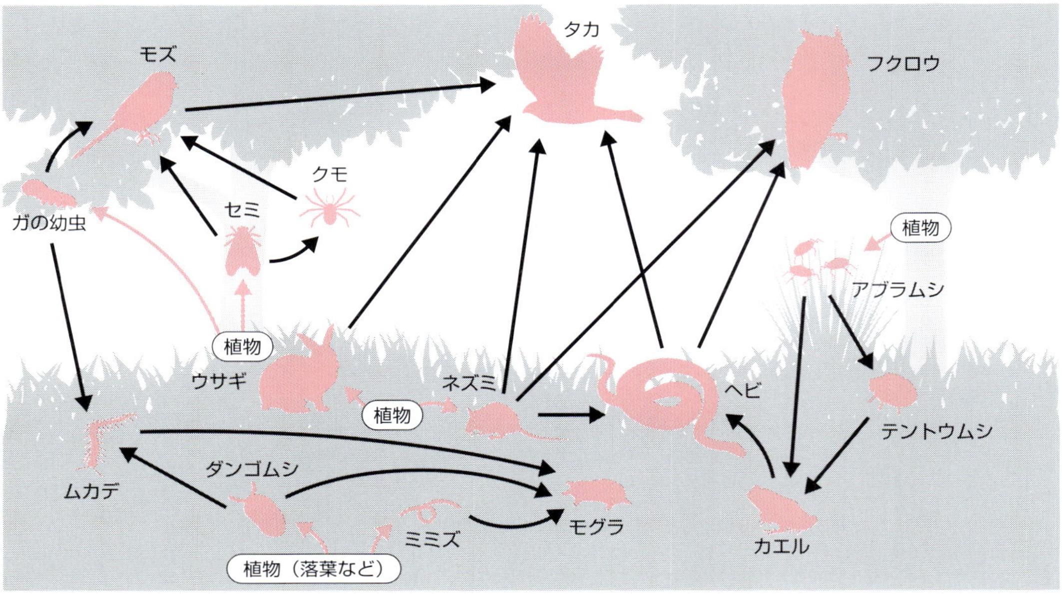

矢印は、植物→植食性動物→肉食性動物という捕食－被食の関係を表す。

及ぼすことを**反作用**という。また、各種生物の種間・種内関係を**相互作用**という（図 12-2）。たとえば、日射量が増すことによって植物の成長が促進される。これが作用である。逆に、樹木の周囲にある大気中の二酸化炭素が減少する。これが反作用である。相互に作用する無機的環境と生物群集をひとつのまとまりとして捉えたものを**生態系**と呼ぶ。生態系のなかで炭素、窒素、リンなどの物質は、光合成、食物連鎖、分解の過程を通じて循環する。それに伴ってエネルギーは、生産者、消費者、分解者へ流れていく。このエネルギーを利用して生物群集は存続している。

図 12-2　作用、反作用、相互作用

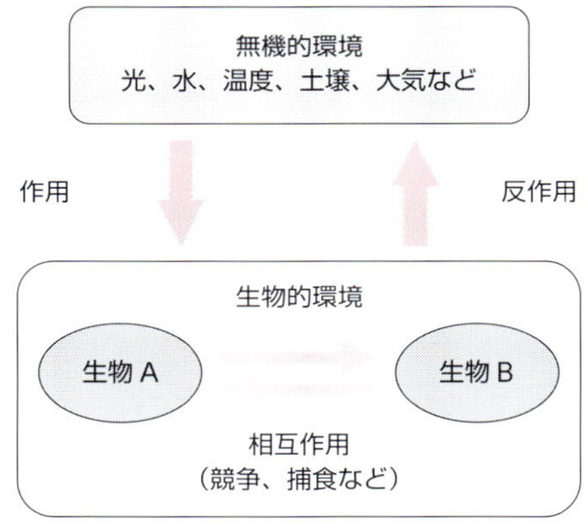

12.2 個体群とその変動

個体群の個体数が時間とともに増加することを**個体群の成長**という。食物や生活空間に制限がないとして、産まれる卵や子がすべて次の世代の親になるとすると、その個体数は無限に増殖できるということになる。この場合、個体数を縦軸に、時間を横軸にとると、そのグラフは指数的曲線を描く。しかし実際には、維持可能な個体数の上限（これを**環境収容力**という）があるため、それに近づくゆるやかなS字状曲線をとる。環境収容力に個体群密度が近づくと、死亡率や出生率などに環境抵抗による抑制が現れるため、実際の成長曲線はS字状曲線（ロジスティック曲線）を描く。この曲線を個体群の**成長曲線**という（図 12-3）。

一定の空間を占める個体群数の密度を**個体群密**

図 12-3　個体群の成長曲線

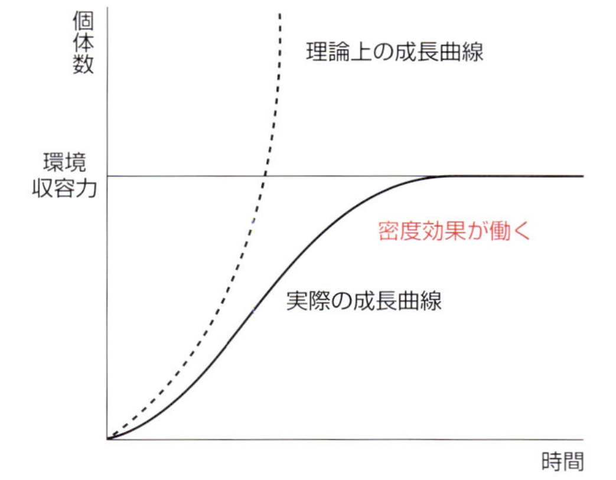

図 12-4　個体群密度と産卵数との関係

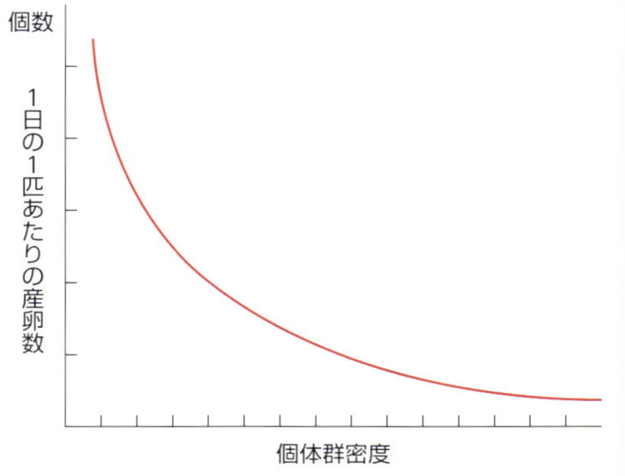

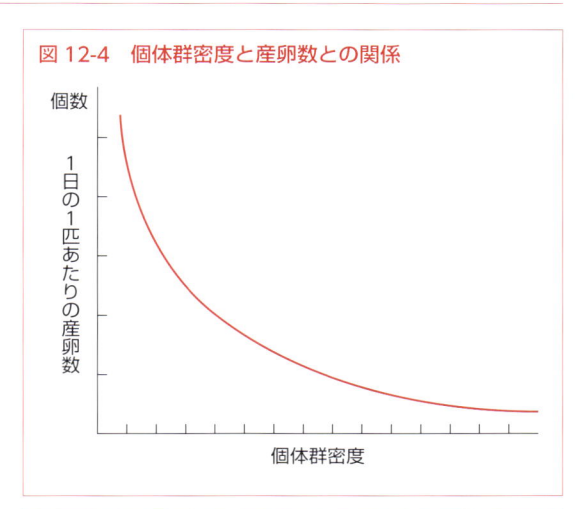

図 12-5　密度効果による死亡率の上昇

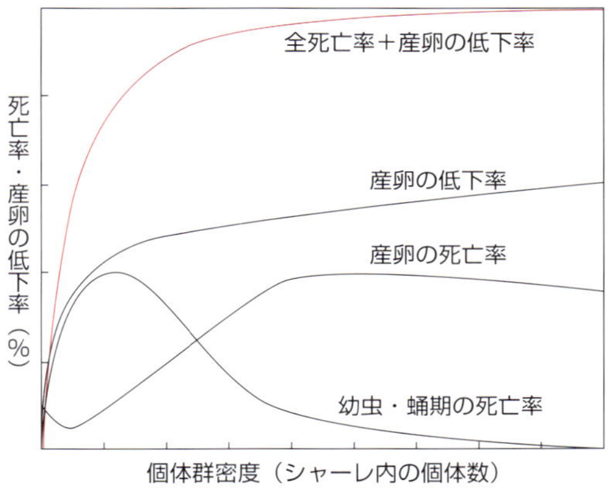

度といい、これには生活に適したある範囲があり、個体群数はその範囲内で増減している。個体群密度が高まると、食物の不足や生活空間の狭小化などが起こり、それらのとりあい（種内競争）が生じ、個体の発育が悪くなる。その結果、出生率の低下（図 12-4）や死亡率の増加（図 12-5）、移出の増加などが生じる。このように個体群の成長に伴って生じる個体群密度の変化によって、生物の生理的・生態的な性質が変化することを**密度効果**という。また、個体群の成長（個体群密度の高まり）によって生じる、生活空間の狭小化、食物の不足、環境の汚染など、個体群の成長を抑制するように働く要因を**環境抵抗**という。すなわち、個体群の成長に伴って生じる環境抵抗によって、出生率の低下などの密度効果が生じる。バッタなどでは、個体群密度の影響によって、個体の形態や行動などの形質が明らかに変化する現象がみられる。この現象を**相変異**という。

12.3　個体群の齢構成と適応戦略

個体群は通常、さまざまな年齢の個体から成り立っている。個体群における年代や年齢の個体数分布を**齢構成**といい、総個体数に対する各年齢層の割合を図式化したものを**年齢ピラミッド**という（図 12-6）。

各年齢層における個体の生存数が時間とともに減少していくさまをグラフで表したものを生存曲線という。縦軸に対数で表した生存率、横軸に年齢として**生存曲線**を描くと、その形はＬ字形、右下がりの直線形、逆Ｌ字形の３種類に分けられる（図 12-7）。これらの違いは、どの時期に死亡率が高いかという生物の生活史と関係している。一般的に、魚類や両生類などのように産んだ卵を保護しない種では、幼生期の死亡率が高いため、Ｌ字形をとる。これに対して、哺乳類などのように親が子を保護する種では、子の死亡率が低く、老年になるまで生存率が高く維持されるため、逆Ｌ字形となる。また、爬虫類や鳥類などでは一定の死亡率を示すため、右下がり直線形を描く。

それぞれの生物種ごとに、生活する環境の変化

図 12-6　齢構成と年齢ピラミッド

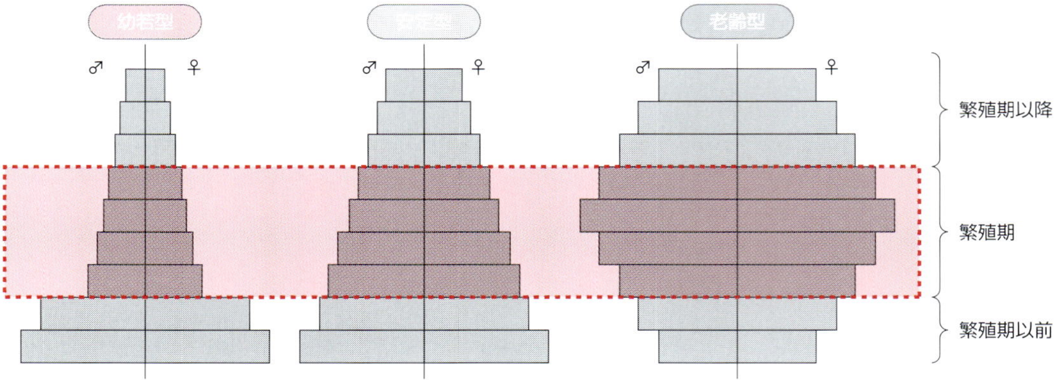

図 12-7　生存曲線

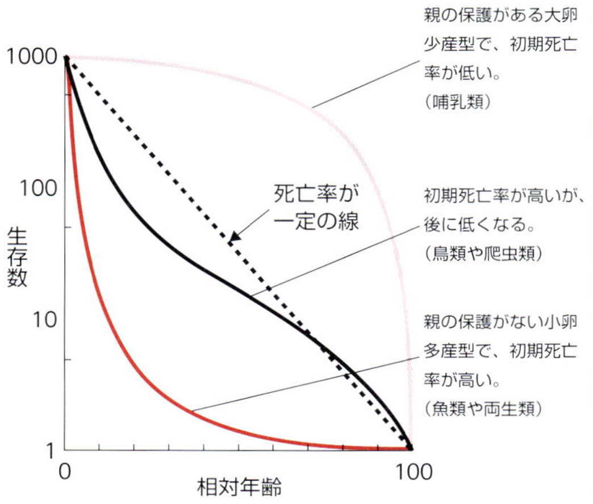

に応じて、自己の生存や子孫を残すための形質をいくつか合わせもっている。これを**適応戦略**と呼ぶ。気候や食物量などの変化が激しい環境では、幼生期の死亡率が高いので、小さな卵や子をたくさん産んで、広く分散させる**小卵多産型**が有利である。一方、気候や食物量が安定ないし周期的に変化する環境では、少数でも大きな卵または子を産み、大きな個体に育てて、その子に競争力をもたせる**大卵少産型**が有利である。安定または周期的に変動する環境では、*K* 戦略（大卵少産型）が進化し、不安定に大きく変動する環境では、*r* 戦略（小卵多産型）が進化する。*r* 戦略をとる生物（魚類など）では、初期の死亡率が高いため生存曲線は直線より下に、*K* 戦略をとる生物（哺乳類など）では初期の死亡率が低いためグラフは直線より上に位置する。

12.4 種間の相互作用

12.4.1　種間競争と生態的地位

種間の相互作用として、同種または異種の複数個体が共通の食物や生活空間などの必要な資源を巡ってお互いに負の影響を与えるような相互作用を**競争**という。各種のゾウリムシは単独で飼育すると、ゆるやかなS字状曲線を描きながら個体群が成長する。ゾウリムシ *Paramecium caudatum* とヒメゾウリムシ *P. aurelia* をいっしょに飼育すると、最初は両者の個体群成長が起こるが、やがて *P. caudatum* が個体数を減らして消滅し、*P. aurelia* だけが生き残るという**競争的排除**が起こる。これは両者の生態的地位がよく似ているため厳しい**種間競争**が働くからである。しかし、ゾウリムシとミドリゾウリムシ *P. burusaria* をいっしょに飼育すると共存が続く。これは両者が利用する食物と生活空間が異なるためである。生物群集のなかで、ある生物種が生活空間、食物連鎖、活動時間などのなかで占める地位、あるいは役回りを**生態的地位（ニッチ）**と呼ぶ。生態的地位の分化が競争関係にある種の共存に必要である。生活空間（すみわけ）、食物（食いわけ）、活動時間などをずらして互いの生態的地位を分けると、競争が避けられ、多様な生物の共存が可能になる。

競争的排除の結果が環境条件に依存すると、競争的排除が起こらず共存する場合がある。ヒトデが空間を巡る競争に強いイガイとフジツボを選択的に捕食することによって、競争的排除が起こらず、多種の共存が可能になっている。捕食性のヒトデを実験的にとり除くと、競争に強いイガイとフジツボが空間を独占して他種を競争的に排除し、生物多様性が著しく減少してしまう。

12.4.2 捕食－被食の関係

動物が他の動物を食物とする場合を**捕食**、他の動物の食物となる場合を**被食**と呼ぶ。これを**捕食－被食の関係**という。両者は物質・エネルギー流で結ばれている。捕食者と被食者の個体数は、互いに影響し合って周期的に増減している（図 12-8）。たとえば、アズキゾウムシと寄生バチ、ハダニとカブリダニ間で観察されている。

12.4.3 寄生と共生

2 種の生物が密接に関係しながら生活し、一方の生物が利益を、他方の生物が一方的に損失を受けるもの**寄生**という。両者が利益を受けるもの、あるいは一方のみが利益を受けるが、他方はまったく影響を受けないものを**共生**という。2 種がお

図 12-8　捕食者と被食者の個体数変化

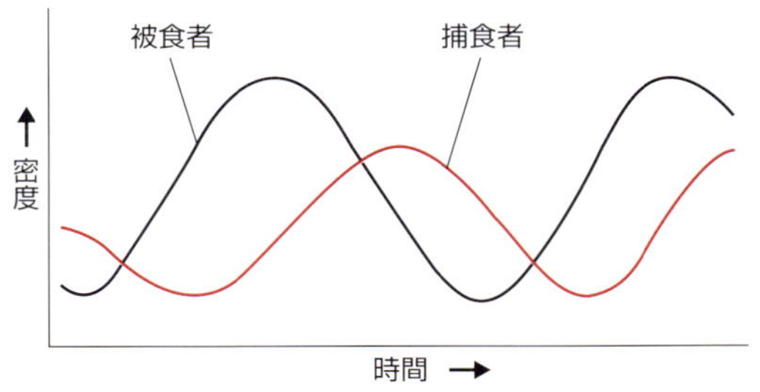

互いに正の効果を与える相互作用を**相利共生**といい、少なくとも一方には不利益とならず、もう一方が正の効果を受けるものを**片利共生**という。

寄生の例として、魚や熱帯魚などを水槽で飼育している際に魚の表皮や鱗に白点虫という原生動物が寄生して生活することがある。白点虫に寄生された魚は、呼吸が著しく困難になったり、表皮組織の炎症から二次感染を起こしたり、ときには衰弱死することがある。

共生の例として、小魚を食べて生活しているクエという魚の仲間と、サンゴ礁にすむ小魚であるホンソメワケベラとの関係がある。ホンソメワケベラは、大きな魚の体表、口、鰓のなかの寄生虫を食べて生活している。そのかわり、クエは、たとえホンソメワケベラが口のなかに入っても、それを食べることをしない。ホンソメワケベラには安定した食物と安全な場所が提供されることになる。

12.5 生物群集

同一地域において、そこにはさまざまな種の生物が混じり合って生活している。これを一集団とみなして**生物群集**（群集ともいう）という（図 12-1）。生物群集では、植物が光合成によって無機物から有機物を合成し、さらに植物の一部は食物として動物に食べられる。植物を食物とする動物は**植食性動物**と呼ばれる。また、それらを食べる動物を**肉食性動物**と呼ぶ。このような捕食－被食の関係がある一方で、同じような食物や生活空間を必要とする生物間では種間競争が生じる。このように、生物群集では、複雑な相互作用の網状構造が形成されている。

ある地域の環境条件を反映して成立した植物群落とそこにすむ動物が、山崩れや噴火などの撹乱で消滅しても、やがて植物と動物が侵入し多様な生物が生活するようになる。このような生物群集の時間的変化を**遷移**と呼び、生物群集と環境が作用－反作用を介して連続的に変化していく過程で

ある。かつて植物がまったく生育したことがない裸地に始まる遷移を**一次遷移**という。また、自然現象または人為的影響で今までに生育していた植物が除かれた後に始まる遷移を**二次遷移**という。

桜島の大噴火（1914 年）に伴って流出した溶岩により、大隅半島と結びついて桜島が半島となった。このときの溶岩と火山灰で覆われた裸地から出発した遷移は一次遷移である（図 12-9）。このように裸地から出発する遷移は**乾性遷移**と呼ばれる（図 12-10）。これに対して、湖沼に河川あるいは周囲から土砂が流入堆積し、さらに植物の枯死体の堆積により湖底が浅くなり、湖岸から植物が進入して陸化していく遷移を**湿性遷移**という（図 12-11）。

図 12-9　桜島における遷移の系列

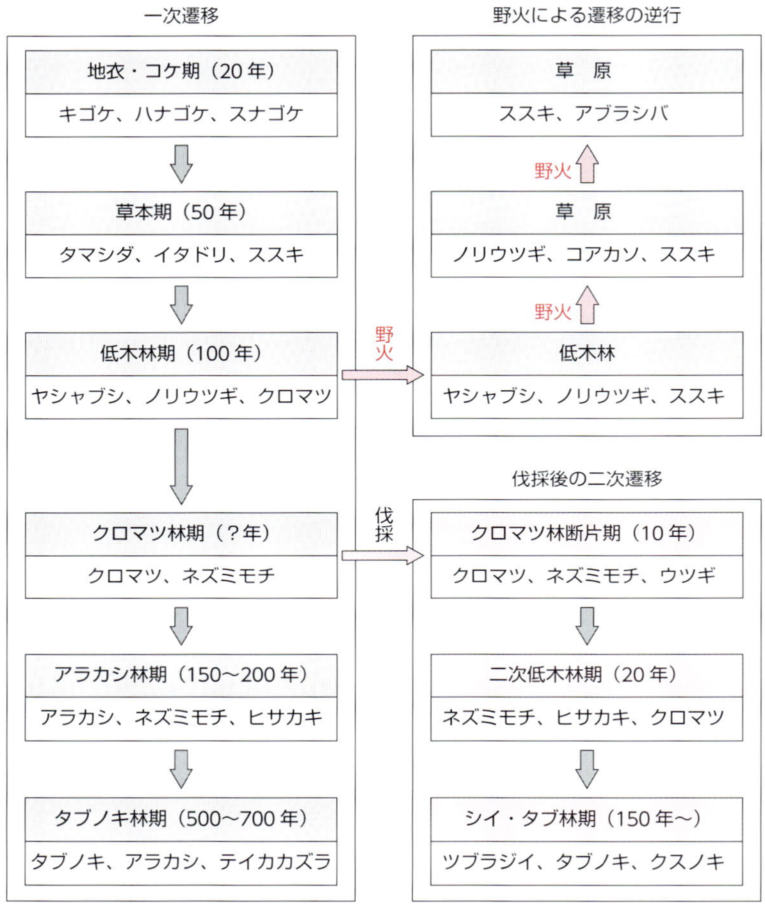

図 12-10　乾性遷移の系列

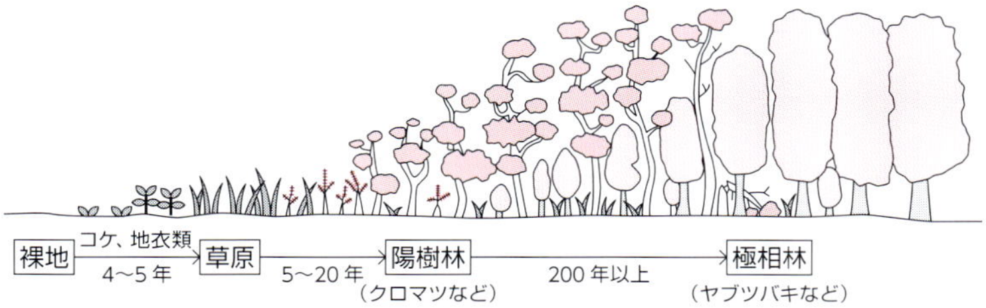

図 12-11　湿性遷移の系列

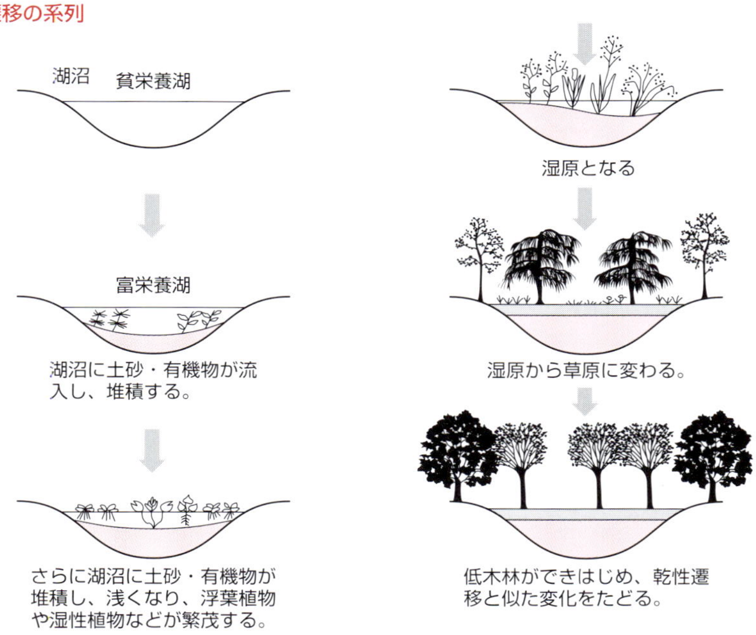
湖沼　貧栄養湖
富栄養湖
湖沼に土砂・有機物が流入し、堆積する。
さらに湖沼に土砂・有機物が堆積し、浅くなり、浮葉植物や湿性植物などが繁茂する。
湿原となる
湿原から草原に変わる。
低木林ができはじめ、乾性遷移と似た変化をたどる。

二次遷移の例として日本で通常みかけるのは、宅地造成や畑地を放棄した場合などで、現場に植生がなくても、土壌があり、土壌中に埋土種子や植物の根株などが残っていて、草本が生育する条件を整えている。このような場合、すぐに草本が侵入し、そこから遷移が始まる。数年で多年生草本が繁茂し、そして陽樹の侵入が始まる。そこからは、ほぼ一次遷移と同じ経過をたどることになる。

植物の光を巡る競争が、土壌の形成、有機物と栄養塩類の蓄積とともに始まる。既存の樹下でも生育し、より高い場所に葉をつける種に置き換わっていく。

遷移の結果到達する最後の段階となる群落で、安定し、永続性がある状態を**極相**と呼ぶ。裸地に最初に散布されて、高温、乾燥、栄養不足の環境に定着する植物を先駆植物という。極相に近い遷移の後期に出現する種ほど、発芽、成長の段階での競争に有利な大きく重い種子をつくる。しかし、地球上のどの場所でも遷移の結果、森林が成立するわけでない。温度と気温は植物の生活に大きな影響を及ぼし、条件によっては草原や荒原が極相となる。環境条件への植物群落の適応を、優占種の生活形として分類したものが生物群系の分布である。**生物群系**（**バイオーム**ともいう）は植物、動物、土壌生物の群集の類型を束ねる大分類で、植物の構成（樹木、潅木、草）、葉の形式（広葉樹、針葉樹）、密度（森林、サバナ）、気候などの因子に基づいて定義される。

12.6 食物網と生態系

12.6.1 栄養段階と食物網

生物群集とその地域内の無機的環境をひとまとめにし、物質循環とエネルギー流に注目して統一的に捉えた系を**生態系**という。生産者、消費者、分解者からなる生物群集（生物的環境）と、水の分布、大気と土壌の組成、温度、太陽からの入射光などの物理的・化学的な無機的環境が、これを構成する。

生態系による物質循環とエネルギー流の出発点

は、**生産者**である緑色植物の光合成によって、無機物から有機物を生産することであり、これを**一次生産**と呼ぶ。この有機物は全生物の生存を支える基盤であり、食物連鎖によってこの有機物のもつエネルギーは**消費者**と**分解者**へ流れ、呼吸や分解によって熱として生態系から流れ去る。有機物の一部は消費者と分解者に同化され、また一部は呼吸によって分解され二酸化炭素と水になる。最終的に生物体に同化された有機物も分解されて二酸化炭素と水にとなる。

生物群集内のすべての生物は互いに食べる－食べられるという関係でつながっており、この一連の関係を**食物連鎖**という。ある生物群集の食物連鎖では、いくつもの食べる種といくつもの食べられる種とがそれぞれの段階に存在し、相互に関係し合い、複雑な網目状の入り組んだ関係ができあがる。これを**食物網**という（図 12-12）。食物連鎖によって物質やエネルギーが自然界を循環しているが、ある種が絶滅すると、食物連鎖でつながった自然界の絶妙なバランスが崩れてしまう。このため食物連鎖は、生物多様性の保全のうえでも重要な要素である。ここで、生産者である植物を食べる植食性動物を**一次消費者**、その植食性動物を食べる肉食性動物を**二次消費者**、さらに高次の消費者を**三次消費者**と呼び、その構造を**生態ピラミッド**という。一次生産は生態ピラミッドの底辺を形成し、生態系の全生物の生存を支える基盤となる。ひとつの栄養段階から次の段階へ伝達されるエネルギー効率は通例 10％以下である。

図 12-12　食物網

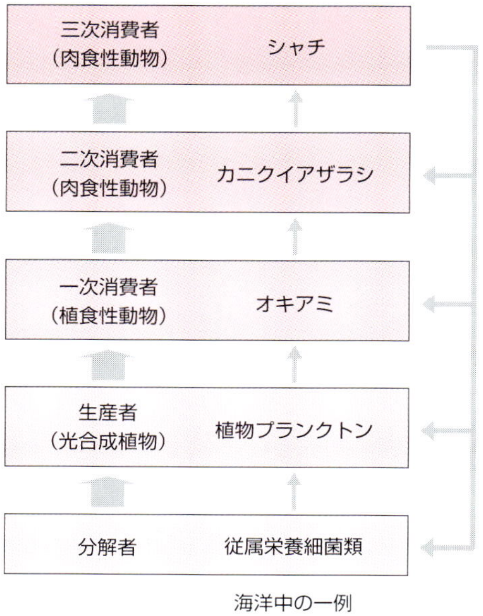

12.6.2　生態系の物質循環

生産者は生態系に流れ込む太陽エネルギーを利用して無機物から有機物を生産する。この有機物は捕食－被食の関係により、別の生物にとり込まれ、最終的に分解されて無機物に戻る。これを**物質循環**と呼ぶ。無機物を生物界にとり入れて有機物をつくる生産者としての植物類は、この循環過程において重要な位置を占める。また、有機物の消費者である動物類は菌類の働きを助けている。さらに菌類は、有機物を無機物にして無機的環境に返す分解者として重要な位置を占めている。

A　炭素循環

炭素は有機物の骨組みをつくるうえで重要な元素である。無機的環境中の二酸化炭素（CO_2）は光合成による一次生産により生物群集内の有機物に固定される。有機物は食物連鎖によって生態系内を移動し、ときに蓄積する。最終的に有機物は呼吸や遺骸の分解により、再び無機的環境中の CO_2 に戻る（図 12-13）。過去に蓄積された有機物である**化石燃料**の燃焼は、**CO_2 濃度**の上昇とそれに伴う温室効果の増大を招く。温室効果によって、温度や降水量などが変化すると、地球各地の生態系に大きな変化が生じる恐れがある。

B　窒素循環

窒素はタンパク質や核酸には不可欠な元素であり、窒素源には、遊離窒素、無機窒素化合物、有機窒素化合物がある。このうち、遊離窒素と無機窒素化合物は植物と菌類が利用し、有機窒素化合物は動物と菌類が利用している。遊離窒素は菌類と藍藻によって**アンモニア**に変えられるほか、空中放電によって酸化窒素を経て硝酸となる。アンモニアは植物と土壌菌類によって吸収され、その残りは亜硝酸酸化菌によって亜硝酸から硝酸に酸化される。この硝酸は、植物に吸収され、**窒素同化**によってアミノ酸となり、さらにタンパク質などになる。動物類が排出する尿素と尿酸は菌類によってアンモニアに変えられる。植物類によって合成されたタンパク質は、動物と菌類によって利用される。また、すべての遺体が含んでいるタンパク質は、分解され、アンモニアとなって大気に入るが、その多くは再び植物によって利用される。硝酸と亜硝酸は、菌類によって脱窒を受け、遊離窒素として大気へ返される（図 12-14）。このよ

図 12-13　炭素循環

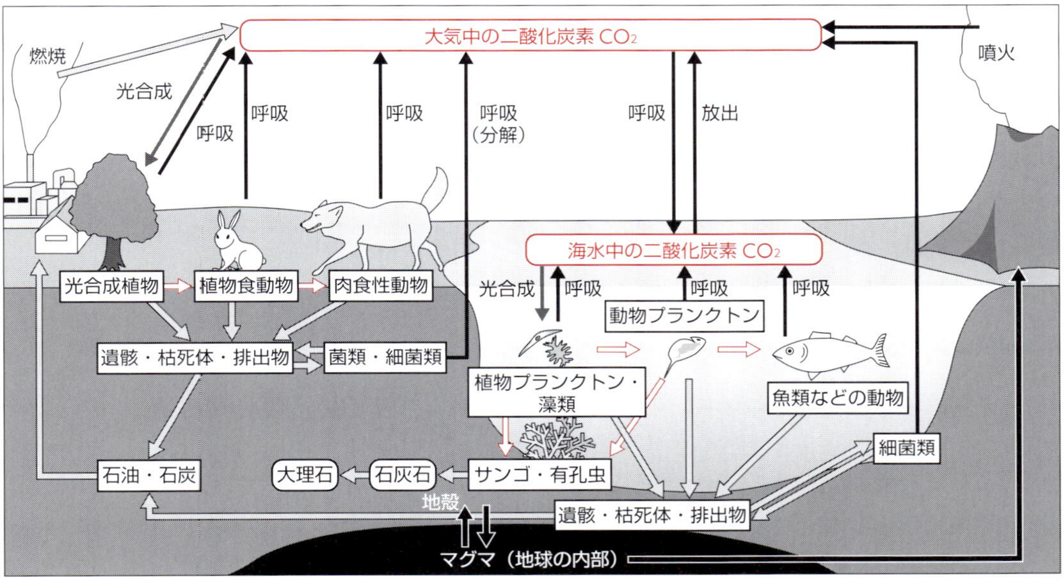

独立行政法人科学技術振興機構「理科ねっとわーく」

図 12-14　窒素循環

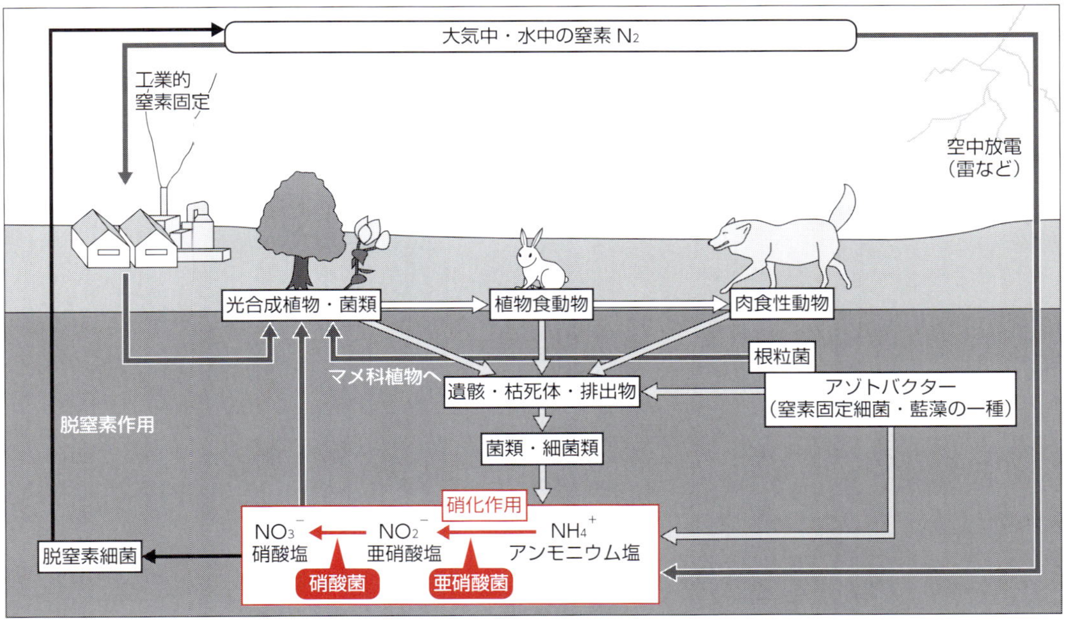

独立行政法人科学技術振興機構「理科ねっとわーく」

うな菌類による無機窒素化合物の植物類への引き継ぎと、大気からの固定による生物界への窒素導入は、植物類の CO_2 固定と並ぶ生物界の重要反応である。

C リン循環

リンは核酸、脂質、タンパク質、補酵素、ATP、脊椎動物の骨格などに含まれるが、吸収はリン酸塩の形で行われる。生物が死ぬと、リン酸化細菌が働くほか、排出物も加水分解され、溶解性の無機リン酸塩の形で遊離する。この無機リン酸塩の一部は再利用されるが、残りは流失して深海堆積物に加わり、地球生物化学的循環から外れていく。この損失を補うリンの貯蔵庫は地質時代につくられた岩石や、ほかの堆積物である（図12-15）。

図 12-15　リン循環

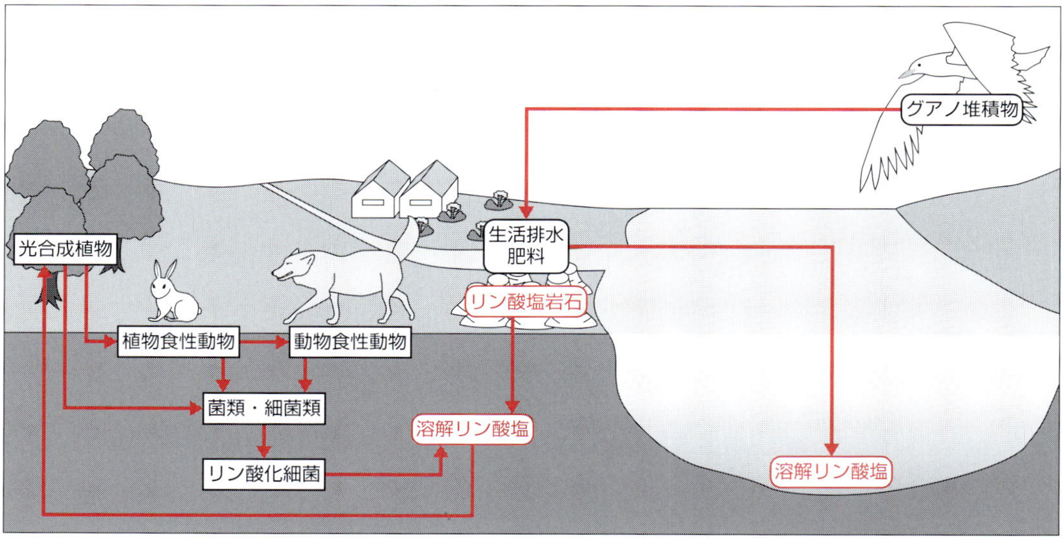

独立行政法人科学技術振興機構「理科ねっとわーく」

12.7 生物濃縮

生物が、外界からとり込んだ物質を環境中におけるよりも高い濃度に生体内に蓄積する現象を**生物濃縮**という。特に生物の生活にそれほど必要ではない元素や物質の濃縮は生態学的にみて異常であり、環境問題となる。

蓄積性のある物質が食物連鎖により生物濃縮を起こす。たとえば、海産の藻類では臭素、ヨウ素、クロムなどを濃縮することが知られているほか、DDT、PCB、ダイオキシンなどの化学物質も高濃度の濃縮が起こる。食物連鎖を通じて蓄積性の化学物質の生物濃縮が進む場合には、食物連鎖の高次に位置する生物ではより高濃度（自然状態の数千～数万倍）に濃縮され、その生物に影響を及ぼす。水産資源生物などの摂取により生体に悪影響を与え、公害病の原因となることもある。その一例として水俣病がある。**水俣病**は、1956 年に熊本県水俣湾周辺の住民に発生が報告された、手足の感覚障害、運動失調、求心性視野狭窄などを主症状とする中毒性の中枢神経系疾患である。チッソ水俣工場のアセトアルデヒド製造工程で使っていた無機水銀の触媒から生じた微量のメチル水銀が工業排水として水俣湾に排出され、生物濃縮を経て魚介類中にメチル水銀が蓄積し、それを大量に食べることによって発生した公害病である。

12.8 環境問題

化石燃料の燃焼は、二酸化炭素濃度の上昇による**温室効果**の増大を招いている（図 12-16）。温室効果による**地球温暖化**の結果、海水温が上昇すると、サンゴが共生藻の離脱によって白化・死滅する。沖縄近海など中緯度海域のサンゴ礁が消滅する恐れがある。サンゴ礁は熱帯雨林とともに、高い生物多様性と一次生産量を誇る生態系である。サンゴ礁の保全はそこにすむ多様な生物を、生息環境の破壊による絶滅から守るために必要である。

環境問題は、人類の将来にとって大きな脅威となる、地球的規模あるいは地球的視野に立った問題の総称である。環境問題としては、地球温暖化、オゾン層破壊、熱帯林の減少、開発途上国の公害、酸性雨、砂漠化、生物多様性の減少、海洋汚染、有害廃棄物の越境移動という 9 つの問題が主に認識され、かつ対応がとられている。

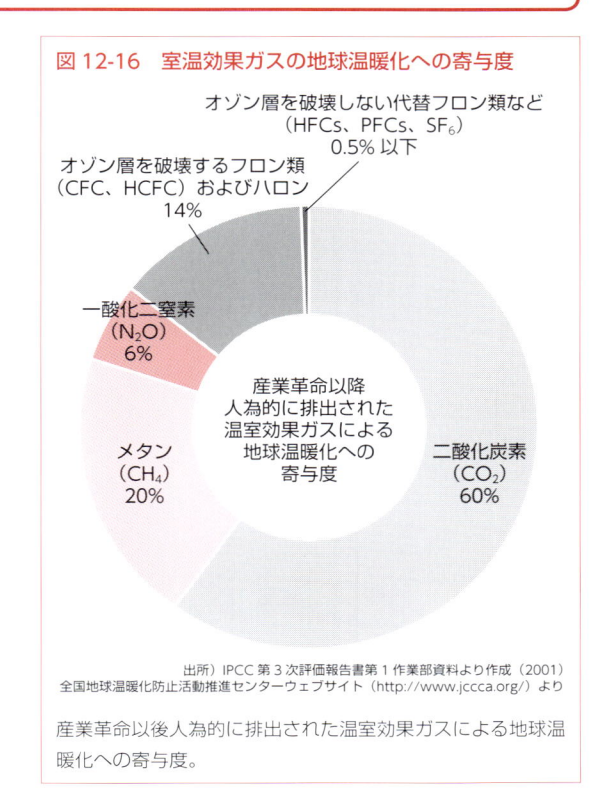

図 12-16　室温効果ガスの地球温暖化への寄与度

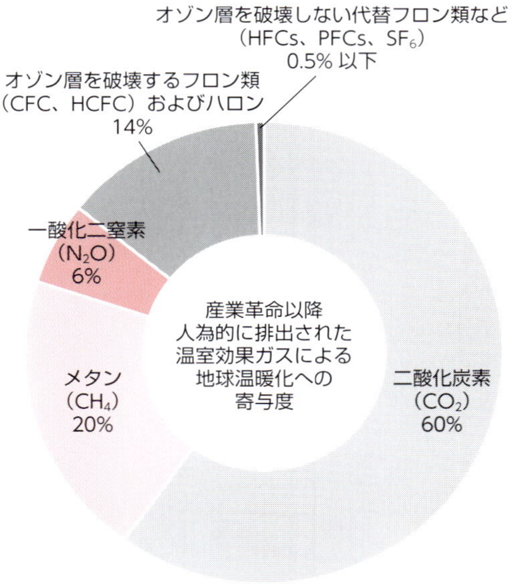

出所）IPCC 第 3 次評価報告書第 1 作業部資料より作成（2001）
全国地球温暖化防止活動推進センターウェブサイト（http://www.jccca.org/）より

産業革命以後人為的に排出された温室効果ガスによる地球温暖化への寄与度。

参考文献

岩崎　靖・大谷隆典・丸野良督ほか、ビジュアル生物、東京法令出版（2001）
M. ケイン、石川　統 監訳、ケイン生物学、東京化学同人（2004）
谷口直之・米田悦啓、医学を学ぶための生物学　改訂第2版、南江堂（2004）
B. アルバートほか、中村桂子・松原謙一 監訳、Essential 細胞生物学　原書第2版、南江堂（2005）
D. L. ハートル・E. W. ジョーンズ、布山嘉章・石和貞男 監訳、エッセンシャル遺伝学、培風館（2005）
林正健二・小田切陽一・武田多一ほか、人体の構造と機能　第2版、医学書院（2005）
Sylvia S. Mader, Human Biology 7th Edition, McGraw-Hill（2007）
N. A. キャンベル、小林　興 監訳、キャンベル生物学、丸善（2007）
A. ワォー・A. グラント、小林邦彦・渡辺　皓・菱沼典子 監訳、ロス＆ウィルソン 健康と病気のしくみがわかる解剖生理学　改訂版、西村書店（2008）
長野　敬・牛木辰男 監修、増補第三訂版　サイエンスビュー生物総合資料、実教出版（2008）
三輪一智・中　恵一、人体の構造と機能〈2〉生化学（系統看護学講座 専門基礎 2）、医学書院（2009）

索　引

【か行】

【さ行】

【た行】

【な行】

【は行】

【ま行】

【や行】

【ら行】

編者紹介

小《こ》林《ばやし》　賢《まさる》　　医学博士
1980 年　北里大学大学院衛生学研究科修了
現　在　日本薬科大学　特任教授

著者紹介

五十鈴川《いすずがわ》　和人《かずと》　薬学博士
2000 年　名古屋市立大学大学院薬学研究科修了
現　在　横浜薬科大学漢方薬学科　教授

髙橋《たかはし》　裕《ゆたか》　医学博士，理学修士
1970 年　北海道大学大学院理学研究科修了
元 帝京平成大学健康メディカル学部
健康栄養学科　教授
元 帝京平成大学大学院健康科学研究科
教授

藤澤《ふじさわ》　敬一《けいいち》　理学博士
1960 年　東京教育大学大学院理学研究科修了
元 青山学院大学生物学科　教授

松村《まつむら》　秋芳《あきよし》　医学博士
1979 年　筑波大学生物学類卒業
1982 年　筑波大学大学院体育研究科修了
現　在　神奈川大学，文京学院大学ほか　非常
勤講師

NDC491　　318p　　26cm

医歯薬系《いしやくけい》のための生物学《せいぶつがく》　コアカリキュラムを基礎《きそ》から学《まな》ぶ

2010 年 4 月 10 日　第 1 刷発行
2025 年 3 月 6 日　第 14 刷発行

編　者　小林《こばやし》　賢《まさる》
発行者　篠木和久
発行所　株式会社　講談社
〒112-8001　東京都文京区音羽 2-12-21
販売　(03) 5395-5817
業務　(03) 5395-3615

KODANSHA

編　集　株式会社　講談社サイエンティフィク
代表　堀越俊一
〒162-0825　東京都新宿区神楽坂 2-14　ノービィビル
編集　(03) 3235-3701

本文データ作成　株式会社エヌ・オフィス
印刷所　株式会社平河工業社
製本所　株式会社国宝社

落丁本・乱丁本は，購入書店名を明記のうえ，講談社業務宛にお送りください．送料小社負担にてお取替えいたします．なお，この本の内容についてのお問い合わせは，講談社サイエンティフィク宛にお願いいたします．
定価はカバーに表示してあります．

ISBN978-4-06-153694-4